U0268035

《合成树脂及应用丛书》编委会

“十二五”国家重点图书

合成树脂及应用丛书

聚氯乙烯树脂及其应用

■ 邴涓林　赵劲松　包永忠　主编

化学工业出版社

·北京·

本书在介绍氯乙烯单体的合成，PVC悬浮、本体和糊树脂的制备工艺、结构与性能的基础上，着重阐述了几种PVC特种树脂和专用料的合成。主要介绍了各种PVC树脂的成型加工技术、PVC塑料制品的生产加工技术及后加工装饰和涂饰等。

本书面向聚氯乙烯及相关行业的技术人员和科研人员，是一部较为实用的技术书籍。可供高分子合成和材料加工的工程技术人员、相关专业的大专院校师生参考。

图书在版编目（CIP）数据

聚氯乙烯树脂及其应用/邴涓林，赵劲松，包永忠主编. —北京：化学工业出版社，2012.2（2023.4重印）
合成树脂及应用丛书
ISBN 978-7-122-13264-2

Ⅰ. 聚… Ⅱ. ①邴…②赵…③包… Ⅲ. 聚氯乙烯糊树脂 Ⅳ. TQ325.3

中国版本图书馆CIP数据核字（2012）第004260号

责任编辑：王苏平　　文字编辑：林　丹
责任校对：陶燕华　　装帧设计：尹琳琳

出版发行：化学工业出版社（北京市东城区青年湖南街13号　邮政编码100011）
印　　装：北京天宇星印刷厂
710mm×1000mm　1/16　印张30¾　字数590千字　2023年4月北京第1版第3次印刷

购书咨询：010-64518888　　售后服务：010-64518899
网　　址：http://www.cip.com.cn
凡购买本书，如有缺损质量问题，本社销售中心负责调换。

定　价：98.00元

Preface
序

合成树脂作为塑料、合成纤维、涂料、胶黏剂等行业的基础原料，不仅在建筑业、农业、制造业（汽车、铁路、船舶）、包装业有广泛应用，在国防建设、尖端技术、电子信息等领域也有很大需求，已成为继金属、木材、水泥之后的第四大类材料。2010年我国合成树脂产量达4361万吨，产量以每年两位数的速度增长，消费量也逐年提高，我国已成为仅次于美国的世界第二大合成树脂消费国。

近年来，我国合成树脂在产品质量、生产技术和装备、科研开发等方面均取得了长足的进步，在某些领域已达到或接近世界先进水平，但整体水平与发达国家相比尚存在明显差距。随着生产技术和加工应用技术的发展，合成树脂生产行业和塑料加工行业的研发人员、管理人员、技术工人都迫切希望提高自己的专业技术水平，掌握先进技术的发展现状及趋势，对高质量的合成树脂及应用方面的丛书有迫切需求。

化学工业出版社急行业之所需，组织编写《合成树脂及应用丛书》（共17个分册），开创性地打破合成树脂生产行业和加工应用行业之间的藩篱，架起了一座横跨合成树脂研究开发、生产制备、加工应用等领域的沟通桥梁。使得合成树脂上游（研发、生产、销售）人员了解下游（加工应用）的需求，下游人员了解生产过程对加工应用的影响，从而达到互相沟通，进一步提高合成树脂及加工应用产业的生产和技术水平。

该套丛书反映了我国“十五”、“十一五”期间合成树脂生产及加工应用方面的研发进展，包括“973”、“863”、“自然科学基金”等国家级课题的相关研究成果和各大公司、科研机构攻关项目的相关研究成果，突出了产、研、销、用一体化的理念。丛书涵盖了树脂产品的发展趋势及其合成新工艺、树脂牌号、加工性能、测试表征等技术，内容全面、实用。丛书的出版为提高从业人员的业务水准和提升行业竞争力做出贡献。

该套丛书的策划得到了国内生产树脂的三大集团公司（中国石化、中国石油、中国化工集团），以及管理树脂加工应用的中国塑料加工工业协会的支持。聘请国内20多家科研院所、高等院校和生产企业的骨干技术专家、教授组成了强大的编写队伍。各分册的稿件都经丛书编委会和编著者认真的讨论，反复修改和审查，有力地保证了该套图书内容的实用性、先进性，相信丛书的出版一定会赢得行业读者的喜爱，并对行业的结构调整、产业升级与持续发展起到重要的指导作用。

袁晴棠

2011年8月

Foreword 前言

我国聚氯乙烯（PVC）工业自1958年创始，经历了：起步、发展、引进、消化吸收和提高等阶段。五十多年来，我国PVC产量快速增加、质量逐步提高、品种略有增多；生产工艺技术装置制造成套水平日益精湛；产品单耗日渐合理，三废排放大幅减少，已具备与国外企业竞争的相当实力。特别是近年来，随着我国国民经济的持续高速发展以及建筑业等对PVC消费的强劲拉动，我国PVC的生产能力高速增长，至今已超过1500万吨/年，成为产能世界第一的PVC生产大国。但是，我们也应该清醒地看到，生产能力的高速增长大多是借助于西部地区资源、能源有利的地域优势，进行重复建厂实现量的扩张达到的，其综合水平与国外先进技术相比还有较大差距，还不是世界PVC生产强国。

随着我国PVC工业规模的迅速扩张，企业的技术进步和综合实力的提升，原有技术人员的技术水平需要进一步提高和更新，急需有更多的生产技术人才和经营管理人员为实现PVC生产强国共同努力。

我国PVC树脂的品种较为单一，随着生产能力的高速增长面临着十分严峻的产能过剩的问题。为此，根据国内外市场和资源实际情况，加强产业链相关企业间的合作，联合上下游企业组成战略联盟，加强技术创新和科技进步，共同开发长久稳定的PVC特种树脂和专用料，以促进PVC工业的健康发展。

有鉴于此，作者编写此书供从事PVC工业的科技人员和生产一线人员参考。全书共分八章。第1章着重回顾我国PVC工业的发展历程和现状，明确与国外企业的差距及其原因，指出我国PVC工业的发展目标。第2章～第4章分别介绍PVC悬浮、本体、糊树脂的制备工艺、助剂和设备；阐明各树脂的结构与性能间的关系；指出通用PVC树脂的结构缺陷、性能不足和改性的必要，介绍几种PVC特种树脂和专用料的合成工艺、性能，可供PVC树脂制备、加工企业的科技和生产人员参考。第5章～第7章较全面介绍了各种PVC树脂的成型加工的工艺、配方、助剂和设备，以及PVC塑料制品的后加工装饰和涂饰等，有利于战略联盟上下游企业的相互延伸。第8章提出PVC树脂在生产、加工和使用中应注意的安全与环保问题，以实现PVC工业的循环经济和可持续发展的目标。

本书面向聚氯乙烯及相关行业的科技工作者，是一部较为实用的技术书；可作为高分子合成和材料加工的工程技术人员、相关专业的大专院校师生参考。本书由邴涓林、赵劲松和包永忠主编；参加编写的人员还有：吴刚、李承志、王春生、吴玉初、赵梁才、刘大军、郎旭霞、周嵩、唐亮等；全书由黄志明主审。

虽然尽了很大努力，完稿后几经反复修改，终因水平有限，仍有不能令人满意之处，谨请指正。

编者

2011年11月

Contents
目录

第4章 聚氯乙烯树脂的改性——163

第1章 绪论

聚氯乙烯树脂（PVC）从1835年发现到现在已经过去185年了，由于其特有的难燃性、耐磨性和耐候性的特点，成为了目前五大通用塑料之一，与人们生活息息相关，是不可缺少的重要材料。

1.1 世界聚氯乙烯工业的发展概述

纵观世界聚氯乙烯工业的发展历史，可将聚氯乙烯工业的发展划分为，聚氯乙烯的发现和工业的诱导期（1835～1941年）、工业的发展期（1941～1970年）和工业的成熟期（1970～现在）。

（1）世界聚氯乙烯工业的发展历程 1835年，吉森大学（University of Giessen）的贾斯特斯·冯赖比格（Justus Vonliebig）和他的学生维克多·雷诺尔特（Victo. Regnault）首先发现并证实了二氯乙烷和氢氧化钾在乙醇溶液中反应能够生产氯乙烯。即皂化法制取氯乙烯，把1,2-二氯乙烷溶液与苛性钾在酒精溶液中混合，静置4天，然后加热进行反应：

$$CH_2—CH_2Cl+KOH \longrightarrow CH_2=CHCl+KCl$$

之后，人们开始大量研究改进，并开发了二氯乙烷催化裂解等多种方法，但都不适合工业上大规模生产。

1838年，化学家雷诺尔特又在暴露于日光下的1,2-二氯乙烷溶液中观察到了白色鳞片状的沉淀物质，这就是历史上最早观察到的聚氯乙烯。

1872年，即雷诺尔特发现聚氯乙烯白色聚合物35年之后，包曼(E. Bauman）开始详细研究工作[1]。确定白色物质的密度为1.406g/cm^3，基本结构式为$\left(CH_2—CHCl\right)$。

原始的聚合方法采用光聚合（日光或其他各种波长的射线照射）和热压聚合。如奥斯特罗米斯基（I. Ostromysslenski）的光聚合方法是将液态氯乙烯装入石英管中用紫外线照射，生产可以溶于丙酮的聚合物，除去未反应的氯乙烯并将其溶解在精制的丙酮中，残留的聚合物再用紫外线长时间的照射或15～130℃下长时间加热。沃斯（A. Voss）在法本公司（I. G. FarbenindustrieA. G）采用热压聚合，将氯乙烯装入搪瓷或以贵金属衬里的筒中，在30℃下加热数小时，40℃、50℃、60℃下各加热数小时，60℃下保温12h，压力自然下降，得到白色坚固实体[2]。

1912 年，即雷诺尔特发现 PVC 白色聚合物 80 多年以后，德国化学家克拉特（F. Klatte）发明了最简单的工业生产方法，即从电石出发制乙炔，乙炔在高温和催化剂的作用下与氯化氢发生加成反应生成氯乙烯。

$$CH\equiv CH + HCl \longrightarrow CH_2=CHCl$$

实现了工业规模生产。

1913 年，Griesheim-Elecktaon 研究了乙炔和氯化氢反应生产氯乙烯单体反应，发表了使用氯化汞作为催化剂的专利。

1926 年，美国西蒙先生（W. L. Semon）把尚未找到用途的聚氯乙烯粉料在加热下溶于高沸点溶剂中，在冷却后，意外地得到柔软、易于加工且富于弹性的增塑聚氯乙烯。这一偶然发现打开了聚氯乙烯工业化的大门，成为五大通用树脂中最早工业化的产品。

1927 年，德国法本公司（I. G. Farben）开发了乳液法。

1928 年，美国联合碳化学公司将氯乙烯与醋酸乙烯共聚，使之具有内增塑性质而容易被加工，可以用作硬模塑制品。

1931 年，德国法本公司（I. G. Farben）在比特费尔德用乳液法生产聚氯乙烯，首先实现了小规模工业化生产，德国大多数工厂均采用乳液聚合法，月产量可达 1500t[3]。还采用溶液法开发了 CPVC 树脂和纤维。

1932 年，美国古德里奇公司（B. F. Goodrich）聘请西蒙（W. L. Semon）研究一种用于粘接橡胶与金属罐的新胶黏剂时，偶然发现增塑了的聚氯乙烯具有柔软和富有弹性的“橡胶状”性质，并能耐强酸、强碱腐蚀，可制成弹性高尔夫球，使用 PVC 氯苯溶液制造鞋跟、钳套、电线护套、帐篷、雨靴、地板、胶管、电器绝缘件和金属罐衬里等。西蒙发现的增塑方法，为 PVC 工业发展奠定了基础。

1933 年，美国碳化学公司采用溶液法建立了小型工厂。

1937 年，英国 ICI 公司采用磷酸酯类增塑 PVC 得到类似橡胶的物质，成功的替代了当时特别短缺的橡胶，用于电线绝缘层。这时 PVC 才作为有用的高分子材料而开始大量使用。

1940 年以后，工业上开始以廉价的乙烯为原料，由乙烯直接氯化得到二氯乙烷，再加热裂解得到氯乙烯单体，其副产的氯化氢与乙炔反应制取氯乙烯，这就是早期的联合法与混合法。

1940 年，法国 Saint-Gobain 公司开始进行氯乙烯本体法的工业化研究，于 1951 年建成了第一家本体法聚氯乙烯（MPVC）生产厂，采用一步法工艺，18 台 $12m^3$ 卧式旋转聚合釜，生产的树脂粒径分布和分子量分布较宽，密度小、质量较差。

1941 年，美国古德里奇公司又开发了悬浮法生产聚氯乙烯的技术，生产出的树脂质量好，特别是电绝缘性、机械强度明显优于乳液法，在耐燃性、耐磨性方面优于橡胶，因而在电线电缆、铺底材料等方面获得了大量应用，消费量大量增加。而且，悬浮法比乳液法操作简单，助剂用量少，产品纯度高，能耗少，成本低，因而被世界各国采用。从此，聚氯乙烯工业开始发展，走上了工业化轨道，成为了重要的合成树脂产品。

1942 年，德国 Bunna 化学公司开发了工业化连续乳液法聚合工艺。

1950 年，美国古德里奇公司开发了微悬浮聚合工艺。

1956 年，法国 Saint-Gobain 公司开发了一段本体法聚合工艺，开始了本体法（MPVC）工业化生产。

1960 年，PSG 公司（Pecchiney-Saint-Gobain）开发了二段本体法聚合工艺，实现了工业化。该项技术在 1969、1981 和 1983 年先后被 Rhone-Poulenc 和 Atochem 公司拥有。二段本体法聚合工艺生产成本低，投资少，树脂性能好，因而技术发展较快。20 世纪 70 年代，是 MPVC 生产技术的鼎盛时期，MPVC 占到 PVC 总量的 10%，80 年代降到 7%，90 年代降到 6%。

1962 年，美国 B. F. goodrich 公司开发的乙烯氧氯化法制二氯乙烷（EDC）与 EDC 裂解制氯乙烯的平衡工艺。第一套乙烯氧氯化装置在美国肯塔基州建成，于 1964 年投产，由于当时原油价格较低，生产成本与电石法相比具有较大优势，生产规模大，单体纯度高，各国纷纷采用，开始了以石油替代电石的原料路线。

1962 年，德国瓦克公司开发了工业化微悬浮法聚合生产 PVC 树脂工艺。

1963 年，日本金刚石公司研发了干法乙炔生产技术。

1966 年，美国古德里奇公司和日本信越公司研制了大型反应釜。

1972 年，法国罗纳-普朗克公司开创了种子微悬浮法聚合，在 1975 年又开创了双种子聚合工艺（MSP-3）。

1976 年，美国古德里奇公司在肯德基州路易斯维尔工厂的 12 万吨/年 PVC 装置首先使用了计算机控制，特别是应用软件的开发和新工艺的开发，成为了各国 PVC 行业的领先者。

1979 年，美国古德里奇公司和日本信越公司采用计算控制 PVC 生产装置，实现了自动化控制，并开发了汽提技术，解决了成品中残留单体的问题。

1983 年，德国赫斯特（Hechst）公司研制了旋风干燥器。

（2）生产方法的演变 在 20 世纪一二十年代，科学家们开始对聚合方法进行了大量的研究，在最初热压聚合方法的基础上，出现了溶液聚合、乳液聚合、连续乳液聚合、悬浮聚合和特种聚合等多种聚合方法。其中乳液聚合方法生产比较容易控制，聚合速度较快，能得到较为均一的长链聚合物[4]。德国法本公司在 1931 年实现了小规模化生产。本体法技术从 1940 年开始研究，直到 1951 年才开始工业化生产，但质量较差，难以控制，没有得到广泛应用。悬浮法技术从 1940 年开始工业化，由于其产品质量好，生产稳定，被广泛使用。

（3）原料路线的演变 1912 年，世界聚氯乙烯主要使用电石法生产，由于电石法高耗能和高成本，逐渐被石油路线所代替，从 40 年代开始，工业上开始以廉价的乙烯为原料，由乙烯直接氯化得到二氯乙烷，在加热裂解得到氯乙烯单体，其副产的氯化氢与乙炔反应制取氯乙烯，这就是早期的联合法与混合法。20世纪60年代以前，世界各国采用最简单的电石法制取氯乙烯单体，到70年代，美国、欧洲和日本淘汰了电石法聚氯乙烯。

1962年，美国B. F. goodrich公司开发了乙烯氧氯化法制二氯乙烷与EDC裂解制氯乙烯的平衡工艺。生产规模大、成本低、单体纯度高，各国纷纷采用，开始了以石油替代电石的原料路线。美国于1969年完成了原料路线的转换，除波登公司保留了一套5万吨/年乙炔法以外，其余电石法制氯乙烯装置全部被淘汰。

日本从1965年开始进行原料路线的转换，引进了美国STAUFFER公司的氧氯化固定床技术和美国B. F. goodrich公司的氧氯化沸腾床技术，用了6年的时间，也就是在1971年基本淘汰了电石乙炔法，只保留了日本电气化学公司的青海工场5万吨/年干法乙炔发生装置，一直运行到现在。

20世纪60年代以前，世界各国均采用电石乙炔法制氯乙烯单体。电价不断升高，而石油相对便宜，当时石油每桶价格只有3～4美元，由石油路线制造的乙烯价格只有电石乙炔的1/2，因而推动了世界性的原料路线转换。美国1969年完成了原料路线的转换；日本1971年也基本上淘汰了电石乙炔法。原料路线转换后，生产成本下降26%，电耗降低90%，生产规模扩大，树脂产量直线上升。

20世纪80年代，世界范围的经济萧条造成PVC产品滞销、产量下降。面对这种困境，PVC厂商们调整组织机构和产品结构，加强节能降耗管理，世界PVC年增长率继续保持在5%的发展速率。进入90年代以后，由于PVC材料成本低，性能优良，在建筑、汽车、包装工业和工程塑料市场中占有重要的位置，产能以每年5.7%的速度增加。而进入21世纪，油价一路飙升，提高了PVC制造成本，PVC行业全球整合在所难免，日本早在2002～2003年就开始关停和合并了部分PVC企业，韩国同样如此。

自从1835年聚氯乙烯被发现以后，最初的100多年时间里没有得到真正的应用，直到20世纪的二三十年代还不过是学术珍品而已，由于聚氯乙烯在聚烯烃碳链中引进了氯元素，它不溶于一般的溶剂，不容易加工，成型时发生分解暴露在阳光下几天就变黑。聚氯乙烯发生真正的转机是增塑技术的应用。高分子链内增塑技术是使用醋酸乙烯与氯乙烯共聚，使之达到容易加工的目的；外增塑技术是添加磷酸酯类增塑剂，可以得到橡胶类的物质，成功地替代了短缺的橡胶，PVC树脂才作为高分子材料而开始大量使用。

1.2 世界聚氯乙烯工业的现状

1.2.1 全球PVC生产状况

目前，全球PVC企业主要分布在15个国家150家大公司中。美国休斯敦的化学品市场协会（CMAI）统计，2005 年全球 PVC 生产能力约 4018 万吨/年，涉及企业 170 余家。2006 年全球 PVC 产能 4279 万吨/年，产量约 3350 万吨，其中大部分产能集中在亚洲、北美和西欧，这三个地区分别占全球产能的 50.5%、20.2%和 14.7%。2007 年全球 PVC 产能 4633 万吨，产量 3522 万吨。

1990～2007 年全球 PVC 供需状况图 1-1。

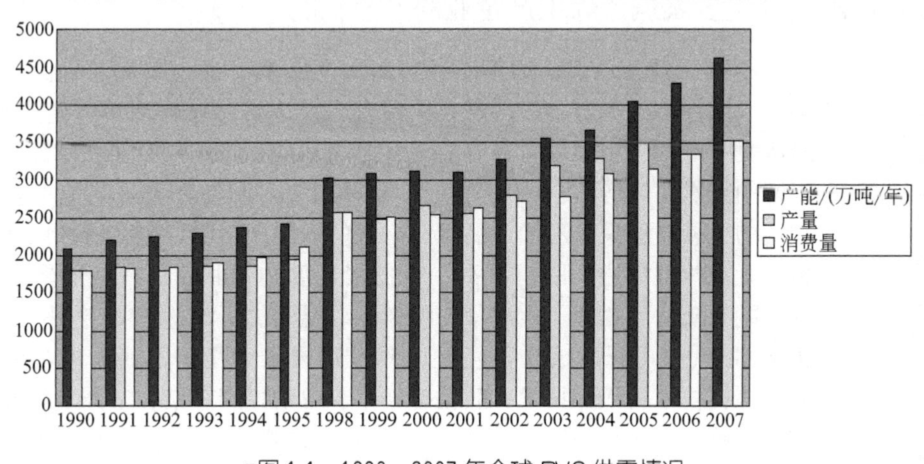

■图 1-1　1990～2007 年全球 PVC 供需情况

根据总部位于美国休斯敦的化学品市场协会（CMAI）的最新研究报告显示，2007～2012 五年，全球 PVC 市场有望以年均 4%的速度快速增长。CMAI 称，全球 PVC 市场已经历了产能快速扩张期，从 2004～2007 年，全球 PVC 新增产能 973 万吨/年，约占总产能的 21.0%，新增产能 80%来自中国。

经过多年发展，世界 PVC 产业日臻成熟，而中国大陆 PVC 产业也得到了迅猛发展。日本 PVC 产业在 20 世纪 70 年代进入了成熟期，中国的聚氯乙烯工业从 2008 年开始进入到了成熟期。目前世界 PVC 产业发展现状主要表现在以下几个方面。

① 调整机构，组建大型公司或跨国公司，开展多种经营，向规模经济要效益。面对市场萧条形势，欧美关闭了不少旧生产装置，新建了具有先进水平的大型 PVC 装置；而日本和韩国通过关停并转，进一步优化了产业结构。

② 提高生产装备水平和操作控制水平。计算机自动化控制向生产效率和产品质量要效益，而超大型釜对增加生产强度、降低消耗、稳定质量起到作用。

③ 品种专用化、系列化、高性能化。国外 PVC 树脂开发的趋势，一是均聚物品种等级细化和聚合度向高或低延伸；二是开发各种专用料、混合

料，使加工应用更加经济、合理；三是适应市场需求，不断推出 PVC 改性新品种，使通用化向高性能化、工程化或功能化扩展。

受亚太和南亚地区强劲需求的拉动，2010～2012 年期间全球的 PVC 树脂需求量将年均增长 2.0%，其中中国的需求量仍将占世界最大比重，并有望随经济发展而不断增长。

1.2.2 全球主要聚氯乙烯生产企业的产能状况

PVC 工业上以氯乙烯单体（VCM）为原料，通过悬浮、乳液、本体和溶液法四种方法聚合生产。悬浮法聚合工艺成熟、操作简单、生产成本低、经济效益好、应用领域宽，一直是生产 PVC 树脂的主要方法。目前，悬浮工艺的聚氯乙烯产量占 80%以上，品种之多，产量之大是其他工艺所无法相比的。悬浮法聚氯乙烯产品既有一般的通用型树脂，也有特殊用途的专用树脂，如球型树脂；既有特高、特低聚合度的树脂，也有一般聚合度的树脂；既有疏松型树脂，也有紧密型树脂。悬浮法 PVC 生产工艺于 1941 年由美国 Geon 公司开发成功，经过世界发达国家十几年不断改进，在聚合配方、汽提技术、干燥技术、防粘釜技术、自动控制、聚合釜开发等方面都已相当成熟。

受 2004 年全球经济转好的影响，2005 年是 PVC 产能增加最多的一年，增长率由 2004 年的 4.19%增加到 9.72%，中国产能增加了 280 万吨，增长率达到 35.45%之多。中东地区 PVC 产能长期短缺，为了适应需求增长，一些厂家也开始扩大产能，2005 年产能增幅也达到了 29%。2006 年全球 PVC 产能增加约为 260 万吨，产能增加也主要集中在中国，由于中国大量产能的增长，使得中国 PVC 开工率明显低于全球平均值。北美由于缺少主要产能的增加，PVC 开工率明显高于全球平均值，约为 90%，全球的 PVC 开工率接近 85%。2004～2009 年世界主要生产企业 PVC 的产能见表 1-1。

■表 1-1 全球 PVC 产能　　单位：万吨/年

国家	主要企业	2004	2005	2006	2007	2008	2009	树脂类型
美国	日本信越（Shintech Inc.）	236	236	236	204	234	234	悬浮
	西方化学(OxyVinyls)（Occidental chem）	149	149	149	140	140	140	本体/悬浮
	台塑美国公司①（Formosa Plastic）	118	118	118	152	152	152	悬浮/乳液
	佐治亚海湾（Georgia Gulf）	122.5	122.5	122.5	122.5	74.5	102.5	悬浮
	Borden 化学品和塑料				0	0	0	
	西湖公司（Westlake pvc）	66	79.7	93.4	63.5	63.5	77.11	悬浮

续表

国家	主要企业	2004	2005	2006	2007	2008	2009	树脂类型
美国	赛泰恩德（Certain Teed）	22.7	22.7	22.7	22.7	22.7	22.7	本体
	一体化（Poly One）	10	10	10	10	10	10	悬浮/乳液
	其他[2]	9.1	9.1	9.1	9.1	9.1	9.1	
加拿大	西方化学加拿大公司（OxyVinyls）	43	43	27.9	28	28	28	本体/悬浮
	皇家集团技术公司（Royal Grop Tech ltd）	22	22	22	18	18	18	悬浮
墨西哥		56	56	56	56	56	56	
北美合计		854.3	868	866.6	825.8	807.8	849.4	
阿根廷		24	24	24	24	24	24	
巴西	Trikem（Braskem的子公司）	45.4	45.4	45.4	51.5	53.5	63.5	
	索尔维	24	28	28	47	47	47	
哥伦比亚		28.1	28.1	28.1	30	30	30	
委内瑞拉		18	18	18	18	40.5	40.5	
南美合计		139.5	143.5	143.5	170.5	195	205	
奥地利		6	6	6	6	6	6	
比利时	索尔维（Solvin）	21	21	21	40	40	40	悬浮/乳液
芬兰	信越化学	9	9	9	9	9	9	悬浮
	Finnplast	0	0	0	10	10	10	
法国	Atofina	67	67	67	67	67	67	悬浮/乳液/本体
	Solvin- Atofina	25	25	25	25	25	25	悬浮
	Solvin	24	24	24	24	24	24	悬浮
	LVM	22.5	22.5	22.5	25.5	25.5	25.5	悬浮
德国	欧洲乙烯基（EVC）	64	64	64	64	64	64	悬浮/乳液
	维诺里特（Vinnolit）	55.5	55.5	55.5	65	65	65	悬浮/乳液
	索尔维(Solvin)	36.5	36.5	36.5	18.5	18.5	18.5	悬浮/乳液
	Ineos				28	28	28	
	Vestolir	35	35	35	35	35	35	悬浮/乳液
希腊		10	10	10	10	10	10	乳液
意大利	欧洲乙烯基(EVC)	41.5	41.5	41.5	41.5	41.5	41.5	悬浮
荷兰	信越化学	34.5	34.5	45	45	45	45	悬浮
	LVM	22	22	22	22.5	22.5	22.5	悬浮
挪威	诺斯克-海德罗（Norsk Hydro）	15	15	15	20	20	20	悬浮/乳液
葡萄牙	Cires	21	21	21	20	20	20	悬浮/乳液
西班牙	Solvin-阿托菲纳化学	46.8	46.8	46.8	46.8	46.8	46.8	悬浮/乳液
	Alscondel							悬浮
	阿托菲纳化学							悬浮/乳液
瑞典	Hydros Polymers	18	18	18	26	26	26	悬浮
英国	欧洲乙烯基	51.5	51.5	51.5	51.5	51.5	51.5	悬浮
	诺斯克-海德罗							悬浮

续表

国家	主要企业	2004	2005	2006	2007	2008	2009	树脂类型
西欧合计		625.8	625.8	636.3	700.3	700.3	700.3	
俄罗斯	沙扬斯克化学工业	20	20	20	20	20	20	悬浮
	Sterlikanmsk 烧碱	12	12	12	12	12	12	悬浮
	Sibur 石油化学	13	13	13	13	13	13	悬浮
	纤维塑料公司	10	10	10	10	10	10	悬浮
	其他	23	23	23	23	23	23	悬浮
	合计	78	78	78	78	78	78	
乌克兰	Oriana	20	20	20	35	35	35	悬浮/乳液
	俄罗斯 lukoilNeftekhim 公司	0	0	0				
匈牙利	Borsodchem	32	32	32	40	40	40	悬浮
波兰	Anwil	10	30	30	30	30	30	悬浮
	ZAP	6	6	6	6	6	6	悬浮
罗马尼亚	Oltchim	18	18	18	25	25	25	悬浮
捷克	Spolana	12	12	12	13.5	13.5	13.5	悬浮
斯洛伐克	NCl	6	6	6	7	7	7	悬浮
保加利亚	Polimeri	6	6	6	6	6	6	悬浮
其他		44.2	44.2	44.2	44.2	44.2	44.2	
东欧合计		310.2	330.2	330.2	362.7	397.7	397.7	
印度	Reliance 工业	50.5	133.3	133.3	133	153	153	
	Finolex	10						
	其他	19.5						
印尼	P. T. Asahimas Chem	60	60	60	60	60	60	
	Tosoh							
马来西亚		15	15	15	15	24	24	
泰国	泰国塑料和化学品 TPC	56	56	56	94	94	94	
	泰国乙烯基	21	21	21				
	Apex	12	12	12				
越南	TPC VINA 塑化有限公司	10	10	10	10	15	15	
菲律宾	Tosoh	10	10	10	10	19	19	
新加坡		2.8	2.8	2.8	2.8	2.8	2.8	
巴基斯坦	Engro Asahi Polymer and Chem	10	10	10	10	10	15	
中国		806.7	1034.4	1230.8	1550	1581	1581	
中国台湾地区	台塑	133	139	139	135.1	155	155	悬浮
澳大利亚		14	14	14	14	14	14	
韩国	LG	79	79	93	94	153	153	悬浮/乳液
	韩和石油化学	50	50	50	59			悬浮/乳液
日本	大洋乙烯基公司（taiyo vinyl）	67.4	67.4	67.4	67.4	273	273	悬浮
	底钟渊化学公司（kaneka）	45	45	45	45			悬浮/乳液
	信越化学（Shin-Etsu Chemical）	55	55	55	55			悬浮

续表

国家	主要企业	2004	2005	2006	2007	2008	2009	树脂类型
日本	V-泰克公司（V-Tech）	33.5	33.5	33.5	33.5	273	273	悬浮
	新第一乙烯基公司（Shin Dai-Ichi Vinyl）	29.5	29.5	29.5	29.5			悬浮
	窒素公司							
	德山积水工业（Tokuyama Seikisui）	11.5	11.5	11.5	11.5			悬浮
	吴羽化学公司（Kureha Chemical Industry）	10	10	10	10			
	Tosoh				70			
亚洲合计		1611.4	1898.4	2108.8	2508.8	2553.8	2558.8	
伊朗	Bandarimam	17.5	17.5	17.5	17.5	17.5	17.5	悬浮
	Np	15	40	40	40	40	40	悬浮
	Basf	3.6	3.6	3.6	3.6	3.6	3.6	悬浮
	lip			12	12	12	12	悬浮
	其他		7	7	7	7	7	悬浮
以色列	Frutaro	13.4	13.4	13.4	13.4	13.4	13.4	悬浮/乳液
沙特	Ibnhayyan	62.4	62.4	62.4	62.4	62.4	62.4	悬浮/乳液
	Ar-razi	5	5	5	5	5	5	悬浮
	Sabic				40	40	40	
	其他	8	8	8	8	8	8	悬浮
土耳其	Petkim	19.6	19.6	19.6	19.6	19.6	19.6	悬浮/乳液
	Aliaga				15	15	15	
阿联酋	Goic			10	10	10	10	悬浮
阿曼	Ociped		10	10	10	10	10	悬浮
卡塔尔	Oltchim			12	12	12	12	悬浮
埃及	埃及石化公司			8	8	12	12	
中东合计		144.5	186.5	228.5	243.5	247.5	247.5	
非洲	SASOL	16	16	16	16	16	16	悬浮
加和总计		3701.7	4068.4	4329.9	4827.6	4918.1	4974.7	

① 台湾台塑公司收购美国的 PVC 工厂。

1.2.3 全球 PVC 市场状况

(1) 全球 PVC 市场消费状况 从世界各国聚氯乙烯制品的消费结构来看，以管材、管件用量最大，其次是护墙板、型材、薄膜和片材，以及电线电缆等，自从 20 世纪 80 年代以来，其消费模式一直没有大的变化。近几年来，全球建筑市场中护墙板和窗型材得到了迅速发展，而且聚氯乙烯的应用范围也在扩大。目前世界 PVC 树脂的消费以硬制品为主，约占总消费量的 65.14%，软制品占 34.86%。其中用于管材管件的 PVC 树脂数量占总消费量的 29.7%，是 PVC 树脂最大的消费市场，在许多国家和地区 PVC 树脂在小口径上下水管、排污管及电缆护套方面的应用与其他材料相比占绝对优势。预计今后几年，世界 PVC 树脂的消费量将以年均约 3.8%的速度增长，到 2011 年总消费量将达到约 4100 万吨，其中亚洲地区消费量增长最快，消费量的年均增长率约 6.7%。世界各地区 PVC 进口量见表 1-2。

■表 1-2 世界各地区 PVC 进口量

汇总项目名称	数量/kg	金额/美元
日本	43753555	37790031
韩国	3825747	4009697
印度尼西亚	4087250	3469603
泰国	3296225	3204817
美国	3223478	3027651
德国	750425	979181
马来西亚	580460	654748
瑞典	315675	574220
俄罗斯联邦	702000	545940
法国	319500	380360
中国	358750	366829
中国台湾省	30416631	27112225
中国香港	241021	316141
菲律宾	51000	59466
新加坡	40855	57608
沙特阿拉伯	27800	46224
墨西哥	28140	35993
挪威	7742	27367
英国	18928	19586
瑞士	2610	5157
意大利	1155	2953
总计	92048947	82685797

聚氯乙烯树脂的主要应用产品范围，见图 1-2。

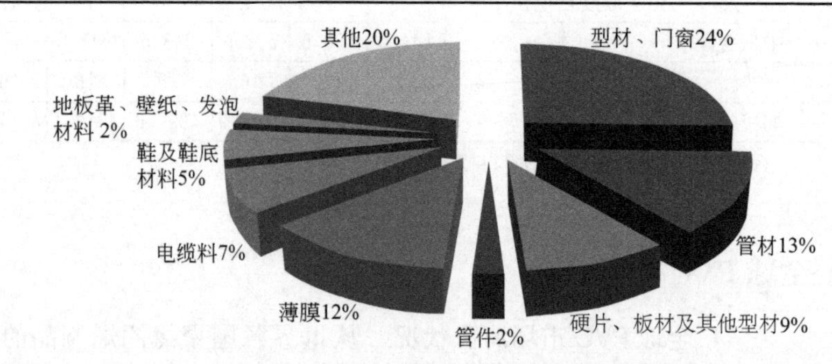

■图 1-2 聚氯乙烯树脂的主要应用产品范围

(2) 印度产量和消费量将以两位数字增长 印度的基础设施底子较薄，近年来印度建筑工业的繁荣发展带动了管材、窗框架和铺地材料的需求猛增。另外，聚氯乙烯薄膜和包装瓶也随着包装工业持续发展呈现良好增长势头。

近年来，印度进口塑料的需求量以年均 14%的速度增长，而且已成为世界第八大聚合物和塑料配混料生产国，但其人均年消费量2007年还仅为5kg，远远低于国际平均水平的24kg。在需求高速增长情况下，2010年印度的塑料人均年消费量已翻番，达10kg。印度将成为仅次于美国和中国的世界第三大塑料消费国，2030年的需求量将达1亿吨，与中国的消费量相当。

聚氯乙烯管材应用增长迅速。据业内人士分析，印度聚氯乙烯制品的消费量将从目前不足150万吨/年提高到300万吨/年。建筑业将以10%～12%的速度增长。为了与建筑业的发展相适应，印度政府计划今后几年投资5000亿美元左右改进基础设施，包括房屋建筑和饮用水供应系统。把聚氯乙烯管的需求量从110万吨/年提高到2013年的250万吨/年。

印度印刷、包装和联合机械生产厂协会（IPAMA）称，2006～2007年，印度聚氯乙烯薄膜的销售额为150亿美元左右，其中75%用于食品和饮料行业。印度聚氯乙烯薄膜的第二大应用领域是药品工业，年均增长率可达15%，将带动聚氯乙烯薄膜需求的进一步增长。IPAMA预计，至2012年，印度聚氯乙烯薄膜的销售额将增长20%～30%。

2007～2008年，印度次大陆聚氯乙烯总产能为98.5万吨/年，比2006～2007年提高了20%左右，装置的开工率为94%。

(3) 韩国PVC市场行情 2008～2009年韩国PVC市场行情见表1-3。

■表1-3 2008～2009年韩国市场行情

项目	产量	进口量	出口量	需求
2008年/万吨	134.37	2.56	50.45	86.47
同比增长/%	-2.4	-2.8	9	-8
2009年/万吨	138	2.3	57.3	83
同比增长/%	2.7	-10	13.6	-4

(4) 德国公司预测全球市场将继续稳步增长 德国公司Ceresana新近发布的一份研究报告称，全球聚氯乙烯市场已出现反弹，已经开始走出20年前环境的压力，随着市场的不断增加，2007年市场需求增加至3400万吨，2000年仅为2400万吨。未来几年也许不可能维持其每年5%的增长速度，预计到2016年需求将增加至4000万吨，平均增速为2%。

报告称，建筑和民用工程将仍然是聚氯乙烯主要需求，管材约占38%的销售量，门窗型材占20%市场份额。在俄罗斯，聚氯乙烯窗户的需求将快速增加，但管材的使用增速将以亚洲增长最为快速。

在中东地区，聚氯乙烯相对聚烯烃没有原料优势。因此，中国正成为聚氯乙烯生产的最重要的生产基地，年产40万吨的工厂不断增加，或更大的生产厂正在建设中，将取代规模小的乙炔原料的聚氯乙烯工厂。由于中国聚氯乙烯产能稳定增长，也正在改变中国聚氯乙烯的贸易平衡。

(5) 全球PVC市场前景仍然看好 据美国著名的商业情报研究机构——全球行业分析公司（GIA）2009年的研究报告显示，尽管当前全球经济面临衰退，但聚氯乙烯（PVC）市场前景仍然看好。今后我国市场对

PVC 的需求量仍将保持较快速度的增长，预计 2015 年将达到 1700 万吨左右。2012 年全球 PVC 市场需求将在 2010 年的基础上增长 22%，达到 4270 万吨。GIA 称，中国 PVC 市场需求的持续增长以及美国住宅市场的复苏将刺激全球 PVC 消费增长。

研究报告显示，就 PVC 消费的各个领域而言，电线和电缆料是增速最快的市场。

1.3 中国大陆聚氯乙烯工业的发展概述

聚氯乙烯是五大通用合成树脂之一，也是中国开发最早的热塑性塑料品种。在建国初期，我国为了解决国家粮食增产用的塑料薄膜问题，以及塑料鞋底替代用布纳鞋底的全国人民穿鞋的问题，提出了要发展聚氯乙烯工业。我国 PVC 工业起步于 20 世纪 50 年代，第一套 PVC 生产装置在锦西化工厂于 1958 年投产，生产能力为 3000t/年，当年产量仅为 1000t。在 1959 年，国内建成 4 个生产能力为 6000t/年的 PVC 工厂，即北京化工二厂、上海天原化工厂、天津化工厂和大沽化工厂。采用 6 台 13.5m^3 聚合釜型组成一条生产线，并完成了定型设计，推广至全国，确立了中国聚氯乙烯工业的基础。

中国聚氯乙烯工业从 1958 年起步，经历了 50 年多年的历史，到 2010 年我国 PVC 产能已突破 2000 万吨，成为了世界产能第一大国。

1.3.1 中国聚氯乙烯工业的发展阶段

(1) 起步阶段 1953 年，在原重工业部化工局的化工综合试验场（化工部北京和沈阳化工研究院的前身）开始实验。1955 年，在锦西化工厂试验工厂（原化工部锦西化工研究院前身）进行了 100t/年乳液法聚合中间试验，因乳化剂供应问题而改为悬浮法聚合工艺。1957 年，原北京有机化工设计院进行设计，1958 年在锦西化工厂悬浮法 3000t/年工业装置建成投产。主要设备有两层齿耙直径为 1.6m 的乙炔发生器 1 台；613 根列管转化器 6 台；13.5m^3 聚合釜 4 台；上悬式离心机 1 台；干燥塔 1 台。随后又进行了扩建，采用 6 台 13.5m^3 的聚合釜组成一条生产线，完成了 6000t/年定型设计，推广至全国。1959～1960 年，相继建成了 7 套 6000t/年和一套 3000t/年的 PVC 树脂厂。1962 年，武汉建汉化工厂（葛店化工厂）和上海天原化工厂分别试验成功了 100t/年的乳液法试验装置，并扩建到了500t/年的生产装置。1962 年，中国聚氯乙烯工业共有 9 家生产厂，生产能力达到 4.5 万吨，产量达到 2.4 万吨，生产悬浮法和乳液法两种树脂。

(2) 发展阶段 20 世纪 60 年代初期，国内的 PVC 生产以电石为原料，依靠国产生产技术，自力更生，主要以 13.5m³ 和 30m³ 聚合反应釜为主。到 1983 年，PVC 企业数量已达到 65 家，生产能力 56 万吨，实际生产量达到 48 万吨。产品质量、生产强度、原料单耗、能源消耗、自控水平和生产技术与国外先进国家的装置差距较大，只能生产软制品树脂，生产硬制品树脂（SG-5 型）时粘釜严重，生产无法正常进行。

(3) 引进阶段 20 世纪 80 年代初期，中国开始实施改革开放政策，国内 PVC 行业有机会接触国外先进技术，对外技术交流增多。北京化工二厂为了解决首都东郊电石生产和使用的污染问题，于 1976 年 10 月从德国伍德公司引进了国内第一套 8 万吨/年氧氯化单体生产装置，1979 年齐鲁石化和上海氯碱引进了 20 万吨/年氧氯化单体装置和聚合装置，采用 127m³ 的聚合釜。北京化二为了解决多年久攻不下的防粘釜问题，解决工人下釜劳动强度大和环境污染问题，开始了与国外进行技术交流和防粘釜技术的引进谈判，最终决定引进美国古德里奇公司的 DCS 控制的 70m³ 釜聚合生产技术，随后锦西化工厂和福二化也引进了该公司的技术和装置，新技术的引进极大地推动了国内产业的升级，揭开了 PVC 行业的新篇章。90 年代中期，北京化二和锦西化工厂引进了欧洲 EVC 公司的生产技术，将中国的 PVC 生产技术提高到了国际先平。

(4) 国产化阶段 进入 21 世纪，随着中国经济的发展，尤其是中国住房制度的改革，对于聚氯乙烯的市场需求逐年递增，国际油价不断节节攀升，使具有中国特色的电石法原料路线的聚氯乙烯工业获得了发展的动力，极大地促进了 PVC 行业的发展。在生产技术上，经过国内工程技术人员的不懈努力，掌握和消化了国外的先进技术，国产化的生产装置日趋完美，无论是技术水平还是装置投资，与引进装置相比，都具备了很强的竞争实力。以北京化二为代表的全自动化 70m³ 生产装置技术，锦西化工厂的生产技术，以及国产的其他装备技术在中国的土地上遍地开花，使得中国的产能迅猛增加。从 1992 年到 2001 年 10 年间，国内 PVC 年产量从 92 万吨增加到 310 万吨，而从 2002 年到 2008 年短短的六年间中国的聚氯乙烯生产能力快速增长，从 425 万吨增加到近 1600 万吨，2009 年产能则达到 1731 万吨，表观消费量达到 1054 万吨，成为世界最大的聚氯乙烯生产国和消费国。国内现有悬浮聚合、乳液聚合、微悬浮聚合和本体聚合四种 PVC 生产方法，有近 100 多种牌号的 PVC 树脂。2007 年中国产能和产量已超越了美国，成为了世界第一聚氯乙烯树脂产能大国。

1.3.2 中国聚氯乙烯工业技术发展特点

中国聚氯乙烯工业的发展离不开生产技术的提高，生产技术的发展主要有自力更生，自主创新阶段，引进先进技术阶段和消化吸收阶段，通过中国工程技术人员的 50 多年的不断追求和努力，从产品质量到工业生产技术都得到了较大的进步，中国聚氯乙烯工业正从生产大国向生产强国迈进。

(1) 生产规模和生产技术 中国 PVC 生产企业的生产规模随着时间的发展是一个不断壮大的过程，从建国初期的 3000t/年生产装置，到现在生产能力 20 万吨/年为一条生产线成为了企业的首选。同时，企业生产规模不断加大，具有资源优势的企业，在近几年内将会达到 200 万吨/年生产能力。2010 年 104 家企业中，产能在 30 万吨/年以上的企业有 18 家，产能集中度达到 45%以上，产业集中度和规模效益初步显现。

(2) 原料路线 中国 PVC 工业按照原料生产特点划分，主要经历了三个阶段，第一个阶段是完全电石法原料生产阶段（1958～1976），第二个阶段是电石和乙烯法共同发展阶段（1976～2003），第三个阶段是电石法占主导地位的发展阶段（2003～至今）。

从 1958 年开始，中国聚氯乙烯以电石为原料开始生产，直到 1976 年北京化工二厂从德国引进了 8 万吨/年氧氯化生产装置，才结束了以电石法为原料的历史，随后的 1979 年齐鲁石化公司和上海氯碱总厂又引进了两套 20 万吨/年氧氯化生产装置，使得中国聚氯乙烯的原料路线得到了改变。由于当年石油价格较低，以乙烯为原料生产的树脂产品质量好，成本具有明显的优势，但由于乙烯来源较少，聚氯乙烯生产厂得不到乙烯原料，阻碍了中国电石法向乙烯法原料路线的转变。2000 年，中国聚氯乙烯树脂总生产能力 320 万吨，其中电石法 182 万吨，占 57%，乙烯法 138 万吨，占 43%，到 2010 年，中国聚氯乙烯生产能力达到 2202.3 万吨，其中电石法 1586 万吨，占 80%，乙烯法 396 万吨，占 20%（见图 1-3）。

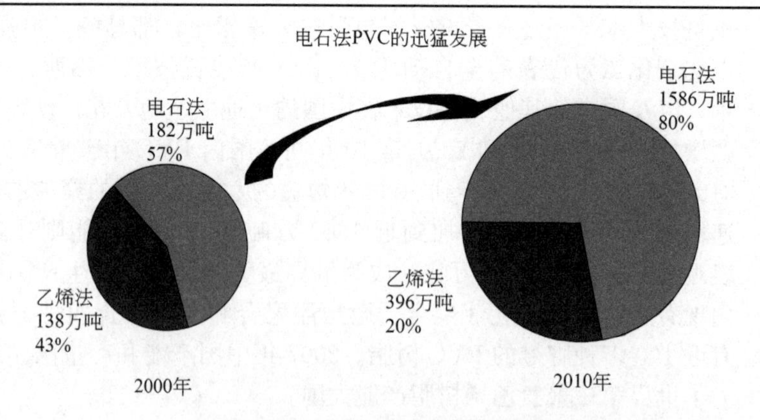

■图 1-3 电石法和乙烯法原料比重的变化情况

2000 年以后，随着中国城市房地产业的改革的带动，电石法聚氯乙烯呈现出了爆炸式的快速发展，2003 年，对于进口 PVC 实施反倾销以及国际原油价格的不断上涨，促使了电石法聚氯乙烯的迅猛发展，2003 年至 2010

年的 7 年时间里，产量从 424.3 万吨增长了 1292.7 万吨。

从表 1-4 中的产量、产能原料路线的所占比重可以看出，中国聚氯乙烯行业的发展状况。

■表 1-4 近年中国 PVC 原料路线情况

项目	2003	2004	2005	2006	2007	2008	2009	2010
总产能/万吨	519.7	656.2	887.2	1058.5	1448	1581.0	1727.9	2022.3
总产量/万吨	424.3	508.8	668.2	823.8	971.7	881.7	1154.6	1292.7
产量同比增长	25.1%	19.9%	31.3%	23.3%	17.9%	−9.25	30.9%	11.9
设备运转率	81.6%	77.5%	75.3%	77.8%	76.4%	55.8	66.8%	63.9%
电石法产量/万吨	231.1	311.2	434.7	584.04	685.1	591.7	821	892.3
同比增长	19.3%	34.7%	39.7%	34.4%	17.1%	−13.6%	38.7%	36.6%
电石法占比重	54.5%	61.2%	65.1%	70.9%	72%	67%	71.3	78.9
乙烯法产量/万吨	193.2	197.6	233.5	239.76	286.9	290	333	238.05
同比增长	32.9%	2.3%	18.2%	2.6%	19.9%	−1.0%	14.8%	−9.1%
乙烯法占比重	45.5%	38.8%	34.9%	29.1%	29.6%	32.9%	28.6%	21.1%

(3) 生产方法 我国聚氯乙烯主要以悬浮法生产为主，有乳液法和本体法的生产装置，没有成规模的溶液法生产装置。

2010 年统计的 104 家聚氯乙烯生产企业中基本是采用悬浮法聚氯乙烯生产技术，其中有 10 家采用乳液法生产，生产能力达到 61 万吨/年，两家采用本体法技术，即四川宜宾天原股份有限公司 20 万吨/年和内蒙古海吉氯碱化工股份有限公司 8 万吨/年装置。由于本体法生产技术难于掌握，近年没有得到发展。

1.4 中国聚氯乙烯工业的现状

1.4.1 企业状况

2007 年，中国聚氯乙烯企业名称和生产能力统计统计见表 1-5：106 家聚氯乙烯企业开工率近年来逐年下降，2008 年行业的开工率只有 55%，闲置企业有 17 家，闲置生产能力达到 93.5 万吨。地区性的产业升级和调整，一些企业将会永久退出。中国聚氯乙烯工业经过十年的快速发展期，已经开始步入到成熟期。

■表 1-5 2007 年国内 PVC 生产企业名称和生产能力 （括弧内是计划扩产数量）

序 号	单位名称	生产能力/(万吨/年)
直辖市		
1	北京化二股份有限公司	16 2007 年永久退出
2	天津大沽化工股份有限公司	70 (8)
3	天津乐金大沽化学有限公司	34
4	天津渤天化工有限责任公司	26
5	上海氯碱化工股份有限公司	45
黑龙江		
6	齐化集团有限公司	8 (12)
7	哈尔滨华尔化工有限公司	3.5 (10)
8	牡丹江东北高新化工有限公司	3.5 (10)
吉林省		
9	四平昊华化工有限公司	8 (20)
辽宁省		
10	沈阳化工股份有限公司	13
11	辽宁营口米高化工有限公司	(20)
12	锦化化工集团氯碱股份有限公司	14
13	本溪东方氯碱有限责任公司	3
河北省		
14	河北化工实业集团有限公司	29(40)
15	河北宝硕股份有限公司氯碱分公司	10(3)
16	河北盛华化工有限公司	10 (6)
17	唐山三友氯碱有限责任公司	20 (10)
18	唐山冀东氯碱有限公司	4
19	邯郸市良晨树脂有限公司	3 (2)
内蒙古		
20	内蒙古亿利化学工业有限公司	40
21	中盐吉兰泰氯碱化工有限公司	20 (20)
22	内蒙古海吉氯碱化工股份有限公司	6
23	内蒙古三联化工股份有限公司	20(10)
24	内蒙古乌拉特前旗临海化工有限责任公司	15 (50)
25	内蒙古君正化工有限责任公司	5.5(20)
26	包头明天科技股份有限公司	9(6)
#	内蒙古乌海化工厂（广东鸿达）	12 2007 年投产

续表

序　号	单位名称	生产能力/(万吨/年)
陕西		
27	陕西金泰氯碱化工有限公司	10(12)
28	西安西化热电化工有限责任公司	6.2
29	陕西北元化工有限责任公司	10(25)
山西		
30	山西省榆社化工股份有限公司	38 (20)
31	潞安树脂有限责任公司	20
32	太化化工股公司氯碱分公司	15
33	山西阳煤氯碱化工有限责任公司	14
34	大同市华昌化工有限公司	4
35	山西省长治市霍家工业有限公司	6 (10)
河南		
36	平煤集团煤基联合化工园	30
37	昊华宇航化工有限责任公司	20 (20)
38	河南神马氯碱化工股份有限公司	15
39	河南联创化工有限公司	12 (12)
40	河南神马氯碱发展有限责任公司	10
41	河南恒通化工有限公司	6
42	济源市方升化学有限公司	5 (12)
43	神马汇源化工有限责任公司	5 (5)
44	三门峡捷马电化有限公司	5
45	新乡神马正华化工有限责任公司	2 (15)
山东		
46	中国石化股份有限公司齐鲁分公司氯碱厂	60 (37)
47	滨州海洋化工有限公司	25
48	山东海化氯碱树脂有限公司	25
49	山东博汇化工厂	20
50	山东信发铝电集团	20 (40)
51	青岛海晶化工集团有限公司	16
52	山东德州石油化工总厂	12
53	寿光新龙电化集团	12
54	新汶矿业泰山盐化工分公司	10(20)
55	山东恒通化工股份有限公司	10
56	济宁中银电化有限公司	7
57	济宁金威煤电有限公司	8(18)
58	潍坊亚星化学股份有限公司	4

续表

序 号	单位名称	生产能力/(万吨/年)
江苏		
59	常州常化集团	28
60	无锡格林艾普化工股份有限公司	18
61	苏州华苏塑料有限公司	13
62	南通江山农药化工股份有限公司	12 (13)
63	江苏金浦北方氯碱化工有限公司	7 (5)
64	江阴市华士玻璃钢化工厂	6
65	新沂市嘉泰化工有限公司	8
66	江苏梅兰化工集团有限公司	6
67	徐州天成氯碱有限公司	4 (10)
68	江苏索普化工股份公司	2.5
69	无锡市洪汇化工有限公司	1.8
浙江		
70	台塑工业(宁波)有限公司	30
71	浙江巨化股份有限公司电化厂	23
72	杭州电化集团有限公司	6
73	萧山联发电化有限公司	2
湖南		
74	湖南省株化集团公司	20 (10)
75	衡阳建滔化工有限公司	(12)
76	郴州华湘化工有限责任公司	4.5 (5)
湖北		
77	湖北宜化集团有限责任公司	24
78	武汉葛化集团有限公司	8
79	湖北潜江仙桥化学制品有限公司	(3)
80	湖北山水化工有限公司	2
贵州		
81	贵州省遵义碱厂	15
82	贵州省安龙金宏特种树脂有限责任公司	12
安徽		
83	芜湖融汇化工有限公司	6
84	安徽嘉泰化工有限公司	6
85	安徽氯碱化工集团有限责任公司	6 (8)
#	淮北矿业氯碱化工	(40+60)

续表

序　号	单位名称	生产能力/(万吨/年)
江西		
86	九江新康达化工实业有限公司	2
87	南昌宏狄氯碱有限公司	1.5
四川		
88	四川宜宾天原集团有限公司	52（40）
89	四川省金路树脂有限公司	30（10）
90	四川永祥股份有限公司	10（20）
91	成都华融化工有限公司	10（10）
福建		
92	福建东南电化股份有限公司	12（16）
93	福建省南平市榕昌化工有限公司	2(10)
甘肃省		
94	甘肃北方三泰化工有限公司	12
宁夏		
95	宁夏金昱元化工集团有限公司	20
96	宁夏西部聚氯乙烯有限公司	15
97	宁夏英力特化工股份有限公司	17（20）
青海		
98	青海盐湖工业集团有限公司化工分公司	10（12）
99	青海谦信化工有限责任公司	1
广东省		
100	东曹（广州）化工有限公司	22
广西		
101	广西南宁化工股份有限公司	14
102	柳州东风化工有限公司	1（4）
云南		
103	云南盐化股份有限公司	13（25）
104	云南南磷集团股份有限公司	13（13）
新疆		
105	新疆天业股份有限公司	30（40）
106	新疆中泰化学股份有限公司	30（12）

2008年我国共有10家乳液法PVC企业，总生产量为39.59万吨，占当年实际PVC总产量的4.45%。生产能力为61.2万吨，占全国总生产能力3.87%。

本体法聚合工艺研究时间较长，工业化的成熟时间大大晚于悬浮聚合。从20世纪40年代开始研究，到70年代臻于成熟，而此时聚氯乙烯树脂的生产已经相对稳定，所以本体法工艺技术的普及程度相对较小。目前，全世界已经有15个国家的26各公司拥有26套本体法聚氯乙烯生产装置，总生产能力140万吨，占世界产量的8%左右。

本体法聚氯乙烯工艺比较简单，不以水为分散介质，也不加入分散剂等各种助剂，而只是加入氯乙烯和引发剂，因此，生产工艺大为简化，即无原料与助剂的预处理、配料等工序，也没有成品后处理、离心与干燥工序。而且，因为没有起保护作用的分散剂，树脂的颗粒形态大有改进，没有各种助剂的加入，成品聚氯乙烯中的杂质相对少得多，也提高了聚氯乙烯树脂的一些特有的用途。本体法树脂的与悬浮法树脂相比，加工时塑化快，对于DOP的吸收快，有利于加工。在生产透明制品方面高于同类悬浮法树脂。

四川宜宾天原集团1996年从法国阿托公司引进了2万吨/年二步法本体聚合装置，2002年8月成功地完成了技术改造，将产量扩大到8万吨/年，2005年4月依靠自己的力量新上了一套年产12万吨的生产装置。

1997年四川川东化学工业公司从法国阿托公引进6万吨/年本体法聚氯乙烯装置，由于各种原因缓建，2000年内蒙古海吉氯碱股份有限公司将此装置搬入内蒙古乌海市。2004年建成并投产，2004年产量3000t。

我国目前有两个厂家有本体法聚合装置，宜宾天原集团公司和内蒙古海吉氯碱股份有限公司。2004年底中国本体法聚氯乙烯生产能力达到14万吨，实际生产能力6.7万吨。

到2009年，四川宜宾天原股份有限公司生产能力20万吨/年和内蒙古乌海海吉氯碱化工公司生产能力8万吨/年。两个厂生产能力为28万吨/年，占全国聚氯乙烯树脂生产能力约2%。

1.4.2 近年行业发展特点

(1) 产能继续扩张，成为了世界聚氯乙烯生产大国 从1999年开始，随着我国建筑业与塑料加工业的发展，对PVC的需求迅猛增长，聚氯乙烯行业的发展进入到了快速发展通道，尤其是2003年中国PVC反倾销胜诉之后，高额利润和低行业门槛吸引大批的投资者进入该领域，国内PVC改扩建、新建项目纷纷上马。2005年世界聚氯乙烯产能达到了3407万吨，其中我国PVC产能达到了1030.1万吨，超过了美国当年863.3万吨，跃居为世界第一位，2005年中国聚氯乙烯树脂工业成为世界第一大产能国。

2006年中国聚氯乙烯树脂的实际产量达到了823.8万吨，超过了美国当年的产量，实际产量跃居第一，2006年中国聚氯乙烯树脂工业成为了世界第一产量大国。

随着我国PVC生产能力的不断增加，供求关系发生变化，大量依赖进口的局面得到明显的改善；与此同时，PVC市场价格下滑，行业盈利水平下降，原料供应问题突出。但是扩产、扩能仍在进行，PVC的生产能力继续增加，而国内PVC装置的开工率呈现逐渐下降的趋势，2008年全年装置整体开工率回落至60%以内。据统计，截至2008年年底，世界聚氯乙烯产能为3756万吨，产量为3433万吨。中国PVC生产能力达到1581万吨，实际产量为881万吨，产能较2007年的1448万吨同比增加9.2%，增长率较前几年呈现明显放缓。

2010年中国PVC产能首次突破了2000万吨的大关，达到了2202.3万吨。

(2) 装置开工率低，2008年受金融危机影响产量出现负增长 我国聚氯乙烯工业从2000年开始，步入到了快速发展阶段，一直处于产能和消费年年增长阶段，但2008年初我国南方地区遭遇大范围雨雪天气，部分地区电力供应和铁路运输中断，对PVC行业的生产以及产品运输造成巨大的影响；2008年5月份四川地区的地震灾害造成川内PVC生产企业大面积停车，给企业带来巨大的直接和间接经济损失。金融危机的影响在下半年开始显现。根据统计，2008年中国PVC产量为881.7万吨，与上年产量的972万吨同比减少−9.25%，是近年来产量首次出现负增长。说明中国的聚氯乙烯产业与国民经济的发展息息相关。2010年正在逐步恢复呈现恢复性的增长，2010年11月全国104家树脂企业统计，月产量达到103万吨，是国内单月产量首次突破100万吨的历史最高水平，2010年产量同比2009年增长11.9%。

(3) 市场价格呈现从剧烈波动向行业平均成本靠近 2000年的聚氯乙烯价格在6500～7500元/吨，在当时原料价格的条件下，企业具有较高的盈利水平。2008年中国PVC行业产品市场价格呈现“过山车”式波动，价格波动非常明显。上半年在原材料价格高涨的背景下，PVC价格也水涨船高；下半年受金融危机的影响，下游需求严重萎缩，PVC价格大跳水，从最高到最低降幅超过40%。PVC最高价格在9000元左右，最低价格在5000元水平。产品价格的剧烈波动给企业制定生产、销售计划带来较大的困难。由于我国聚氯乙烯产能相对过剩，其价格会长期处于行业的平均成本线上下波动。2010年受到原料和能源价格的不断上升，PVC价格稳定在8000元左右，基本在行业成本线上下波动，企业处于微利阶段。

(4) 行业盈利水平下降，企业处境艰难 由于前几年PVC生产企业扩产速度较快，行业内产品已经开始供过于求，行业逐渐进入整合期。随着企业生产成本升高、销售价格下滑，行业盈利水平迅速下降，尤其是2008年第三季度开始受到全球金融危机的影响，生产企业下游需求走势低迷，库存量增加，销售价格持续大幅下滑，亏损严重，越来越多的生产企业装置进入停车状态，开工的企业装置负荷也大幅降低，企业处境艰难。

(5) 进出口市场发生较大变化 我国聚氯乙烯树脂在 2000 年以前自给率较低，需要进口大量的产品满足国内市场的需求，从 1990 年进口 10.52 万吨，自给率为 85%，到 2001 年进口量达到了 250 万吨，自给率为 55%。从 2004 年开始，进口量逐年下降，自给率逐年上升。由于中国电石法聚氯乙烯树脂的成本优势，出口量呈现上升趋势。

2007 年，中国聚氯乙烯出口达到了近年来的最高值，出口量为 75 万吨，占当年产量的 7.7%。2008 年受到人民币升值、国外反倾销的影响，中国 PVC 产品出口外销难度增加，随着国际原油价格的迅速回落，国外产品成本大幅降低，中国 PVC 产品的成本优势也逐渐消失，出口量锐减。

图 1-4 为 2003～2008 年 PVC 树脂进出口趋势。

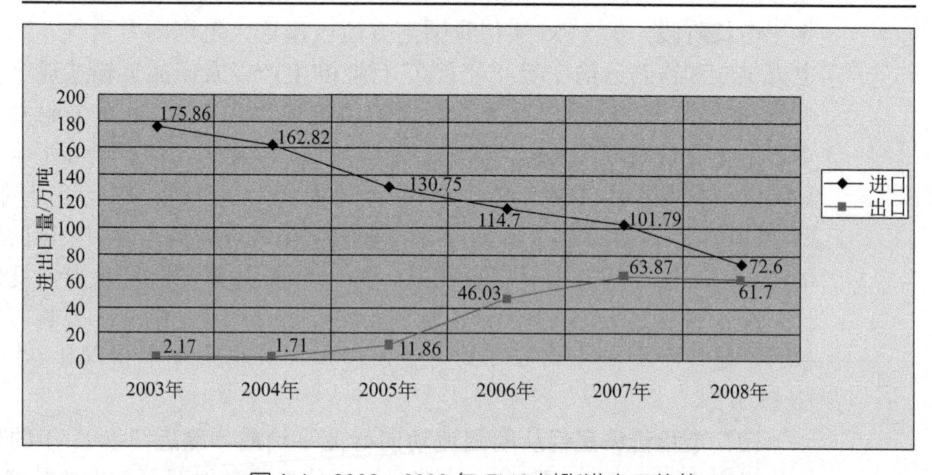

■图 1-4 2003～2008 年 PVC 树脂进出口趋势

(6) 中国聚氯乙烯产业结构矛盾 中国 PVC 产业在快速发展过程中，产业矛盾突出，主要表现在四个方面：一是产需矛盾进一步加大，不断扩张的 PVC 产业和平稳发展的下游加工产业矛盾；二是区域性矛盾突出，生产企业进一步向西部聚集，而下游加工企业大部分在东部沿海地区，生产的树脂需要长距离运输，抵消部分能源优势的利润，上下游行业不协调的因素加剧；三是资源矛盾，煤炭和原油，水资源在中国分布不均衡，有资源的地区发展过快，尤其是高耗能的烧碱和电石的生产，造成不可再生资源的严重的浪费，尤其是西部地区水源原头的过度使用，将会导致水源下游出现干旱；四是环境友好的矛盾，我国西部地区发展电石法聚氯乙烯，生产电石过程中需要开采石灰石，烧结电石过程中要排放大量的二氧化碳，生产 PVC 时需要排放电石渣浆和使用含汞的触媒的污染问题，对于环境造成无法挽回的损失。

(7) 行业逐渐进入整合期 由于目前国内 PVC 行业的进入门槛较低，2008 年一些原盐企业、煤炭企业、电力企业开始收购重组或新建 PVC 生产装置，碱电联合、碱盐联合将成为发展趋势，有条件的企业甚至采取煤、盐-电-碱-塑料加工和建材的大联合模式，这些资源和能源生产企业的进入将进一步加速国内 PVC 产业的整合。金融危机的到来将加速行业的整合。

长远来看，中国 PVC 行业经过近几年的快速发展，短期的调整对行业健康发展未尝不是一件好事。在经济增长缓慢、国内外市场低迷的大环境下，加快生产技术升级，提升产业集中度，蓄势待发迎接下一轮景气周期的到来，可谓转“危”为“机”。但展望未来，中国 PVC 行业仍要面临严峻的考验，行业的发展也存在诸多变数。在这种形势下，如何保证我国 PVC 行业健康可持续发展，值得行业内有识之士认真分析和思考。尽管国内 PVC 行业遇到很大的困境，部分在建项目和准备新建项目被迫停止和延迟，但行业扩张的惯性仍然在起作用，据统计到目前为止，仍有 500 万吨 PVC 项目在 2～3 年内将会投产，这些项目呈现如下一些特点。

① 抢占资源型。一些具有实力的能源企业，为了占领地方的煤炭资源，按照地方政府的投资要求，必须在煤炭资源地点投资，将烧碱和 PVC 产品列为投资项目。

② 平衡氯气型。有一些产品生产过程中只是使用氯气，但最终不消耗氯气，为了平衡氯元素，将消耗氯气的 PVC 作为平衡氯气的项目来做，如 MDI、TDI 项目以烧碱副产的氯气为原料，但生产过程不消耗氯气，生产过程要副产氯化氢产品，还有甲烷氯化物的企业等，将 PVC 产品作为平衡固化氯元素的措施。如重庆长风 32 万吨项目、自贡鸿鹤 10 万吨项目、甘肃聚银 12 万吨等企业项目的建设。

③ 耗烧碱型。我国氧化铝产量的快速增长，经过近几年的发展已经成为了产能第一大国，直接扩大了对烧碱的需求。这主要表现在两方面：一是新建的拜耳法氧化铝厂投产时，需要一次性投入大量烧碱作为生产流程中所需的种分溶液循环使用，生产流程中的种分槽罐和管道都会灌满，这种一次性投产的烧碱需求是比较大的，1 条 80 万～100 万吨的氧化铝生产线，在投产之初约需一次性耗费烧碱 4 万～5 万吨。二是新建的拜耳法氧化铝厂正常运行后，每生产 1t 氧化铝需消耗烧碱 90～110kg（折百计），连续性生产导致对烧碱的持续稳定需求。氧化铝的企业为了稳定供应，降低成本，投资建设烧碱装置，氯气用于生产 PVC 产品。如山东信发 40 万吨项目等企业。

④ 扩充产业链型。具有资源的企业向下游不断延伸，电石生产企业、掌握盐资源的企业、煤炭企业等不断延伸产业链，利用其优势投资烧碱 PVC 产业，如淮北矿业 40 万吨项目，盐湖钾肥 50 万吨项目等。

⑤ 扩大规模型。具有能源、技术和人才优势的企业，为了降低企业生

产成本，提高企业的竞争能力，只有不断地扩大企业的规模，才能保持市场地位，如近期扩建的企业有新疆天业40万吨/年项目，中泰化学40万吨/年项目，济宁金威25万吨/年项目等。

⑥ 搬迁扩产型。近几年国内城市的不断发展，原来建设在郊区的氯碱企业，现在已经被扩充进入了市区，按照国家现行安全距离的要求，氯碱企业要距离居民点1000m的规范，须搬出原有的地点。地方政府已经下达了搬迁令，对于老企业来说既是机遇也是挑战，不少企业借此机会又将企业的生产规模扩大，但少数企业可能会永久的退出。这些企业有北京化二、河北盛华、唐山冀东、南通化工、徐州北方、杭州电化、格林爱普、常州化工、福建二化、蝙蝠集团、新沂化工、无锡洪汇、安徽嘉泰、西安化工等企业。搬迁企业装置一旦投产，使得中国的聚氯乙烯行业的技术水平、装备水平和产品质量又上了一个新的台阶。

这些项目如果投产，将使国内PVC产能过剩这一状况雪上加霜，未来国内的市场竞争将更加激烈。要保证和促进我国PVC行业的健康、可持续发展，除了经济发展拉动需求的增长外，政府需要实施各种政策进行扶持和监管，行业内部也需要加快整合重组、产品结构调整和技术创新的步伐。

参考文献

[1] L. A. Van Dyck. F. P. 260550.
[2] 张东升．PVC工业国际市场格局分析．中国化工信息，2007，(26)：10-11.
[3] Anno. Polyvinyl Chloride. J. Chemical Week，2007.
[4] 邵冰然．2006年世界聚氯乙烯市场分析．中国石油和化工经济分析，2006.
[5] 潘祖仁．塑料工业手册聚氯乙烯．北京：化学工业出版社，1999.
[6] 徐祖平．聚氯乙烯. 1992. (6).
[7] 李玉芳．聚氯乙烯糊树脂生产技术及市场分析．塑料技术，2003，(1)：5-9.

第2章 聚氯乙烯树脂的制造

2.1 引言

聚氯乙烯是五大通用塑料之一，其产品广泛应用于包装材料、人造革、塑料制品等软制品和异型材、管材、板材等硬制品，在国民经济发展和人民日常生活中占有重要的地位。聚氯乙烯树脂在生产和使用上比传统的建筑材料节能，是国家重点推荐使用的化学建材。聚氯乙烯是氯碱工业重要的耗氯产品，其耗氯量约占氯气生产总量的25%以上。

世界上聚氯乙烯的生产按照原料路线划分有乙烯原料路线和乙炔原料路线。国外几乎全部采用乙烯原料路线，而我国因石油、天然气资源短缺，所以到目前为止仍然以电石为原料制备乙炔。2007年我国聚氯乙烯各原料路线的生产结构见表2-1。

■表2-1　2007年我国聚氯乙烯各原料路线生产结构

序号	原料路线	产量/万吨	比例/%
1	乙烯	105.35	10.84
2	进口VCM	86.78	8.93
3	进口EDC	22.16	2.28
4	电石乙炔	757.41	77.95
5	合计	971.7	100

氯乙烯单体是生产聚氯乙烯的主要原料，其质量的好与坏直接影响树脂的质量，也影响聚氯乙烯树脂的经济效益。当前，进一步提高氯乙烯单体质量，减少单体杂质含量，采用最先进的工艺降低单体成本是国内外众多PVC企业共同的愿望。

我国经过长期的发展，氯乙烯单体已经可以采用悬浮、乳液、本体和溶液等方法进行聚合，但实际上往往根据产品用途对性能的要求以及经济效益，选其中一两种聚合方法进行工业生产，因而就造成了各种方法所生产树脂产量大不相同，国外（国内）采用各种方法生产PVC树脂所占的比例大约是：悬浮法80%（94%），乳液法10%（4%），本体法10%（2%），溶液法则几乎为零。几种 PVC 生产方法经过不断地改进，在聚合配方、汽提技术、干燥技术、防粘釜技术、自动控制技术、聚合釜设备开发等方面都已相当成熟。

以下就聚氯乙烯生产中常用的悬浮法、乳液法和本体法进行介绍。

2.2 悬浮法聚氯乙烯树脂的制造

目前，工业上通常采用悬浮、乳液、本体和溶液等聚合方法制备 PVC 树脂，其中悬浮聚合工艺成熟、操作简单、生产成本较低、经济效益较好、制品应用领域宽，一直是 PVC 树脂的主要生产方法，约占 PVC 总量的 80%以上，悬浮法 PVC 树脂品种之多，产量之大是其他聚合方法所无法相比的。以下介绍氯乙烯悬浮聚合树脂工业生产中使用的主辅原材料的性质、聚合化学与工程、工艺与设备、质量与控制、现状与发展。

2.2.1 聚合用主辅原材料的物理和化学性质

2.2.1.1 主要原材料

氯乙烯单体和聚合用去离子水是氯乙烯悬浮聚合缺一不可的主要原料。

(1) 氯乙烯单体 氯乙烯在标准状态下是带有独特醚味的无色气体。它能溶于四氯化碳、乙醚、乙醇等有机溶剂，在水中溶解度为 0.11%。

氯乙烯易燃，有麻醉性。与空气混合形成爆炸性混合物，爆炸范围为 4%～22%。现场动火时，要求空气中氯乙烯含量≤0.5%，其空气尚需点火试验合格。

氯乙烯对人的肝脾有慢性中毒作用，国家卫生标准规定空气中最高允许浓度 30mg/m^3，食品用卫生级 PVC 树脂中，氯乙烯含量要小于 5mg/kg。

(2) 聚合投料用水 聚合用去离子水要求达到以下规格（见表 2-2）。

■表 2-2 聚合用去离子水控制指标

pH 值	Cl^-/(mg/kg)	硬度/(mg/kg)	导电度	脱氧后含氧量/(mg/kg)
6.7～7.8	＜1	＜1	≤10	≤1

2.2.1.2 辅助原材料

在进行氯乙烯悬浮聚合时，除了氯乙烯单体和去离子水等主要原材料外，还使用多种辅助原材料，诸如引发剂、分散剂、pH 值调节剂、热稳定剂、扩链剂、链转移剂、防粘釜剂、抗氧剂、螯合剂、抗鱼眼剂、消泡剂和终止剂等。这些都是工业生产合格 PVC 树脂必不可少的。以下简要介绍其中部分辅助原材料的物理和化学性质以及聚合对它们的质量要求。

2.2.1.2.1 引发剂

引发剂是容易分解生成自由基的化合物，可分为有机和无机两大类。有机引发剂能溶于亲油性单体或溶剂中，故称为油溶性引发剂，而无机类引发剂则可溶于水，属水溶性。VC悬浮聚合采用油溶性引发剂，包括偶氮类和有机过氧化物类化合物。以下简单介绍VC悬浮聚合常用引发剂。

(1) 偶氮类引发剂 偶氮类引发剂的结构通式为（R—N═N—R′，R、R′相同或不同）。偶氮二异丁腈（AIBN）和偶氮二异庚腈（ABVN）在VC悬浮聚合中都有应用。AIBN活性相对较低，一般在45～65℃下使用。而ABVN活性较AIBN高，为白色结晶，不自燃，受热后先熔化后分解，使用安全。两者在VC悬浮聚合中都有使用。

ABVN属于中效引发剂，其在50℃时的水解率只有17%，生产高聚合度PVC树脂时聚合温度较低，所以残留在树脂内的量较多。在较高温度下过氧化二碳酸二乙基己酯（EHP）引发剂的水解率相应增加，用量损失严重，粘釜也相应增加。ABVN则弥补这一缺点，所以在生产高型号PVC时不宜使用EHP引发剂，ABVN还是不可缺少的。

由于AIBN和ABVN分解产生的自由基含有氰基，对PVC树脂卫生性有一定影响，近年来有用过氧化物引发剂替代偶氮类引发剂的趋势。

(2) 油溶性过氧化物引发剂 油溶性过氧化物引发剂是过氧化氢分子中1个或2个氢原子被有机基团取代而生成的有机过氧化物。按取代基的不同可分为过氧化二烷烃（RO—OR′）、过氧二酰（RCO—OCR′）、过氧化羧酸酯（RCOO—OR′）和过氧化二碳酸酯类（ROCOO—OOCOR′）等，而每一类中随R、R′基团的变化（R、R′可以相同或不同）又产生出不同结构和活性的引发剂品种。

① 有机过氧化物引发剂的特点 有机过氧化物（包括过氧化二碳酸酯类、过氧化二酰类和过氧酸酯类），无论在性能上还是使用上，与偶氮类相比具有一定的特点，以过氧化二碳酸酯类为例简述如下。

a. 分解过程较复杂 通常引发剂在受热的情况下，过氧链断裂，产生自由基。所以在引发剂合成、运输和储存过程中，应引起注意，防止其分解、爆炸和燃烧。此外，它们在自发分解后的自由基也能像偶氮类一样，再结合为原来的化合物，但不同的是它们仍有活性，故其引发效率都在80%以上，比偶氮类来得高。

b. 具有氧化剂性质 这种氧化剂性质使其对聚合体系（或储存容器）中存在的铁离子、氯离子很敏感，杂质的存在会促使催化分解，额外消耗掉一部分引发剂，延长聚合时间。此外，若后处理不彻底而残留于树脂中，会在热加工中对树脂发生氧化降解氯化氢，从而影响产品的热稳定性。

c. 具有一定的表面活性 有机过氧化物引发剂具有一定表面活性，在聚合时的颗粒形成过程中，易在单体油珠表层上吸附富集，导致表层上的初级和次级粒子成长较快，而中心部位孔隙较多，即一定程度上影响产品的颗粒形态。有机过氧化物引发剂亲水性基团的存在（特别是疏水基团较小的IPP），导致它们对水相具有微弱的溶解度，从而引发溶于水中的氯乙烯单体，生成水相聚合物而加重粘釜。

因此，这类引发剂的分解过程比较复杂，其半衰期依溶剂介质变化较大（与偶氮类不同）。此外，与 AIBN 相比，有机过氧化物引发剂半衰期短，不易残留于产品中，使产品聚合物热稳定性较好，降解氯化氢较少（AIBN＞IPP＞DCPD＞EHP）。采用有机过氧化物引发剂进行氯乙烯悬浮聚合时，系统存在的氧参与反应的速率远比 AIBN 来得小（生成氯乙烯过氧化物）。

② 有机过氧化物引发剂的品种

a. 过氧化二碳酸二（2-乙基己酯）

商品名：Trigonox EHP

b. 过氧化二异丁酰

商品名：Trigonox 187-W15

应用：用于引发反应温度在 32～48℃之间的氯乙烯的均聚与共聚反应，实际应用时应以两种或与多种不同活性的过氧化物复合使用，以提高反应效率。

c. 过氧化新癸酸叔丁酯

商品名：Trigonox 23-W40

应用：用于引发反应温度在 40～65℃之间的氯乙烯的悬浮聚合，可以单独使用或与其他过氧化物复合使用。

d. 过氧化二月桂酰

商品名：Laurox-W25

应用：Laurox-W25 广泛应用于引发反应温度在 60～80℃之间的氯乙烯的悬浮聚合，大多数情况下，W25 与活性较高的引发剂如 Perladox16 复合使用，以提高反应效率。

e. 过氧化二（3,5,6-三甲基）己酰

商品名：Trigonox 36-W40

f. α-异丙苯基过氧化新癸酸酯

商品名：Trigonox 99-W40

几种常用过氧化物引发剂的控制指标见表 2-3。

■表 2-3 常用过氧化物引发剂的控制指标

名称	相对分子质量	过氧化物含量/%	活性氧含量/%	半衰期温度/℃			储藏温度/℃
				0.25h	1h	10h	
Trigonox EHP	346.5	50%	2.31%	89	57	42	−15
Trigonox 36-W40	314.5	40%	2.03%	119	78	58	−20～0
Trigonox 99-W40	306.4	50%	2.6%	90	55	38	−15

(3) 引发剂的选择 引发剂种类的选择对氯乙烯悬浮聚合过程和聚氯乙

烯树脂的性能，如聚合时间、放热速率及分布、粘釜、树脂的热稳定性、颗粒形态、毒性和“鱼眼”等都有很大影响。引发剂的选择应综合考虑：引发剂的半衰期适当、聚合速率较均匀、对产品质量无影响、粘釜轻、储存和运输的稳定性好，价廉易得等。

① 引发剂对“鱼眼”和粘釜的影响　高效引发剂半衰期短，聚合前期聚合速率快，速率分布不易均匀，易于产生“鱼眼”。另外，引发剂加入的工艺也十分重要，必须使引发剂尽快地分散在单体中，如果聚合开始后尚有引发剂未能均匀分散，那么各单体油珠内的引发剂量不均一，会造成油珠间反应速率不一，最终导致“鱼眼”的产生。

“鱼眼”也与引发剂的水溶性有关，水溶性高的引发剂产生“鱼眼”的概率高；不同水解率的引发剂其粘釜的特性也不相同，水解率大者粘釜较轻。

② 引发剂对 PVC 初期变色性能的影响　不同种类引发剂所制得的 PVC 树脂的色泽也有区别，如图 2-1 所示。

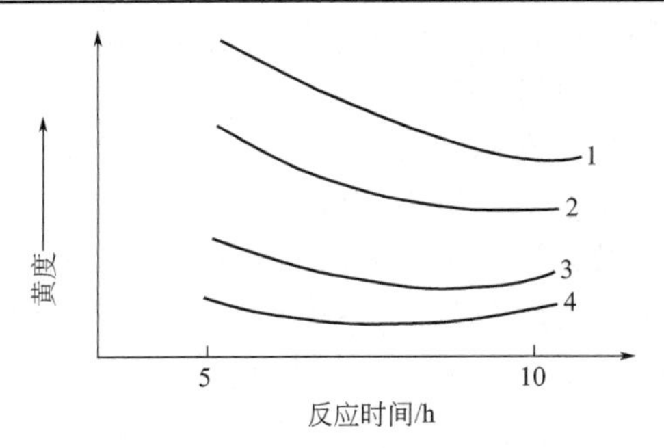

■图 2-1　PVC 树脂的色泽与引发剂结构的关系

（聚合条件：7h，聚合温度：56.5℃，P：1000）

1—ABVN；2—TBPP；3—EHP；4—B-ND

由图 2-1 看出，引发剂的水解性对初期变色性能的影响较大。实际上，水解性好则制品的色泽也好。PVC 薄膜软制品的初期变色性能与引发剂的水溶性、水解性关系见图 2-2。

少量引发剂残留在 PVC 树脂内使得初期变色性能差。聚合后期因单体量减少，引发剂与水接触的机会较前增多，易水解的引发剂因发生水解作用进入水中，难水解的则残留在树脂中而引起初期变色性能变差。

③ 引发剂的水乳液　以往国内 PVC 生产所使用的引发剂多为固态引发剂，随着生产技术的进步和产品树脂质量的要求，开发并使用了甲苯溶剂型液态引发剂，但是它们都存在着诸多的缺陷。

目前，封闭化和自动化已成为悬浮 PVC 生产过程必不可少的技术要求，这就要求引发剂具有多功能性、低挥发性、热稳定性、安全方便和环保等性能。无甲苯溶剂的引发剂水乳液具有诸多优良性能，在悬浮 PVC 生产中已

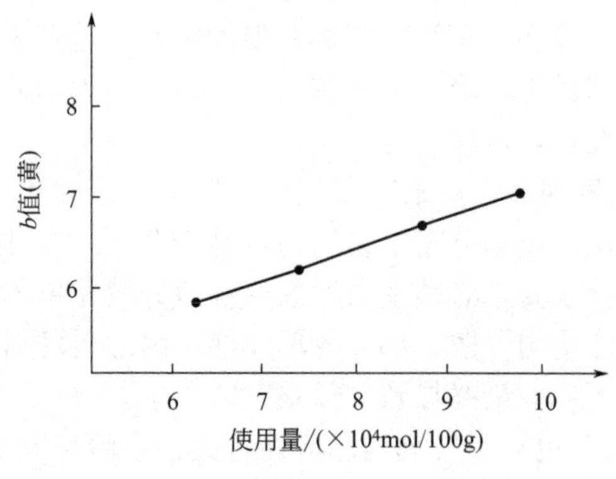

■图 2-2 引发剂用量与 PVC 薄膜色泽的关系

得到了广泛使用，取得良好的效果。以 EHP 引发剂水乳液为例说明。

EHP 水乳液的主要成分有：过氧化二碳酸二（2-乙基己酯）、去离子水、乳化剂、保胶剂、防冻剂等。上述各种原料按一定配比和工序，经乳化设备乳化制成稳定的无甲苯溶剂的 EHP 水乳液。可配制 EHP 含量不同的水乳液，供不同用户选用。

无甲苯溶剂的 EHP 水乳液产品的性能包括储存稳定性、过氧化物分解情况、急速加热及燃烧试验和冻结试验等。

a. 储存稳定性：在−10℃的储存温度下观察 EHP 水乳液的分层破乳情况下，至少 4 个月连续储存不破乳，即不发生油水分离现象。

b. 过氧化物分解情况：在储存温度−10℃左右对 EHP 水乳液中过氧化物含量进行分析，其结果应该符合质量指标。

c. 急速加热及燃烧试验：用闪点燃点试验器进行测试，EHP 水乳液在 30℃以上有冒气泡分解现象，40℃以上加速分解而产生泡沫，但未见有明显燃烧现象和爆炸现象。在实际运输试验中也未出现异常现象，证明无甲苯溶剂的 EHP 水乳液的储存和运输是安全的。

d. 冻结试验：EHP 水乳液在−10℃条件下仍能保持其液体流动状态，在使用时不需解冻，即使在−10℃解冻后也能保持良好的乳液稳定性。

2.2.1.2.2 分散剂

在 VC 悬浮聚合时，单体在搅拌和分散剂的共同作用下在水中分散成小液滴，聚合反应则在 VC 单体液滴内进行。单体处于分散状态为分散相，水是介质称连续相。所以，分散剂是 VC 悬浮聚合不可缺少的原料之一。

分散剂的种类很多，但大体上可分为有机分散剂和无机分散剂两大类。

无机分散剂是一种高分散的、不溶于水的无机固体粉末，例如氢氧化镁、碳酸钙、硫化锌等，这种固体粉末聚集在单体和水的界面上，防止颗粒凝聚在一起，但是尚未在氯乙烯悬浮聚合中应用。

有机分散剂大都是亲水的大分子化合物，如明胶、甲基纤维素、羟乙基纤维素、羟丙基甲基纤维素。这些属于天然的或半合成的大分子化合物。还有部分醇解的聚乙烯醇（PVA）以及改性的任何聚合物，这些属于合成的大分子化合物。

目前的发展趋势是两种不同规格的分散剂复合使用，以求制得颗粒疏松多孔、粒度分布均匀的 PVC 树脂。

常用的有机分散剂如下。

① 纤维素醚类分散剂　纤维素醚类分散剂是天然纤维素上的羟基被甲基、羟乙基、羟丙基、羟甲基等有机基团取代而制得的，是一种介于天然高分子和合成高分子之间的“半合成高分子”。

羟乙基纤维素水溶液表面张力较高，单独使用时只能得到紧密型树脂。使用甲基纤维素（MC）、羟丙基甲基纤维素（HPMC）等表面张力较低的分散剂可以制得较好的疏松型 PVC 树脂。其树脂颗粒疏松，吸油率高，加工塑化性能好，已被人们广泛使用。

这类纤维素醚类分散剂最重要的性质是其水溶液的界面张力、界面膜强度和凝胶温度等。物理性质取决于纤维素醚类分子量大小、取代基的量和均匀程度。不同甲氧基含量的甲基纤维素有不同的溶解性能，见表 2-4。

■表 2-4　不同取代度的甲基纤维素选用的溶剂

取代度	溶　剂	取代度	溶　剂
0.1～0.6	4%～8%的 NaOH 溶液	2.4～2.7	有机溶剂
1.3～2.6	冷水	2.6～2.8	烃类
2.1～2.6	醇类		

选用 MC 作为 VC 悬浮聚合分散剂时，其取代度一般为 1.5～2，在配制水溶液时要特别注意采用热溶胀冷溶的溶解工艺。

羟丙基甲基纤维素（HPMC）是甲基纤维素的重要改性产品，它以天然纤维素为原料，经碱化，再与醚化剂醚化，最后经精制而得。

HPMC 外观为白色或类白色粉末，无臭。颗粒度 98%＜60 目，85%＜80 目，45%＜200 目。表观密度 0.25～0.70g/cm^3（一般在 0.5g/cm^3 左右），变色温度 190～200℃，相对密度 1.38～1.40，2%水溶液表面张力为 42～56mN/m。溶于水及部分有机溶剂，如乙醇、丙醇、二氯乙烷等；溶解度随黏度而变，黏度越低溶解度越大；水溶液稳定性较好，具有表面活性，属非离子表面活性剂。在生产和运输中要注意防火、防潮。

HPMC 主要用作悬浮聚合制备 PVC 树脂的分散剂。另外，在其他石油化工、建材、纺织、印染、陶瓷、造纸、化妆品等生产中作为增稠剂、稳定剂、乳化剂、赋形剂。

② 聚乙烯醇类分散剂 聚乙烯醇（PVA）是合成的高分子化合物，分子结构易于控制，质量比较稳定，是 VC 悬浮聚合常用的分散剂品种之一。

聚乙烯醇由聚醋酸乙烯酯在碱性条件下醇解制得，醇解后基本保持聚醋酸乙烯酯的聚合度和结构，其制备的反应式如下。

$$\sim\sim CH_2\underset{\underset{O=COCH_3}{|}}{CH}\sim\sim + CH_3OH \xrightarrow{NaOH} \sim\sim CH_2\underset{\underset{OH}{|}}{CH}\sim\sim + CH_3COOCH_3$$

PVA 的聚合度、醇解度、乙酰基分布状况等分子结构特征直接影响着 PVA 水溶液的表面活性，最终和搅拌一起控制着 PVC 树脂的颗粒特性。因此，在选用 PVA 作为分散剂时应注重 PVA 分子结构特征。

在聚乙烯醇的大分子结构中乙酰基分布不宜过分集中，而且乙酰基和羟基应嵌段排列，只有这样其作为分散剂的分散能力才会强，PVC 颗粒性能也会好。

PVA 的醇解度越低，其水溶液的表面张力越小，分散能力越强，制得树脂颗粒越细，但是如果醇解度过小，则在水中的溶解度变差。PVA 作为 VC 悬浮聚合分散剂时，其醇解度一般应为 70%～90%为宜。较低醇解度的 PVA（如 50%左右）也可以在聚合中应用，但主要是作为悬浮聚合的助分散剂，用于制取高孔隙率、易脱除 VCM 的树脂。

在悬浮聚合中，不同聚合度的 PVA 有不同的功能，作为聚合主分散剂的 PVA 的聚合度一般在 860～2000 之间，随着聚合度的增大其保胶能力增加，如图 2-3 所示；而聚合度为 200～300 之间的分散剂可增加 PVC 的树脂疏松程度。

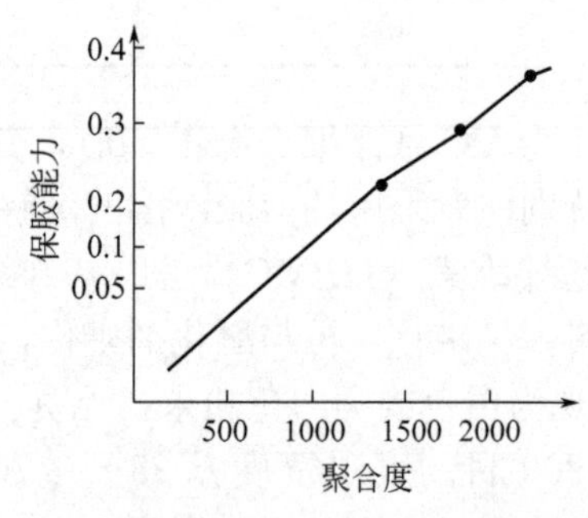

■图 2-3 相同醇解度 PVA 聚合度与保胶能力的关系

总之，使用聚乙烯醇为分散剂时，醇解度、聚合度越低，其表面活性越大，界面张力越小，制得树脂孔隙率越高，增塑剂吸收速率越快，对减少树脂中的鱼眼和脱除 VCM 都有利，但是树脂的表观密度较低，反之亦然。

英国辛德玛（Synthomer Ltd）公司的Alcotex系列PVA分散剂常用于VC悬浮聚合，包括不同聚合度和醇解度的多种品种牌号，如表2-5所示。

■表2-5　英国辛德玛公司Alcotex系列PVA分散剂牌号规格

牌　号	黏度(涂4#)/mPa·s	醇解度(摩尔分数)/%	挥发性/%	灰分/%	pH值
Alcotex 8847	45～49	86.8～88.8	5	0.5	5～7
Alcotex 8804	3～5	86.8～88.8	5	0.5	5～7
Alcotex 8048	44～52	78.5～81.5	5	0.5	5～7
Alcotex 80	36～42	78.5～81.5	5	0.5	5～7
Alcotex 7206	5.6～6.6	71.5～73.5	5	0.5	5～7
Alcotex B72	4.8～5.8	72.0～74.0	5	0.5	5～7
Alcotex 552P		53.0～57.0			
Alcotex 432P		43.0～45.0			

③ 复合分散剂　要得到粒子细、分布窄、孔隙率高、密度适宜的树脂，应选用聚合度高、醇解度低、保胶能力好、分散能力也好的PVA。使用同种PVA很难同时达到上述要求，所以在制取性能指标优良的树脂时，往往使用两种以上的分散剂进行复合。

分散剂复合的原则是：选用一种具有较高表面张力的分散剂和另一种具有较高界面活性的分散剂进行复合。

利用一种表面张力大的分散剂控制颗粒度、颗粒规整性、表观密度等，利用另一种表面张力小、界面活性大的分散剂控制树脂的增塑剂吸收量、鱼眼等。当然这两者之间是相辅相成的，这要由其复合比例和分散剂的总用量而定。复合的比例应由制得树脂的质量情况作相应调整。

在使用PVA和HPMC为复合分散剂时，其复合比例最好不在1∶1这样的范围，这样的范围会使分散剂的溶解发生困难，而导致粗粒子的出现。

2.2.1.2.3 pH调节剂

聚合介质的pH值对引发剂分解速率、VCM聚合速率和聚合稳定性、分散体系的稳定性和PVC树脂的质量等均有很大的影响。

pH值越小，引发剂的分解速率越快，PVC在pH值高时易于分解放出氯化氢，对聚合反应不利。pH值降低则对聚合釜的粘釜不利。

在碱性条件下进行VCM聚合，PVA分散剂长链上残存的酯基会进一步醇解，使醇解度增加，表面张力下降，导致粒子变粗。同样条件下，使用MC、HPMC等纤维素类分散剂也会受pH值影响，尤其是单体中尚存CH_3Cl时，会促使纤维素类分散剂进一步甲基化，同样影响分散效果和产品质量指标。

稳定体系pH值至中性最简易的办法是使用pH调节剂。

常用的中性pH调节剂有$NaHCO_3$、氨水和碳酸氢铵等，但用量较大。

最常用的碱性 pH 调节剂是 NaOH。在使用碱性 pH 调节剂时应注意：如果加碱速率过快、量过大，或局部量过大，均容易使树脂颗粒变粗。这主要是由于局部 pH 值变化过大对分散剂产生影响。

加碱量要根据体系的 pH 值而定，体系内含氧量高，需要多加碱。单体和无离子水含酸，也应提高加碱量。总之，加碱量的大小，最终要由反应结束后体系的 pH 值而定，此时的 pH 值以维持在中性为宜。

2.2.1.2.4 热稳定剂

PVC 树脂最终加工成制品一般都要进行热加工，树脂或制品受热时易发生化学链断裂而引起热降解，这是 PVC 降解的重要方面，是避免不了的。

PVC 对热敏感，在 100～120℃时就开始分解放出 HCl，同时出现变色，反应式可表示为：

$$—CH_2—CHCl—(CH_2—CHCl)_n—CH_2—CHCl— \xrightarrow{\triangle}$$
$$—CH_2—CHCl—(CH{=}CH)_n—CH_2—CHCl— + nHCl$$

聚氯乙烯的加工温度在 180～200℃，不可避免地会发生降解和交联等反应，使制品变色，性能恶化，所以聚氯乙烯的热不稳定性是一个非常突出并且非常实际的问题。

(1) 热稳定性的影响因素 引起聚氯乙烯热不稳定的原因主要是聚合物中存在缺陷结构，这些缺陷结构在聚合过程中就已产生，其影响因素主要如下。

① 单体纯度的影响 单体中含乙烯基乙炔、丁二烯、乙醛等杂质，具有阻聚作用，产生低分子量聚合物或双键、羰基等缺陷结构如：

$$—CH_2—\underset{\displaystyle Cl}{\underset{|}{CH}}— + —CH{=}CH— \longrightarrow —CH_2—\underset{\displaystyle Cl}{\underset{|}{CH}}—CH{=}CH—$$

这些缺陷结构影响产品热稳定性，所以必须提高单体纯度，严格控制杂质的含量。

② 氧的影响 氧不仅具有阻聚作用，导致低分子聚合物的形成，而且使聚合物分子中含有不稳定的过氧基和羰基、双键等缺陷结构，对热稳定性产生影响，所以聚合体系及聚合用水应严格脱氧。

③ 铁的影响 PVC 分解时放出的 HCl 会与铁杂质反应生成 $FeCl_3$，它是较强的路易斯酸，是较强的催化剂，使 PVC 分子产生交联同时脱 HCl，脱出的 HCl 又进一步催化脱 HCl，因此应严格控制铁杂质的含量。

④ 引发剂的影响 不同引发剂所制得的树脂热稳定性不同，除了引发剂构成的端基不同外，残留的未分解的引发剂可能引起热降解是更为重要的因素，这要通过碱处理水洗除掉。引发剂的水解率成为影响树脂热稳定性的重要原因。不同引发剂不同水解率对 PVC 树脂热稳定性的影响见表 2-6。

■表 2-6 引发剂水解率对 PVC 树脂热稳定性的影响

引发剂	水解率/%	薄片黄色度 *b*
EHP	46	7.4
ABVN	17	
IPP	75	10.2

因此，选用水解率大的引发剂或活性高的引发剂，有利于减少聚合物中的残留量，有利于热稳定性的提高。

⑤ 分散剂的影响　分散剂对热稳定性的影响有两方面：其一，使用性能良好的分散剂制得的聚氯乙烯树脂粒度分布均匀，颗粒疏松多孔，易于塑化加工，因此可以缩短辊塑时间，大大减轻降解的发生；其二，性能良好的分散剂，聚合中用量少，树脂中残留少，热稳定性也好。

⑥ 聚合温度的影响　聚合温度由型号而定，不能选择，但是聚合釜内局部温度过高，会使分子量分布过宽，低分子量部分含双键等结构，热稳定性也相应变差。汽提、干燥的温度也要严格控制，否则，温度过高，滞留时间过长，也会使 PVC 脱 HCl，加工之前就会有较多的双键，开始变色。

⑦ 转化率的影响　在聚合转化率较高时，单体已经不足，聚合物大大增加，链自由基向聚合物大分子链转移的机会也增加，使歧化度增加，分子量分布加宽，稳定性变差。为了提高树脂的热性能，在聚合釜中压力适当下降后，就应立即加入终止剂使聚合反应停止。

(2) 改善热稳定性的方法　如何改进 PVC 的热稳定性一直是 PVC 生产厂家关心的问题。

① 改进聚合工艺条件　采取合理的工艺条件可以改善 PVC 的热稳定性，包括：控制单体杂质含量和原料纯度；脱除聚合体系的氧；选择适当的引发剂、降低引发剂最终在树脂中的残留量；选择良好的分散剂、降低分散剂的用量、生产疏松多孔的易于塑化加工的树脂；控制适当的转化率；严格控制汽提、干燥温度和滞留时间等。

② 添加热稳定助剂　主要目的是延缓和终止降解反应。

a. 中和放出的氯化氢　氯化氢对聚氯乙烯降解有催化作用，添加弱碱性的有机酸或无机酸盐类，很容易和氯化氢反应生成相应的金属盐。

$$MX_n + nHCl \longrightarrow MCl_n + nHX$$ （M—金属原子、X_n—酸根）

环氧化物、胺类、金属醇盐、酚盐、硫醇盐等稳定剂均有吸收氯化氢的作用，通常使用的是有机锡稳定剂。

b. 取代不稳定氯原子　不稳定氯原子是 PVC 降解的主要引发点，需要通过稳定剂分子中的稳定基团，迅速地取代聚合物中的不稳定氯原子，从而起到热稳定作用。如镉、锌皂类的稳定剂，除中和氯化氢之外，主要是取代不稳定氯原子，其原理如下式所示。

$$ROCO—M—OCOR + —CH_2—CHCl—CH{=}CH— \longrightarrow —CH_2—\underset{OCOR}{CH}—CH{=}CH— + \underset{OCOR}{M}—Cl$$

但是这类稳定剂初期效果好，长期稳定效果差，主要是因为取代不稳定氯以后本身大量消耗，形成重金属的氯化物，这种氯化物积累到一定程度后，失去了稳定能力，并催化分子间脱氯化氢，有交联反应，C_7～C_9 酸锌属于此类稳定剂。

c. 抗氧化　PVC 热降解是按自由基机理进行的，从而形成过氧化氢物 ROOH、ROO—、RO—等自由基，因此，有效的抗氧剂能捕捉这种自由基，或使活泼的自由基变成低活性自由基。

双酚 A 属于此类稳定剂。这类稳定剂除对 PVC 树脂有如上的作用外，尚对加工助剂有一定的稳定作用。

在实际生产应用中，一些工厂采用多种稳定剂的复合体系，这样可使树脂的热稳定性有较大幅度的提高，起到多方面的稳定作用，适应不同的加工方法、加工温度的需要。图 2-4 是单一添加 C_{102}、C_7～C_9 酸锌和复合添加对树脂白度影响的试验结果。

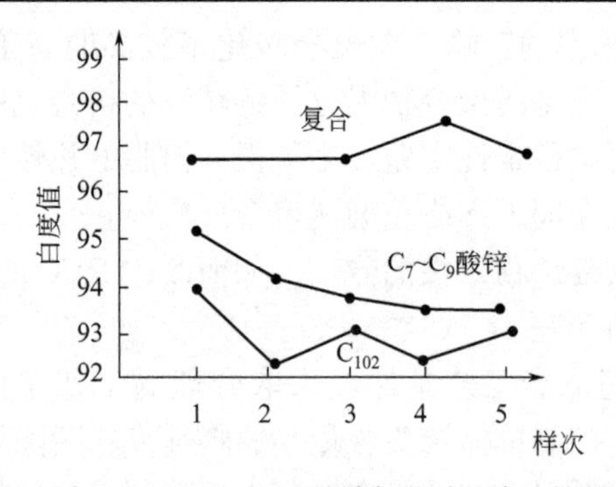

■图 2-4　单一添加 C_{102}、C_7～C_9 酸锌与复合添加对树脂白度的影响

单一添加 C_{102} 和 C_7～C_9 酸锌与复合添加对 PVC 树脂热分解温度的影响见图 2-5。

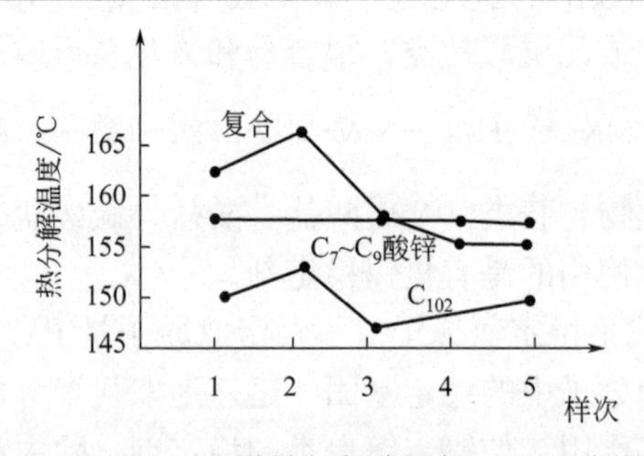

■图 2-5　单一添加 C_{102} 和 C_7～C_9 酸锌与复合添加对 PVC 树脂热分解温度的影响

综上所述，C_7～C_9 酸锌对树脂白度、热变色时间、热老化时间、热分解温度，有较大提高。双酚 A 能明显改善加工时的热老化性能。有机锡 C_{102} 单独使用效果较差，但是在与 C_7～C_9 酸锌复合使用时有明显的协同效应，这一点是单一添加助剂无法做到的。

2.2.1.2.5 抗“鱼眼”剂

在聚合反应中如果使用 EHP 等高效引发剂时基本上无诱导期，在加料过程或 VC 单体尚未完全分散均匀之前，即已发生快速聚合。在聚合升温尚未达到反应温度时，这种反应也已经开始，这样会造成两个危害：低温聚合中产生的高分子聚合物，高温（釜壁）处产生的低分子聚合物，影响了产品的“鱼眼”和热性能。在聚合加料和分散均匀以前这都是不希望见到的，抗“鱼眼”剂则是消除这种弊病的助剂。

常用的抗“鱼眼”剂有 3-叔丁基-4-羟基苯甲醚（BHA），其阻聚性能见表 2-7。

■表 2-7　BHA 的阻聚性能

BHA 用量		升温速率/(℃/min)	反应时间/min	出料 pH	聚合转化率/%
/mg	/%				
0	0	3	60	6	14.50
30	24	3	60	6	8.92
60	48	3	60	6	6.70
130	104	3	60	6	1.10

由表 2-7 不难看出，在相同工艺条件下，添加 BHA 后聚合转化率降低，且随 BHA 用量增加聚合转化率下降，所得 PVC 树脂的分子量分布集中，其主要作用是使聚合体系产生诱导期，有利于引发剂在单体液滴中均匀分布，防止快速粒子的生成和低温聚合反应。

2.2.1.2.6 链转移剂

PVC 分子量的大小主要取决于聚合温度，如果制备低分子量 PVC 树脂，就必须提高聚合反应的温度，反应压力也随之提高。由此带来了要求聚合釜承受压力提高、控制困难、成品热稳定性差、透明粒子增多和脱除 VCM 困难等一系列问题。因此，工业生产上一般不希望采用提高聚合温度的方法来制取低聚合度的 PVC 树脂，而是采用添加链转移剂的方法，使聚合在较低温度下进行，从而得到低聚合度树脂。

用于 VC 悬浮聚合的链转移剂种类很多，常用的有巯基乙醇和三氯乙烯等。尽管三氯乙烯有较有效的链转移作用，而且原料来源丰富，但是由于它能溶解单体和聚合物，加入的量又大，使树脂的增塑剂吸收量降低，密度分布变宽，甚至出现大量的透明粒子，所以不宜采用。

巯基乙醇添加量为 100～300mg/kg 时，可以降低聚合温度 2～3℃，但是不同反应温度时，其链转移常数也发生变化，所以添加量的多少要视温度确定。

总之，巯基乙醇链转移效率高，用量少，同时还具有改进聚合物多孔性、热稳定性、加工性能、颗粒形态和颗粒分布、容易脱除 VCM 的多种功能。

2.2.1.2.7 扩链剂

在制备高分子量 PVC 树脂时，要求聚合在较低的温度下进行，譬如制备聚合度 4000～6000 的 PVC 树脂时，聚合温度应在 30℃左右。这就对聚合釜的传热性能、冷却水温度和流量提出了很高的要求。为了解决以上问题，在较高的温度下生产高聚合度树脂，这就必须在聚合中添加扩链剂。常用的扩链剂有苯二甲酸二烯丙酯和苯二甲酸三烯丙酯等。

采用扩链剂方法生产的高聚合度聚氯乙烯树脂存在部分交联结构，链的柔曲性必然受到影响，所以无论在拉伸强度或耐冲击等力学性能上均无法和低温法树脂相比，只有在条件所限或要求不高的制品中应用。

2.2.1.2.8 聚合终止剂

由于聚合反应后期单体减少，聚合反应终止的概率增加，产生的低分子量聚合物、支链聚合物含量增多，末端双键含量增加，烯丙基氯上的氯原子更不稳定，从而影响产品的热稳定性和力学性能。因此转化率大到一定程度以后，终止其反应是完全必要的。

为了终止聚合反应，一般的抗氧化剂都具有链终止性能，但从效果、价格、毒性、货源等诸因素考虑，双酚 A 是一种比较理想的聚合终止剂，加入双酚 A 以后尽管釜压不再降低，但实践表明收率并不降低，说明反应已经基本上停止。

双酚 A 还有提高树脂热稳定性的功能，尽管加双酚 A 以后树脂白度略有降低，但制品的热性能确有明显的提高。

2.2.1.2.9 紧急事故终止剂

氯乙烯悬浮聚合属强放热反应，在聚合期间通过冷却水循环系统带出反应热，将釜温控制在所要求范围内。当聚合反应达到预定转化率时，DCS 系统将下指令加入正常终止剂终止聚合反应。但在聚合反应中常有很多异常情况发生，譬如：① 聚合釜冷却水循环系统故障；② 装置仪表风停供；③ 装置停电；④ 聚合釜搅拌器故障等。一旦上述紧急情况出现，聚合反应将失去控制，温度和压力都将迅速升高并超过高限值，安全阀就会起跳，因此需要终止聚合反应。但在异常情况下，正常终止剂系统无法使用，那么就应使用紧急终止剂系统。

PVC 装置紧急停车系统由一套 PLC 系统控制，一旦聚合釜本身反应异常或重要设备出现问题，PLC 系统将自动往聚合釜中加入 NO，通过阻挠引发剂的作用来暂时终止聚合反应，给操作工有充足的时间来处理故障。

当 PLC 及 DCS 系统不能正常工作时，操作工根据需要将 NO 终止剂加入到聚合釜里，有效防止聚合釜安全阀起跳造成的 PVC 浆料喷出、VCM 泄出而引起中毒爆炸等不可预测的后果，能有力地保障人身安全及设备安全，保护环境并避免国家财产的损失。

以下简要介绍紧急事故终止剂 NO 的性质、质量指标、储存、运输和劳动保护措施。

中文名称一氧化氮，商品名氧化氮。

① 物理和化学性质

外观与性状：无色无臭、剧毒气体，液化后呈黄色。

pH 值<7（遇水后显酸性）；熔点－161℃；沸点－151℃；饱和蒸气压 37kPa（－60℃）；临界温度－92.9℃；气体密度（0℃，101.325kPa）1.3402g/L；相对蒸气密度（空气＝1）1.036；临界压力 6.55MPa；溶解性 7.34ml/100ml 水，3.4ml/100ml 硫酸，26.6ml/100ml 乙醇；溶于二硫酸铁、硫化碳溶液；主要分解产物为氮气和氧气或其他氮氧化物。

② 燃烧危险　在空气中不燃烧，助燃，其危险性为有毒、刺激性气体。有害燃烧产物二氧化氮气体。灭火方法及灭火剂为不可燃媒介。灭火时注意切断气源，喷水冷却容器。

③ 人身安全　当吸入 NO 气体时可能无明显症状或有眼睛及上呼吸道刺激症状，如咽部不适、干咳等。经 6～27h 潜伏期后，出现迟发性肺水肿，成人呼吸窘迫综合征，可并发胸及纵膈气肿。肺水肿消退后两周左右出现迟发性阻塞细支气管炎而发生咳嗽、进行性胸闷、呼吸窘迫及紫绀。少数患者在吸入气体后无明显中毒症状而在两周后发生病变。a. 轻度中毒：吸入后，经过一定潜伏期，出现胸闷、咳嗽、咳痰等，可伴有轻度头晕、头痛、无力、心悸、恶心等症状。b. 中度中毒：有呼吸困难，胸部紧迫感，咳嗽加剧，咳痰或咯血丝痰，常伴有头晕、无力、头痛、心悸、恶心等症状。c. 重度中毒：呼吸窘迫、咳嗽加剧，咳大量白色或粉红色泡沫痰，明显紫绀，两肺可闻干湿罗音，并发较重程度的气胸，纵隔气肿，窒息。

④ 急救措施

皮肤接触：用流水冲洗 15min 以上。

眼睛接触：用流水冲洗 15min 以上。

吸入：当不慎吸入 NO 气体时应该迅速脱离中毒现场，静卧保暖，立即吸氧，并给予对症处理。对密切接触者需观察 24～72h，注意病情变化并给予适当治疗。积极防治肺水肿，早期足量给予糖皮质激素；注意保持呼吸道畅通，必要时给予 1%二甲硅油消泡气雾剂、气管切开、正压给氧。为预防阻塞性毛细支气管炎，可酌情延长糖皮质激素使用时间。预防、控制感染，纠正电解质紊乱及酸中毒。

⑤ 泄漏应急处理　迅速撤离泄漏污染区，人员至上风处，并隔离直至气体散尽，应急处理人员戴正压自给式呼吸器，穿化学防护服（完全隔离）。合理通风，勿使泄漏与可燃物质（木材、纸、油等）接触，切断气源，喷雾状水稀释、溶解、抽排（室内）或强力通风（室外）。消除方法：用碱水吸收。

⑥ 储存和运输　NO 储存在库房阴凉、通风处，防止阳光直射，应与氧化剂、氧气、压缩空气、易（可）燃物等分储，严禁泄漏。避免与钢接触，当运输时应贴有毒压缩气体、氧化剂警示标签。气瓶戴好瓶帽、防震圈，防止阳光暴晒，不能与可燃气、压缩空气、氧化剂等同车运输，气瓶搬

运过程中，不能抛、滑、滚，空气中最高容许浓度 5mg/m³。

⑦ 劳动保护措施　NO 为酸性气体，具有强腐蚀性，遇空气转为亚硝酸碱，所以要求现场有良好通风，设备、管路密闭且无泄漏，呼吸系统防护器具、正压自给空气呼吸器、空气防护眼镜、耐腐蚀防护服、防护手套。

⑧ 质量指标　作为 VC 悬浮聚合紧急事故终止剂 NO 的质量控制指标见表 2-8。

■表 2-8　NO 质量控制指标

序　号	名　称	浓　度
1	NO	＞99%
2	CO_2	＜500mg/kg
3	N_2O	＜1500mg/kg
4	N_2	＜2000mg/kg
5	NO_2	＜6000mg/kg
6	钢瓶	充满压力 3.5MPa

2.2.2 氯乙烯聚合化学、工艺与聚合工程

2.2.2.1 氯乙烯悬浮聚合机理

氯乙烯悬浮聚合是以 TX-99、EHP 等为引发剂的自由基连锁反应。以 HPMC、PVA 等为分散剂，无离子水为分散和导热介质，借助搅拌作用，使液体氯乙烯（在压力下）以微珠形状悬浮于分散剂水溶液介质中。对每个微珠而言，其反应类似于本体聚合。总反应式如下：

$$nCH_2=CHCl \longrightarrow \text{+}CH_2-CHCl\text{+}_n + 96.3kJ/mol$$

式中，n 为聚合度，一般为 500～1500 范围之内。

氯乙烯悬浮聚合属于非均相的自由基型加聚连锁反应。反应的活性中心是自由基，其反应历程分为链引发、链增长、链转移和链终止几个步骤。

(1) 链引发　链的引发包括两个步骤，即引发剂分解为初级自由基（R·）和初级自由基与 VC 反应生成单体自由基或称最初活性链。初级自由基由引发剂受热使弱键断裂分解而得。以 EHP 为例：

$$CH_3(CH_2)_3\underset{\displaystyle C_2H_5}{\underset{|}{C}}HCH_2-O-\underset{\displaystyle O}{\underset{\|}{C}}-O-O-\underset{\displaystyle O}{\underset{\|}{C}}-O-CH_2\underset{\displaystyle C_2H_5}{\underset{|}{C}}H(CH_2)_3CH_3 \longrightarrow 2\,CH_3(CH_2)_3\underset{\displaystyle C_2H_5}{\underset{|}{C}}HCH_2-O\cdot + 2CO_2$$

初级自由基一旦生成，很快作用于氯乙烯分子，激发其双键 π 电子，使之分离为两个独立电子，并与其中一个独立电子结合生成单体自由基。

$$R\cdot + CH_2=CHCl \longrightarrow R-CH_2-CHCl\cdot \quad -33.5\sim-20.9kJ/mol$$

由于碳上取代基氯的半径（0.099nm）比氢（0.033nm）大，聚合初期自由基进攻氯乙烯分子时，就以上式（头尾相连）为主，而极少生成尾尾相连的初级自由基 $R-CH_2-\underset{\displaystyle Cl}{\underset{|}{C}}H\cdot$。

引发剂的分解及初级自由基形成是吸热反应。因此，在聚合反应的引发阶段需要外界提供热量。

(2) 链增长 活泼的单体自由基立即与其他氯乙烯分子作用结合形成长链，这一过程称为链增长，其反应为：

$$R{-}CH_2{-}CHCl^{\cdot} + CH_2{=}CHCl \longrightarrow R{-}CH_2{-}CHCl{-}CH_2CHCl^{\cdot}$$

$$R{-}CH_2{-}CHCl{-}CH_2{-}CHCl^{\cdot} + CH_2{=}CHCl \longrightarrow R{-}CH_2CHCl{-}CH_2CHCl{-}CH_2CHCl^{\cdot}$$

$$R{-}\!\left(CH_2{-}CHCl\right)_{n-1}CH_2{-}CHCl^{\cdot} + CH_2{=}CHCl \longrightarrow R{-}\!\left(CH_2{-}CHCl\right)_{n}CH_2CHCl^{\cdot}$$

其总反应式为：

$$R{-}CH_2{-}CHCl^{\cdot} + nCH_2{=}CHCl \longrightarrow R{-}\!\left(CH_2{-}CHCl\right)_{n}CH_2{-}CHCl^{\cdot} + 62.8\sim83.7\text{kJ/mol}$$

聚合反应的链增长活性不因链增长而减弱直至链终止，在瞬时即可达到聚合度很高的大分子。该反应过程是聚合反应的主要过程：放热反应，需要外界提供冷却将反应热移出。

(3) 链终止 由于PVC大分子自由基与单体、引发剂或单体中的杂质等发生链转移反应，两个大分子自由基发生偶合或歧化反应；大分子自由基与初级自由基发生链终止反应，使链的增长停止。

① 大分子自由基与单体之间的链转移反应

$$R{-}\!\left(CH_2{-}CHCl\right)_{n}CH_2{-}CHCl^{\cdot} + CH_2{=}CHCl \longrightarrow R{-}\!\left(CH_2{-}CHCl\right)_{n}CH{=}CHCl + HCH_2{-}CHCl^{\cdot}$$

② 两个大分子自由基发生偶合反应：

$$R{-}\!\left(CH_2{-}CHCl\right)_{n-1}CH_2{-}CHCl^{\cdot} + R{-}\!\left(CH_2{-}CHCl\right)_{m-1}CH_2{-}CHCl^{\cdot} \longrightarrow R{-}\!\left(CH_2{-}CHCl\right)_{n}\!\left(CHCl{-}CH_2\right)_{m}R$$

③ 两个大分子自由基发生歧化反应：

$$R{-}\!\left(CH_2{-}CHCl\right)_{n}CH_2{-}CHCl^{\cdot} + R{-}\!\left(CH_2{-}CHCl\right)_{m}CH_2{-}CHCl^{\cdot} \longrightarrow R{-}\!\left(CH_2{-}CHCl\right)_{n}CH_2{-}CH_2Cl + R{-}\!\left(CH_2{-}CHCl\right)_{m}CH{=}CHCl$$

④ 大分子自由基与初级自由基反应：

$$R{-}\!\left(CH_2{-}CHCl\right)_{n-1}CH_2{-}CHCl^{\cdot} + R{-}CH_2{-}CHCl^{\cdot} \longrightarrow R{-}\!\left(CH_2{-}CHCl\right)_{n}CHCl{-}CH_2{-}R$$

链终止是复杂的反应过程，在一般聚合反应的条件下，引发剂的用量与单体量相比，浓度很低，生成的大分子自由基彼此相遇形成双分子偶合终止反应的可能性很小，而通过单体的扩散作用，大分子自由基与单体之间的链增长与链转移的可能性却很大。

由于引发剂的不断分解，活性中心随反应时间的增加而增加，产生了聚合反应的“自动加速现象”。所以，大分子自由基与单体之间的链增长与链转移存在于每一个PVC大分子形成的始终。

当PVC大分子自由基在链增长中达到某一个“临界值”，即其链节上超过3个以上的氯乙烯分子时，即成为不溶于单体而可被单体溶胀的黏胶体从单体中沉析出来。这些沉析的孤立的大分子自由基则很难偶合或歧化发生链终止，因此大分子自由基与单体之间的链转移成为氯乙烯悬浮聚合起主导作用的链终止过程。只有在提高引发剂的浓度和因聚合后期单体浓度下降时，大分子自由基发生双分子偶合链终止的可能性才会增加。

2.2.2.2 影响聚合反应的主要因素

2.2.2.2.1 温度的影响

聚合反应的温度对聚合反应的速率有很大影响。温度升高使氯乙烯分子运动加快。引发剂的分解速率、链增长速率都随之加快，促使整体反应速率加快。由于反应速率加快，放出的热量较多，如不及时将反应热移出，将造成操作控制的困难，甚至会产生爆炸性聚合的危险。

由聚合反应机理可见，向单体链转移反应是决定聚氯乙烯聚合度的主要反应。而该反应和温度有直接的关系。在正常的聚合反应温度范围内（40～70℃），聚氯乙烯的平均分子量与引发剂浓度、转化率关系不大，而主要取决于聚合温度。这是因为链转移的活化能要大于链增长反应的活化能，当温度增加时，链转移的常数增加，平均聚合度也就降低。

一般温度波动±2℃，平均聚合度相差 336，相对分子质量相差 21000 左右，所以在工业生产时如不使用链调节剂，聚合温度几乎是控制聚氯乙烯分子量的唯一因素。

在生产聚合度较低的树脂时，除了采用较高反应温度外，通常也加入适量的链转移剂，如三氯乙烯、巯基乙醇等，这样可以在较低的温度下聚合。改变引发剂浓度只是调节聚合反应速率的手段。聚合温度对反应时间和聚合度的影响见表 2-9。

■表 2-9 聚合温度与反应时间及聚合度的关系

反应温度/℃	反应时间/h	转化率/%	聚合度
30	38	73.7	5970
40	12	86.7	2390
50	6	89.97	990

所以，必须严格控制聚合反应的温度，以求得分子量分布较集中的产品。在仪表控制可能的情况下，要求聚合温度波动的范围不应大于±0.2℃。

在聚合反应过程中，要求反应速率均匀，这样有利于传热，保证体系温度恒定。否则，升温期和后期反应激烈阶段，会偏离聚合温度，这是影响分子量分布的重要因素。

为了克服上述弊病，要求聚合工艺中采取等温水入料。在尚不具备条件时升温过程应尽量短，升温时间过长会造成分子量不均而影响加工性能。

另外，温度的升高还能增加链的歧化程度。链歧化的结果使氯原子活性增加，易于造成脱 HCl 而使树脂的热稳定性和加工性能变差。

2.2.2.2.2 单体质量的影响

(1) 单体中乙炔含量的影响 单体中微量乙炔的存在，显著地影响到产品的聚合度。这是因为乙炔是活泼的链转移剂，会与长链自由基反应而形成稳定 p-π 共轭体系，并继续与单体反应进行链增长过程。

$$\sim CH_2-\underset{\displaystyle Cl}{\underset{|}{CH}}+CH\equiv CH\longrightarrow \sim CH_2-\underset{\displaystyle Cl}{\underset{|}{\overset{\displaystyle (H)}{\overset{|}{C}}}}-CH=\dot{C}H\longrightarrow \sim CH_2-\underset{\displaystyle Cl}{\underset{|}{C}}=CH-\dot{C}H_2+CH_2=\underset{\displaystyle Cl}{\underset{|}{CH}}\longrightarrow$$

$$\sim CH_2-\underset{\displaystyle Cl}{\underset{|}{C}}=CH-CH_2-CH=\underset{\displaystyle Cl}{\underset{|}{CH}}$$

生成的双键（又称内部双键）对于聚氯乙烯的热稳定性有不利的影响，成为降解脱氯化氢的薄弱环节。对于平均聚合度为 1000 的聚氯乙烯，单体中乙炔含量与聚氯乙烯大分子中内部双键的关系如表 2-10 所示。

■表 2-10 单体中乙炔含量与聚氯乙烯大分子中内部双键的关系

单体中含乙炔/(mg/kg)	1	10	100	1000
双键/100 个大分子	0.25	2.5	25	250

乙炔杂质还使聚合的反应速率减慢，产品聚合度（黏度）下降，见表 2-11。

■表 2-11 乙炔含量对聚合速率和聚合度的影响

乙炔含量/ %	聚合诱导期/h	达 85%转化率时间/h	聚合度
0.009	3	11	2300
0.03	4	19.5	1500
0.07	5	21	1000
0.13	8	24	300

一般，乙炔含量≤6mg/kg 时，对聚合反应的控制和产品的质量影响不大，工业生产控制乙炔含量在 10mg/kg（0.001%）以下。实际操作中，如遇乙炔含量超过标准时，还可以采用降低反应温度的方法来控制聚合度，如乙炔含量为 50mg/kg 时，降低 0.5℃聚合，或排气回收、送氯乙烯装置重新精馏。

(2) 单体中高沸物的影响 单体中乙醛、偏二氯乙烯、顺式及反式 1,2-二氯乙烯、1,1-二氯乙烷等高沸物，均为活泼的链转移剂，会降低聚氯乙烯聚合度及反应速率，其中乙醛和 1,1-二氯乙烷的影响机理可由下列反应式说明。

① 乙醛

$$\sim CH_2-\dot{C}HCl+CH_3-\underset{\displaystyle O}{\underset{\|}{C}}-(H)\longrightarrow \sim CH_2-CH_2Cl+CH_3-\dot{C}=O$$

$$CH_3\dot{C}=O+nCH_2=CHCl\longrightarrow CH_3-C=O-(CH_2-CHCl)_n\sim$$

② 1,1-二氯乙烷

$$\sim CH_2\dot{C}H(Cl) + CH_3-C(H)(Cl)-Cl \longrightarrow \sim CH_2-CH_2Cl + CH_3-\dot{C}Cl_2$$

$$CH_3-\dot{C}Cl_2 + nCH_2{=}CHCl \longrightarrow CH_3-CCl_2-(CH_2-CHCl)_n\sim$$

由上式可见，较低含量的高沸物存在，可以消除聚氯乙烯高分子长链端基的双键，对聚氯乙烯热稳定性有一定的好处，因此一般认为高沸物杂质在较高含量下才显著影响聚合度及反应速率，如 ABIN 为引发剂时，各杂质对聚合度的影响情况见表 2-12。

■表 2-12 高沸物对产品聚合度的影响

乙醛含量/%	0	0.195	0.78	2.92	7.8
聚氯乙烯聚合度	935.4	831.0	767	500.8	315.5
1,1-二氯乙烷含量/%	0	0.29	1.16	4.3	11.6
聚氯乙烯聚合度	935.4	810.4	800.7	779.8	546.8

此外，高沸物杂质尚会造成高分子支化，对粘釜、树脂“鱼眼”和颗粒形态等方面产生影响。工业生产要求单体中高沸物总含量控制在 100mg/kg 以下（即单体纯度≥99.99%）。

(3) 单体中铁离子的影响 无论软水、引发剂、分散剂还是单体中的铁质，都对聚合反应有不利的影响。铁离子使聚合诱导期延长，反应速率减慢，产品热稳定性变差，还会降低产品的介电性能。此外，铁质还会影响树脂颗粒的均匀度，铁质能与有机过氧化物引发剂反应，影响反应速率。

一般，在控制铁质含量时应注意几个方面：单体输送和储存中要控制其不呈酸性，并降低含水量，使铁质控制在 1mg/kg 以下；聚合设备及管道材质宜选用不锈钢、铝、搪瓷或涂塑；各种原料投料前均应借过滤器处理；聚合投料用水应控制总硬度。

2.2.2.2.3 引发剂的影响

氯乙烯悬浮聚合一般都采用不溶于水而溶于单体的引发剂。由于氯乙烯悬浮聚合反应存在自动加速效应，聚合过程中聚合体系体积缩小、自由水减少、体系黏度增大，所以及时撤出反应热，控制聚合反应平稳是氯乙烯悬浮聚合的重要课题。

控制聚合反应平稳，即聚合反应速率趋于匀速与引发剂的结构和用量有关。例如：在相同聚合温度和相同用量下，偶氮类引发剂的最高反应速率是平均速率的 2 倍，而过氧化碳酸酯类引发剂的最高反应速率约为平均速率的 1.2～1.3 倍，更接近于匀速。

引发剂的用量多，单位时间内所产生的自由基也相应增加，故反应速率快，聚合时间短，设备利用率高。用量过多，反应激烈，不易控制，如反应热不及时移出，则温度、压力均会急剧上升，容易造成爆炸聚合的危险。引发剂加入量少，则反应速率慢，聚合时间长，设备利用率降低。

引发剂的用量除通过生产实践摸索外，尚可以通过理论计算近似得到。例如：氯乙烯聚合引发剂理论耗量约等于（1±0.1）mol/tVC。

即：$N_r = N_0\left(1-\frac{[I]}{[I_0]}\right)$

式中 N_r——引发剂理论消耗量，mol/t VCM；

N_0——引发剂实际加入量，mol/t VCM；

[I]——τ 时刻引发剂浓度，mol/L；

$[I_0]$——引发剂起始浓度，mol/L。

引发剂用量 I(%) 与半衰期 $\tau_{1/2}$、聚合时间 T 有以下关系：

$$I=\frac{N_rM\times10^{-4}}{1-\exp(-0.693T/\tau_{1/2})}$$

2.2.2.2.4 氧对聚合的影响

氧对聚合的阻聚作用见表 2-13，一般认为氯乙烯单体易吸收氧而生成平均聚合度低于 10 的氯乙烯过氧化物，$nCH_2{=}CHCl + nO_2 \longrightarrow {+}CH_2{-}CHCl{-}O{-}O{+}_n$。

■表 2-13 氧对聚合反应速率的影响

聚合时间/h	3	6	7	9	10	14
空气中转化率/%	2.5	12	18.5	33.5	49.0	72.4
氮中转化率/%	5.5	21.5	22.1	36.9	57.3	77.7

这种过氧化物能引发单体聚合，使大分子总存在该过氧化物的链段，并具有较低的分解温度，在聚合条件下易分解为氯化氢、甲醛和一氧化碳，从而降低反应介质的 pH 值。此种过氧化物存在聚氯乙烯中将使热稳定性显著变差，产品易变色。已证实，国内聚氯乙烯常含有一定量羰基，并随含氧量的增加而增加，羰基的存在使聚氯乙烯热稳定性下降，见表 2-14。

■表 2-14 氧对树脂质量的影响

氧含量(摩尔分数)/%	树脂中羰基含量(摩尔分数)/%	树脂聚合度	链节内双键(摩尔分数)/%
0	0	850	0.008
0.057	0.048	718	0.0069
0.155	0.080	694	0.0086
0.660	0.093	675	0.0210
1.770	0.228	640	0.04
3.430	0.230	582	0.043
4.750	0.260	567	0.051

经证实，氯乙烯聚合时生成的上述过氧化物所分解的醛类是链转移剂，会使产品存在较多的聚合度低于 200 的低分子级分，而低分子级分含有较多的烯丙基氯薄弱链节，会使产品热稳定性下降。在以下不同条件下聚合可获得不同数量的低分子级分：a. 在空气存在下低分子级分占 1.7%；b. 抽真

空脱氧后占 1.2%；c. 抽真空脱氧并添加 10mg/kg 抗氧剂占 0.48%。而且，在聚合反应初期（如转化率< 20%）具有较高的低分子级分，在聚合后期（如转化率< 60%）还可能与大分子发生接枝，生成较多的支链结构。

此外，聚合釜内的含氧量还会影响产品树脂的平均粒径，含氧量对树脂平均粒径的影响见表 2-15。

■表 2-15 聚合釜内的含氧量对树脂平均粒径的影响

含氧量/(mg/kg)	0	50	100	150
平均粒径/μm	164	150	134	120

为防止氧对聚合反应的影响，通常可采取以下措施：a. 投单体前用氮置换釜内气相中的空气；b. 用少量液态单体挥发排气；c. 密闭入料；d. 采用等温水入料工艺；e. 添加抗氧剂等。

已证实，添加抗氧剂对抑制过氧化物形成和介质 pH 下降有一定作用，且效果与引发剂种类有关，如偶氮类比过氧化物类的效果要来得显著。

2.2.2.2.5 聚合工艺的影响

工艺对聚合反应及产品质量也会产生较大的影响。

(1) 加料顺序 众所周知，产品质量与加料顺序直接有关。对于悬浮聚合来讲，正常的加料方式是先加水，再加助剂及原辅材料，之后搅拌进行聚合反应。此种加料方式称为正加料。

正加料的顺序不利于引发剂均匀地分散在每个单体油珠之内。根据国外的经验，通过搅拌使每个单体油滴反复进行分散-聚集过程，可达到引发剂均匀分配在每个单体油滴的目的。这个过程需要相当长的时间，在瘦长型的釜内如 13.5m^3 釜，约需 3h 或更长时间才能完成。在强烈的剪切搅拌下也至少需要 1h。所以，在加料后聚合反应之前必须冷搅一段时间，如果没有冷搅这个过程，则引发剂在各单体油滴内分配不均匀，聚合树脂会产生快速粒子，使产品产生大量的“鱼眼”。

为了使引发剂在各单体油滴内分配均匀，产生了另外一种加料方式——倒加料的方式，即先加单体及引发剂、后加水及助剂的工艺。这种加料方式对解决引发剂分配不均带来的“鱼眼”是行之有效的，尤其对固体引发剂显得更重要。

从 VC 悬浮过程出发，分析比较两种加料方式的合理性。在加料时悬浮过程就已开始，对于正加料，先加水和分散剂，水量大就成连续相；后加入 VC 单体，单体量小就成分散相；单体迅速地被搅拌剪切、分散在连续水相分中形成油滴。对于倒加料，先加入单体后加水，开始单体的量多水量少，单体是连续相，水悬浮在单体中，形成一个个悬浮水滴；随着水的不断加入，水量逐渐增多，即发生相转变，水相转换成连续相；倒加料初期形成的悬浮在单体中的水滴，很难冲破分散剂的保护再回到后期加入的大量水相中，最终可能形成空壳粒子和变形颗粒，使颗粒形态产生不利的影响。所以，悬浮聚合就要在解决引发剂均匀分散问题之后，采用正加料方式较为理想。

(2) 中途注水 为了弥补因VCM聚合引起的体积收缩和自由水减少，采用聚合中途逐步注水的工艺一方面可以减小水油比，增加VCM的初始装料量，提高聚合釜的生产能力；另一方面补充自由水降低了聚合体系的黏度，可提高聚合釜的传热能力，以利于缩短聚合时间、降低成本、提高产量。

中途注水的流量最好与VCM聚合的体积收缩量相当，即根据聚合转化速率计算体积收缩量再确定中途注水的流量。但很多工厂企业缺少聚合转化速率参数，只能严格控制注水总量不超过体积收缩量（一般为单体投料体积的1/3)，按聚合时间平均注水。另外，也有在VCM转化率在10%左右时开始注水，注水的温度应与聚合温度相当或略低，以避免釜内局部过冷和影响釜温恒定。

(3) 等温水入料 VCM聚合时，常规加料工艺所用的去离子水都是常温水，这种常温水含氧量较高，在聚合升温过程中会放出一定量的氧，使所得到的PVC树脂分子量不均，并易于形成粘釜。

等温水入料工艺是将聚合所使用的去离子水和单体在入釜前先预热到反应温度，同时加入聚合釜后加入引发剂立即反应。该工艺除了克服常规加料工艺缺点之外，还可以大大缩短聚合的辅助时间。实施等温水入料工艺要解决的问题有：引发剂必须是乳液化，而且与单体进行较好的预混合，这样才能使各单体液滴内引发剂分配均匀。由于单体和去离子水一加入聚合釜即基本达到聚合温度，所以在入料开始釜内压力就达到反应压力，故单体的加入必须采用高位耐压槽与聚合釜平衡入料，或采用泵的压力输送入釜内。

由于等温水入料所得聚氯乙烯树脂分子量分布较均匀，制品质量较好，受热时的热变形时间也较一致，所以对加工成型的工艺条件要求较严格，国内外大多数厂家尚没采取这种工艺方法。

2.2.2.2.6 水质的影响

聚合投料用的纯水的质量直接影响到产品树脂的质量。如硬度（表征水中金属等阳离子含量）过高会影响产品的电绝缘性能和热稳定；氯根（表征水中阴离子含量）过高，特别对聚乙烯醇分散体系，易使颗粒变粗，影响产品的颗粒形态；pH影响分散剂的稳定性，较低的pH对明胶有显著的破坏作用，较高的pH会引起聚乙烯醇的部分醇解，影响分散效果及颗粒形态。此外，水质还会影响粘釜及“鱼眼”的生成。因此，聚合用的纯水宜采用阴阳离子交换树脂处理或电渗析处理，以控制硬度、氯根和pH指标，聚合用纯水的控制指标见表2-16。

■表2-16 软水控制指标

硬度/(mg/kg)	氯根/(mg/kg)	pH
＜5	≤10	6~7

2.2.2.3 聚合釜的粘壁

在氯乙烯悬浮聚合中，聚合釜的粘壁是影响聚合反应及产品质量的十分重要的问题，粘壁物使釜的传热系数下降。粘壁物渗入树脂的成品中，使树脂在加工时产生不易塑化的“鱼眼”，降低了产品质量。聚合釜在使用一定的周期后需要定期清理，这不仅增加了劳动强度，同时也降低了设备利用率。因此，防止聚合釜的粘壁及粘壁物的清理工作，成了聚氯乙烯工业发展的重要课题，同时也是聚合釜的大型化和生产工艺密闭连续化的障碍。

2.2.2.3.1 粘壁的机理

在氯乙烯悬浮聚合中，水为分散介质且与釜壁接触。氯乙烯则被分散为油滴而被分散剂所包围和保护，所以微溶于水中的单体和引发剂与釜壁接触的机会远比单体液滴为多。

单体液滴由于种种原因，冲破外层分散剂的保护膜也可以与釜壁接触，这是液相粘釜的两个主要来源。

在聚合釜的气相，由于气、液处于动平衡状态，液相中挥发的 VCM 则携带部分引发剂或增长着的自由基，在气相冷凝于釜壁并聚合。这是气相粘壁的主要原因。

影响聚合釜粘釜的原因是多方面的，如搅拌的形式和转速；釜型和釜壁的材质；釜内壁的光洁度；物料配比；分散剂和引发剂的种类及用量；各物料的纯度；体系的 pH；聚合反应温度等。但可归纳为以下两大因素。

(1) 物理因素 由于釜内壁表面不光滑、呈凹凸不平状，沉积于凹陷内部的 VCM 与釜壁因分子间引力而结合、聚合为粘釜物，并以此为中心进一步进行接枝聚合使粘釜逐渐加重。在聚合反应液体向固体转化呈黏稠态时，一旦颗粒保护膜被撞坏则黏稠物黏着于釜壁。

实践证明，强烈地搅拌和粗糙的釜壁，均会使粘釜加重。这种粘壁物一般先成斑点状而逐步增大，其与釜壁的结合力较弱，也易于清除。

(2) 化学因素 任何金属表面总有瞬时电子和空穴的存在，这两者都具有自由基引发聚合的特征，尤其是金属釜壁在外界条件变化时，会与单体发生电子得失而成为自由基，逐渐进行接枝聚合形成粘釜物。这种粘釜物一般首先使釜壁失去金属光泽并逐渐加重。粘釜物与釜壁结合力较大，清除较困难。

实际上这两种因素并不孤立存在，它们互相依赖，相互促进，使粘釜现象更加严重。

2.2.2.3.2 减轻粘壁的措施和方法

综合上述，凡减少水相中溶解的氯乙烯和终止水相中活性自由基的防粘手段，无论从物理角度和化学角度都是行之有效的。减轻粘釜的办法大致有以下几方面。

(1) 添加水相阻聚剂 聚合反应中加入水相阻聚剂可以终止水相中活泼

的自由基，终止釜壁上由于电子得失产生的自由基，从而减轻粘釜。国内经常使用的有 $NaNO_2$、水溶性黑、亚甲基蓝等。

(2) 涂布法 涂布法是将某些极性的有机化合物涂布在釜壁上，使釜壁"钝化"，防止釜壁上发生电子转移，终止活性自由基，另外涂料起到光洁釜壁作用。这种涂布在釜壁上的薄层物质，形成了一层阻聚剂，根据涂釜化学品的情况，减少粘釜的周期长短不一，有的是一釜一涂布，有的多釜一涂布。这种方法也是最广泛应用，效果最好的一种。

① 对涂布液的要求有：要和釜壁牢固结合、耐酸、耐碱；阻聚作用；不溶于水和氯乙烯，延长涂布液的使用时间。

② 涂布液的保存和使用：涂布液均为易氧化化学品，在运输、储存及使用中，均需隔绝空气，否则要氧化变质。

涂釜化学品在使用时应注意以下几点。

a. 在密闭的条件下使用带特殊的能伸缩与旋转喷头的阀门进行。

b. 当聚合釜出料完毕后，上述阀门开启并伸入釜中并旋转。此时使用净水进行釜的内壁、釜内构件的冲洗。如有釜顶部冷凝器也应用净水冲洗干净。

c. 冲洗完毕后可用 N_2 或蒸气将涂釜化学品以雾状喷入釜内（使用蒸气喷涂时，则要注意先排净冷凝水后再用蒸气喷釜）。

d. 为使涂釜化学品能有效地黏着在釜壁，应在喷釜进行中应用夹套对各釜进行冷却。

e. 涂釜后即可进行入料操作。

此外，应用涂釜化学品时还应注意：使用手动罐装涂釜液时，为避免涂釜化学品的氧化应迅速进行操作，减少化学品在空气中暴露时间；使用易氧化涂釜化学品涂釜时，第一次至第十次应把用量加大。

2.2.2.3.3 粘釜物的清洗

当发生粘釜时，需要对聚合釜进行清洗，清洗的方法很多，如溶剂法、高压水清洗等。

由于氯乙烯密度较大，易于存在釜的底部，而且是易燃易爆的气体，故在人工下釜内进行清釜时应注意安全，除了釜内 VCM 含量要低于规定指标外，还应遵照高空作业等有关规定执行。

2.2.2.4 "鱼眼"的产生和防止

所谓"鱼眼"是指在一定的加工条件下难以塑化、在制品中呈透明状的 PVC 粒子。"鱼眼"的存在对制品的性能有严重的危害。例如：电缆制品若有"鱼眼"，其表面会起疙瘩，不仅影响外观，更重要的是影响电性能、热老化性能和低温挠曲性能。"鱼眼"脱落会引起电击穿事故，电线受热最易在"鱼眼"周围发生老化，在低温下使用容易在"鱼眼"处裂开，各种薄膜制品若有"鱼眼"则会降低制品的拉伸强度、伸长率等力学性能，"鱼眼"脱落同样使薄膜穿孔，影响使用价值。

因此，应该了解在聚合生产中产生“鱼眼”的原因，并尽力防止“鱼眼”的产生，以提高树脂的质量。

2.2.2.4.1 “鱼眼”产生的原因

在聚合生产中产生“鱼眼”的原因较为复杂，但就目前所了解的情况大致分如下几方面。

① 树脂颗粒形态属紧密型，基本上是玻璃状透明粒子，孔隙率低，不易吸收增塑剂，加工时不易塑化，易于形成“鱼眼”。反之，疏松型树脂“鱼眼”较少。

这种粒子的成因，主要由于采用较大表面张力的分散剂时，在聚合过程中易于形成结构紧密的玻璃状粒子。

② 树脂分子量分布不均　由于氯乙烯悬浮聚合过程中凝胶效应的影响，以及单体中存在链转移杂质，反应控制温度不平稳等原因，使树脂的聚合度不均匀。

聚合过程中小的颗粒趋于凝聚成较大的颗粒，加之颗粒内部的反应热不易移出，造成颗粒中心温度偏高、分子量较低，大颗粒的表面因为水介质的冷却，易形成较高分子量的聚合物，表面分子量过大的树脂，加工时也易于形成“鱼眼”。

在 PVC 加工中要求树脂都具有相同的塑化流变性能，并吸收相同量的增塑剂。在缺乏增塑剂的部位温度较高、不均匀，也易于产生“鱼眼”。

③ 树脂粒度分布不均　由于聚合反应中的种种原因，造成 PVC 树脂粒度分布不均。在加工时，较大的粒子不易塑化，易于产生“鱼眼”。所以提高 PVC 树脂颗粒的规整性和颗粒分布均匀性，是减少“鱼眼”的一个重要环节。

④ 聚合釜的粘釜物　聚合过程中粘釜物渗入树脂之中，是形成“鱼眼”的重要原因。因为粘釜物大多是体型结构的交联氯乙烯聚合物，而这种粘釜物难以塑化，所以减少聚合过程的粘釜及粘釜物的及时清除，是减少“鱼眼”的重要措施。

⑤ 单体质量　如果单体中含有乙炔、乙醛、1,1-二氯乙烷、1,2-二氯乙烷等杂质，不仅对聚合反应起到阻聚作用，而且会发生链转移，造成聚合物分子量低或生成交联物。尤其是单体中铁含量的增加，会导致“鱼眼”增加。反之，单体纯度高，杂质少，则所制得的树脂颗粒规整、分子量分布也较均匀、粘釜较轻，所以提高单体的质量也是减少“鱼眼”的重要手段之一。

⑥ 引发剂的种类　聚合过程中使用不同的引发剂，其半衰期不相同，低效引发剂诱导期长，引发效率低，使聚合后期发生自动加速现象，反应速率快，放热集中，产品分子量分布较宽，甚至产生交联的大分子，加工中产生“鱼眼”。高效引发剂如果在加料时使之在单体中溶解不完全或分散不均匀，也容易产生“鱼眼”。

⑦ 加料方法和顺序　加料的方法和顺序关系到引发剂在单体中溶解得是否均匀，树脂分子量是否均一，反应速率快慢等。比如：先加单体与引发剂后加水的加料工艺，对解决引发剂在单体中的分散均匀起到很重要的作用，“鱼眼”也相对较少。先入单体与水升温至反应温度后加引发剂对解决分子量分布均匀有很大作用。所以正确的选择加料方式和顺序也关系到“鱼眼”多少。

⑧ 其他方面的原因　聚合釜温度的控制不严格，温度波动大也会使分子量分布和粒度受到影响，聚合用水含氯量高，树脂颗粒不均，玻璃状粒子增加；聚合釜升温速率的均匀性也会影响树脂的聚合度；搅拌状况的好坏对树脂粒度分布和颗粒形态影响也很大；树脂内混入机械杂质等，也会使树脂中“鱼眼”增加。

2.2.2.4.2 减少“鱼眼”的措施

① 生产疏松型树脂。由于紧密型树脂的“鱼眼”多，为全面改善树脂的塑化加工性能，应生产疏松型树脂，并且应根据设备、工艺等不同条件，选择生产疏松型树脂用的分散剂、引发剂等。

② 聚合生产中使用无离子水，严格控制水质。

③ 控制聚合釜升温介质的温度，以稍高反应温度为最佳，如果使用蒸气夹套升温，则应控制升温速率以较快为佳。

④ 聚合釜的冷却方式，如果采用间断的通水冷却方式，则釜内温度的温差大。采用大流量低温差的循环冷却方式，则釜温波动小于0.2℃，极有利于聚合度的稳定和减少“鱼眼”。

⑤ 采取有效的防止粘釜手段是降低“鱼眼”的关键。

⑥ 引发剂的加入方式应采取 VCM 能溶解均匀的方法。

⑦ 提高单体质量，作好成品树脂的储存、包装，减少杂质的混入，也是减少树脂中“鱼眼”的措施之一。

总之，减少粘釜、降低分散剂用量、提高树脂的孔隙率和孔隙的均匀性、引发剂在 VCM 中分散均匀、反应速率平稳、反应温度均匀，都是行之有效的减少“鱼眼”的措施。

2.2.2.5 氯乙烯悬浮聚合工艺与工程

2.2.2.5.1 树脂颗粒形成的传统理论

在氯乙烯悬浮聚合中，VC 单体在搅拌的剪切作用和分散剂的作用下，在水中形成分散与聚并动态平衡的单体液滴。聚合反应在液滴内进行，由于 PVC 不溶于 VC，聚合具有沉淀聚合的特征，经历亚微观和微观成粒过程，最终形成宏观层次的树脂颗粒。因此，PVC 树脂成粒过程包括两个方面：一是 VC 分散成液滴，单体液滴或颗粒间聚并，形成宏观层次的颗粒；二是在单体液滴（亚颗粒）内形成亚微观和微观层次的各种粒子。

(1) VC 液滴的形成　氯乙烯悬浮聚合初期，单体在搅拌剪切作用下分散成大小、形状不一，不稳定的液滴。由于界面张力的作用，不规则的液滴收缩成球形，小液滴聚集成较大的液滴，如此剪切分散与聚集反复地进行，并存在着动态平衡。在分散剂的保护下，最终形成大小及分布稳定的分散液滴，悬浮在聚合体系中，其平均直径约为 40μm，分布在 5～150μm 范围内波动。液滴形成过程如图 2-6 所示。

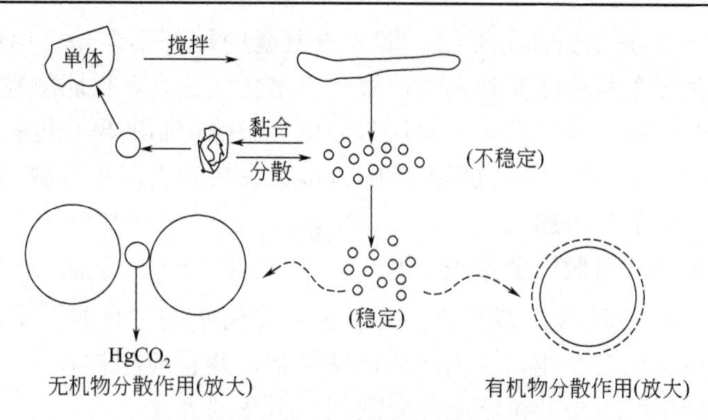

■图 2-6　VC 液滴形成示意图

(2) 亚微观（微观）粒子的形成　基于对 PVC 颗粒结构的研究，单个 VCM 液滴内亚微观（微观）层次的成粒过程示意图如图 2-7 所示。

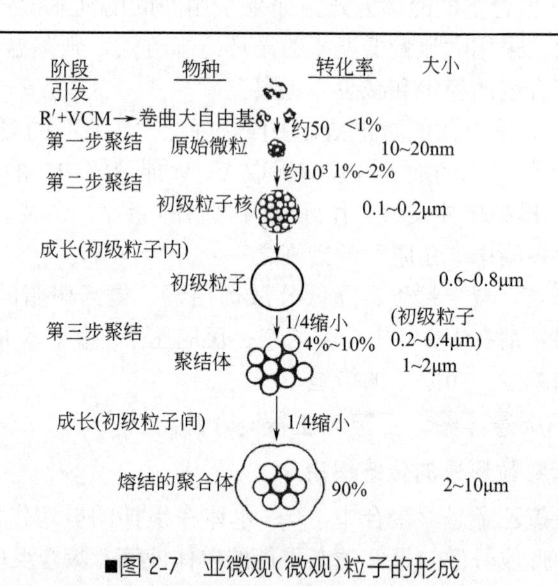

■图 2-7　亚微观(微观)粒子的形成

单体液滴内的引发剂分解形成自由基后引发 VC 生成 PVC 链自由基，PVC 不溶于 VCM，PVC 链自由基增长到一定长度（例如聚合度为 10～30）后，就有沉淀倾向。在很低的转化率，例如 0.1%～1%以下，约 50 个链自由基线团缠绕聚结在一起，沉淀出来，形成最原始的相分离物种，尺寸为

0.01～0.02μm。这是能以独立单元被鉴别出来的原始物种，特称为原始微粒或微区。

原始微粒不能单独成核，且极不稳定，很容易再次絮凝，当转化率达1%～2%时，约有1000个原始微粒进行第二次絮凝，聚结成为0.1～0.2μm初级粒子核。

继上述原始微粒和初级粒子核等亚微观层次结构形成以后，就进入微观层次的成粒阶段。其中包括初级粒子核成长为初级粒子、初级粒子絮凝成聚集体、初级粒子的继续长大三步。这一阶段是成粒全过程最重要的阶段。

初级粒子核一经形成就开始成长，并吸附或捕捉来自单体相的自由基而增长、终止，聚合主要在PVC/VC溶胀体中进行，不再形成新的初核，初级粒子数也不增加，此时初核或初级粒子稳定地分散在液滴中，慢慢地均匀长大，当转化率达3%～10%时，长大到一定程度（如0.2～0.4μm），又变得不稳定起来，有部分初级粒子进一步絮凝成1～2μm的聚结体，到转化率为85%～90%时，聚合结束时，初级粒子可长大到0.5～1.5μm，而聚结体可长大到2～10μm。整个聚结体结构的内附力和强度也同时提高。

(3) 宏观颗粒的形成 Allsopp考虑了搅拌与分散剂性能双重因素提出了PVC树脂宏观成粒过程，见图2-8。

图2-8根据搅拌强度和分散剂性质的多种组合，表达了不同形态宏观颗粒的成粒途径。

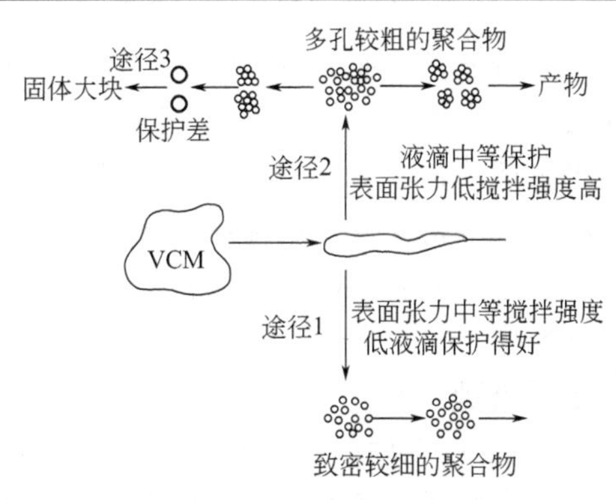

■图2-8 聚氯乙烯宏观成粒过程

途径1：搅拌强度较弱，表面张力中等且液滴保护良好，单体液滴一旦形成就较稳定，难以聚并。在整个聚合过程中，多以独立液滴存在并进行聚合，最终形成小而致密的球形单细胞亚颗粒。紧密型树脂、掺混树脂、球形树脂等即按此途径成粒。

途径2：搅拌强度较强，表面张力低，液滴受到中等保护，聚合过程中单体液滴有适度的聚并，由亚颗粒聚并成多细胞颗粒，最后形成粒度适中、孔隙率高、形状不规则的疏松树脂。通用疏松型树脂即按此途径制得。

途径 3：液滴未得到充分保护，在低转化率时单体液滴就聚并在一起，不成颗粒而成块，最后可能结满整釜，这是生产中急需避免的。

Allsopp 模型能较好地解释 PVC 宏观成粒过程中出现的一些现象，较为合理，广为人们所接受。

Mariasi 根据搅拌和分散剂性质所提供的不同稳定作用，结合转化率提出了如图 2-9 所示的成粒机理。按不同稳定作用以两条路线生成单细胞、多细胞粒子，转化率达 15%以后粒子固化，动态成粒结束。

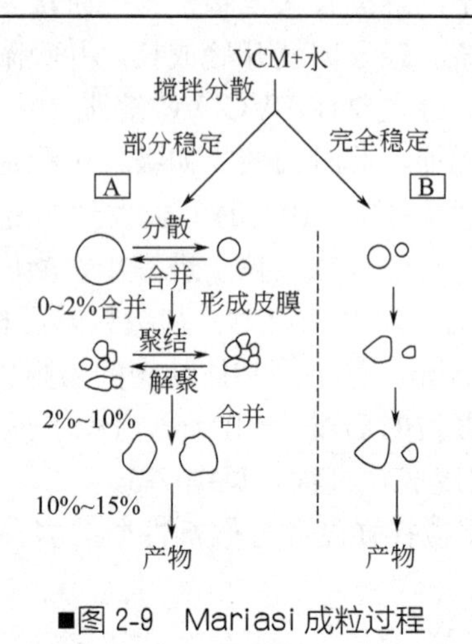

■图 2-9 Mariasi 成粒过程

由上述分析可见，从原始的 VCM 液滴到最终的 PVC 颗粒，经过液滴内微观（亚微观）层次以及液滴间宏观层次的成粒过程。这两过程相互影响，综合结果将反映在 PVC 颗粒形态、疏松程度和孔隙率等。

以上成粒过程分析仅仅是定性地描述 VC 聚合工艺和工程条件对树脂宏观颗粒形态形成过程的影响，对于颗粒形态的控制和异常现象的判明也起到了一定的指导作用。

2.2.2.5.2 树脂颗粒形成新理论

赵劲松先生经过 50 年的研究，提出了悬浮法 PVC 树脂颗粒形成过程的新理论，他认为：氯乙烯单体在以水作为分散介质的条件下，借助于搅拌作用，液态氯乙烯以约 0.70μm 的微滴分散在水中，聚合反应在这些微滴里进行，当聚合转化率达到约 25%时，这些微滴凝聚成约 130μm 的树脂颗粒。该理论历经 30 多年，被实验事实和文献数据数据证实，逻辑推理也得到满意的结果。

悬浮聚氯乙烯（PVC）树脂颗粒的平均粒径为约 130μm，它由粒径约为 0.7μm 的原粒子组成，而原粒子又由粒径约 0.015μm 的区域结构所组成。其树脂颗粒断裂面的扫描电镜（SEM）照片如图 2-10，其结构模型如图 2-11。

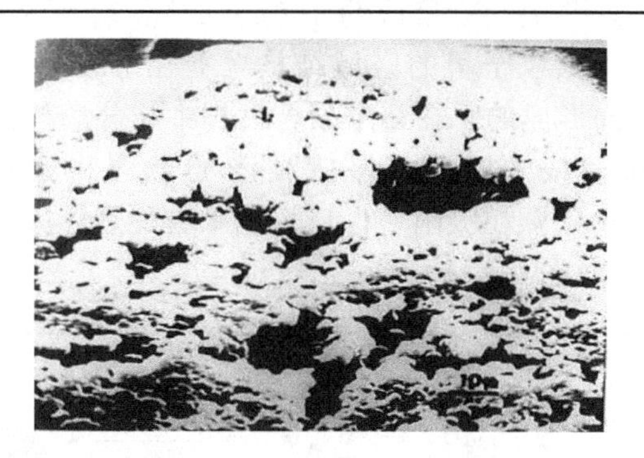

■图 2-10　悬浮 PVC 树脂颗粒断裂面 SEM 照片

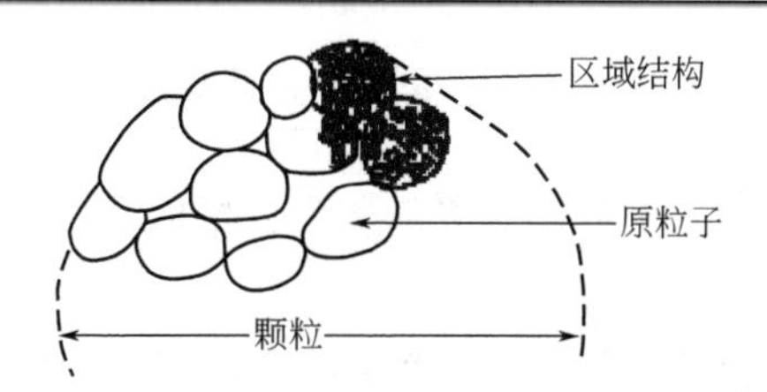

■图 2-11　悬浮 PVC 树脂颗粒结构模型

这种结构是如何形成的呢？中外学者都认为悬浮聚合是小范围的本体聚合，苯乙烯的悬浮聚合如此，甲基丙烯酸甲酯的悬浮聚合也是如此，所有单体在进行悬浮聚合时都遵循同一成粒机理。氯乙烯（VC）也不例外，在搅拌作用下 VC 以约 130μm 的液滴分散在水中，聚合反应在这些液滴里进行。聚合反应完成以后，这些液滴变成约 130μm 的树脂颗粒。由于 PVC 大分子在 VC 中不溶解，便从 VC 里沉析出来，并凝聚成区域结构，区域结构进一步凝聚成原粒子[1~8]。在整个聚合过程中，水相中的分散剂向约 130μm 的液滴或树脂颗粒吸附，再加上 VC 与分散剂的接枝聚合作用，从而在颗粒外形成结实的外皮，以保护悬浮体系的稳定，不结块。上述机理称为“传统理论”，如图 2-12 表示（区域结构未画出来）。

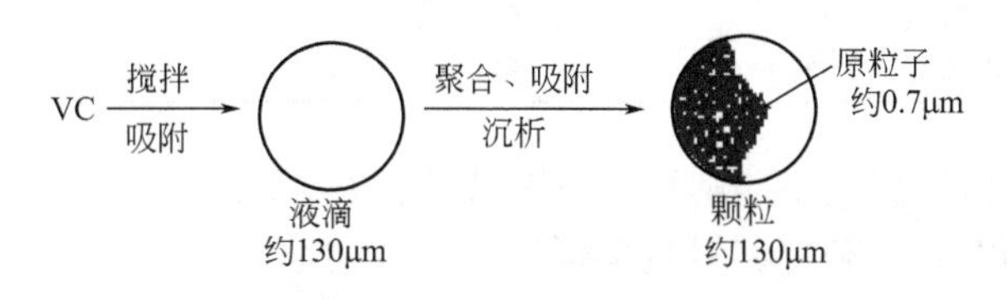

■图 2-12　传统理论示意图

新理论认为，在搅拌作用下液态 VC 以约 0.7μm（而不是约 130μm）的微滴分散在水中，聚合反应在这些微滴里进行。当聚合转化率达到约

25%时，这些微滴凝聚成约 130μm 的颗粒。这些微滴演化成树脂颗粒中的原粒子。原粒子里的区域结构才是由于 PVC 大分子在 VC 里不溶解，沉析凝聚而形成的。在整个聚合过程中，分散剂被吸附，凝聚前分散剂被约 0.7μm 的微滴吸附，保持微滴的悬浮稳定性；凝聚后分散剂被约 130μm 的树脂颗粒吸附，保持树脂颗粒的悬浮稳定性。此新理论称为“凝聚理论”（见图 2-13）。

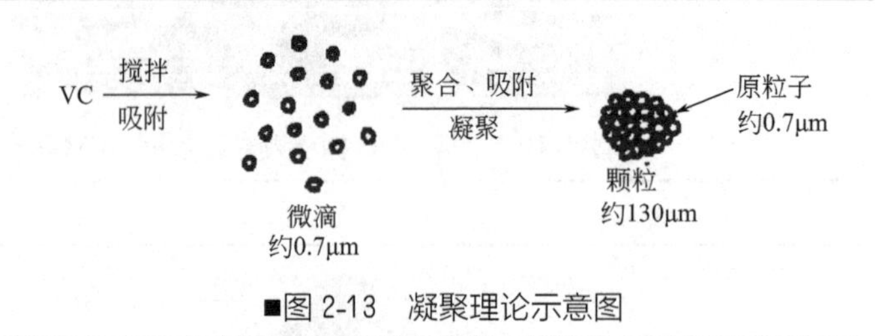

■图 2-13 凝聚理论示意图

下面列举 7 个实验事实、文献数据以及逻辑推理，充分证明凝聚理论正确性。

① 无皮悬浮 PVC 树脂颗粒的大量存在 透过外表能看见内部原粒子结构的颗粒称为无皮颗粒，看不见内部结构的颗粒称为有皮颗粒。光学显微镜观察结果见表 2-17，电子显微镜观察结果见图 2-14。

■表 2-17 用 450 倍光学显微镜观察悬浮 PVC 树脂颗粒的观察结果

分散剂的种类和用量（用量以 VC 为基准计算）/%	观察结果			
	250μm 的颗粒(60 目)	250～149μm 的颗粒(100 目)	149～88μm 的颗粒(160 目)	88～74μm 的颗粒(200 目)
明胶（0.1%）	有皮	有皮	有皮	薄皮
聚乙烯醇（0.1%）	薄皮	无皮	无皮	无皮
羟乙基纤维素（0.1%）	薄皮	薄皮	薄皮	薄皮
甲基纤维素（0.05%） 羟乙基纤维素（0.05%）	薄皮	薄皮	薄皮	薄皮
甲基纤维素（0.1%）	薄皮	无皮	无皮	无皮
甲基纤维素（0.5%）	有皮	有皮	有皮	无皮
甲基纤维素（1.0%）	有皮	有皮	有皮	有皮

传统理论不能解释无皮颗粒的存在，因为按照传统理论的成粒过程，树脂颗粒必然有皮。但凝聚理论可以成功地解释这一现象，在微滴凝聚成树脂颗粒以前，分散剂吸附在约 0.7μm 的微滴上；凝聚后，分散剂吸附在树脂颗粒上。如果凝聚成颗粒后，水相还剩下大量分散剂，它将继续被树脂颗粒吸附以形成树脂颗粒的外皮；如果凝聚成树脂颗粒后，水相剩下的分散剂极少，那么在树脂颗粒外将不能形成可观的皮，即无皮。

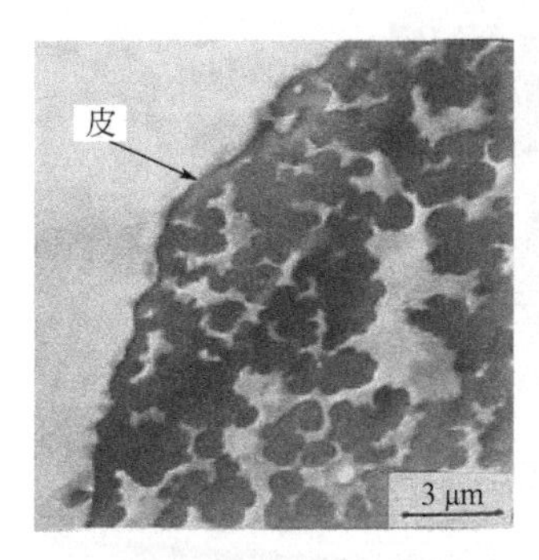

(a)有皮颗粒超薄切片透射电镜照片

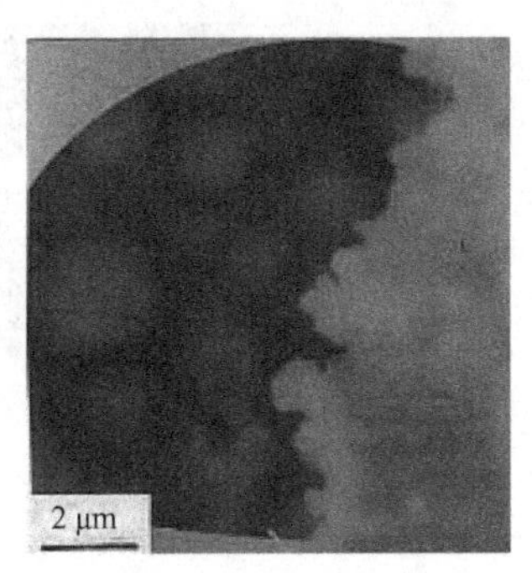

(b)无皮颗粒边缘透射电镜照片

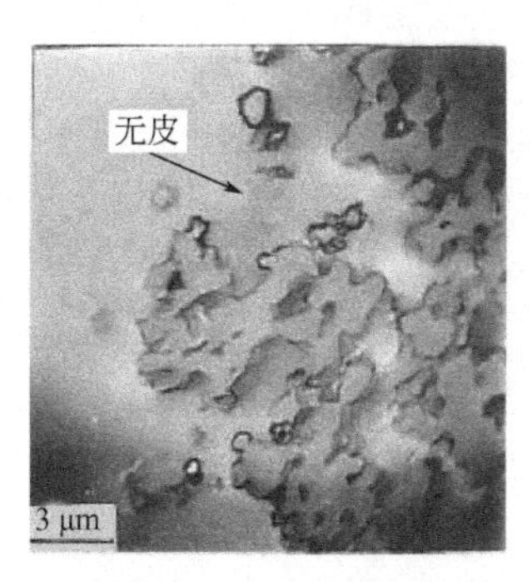

(c)无皮颗粒超薄切片扫描透射电镜照片

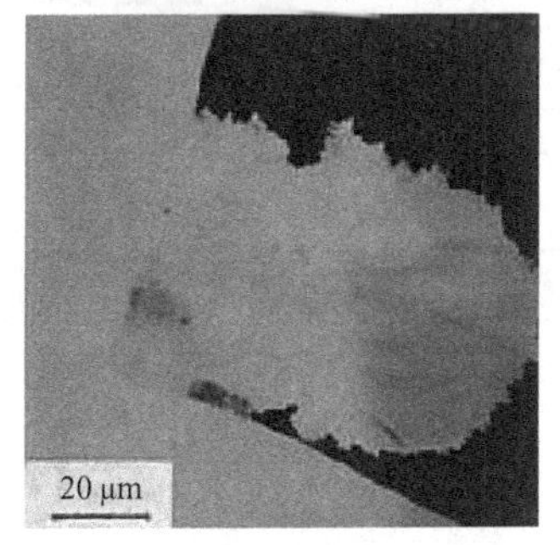

(d)单个无皮聚氯乙烯颗粒TEM照片

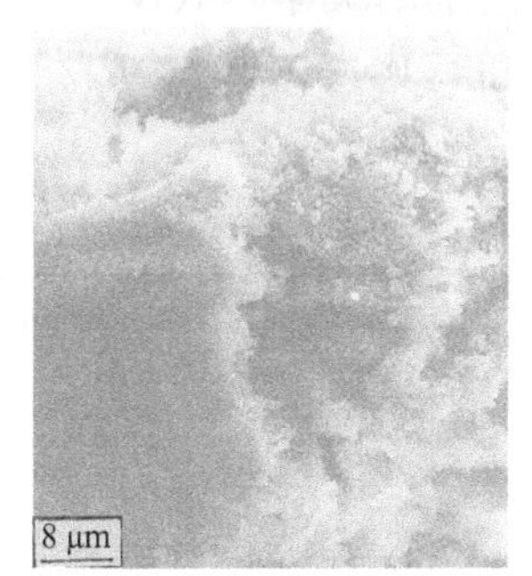

(e)无皮树脂颗粒表面扫描电镜照片

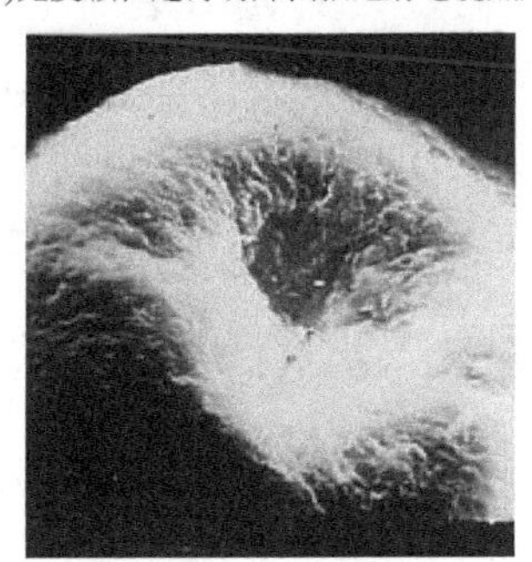
(f)有皮树脂颗粒扫描电镜照片

■图 2-14　有皮及无皮树脂颗粒的电镜照片

② 搅拌转速影响原粒子直径　原粒子直径随着搅拌转速的增加而降低，传统理论对此结果无法解释，因为原粒子包在颗粒内部，是靠区域结构的凝聚生成的，搅拌对它是不发生作用的，搅拌只能影响树脂颗粒的直径。凝聚理论可以成功地解释，按照凝聚理论，聚合初期体系的基本运动单元是原粒子，搅拌转速高，原粒子直径自然要减小。相反，搅拌转速降低，原粒子直径就要增加（见表 2-18）。

■表 2-18　原粒子直径和搅拌转速的依赖关系

搅拌转速/(r/min)	原粒子平均直径/μm	搅拌转速/(r/min)	原粒子平均直径/μm
100	2.0	250	1.0
150	1.7	330	0.8
200	1.5	400	0.6

③ 原粒子外面也有一层皮　按照凝聚理论，在转化率达到约 25％以前，原粒子（或微滴）作为基本单元存在于水相，它们的表面将吸附水中的分散剂以生成皮（见图 2-15）。而按照传统成粒机理，原粒子根本不与水接触，所以原粒子就不应该有皮。

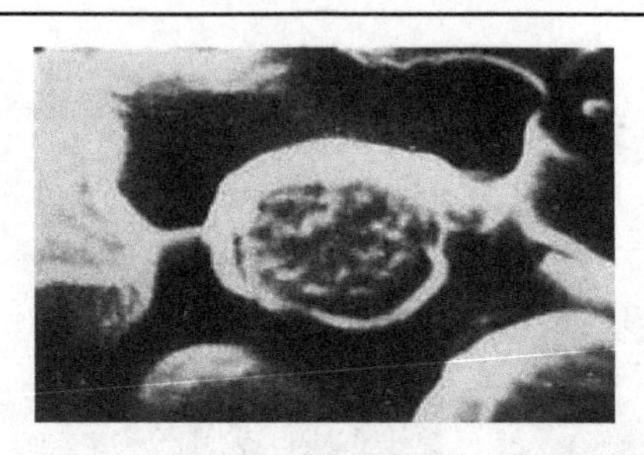

■图 2-15 原粒子外有皮的 SEM 照片

④ 比表面与转化率的关系 Ravey（Rogozinski）M. 等测定了悬浮 PVC 树脂的比表面和转化率的关系（表 2-19），发现转化率在 21.8%～37.7%时比表面发生突变。

■表 2-19 比表面和转化率之间的关系

转化率/%	比表面/(m^2/g)	凝聚作用发生部位
12.5	2.3	
12.6	2.1	
14.3	2.9	
18.5	2.2	
20.8	1.5	
21.8	2.3	
37.7	0.75	
54.0	0.70	→发生凝聚作用部位
59.2	0.70	
61.5	0.50	
63.6	0.30	
72.7	0.40	
77.6	0.24	
83.2	0.28	
84.7	0.40	
88.5	0.25	

只有凝聚理论可以解释这个现象。凝聚以前，PVC 树脂的比表面应为原粒子的比表面；如果原粒子按直径为 0.7μm 的实心圆球计，则比表面之计算值应为 6.1 m^2/g。由于原粒子要部分凝聚成粒径较大的附聚体（约 5μm），所以测定值要低于计算值。凝聚以后 PVC 树脂的比表面应为树脂颗粒的比表面，如果树脂颗粒按直径为 130μm 的实心圆球计，则比表面之计算值为 0.033m^2/g。由于 PVC 树脂颗粒既不是实心结构，也不是圆球，而是形状极不规则的多孔颗粒，有的甚至是无皮颗粒，在进行比表面测定时，颗粒的内孔表面也被测定，所以测定值高于计算值。

⑤ 聚合水相分散剂浓度和转化率的关系 John T. Cheng 发现浓度-转化率曲线，在转化率为 15%～30%时发生突变（图 2-16）。转化率在 15%～

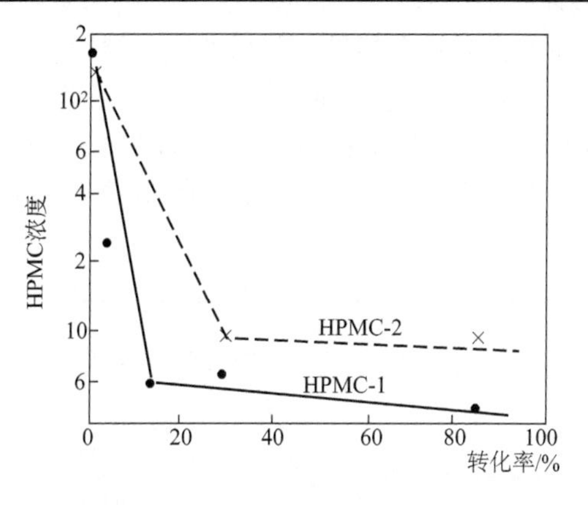

■图 2-16　HPMC 浓度-转化率关系曲线

30%以前，聚合水相的羟丙基甲基纤维素（HPMC）的浓度随着转化率的升高而迅速降低，而转化率在 15%～30%以后，其降低速率变得平缓。M. W. Allsopp 也发现分散剂聚乙烯醇（PVA）有类似性质（见图 2-17）。根据凝聚理论，该现象与转化率约 25%时的凝聚作用有关。凝聚前是原粒子吸附水中的分散剂，由于原粒子比表面积大（$6.1m^2/g$），吸附分散剂量大，所以分散剂浓度迅速降低；凝聚后是树脂颗粒吸附水中的分散剂，由于树脂颗粒比表面积小（$0.033m^2/g$），吸附分散剂量小，所以分散剂浓度缓慢降低。而且还发现，图 2-17 中 PVA 在悬浮聚合水相中的浓度下降速率，凝聚前 $\tan\alpha=28.77$，凝聚后 $\tan\beta=0.15$，凝聚前后 PVA 浓度下降速率之比为 $\tan\alpha/\tan\beta=192$。初级粒子比表面和树脂颗粒比表面之比为 6.1/0.033=185。这两个数据如此的吻合，不是巧合，是客观的反应。

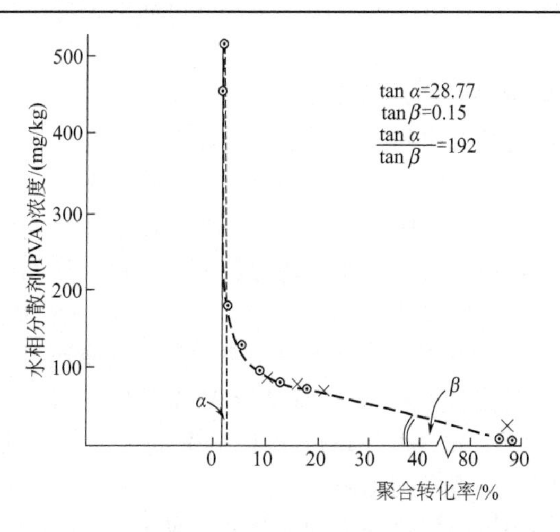

■图 2-17　悬浮聚合水相 PVA 浓度-转化率关系线

⑥ 表面张力与聚合时间的关系 在用甲基纤维素（MC）作分散剂时，测定了不同聚合时间水相界面张力的变化情况。发现聚合时间在 1.5～2.0h 的时候，界面张力-聚合时间曲线出现突变。做了三次实验结果都如此（图 2-18，图中 1、2、3 是实验编号）。聚合 1.5～2.0h 的转化率正好是约 25%，在这里发生了凝聚作用，所以聚合体系的界面张力在 1.5～2.0h 要发生突变。

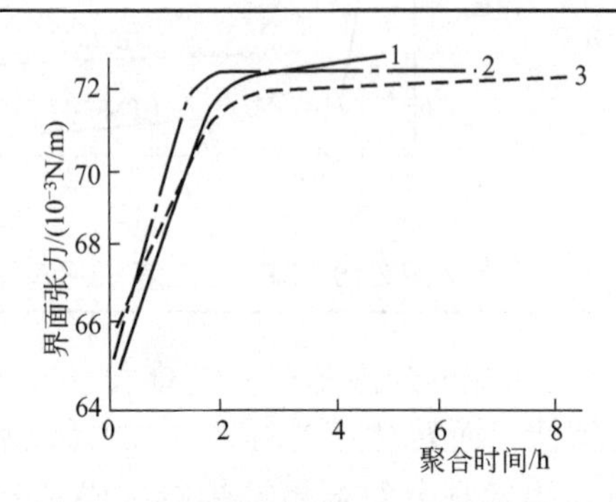

■图 2-18 界面张力-聚合时间关系曲线

⑦ PVC 颗粒中有大量分散剂存在 John T. Cheng 等发现 PVC 颗粒中有大量分散剂存在认为这是分散剂在 VC 里的溶解所致。这种解释是不妥的，因为分散剂分子同时含有亲水基团和亲油基团，它处于油-水界面是热力学的必然趋势，不可能溶解在 VC 里。

用凝聚理论解释该现象最合理。按照凝聚理论，分散剂首先被原粒子吸附，凝聚成颗粒后被原粒子吸附的分散剂就自然而然地存在于树脂颗粒中，而不存在分散剂在 VC 中溶解或不溶解的问题。

用凝聚理论可以解释悬浮聚合的可靠的实验现象，而传统机理则经常遇到困难。

2.2.2.5.3 氯乙烯悬浮聚合釜的搅拌

(1) 搅拌的作用 在氯乙烯悬浮聚合中搅拌是必不可少的条件。它提供一定的剪切力，保证一定的物料循环次数和使聚合釜内能量分布均匀。

由搅拌叶旋转所产生的剪切力可以使单体较均匀地分散成微小的液滴并悬浮在聚合体系中。因此剪切力越大的搅拌形成的液滴就越小。剪切强度测定比较困难，所以往往用单位体积功率大小来反映。如果单位体积功率过低，搅拌强度不够，单位体积功率过高，树脂质量也并不好，同时，还浪费了能量。根据经验，氯乙烯悬浮聚合时单位体积物料消耗的功率一般以 1.0～1.5kW/m^3 为宜。随着选用分散剂性能的不同，对搅拌强度的要求也有所不同，两者必须均衡。

搅拌还可以提供一定的循环量，使釜内物料在轴向、径向流动和混合，使釜内各部温度较均一。如果釜内物料存在径向和轴向温差，则使成品树脂的分子量分布不匀，黏数范围也变宽。对于氯乙烯悬浮聚合，搅拌必须提供的循环量依釜型的不同而异，一般为每分钟循环 6～8 次较好。

如果循环次数太少，容易产生滞留区，在此滞留区内易发生并粒使粒度分布变宽。在相同的搅拌功率下，如果循环次数过多，则物料流动的湍流强度下降，剪切力也减弱。

综合上述，物料单位体积消耗的功率和循环次数，都是指全釜的平均值，而釜内流动和剪切的均匀性对于粒度分布也很重要。因此，要求聚合釜内物料的流动不应有死角，且有较均匀的能量分布，以求制得粒度分布较窄的树脂。

搅拌对树脂的颗粒形态也有很大的影响，如 30m^3 聚合釜原搅拌采用了六层复合桨（三螺旋桨＋三斜桨），剪切能力偏弱；层数偏多，循环次数偏多，流动状态紊乱，所以分散剂的用量较多，约为 0.12%（对单体，下同）。树脂粒度分布过宽，并有异型粒子存在。将搅拌改为四层斜桨后，分散剂用量降到 0.05%以下，粒度分布 80～120 目集中率达到 98%，而且树脂颗粒形态明显好转，皮膜变薄，甚至有部分无皮。这样对 VCM 的脱除和树脂的加工都是十分有利的。

(2) 搅拌的选择　搅拌的效果一般取决于聚合釜的形状（即长径比）、桨叶尺寸和形式、转速和挡板等因素。一般说来，瘦长釜不易保证轴向均匀混合，须设置多层桨搅拌。

搅拌转速高，剪切力增大，会影响 PVC 颗粒的规整，导致搅拌功率的增加，根据经验搅拌的转速以搅拌叶端线速 7.5m/s 为宜。

总之，要取得良好的搅拌效果，必须根据釜形，选取适宜的转速、搅拌叶形式和尺寸，经过试验、调试才能取得满意的效果。

2.2.2.5.4 聚合釜的传热

(1) 聚合反应放热的特性　氯乙烯聚合热较大，约为 1507kJ/kg，聚合过程中要及时散热才能保证聚合温度恒定，因此传热问题就成为聚氯乙烯生产过程中的突出问题之一。如果能对氯乙烯聚合过程中的传热问题分析清楚，对生产能力和产品质量的提高将起促进作用。

在氯乙烯聚合过程中，聚合初期有诱导期、中后期有凝胶效应存在，整个聚合过程的聚合速率（放热速率）并不均一，速率前慢后快、前快后慢、匀速等情况都有可能，这主要取决于引发剂的活性和配伍。从充分利用设备、提高生产能力角度来看，应该选择适当半衰期的引发剂复合，达到匀速反应。

① 自动加速现象与凝胶效应　在聚合反应中，当达到一定温度后，引发剂的分解半衰期缩短，分解速率加快，自由基的浓度成数量级的增加，单体聚合的速率也就非常快，同时放出大量的热量，单体聚合放出的热量大于引发剂分解所需的热量，造成釜温上升，即出现所谓的自动加速现象。此时热量如不能及时的散出，反应就失控，也就造成所谓的爆聚。

自动加速现象主要是体系黏度增加所引起的，因此又称为凝胶效应。加速的原因可由终止受扩散控制来解释。链自由基的双基终止过程可分为三步：链自由基质心的平移；链段重排，使活性中心靠近；双基化学反应而终止。其中链段重排是控制的一步，体系黏度是影响的主要因素。体系黏度随转化率提高后，链段重排受到阻碍，活性端基甚至可能被包埋，双基终止困难，终止速率下降，自由基寿命延长；体系黏度还不足以妨碍单体扩散，增长速率变动不大，从而导致加速显著，分子量也同时迅速增加。自动加速现象在自由基聚合中是一种较为普遍的现象，出现自动加速的根本原因是链自由基的终止速率受抑制。这种现象的存在使放热集中，甚至发生爆聚使生产难以控制；同时使单体气化，产物中有气泡，影响产物的质量。因此，在自由基聚合反应中需减少或避免其发生。

在氯乙烯聚合中所生成的 PVC 不溶解于氯乙烯但可被溶胀而呈黏胶状。随聚合转化率的提高，氯乙烯微珠内不断有聚合物析出而使黏度增大，致使终止速率下降、增长速率加快，同时放出大量的热量；大量热量又加速引发剂分解，更进一步提高了聚合速率；如此反复循环就产生了氯乙烯悬浮聚合中的所谓自动加速现象。

自动加速现象与聚合温度、引发剂品种和用量等因素有关。图 2-19 表示聚合温度对聚合曲线的影响。

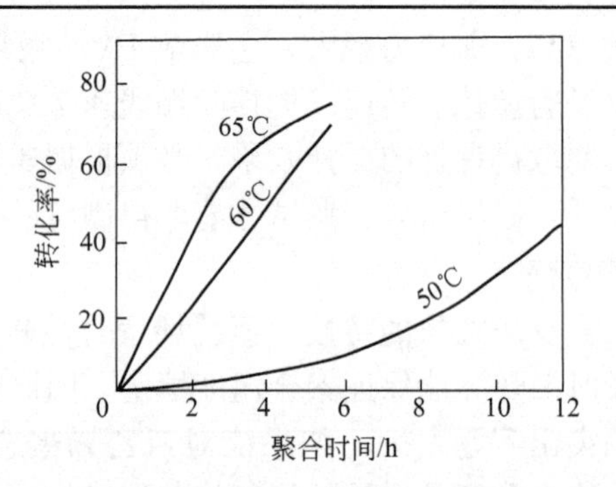

■图 2-19 温度对聚合曲线的影响

（引发剂 IPP：用量 3.8×10^{-5}mol/molVC）

由图 2-19 可见，在同一引发剂用量条件下，随着聚合温度的提高，聚合速率逐渐增大，聚合速率从 50℃曲线的先慢后快转变成 60℃曲线的匀速，再转变成 65℃曲线的先快后慢，对于 50℃曲线和 60℃曲线自动加速现象不明显，而 65℃曲线显著存在。

图 2-20 显示引发剂用量对聚合曲线的影响。由图可见，随着引发剂用量（1>2>3>4）的增加聚合速率逐渐增大，聚合速率从曲线 4 的先慢后快逐渐转变成 1 曲线的先快后慢。这其中曲线 4 自动加速现象不明显，曲线 1、曲线 2 和曲线 3 自动加速现象都显著存在，而且随着引发剂用量的增加

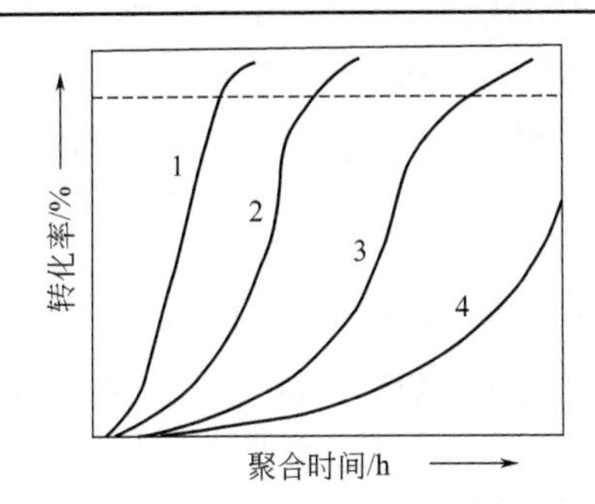

■图 2-20　引发剂用量对聚合曲线的影响

（引发剂浓度：1＞2＞3＞4）

出现自动加速现象的时间越早。

② 自动加速现象与聚合反应放热　由于自动加速现象的存在，使得聚合速率分布不均，如图 2-21 所示。

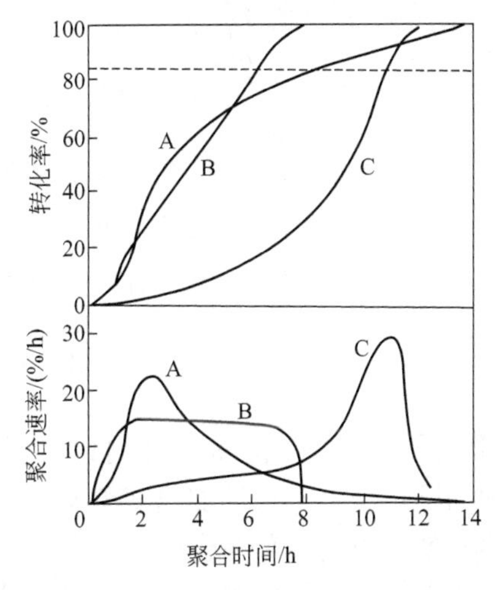

■图 2-21　聚合转化率与聚合速率

图 2-21 可见，聚合曲线 C 属 S 形转化率-时间关系，采用低活性引发剂，初期慢，表示正常速率；中期加速，是凝胶效应超过正常速率的结果；后期转慢，原因是凝胶效应和正常聚合都在减慢。

聚合曲线 A 是前快后慢的聚合，采用活性过高的引发剂，聚合早期就有高的速率。稍后，残留引发剂过少，凝胶效应不足以弥补正常聚合速率部分，致使速率转慢，过早地终止了聚合，成了所谓“死端聚合”。如补加一些中、低活性引发剂，则可使继续聚合。

曲线 C 和 A 两者的聚合速率（即放热速率）分布非常不均，都出现较高的放热峰值，对聚合过程控制和聚合釜传热能力提出更高的要求。

聚合曲线 B 的聚合速率接近于匀速，在较高转化率以前没有出现自动加速现象，其聚合放热速率分布较均匀，这是 VCM 聚合所希望的。如引发剂的半衰期选用得当，可使正常聚合减速部分与加速部分互补，达到匀速。例如选用 $\tau_{1/2}=2$ h 的引发剂，氯乙烯可望接近匀速聚合，这更有利于传热和温度控制。

要实现氯乙烯的匀速聚合应该从目标产品 PVC 的聚合度出发，根据聚合釜的最大传热能力，选择活性不同的引发剂进行复合。图 2-22 是工业生产中采用了的三个复合引发剂配方的聚合曲线。由图可见，三配方的聚合曲线接近于匀速，在较高转化率以前没有出现自动加速现象，聚合放热速率分布较均匀。

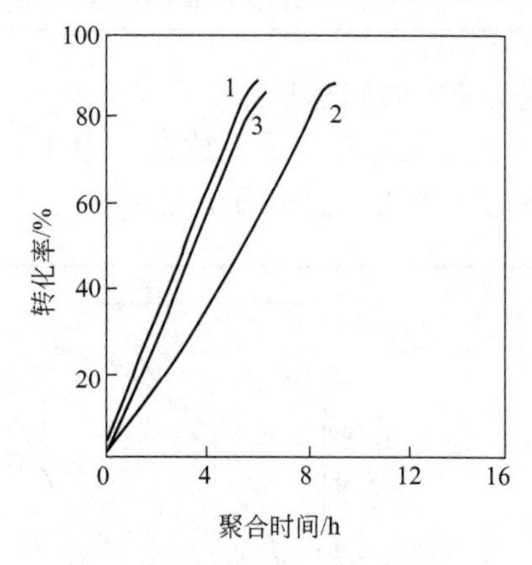

■图 2-22 复合引发剂的聚合曲线

1—ACSP（0.05%）+LPO（0.1%）（50℃）；2—TBCP（0.05%）+LPO（0.1%）（50℃）；3—ABVN（0.02%）+IPP（0.02%）（55℃）

③ 聚合中热负荷分布　由图 2-21 可以看到，聚合曲线 A 和 C 由于引发剂配方设计的问题，使聚合自动加速现象明显、出现较大的峰值、聚合速率严重不均。因此聚合釜传热负荷也不均，存在热负荷的分布。

为定量地表示热负荷分布情况，将最大放热峰值 Q_{max} 除以单位聚合时间的平均放热值 $\overline{Q}$，并称其为热负荷分布指数 R，即 $R=Q_{max}/\overline{Q}$。分布指数主要随引发剂活性而变，聚合时间也有影响，引发剂的半衰期越短，聚合时间越长，则分布指数越小，聚合越趋于匀速。对于大多数引发剂，分布指数 R 处于 1.0～2.0 之间，可由实验或在生产过程中测得。

分布指数 R 与最大热负荷 Q_{max}、VC 加料量 G、聚合转化率 C、聚合时间 t 有下列关系：$Q_{max}=366GCR/t$。根据由传热速率方程 $Q_{max}=KF\Delta t_m$ 计算出的聚合釜允许的最大热负荷 Q_{max}，在已知所用引发剂的分布指数 R 和聚合转化率 C 的情况下，计算出聚合时间 t，进行引发剂的配方设计。

(2) 聚合釜的传热性能

① 传热系数及测定方法　传热系数可按传热速率方程 $Q=KF\Delta t_m$ 求

得。式中，K 为传热系数，kJ/(m^2·h·℃)；Q 为单位时间的传热量，kJ/h；F 为传热面积；m^2；Δt_m 为平均温差,℃。

在 PVC 生产中，一般希望在保证聚合温度和树脂质量稳定的前提下，尽可能加大引发剂用量，提高反应速率，缩短聚合时间，提高聚合釜的生产能力。而聚合速率能否提高，首先取决于聚合釜能否及时地将聚合热移出，而传热系数的大小又是其中的关键，也是聚合釜传热性能好坏的重要标志。因此，人们力图采用各种手段获得聚合釜在生产条件下的传热系数 K，其中在工业生产条件下进行冷模、热模测得的传热系数较为准确。在进行传热测定时，只要测得冷却水流量 W(kg/h)，聚合温度 $t_{反}$(℃)，冷却水进口温度 $t_{进}$(℃)、出口温度 $t_{出}$(℃) 等参数，即可按下式计算传热系数。

$$K=\frac{WC_p(t_{出}-t_{进})}{F[t_{反}-(t_{出}+t_{进})/2]}$$

式中　C_p——水的比热容，4.19kJ/(kg·℃)；

　　F——聚合釜热面积，m^2。

② 聚合的换热系统　氯乙烯悬浮聚合时常用的换热系统有：直通水换热流程和大流量、低温差换热流程，如图 2-23 和图 2-24 所示。

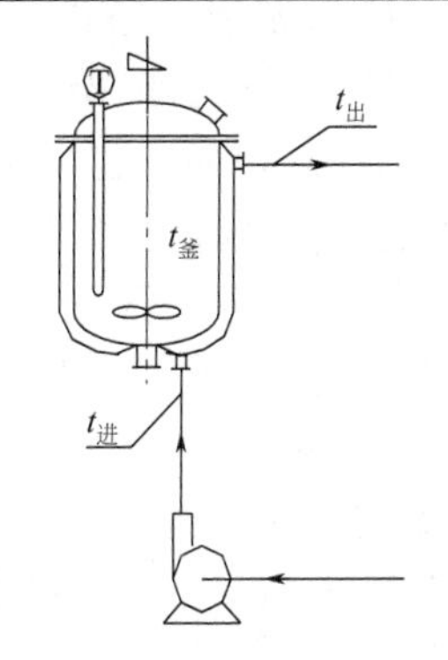

■图 2-23　直通水换热流程

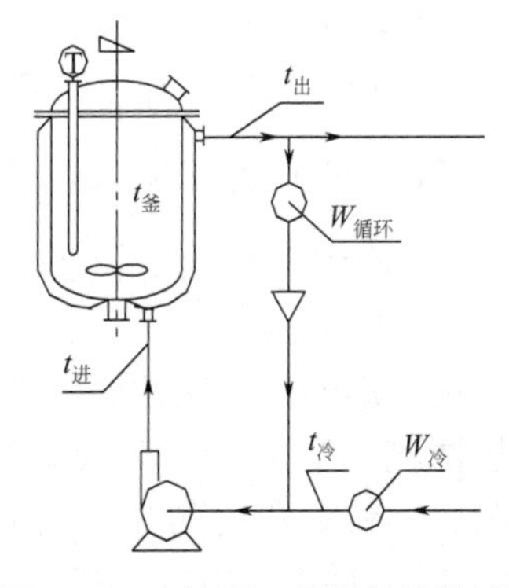

■图 2-24　大流量、低温差换热流程

比较两种换热流程，大流量、低温差流程有如下优点。

a. 强化了换热能力。由于循环冷却水流速加大，提高了传热系数，使总传热系数达 2000kJ/(m^2·h·℃) 以上，与直通水流程相比提高了一倍，大大强化了换热能力。

b. 反应温度平稳、容易控制。由于循环冷却水量加大到 250m^3/h 左右（30m^3 釜），使冷却水进出口温差缩小，一般不大于 4℃，因而反应温度与冷却水进口温度差也缩小，温度波动可控制在±2℃，甚至可达±0.1℃，反应平稳。

c. 冷却水温可以提高，冷却水用量节省。由于冷却水量加大后，冷却水进出口温差缩小，因此冷却水进口温度可以提高，在一般的情况下 30℃ 工业水就可以满足高峰放热时的换热要求，只是在夏天最热季节，反应高峰热值过大时才切换低温水。由于冷却水进口温度提高，因此，大量的出口冷却水可以循环使用，只需补充少量的新鲜冷却水，以满足进出口冷却水温差的要求，因此可以节省冷却水。

d. 提高了产品的质量。由于反应温度波动较小，因此产品 PVC 的分子量分布较窄，聚合度均一，产品黏度波动小，质量稳定。

e. 为聚合的自动控制创造了条件。由于采用了强制冷却的换热系统，升温可用 90℃热水，取代了过去的蒸气升温方法。这不仅可使初期反应平稳，有利于产品质量的提高，而且也为实现从升温到聚合反应阶段的程序控制创造了条件，也为进一步实现全部聚合工艺自动程序控制打下了基础。目前，30m^3、70m^3 和 105 m^3 等聚合釜在工业生产中都是使用大流量、低温差强制冷却换热流程，生产系统的升温反应阶段已实现程序控制。

③ 聚合釜传热系数的影响因素　在本质上，聚合釜的传热系数与釜壁（内冷管）厚度、粘釜物、水垢等固体部分热阻 $\Sigma(\delta/\lambda)$，釜壁（内冷管）两边流体液膜的给热系数 α_1、α_2 有关，可用以下热阻方程表示。

$$K=\frac{1}{\frac{1}{\alpha_1}+\Sigma\frac{\delta}{\lambda}+\frac{1}{\alpha_2}}$$

式中　α_1——釜内物料液膜的给热系数，kJ/(m^2·h·℃)；

α_2——夹套侧（管内侧）冷却水液膜的给热系数，kJ/(m^2·h·℃)；

$\Sigma\frac{\delta}{\lambda}$——总热阻，$\delta$ 分别为釜壁（内冷管）、粘釜物、水垢等的厚度，m，λ 分别为釜壁（内冷管）、粘釜物、水垢等的热导率，kJ/(m·h·℃)。

由热阻方程可见，影响传热系数的因素很多，诸如釜壁（内冷管）的厚度及其材质的导热情况、粘釜程度、水垢等物会影响釜壁（内冷管）的热阻。釜内搅拌状况、物料黏稠情况等与 α_1 关系极大；而冷却水流速则是影响 α_2 的重要因素。以下就生产中的一些情况进行介绍。

a. 冷却水流速的影响　冷却水流速对 α_2 影响甚大。冷却水流速加大，

α_2 增大，传热系数提高。但流速超过一定值后，对传热系数影响就不显著了。相反，冷却水系统阻力损失将大大增加。例如，对于 $30m^3$ 釜夹套水流速率以 2m/s 左右为宜。而内冷管水流速可取 1.5～2.5m/s。当流速小于 1m/s 以下时，传热系数显著下降，影响聚合釜的传热性能。而流速过大时，如夹套流速大于 2.5m/s，内冷管流速大于 3m/s 时，传热系数升高很小，但阻力降可增大到 12～20m 水柱。$30m^3$ 聚合釜一般选用 8BA-12 循环水泵，流量 $280m^3/h$，扬程 29m，夹套和内冷管的水速均在 2.2m/s 左右，是比较适宜的。

b. 冷却水温的影响　冷却水温与热负荷、传热系数密切有关，热负荷越高，传热系数越小，则要求冷却水温越低。相反，则可允许使用较高温度的冷却水。生产中希望聚合釜能保持较高的传热系数，用较高温度的冷却水，移出较多的反应热。在缺水的情况下，少用或不用冷却水，可以降低成本，具有一定的经济意义。

冷却水温与热负荷、传热系数的定量关系可由传热速率方程式 $Q=KF\Delta t_m$ 导出，式中，$\Delta t_m=t_{反}-\frac{t_{出}+t_{进}}{2}$，$Q=WC_p\ (t_{出}-t_{进})$，$C_p=4.18kJ/(kg\cdot℃)$。则：

$$t_{进}=t_{反}-\left(\frac{1}{2W}+\frac{1}{KF}\right)Q$$

对于 $30m^3$ 釜，在生产 SG-2 型树脂时，$t_{进}=51-\left(\frac{1}{5\times10^5}+\frac{1}{74K}\right)Q$

上式表明，进口水温与热负荷成线性关系，在水流量一定的情况下传热系数越小，则要求水温越低，如图 2-25 所示。

图 2-25 说明，在热负荷和传热系数一定的情况下，对冷却水温的要求；或在进口水温和传热系数一定的情况下，对热负荷的要求，从而给配方的拟

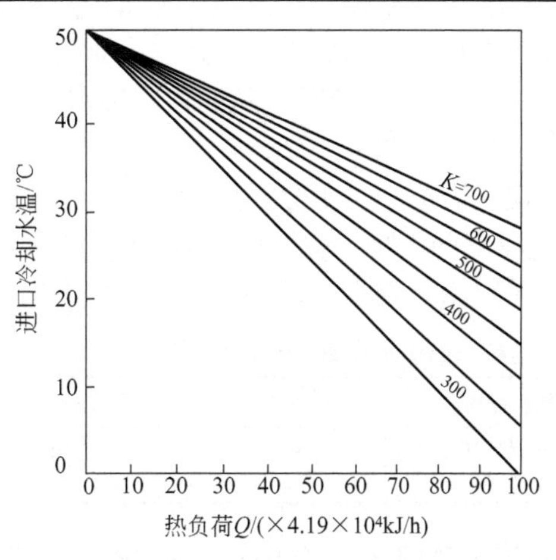

■图 2-25　进口水温与热负荷和传热系数的关系

定提供了依据，也为反应过程中传热系数变化的分析提供了基础数据。并且还指出了减轻粘釜，及时清釜，保持釜的良好传热性能，尽量采用工业水，将是今后对传热问题研究的方向。

c. 聚合釜结构的影响 聚合釜的结构，例如比径长、内冷管直径及排列形式、夹套导流板及其与夹套之间的缝隙宽度等对传热系数都有影响。对于长径比较大（$H/D=1.92$）的 $30m^3$ 釜，如果采用三叶后掠式搅拌，夹套的传热系数会下降到 1423.5 kJ/(m^2・h・℃)。据介绍，日本神钢公司所制的大型长径比较小（$H/D=1.2$）的矮胖釜，采用三叶后掠式桨，搅拌和传热性能都较为理想。

增大内冷管直径，一方面可增大传热面积，有利于传热，同时也可提高挡板效果，但使釜内例液膜给热系数 α_1、夹套侧液膜给热系数 α_2 和传热系数 K 都有较明显的下降，现将计算结果列于表 2-20。

■表 2-20 内冷管管径对传热能力的影响

内冷管管径/mm	α_1 /[×4.18kJ/(m^2・h・℃)]	α_2 /[×4.18kJ/(m^2・h・℃)]	K /[×4.18kJ/(m^2・h・℃)]	F/m^2	KF /[×4.18kJ/(h・℃)]
ϕ108	2300	9250	1100	15	16500
ϕ159	1800	3220	810	22.5	18200
变化			下降 26%	增大 50%	提高 10%

由表 2-20 可知，内冷管管径由 ϕ108mm 增大到 ϕ159mm，传热系数虽下降 26%，但传热面积增大 50%，传热能力还是提高 10%。如果管径再增大，传热面积的增大就弥补不了传热系数的下降，造成传热能力得不偿失的结果。而采用增加内冷管根数的方法来加大传热面积，虽然对传热系数的提高有利，但也会使釜的结构复杂，增加清釜的困难。内冷管的排列方式直接关系到挡流效果的好坏。

夹套增设导流板是提高水流速、增大传热系数的有效措施，这点已在实践中得到充分地证实。然而加工制造聚合釜时，导流板与夹套壁之间存在的缝隙，又会使冷却水"短路"，从而使实际水流速下降，致使传热系数降低。据文献报道，当缝隙宽度为 2mm 时，α_2 下降 38%。由此可见，在聚合釜制造时，尽量使缝隙减小是十分必要的。

d. 釜壁厚度的影响 釜壁厚度对传热系数也有较大的影响。釜壁越厚，热阻越大，传热系数越小。现将几种不同壁厚的釜的传热系数列于表 2-21。

■表 2-21 釜壁厚度对传热系数的影响

釜壁钢板厚度/mm	19+3	29+3	32+3
夹套 $K_{夹}$/[×4.18kJ/(m^2・h・℃)]	510	450	435
K 的变化/%	0	下降 13.3	下降 16.6

如果聚合釜釜壁的复合钢板的碳钢部分增厚 10mm，传热系数下降 13.3%。$30m^3$ 釜在制造时使用了代用材料，釜壁厚度比原设计增加了

13mm，因此传热系数下降16.6%，而且釜的造价也提高了。

e. 粘釜物及水垢的影响　聚合釜内的粘釜物及夹套冷却水的水垢均会增加釜壁的热阻，对釜的传热性能影响很大。现选若干数值列于表2-22和表2-23中。

■表2-22　粘釜物对传热系数K的影响

粘釜物厚度/mm	0	0.1	0.2
夹套$K_{夹}$/[×4.18kJ/(m²·h·℃)]	450	340	275
内冷管$K_{冷}$/[×4.18kJ/(m²·h·℃)]	1100	616	370

注：取粘釜物热导率$\lambda_{粘}$=0.59kJ/(m·h·℃)。

从表2-22可以看出，粘釜物对K值影响比较严重。当粘釜物为0.1mm时，可使夹套传热系数下降约25%，内冷管传热系数下降约45%。因此，必须采取有效措施防止或减轻粘釜，及时清除粘釜物。

■表2-23　水垢对传热系数的影响

水垢厚度/mm	0.005	0.1	0.5	1.0
夹套$K_{夹}$/[×4.18kJ/(m²·h·℃)]	450	444	397	350
内冷管$K_{冷}$/[×4.18kJ/(m²·h·℃)]	1100	1060	826	650

注：取$\lambda_{垢}$=6.28kJ/(m·h·℃)。

从表2-23可以看出，水垢对传热系数的影响也很大，当产生0.1mm水垢时传热系数将下降13%左右。据报道，当水温在40℃以上时水中的碳酸盐沉析较为明显。因此，必须严格控制冷却水出口温度不大于40℃。VC聚合时聚合釜一般都采用大流量低温差的传热流程，冷却水出口温度一般不会超过40℃，但在升温和反应初期过渡阶段冷却水温要高于40℃，所以最好聚合冷却水采用封闭系统及专用凉水塔，并进行水质处理，可以有效地防止水垢的生成。而采用直通水的传热流程时，聚合反应初期出口水温较高，更容易生成水垢；如果聚合釜的材料为全不锈钢，产生水垢现象不十分明显。

f. 搅拌强度的影响　搅拌在聚合反应过程中关系到氯乙烯液滴能否良好地分散和反应热能否及时移出。搅拌状况的好坏取决于釜型、釜结构、搅拌转速和搅拌叶的形式。搅拌桨叶的径向剪切和轴向循环作用，使物料产生强烈的搅动，这种强烈的搅拌作用不仅可使VCM均匀地分散成微珠，而且使物料对釜壁（或内冷管壁）产生强烈的冲刷作用，致使釜壁（或内冷管壁）的液膜变薄，从而使α_1增大，热阻减小，传热系数提高。用30m³的釜进行搅拌试验，在树脂型号相同、投料系数相同、配方相同的情况下，对比了三种不同形式的搅拌对传热系数的影响。以（六层平桨+一推进）组合式搅拌的传热性能最好，釜夹套传热系数均能保持在1674.7kJ/(m²·h·℃)左右；五层推进式次之，可达1507.2kJ/(m²·h·℃)左右；而文献介绍的一种性能良好的三叶后掠式搅拌桨叶，由于30m³釜的长径比较大（H/D=1.92），搅拌效果不太理想，传热系数下降到1423.5kJ/(m²·h·℃)左右。这说明搅拌形式对传热系数影响较大，而不同搅拌形式所表现出来的搅拌效果的好坏又与釜型紧密相关，关于搅拌转速及搅拌桨叶直径，根据目前的实践，对 13.5m³ 釜，其搅拌叶端线速以 7.5m/s 较为合适。将 30m³ 釜搅拌转速由 134.5r/min 降至 105r/min，无论是树脂的分散状况还是传热性都全部恶化。

g. 水比的影响　聚合反应热是从悬浮在水中的 VC 微滴内发出，经过传热介质水的热传导后将热量传给釜壁（或内冷管壁）。显然水比降低，导热介质减小对传热的控制是不利的。由于聚合反应过程中物料体系的黏度不断提高，在搅拌强度不变的情况下，降低水比将会使釜壁液膜增厚，α_1 变小致使热阻变大，传热系数下降，对生产疏松型树脂而言尤为严重。这是因为疏松型树脂多孔，吸水性强，使自由水严重不足。30m³ 釜的传热试验表明，在搅拌相同的条件下生产 XS-5 型树脂时，当水比下降了 0.1，则传热系数在反应 5h 后下降了 36%，说明水比对传热系数影响的严重性。

④ 聚合反应过程中传热系数的变化　在氯乙烯悬浮聚合过程中，传热系数随聚合时间而变化，图 2-26 是工业生产紧密型 PVC 树脂和疏松型 PVC 树脂时传热系数随聚合时间的变化规律。

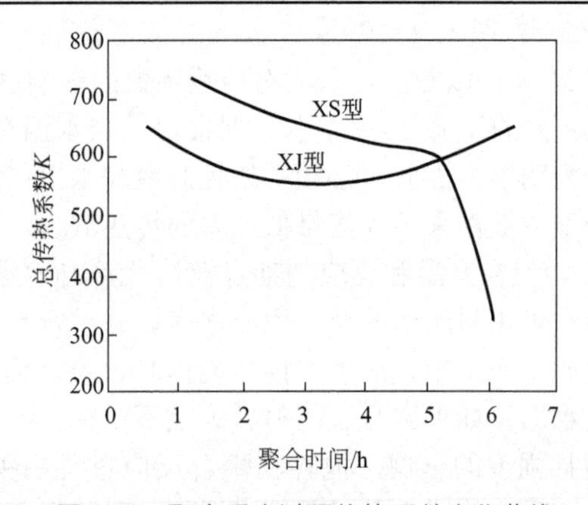

■图 2-26　聚合反应过程传热系数变化曲线

由图 2-26 可见，生产紧密型树脂时，在聚合过程中传热系数呈马鞍形变化，而生产疏松型树脂时，在反应后期传热系数急剧下降。其原因分析如下。

a. 在紧密型树脂的聚合反应过程中，传热系数呈马鞍形变化，其原因为：在 VC 转化为 PVC 的过程中，单体粒子相的物理形态发生了显著变化。转化率在 10%～15%以前，可认为 VCM 是以小液滴（胶粒）形式存在。当受搅拌力剪切时，液体易于分散，而不影响釜壁液膜的厚度和热阻，因此反应初期表现出较高的传热系数。聚合后期当转化率达 70%～90%时，由于 VCM 聚合成 PVC 时体积收缩，水量相对增加，又因紧密型树脂孔隙少、树脂吸水率低，所以转化率在 90%时体系自由流动水减少不多，体系黏度下降不大，这是聚合后期传热系数较高的原因之一。另外，转化率在70%～90%时，PVC 颗粒基本上形成坚硬的小球，在搅拌力作用下对釜壁液膜冲刷有力，回弹迅速，致使釜壁液膜变薄，热阻降低，这是反应后期传热系数较高的又一因素。相反，在聚合中期转化率为 20%～50%时，尤其是在30%～40%时，液滴胶粒为 VCM 溶胀 PVC 的黏弹体，在搅拌力作用下对釜壁液膜冲刷无力，回弹力差，粒子在液膜上停留时间长，使液膜变厚，热阻加大，传热系数降低。因而传热系数在反应过程中形成高、低、高的马鞍形的变化规律。而这种变化规律对聚合反应的控制和热量的移出是有利的。

b. 疏松型树脂聚合后期传热系数下降的原因　在 VCM 聚合过程中，由于有体积收缩现象存在，随着聚合的进行水比相对增大。但对疏松形树脂而言，在转化率在 70%以前，由于表面疏松程度和吸水性能还不太厉害，物料黏稠增高尚不明显，因此能保持一定的传热系数而没有明显下降。转化率达 70%～80%以后，由于釜内 VC 蒸气压的迅速下降，在继续聚合和体积收缩的同时，PVC 形成许多孔隙，致使颗粒变得疏松，吸水性强，而使自由水骤减，体系黏度升高，从而表现出搅拌电流升高，传热系数急剧下降的现象，使得聚合温度难以控制。特别是生产 SG-2 型树脂，由于树脂吸水率高使之沉积釜的下部，热量移不出去，造成釜的轴向温差增大，影响树脂质量，难以控制。这就成了疏松型树脂生产中的关键性问题。然而，生产中一般总是不希望采用增大原始水比的方法用以改善后期传热，因为这样要降低釜的生产能力。当后期反应不易控制时，常常采用被迫打入高压水用以紧急降温和降低物料黏度，以使反应继续进行下去。这种紧急措施，实际上对降温的效果并不太大，如打入 1t 常温水只能使釜内平均温度降低 1.3℃左右（在 30m^3 釜是如此），而打水过快，反而会造成物料局部过冷，釜的上下温差甚至高达 20℃，使 PVC 分子量分布过宽，从而影响产品的质量。因此打高压水的目的主要不应当是为了降温，而是为了增加自由水，降低系统的黏度，提高传热系数，以便加速传热。所以，加水应当遵循“提前”、“缓慢”的原则，这样既可以保证反应后期传热系数不致急降，同时又不致影响产品质量。目前，一般都采用从下轴封补水工艺，一方面可防止产生塑化片，又可解决生产疏松型树脂聚合后期传热问题，而且还可以降低初始水比，提高单釜生产能力，同时提高树脂质量。

2.2.2.6 聚合釜的特点

聚合釜是聚氯乙烯生产中最关键的设备，聚合釜的大小和结构是聚氯乙烯公司的专有技术，是经过多年的试验和经验的积累所形成的。新建项目在可行性方案制定过程中，要重点比较聚合釜的大小和结构，一旦建成将无法改变。

聚合釜容积大小的选择与制造费用、运行费用、运输条件、生产效率、产品质量以及公用工程条件的保障密切相关。釜的容积越大，生产效率、产品质量和运行成本越好，但釜的大型化对运输条件、制造费用、土建条件、公用工程和安全保证提出了更高的要求。

一般情况下，聚合釜的容积越大，釜壁就越厚，但比表面积减少，因此 100m^3 以上的聚合釜必须采用釜顶冷凝器进行换热，这样就增加了聚合釜的复杂性，而 100m^3 以下的聚合釜不设釜顶冷凝器就可以将热量很好的移出。因此，聚合釜容积大小的选择，要根据实际情况综合考虑。

2.2.3 未反应 VCM 的回收及聚合浆料的汽提

虽然 PVC 生产在 20 世纪 30 年代末就已经实现工业化，但 VCM 对人体的毒害到 70 年代初尚未被人们所认识。1972 年以前，美国规定环境空气中允许的 VCM 浓度为 500mg/kg，1974 年美国首先发现 VCM 有致癌性后才引起普遍的重视。世界各国对 PVC 生产环境中的 VCM 浓度及 PVC 制品中允许 VCM 残留量都颁发了新标准。

在尚未开发卫生级树脂之前，我国于 1980 年制定的了食品用塑料制品及原料卫生管理办法，其中规定国产 PVC 树脂不得用于制备食品容器、生活管道、运输带等直接接触食品包装及儿童玩具等。

对 PVC 生产环境中的 VCM 浓度，我国规定为小于 30mg/m^3（10.7 mg/kg）。

PVC 在我国和世界各国都是大宗合成树脂品种之一，产量非常大，生产过程又很复杂，VCM 的泄漏在所难免，特别是 VC 分批式悬浮聚合的出料、清釜、脱水、干燥等操作步骤均有大量 VCM 散逸于大气；另外，所得 PVC 成品及塑料制品里也有少量 VCM 残留，在加工和使用中会逸出，而影响环境，造成公害。可见，国家对残留 VCM 浓度的规定完全是必要的。

2.2.3.1 未反应 VCM 回收

鉴于 PVC 树脂质量要求及多方面平衡，氯乙烯悬浮聚合一般控制转化率为 70%～90%，也就是说在聚合结束时体系中尚有 10%～30%未反应的 VCM 单体，必须在浆料汽提操作前进行回收。所以，回收未反应的 VCM 成了 PVC 生产过程的一个重要环节。它不仅关系到操作工人的身体健康、良好的工作环境和生活环境，还可以降低生产成本，提高产品质量。

这种回收是为汽提工艺创造有利条件，即尽可能多地去除气相和浆料中未反应的 VCM。回收操作一般在聚合釜或出料回收槽中进行，采用升温和维持的方法回收。升温的温度和维持的时间是相辅相成的，如果温度过高超过树脂耐热性所允许，则树脂外观颜色发粉、白度下降，应视树脂本身耐热性能而定，一般在 75℃左右；维持时间也要根据温度高低而定，回收温度高，则适于缩短维持时间，如果处理温度低，则可适当延长维持时间，但是处理时间太长，对装置生产能力产生一定影响，故维持时间也不宜太长，一般在 30～40min。

回收装置只是普通的搅拌槽，传质还不完全，再加上时间不宜很长、温度不宜过高，所以只能做到初步的回收，处理后聚合浆料中仍有几百至几万毫克/千克的残留 VCM。因此，必须采取进一步措施，使 PVC 浆料（包括水相和 PVC 固相）中的残留 VCM 含量降低到最低。

2.2.3.2 聚合浆料的汽提

聚合结束、回收未反应 VCM 后，聚合浆料中 VCM 残留量仍然很高而且较难脱除，所以应借助于外部条件（如温度、真空度等）强化传质、提高 VCM 的脱析速率，尽量降低浆料中的残留 VCM，然后送浆料离心和树脂干燥工序，最终使 PVC 树脂中 VCM 的残留量小于 1mg/kg。

2.2.3.2.1 浆料脱除残留 VCM 机理

PVC 树脂浆料是包括 PVC 树脂固体、水和残留 VCM 的悬浮液。

浆料中残留的 VCM 一部分溶解于水中，一部分残留于 PVC 树脂中。分析其脱吸机理，从而确定脱除残留 VCM 的方法、工艺和操作条件，达到完全脱除 VCM 的效果。

① 经测定，VCM 在水中的溶解系数 α（容积比）随温度的变化如表 2-24 所示。

■表 2-24 VCM 在水中的溶解系数

温度/℃	0.1	20	35	60	100
α(VCM/水)(容积比)	2	1	0.5	0.1	0

由表 2-24 可见，溶解系数 α 随温度的升高而降低，在 100℃时溶解系数为 0。利用该特性，只要控制浆料温度达到 85℃以上，即可完全脱吸水中溶解的 VCM。

② 残留在树脂中未反应的 VCM 吸附和溶解于其中，由于 VCM 与 PVC 的分子结构导致相互间具有较大的亲和力，其脱析热量约为 71kJ/kg，这也是残留 VCM 难以完全从树脂中脱除的原因。若要脱除 VCM 必须给予一定的能量，将树脂的温度升高到一定值，使其热焓高于脱析热焓，才能使 VCM 脱离 PVC 而逸出。

综上所述，PVC 浆料汽提的机理是：通过某种手段，给 PVC 浆料以克服 VCM 吸附力的能量，使 VCM 不断地从 PVC 树脂中析出进入液相，并以良好的扩散条件使液相中的 VCM 不断地析出进入气相，这样周而复始地进行，从而达到汽提脱除 VCM 的目的。

影响悬浮 PVC 浆料汽提的主要因素有两个方面：一方面是树脂的颗粒特性，主要包括树脂颗粒的粒径及分布、内部微观结构和颗粒外表面皮膜结构等，这是内因；另一方面是外因，系指脱吸残留单体的外部条件，主要有脱吸的温度、压力（真空度）、通气量和脱吸时间等。

2.2.3.2.2 浆料汽提的方法

脱吸 PVC 浆料中残留 VCM 最常用的方法有釜式汽提法和塔式汽提法等，简要介绍如下。

(1) 釜式汽提 釜式汽提就是利用聚合釜或者出料槽，使用蒸汽吹脱树脂中残留的单体。聚合反应终止后，出料至出料槽排气回收部分未反应VCM单体，然后进行“热真空汽提”操作（此操作也可在聚合釜内进行）。出料槽内通入蒸汽（如有泡沫可提前加入消泡剂），釜温升至85℃时关闭排气阀，打开真空回收阀进行VCM真空抽提，真空度约为0.046～0.058MPa，抽出的气体经气液分离器分离泡沫，再经冷凝分水后，由真空泵加压，经氧分析仪检测，含氧量指标合格的VCM气体送至气柜。此抽提操作进行45min～1h，操作时控制温度、真空度。操作结束后将出料槽内PVC浆料送至离心工序。

釜式汽提工艺简单，一次性投资少，但汽提效果的稳定性差，由于是分批操作，汽提时间较长，操作较麻烦，影响干燥系统的连续性和稳定性，同时影响装置的生产能力。

(2) 塔式汽提 塔式汽提是用多层筛板塔处理PVC悬浮液，把PVC悬浮液预热到70～85℃再送至塔顶喷入塔内，料液经多孔板向下流动与从塔底通入的水蒸气逆流接触，通过传热、传质树脂颗粒表面的VCM因沸腾而脱析，进一步为树脂内部VCM向外扩散提供了条件。水相和PVC固相中VCM的溶解度随温度的升高而迅速降低，不断增加气相中VCM分压，同时由于筛板间的板间距形成塔板层与板间的气相及PVC悬浮液之间残留的VCM的浓度梯度，最终由蒸气自塔顶带出的VCM＋水蒸气混合气体经冷凝去水后，压缩至回收单体冷凝器。塔式汽提法脱除VCM效率高，适当选择塔板数及塔板的参数，可获得最佳的脱吸效果。影响塔式汽提脱吸效果的因素有很多，主要有以下几点。

① 树脂颗粒形态的影响 在氯乙烯悬浮聚合中，吸附在VCM粒滴表面的分散剂与氯乙烯发生接枝共聚，使得吸附在界面上的分散剂形成既不溶于水也不溶于PVC溶剂的树脂颗粒皮膜。

皮膜组织中存在着一定量的亲水基团，当皮膜与水分机械地相互结合后，相当于在树脂颗粒表面有一层厚、韧、牢固潮湿的纤维织物包皮，这对残留VCM向外扩散与蒸发必将产生较大阻力。而且这种阻力随着皮膜厚度、韧性、强度、湿度和皮膜覆盖表面的连续性状况的增加而增大。

悬浮PVC树脂颗粒内部由二次粒子无规则堆砌而成，具有一定孔隙率。通常树脂颗粒的疏松程度越高，内部孔隙率越大，颗粒规整性越好，粒径分布越集中，玻璃粒子越少，有利于残留VCM脱析速率的提高，反之则降低。

另外，在较高温度下聚合所得聚合度较低的树脂颗粒，被单体溶胀的一次与二次粒子由于受到热塑化作用的影响，使颗粒内部孔隙率减小，颗粒形态结构紧密，甚至因热塑化作用而形成玻璃珠粒子，残留VCM的脱析速率会明显地降低。

二次粒子本身粒径及结构特性也直接影响到 VCM 的脱吸速率。

为此，提高和改善树脂的孔隙率、孔隙的均匀性、降低皮膜厚度，对提高汽提脱析速率非常重要。

② 温度的影响　塔式汽提的温度对残留 VCM 的脱析速率及树脂中的残存量影响很大，将 PVC 树脂在实验条件下脱吸 15min 后，不同温度下 VCM 残留量数据如图 2-27 所示。

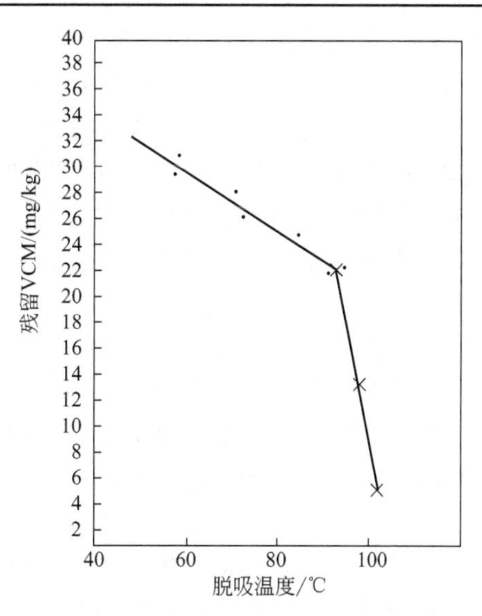

■图 2-27　不同温度下的 VCM 残留量

(常压下树脂 VCM 起始浓度 47000mg/kg)

由图 2-27 看出，当温度超过 95℃时脱析速率发生突变，VCM 残留量急剧下降，这是因为当汽提温度接近水沸点时为 VCM 沸腾脱析提供了条件。在颗粒表面的 VCM 迅速脱析后，又为树脂颗粒内部 VCM 的扩散提供有利条件。

温度的变化也使 VCM 在 PVC-水分散液中的溶解度发生变化，如表 2-25 所示。

■表 2-25　VCM 在 PVC-水分散液中（PVC 含固量 33%）的溶解系数β

温度/℃	6	18	26	54	74
β(VCM/水)(容积比)	5	3	2	1	0.6

由表 2-25 可以看出，VCM 在 PVC 悬浮浆料中的溶解度随温度的升高而降低。

更重要的是因为 PVC 树脂的玻璃化温度为 85℃左右，当汽提温度达到或超过该温度后 PVC 大分子链段容易运动，有利于溶胀在链段中的 VCM 的脱除。

综合上述，在进行塔式汽提时无论塔顶与塔底温度，均不应低于 95℃，且应以塔顶温度 95℃为主要控制指标。

③ 气通量的影响　汽提脱析易挥发有机化合物可以用蒸汽也可用其他气体。脱析速率随气（汽）通量的增加而提高，这不仅是因为能促使残留易挥发物质的蒸发，而且通入气体的蒸气分压的增加还能帮助挥发有机物沸腾。

当树脂颗粒表面 VCM 因沸腾作用而脱析，进一步又为树脂颗粒内部 VCM 向外扩散提供了条件，由于气体的泡核作用增加了液相与气相的接触面积，即增加 VCM 从液相进入气相的界面面积。

蒸汽通入塔式汽提装置的目的除保持悬浮液的温度外，尚有降低气相的 VCM 分压，使 VCM 易于挥发至气相，也具有增大挥发面积的作用。因此，汽提的通气量应根据汽提塔顶的真空度与对应的悬浮液沸腾温度，并适当提高为宜。否则如果通气量太大，则使降液孔速和降液量降低，还会增加消耗定额。

④ 塔内压力的影响　由残留 VCM 脱析机理可知，塔式汽提时传质同时存在着沸腾和扩散两种形式。沸腾的条件就是浆料产生的蒸气压应大于外界压力。一般蒸气压均随温度的升高而增大，因此可以采取抽真空降低体系压力，达到降低悬浮液沸点的目的，有利于 VCM 的脱析。

在汽提温度不变的条件下，真空度越高，残留 VCM 的脱析速率越快。

在给定温度的条件下，降低外界压力可以有效地提高残留 VCM 的脱吸速率。但是，在汽提塔中的真空度一般不宜太高，因为在特定筛板塔中处理能力也将随真空度的提高而降低；塔顶气中的蒸汽量也随之增加，从而增大了塔顶冷凝器的负荷。所以，一般真空度稳定在 0.02MPa 或略高为宜。

⑤ 塔层泡沫　在汽提塔的汽提过程中，筛板板层上有一层料层，随着气体的挥发会产生泡沫，这是因为在浆料中含有分散剂，降低了浆料的表面张力而起泡。浆料表面的泡沫层对 VCM 从液相中挥发出来将起一定的阻碍作用。所以在塔的浆料中均应加入消泡剂以消除产生的泡沫，有利于 VCM 的挥发。

⑥ 其他工艺条件的影响　除以上因素外，尚有蒸汽压力、物料进塔温度、物料进塔量等的影响。其中，蒸汽压力是决定温度的主要参数，由于蒸汽压力不相同，则在相同浆料流量下为保持塔内温度一定，就决定了蒸汽流量的大小。一般情况下如果蒸汽压力高，则温度也高，则流量应该小，这实际上反映了通气量的影响。对于特定的塔结构，判定蒸汽压力是否得当，则应根据塔的处理能力、温度、压力等条件综合考虑。

物料进塔温度的高低关系到塔内温度，尤其是塔顶温度的高低。进塔浆料温度高，则可提高板效率，因为在塔的顶部有大量 VCM 被汽提出，减轻了下部的负荷。但是进塔温度的增加，势必减少了气通量，可见也要视具体情况决定进塔浆料温度。

物料量的多少直接关系到塔层料面的高度，如果料层高则静压增加，VCM汽提不出来。在特定的塔条件下，物料量增加，为保持温度，蒸汽量也要增加，这样反过来又影响了物料量的减少，总之对汽提的影响因素是多方面的，而这些因素之间又互有影响，所以在操作中调整一个参数，即关联着另外的一个或几个参数的变化与调整，使之形成新的平衡。

(3) 其他汽提方法及各方法比较 除以上介绍的汽提方法以外，尚有搅拌式汽提、蒸汽混合-降压喷射、微孔板汽提、振动汽提、添加剂汽提等方法。

综合评价汽提方法从多方面考虑，如连续性、汽提效率、汽提效果、生产规模和弹性、动力和蒸汽消耗、设备装置投资等。

塔式汽提具有能连续生产、效率高、弹性大、效果好等优点，而且又不断吸收其他方法的长处而日趋完善，所以，目前大型工业化装置逐步采用塔式汽提。

2.2.4 聚氯乙烯树脂的脱水

悬浮聚合得到的PVC是含PVC树脂约为35%的浆料，须经脱水得到含水20%左右的湿固体物料。工业上一般采用离心机进行浆料脱水，其中连续沉降式离心机在悬浮聚合产品树脂的脱水中越来越广泛地被采用。

2.2.4.1 连续沉降式离心机的构造和工作原理

连续沉降式离心机结构如图2-28所示。

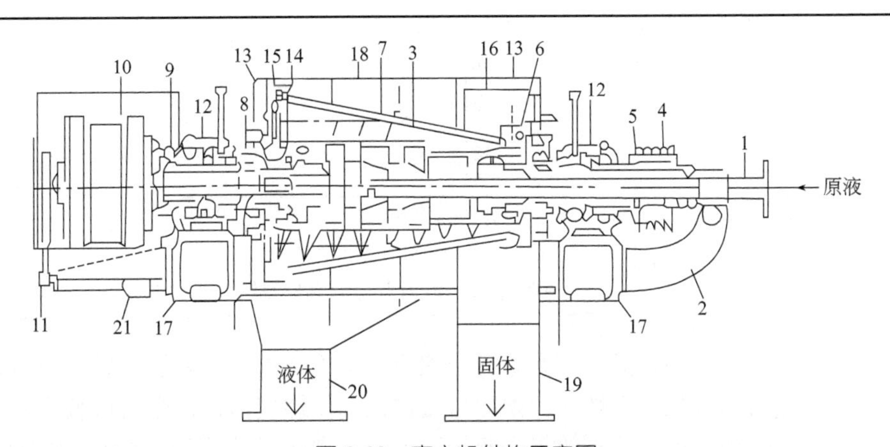

■图2-28 离心机结构示意图

1—物料管；2—管架；3—螺旋输送器；4—V形皮带轮；5—皮带轮安装件；6—进料端的转鼓轴；7—转鼓；8—差动装置端的轴；9—差动装置安装件；10—差动装置；11—安全装置；12—转鼓主轴承；13—螺旋输送器轴承；14—止推轴承；15—液面调节板；16—卸出固体物装置；17—机座；18—外罩；19—固体物出口；20—液体出口；21—限位开关

在连续沉降式离心机高速旋转的卧式圆锥形的转鼓 7 中，有与其同方向旋转的螺旋输送器 3，它依靠齿轮机构的特殊动作，旋转速率稍低于（或稍高于）转鼓转速，浆料由旋转轴内的物料管 1 送至转鼓 7 内，由于强大的离心力，密度大的固体物料沉于转鼓内壁，在螺旋输送器的推动下，由转鼓直径小的一端开口部位固体物出口 19 卸出。而液体则从另一端可调节的液体出口 20 流出。

2.2.4.2 影响离心机脱水效果的因素

用于 PVC 浆料脱水的连续沉降式离心机的生产能力应以树脂脱水后的湿含量、母液中固含量、单位时间排出 PVC 固体物料量这三大指标来表示。这三大指标反映出的离心机处理能力，在很大程度上取决于 PVC 粒子的物理性状、离心机的进料量、离心机的挡板位置、转鼓形状和转速等，这些因素均对生产能力有很大影响。

(1) PVC 颗粒形态 悬浮聚合制得的 PVC 树脂，以颗粒形态区分一般分为两种：一种称为紧密型树脂，颗粒内部孔隙较少，甚至有的无孔呈透明玻璃球状；另外一种称为疏松型树脂，颗粒疏松多孔。

由于疏松型树脂的疏松多孔，产生毛细现象，所以有优异的加工性能，但也会使颗粒内部含水增大，离心脱水较困难。通常颗粒的孔隙率大，表现为表观密度较小，反之孔隙率小，表观密度较高。树脂表观密度与离心脱水后滤饼含水率的关系见图 2-29。

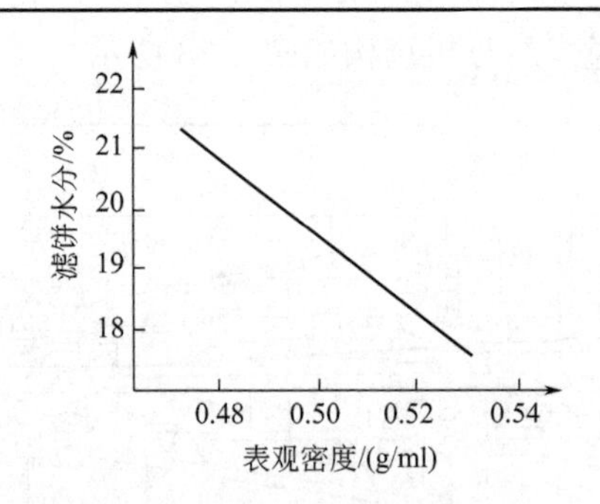

■图 2-29 树脂表观密度与滤饼含水关系

(2) 加料量 在离心机处理能力范围之内，随着加料量的增加离心后树脂含水分也稍有增加。如加料量过大，使螺旋输送器中间挤满物料，造成排水通道堵塞，脱水效果不良。加料量与脱水后树脂水分的关系可由图 2-30 表示。

(3) 浆料温度 在 20～40℃范围内，离心后滤饼含水率受浆料温度的影响很小，如图 2-31 所示。温度升高，滤饼黏度增大，使螺旋输送器负荷加大，则影响离心机的下料能力。温度过低，则影响下一步的干燥工序生产能力。所以 PVC 浆料温度一般应控制在 60～80℃范围内。

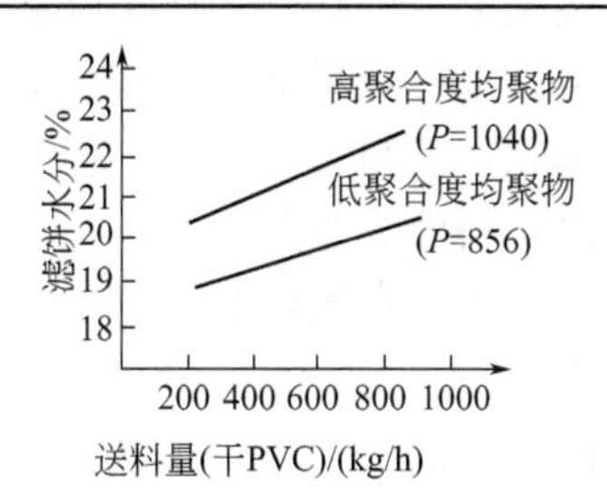

■图 2-30 加料量与脱水后树脂水分的关系

浆料浓度 30%

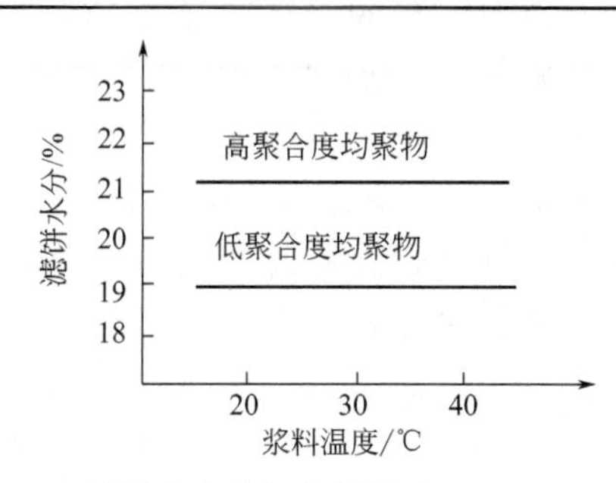

■图 2-31 滤饼含水率与浆料温度(20～40℃)的关系

(4) 浆料浓度 离心后树脂含水与浆料浓度有关，在相同的流量下浆料浓度大时脱水效果好。但浓度高的浆料在输送过程中容易沉降堵塞管道；浆料浓度过低离心机下料能力下降；因此浆料浓度一般以 30%～35%为宜，浆料浓度与脱水后滤饼含水率的关系如图 2-32 所示。

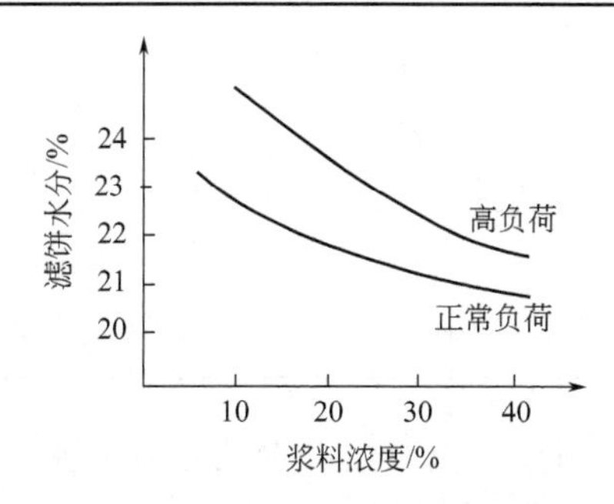

■图 2-32 滤饼含水率与浆料浓度关系

(5) 挡板位置 降低挡板位置，转鼓内液体的水面下降，脱水段增长，滤饼湿含量下降，但是沉降段缩短，母液中含固体量也会相应增加，所以应适当调节挡板位置。

(6) 离心机机械因素 如转鼓的形状是圆锥形，则脱水段长，树脂脱水效果好，而分离效果差。如转鼓形状是圆筒加圆锥形，脱水段较短，树脂残存水分多，但分离效果好，母液中含固量低。

输送器螺距越大，推料速率越快，但滤饼湿含量也增高；螺距越小，推料速率越慢，排出物料能力下降，在加料较大情况下，螺距间的物料会相应增厚，使排水通道变小，严重时会出现所谓“腹泻”现象，失去分离效果，机身振动也会增加。

转鼓转速提高，则离心力大，分离因数高，滤饼含水低，分离效果好。反之则相反。

转鼓与螺旋的速差与螺旋螺距对离心影响大致相同，即速差大，推料快，滤饼含水量增多，反之则滤饼含水减小，但能力下降。

一般情况下，PVC 的脱水在选定离心机后离心机的机械参数业已固定，所以这些因素是恒定的，故在实际生产中主要以控制和调节（1）～（5）因素来改变脱水状况。

离心脱水的特性受各方面因素的影响，而且是互相关联的，所以不能单独用一种因素去分析离心机的处理能力、脱水度和含固量，可以用图 2-33 示意地表达这种复杂的关系。

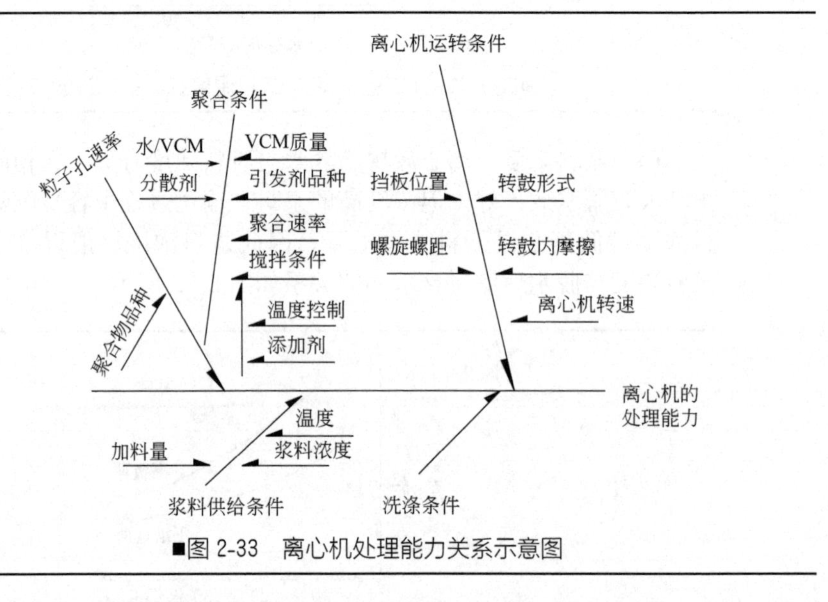

■图 2-33 离心机处理能力关系示意图

由图 2-33 可知，离心机的处理能力是各种因素综合的结果。

2.2.5 聚氯乙烯树脂的干燥

如果成品树脂含水分不合格，在加工时因水分汽化会使制品内部及表面生成气泡，影响制品的机械强度、电绝缘性能和外观，因此，必须经过严格的干燥过程处理，使成品树脂的含水率达到 0.3%～0.5%以下（质量）。

根据物料中水分除去的难易划分，物料中的水分可分为结合水分和非结合水分。

结合水分：包括物料细胞壁内水分、物料内可溶固体物溶液中水分及物料内毛细管中的水分等。由于这种水分与物料的结合力强，从而产生不正常的低气压，其蒸气压低于同温度下纯水的饱和蒸气压，因此，在干燥过程中，水分至空气主体的扩散推动力（ΔP）下降，物料内结合水分的除去比较困难。

非结合水分：包括存在于物料表面的吸附水分及孔隙中的水分，它主要以机械方式结合，与物料的结合强度较弱，物料中的非结合水分所产生的蒸气压等于同温度下纯水的饱和蒸气压，因此，非结合水分的除去与水的汽化相同，比除去结合水分来得容易。

PVC悬浮液经离心脱水后，仍含有20%～25%（质量）水分，需要干燥除去。由于PVC颗粒具有一定的孔隙度，因此在干燥过程中存在临界湿含量值，如图2-34所示。

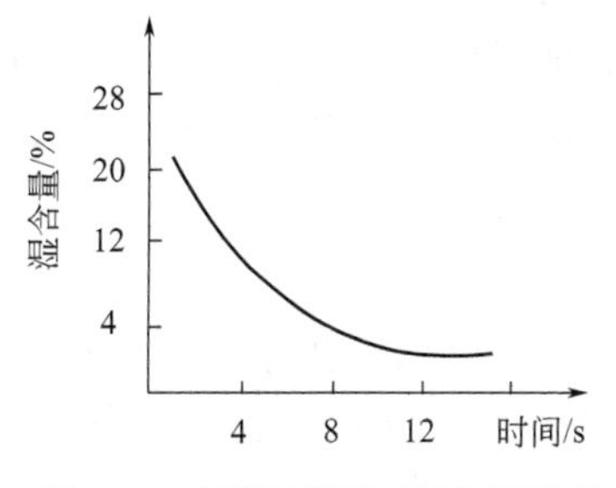

■图 2-34　干燥时间与湿含量关系

由图2-34可见，疏松型树脂含湿量临界值为3.5%～4%。树脂在含湿临界值以上为“等速干燥区”，其干燥速率主要由“颗粒表面汽化”控制，除去PVC颗粒的表面水分。在临界值以下为“降速干燥区”，其干燥速率主要由“颗粒内部扩散”控制，除去PVC颗粒孔隙内的水分。其定性关系由图2-35示意图表示。

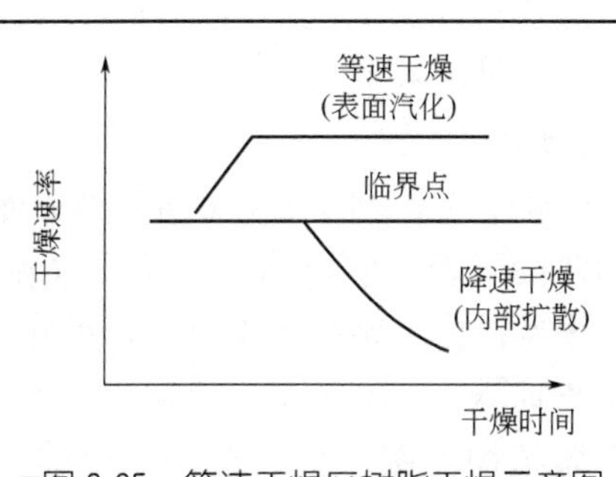

■图 2-35　等速干燥区树脂干燥示意图

图 2-35 表明，树脂在“等速干燥区”除去表面水分，在很短时间内 2～8s 即可完成，因此可采用气流干燥器来完成；树脂在“降速干燥区”，除去孔隙内的水分，需要较长的时间（10min 左右）才能使含水分达到 0.3%～0.5%以下，宜采用沸腾干燥器。因此，目前干燥工艺大多采用气流干燥和沸腾干燥两段串联的流程。

2.2.5.1 气流干燥

气流干燥又称闪热式干燥或急骤干燥。这种干燥方式是利用热空气在瞬间（2～8s）将物料中表面水分除去。离心后含 20%～25%水分的 PVC 滤饼进入气流干燥器底部，在流速很快（10～20m/s）的热气流扰动下，呈团粒状的滤饼均匀散开，有效干燥面积大大增加，气固相在几秒钟内通过干燥管，经过传热和传质，树脂颗粒表面的水分迅速汽化并随热气流带走。因此，热空气与树脂接触时间很短，故可允许使用较高的风温，一般最高可达 160℃左右。

在进行急骤式干燥时，树脂孔隙内的水分大多来不及扩散出来，主要除去粒子表面水分。经过气流干燥后，树脂含水仍达 6%～7%，剩余的水分还须进一步干燥除掉。

气流干燥能量消耗较大，热效率低（为 30%～40%）是其缺点。但由于气流干燥具有设备简单、连续、稳定、处理能力大等优点，所以在 PVC 干燥工艺中仍被广泛采用。

2.2.5.2 沸腾干燥

沸腾干燥是在流化床内进行的，加热空气通过花板（又称分布板）进入床内，使 PVC 树脂粒子在热风扰动下呈沸腾状态。由于气固相在流化床内得到良好的接触，从而强化了干燥效果。

使用流化床干燥固体粒子，停留时间易于控制，对装置的设计及操作条件的选择都是非常有利的。因此，各种形式的流化床干燥装置被广泛应用于粉料的干燥。

树脂孔隙内的水分因树脂表面水分的不断蒸发而形成湿度梯度，水分不断地向表面扩散，经过比较长时间（10min 左右）传热传质的作用，粒子内部水分大量被蒸发掉，使产品含水达到 0.3%～0.5%的要求。对于疏松多孔的树脂，内部含水常在 4%左右，如不经沸腾床的干燥处理，树脂成品含水很难达到树脂质量的要求。

2.2.5.3 气流-旋风床干燥

20 世纪 80 年代以来，国外在树脂干燥方面开展了大量的研究，研制出有不同特点的两段干燥工艺，第一段采用气流干燥，使用高温去除表面水分，第二段使用旋风床干燥器，脱出结合水分。

2.2.5.3.1 旋风干燥器的原理

旋风干燥器结构见图 2-36。旋风干燥器由一个带夹套的圆柱体组成，内有一定角度的几层环形挡板，将干燥器分成多个室，挡板中间有导流板，

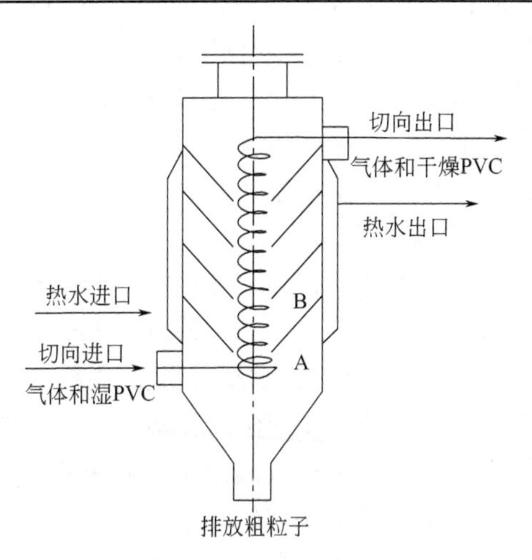

■图 2-36 MST 旋风干燥器的原理

最下部为一个带锥形的干燥室，停车时由下面的放料口放料、清床底。

旋风干燥器干燥原理如下：高速气流带着湿的 PVC 树脂颗粒从旋风干燥器的底部切线进入最下面的一个干燥室 A，热气流和树脂颗粒在干燥室中高速回转，因树脂颗粒与气体之间的角速率差相当大，故其传热、传质的效率比较高。离心力将固体颗粒与气体分开，颗粒在回转中角动量减少，随气流通过挡板中心的开口进入上一层干燥室 B，由于离心力作用颗粒再次作旋转运动，如此逐步进入上一层干燥室直至干燥终了。

离心力和重力作用在不同大小的颗粒上造成气体和颗粒之间速率出现差异，小颗粒的树脂在干燥器内停留时间短，大颗粒在干燥器内停留时间长，这样小颗粒树脂就不至于因停留时间长而过度干燥，因此不同粒径的树脂都能得到良好的干燥。干燥好的树脂从旋风干燥器的顶部出来，经过旋风分离器将树脂与空气分开，经筛分后树脂进入包装工序。

2.2.5.3.2 气流-旋风特点

在气流-旋风床干燥系统中，树脂悬浮液先经离心机脱水，而后滤饼用比例螺杆输送到气流干燥管中（第一段），在这里树脂与 150℃的热气接触，除去表面的饱和水分，树脂再经过旋风干燥器（第二段干燥器）除去孔隙内水分，树脂在旋风床内停留 12～18min，脱出结合水分，使产品达到含水量不高于 0.3%。

旋风干燥器在旋转中使热气体和固体树脂颗粒接触而干燥树脂。干燥器为一个垂直的圆柱形塔，其中用环形挡板分成若干个干燥室，将热气体和湿树脂切向高速引入最下面的室 A。在这里利用离心力将固体树脂颗粒与气体分离开来。粉粒在室 A 旋转并且气体在旋转流动中通过挡板的中心开口流入上层室 B。同时，新的树脂粒子进入室 A，过一段时间后，这个室开始充满树脂，这时树脂粒子开始经挡板的中心开口逸入室 B，先是最细的颗粒，最后是最粗的颗粒进入室 B。通过挡板中心开口时，旋转的粉粒受离心作用和固体粒子受室壁压力散开，在这里它们停止运动，返回锥形挡板的中心开口，这样进入下一室。这时再次用旋转的气流输送这些树脂颗粒。用这样的方法使树脂充满每一个干燥室，携带树脂粉粒的气体离开干燥室的顶部输送到气体/固体粉粒器。

然后，气体和固体树脂继续分离并重新分散，使用离心力使之发生分离，利用重力作用重新分散。结果使气体和树脂间运动速度出现差异，使树脂颗粒表面充分干燥。分离/重新分散的过程产生的另一个作用是使树脂粒子分级，细的质量小的粒子跟随气体流动，在干燥器中的滞留时间短。另一方面，大的重的颗粒通常被分离出来，并重新分散，使树脂在干燥器内的停留时间长。由于树脂干燥停留时间是随颗粒度的增大而延长，所以，在这种新干燥器中，不论细的还是粗大的树脂都能得到良好地干燥。

旋风干燥器的主要特点如下。

① 物料在床内高速旋转，床内无死角，不需要清理。

② 改换树脂型号时由床的底部放出物料，简单易行。

③ 由于使用气流干燥的余热，大大节约了能量，可比气流-沸腾两段式干燥节能 50%。

④ 旋风式干燥流程简单、设备少，一次性投资大大减少。进而为实现干燥的自控创造了条件。

⑤ 由于使用气流干燥后热风余热，床温低，树脂不易出现黑黄变质现象，提高产品质量。同时，减少了静电的产生，有利于树脂的过筛。

2.2.6 聚氯乙烯的气-固分离

旋风分离器在工业上的应用已有近百年的历史，因为它结构简单，造价低廉，没有活动部件，可用各种材料制造，操作条件范围宽广，分离效率较高，所以至今仍是化学工业里最常用的一种除尘和气固分离设备。

2.2.6.1 旋风分离器操作原理

旋风分离器是利用惯性离心力的作用从气流中分离出所含尘粒的设备。图 2-37 所示的是一种具有代表性的旋风分离器，或称为标准型旋风分离器。主体上部为圆筒形，下部为圆锥形。含尘气体由圆筒上部的进气管沿切向进入，受器壁约束而旋转向下作螺旋运动。在惯性离心力的作用下，颗粒被甩向器壁与气流分离，再沿壁面落至锥底的排灰口。经净化后的气流在中心轴附近范围内由下而上作旋转运动，最后由顶部排气管排出。通常把下行的螺旋形气流称为外旋流，上行的螺旋形气流称为内旋流。内、外旋流气体的旋转方向是相同的。外旋流的上部是主要除尘区。

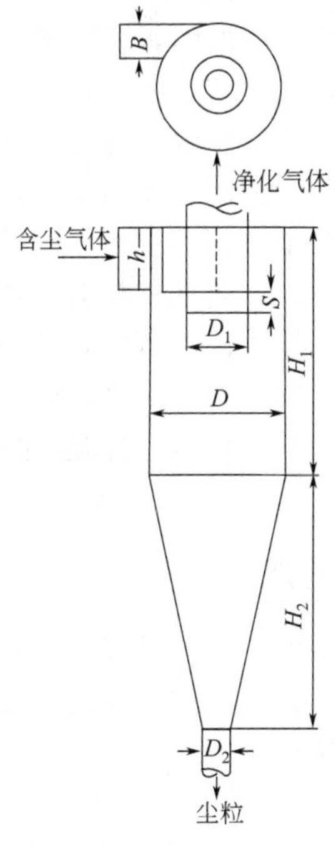

■图 2-37　标准型旋风分离器

气体在旋风分离器内的双层螺旋形运动，只是一个大致的情况，实际颇为复杂。外旋流在旋转向下的过程中，不断地有一部分气体窜入内层旋流。在器内任何位置上气流都有三个方向的速度，即切向速度、径向速度与轴向速度。旋风分离器一般常用来除去气流中直径在 5μm 以上的尘粒。对颗粒含量高于 $200g/m^3$ 的气体，由于颗粒聚结作用，它甚至能除去 3μm 以上的颗粒。旋风分离器还可以从气流中分离出雾沫。对于直径在 200μm 以上的粗大颗粒，最好先用重力沉降法除去，以减少颗粒对旋风分离器的磨损；对于直径在 5μm 以下的烟尘，一般旋风分离器的捕集率已经不高，需用袋滤器或湿法捕集。

临界粒径：所谓临界粒径，是指在旋风分离器中能被完全分离下来的最小颗粒直径，临界粒径是判断分离效率高低的重要依据。

分离效率：旋风分离器的分离效率有两种表示方法。一是总效率 η_0，它是指进入旋风分离器的全部颗粒中被分离下来的质量分率。第二种是分效率，又称粒级效率，以 η 表示，因含尘气流中的颗粒通常大小不均，通过旋风分离器之后各种尺寸的颗粒被分离下来的百分率互不相同，按各种粒度分别表示其被分离下来的质量分率，称为粒级效率。

压强降：气体流经旋风分离器时，由于进气管、排气管及主体器壁所引起的摩擦阻力，气体流动时的局部阻力及气体旋转运动所产生的动能损失等，造成气体的压强降。

2.2.6.2 旋风分离器性能的影响因素

影响旋风分离器性能的因素多而复杂，物系情况及操作条件是其中的重要方面。一般说来，颗粒密度大，粒径大，进口气速高及粉尘浓度高等情况都有利于分离。比如：含尘浓度提高则有利于颗粒的聚结，可以提高效率，而且颗粒浓度增大可以抑制气体涡流，从而使阻力下降，所以较高的含尘浓度对压强降与效率两个方面都有利。但有些因素则对这两个方面有相互矛盾的影响。比如：进口气速稍高有利于分离，但过高则招致涡流加剧，反而不利于分离，陡然增大压强降。因此，旋风分离器的进口气速以保持在 10～25m/s 范围内为宜。气体流量的波动对分离效果及设备阻力影响较大，此外旋风分离器不宜用于黏性粉尘、含湿量高的粉尘以及腐蚀性粉尘。

2.2.7 聚氯乙烯树脂的过筛

尽管在聚合中采取了各种措施，但最终聚合物料中树脂的粒度分布仍可能较宽，含有皮状物、大颗粒以及机械杂质等。这些都会影响树脂的加工性能，甚至损坏加工机械设备。为此，干燥后的 PVC 树脂在包装出厂前必须进行过筛。

所谓过筛即将干燥后的 PVC 树脂放于特定结构的筛网上机械振动一定时间，筛网下部的树脂即为成品，筛网上部的树脂即为筛余物。经过一次过筛后的筛余物中，还有一些合格的树脂，所以常常需要将筛余物二次过筛。筛余物与成品之比称为过筛效率，其高低与许多因素有关，诸如物料形状、湿含量、筛孔大小、筛结构等。

国内聚氯乙烯的过筛大多采用旋转振动筛。旋转振动筛是在圆框式网架上装有筛网，筛网的下面有打击球，整个筛体由一个电机通过偏心轴带动使其旋转，筛网网面也产生颠簸旋转，树脂则从筛网穿过，大颗粒树脂被分离出来。影响过筛效率的因素有以下几方面。

① 物料颗粒形状：一般说来，有规则的球状如乒乓球形树脂易于过筛，而无规则形如棉花形树脂不易过筛，直接影响到过筛效率。

② 筛孔的大小：筛孔大过筛容易，筛孔小反之。可以在保证产品粒度的情况下使用适当的筛网孔径。

③ 湿含量：物料湿含量的大小直接影响过筛效率，物料含湿量大，流动性不好，不易过筛，且有堵死筛孔的可能。物料含湿量过小，由于树脂摩擦而产生静电，使粒子黏结，从而产生较大粒团，也不易过筛，所以在干燥过程中物料水分应在满足产品要求的情况下尽量不要过高或过低。

④ 影响旋转振动筛的特殊因素：对电磁振动筛而言，除以上影响因素外，尚有筛网松紧、打击球、振幅、频率等的影响。

a. 筛网松紧：电磁振动筛筛网过松，则物料质量将筛网压成凹状，而不易振动，此时筛余物不易移动，过筛效率极低。筛网过紧则网面刚性强，弹力大，物料接触网面被弹起，也不利于过筛，所以旋转振动筛筛网应保持一定的松紧度，这要由操作实践调节确定，使用一定时间后，筛网松紧度还应进行调整。

b. 打击球：打击球的作用是利用其弹性打击网面，达到支撑筛网和弹起堵塞筛孔物的目的，频率较高。

c. 振幅：振幅大过筛效率好，但设备易于疲劳损坏，振幅小过筛效率低，所以振幅应根据筛体刚性情况来确定。在满足过筛要求的情况下，振幅应尽量调节小些，以延长筛子的使用寿命。

2.2.8 聚氯乙烯树脂的输送

气力输送是以气体流动的能量将物料在密闭的管道中输送，对无防爆、防氧化等特殊要求的物料，往往是以空气为气力源。这种输送方式的主要优点是密闭、方便、可靠。主要缺点是动力消耗较大，尤其是远距离的输送，单位物料消耗能量更大。为了有利于成品的分批存放和包装，改进劳动条件和树脂的均匀混合，需将树脂由生产地点输送到聚氯乙烯储仓。

由于 PVC 是粉状物料，易造成粉尘飞扬，所以尽管有多种输送机械，为实现上述目的，气流输送被广为采用。

所谓气流输送是用气流将固体颗粒吹成悬浮体，使颗粒随气流输送到指定地点，而由旋风分离器进行粉粒回收。根据单位体积气体所输送的固体物料量，又可分为稀相输送和密相输送两种，两种输送的对比见表 2-26。

■表 2-26 稀相输送与密相输送比较

输送形式＼项目	气速/(m/s)	气固比(质量分数)/%	功率比/%	风量比/%
稀相输送	8～30	0.5～5	1	20
密相输送	＜8	25～100	10(启动时)	1

稀相输送时颗粒间的影响很小，可以看做是单个颗粒运动。密相输送时，颗粒成集体运动，在垂直管道中可以看做是一个前进着的沸腾床，可见对气流输送的直接影响主要是气体的流速和气固比。

气流速率均应满足于物料的极限速率，而气固比小一些对输送是有利的。在采用稀相输送时，其被输送固体的体积与输送气体的体积浓度很小，而密相输送可达 0.26～0.31m^3/m^3 之间。因此，稀相输送需气速高、气量大、压力低、功率较小，而密相输送则反之。

总之，采用气流输送都会将系统密闭，具有劳动条件好、设备紧凑、构造简单、投资少、维修方便、生产率高等优点，故在 PVC 树脂输送中被广泛采用。

2.2.9 聚氯乙烯树脂包装

目前国内 PVC 厂家普遍采用两种 PVC 树脂包装生产线：一是采用全自动称重、包装、封口、喷码、码垛机组成套包装线；二是采用全自动称重、人工套袋包装、自动封口、喷码、半自动人工码垛。

聚氯乙烯树脂包装的流程图如图 2-38 所示。

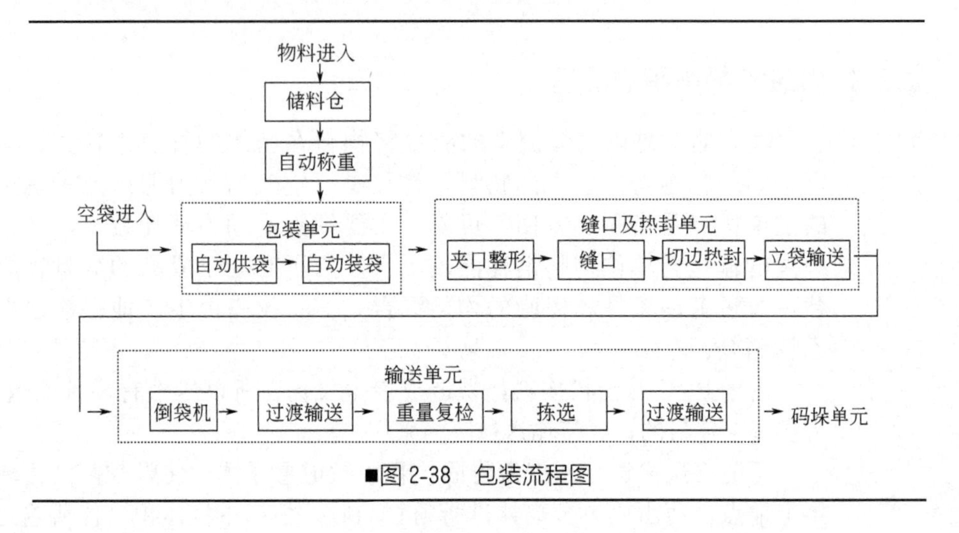

■图 2-38 包装流程图

2.2.10 悬浮法聚氯乙烯树脂的型号和规格

各国根据自己的历史和特点，对聚氯乙烯树脂作了分类，制订出各自的国家标准，提出相应的型号和规格，国际标准化组织也拟订了相应的标准。

根据分子结构和组成，悬浮 PVC 树脂可分成均聚和共聚树脂。目前，我国悬浮 PVC 树脂以均聚树脂为主，除了大吨位的各种通用悬浮树脂外，还有少量低聚合度和高聚合度 PVC 树脂等。共聚树脂只有少数厂家生产，产量不大。因此，本节主要讨论通用悬浮 PVC 树脂的质量指标。

1974 年，我国对悬浮聚氯乙烯树脂拟订了部级标准（HG 2-775-74）。先按表观密度将树脂分为两类：①紧密型 XJ，表观密度＞0.55g/cm^3；②疏松型 XS，表观密度＜0.55g/cm^3。按树脂的二氯乙烷稀溶液的绝对黏度，将这两类型树脂都分成六个型号。随着 VC 悬浮聚合技术的发展，紧密型悬浮 PVC 树脂基本被淘汰而停产，疏松型悬浮 PVC 树脂的质量指标又不断提高。于是，1986 年和 1993 年我国先后又颁布了《疏松型聚氯乙烯树脂》（GB 8761—86）和《悬浮法通用型聚氯乙烯树脂》（GB/T 5761—1993）国家标准。国家标准的发布实施对推动我国聚氯乙烯树脂产品质量的提高，促进企业采用先进技术，加强内部管理起到了积极作用。但也逐渐暴露出：①对合格品项目及指标过宽，不利于鼓励企业采用先进技术，对合格品的VCM残留量未要求；②白度（160℃，10 min）、杂质粒子数、筛余物指标均与实际产品质量存在较大差距，使产品出现合格不合用的现象；③相关的测定标准，如稀溶液黏数的测定、挥发物（包括水）的测定、水萃取物电导率的测定、筛余物的测定、增塑剂吸收量的测定等均已发生了变化。为了适应产品应用需要，促进技术进步和产品实际质量的提高，消除与国际贸易中检验方法存在的壁垒，2007年我国又颁布了《悬浮法通用型聚氯乙烯树脂》（GB/T 5761—2006）国家标准。

悬浮通用型PVC树脂的质量指标大致可分为三类：①分子结构方面的指标；②颗粒特性方面的指标；③杂质方面的指标。

分子结构的指标主要有平均分子量（平均聚合度、黏数）和分子量分布，国标中分子量分布不列为质量指标，但可供研究之用。白度等热稳定性指标主要取决于PVC分子链结构中各种不稳定基团的含量，可归于分子结构方面指标，但颗粒特性（主要是颗粒的疏松性）对白度也有一定影响。

对于PVC树脂，颗粒特性特别重要，因为加工性能，甚至使用性能与之密切相关。与PVC颗粒特性直接有关的指标有平均粒径及粒径分布、形态、孔隙率、孔径和孔径分布、比表面积、密度分布等。除筛分分析（平均粒径及粒径分布）外，其他各项并不一定在国标中列出，只供深入研究时之用。与PVC颗粒特性间接有关的有表观密度、干流性、增塑剂吸收率、VCM脱吸性能等。这几项与加工性能、使用性能密切有关。

2.2.10.1 聚氯乙烯的分子量及分布

分子量是表征聚合物结构的重要指标，也是工业生产中的重要控制目标参数之一。由于聚合物分子量的多分散性，根据统计方法的不同，可有数均、重均、Z均和黏均分子量之分。将重均分子量与数均分子量的比值称为分子量分布指数，是衡量聚合物分子量分布的重要参数。

为方便起见，工业上常用PVC树脂稀溶液的各种黏度，如相对黏度$\eta_r=\eta/\eta_0$；增比黏度$\eta_{sp}=\eta_r-1$；比浓黏度$\eta_c=\eta_{sp}/c$；比浓对数黏度$\eta_l=(\ln\eta_r)/c$；特性黏度$[\eta]=\lim\frac{\eta_{sp}}{c}=\lim\frac{\ln\eta_r}{c}$等作为计算平均分子量（或聚合度或$K$值）的基础。以上各式中，$c$为PVC树脂溶液的浓度（g/100ml），$\eta$为溶液的黏度，$\eta_0$为溶剂的黏度。

黏度VN（η_n）是指以环己酮为溶剂，浓度为0.5g/100ml，在25℃条件下测得的比浓黏度乘以100。各国测定黏度的条件（溶剂、浓度、测定温度等）各不相同，表2-27为其中的几例。

PVC树脂平均聚合度可由黏度数据采用下式计算。

$$\overline{P}=500\left[\text{antilg}\frac{[\eta]}{0.168}-1\right]$$

■表 2-27 PVC 稀溶液黏度测定条件

溶 剂	浓 度/(g/ml)	温 度/℃	采 用 的 国 家
二氯乙烷	0.01	20	原苏联，我国原化工部标准
环己酮	0.005	25	ISO 174—1974
环己酮	0.002	30	ASTM D1243-58TA，GB 8761—86
硝基苯	0.004	30	JIS K6721-77，GB/T 5761—93

欧洲国家普遍采用 K 值来表征 PVC 树脂分子量，其数值与聚合物溶液的黏度、溶剂、浓度（g/100ml）、温度密切相关。25℃、环己酮为溶剂时，K 值与相对黏度、浓度的关系见下式。

$$K=1000\times\frac{1.5\lg\eta_r-1+\sqrt{(1.5\lg\eta_r-1)^2+4\lg\eta_r(75+1.5c)/c}}{2(75+1.5c)}$$

以 ISO 为标准（25℃，环己酮为溶剂、浓度 0.5g/100ml 溶液），由 K 值计算 PVC 平均聚合度的换算式如下。

$$\lg\overline{P}=2.7543\lg K-2$$

特性黏度与 PVC 平均分子量的关系可用以下 Mark-Houwink 方程表示。

$$[\eta]=K\overline{M}^{\alpha}$$

式中，K、α 为常数，与溶剂、温度有关，而在一定分子量范围内与分子量无关。K、α 值可由渗透压或光散射等分子量测定绝对方法求得。常见 PVC 溶液 $[\eta]$-M 关系式的 K、α 值如表 2-28 所示。

■表 2-28 PVC 特性黏度-分子量关系式中的K、α 值

溶剂	温度/℃	$K\times10^2/(cm^3/g)$	α	分子量范围 $M\times10^{-3}$	校准方法
四氢呋喃	20	0.163	0.93	20～170	渗透压
	20	1.051	0.848	83.2～155.4	渗透压
	25	4.98	0.69	40～400	光散射
	30	2.19	0.54	50～300	渗透压
	30	1.038	0.854	83.2～155.4	渗透压
	40	1.024	0.85	83.2～155.4	渗透压
	50	1.001	0.85	83.2～155.4	渗透压
环己酮	20	1.78	0.806	83.2～155.4	渗透压
	25	0.11	1.0	16.6～138	光散射
	30	1.74	0.802	83.2～155.4	渗透压
	50	1.642	0.802	83.2～155.4	渗透压
	60	1.586	0.801	83.2～155.4	渗透压
环戊酮	20	8.77	0.86	83.2～155.4	渗透压
	30	8.63	0.86	83.2～155.4	渗透压
	40	8.47	0.86	83.2～155.4	渗透压
	50	8.272	0.862	83.2～155.4	渗透压
	60	8.148	0.862	83.2～155.4	渗透压

分子量分布一般不列为 PVC 质量指标，仅供研究之用。通常，恒温聚合的 PVC 分子量分布为 2.0 左右。聚合温度波动过大是影响 PVC 分子量分

布的重要因素。除低转化率（<10%）阶段外，转化率对 PVC 分子量分布影响不大，引发剂浓度的影响也不大。

2.2.10.2 悬浮 PVC 树脂颗粒特性和粉体性质

2.2.10.2.1 平均粒径及分布

各种 PVC 树脂有着不同的粒径范围，应采用合适的测定或分级方法。

悬浮法 PVC 树脂的平均粒径为 125μm 左右，粒径分布集中在 50～250μm 之间。采用筛分、激光散射、扫描电镜等方法可以测定 PVC 树脂粒径，其中筛分法是树脂颗粒粒径测量最为通用和直观的简单方法。根据不同的需要，选取一系列不同筛孔直径的标准筛，按照孔径从小到大依次摞起，最下面为底筛，最上面为筛盖。固定到振动机上，选择一定的时间，进行筛分，筛分完成后，通过称重的方式记录每层标准筛网中不同粒径的树脂颗粒质量，由此取得质量分数表示的颗粒粒度分布。

筛分过程经常遇到的困难是产生静电，导致颗粒聚并，产生分析误差，加抗静电剂（如三氧化二铝）或用湿法筛分可克服这一缺点。筛分法因为受到标准筛网的层数限制，对于粒径的大小的划分较为宽泛，在一定程度上影响结果的精度。

因此，要求树脂粒径有较高的集中度，希望 100～140 目或 100～160 目集中度在 90%～95%以上，此外，对 30～40 目以下和 200 目以上的级分也列为控制指标。

PVC 树脂粒径分布可采用图示的方法表示，一般呈正态图形，如图 2-39 所示，也可采用不同统计方法计算出平均直径。除平均直径外，还可以用离散度、离散系数等表征分布情况。

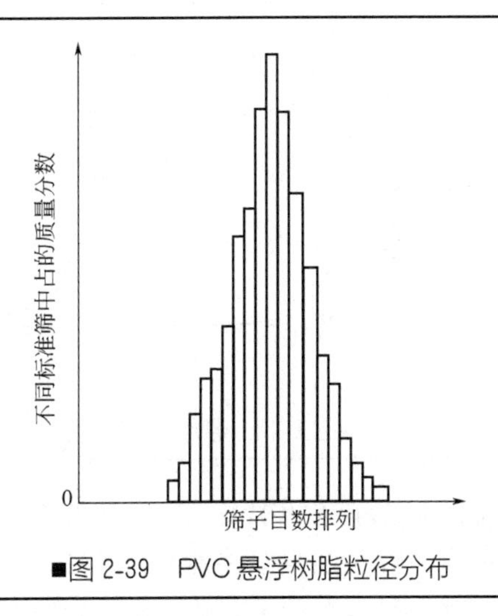

■图 2-39　PVC 悬浮树脂粒径分布

2.2.10.2.2 颗粒形态和孔隙率

普通光学显微镜、相差显微镜、扫描和透射电镜是研究 PVC 颗粒形态的重要工具。用光学显微镜放大 50～100 倍，很容易观察到悬浮树脂的外形和表面织态，疏松型悬浮树脂通常呈白色絮团状。

如要研究粒子间或内部孔隙分布均匀情况，可以加适量邻苯二甲酸二辛酯（DOP）使 PVC 颗粒溶胀，DOP 折射率（1.519）与 PVC（1.542）接近。在透射光下，闭孔粒子呈黑色，无孔的玻璃体则透明，而一般开孔粒子则呈半透明。

采用扫描电镜可以更加清晰地观察悬浮树脂的外形和表面织态，也可观察切开或剥离后粒子的内部结构，如初级粒子聚集程度、孔隙分布状况等。如用透射电镜观察 PVC 颗粒形态，则需将 PVC 颗粒用环氧树脂或聚甲基丙烯酸甲酯包埋后超薄切片，可以清晰地看到初级粒子，甚至原始微粒。

显微法虽能观察 PVC 颗粒的大小和形态，甚至内部结构，但较难获得内部孔隙体积（孔隙率）的定量数据。孔隙率与增塑剂吸收率、加工性能有关。

最常用的孔隙率测定仪器是压汞仪。根据汞“无孔不入”的特点，在压力下将汞压入 PVC 试样的开孔内。随着压力的增加，汞首先充满大孔，然后进入孔径递减的小孔。压力 P（MPa）与孔径 D（μm）的关系可选用经验式：$D=2489/P$。

压汞仪的操作压力如从大气压升到 196MPa，则可测定半径为 0.0037～7.5μm 的孔隙。测定时，逐渐增加压力，则可获得孔隙分布或孔体积分布的数据。悬浮法 PVC 颗粒的典型孔径分布如图 2-40 所示，其中半径为 0.04～2.0μm 的孔大多属于颗粒内初级粒子及其聚集体之间的孔。

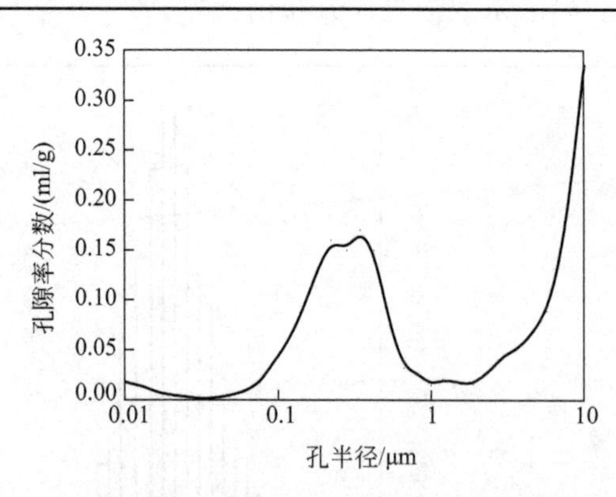

■图 2-40 悬浮 PVC 树脂孔径分布图

PVC 树脂的比表面积是决定 VCM 脱吸和增塑剂吸收速率的主要参数，通常与孔隙率有线性关系，但并不十分严格。含有许多均匀小孔的树脂比表面积较大，而孔径分布宽和带大孔的树脂表面积较小。即使是微结构比较均匀的高孔隙率树脂，其表面积也小于 $4m^2/g$，这一数值相当于 1μm 初级粒子的比表面积，低于此值表明有相当部分初级粒子聚结在一起。孔隙率相同时，低转化率树脂的比表面积较大。

通常还可以采用气体吸附法测定固体粒子的比表面积，系将气体（通常为氮）吸附在粒子表面上，然后按单分子层覆盖量进行推算。单分子层的量可以用 BET 理论的等温吸附式来估算。但在一般情况下在完成单分子层完全覆盖以前就开始进行第二层覆盖，因此存在一定误差。此外，气相色谱法也可用于测定 PVC 的比表面积。

PVC 的真密度可用比重瓶法和浮选法测定，两法测得的结果可能在较广范围内波动。以甲醇为介质，由比重瓶法曾测得 PVC 的密度 1.2624～1.4179g/cm³。以甲醇-四氯化碳混合液作浮选液，曾测得 PVC 的密度为 1.42～1.43 g/cm³。通常取 PVC 的密度为 1.40g/cm³ 或 1.39g/cm³。用浮选法对 PVC 树脂颗粒进行密度分级，可得密度分布曲线，用于间接表征树脂的颗粒形态。密度分布窄的树脂其内部结构均匀，所有的孔都易被测量液体、增塑剂或其他液态加工助剂所渗透。这已为显微镜和其他方法研究所证实。密度分布宽的树脂，有些开孔，有些则是不能渗透的孔，对增塑剂的吸收速率慢，且不均匀，加工性能不良。

2.2.10.2.3 与增塑剂的作用

当悬浮 PVC 树脂用于生产软质制品时，加工之前须与增塑剂混合，增塑剂的用量自百分之几至 50%不等。研究 PVC 与增塑剂的相互作用，须考虑两种情况：一是室温下的增塑剂吸收率，二是热干混。

① 增塑剂吸收率：在室温下增塑剂能很快地充满可渗透的内孔、毛细管和缝隙，但相当长的时间内并不使 PVC 溶胀。充满过程是不可逆的，实质上是由于毛细管作用或表面力吸附了增塑剂，因此用“吸附率”一词更加恰当。增塑剂并不进入初级粒子内，也不使之溶胀。这一过程与化学因素无关，仅取决于粒子形态。增塑剂吸收率与压汞法孔隙率可以进行关联。

② 热干混：PVC-增塑剂的预混通常在高速混合机中于 100℃温度以下进行，增塑剂即使用得较多也可配得“干粉料”，此时吸收的增塑剂量与室温下的吸收率或孔隙率无甚关系。“干混时间”可用 Brabender 扭矩流变仪测得，固定 PVC 的量，不断加入 DOP，从 DOP 开始加入到干粉阶段末的时间即为“干混时间”。令 DOP 吸收量对热干混时间作图，曲线开始阶段近似线性上升，增塑剂量增加很多时，“干混时间”出现平台，这就相当于增塑剂最大吸收率。

“干混时间”几乎完全受增塑剂扩散进入 PVC 固体颗粒（初级粒子及其聚结体）的速率所控制。因此“干混时间”和增塑剂最大吸收量均随温度增加而增加，PVC 的分子量及增塑剂的化学结构对“干混时间”的影响较大。

2.2.10.2.4 粉体性质

① 表观密度：密度有真密度、表观密度、堆积密度之分。表观密度是粉体在未压缩的情况下单位体积粉体的质量，也可以看作特定条件下的堆积密度。我国标准系将 120ml PVC 粉体通过一定形状、尺寸、开口为

15.5mm 的漏斗，落入离漏斗 38mm 的 100ml 量筒中，刮平筒口多余的粉料，然后称重、计算。悬浮 PVC 树脂的表观密度在 0.45～0.65g/cm^3 之间，高分子量树脂用于软制品，需要增塑，希望多孔的颗粒结构，表观密度就应低些。低分子量和有些中等分子量的 PVC 用于硬制品，一般要求表观密度大于 0.55g/cm^3。为了便于脱除残留 VCM，希望表观密度不要超过一定的上限，保留必要的孔隙率。表观密度与颗粒形态、粒度分布有关。

② 粉体干流性：粉体干流性对 PVC 储运，甚至挤出机下料速率均有影响。粉体干流性可用一定量粉末通过一定孔径的漏斗所需的时间来表征。测定时要注意静电，但也要考虑湿度。湿度过低易产生静电，湿度过高则易结块，影响到干流性。一般湿度控制在 0.1%～0.3%。粒度均匀、粒径较大的粉体干流性较好。

2.2.10.3 聚氯乙烯的其他性质

聚氯乙烯树脂除对分子量和颗粒特性有一定要求外，还须考虑其他性能，如热稳定性、透明性、水及挥发分、水萃取液电导率、黑黄点、“鱼眼”等。

(1) 热稳定性 PVC 热稳定性影响到加工性能和使用性能，甚为重要。

PVC 受热分解，释放出 HCl，使树脂变色由浅而深，因此热稳定性可以由开始分解温度、HCl 放出量、PVC 树脂或试片热老化后的变色情况来衡量。

将放有 PVC 试样的小试管置于油浴中，逐步加热升温，管口放 pH 试纸测试，试纸开始变色的温度和时间分别称为开始分解温度和热稳定时间。

PVC 树脂和加工助剂混合后压制成硬（或软）试片，置于热老化箱中以一定温度烘烤，在不同时间定期取出试片，颜色愈浅，则热稳定性愈好。

PVC 分子中的一些不规则结构（如烯丙基氯、双键结构、引发剂端基、头-头连接、支链等）是造成 PVC 热稳定性差的主要原因。避免过高的聚合温度或聚合转化率、减少单体杂质（乙炔等）和聚合体系中氧含量等是提高 PVC 热稳定性的有效措施。

(2) 氯乙烯残留量 氯乙烯残留量是衡量 PVC 树脂和 PVC 制品卫生性的重要指标，随着环境保护和卫生要求的提高，希望 PVC 树脂中残留 VCM 含量越低越好。PVC 树脂中残留 VCM 含量通常采用气相色谱法测定，根据采集方法不同又分为液上气相色谱法和固上气相色谱法。

(3) 水分和挥发分 其测定方法是：取 5g PVC 树脂试样在 80℃下干燥 2h，计算损失量占试样的百分比。水分过多，易使树脂结块；过少，则易产生粉尘。

(4) 黑黄点和“鱼眼” 黑黄点代表机械杂质。测定要点是取 10g PVC 试样，放在黑黄点测定器的毛玻璃上，铺匀，目测黄黑点数。计算成 100g 试样中的点数。

“鱼眼”是在通常热塑化加工条件下未塑化的透明粒子，由加工成试片后目测计算。“鱼眼”对加工制品质量很有影响，如影响到薄膜的外观和强度、电缆料的绝缘性能等。

(5) 水萃取液的电导率 其测定原理是取 20g PVC 试样放入 500ml 锥形瓶中，加入 200ml 二次蒸馏水后加热煮沸回流 1h，在 20℃下测定滤液的电导率。电缆料对电导率有特殊要求，一般规定在 1.0×10^{-4}S/m。

(6) 透明度 PVC 试片透明度可用雾度计和分光光度计来评价。

2.2.10.4 悬浮 PVC 树脂的牌号

我国技术规定（GB 3401—82 和 GB 3402—82），悬浮法树脂的分子量和树脂型号，以 25℃测定浓度为 0.5g/100ml 的聚氯乙烯-环己酮溶液的特性黏数 η_n 值划定。国外常用浓度为 1g/100ml 环己酮溶液的相对黏度换算成 K 值表示树脂的型号。它们之间的粗略关系见表 2-29。

■表 2-29 国产悬浮法 PVC 树脂型号与用途

型号		平均聚合温度/℃	特性黏数 η_n/(ml/g)	K 值	聚合度 P	用途
新 SG-	旧 XS(J)					
1		48.2	154～144	77～75	1800～1650	高级电绝缘材料
2	1	50.5	143～136	75～73	1650～1500	电绝缘材料，一般软制品
3	2	53.0	135～127	73～71	1500～1350	电绝缘材料，农膜，塑料鞋
4	3	56.5	126～118	71～69	1350～1200	一般薄膜，软管，人造革，高强度硬管
5	4	58.0	117～107	68～66	1150～1000	透明硬制品，硬管，型材
6	5	61.8	106～96	65～63	950～850	唱片，透明片，硬板焊条，纤维
7	6	65.5	95～85	62～60	850～750	吹塑瓶，透明片管件
8	—		85～75	59～57	750～650	

我国悬浮法聚氯乙烯树脂产品实行国家统一标准，产品型号划分清晰，对于加工用户比较容易理解和掌握。新标准《悬浮法通用型聚氯乙烯树脂》(GB/T 5761—2006) 于 2007 年 2 月 1 日起开始执行。新标准在型号上增加了 SG0 和 SG9 两种型号树脂，同时对特性黏数、杂质粒子数、挥发物含量、表观密度、筛余物、“鱼眼”数、100g 树脂的增塑剂吸收量、白度、水萃取物电导率、残留氯乙烯单体含量 10 项指标进行了重新修订和调整，见表 2-30。

■表 2-30 《悬浮法通用型聚氯乙烯树脂》国家标准（GB/T 5761—2006）

序号	指标 项目 \ 级别 \ 型号	SG0	SG1			SG2			SG3		
			优等品	一等品	合格品	优等品	一等品	合格品	优等品	一等品	合格品
1	特性黏数/(ml/g) (K 值) [平均聚合度]	>156 (>77) [>1785]	156～144 (77～75) [1785～1536]			143～136 (74～73) [1535～1371]			135～127 (72～71) [1370～1251]		
2	杂质粒子数/个 ≤		16	30	80	16	30	80	16	30	80
3	挥发物(包括水)含量/% ≤		0.30	0.40	0.50	0.30	0.40	0.50	0.30	0.40	0.50

续表

序号	指标项目		SG0	SG1			SG2			SG3		
				优等品	一等品	合格品	优等品	一等品	合格品	优等品	一等品	合格品
4	表观密度/(g/ml) ≥			0.45	0.42	0.40	0.45	0.42	0.40	0.45	0.42	0.40
5	筛余物/%	0.25mm 筛孔 ≤		2.0	2.0	8.0	2.0	2.0	8.0	2.0	2.0	8.0
		0.063mm 筛孔 ≥		95	90	85	95	90	85	95	90	85
6	“鱼眼”数/(个/400cm^2) ≤			20	40	90	20	40	90	20	40	90
7	100g 树脂的增塑剂吸收量/g ≥			27	25	23	27	25	23	26	25	23
8	白度(160℃，10min 后)/% ≥			78	75	70	78	75	70	78	75	70
9	水萃取液电导率/(μS/cm^2) ≤			5	5	—	5	5	—	5	5	—
10	残留氯乙烯含量/(μg/g) ≤		30	5	10	30	5	10	30	5	10	30

序号	指标项目		SG4			SG5			SG6		
			优等品	一等品	合格品	优等品	一等品	合格品	优等品	一等品	合格品
1	特性黏数/(ml/g) (K 值) [平均聚合度]		126～119 (70～69) [1250～1136]			118～107 (68～66) [1135～981]			106～96 (65～63) [980～846]		
2	杂质粒子数/个 ≤		16	30	80	16	30	80	16	30	80
3	挥发物(包括水)含量/% ≤		0.30	0.40	0.50	0.40	0.40	0.50	0.40	0.40	0.50
4	表观密度/(g/ml) ≥		0.47	0.45	0.42	0.48	0.45	0.42	0.48	0.45	0.42
5	筛余物/%	0.25mm 筛孔 ≤	2.0	2.0	8.0	2.0	2.0	8.0	2.0	2.0	8.0
		0.063mm 筛孔 ≥	95	90	85	95	90	85	95	90	85
6	“鱼眼”数/(个/400cm^2) ≤		20	40	90	20	40	90	20	40	90
7	100g 树脂的增塑剂吸收量/g ≥		23	22	20	19	17	—	15	15	—
8	白度(160℃，10min 后)/% ≥		78	75	70	78	75	70	78	75	70
9	水萃取液电导率/(μS/cm^2) ≤		—	—	—	—	—	—	—	—	—
10	残留氯乙烯含量/(μg/g) ≤		5	10	30	5	10	30	5	10	30

序号	指标项目		SG7			SG8			SG9
			优等品	一等品	合格品	优等品	一等品	合格品	
1	特性黏数/(ml/g) (K 值) [平均聚合度]		95～87 (62～60) [845～741]			86～73 (59～55) [740～650]			<73 (<55) [650]
2	杂质粒子数/个 ≤		20	40	80	20	40	80	
3	挥发物(包括水)含量/% ≤		0.40	0.40	0.50	0.40	0.40	0.50	
4	表观密度/(g/ml) ≥		0.50	0.45	0.42	0.50	0.45	0.42	
5	筛余物/%	0.25mm 筛孔 ≤	2.0	2.0	8.0	2.0	2.0	8.0	
		0.063mm 筛孔 ≥	95	90	85	95	90	85	
6	“鱼眼”数/(个/400cm^2) ≤		30	50	90	30	50	90	
7	100g 树脂的增塑剂吸收量/g ≥		12	—	—	12	—	—	
8	白度(160℃，10min 后)/% ≥		75	70	70	75	70	70	
9	水萃取液电导率/(μS/cm^2) ≤		—	—	—	—	—	—	
10	残留氯乙烯含量/(μg/g) ≤		5	10	30	5	10	30	30

注：SG0、SG9 项目指标除残留氯乙烯单体项目外由供需双方协商确定。

2.3 聚氯乙烯糊树脂的制造

2.3.1 概述

目前，国际上把 PVC 产品按加工成型时混合物形成的状态（或称用途）分为两大系列，即糊用系列（以形成的糊状物成型）和通用系列（以粉末状熔融法成型）。这比以生产方法分类更为科学合理。因同一生产方法可得到两种类型产品，其指标要求完全可以不同，如用乳液聚合方法还可以制得不成糊的乳液聚合物，用于压延加工及挤出成型，制成精细的复杂零件或用烧结法制造汽车用电池板。

聚氯乙烯糊用树脂（也有称为分散型 PVC 树脂，dispersion PVC resin），是指配成糊状物（增塑糊或稀释增塑糊）进行加工成型，颗粒很细的一种聚氯乙烯树脂。用乳液法、微悬浮等工艺生产的 PVC 糊用树脂都可以与增塑剂及其他添加剂配制成增塑糊。

增塑糊是 PVC 树脂悬浮于液态增塑剂中所形成的流体混合物，其特点是由聚合时所形成的初级粒子（粒径为 0.2～2μm），干燥形成的成品（粒径为 30～80μm），在增塑剂中分散崩解还原成初级粒子，形成稳定的糊状物，其黏度范围可以从倾泻性液体至稠厚的黏糊。糊性能主要取决于初级粒子大小及其分布。

增塑糊胜过其他 PVC 混合物料的优点是不需经过加热和高剪切力的捏和，在室温或接近室温的条件下即可配制成均质分散液，且这种流体可以涂在基料上、注入模具中、喷涂于物体表面上，仅需加热即可以使增塑糊成为均态的 PVC 塑料制品，是聚氯乙烯制品加工中最简单的一种方法。由此而发展出涂布法、浸渍法、搪塑及旋转成型等 PVC 糊用树脂加工方法，其工艺简便、设备简单、投资少、成本低，适合多品种、小批量的生产，而且能得到传统加工方法不能制作的新产品。随着 PVC 应用市场的逐步开发，PVC 糊用树脂的用途将不断发展扩大。

2.3.2 聚氯乙烯糊用树脂发展简史

聚氯乙烯糊用树脂的工业化生产始于 20 世纪 30 年代。1931 年德国法本（I. G. Farben）公司开始了 PVC 糊用树脂的研究和开发并实现了工业化生产。1938 年布纳化工厂建立了第一套乳液连续聚合生产装置。20 世纪 60 年代以来，各国都在研究开发类似于悬浮聚合控制粒径的方法来控制乳胶粒径的聚合方法并相继取得成果，这种方法就是微悬浮聚合法。法国阿托公司

（即罗纳-普朗克公司）1966 年实现了微悬浮法（MSP-1 法）工业化生产，1972 年该公司又开发了种子微悬浮法（MSP-2 法），并采用该工艺开发了氯醋共聚糊用树脂。1974 年阿托公司又开发了种子微悬浮法（MSP-3）。1986 年美国西方石油公司从挪威 J. Ugelstad 等人提出的乳化、成核方面的理论和专利出发开发了混合法（Hybrids）微悬浮聚合工艺。

国外 PVC 糊用树脂生产企业大多数拥有自己的专用生产技术和品牌，为弥补单一生产工艺产品应用上的不足，大多数生产厂家都建有多种工艺路线的生产装置，并不断开发新技术、新设备，继续对现有的生产工艺进行改造，因此在市场上极具竞争力。2009 年，全世界聚氯乙烯糊树脂的总生产能力已经达到 390 万吨/年，目前世界 PVC 糊状树脂的总消费量约为 350 万吨/年，2012 年总需求量将超过 400 万吨/年。从全球范围来看，三种聚合工艺在工业生产中均有采用，按聚合方法分类，其生产能力分别为：种子乳液法占 50%，连续乳液法占 25%，微悬浮及其他方法占 25%。

国内 PVC 糊用树脂的工业化生产始于 20 世纪 50 年代中期，1958 年沈阳化工研究院开始乳液聚合试验，1962 年在武汉建汉化工厂实现了工业化生产，而后上海天原化工厂、牡丹江树脂厂、南通树脂厂及西安化工厂也先后建成投产。1970 年生产能力约 5000t，生产工艺都是种子乳液法。随着国内 PVC 糊用树脂需求量的不断增加，20 世纪 80 年代，我国先后引进了国外几家 PVC 糊树脂生产技术：种子乳液法、微悬浮法、种子微悬浮法、混合法等，几乎包罗了当时世界最具有代表性的 PVC 糊树脂生产工艺，PVC 糊树脂工业得到迅速发展。到 2008 年，我国生产厂家有 10 多家，总生产能力达到约 64 万吨/年，除上海氯碱化工股份有限公司采用乙烯为原料外，其余均采用电石原料路线。其中沈阳化工股份有限公司是目前我国最大的糊树脂生产家，生产能力达到 13 万吨/年，约占国内总生产能力的 20.3%，也是目前亚洲最大的 PVC 糊树脂生产厂家，经过几十年的发展，我国大陆 PVC 糊树脂生产技术和生产能力得到了很大的发展。表 2-31 是我国 2010 年 PVC 糊树脂主要生产企业产能及采用的生产技术。

但是与世界先进水平相比我国还存在一定的差距，国内每年仍需要进口相当数量的高端品种，2008 年、2009 年国内 PVC 糊树脂的净进口量分别为 55629t 和 8224t，仍呈现增长态势。随着我国经济的稳步发展和人民生活水平的不断提高，国内市场对聚氯乙烯糊用树脂的需求仍有一定的发展空间。虽然我国引进了国外的生产技术，但整体水平仍有一定距离，同牌号重复生产，质量不够稳定，产品的结构主要为均聚物，共聚物较少。今后应加大应用开发力度，拓宽糊树脂的应用范围，加快专用料的开发步伐，增加产品型号，形成各公司自己的特色产品来满足国内外用户的需求，使我国糊树脂的生产向系列化、高品质、大规模、低成本方向发展，提高市场竞争力。

■表 2-31　2010 年我国 PVC 糊树脂主要生产企业及产能

生产企业	生产能力/t	工艺路线	生产技术
沈阳化工股份有限公司	13.0	微悬浮法 氯醋共聚糊树脂	日本钟渊公司 微悬浮 MSP-1
天津渤天化工有限责任公司	11.0	种子乳液法	三菱孟山都公司
上海氯碱化工股份有限公司	10.0	混合法 种子乳液法	美国西方化学公司 三菱孟山都公司
湖南郴州华湘化工有限责任公司	10.0	微悬浮法	沈阳化工股份有限公司 MSP-1
安徽氯碱化工有限公司	6.0	微悬浮法	法国阿托菲纳公司 MSP-3
武汉祥龙电业股份有限公司	3.0	微悬浮法	MSP-1
西安西化热电化工有限责任公司	1.0	连续乳液法	德国布纳公司
牡丹江东北高新化工有限公司	1.5	种子乳液法	三菱孟山都公司
湖北宜昌山水化工投资公司	2.5	微悬浮法	
宁夏英力特化工股份有限公司	3.0	种子乳液法	三菱孟山都公司
合计	61.0		

2.3.3 聚氯乙烯糊用树脂的特性

用不同生产工艺所生产的 PVC 糊树脂在性能上有所不同，糊树脂性能差异会影响增塑糊及最终制品的性能，表 2-32 显示影响因素的情况。

■表 2-32　糊树脂性能对增塑糊及最终制品性能的影响

加工性能	PVC 成分	分子量	粒子大小	粒径分布	乳化剂类型用量
成糊性			○	○	○
增塑糊黏度			○	○	○
脱气性					○
凝胶化性					○
塑化温度	○	○			
物理性能	○				
光泽度	○	○	○		
透明度	○	○	○		○
化学发泡质量					○
热稳定性		○			○
抗生雾性	○	○			○
脱泡性			○		○

注：○—PVC 的指标对于加工有影响。

糊树脂的特性是由下列因素决定的。

① 颗粒粒径及分布　糊树脂的粒径和粒径分布是影响糊树脂性能的主要因素，直接影响增塑糊的流变性能、存放性能和凝胶过程。氯乙烯单体经聚合成胶乳，经干燥和研磨制得糊树脂。胶乳中的聚合粒子称初级粒子，粒径一般为 0.1～2μm。干燥和研磨后的树脂称为次级粒子，粒径约为 1～50μm。调制成糊后次级粒子在增塑剂中崩解成初级粒子和少部分次级粒子残片。一般希望初级

粒子的平均粒径在 1.2～1.5μm，粒径较大时，同样体积百分数中粒子的表面积小，浸润颗粒表面所需的结合增塑剂量相应减少，可使糊黏度达到较低水平。过小的粒径使比表面积增大，表现出增塑糊的糊黏度升高。由种子乳液聚合的乳胶初级粒子粒径属“双峰分布”，微悬浮聚合的胶乳初级粒子粒径属“单峰宽分布”，但它们的共同点都是由一定比例的大小粒子混合组成。当大粒子数与小粒子数比率 NR＝15％～30％时，粒子的堆砌密度较高，可得到低黏度的增塑糊。因此初级粒子特性直接影响增塑糊的流变性。初级粒子的粒径及分布是由所采用的聚合工艺及乳化剂的种类和添加量决定的。

② 聚合物的分子量　聚合度低的糊用树脂熔融温度和熔融黏度都较低，发泡性能良好。这是因为化学发泡剂在与糊树脂热熔融状态相联系的温度下分解为微气态成分，树脂应当在析出气体之前进入熔融状态，而且一进入熔融阶段就应有良好的流动性，借析出的气体而膨胀发泡。

③ 乳化剂等表面活性剂的残留量　糊树脂生产过程中所用的表面活性剂也影响增塑糊的流变行为。其影响程度与糊树脂颗粒的表面特性有关，即与粒子表面的表面活性剂层有关。它能改变树脂次级粒子在增塑剂中的崩解情况，从而影响了增塑糊的流变行为，同时还影响树脂的热稳定性、颜色、透明性和化学发泡的质量。其对增塑糊的高剪切黏度影响不大，但对低剪切黏度非常灵敏，所以颗粒形态及颗粒分布相同的两种树脂，可能具有相同的高剪切黏度，而低剪切黏度却显著不同，这就是表面活性剂的类型和含量不同所造成的差异。

④ 聚合物成分　糊树脂可以是氯乙烯均聚物，也可以是氯乙烯与其他少量乙烯基单体的聚合物。共聚树脂或多元共聚树脂可改变均聚树脂性能上的不足，也可以改变增塑糊的加工条件，降低凝胶化温度和塑化温度。如低温熔融树脂是添加了 5％～10％醋酸乙烯单体以乳液法聚合制成，可降低增塑糊凝胶温度 20～30℃，低聚合度的氯醋共聚树脂容易与金属表面反应形成化学键，具有较强的粘接力。

2.3.4 聚氯乙烯糊树脂聚合方法及生产工艺

随着科学技术的发展和对烯烃类各种聚合方法的深入研究，出现了多种氯乙烯单体聚合方法。每一种聚合方法在工业化的实践中都有新的发展，尤其是乳胶粒径大小及分布，这是各种聚合方法研究的核心，也是每种聚合工艺生产系列产品的目的。表 2-33 显示不同聚合方法所采用的生产工艺。

■表 2-33　PVC 糊用树脂聚合方法及生产工艺

聚合方法	聚合工艺	聚合方法	聚合工艺
乳液聚合	乳液聚合 种子乳液聚合 连续乳液聚合	微悬浮聚合	微悬浮聚合 种子微悬浮聚合 混合法微悬浮聚合 微悬浮氯醋共聚

2.3.4.1 氯乙烯乳液聚合

乳液聚合是在水或其他液体作介质的乳液中，按胶束机理或低聚物机理生成彼此孤立的乳胶粒子，单体在其中进行自由基聚合反应生产高聚物的一种聚合方法，这也是制备PVC糊用树脂最经典的生产方法。但氯乙烯乳液聚合规律不完全符合乳液聚合的一般理论，主要原因之一是用过硫酸盐作引发剂时，引发反应是在水相中，而不是发生在胶束中。主要偏差表现如下。

① 胶粒的数目随乳化剂浓度的变化而急剧变化，但随聚合速率的变化相对很小。

② 粒子数目与引发剂浓度无关，但反应速率随引发剂浓度的增加而增加。

③ 转化率达到70%～80%时发生自动加速现象。

④ 乳液聚合物的分子量主要与反应温度有关。

2.3.4.1.1 氯乙烯乳液聚合特征

① 采用水溶性引发剂，引发剂经热诱导或因氧化还原反应产生自由基，然后扩散到单体溶胀的胶束中，并在胶束内引发单体进行聚合反应。

② 聚氯乙烯乳液颗粒是由单体溶胀的胶束形成的。由表面活性剂形成的胶束大小分布不依赖釜内搅拌作用，只与表面活性剂特性有关。

③ 氯乙烯乳液聚合连续相为水，热散发容易，反应体系稳定性好，便于管道输送，易实现连续化生产。

④ 聚合物不溶于单体，形成非均相体系，使双分子链终止机会减少，聚合后期容易出现聚合速度自动加速现象。

2.3.4.1.2 氯乙烯乳液聚合生产工艺过程

乳液聚合生产聚氯乙烯糊树脂的生产工艺过程如图2-41所示。

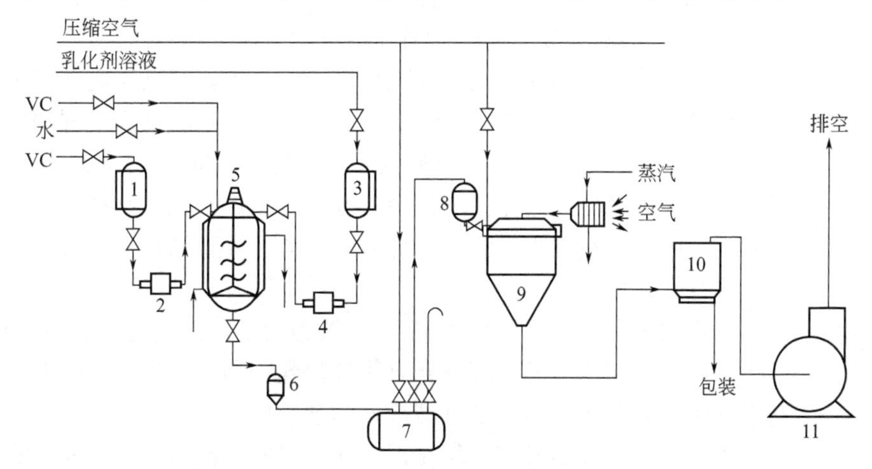

■图2-41　乳液聚合工艺流程图

1—VCM计量槽；2,4—比例泵；3—乳液计量槽；5—聚合釜；6—乳胶过滤器；7—乳胶储槽；8—乳胶高位槽；9—喷雾干燥塔；10—布袋除尘器；11—风机

先将乳化剂、引发剂（氧化剂）在各自的配制槽中配制成溶液，然后将添加剂在计量槽中计量好，将去离子水储槽中的去离子水加热至略高于聚合反应温度。

在釜中加入去离子水，在搅拌情况下从釜人孔中加入活化剂和 pH 调节剂，调节釜内温度使之恒定。关闭釜人孔盖后进行抽真空脱氧，釜内真空度维持 79.98kPa，同时在起始引发剂配制槽中配制引发剂（起始氧化剂），借聚合釜内真空抽入釜内。接着在起始引发剂配制槽中配制引发剂（还原剂），也抽入釜中。停止抽真空，进行泄漏试验，3min 后若釜内真空度未减少 6.67kPa 以上，可认为泄漏试验合格。在规定的温度下维持一定的时间后，由氯乙烯泵连续向聚合釜内加氯乙烯，待聚合釜内温度接近聚合反应温度时，由引发剂泵连续向釜内加入引发剂（氧化剂），聚合反应开始，反应热由循环冷却水从釜夹套中移出，并控制釜内温度恒定。当聚合转化率达到某一值时，开始由乳化剂泵向聚合釜内连续加入乳化剂。当氯乙烯加至氯乙烯投料总量时，停止向釜内加氯乙烯，继续反应至结束（釜内压力降至某一值时），停止向釜内加引发剂（氧化剂）和乳化剂。然后，向釜内加入计量好的后添加剂和剩余乳化剂，搅拌均匀后将聚合釜中的胶乳卸至出料槽，回收未反应氯乙烯。将乳浆送往胶乳储槽，将储槽加压至 0.19MPa 送往喷雾干燥器工段进行干燥，粉状树脂经旋风分离器，布袋除尘器收集后作为成品包装。卸料完毕后，开始回收釜内剩余的氯乙烯气体，然后开启釜盖用高压水清洗釜。

2.3.4.2 氯乙烯种子乳液聚合

氯乙烯乳液种子聚合生产工艺的提出，是因为一般乳液聚合得到的乳胶粒径在 0.2μm 以下，要得到调糊用增塑剂少、黏度低的糊用树脂，只有使乳胶粒径增加到 1～2μm，采用种子乳液聚合工艺可以解决这一问题。

种子乳液聚合的原理是：在乳液聚合体系中，在已生成高聚物乳胶微粒（粒径范围在 0.45～0.55 μm）存在下，严格控制乳化剂、单体加料速率，单体原则上仅在已生成乳胶微粒上“滚雪球”式的聚合，而不产生新的粒子，仅增大原来乳胶的体积（直径），而不增加反应体系中微粒的数目。但实际生产中的影响因素较多，不可避免地会产生新的粒子，从而影响乳胶体积（直径）的增长。

氯乙烯种子乳液聚合生产 PVC 糊树脂的生产工艺过程如图 2-42 所示。

按照 2.3.4.1 节的乳液聚合方法进行乳胶种子的聚合，将得到的成品卸料至种子胶乳槽中作为种子乳液聚合的种子用。

先将乳化剂、引发剂（氧化剂）在各自的配制槽中配制成溶液，在种子计量槽中计量好种子乳胶，在后添加剂计量槽中计量好后添加剂，将去离子水储槽中的去离子水加热至略高于聚合反应温度。

在聚合釜中加入去离子水，在搅拌条件下从釜人孔中加入活化剂和 pH

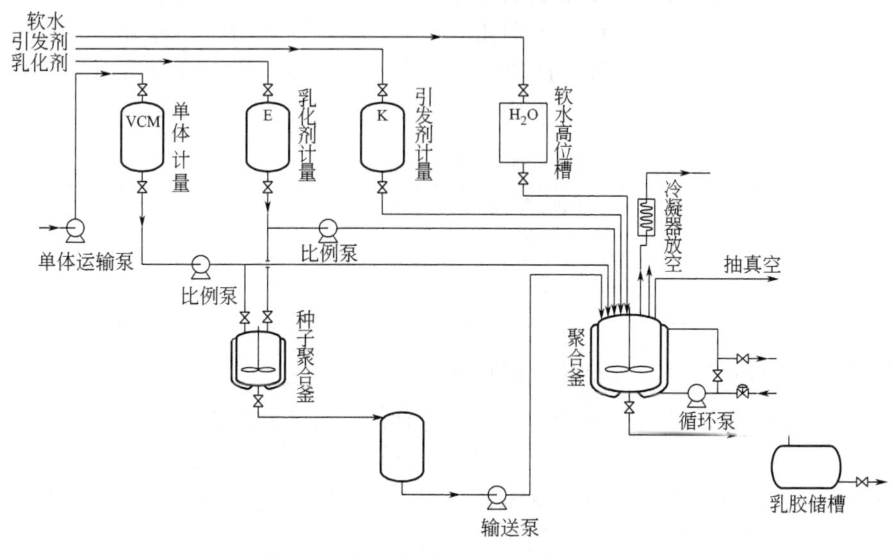

■图 2-42 氯乙烯种子乳液聚合生产流程

调节剂和初始乳化剂，调节釜内温度使之恒定，关闭釜人孔盖后进行抽真空脱氧，釜内真空度维持 79.98kPa，同时在起始引发剂配制槽中配制引发剂（起始氧化剂），然后借聚合釜内真空将种子乳胶一同抽入釜内。接着在起始引发剂配制槽中配制好引发剂（还原剂），也抽入釜中。停止抽真空，进行泄漏试验，3min 后若釜内真空度未减少 6.67kPa 以上，可认为泄漏试验合格。然后由氯乙烯泵连续向釜内加氯乙烯，待釜内温度接近聚合反应温度时，由引发剂泵连续向聚合釜内加引发剂。聚合反应开始，反应热由循环冷却水从釜夹套中移出，并控制釜内温度恒定，当聚合转化率达到某一值时，开始由乳化剂泵向釜内连续加入乳化剂，当氯乙烯加至氯乙烯投料总量时，停止向釜加氯乙烯，继续反应至结束（聚合釜压力降至某一值时），停止向釜加引发剂（氧化剂）和乳化剂。然后，向聚合釜内加入计量好的后添加剂和剩余乳化剂，搅拌均匀后，将釜中的胶乳卸至出料槽，回收未反应氯乙烯。将乳浆送往胶乳储槽，将储槽加压至 0.19MPa 送往喷雾干燥器工段进行干燥，粉状树脂经旋风分离器，布袋除尘器收集后作为成品包装。卸料完毕后，开始回收釜内剩余的氯乙烯气体，然后开启釜盖用高压水清洗釜。

上述过程生产的胶乳在未经喷雾干燥等后处理之前即为成品胶乳，可作为二代种子乳液聚合的二代种子使用。

2.3.4.3 氯乙烯连续乳液聚合

氯乙烯连续乳液聚合机理与分批乳液聚合机理基本相同，反应同样是先在水相中形成活性中心，而后转移到胶束中继续聚合。在聚合体系中由于搅拌，胶束在不停地运动着，氯乙烯由液滴通过水相提供。聚合物被乳化剂包围，形成稳定的胶乳颗粒（0.3～0.4μm）。

连续聚合关键是控制颗粒在釜内停留时间，要求聚合的胶乳颗粒既不能停留时间过长，形成难塑化的粒子，也不能停留时间过短，形成热稳定性差的低分子量聚合物。所以连续聚合的分子量不仅受温度影响，也受物料停留时间（即转化率）的影响，50℃时二者的关系见表 2-34。

■表 2-34 50℃时分子量与转化率的关系

转化率/%	*K* 值
89	72
91	68
93	64

2.3.4.3.1 连续聚合与分批聚合的比较

氯乙烯连续聚合与分批聚合有如下几方面区别。

① 进出料方式 分批聚合时单体、乳化剂、引发剂等是分批加入、一次出料。连续聚合是单体、水相连续进料，连续出料，乳胶中未反应的单体必须经过脱氯乙烯装置连续脱去。

② 产品质量 连续聚合反应速率、转化率和产品质量比较稳定，可克服分批聚合批量少、一釜一投人为因素带来的质量波动而造成的产品质量不稳定等弊病。

③ 设备利用率 采用一台 13.5m^3 聚合釜进行分批聚合时，每年预计可生产 2000t 糊树脂，而在相同条件下进行连续聚合，因聚合生产周期为 300h 以上，缩短了辅助时间，产量可达 3500t。

④ 聚合转化率控制 分批聚合转化率约为 70%时液态氯乙烯耗尽，釜内压力开始下降，当压力下降至 0.39MPa 时即终止反应，残留的气态单体回收到气柜，转化率为 90%左右。这是因为反应后期聚合速率变缓慢，追求较高的转化率是不经济的。而连续乳液聚合时，由于单体和水相是连续加入，物料在釜内的停留时间非常重要，单体的转化率必须严格控制，它是由不同的单体进料速率和反应速率决定的。为了得到质量均一的产品，必须保持恒定的反应速率和聚合转化率，目前连续聚合转化率通常要求超过 90%。

⑤ 乳化剂用量 在连续聚合的配方中，一般用加大乳化剂量来稳定已生成的胶乳，其用量通常是分批聚合的 2～3 倍。乳化剂用量如此之高是由连续聚合的反应机理所决定的，但限制了其产品在某些领域中的应用。

⑥ 单釜生产率 连续法的单釜生产率明显高于各种技术路线的分批法。国外连续法单釜生产率与分批法的比较见表 2-35。

■表 2-35 国外连续法单釜生产率与分批法的比较

内容 \ 公司	美国古得里奇	法国阿托	瑞典科曼诺	日本昂吉	美国西方化学	德国布纳
工艺路线	微悬浮	种子微悬浮	种子乳液	微悬浮	混合法	连续乳液
单釜生产率/[t/(m^3·a)]	100	200	166	100	254	313

由表 2-35 可见，连续乳液聚合单釜的生产率明显高于分批聚合。

2.3.4.3.2 氯乙烯连续乳液聚合工艺流程

氯乙烯连续乳液聚合工艺流程如图 2-43 所示。

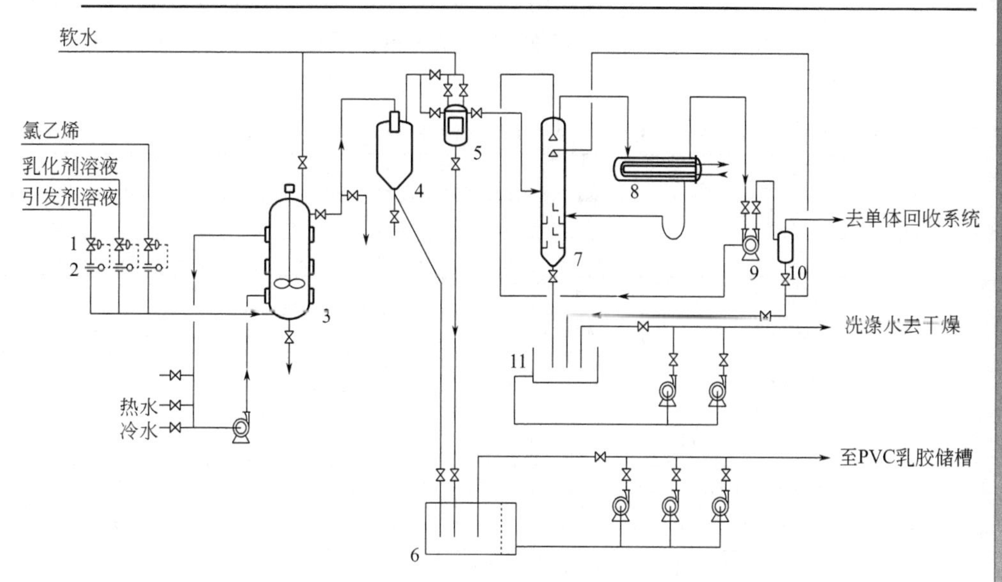

■图 2-43　氯乙烯连续乳液聚合工艺流程图

1—调节阀；2—流量计；3—聚合釜；4—单体回收槽；5—气液分离器；6—乳胶过滤器；7—洗涤塔；8—气液冷凝器；9—水环泵；10—水分离器；11—洗涤水槽

连续聚合生产工艺流程目前有两种。一种是顶部进料底部出料：聚合反应区主要在上部搅拌叶处，离开搅拌叶后反应还会继续，但要慢得多，聚合反应完毕后达到规定的相对密度后由底部出料。另一种是由釜底进料上部出料：搅拌为立式平板型，搅拌叶是二层，上层大下层小，物料进釜首先经过下层搅拌流入反应区，聚合反应区为聚合釜总高度 30%～90%，聚合后的胶乳从离顶 1/10（釜直筒高度）处连续溢流导出。如果出料口太低，产物会含有过量未反应的物料；出料口太高则会造成压力不稳。在导出管道中定期取样分析单体转化率，反应热由釜夹套中的循环水移出，也可用冷凝管或冷凝器除热。

将溶解好的乳化剂用乳化剂泵 A 送至乳化剂储槽，用乳化剂泵 B 将其加入乳化水配制槽，同时加入去离子水和 pH 调节剂，开启搅拌配制成乳化水溶液，在引发剂配制槽中配制引发剂，然后用引发剂泵将其送至引发剂储槽中，稳定剂储槽中配制稳定剂溶液。由乳化水泵连续将乳化水加入聚合釜中，由氯乙烯泵将氯乙烯按与乳化水加入量成比例的量连续加入聚合釜内，再由引发剂泵连续向聚合釜内加引发剂，同时开始升温至聚合反应温度，聚合反应开始后，反应热由循环冷却水从釜夹套中移出，并控制釜内温度恒定。聚合生成的胶乳由釜内液位连锁调节控制，连续从釜内移出至汽提塔，回收胶乳中残留的氯乙烯，再进入乳液稳定槽中，按比例加入稳定剂溶液，最后由胶乳泵将成品胶乳送入胶乳储槽中。

2.3.4.3.3 连续法 PVC 糊树脂质量标准

国外有德国布纳厂等采用连续法生产 PVC 糊树脂，我国只有原西安化工厂有该生产技术。表 2-36 列出了德国布纳厂连续法 PVC 糊树脂产品质量标准。

■表 2-36　德国布纳厂连续法 PVC 糊树脂产品质量标准

序号	特性 \ 型号		6642M	6343M	6643M	7043M	6643V	6243M	7043V
1	K值		66～69	63～65	66～69	70～73	66～69	62～65	70～73
2	硫酸盐灰分/% <		1	1	1	1	1	1	1
3	表观密度/（g/cm³）		0.4～0.6	0.4～0.6	0.4～0.6	0.4～0.6	0.4～0.6	0.4～0.6	0.4～0.6
4	干烧损失率/% ≤		0.4	0.4	0.4	0.4	0.4	0.4	0.4
5	热稳定性（160℃）/min ≥		20	20	20	20	45	45	45
6	筛余物/%	63μm ≤	10	12	12	12	12	12	12
		200μm ≤	0.06	0.06	0.06	0.06	0.06	0.06	0.06
7	糊黏度①/Pa·s		4.5±1	5.5±2	5.5±2	5.5±2	9.5±2.5	9.5±2	9.5±2
8	甲醇苯取物/%		2.4	2.8	2.8	2.8	不定	不定	不定
9	100g 树脂增塑剂需要量/ml		不定	不定	不定	不定	不定	60	60

① PVC：DOP＝60：40。

2.3.4.4 氯乙烯微悬浮聚合

微悬浮聚合所用的原料组分和聚合釜与乳液聚合相同，主要差别在于微悬浮聚合采用可溶于单体的油溶性引发剂，在开始聚合之前先将部分或全部单体、乳化剂、引发剂、水用机械均化器分散成细小的单体液滴。这些靠机械分散的单体液滴是靠乳化剂和其他助剂来稳定保护的，使其稳定地悬浮在连续相（水）中按悬浮聚合机理进行聚合。因悬浮聚合的颗粒度大约在50～200μm，而微悬浮的胶乳粒子大约在 0.2～2μm，所以称它为“微悬浮”(micro-suspension)。微悬浮体系的稳定性好，且乳胶的固含量较高可达50%～60%，操作简单，易实现程序控制，因此很有发展前途。

2.3.4.4.1 氯乙烯微悬浮聚合特征

微悬浮法聚合，实际就是一种生产大颗粒乳胶（相对直接乳液法而言）的方法。在聚合反应前就使单体形成粒径与最终颗粒相类似的单体液滴，聚合反应在这些稳定悬浮分散的液滴内发生成粒，与乳液法和悬浮法相比有以下特征。

(1) 没有胶束形成　在微悬浮聚合中乳化剂的用量较少，还达不到临界胶束浓度（CMC)，聚合时体系内没有胶束存在。所以微悬浮聚合中乳化剂的作用与传统乳液聚合的作用不同，聚合前助乳化剂预先溶于乳化剂形成络合物，然后与单体及水一起均化，乳化剂降低 VC 单体与水的界面张力，以利于单体经均化器后形成分散的液滴；在聚合中，乳化剂保护和隔离单体液滴使之不会重新合并，而且助乳化剂与乳化剂形成的络合物使分散液滴更稳定。

（2）微液滴是聚合场所 微悬浮聚合与悬浮聚合有相似的地方，即聚合在微液滴内进行。与悬浮聚合不同的是，聚合物乳胶颗粒都是以初级粒子的形式存在。但比传统的乳液聚合胶束颗粒要大得多，通常在 0.1～2μm。微悬浮聚合的速率比常规乳液法的要慢得多，但比悬浮聚合要快。原因是引发剂就在微液滴内，加热到聚合温度就引发聚合。

（3）乳化剂的作用 乳化剂在微悬浮聚合中只起到降低界面张力、乳化、分散、增溶和保护等作用。由于界面张力低，VC 单体液体易被均化成微液滴，这些微液滴被乳化剂乳化和分散。所谓乳化是将单体的微液滴进行稳定化，即亲水基团朝向水，亲油基团伸向单体液滴内部，起到增溶作用。分散作用是指乳化剂的离子作用，尤其是阴离子型乳化剂使单体液滴带有相同电荷而不能再聚集。而增溶作用的好坏关键在憎水基团结构要与单体相接近，其增溶性更好，液滴也更稳定。为此，微悬浮聚合中生成稳定细小粒径的乳液是关键，所以还需选用基本不溶于水的助乳化剂，这样会更好地稳定液滴，长链脂肪醇是一种较好的复合组分。

（4）采用油溶性引发剂 微悬浮聚合与乳液聚合的主要差别之一是采用油溶性引发剂，这与悬浮聚合相同。油溶性引发剂与单体相亲和，在分散单体时就加进去溶解在单体中，升温后引发剂就分解成自由基而就地引发聚合。微悬浮聚合中使用的引发剂除考虑对反应速率的影响外，对水相聚合的作用和对乳液稳定性的影响是值得注意的。经研究发现，水溶性小的引发剂除了减小水相聚合，还起着稳定乳液的作用。

2.3.4.4.2 形成微小液滴的方法

在微悬浮聚合中制成微小液滴的方法，目前有两种。

（1）均化法 在微悬浮聚合中，为了得到 0.1～2μm 微粒乳液，除了选择合适的乳化剂外，还要使用强烈剪切机械作用来达到此目的，这种机械作用过程称为均化。在微悬浮聚合中常用高速泵或均化器对物料进行均化，因高速泵的处理液体量大、维修简单，使用得更为普遍。

将氯乙烯单体、水、引发剂、乳化剂等加入到预混合槽中搅拌混合后注入均化器，在均化器内经强烈机械剪切作用，将氯乙烯单体乳化成合适的微液滴。为了严格控制均化后的液滴，在实际生产中物料要经过多次循环才能达到预定要求。这样长的操作时间要花费较多的能量，维修费用也高，这是物料全部均化微悬浮法的缺点，是微悬浮最早的工艺，即 MSP-1 法。现在有种子微悬浮法等工艺使均化量减少到单体总量的 3%和水的 10%，其他物料则直接加入釜。改进后的 MSP-2 及 MSP-3 工艺特点是均化的物料少，均化时间短，胶乳颗粒大小及分布呈现双峰分布，制糊黏度低。

微悬浮聚合前，采用高速泵或均化器对物料进行均化的流程示意图如图 2-44。

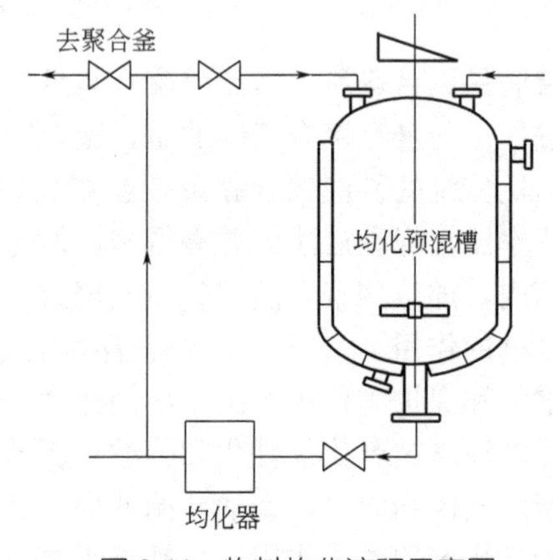

■图 2-44 物料均化流程示意图

(2) 溶胀法 溶胀法微悬浮聚合的特点是：制备微液滴不用机械均化设备，而是通过复合乳化剂的作用来得到 0.1～2μm 氯乙烯单体乳液，使用过氧有机物引发剂在已制成的微液滴内聚合。为了制备能与单体形成溶胀的微液滴，首先要选一种低水溶性的有机化合物，它能与乳化剂形成络合物，即形成微小液滴。这种微小液滴吸收单体形成溶胀的微液滴，其粒径可达到 0.5μm，并可生成 0.8～2μm 的乳胶粒子。

将全部配方量的水、乳化剂、脂肪醇在高于脂肪醇熔点的温度下用一般强度的搅拌器分散后加入聚合釜，再将氯乙烯单体加入，在一般强度的搅拌下混合，这时氯乙烯单体就自发形成粒径为 0.1～2μm 乳液，聚合反应即在液滴中进行。

2.3.4.4.3 微悬浮聚合生产工艺过程

现将一步法微悬浮聚合（MSP-1）、二步法种子微悬浮聚合（MSP-2）、三步法种子微悬浮聚合（MSP-3）和混合法微悬浮聚合等的生产工艺过程简述如下。

(1) MSP-1 工艺过程 先在乳化剂配制槽中配制乳化剂溶液，在引发剂配制槽中配制引发剂溶液，在后添加剂计量槽中计量好后添加剂。

微悬浮聚合一般需用两台釜，一台为预混合釜，一台为聚合釜。

在预混合釜中加入去离子水，开启搅拌器，从预混合釜人孔加入 pH 调节剂和乳液稳定剂，关闭预混合釜盖后，抽真空脱氧。调节预混合釜中物料温度，使之稳定在 40℃以下，达到一定真空度后停止抽真空。然后由乳化剂泵将乳化剂配制槽中的乳化剂加入预混合釜中，由氯乙烯泵将氯乙烯投料总量中的大部分氯乙烯加入预混合釜中，然后由引发剂泵将配制好的引发剂加入预混合釜中，开动均化器，使聚合釜内物料进行循环均化。

在聚合釜中加入去离子水，关闭聚合釜盖后进行抽真空脱氧，达到一定真空度停止抽真空。然后将剩余的氯乙烯加入聚合釜中，启动聚合釜搅拌，调节聚合釜中物料温度使之稳定在40℃左右。

预混合釜中物料循环均化一定时间后，增大均化器的剪切力，同时将预混合釜中物料转移到聚合釜中去，预混合釜中物料转移完后，开始回收预混合釜中剩余的氯乙烯气体，然后开启预混合釜人孔盖，用高压水清洗预混合釜。

当预混合釜中物料全部转移至聚合釜后，将聚合釜中物料温度升至聚合反应温度，聚合反应开始后反应热由循环水从聚合釜夹套中移出，控制釜内温度恒定。聚合反应结束（聚合釜内压力降到某一值时），将计量好的后添加剂加入聚合釜中搅拌均匀后，将聚合釜中的的胶乳卸至出料槽，回收未反应的氯乙烯。卸料完毕后回收聚合釜中剩余的氯乙烯气体，然后开启人孔盖用高压水清洗聚合釜。

MSP-1优点：乳胶粒径可大于1μm，糊流变性能好。缺点：均化器工作量大，能量消耗大，粒径分布为单峰。

(2) MSP-2工艺过程　二步法种子微悬浮聚合生产工艺过程分为两步。

第一步，采用MSP-1聚合工艺制备微悬浮种子胶乳，略为不同的是：

① 种子胶乳中含有通常量20倍的引发剂，过量的引发剂是供下一步聚合时用；

② 种子胶乳的粒径为0.4～0.5μm，通过加大乳化剂用量和改变均化器的剪切力来调节；

③ 聚氯乙烯粒子都在这一步中生成，第二步过程中无新的粒子生成。

第二步是正常的微悬浮聚合反应，其特点是：

① 聚合时不需再加引发剂，只需补加少量的活化剂提高引发剂活性；

② 在这一步要控制成品乳胶粒径，一般应控制粒径增长2～3倍。

MSP-2优点：只需均化配方量5%的氯乙烯，大大减少能量消耗。乳化剂用量低，为PVC用量1%。转化率高达92%，放热平衡。因在第二步微悬浮聚合时不再加引发剂，粘釜很轻。采用这种工艺可制备共聚物。缺点：用微悬浮制备种子时为防止爆聚，必须低温聚合并在聚合中加入减速剂，降低反应速度，致使制备种子的聚合时间长达20h。

(3) MSP-3工艺过程　三步法种子微悬浮聚合工艺流程简图见图2-45，其生产工艺过程分为三步。

第一步，采用微悬浮聚合工艺制备微悬浮种子胶乳。粒径为0.3～0.6μm，加入量约5%。

第二步，用乳液聚合工艺制备乳液种子胶乳，该种子胶乳的粒径约为0.1μm，加入量约3%。

第三步，是加入微悬浮种子乳胶和乳液种子乳胶后进行微悬浮聚合，其

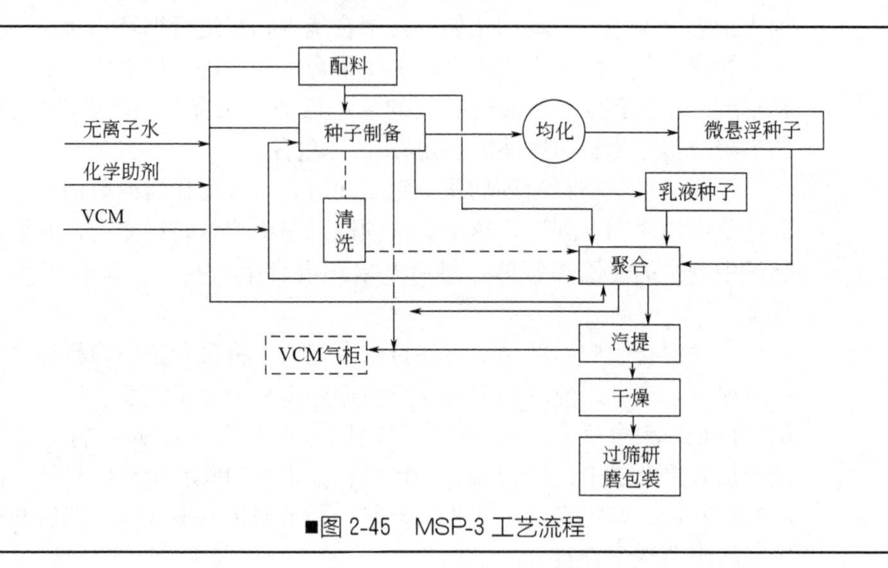

■图 2-45 MSP-3 工艺流程

特点如下。

① 同时加入两种种子胶乳进行 VC 微悬浮聚合，三者的比例约为：氯乙烯：微悬浮种子：乳液种子 ＝ 100：4：2。

② 因微悬浮种子胶乳中含有过量的用于第二步聚合用的引发剂，所以只需根据反应释放的热量来确定补加少量的活化剂。

③ 乳液种子进一步聚合所须的引发剂，是由微悬浮种子胶乳中含有的过量引发剂提供。

④ 加入两种胶乳种子进行微悬浮聚合时，两种胶乳种子粒径增大过程如图 2-46 所示，可通过加入的种子胶乳的数量比例和粒径来获得理想的最终产品粒径分布。

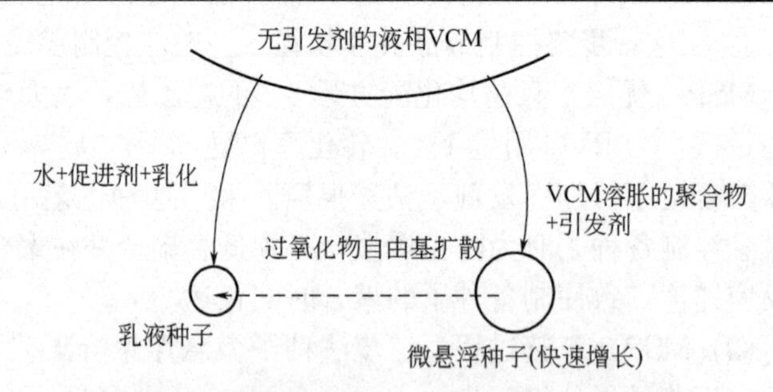

■图 2-46 MSP-3 胶乳种子粒径增大过程示意图

MSP-3 的优点：均化物料少，聚合周期短，含固量高达 55％～60％，能耗低，干燥胶乳时所需蒸汽消耗量仅是 MSP-1 法的一半。易脱气，汽提后残留氯乙烯含量可降到 500mg/kg。拥有优化的大粒子和小粒子比例（微悬浮种子聚合后达 1.2μm，乳液种子聚合后达 0.2μm），产品粒径呈双峰分布，成糊性能好。MSP-3 生产工艺技术是法国阿托公司在 MSP-2 工艺基础上于 1974 年开发成功的，技术成熟、可靠、生产稳定，易于控制，2004 年又实现了 $100m^3$ 釜的工业生产，是目前世界较为先进的技术。

(4) 混合法微悬浮聚合 美国西方石油化学公司在溶胀法微悬浮和种子乳液法聚合工艺的基础上，于 1985 年开发了一种把乳液种子加入到微悬浮聚合中生产糊树脂的新工艺，称为混合法。

其生产工艺原理是：在微悬浮聚合中采用 C_{16}～C_{18} 混合直链醇与十二烷基硫酸钠或月桂酸铵组成复合乳化剂，采用溶胀法制备微液滴，聚合反应主要在微液滴中进行。并在聚合中加入用乳液法制备的种子乳胶，从而获得双峰粒径分布的乳胶。

混合法微悬浮聚合特点如下。

① VCM 不需均化，所有物料包括所用的种子乳胶一次投料完毕就聚合。

② 工艺过程简单，操作周期短，生产能力高。相对 MSP-3 法，省去了均化工艺，与乳液法比，省去了连续补加料的工艺。聚合在液滴中进行，反应速率快。

③ 采用氧化-还原引发体系，聚合安全性高。

氯乙烯混合法微悬浮聚合生产工艺流程如图 2-47 所示。其生产工艺过程如下。

① 种子乳胶制备工序 用乳液聚合工艺制备种子胶乳。

② 原材料溶解与配制工序 聚合要用的所有原材料及化学助剂、胶乳处理时要添加的原材料均要在这个工序里准备好。

A. 将乳化剂与高碳醇预先按 1∶(1～3) 的比例配置成微液滴，并计量好备用。

B. 将氧化-还原引发体系用化学品单独溶制好。而后先加两种化学品，留一种后加入。

C. 在后添加剂计量槽中配置、计量好后添加剂。

③ 聚合工序 关闭聚合釜盖进行抽真空脱氧，用 VCM 蒸气进行吹扫，期间加入热去离子水和预先配置好的溶液以及混合引发剂，吹扫结束后加入种子乳胶和 pH 调节剂，最后加入余下的全部热去离子水和氯乙烯单体，加料结束后开始对釜内的物料进行加热升温。釜温达到设定温度后，采用连续滴加形式加入引发剂，聚合反应开始后聚合温度由夹套循环水和引发剂加入流量调节进行控制。聚合反应压力开始下降后，加入后处理剂。当压力降到设定出料压力时，聚合釜开始带压出料，将釜中的的胶乳卸至出料槽，回收未反应氯乙烯。卸料完毕后，回收釜中剩余的氯乙烯气体，然后开启人孔盖用高压水清洗聚合釜。

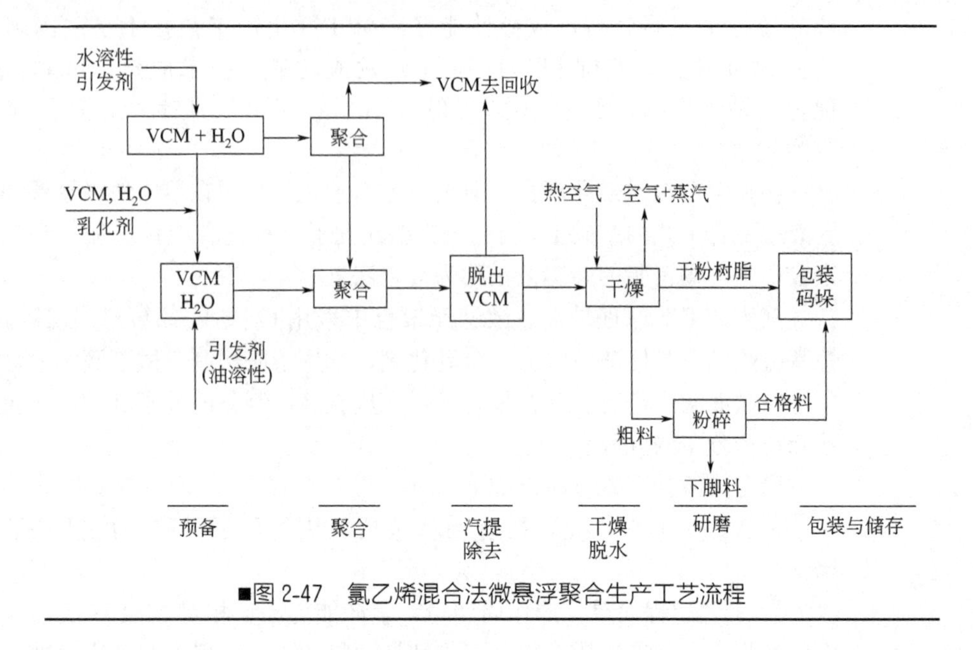

■图 2-47 氯乙烯混合法微悬浮聚合生产工艺流程

2.3.5 乳胶的后处理

2.3.5.1 加入后添加剂

聚合完毕后的乳胶是一种含有 PVC 树脂粒子和水的稳定均匀的乳状液。乳胶中 PVC 树脂粒子表面因均被乳化剂所形成的界面膜所遮盖而稳定地悬浮在乳液中。生产上为了防止乳胶在输送途中因受剪切力作用破坏其界面膜而分层，或者因乳胶储存温度过高加速布朗运动碰撞而凝聚，一般在后处理中添加一定量的乳化剂或者表面活性剂对乳胶粒子起保护作用。同时，合理加入一些添加剂不仅可以改善树脂的脱气性能、消泡性能、耐热性能，还可以提高树脂的糊性能。

乳胶后处理技术与所要达到的目的有关，例如，为了获得热稳定性优良的树脂，可在乳胶中加入热稳定剂。为了提高糊的脱气性，可加入表面活性剂。为了减少乳液过多的泡沫，可加入加入消泡剂。总之，根据不同的特性要求，乳胶后处理添加剂可选择不同的类型。对 PVC 糊树脂而言，最重要的是影响树脂糊性能的糊黏度抑制剂。非离子型表面活性剂之所以能起到抑制作用，是由于增塑剂邻苯二甲酸二辛酯（DOP）的极性基团与非离子表面活性剂亲和力差，因而起到抑制 DOP 所引起的溶胀作用。既能降低起始糊黏度又能提高存放稳定性的添加剂有：聚氧乙烯月桂醚、聚氧乙烯蓖麻油、聚氧乙烯壬基苯酚醚、聚氧乙烯烷基硫酸铵和聚氧乙烯月桂酸酯等。

2.3.5.2 脱除残留氯乙烯

氯乙烯聚合动力学表明，聚合速率随转化率而变化，当转化率大于

75%时，聚合速率随转化率增加而明显降低。从生产成本和产品质量考虑，氯乙烯单体不宜追求过高的转化率。因而聚合结束之后仍有10%～20%未反应的氯乙烯单体残留在成品乳胶液中，产品乳胶液在进入喷雾干燥之前须先将这些未反应单体回收，这样既可降低糊树脂的氯乙烯单体残留量，减少原料的损失，还避免污染环境，是树脂能否达到卫生级标准（≤5 mg/kg）的关键操作之一。

将未反应的VCM从聚合胶乳液和PVC颗粒中分离出来一般分两步：第一步为自压回收，第二步为汽提回收。自压回收是利用聚合反应的余压自动排气回收未反应的VCM，直至容器内气、固相平衡为止。自压回收只能回收未反应VCM的85%，所剩15%的未反应VCM须通过汽提工艺加以回收。脱除残留VCM工艺方法有两种即分批汽提和连续汽提。

2.3.5.2.1 分批汽提工艺

分批汽提在密闭的汽提槽内进行，启动搅拌后先进行自压回收VCM，当压力降低到接近常压时对汽提槽抽真空，同时向汽提槽内通入水蒸气升温，并保持一定温度，PVC胶乳中的VCM被汽化抽走。抽走的VCM蒸气经泡沫捕集器分离掉夹带的泡沫后进入回收单元。为了有效地消除脱汽过程中产生的大量泡沫，可在汽提槽中分批加入消泡剂或采用机械消泡。

2.3.5.2.2 连续汽提工艺

PVC胶乳液经列管式换热器加热后，由高速转盘喷洒到连续汽提槽内，连续汽提槽内保持较高的真空度，以利于更好的脱气。为了进一步增强汽提效果，从连续汽提槽排出的部分胶乳与低压蒸汽直接喷射接触，重新回到连续汽提槽内。经过连续汽提后，PVC胶乳液中的VCM含量可降到1400mg/kg以下。

虽然乳液法和微悬浮法PVC比悬浮法PVC颗粒小，VCM扩散速率快，但克服乳胶易起泡和絮凝的难度远远超过了这一有利条件。因此，除了汽提温度要较低外（60～90℃），在加热和抽真空操作时都应缓慢进行，防止起泡和絮凝。

2.3.6 乳胶的干燥

为了使PVC树脂从乳胶浆料中分离出来，必须通过干燥将水除去。工业上PVC乳胶的干燥一般采用喷雾干燥，这是因为雾化可使乳胶成为大约0.5μm的液滴在气体中以独立的实体进行干燥，所以得到的干燥产物是易于处理的粉料。更重要的是，由于喷雾作用产生的液滴细小，这就提供了非常大的传热和传质表面，如此大的表面决定了在与绝热的湿球温度仅差几度的温度下便发生恒速蒸发，因此PVC树脂受到热的影响小。

聚合产生的一次粒子在喷雾干燥过程中因受热而聚结成二次粒，一次粒子的聚结程度和大小对糊树脂性质和加工性能有着显著的影响。二次粒子的大小主要受乳胶雾化程度的影响，而二次粒子在与增塑剂混合后所表现的性能（如崩解程度等），则由一次粒子的粒径和干燥器中的受热程度所控制。为此，在干燥过程中要尽量使干燥器的操作条件与进料乳胶的性质（含固量、粒径分布、表面张力等）相匹配，以获取所需的最终性能。干燥器最重要的工艺参数进口热空气温度一般为 160℃左右。出口空气温度一般为 60℃左右。

2.3.6.1 喷雾干燥生产工艺流程

喷雾干燥生产工艺流程如图 2-48 所示。

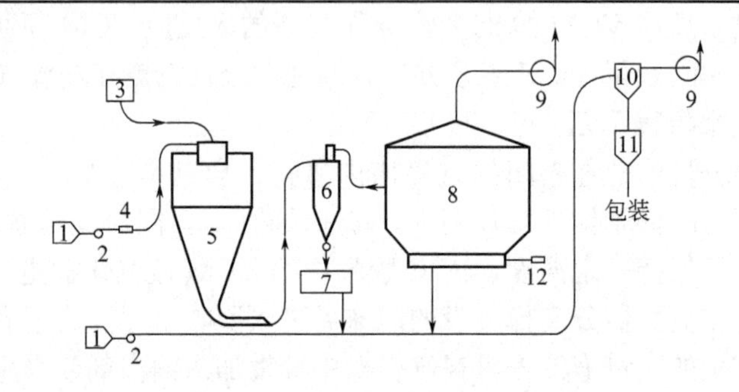

■图 2-48 喷雾干燥生产工艺流程

1—过滤器；2—送风机；3—乳胶高位槽；4—加热器；5—干燥塔；6—分离器；7—研磨机；8,10—布袋除尘器；9—抽风机；11—料仓；12—输送器

由送风机抽取的空气经过滤后进入空气加热器，加热至一定温度后经干燥器顶部进入干燥器，开始对干燥器进行预热，然后从干燥器底部出来经布袋除尘器，由排风机排入大气中。

在乳胶储槽中的乳胶液经乳胶研磨机研磨后，由乳胶进料泵送至干燥器顶部的雾化器进行雾化（离心转盘喷雾器或二流式喷雾器），被雾化的乳胶与热空气并流接触，迅速蒸发脱去水分，干燥的树脂和湿热空气从干燥器底出来至布袋除尘器，捕集到的树脂去磨粉机进行研磨，湿热空气由排风机排入大气。

布袋除尘器捕集到的树脂连续加入磨粉机中，同时由抽风机抽取的空气也随树脂进入磨粉机，经研磨后的树脂和空气一起进入布袋除尘器，捕集得到的树脂去储仓，捕集树脂后的空气由抽风机排入大气，储仓中的树脂经包装后入库。

2.3.6.2 乳胶干燥的生产设备

2.3.6.2.1 雾化器

雾化器是喷雾干燥系统的重要部分，其作用是将乳胶液体雾化成雾状液滴，雾化器的性能不仅影响到雾滴大小及分布，而且对糊树脂的最终颗粒形态和糊性能都有影响。喷雾分散度越高，干燥效能越大；雾化越均匀，产品的水含量变化越小。乳胶的喷雾干燥常采用的雾化器有离心转盘式雾化器和二流式雾化器。

2.3.6.2.2 布袋除尘器

将含固体颗粒的气体通过一定孔目滤袋，使气固分离的设备称为布袋除尘器。它可将乳胶经干燥后的粒径为1～50μm粒子分离出来。

2.3.6.2.3 树脂研磨机（磨粉机）

干燥后经布袋除尘器捕集的树脂由旋转加料阀加入磨粉机，在树脂进入的同时还抽入部分空气，树脂进入磨粉机后，在高速转动的锤子与齿板之间撞击而磨细，磨细的树脂由空气流从分级刀片与蜗壳体的缝隙中间带出，较粗的树脂被分级刀片挡回鼓体继续研磨，穿过缝隙的磨细树脂由风扇送出磨粉机。树脂的细度由分级刀片与蜗壳体的缝隙大小而决定。当缝隙调节在0.8～1mm时，树脂的细度可控制在15μm左右。较粗的树脂被分级刀片挡回鼓体继续研磨，穿过缝隙的磨细树脂由风扇送出磨粉机。

2.3.7 聚氯乙烯糊树脂产品规格

2.3.7.1 PVC糊树脂均聚物

目前我国聚氯乙烯糊树脂大多为均聚物，约占糊树脂总量的90%以上。国家有关部门历年多次颁布和更新了PVC糊树脂的国家标准，对提高我国PVC糊树脂产品的产量和质量、促进PVC糊树脂工业的发展起到了重要作用。2008年我国又颁布了《聚氯乙烯糊树脂》GB 15592—2008国家标准（见表2-37），替代1995年颁布的国标GB 15592—1995。新国标规定：聚氯乙烯糊树脂产品由GB/3402.1—2005标准中规定的产品名称、聚合方法和用途以及黏数、标准糊配比、标准糊黏度等六项组成的代码分类。聚合方法、用途、黏数、标准糊配比、标准糊黏度的代码组合称为型号，见图2-49。

2.3.7.2 PVC糊树脂共聚物

PVC糊树脂共聚物产量虽然很低，但还是逐年发展，其中氯乙烯与醋酸乙烯酯共聚（VC-VAC）糊树脂是PVC糊树脂共聚物中产量最大、品种较多、应用较广的品种之一。

(1) 聚合方法 氯醋共聚糊树脂的聚合方法有：微悬浮共聚和乳液共聚两大类。采用微悬浮聚合的氯醋共聚糊树脂在旋转、浸渍、浇铸、刮涂等加工应用方面具有优势，因而，氯醋共聚糊树脂多采用微悬浮聚合工艺生产。因醋酸乙烯酯的引入对氯乙烯反应速率和产物粒径大小、分布及颗粒形态影响不大，其成核机理也与微悬浮法和乳液法均聚糊树脂成核机理相类似。

■表 2-37 《聚氯乙烯糊树脂》标准（GB 15592—2008）

<table>
<tr><th rowspan="2">序号</th><th rowspan="2">项 目</th><th colspan="7">型 号</th></tr>
<tr><th colspan="7">PVC-□，P，a-A（或 B）-b</th></tr>
<tr><td rowspan="4">1</td><td>黏数代码（a）</td><td>170</td><td>155</td><td>140</td><td>125</td><td>110</td><td>095</td><td>080</td></tr>
<tr><td rowspan="3">黏数/（ml/g）
（或K 值）
［或平均聚合度］</td><td>>160</td><td>165～145</td><td>150～130</td><td>135～115</td><td>120～100</td><td>105～85</td><td><90</td></tr>
<tr><td>>78.0</td><td>79.0～75.0</td><td>76.0～71.5</td><td>72.5～67.5</td><td>69.0～63.5</td><td>65.0～59.0</td><td><60.5</td></tr>
<tr><td>>1880</td><td>1980～1570</td><td>1650～1300</td><td>1350～1100</td><td>1150～900</td><td>950～720</td><td><790</td></tr>
<tr><td rowspan="4">2</td><td>标准糊黏度代码（b）</td><td colspan="2">1</td><td>2</td><td colspan="2">3</td><td>4</td><td>5</td></tr>
<tr><td rowspan="3">标准糊黏度（B式）/Pa·s
（PVC ：DOP=1：0.60）</td><td colspan="2"><4.0</td><td>3.0～7.0</td><td colspan="2">6.0～10.0</td><td>9.0～13.0</td><td>>13.0</td></tr>
<tr><td colspan="7">等 级</td></tr>
<tr><td colspan="2">优等品</td><td colspan="2">一等品</td><td colspan="3">合格品</td></tr>
<tr><td>3</td><td>杂质粒子数/个</td><td colspan="2">12</td><td colspan="2">20</td><td colspan="3">40</td></tr>
<tr><td>4</td><td>挥发物含量/%</td><td colspan="2">0.40</td><td colspan="2">0.50</td><td colspan="3">0.50</td></tr>
<tr><td rowspan="2">5</td><td>筛余物/% 250μm筛孔 ≤</td><td colspan="2">0</td><td colspan="2">0.1</td><td colspan="3">0.2</td></tr>
<tr><td>筛余物/% 63μm筛孔 ≤</td><td colspan="2">0.1</td><td colspan="2">1.0</td><td colspan="3">3.0</td></tr>
<tr><td>6</td><td>糊增稠率①（24h）/% ≤</td><td colspan="2">100</td><td colspan="2">100</td><td colspan="3">—</td></tr>
<tr><td>7</td><td>白度（160℃，10min）/% ≥</td><td colspan="2">80</td><td colspan="2">76</td><td colspan="3">—</td></tr>
<tr><td>8</td><td>水萃取液 pH 值 ≤</td><td colspan="2">8.0</td><td colspan="2">9.0</td><td colspan="3">—</td></tr>
<tr><td>9</td><td>乙醇萃取物质量分数/% ≤</td><td colspan="2">3.0</td><td colspan="2">4.0</td><td colspan="3">—</td></tr>
<tr><td>10</td><td>刮板细度/μm ≤</td><td colspan="2">100</td><td colspan="2">—</td><td colspan="3">—</td></tr>
<tr><td>11</td><td>残留氯乙烯含量②/（μg/g） ≤</td><td colspan="2">5</td><td colspan="2">10</td><td colspan="3">10</td></tr>
</table>

① 标准糊黏度配比 B 的产品糊增稠率项目不要求，若用户对此有要求，由供需双方协商。

② 残留氯乙烯单体含量指标强制。

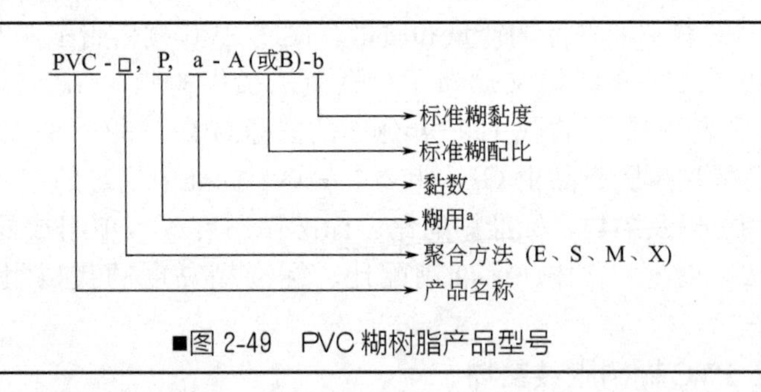

■图 2-49 PVC 糊树脂产品型号

氯醋共聚糊树脂和氯乙烯均聚糊树脂相比，由于 PVC 分子中嵌入了醋酸乙烯酯分子，使其性质发生了变化，主要表现在氯醋共聚糊树脂具有比相似分子量的 PVC 均聚糊树脂低的凝胶温度和熔融温度（降低 30～40℃）。分子中酯基的引入可提高增塑剂对树脂熔融速率，增加树脂与各种黏合基料的黏合力。醋酸乙烯酯在共聚物中还起到内增塑作用，可减小熔体黏度，提高加工流动性。在相同配方条件下，氯醋共聚糊树脂的物理机械性能较高。氯醋共聚作为降低加工温度、提高塑化速率，改善制品性能的重要手段，得到广泛应用。

（2）生产工艺流程 氯醋共聚糊树脂生产工艺及设备与相应的氯乙烯均

聚糊树脂生产相类似，采用乳液和微悬浮聚合方法均可制备糊用 VC-VAC 共聚树脂，只是增加了醋酸乙烯酯的储存、加料和回收装置。

乳液共聚合时，将去离子水、VAC、乳化剂、引发剂和其他助剂加入聚合釜中，密闭脱氧后加入氯乙烯单体，升温聚合。聚合结束后汽提脱除 VC 和 VAC 单体，乳胶经干燥得到树脂。

微悬浮聚合时，先将乳化剂和乳化助剂配成均化液，然后加入去离子水、VAC、引发剂及其他助剂，密闭脱氧后加入氯乙烯单体，升温聚合。聚合结束后汽提脱除 VC 和 VAC 单体，乳胶经干燥得到树脂。微悬浮法通常采用油溶性引发剂，也可采用多元氧化-还原引发体系。氯乙烯与醋酸乙烯酯微悬浮共聚树脂的粒径为 0.1～3μm，经干燥后可得到干流性很好的粒子，便于加工。目前较为先进的氯乙烯与醋酸乙烯酯糊树脂共聚合工艺技术是种子微悬浮共聚合。

(3) 氯醋共聚糊树脂的分子结构 影响氯醋共聚糊树脂分子量及分布的主要因素是聚合转化率、醋酸乙烯酯和分子量调节剂的加料量等。聚合温度越高，分子链越短，醋酸乙烯酯单体比例增加，平均分子量下降。氯醋共聚糊树脂中醋酸乙烯酯含量主要受醋酸乙烯酯的加入量、水与单体的配比和转化率等因素影响，随着醋酸乙烯酯的加入量和转化率的增加，共聚物中醋酸乙烯酯的含量相应提高。为了合成化学组成均一的氯醋共聚物，必须要控制适宜的转化率和中途添加的氯乙烯单体，保持未反应单体的组成恒定。

(4) 氯醋共聚糊树脂产品规格 目前国内已有较多厂家生产氯醋共聚糊树脂产品，各厂都有各自的企业标准，但都大同小异。表 2-38 列出了沈阳化工股份有限公司生产的汽车塑溶胶专用树脂和油墨专用树脂两个牌号氯醋共聚糊树脂的企业标准供参考，主要质量指标根据用户的要求和参照日本钟渊化学工业株式会社企业标准制定而成。

■表 2-38 沈阳化工股份有限公司氯醋共聚糊树脂的企业标准

项目		指标	
		PCMA-12	PCL-15
树脂	外观	白色微细粉末	白色微细粉末
	聚合度	1000±100	800±100
	挥发分/% ≤	1.0	1.0
	堆积密度/(g/cm³)	0.20～0.40	0.35～0.55
	醋酸乙烯酯含量/%	3～5	15±2
混合物	B型黏度(30℃)/mPa·s (树脂：DOP=100：65)	1000～6000	—
	刮痕粒度/μm ≤	100	

2.3.8 乳液法与微悬浮法糊树脂的加工应用

用乳液法和微悬浮法生产的糊树脂有其不同性能特点，因此除了有共同适用的应用范围外，又各有其特殊的适用领域。此两种生产方法不能互相取代，而是互相补充。国外一些厂家多是两种生产方法都有，或以一种方法为主，保留或开发另一方法。法国 ATO 公司先有乳液法，后来开发并大力推广微悬浮法的应用，但仍保留了一定数量乳液法生产（微悬浮法：乳液法＝9：1），原因在于微悬浮法糊树脂不能应用于一切领域。德国 LOUIS 公司对两种生产方法所得糊树脂的加工应用做了如表 2-39 所示的说明。

■表 2-39 乳液法与微悬浮法糊树脂的加工应用

加工应用领域		乳液法	微悬浮法
不发泡涂布	表面顶层	适用	适用
	防水布	可用	可用
	运输带	可用	可用
	墙纸	适用	勉强可用
发泡涂布	人造	适用	适用(有限制)
	弹性地板	适用	适用
	墙纸	适用	适用(有限制)
	发泡体	适用	不适用
其他加工	园网法	适用	不适用
	旋转模塑	可用	适用
	浇铸模浸渍	可用	适用
	蘸涂	可用	适用

2.4 本体法聚氯乙烯树脂的制造

本体法聚氯乙烯（M-PVC）是开发得较早，但成熟较晚的 PVC 生产方法，是法国阿托公司（ATOHEM）的专利技术，到目前为止有 20 多个国家或地区采用该专利技术，产量约占世界 PVC 总产量的 10%左右。由于氯乙烯本体聚合只用氯乙烯单体、引发剂和少量添加剂而不需用纯水和分散剂等，因此与悬浮法相比具有：工艺流程大大简化，投资省；生产能力高，是悬浮装置的两倍；成本和能耗低，总收率高，经济效益好；产品纯度高，结构规整，表观密度大，孔隙率高，粒度分布集中，增塑剂吸收性好；制品透明性高，电绝缘性能好，在瓶、薄板、高透明和高绝缘制品中广泛应用；操作简单，自动化程度高，安全可靠；基本上无废气、废液排放，对环境污染小，有较好的社会效益等特点。因此 M-PVC 具有很好的发展前景。

2.4.1 国内外氯乙烯本体聚合的发展与现状

法国阿托化学公司从 20 世纪 40 年代起就从事 M-PVC 的工业化生产与开发研究，于 1956 年获得成功，并在法国的里昂“圣方斯”建成第一套工业化生产装置，称之为“一步法”。该装置由 18 台 $12m^3$ 的卧式旋转聚合釜组成，聚合反应在一个釜内进行，聚合釜体自身旋转，釜内装有不锈钢球起着搅拌作用，防止PVC粉末结块和粘壁。这种生产装置只使用一个回流冷凝器，传热困难，聚合热难以去除；聚合拆装复杂，难以实现自动化操作；得到的树脂粒度分布和分子量分布宽，表观密度仅为0.30～0.35g/cm^3，产品质量差，不受加工厂的欢迎。该公司在进一步研究改进后于1960年又开发成功了“二步法”，即聚合反应分两步进行：第一步为预聚合阶段，在预聚合釜内进行，加入单体总量的1/3～1/2的氯乙烯和相应的引发剂，转化率控制在8%～12%；第二步为后聚合阶段，在后聚合釜内进行，将预聚合的全部物料转入后聚釜后，再将剩下的氯乙烯单体全部加入，并补足引发剂，当转化率达到70%～80%时聚合反应结束。但后聚合釜仍采用卧式旋转搅拌釜，存在有放料不尽、清釜困难、树脂“鱼眼”多、残留单体含量高等缺点。直到1978年该公司开发“两段立式聚合”的本体聚合工艺，成功地解决了传热、自控、树脂质量等一系列问题，才使本体法PVC的生产达到了较为成熟的阶段。到目前为止，世界上已有20多个厂家采用该生产技术，总的生产能力约为200万吨/年。

2.4.2 本体PVC树脂简介

本体聚合聚氯乙烯（M-PVC）的冲击强度很高，常温下可达9.805MPa。

PVC没有明显的熔点，在80～85℃开始软化；加热到大于120℃时变为皮革状，同时分解变色放出HCl等；在180℃时开始流动；约在200℃以上即完全分解。加压条件下M-PVC在145℃即开始流动。M-PVC能燃烧，燃烧时放出大量的HCl，但离开火焰后即熄灭。

M-PVC具有特别好的介电性能，它对于交流电和直流电的绝缘能力可以与硬橡胶媲美，可作为低压和高压电缆等。但它的介电性能与温度、增塑剂、稳定剂等因素有关。

M-PVC不溶于水、汽油、酒精和氯乙烯。分子量较低者可溶于丙酮及其他酮类、酯类或氯烃类等溶剂中，分子量较高者仅具有有限的溶解度。通常只能制得含1%～10%聚合物的酮类溶液。

M-PVC化学稳定性较高，除若干有机溶剂外，常温下可耐任意浓度的盐酸，90%以下的硫酸，50%～60%的硝酸，以及20%以下的烧碱溶液。此外，对于盐类也有相当的稳定性。

M-PVC不仅在高温下会分解，在自然环境下，由于受光照及氧的作用，也会逐渐分解，即老化。老化主要在聚合物材料的表面进行，且与空气中的氧一起作用。先是光老化，再是断链和交联或环化，从而使聚合物降解，分解放出氯化氢，形成羰基。

法国阿托公司的质量技术标准列于表2-40。

■表 2-40　法国阿托公司本体 PVC 树脂质量技术标准

项目 \ 指标 \ K 值	KW57	KW60	KW62	KW64	KW65	KW67	KW68	KW70
黏度指数(ISO R174)	78/82	88/92	97/101	101/105	104/108	112/116	118/124	124/128
特性黏度(ASTW 01243)	0.70	0.80	0.83	0.85	0.89	0.91	0.95	1.03
聚合度(JISK 6721)	680	800	890	980	1025	1075	1145	1250
孔隙率/%(NFSI 17827)　≥	13	16	20	20	20	20	20	25
堆积密度/(g/cm^3)(ISOR60)	0.60～0.64	0.59～0.63	0.54～0.58	0.58～0.61	0.57～0.60	0.57～0.60	0.57～0.60	0.52～0.56
平均粒径/μm(NFT50701)	95～119	95～115	100～120	125～145	130～150	130～150	115～135	95～120
大于 250μm 粒子/%(NFT50701)　≤	1	1	1	1	1	1	1	1
流动性/S(ISO6186)　≤	30	30	30	30	30	30	30	30
残留 VCM/(mg/kg)(DINS3743)　≤	1	1	1	1	1	1	1	1
白度(LCRZ1401)　≤	30	30	30	30	30	30	30	30
黑黄点数/(个/kg)(LCR20401)　≤	50	50	50	50	50	50	50	50
水含量/(mg/kg)(ISOR1269)　≤	600	600	600	600	600	600	600	600
鱼眼/[个/$(20cm)^2$](LCRZ1201)　≤	6	6	6	6	6	6	6	6
相当阿托公司牌号	RB8010	BB9010	GB9550	GB1010	GB1150	GB1210	GB1250	GB1350

2.4.3 本体法 PVC 生产工艺及说明

2.4.3.1 本体法 PVC 装置的组成

本体法 PVC 装置的基本组成见表 2-41，工序（单元）之间的相互关系可用图 2-50 的框图表示。

■表 2-41　本体法 PVC 装置的基本组成

工序(单元)编号	作　　用	公用工程及装置外设施
100	预聚合	◆PVC 仓库
200	聚合	◆冷库（引发剂储存）
300	气态氯乙烯过滤	◆辅料储存与配制
400	脱气	◆冷却水和循环水
500	气态氯乙烯压缩、冷凝、回收	◆冷冻水和冷冻盐水
600	分级	◆空气和氮气
700	均化	◆蒸气
800	辅助系统	◆工业水
810	反应釜的清洗	◆变电站和配电室
820	废液、废气处理	◆中控室
850	通风系统	◆实验室
860	热水系统	◆办公室
900	储存、包装	◆行政管理综合楼

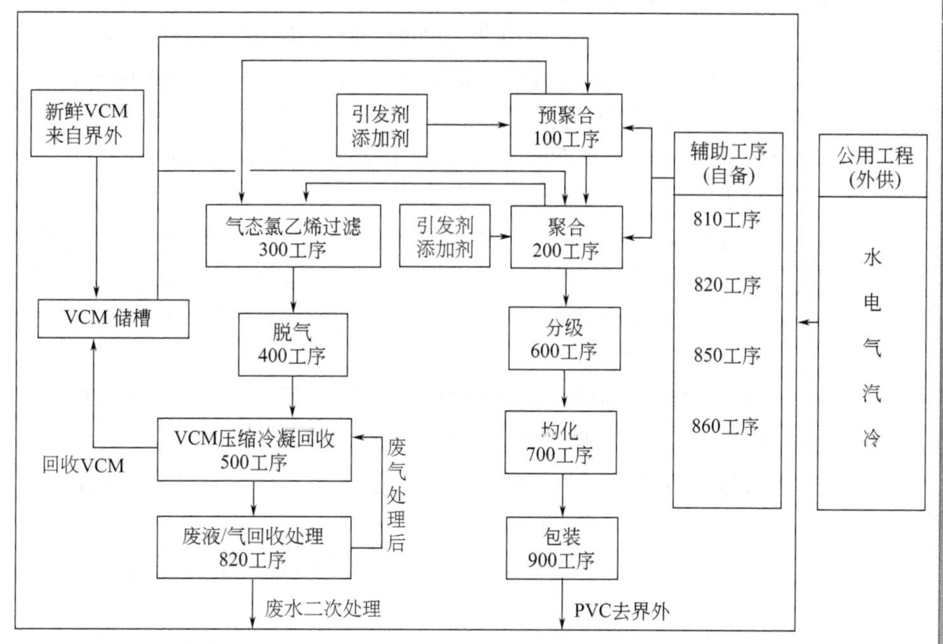

■图 2-50　本体法 PVC 生产工序间的相互关系

(1) 预聚合　用 VCM 加料泵将规定量的 VCM 从储槽中抽出，经 VCM 过滤器过滤后打入预聚合釜中。VCM 的加料量是通过对整个预聚合釜称重而控制的，预聚合釜则安装在负载传感器上。

引发剂是由人工预先加到引发剂加料罐中，当需要添加引发剂时则按规定的程序用 VCM 将其带入预聚合釜中。终止剂也是由人工预先加到终止剂加料罐中，在紧急情况发生时则用高压氮气将其加入预聚合釜中，终止剂的加入则由 DCS 控制。

当物料加料完毕后，用热水循环泵将热水槽的热水打入预聚合釜夹套内，将 VCM 升温到规定的反应温度（或压力）。当升温到规定的反应温度时改通冷却水，反应温度（或压力）的控制是通过控制预聚釜釜顶回流冷凝器或夹套的循环水量来实现的。预聚合釜的反应温度（或压力）波动范围要求为±0.2～±0.5℃。

当聚合转化率达 8%～12%时（根据聚合反应放出来的热量或时间来估计），预聚合反应停止，将物料全部放入到后聚合釜中。

(2) 后聚合　首先由人工将引发剂、添加剂和终止剂分别加入到引发剂、添加剂和终止剂加料罐中，然后按规定的程序加入到聚合釜中。聚合釜中 VCM 的加料量是通过对整个聚合釜的称量来控制的。聚合釜同样是安装在负载传感器上。

为了保证作业环境中的 VCM 含量 8h 平均不超过 1mg/kg，在预聚合釜和后聚釜上分别设有泄漏排风机，其排空高度高出聚合厂房 2m 以上，采用集中排放的方式进行排放。

(3) 后聚合釜的水力清洗 当生产的树脂用作软制品时，为了避免“鱼眼”，每釜出料后需对后聚合釜进行一次清洗。当生产的树脂用于加工硬制品时，则每天需对后聚合釜进行一次清洗。因此，在后聚合釜顶上设有两个冲洗装置。由 DCS 控制，冲洗头会自动伸入后聚合釜中按程序冲洗后聚合釜内的不同部位，冲洗时间可以调节。

冲洗后聚合釜所需的高压水由高压水泵供给，带有 PVC 颗粒的冲洗水从后聚合釜底部通过排放阀排出，经废料捕集器捕集结块物后排至水池中。少量 PVC 物料在池中沉积，定期清理后作次品处理。废水则用泵送至废水汽提装置进一步处理。

(4) VCM 的回收 当后聚合反应结束后，首先进行自压回收，未反应的 VCM 经 PVC 回收过滤器、脱气过滤器过滤后，直接进入一级冷凝器用冷冻水进行冷凝。脱气回收时后聚合釜夹套和脱气过滤器夹套均应用热水进行循环，以防止 VCM 被冷凝。

当后聚合釜内压力下降至约 0.25MPa 时，回收的 VCM 则被送入 VCM 气柜中。

当后聚合釜内压力下降至大气压时，则启动脱气真空系统，使釜内的压力降至 0.01MPa（绝压），并停止真空泵。

当后聚合釜中加入 pH 调节剂和蒸汽后，再次启动脱气真空系统，使后聚合釜达到规定的真空度，尽可能多的回收未反应的 VCM。为了确保安全，在脱气真空泵的入口和 VCM 气柜上各装有一个氧气分析仪器，以便检测 VCM 气体中的 O_2 含量。

从 VCM 气柜出来的 VCM 气体，经气柜压缩机压缩后被送至一级冷凝器用冷冻水进行冷凝，不凝性气体再经二级冷凝器用 −35℃冷冻盐水进行冷凝。尾气则被送至尾气吸收系统进行回收处理。

经一级冷凝器、二级冷凝器冷凝下来的 VCM，被送至倾析器中，在倾析器中静置后水被分离出来，该废水与其他含有 VCM 的废水一起送至废液，在汽提系统中进行回收处理。从倾析器出来的回收 VCM 则自流到 VCM 储槽中。

从 VCM 装置送来的新鲜 VCM 同样也进入到 VCM 储槽中，新鲜的 VCM 与回收的 VCM 通过 VCM 加料泵打循环进行充分混合。当预聚合釜和后聚合釜需要加料时，则用 VCM 加料泵将 VCM 储槽中的 VCM 抽出，并经 VCM 过滤器过滤后送至预聚合釜或后聚合釜。

(5) 分级 后聚合釜生产的 PVC 粉料经釜底卸料阀用空气输送系统送至 PVC 接受槽中，经接受槽顶部出来的空气，再经 PVC 回收过滤器进一步回收空气中所夹带的 PVC 粉料，尾气经安全过滤器、风机排空。尾气排放粉尘中 PVC 含量小于 1mg/kg、VCM 含量小于 5mg/kg 。

进入 PVC 接受槽中的 PVC 粉料用流化装置进行流化。PVC 粉料经筛子进料器进入分级筛进行分级。

① 符合规格尺寸的PVC进入“A”级品料斗中，然后经输送系统送至均化料仓中。

② 中等大小的PVC颗粒则直接进入研磨料斗中，经研磨后送至研磨PVC分级筛进行筛分。

③ 大颗粒的PVC经粉碎机粉碎后进入研磨料斗中，研磨料斗中的物料经研磨机研磨后，再经研磨PVC分级筛再次筛分。过大颗粒的PVC则通过研磨料斗循环到研磨机中再次研磨。筛分后的PVC粉料称为“B”级品，进入到粉碎PVC料斗中，然后经输送系统送至均化料仓中。

(6) 均化、储存、包装 PVC均化料仓的底部均设有均化装置，PVC粒子中残留的VCM在均化过程中被空气最后脱除，使成品树脂中残留的VCM含量小于1mg/kg。

“A”级品PVC储存在均化仓中的一个仓里，另一个仓则处于均化状态。

每个均化仓均可装8釜料，均化一次约需36h，出料约10h。从第一釜进入至料出完为止。每次均化占用均化仓的时间约为48h。流化空气经空气过滤器过滤后排空。均化好的物料经输送系统送至PVC料仓中储存。

由粉碎PVC料斗出来的“B”级PVC产品被送至均化料仓中均化。在流化和排料过程中，物料被储存在粉碎PVC料斗中，该均化仓中的物料当加工作软制品时，可按规定的比例送至“A”级品PVC均化仓中与“A”级品掺混，均化后送至PVC料仓中包装外售。当加工作硬制品时，则直接排至包装机进行单独包装，作为“B”级品外售。“B”级品的数量一般不超过总产量的3%。

2.4.3.2 聚合配方和操作条件

(1) 预聚合 随着本体PVC树脂牌号的不同，工业生产采用的预聚合配方和操作条件略有区别，以KW-57牌号树脂为例表示于表2-42。

■表2-42 KW-57牌号树脂预聚合配方和操作条件

预聚合配方	
VCM	**引发剂**
压力试验：0.5t	ACSP：g O*
初次填充：0t	PDEH：220gO*
充填：16.5t	
部分脱气：0t	添加剂
引发剂罐冲洗：+1t	HNO_3：20%浓度的溶液700ml
操作重量：17.5t	
连续脱气：－0.2t	
冲洗：4.2t	其他

续表

预聚合操作条件			
VCM		引发剂	
搅拌器	H=1150mm	搅拌速率	120r/min
	W=2571mm	聚合压力	1.3MPa
	ϕ =1034mm	聚合时间	17min
加热温度:	60℃	热交换量	1883.7×10^3kJ

(2) 后聚合 随着本体 PVC 树脂牌号的不同，工业生产采用的后聚合配方和操作条件略有区别，以 KW-57 牌号树脂为例表示于表 2-43。

■表 2-43 KW-57 牌号树脂后聚合配方和操作条件

氯乙烯	压力试验	0.5t
	预充填	13.5t
	预聚合釜卸料	17.3t
	预聚合釜冲洗	+4.2t
	部分脱气	−2t
	引发剂罐冲洗	+1t
	操作重量	34t
	连续脱气	−1t
引发剂	ACSP	gO*
	EHP	450 gO*
	LPO	60 gO*
添加剂	稠化剂	170g
	抗氧化剂	1800g
	NH_4OH(21%)(汽提用)	1L
	甘油(汽提用)	0.7L
操作条件	螺旋搅拌	25r/min
	锚式搅拌	15r/min
	加热温度	80℃
	聚合压力	1.12~1.14MPa
	聚合时间	2h10min
	1.12 →1.26 MPa	1.5h
	脱气温度	88℃
	早期脱气	
	开始时间	聚合开始后 10min
	流速	3t/h
	时间或数量	全部聚合 6t
树脂性能	PVC 重量	18.5t
	转化率	55%
	密度	620kg/m³
	流动性	25s
	平均颗粒尺寸	110μm

2.4.3.3 主要原辅材料及其技术规格

为了使氯乙烯本体聚合稳定进行并获得符合质量指标要求的树脂产品，对聚合中所使用的主要原料和辅助原料都有一定的要求。

(1) 氯乙烯单体 氯乙烯本体聚合对聚合所使用的氯乙烯单体的质量要求见表 2-44。

■表 2-44 氯乙烯单体的质量标准

组　成	单　位	指　标
氯乙烯	%(质量)	≥99.9
乙炔	mg/kg	≤10
1,1-二氯乙烷	mg/kg	≤150
1,2-二氯乙烷	mg/kg	≤5
反式 1,2-二氯乙烷	mg/kg	≤10
其他低沸物(以 C_2H_2 计)	mg/kg	≤5
其他高沸物(以 1,1-二氯乙烷计)	mg/kg	≤200
醛类(以甲醛计)	mg/kg	≤5
酸性物(以 HCl 计)	mg/kg	≤1
铁	mg/kg	≤1
水	mg/kg	≤200
非挥发物	mg/kg	≤50
对苯二酚	mg/kg	≤3

(2) 引发剂

① 引发剂性能　VC 本体聚合所用的引发剂多为有机过氧化物，一般为过氧化二碳酸二（2-乙基己酯）（PDEH 或 EHP)、过氧化乙酰基环己烷磺酰（ACSP)、过氧化十二酰（LPO）和丁基过氧化酸酯（TBPND）等，也可用将两种以上引发剂复合使用。

② 引发剂的影响　氯乙烯本体聚合预聚合常用的引发剂有过氧化二碳酸二（2-乙基己酯）（EHP)；对后聚合有过氧化二碳酸二（2-乙基己酯）(EHP)、过氧化乙酰基环己烷磺酰（ACSP)、过氧化十二酰（LPO）等。引发剂的选择和用量对聚合反应，对聚合物的分子结构和质量都有较大的影响。

③ 引发剂的选择　为了使聚合反应和产品质量均有满意的效果，选择适合的引发剂非常关键，一般根据以下几个方面的要求进行选择。

a. 引发剂的半衰期　表 2-45 列出了本体法 PVC 常用引发剂的性能。

■表 2-45 VC 本体聚合常用引发剂的性能

名称	HTS/℃	DTS/℃	半衰期温度/℃			A/s^{-1}	E_a/(kJ/mol)	SADT/℃	T_{em}/℃	T_c/℃
			0.1h	1.0h	10h					
过氧化二碳酸二(2-乙基己酯)	−15	−20～−25	83	64	47	1.83×10^{15}	122.45	5	−5	−15
过氧化乙酰环己烷磺酰	−15	−20	75	56	40		111.27			
过氧化十二酰	20～30	10	99	79	61	3.92×10^{14}	123.37	50	45	30～40

注：HTS 为最高储存温度，DTS 为最低储存温度，A 为频率因子，E_a为活化能，SADT 为自动加速分解温度，T_{em}为报警温度，T_c为控制温度。

聚合反应时，为使引发剂尽量分解完全，减少残存量，必须考虑各种单体在一定温度下完成聚合反应的时间。例如，对于氯乙烯的聚合来说，反应时间通常为所用引发剂在同一温度下引发剂半衰期的三倍。这样不仅可以利用半衰期来估计引发剂的用量，以及在该给定温度下聚合反应所需的时间；而且当需要在一定温度下一定时间内完成聚合反应时，也可以根据半衰期来选择适当的引发剂品种。例如，当要求 8h 内完成氯乙烯聚合反应时，就得选择在给定温度下半衰期为 8/3≈3h 的引发剂。

b. 引发剂用量的估算　本体聚合配方中列出的引发剂用量是用“活性氧”含量（O^*）来表示的，而“活性氧”只是一种分析上的概念，即过氧化物每摩尔中的“活性氧”含量，一般用克作单位。由于纯的引发剂使用起来有危险，在实际生产中一般都配成溶液使用。因此，必须将“活性氧”含量换算成配制溶液的引发剂量。

(3) 添加剂　为了提高产品性能、保证产品质量和生产安全，在聚合过程中需加入少量的添加剂。添加剂一般为有机或无机化学品，主要有以下几种。

① 增稠剂（CT5）　增稠剂一般是巴豆酸、醋酸乙烯酯共聚物等，用来调节产品的黏度、孔隙度和疏松度，以便于提高初级粒子的黏性，使之在凝聚过程中生成更为紧密的树脂颗粒。初级粒子之间的距离小，孔隙度降低，密度增加。

② 抗氧化剂（BHT）　VCM 聚合过程中，氧会使聚合反应终止，生成带有过氧结构的端基，此种过氧化物端基在较高温度下分解生成自由基，促使 PVC 大分子的脱氯化氢，促进 PVC 分解，对初级着色影响最为显著。因而除了在加料前要尽量将釜内的空气抽走或排尽、在聚合过程中不断地排气外，聚合体系中还要加入抗氧化剂，以中和未反应的引发剂，保证生产安全。VC 本体聚合所用的抗氧化剂为 BHT，化学名称是 2,6-二叔丁基羟基甲苯。

③ 硝酸　硝酸（HNO_3）为无机化学品。一方面用来调 pH 值，保证聚合能稳定地进行，延缓 PVC 颗粒皮壳的形成；另一方面防止粘釜和设备腐蚀。

④ 氨水　氨水为无机化学品，其作用是调节 PVC 树脂的颗粒形态和孔隙度，降低聚合釜内 VC 的分压，中和聚合体系中过量的酸，脱除 PVC 中残留的 VCM 以及防止设备的腐蚀等。

⑤ 润滑剂（又称抗静电剂）　润滑剂为无机化学品。在 PVC 树脂排料前加入，用于增加树脂光滑度，防止 PVC 排料输送过程中产生静电，增加树脂的流动性。常用的润滑剂为丙三醇（又名甘油）。

⑥ 终止剂（双酚 A）　终止剂为无机化学品。在聚合过程中若发生意外情况，如停水、断电、地震、敌机袭击或设备事故、人为事故等又无法解决

时，就会发生爆炸的危险。为了防止这类意外事故的发生，保证生产安全，就应向预聚合釜或后聚合釜内添加一种使自由基连锁反应终止的物质，以停止聚合反应，这种物质称为终止剂。常用的终止剂有双酚A，又称为2,2-二(4-羟基苯基)丙烷。

双酚A分解时会散发热量和刺激性气味，腐蚀性较强，避免粘到衣服和皮肤，如果粘到可用甲醇和乙醇冲洗。双酚A不溶于水，可溶于乙醇和甲醇。

2.4.4 本体PVC生产主要设备

本体PVC生产过程所使用的主要设备有：预聚合釜、后聚合釜、润滑系统、高压水自动冲洗系统、PVC研磨机、分级筛、DCS控制系统等，以下分别进行介绍。

2.4.4.1 预聚合釜

预聚合釜主要由釜体、搅拌器、减速机和电机、回流冷凝器、放料阀和润滑装置等部分组成，其结构如图2-51示意。

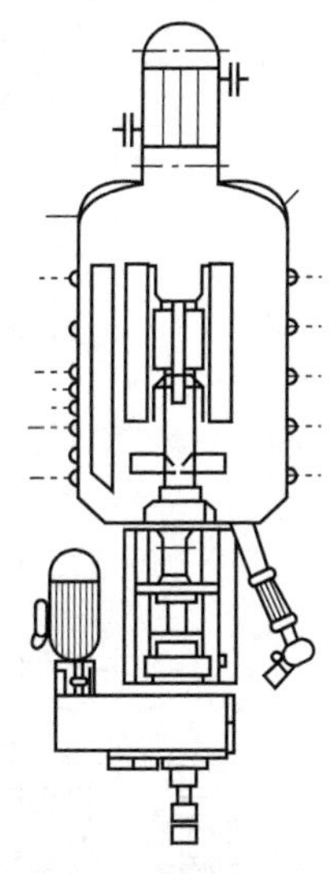

■图2-51　30m³ 预聚合釜结构示意图

图示预聚合釜为30m³ 的立式釜，内径为2.95m，釜高为3.46m，釜内壁为不锈钢和碳钢复合，并采用镜面抛光，光洁度为0.2～0.4μm，釜顶有回流冷凝器，釜体外周有半圆管冷却水夹套。釜内设有两层底伸式搅拌桨和挡板，上层桨为四宽平桨，桨径为釜内径的1/3，下层桨为四叶斜桨。搅拌速率较快能使聚合体系处于湍流状态，保证树脂有较佳的颗粒分布。预聚合釜设有六挡搅拌转速：55r/min、60r/min、65r/min、

110r/min、120r/min、130r/min，一般常用110r/min或120r/min。转速信号通过传感器转变成4～20mA电流信号传入控制室数字显示转速。预聚合反应所产生的热量主要由釜顶回流冷凝器和釜体夹套带出，少部分可由搅拌器搅拌带出。预聚合釜安装在负载传感器上，VCM的加料量是通过整个预聚合釜称重而控制的。预聚合釜主要包括以下几部分：预聚合釜筒体；预聚合釜搅拌器；回流冷凝器。

2.4.4.2 后聚合釜

后聚合釜由釜体、搅拌器、釜顶回流冷凝器、釜顶回收过滤器、卸料阀、蒸汽注射阀、水排放阀和润滑系统组成，其结构如图2-52所示。

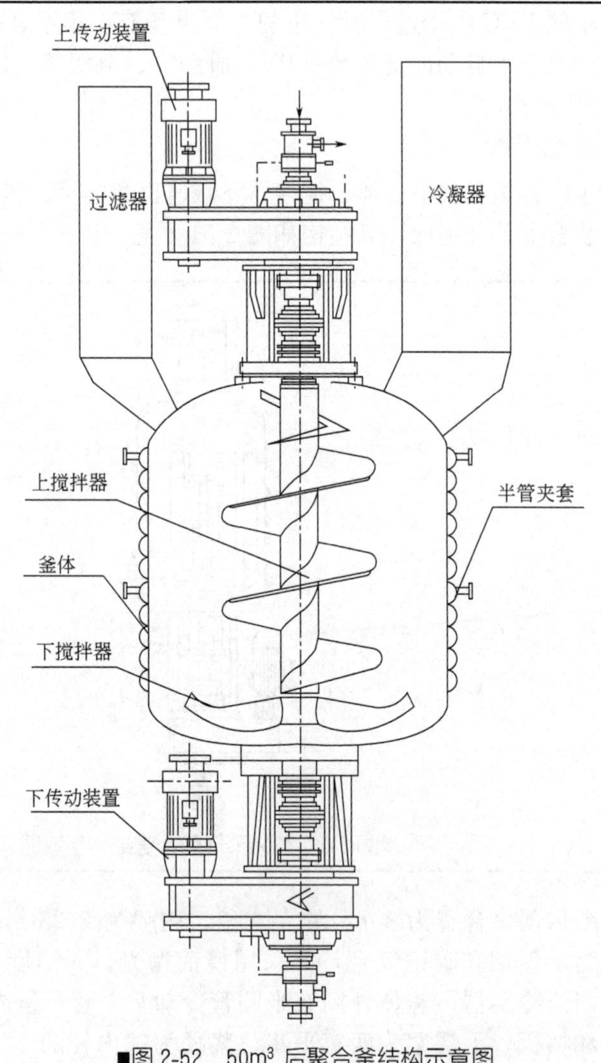

■图2-52 50m³ 后聚合釜结构示意图

图2-52示后聚合釜为50m^3的立式釜，内径为3.50m，釜高为6.17m，釜内壁为不锈钢和碳钢复合，并采用镜面抛光，光洁度为0.2～0.4μm，釜顶有回流冷凝器和脱气过滤器，釜体外周有半圆管冷却水夹套。釜内设有两个独立的搅拌系统：一个为螺杆搅拌器，另一个为锚式刮刀式搅拌器。两个搅拌器都是低速运转：上部螺杆搅拌器为25r/min，底部锚式刮刀式搅拌器为15r/min。两个搅拌的旋转方向相反，即一个正转则另一个反转。后聚合釜顶盖上还附有两个冲洗头，当后聚合釜需要冲洗时会按程序自动伸入釜内，冲洗釜壁和搅拌器的不同部位。后聚合釜安装在负载传感器上，VCM的进料量是通过对整个后聚合釜的称重进行测量控制的。后聚合釜主要包括以下几部分：后聚合釜筒体；后聚合釜顶部搅拌器；后聚合釜釜底部搅拌器；釜顶冷凝器；釜顶过滤器（带自动反吹系统）。

(1) VC本体聚合对聚合釜的要求 在本体聚合过程中，由于不以水为介质，也不加入分散剂，而只有氯乙烯单体和引发剂两种基本原料，因此简化了生产工艺：既无原料与助剂的预处理、配料等工序，也没有离心分离与干燥等成品的后处理等工序，而且生产出的本体PVC树脂颗粒的杂质含量比悬浮树脂少得多，颗粒形态大有改进，其他特性也大为提高。但本体PVC生产过程中必须解决好搅拌和传热两大难题才能获得满足加工要求的合格树脂产品。

① 对搅拌的要求　在以水为介质的VC悬浮聚合中，通过搅拌和分散剂很容易使VCM分散成均匀的液滴，而在本体聚合过程中搅拌就成了必须妥善解决的关键问题。这是因为VC本体聚合过程按物料状态可以划分为两个阶段：第一阶段中物料主要是低黏度的液态氯乙烯，而随着聚合反应的进行，自由流动的氯乙烯单体逐渐减少，基本不溶于氯乙烯单体的聚氯乙烯颗粒逐渐增加；第二阶段中，也即是氯乙烯转化率达到20%～30%时，自由单体几乎全部被聚氯乙烯颗粒所吸收，物料也由氯乙烯悬浮液转变为黏稠糊状，最后全部转变为粉状。因此，两个不同阶段对搅拌的要求就有所不同：第一阶段要求搅拌既均匀又较快，物料呈湍流状态，以便形成大小相近的颗粒；第二阶段主要要求搅拌均匀适中，以便于颗粒的增长。可见，两种不同物态的阶段就确立了聚合釜搅拌器的特殊性。

② 对传热的要求　对于以水为介质的VC悬浮聚合，采用通常釜壁夹套和内冷管的传热方式即可较容易地移出反应热，使聚合在恒温条件下进行。而在VC本体聚合过程中，物料经历了从VCM液均相→PVC悬浮液→黏糊状→粉末状的状态变化。在黏糊状和粉末状的状态下，物料与釜壁之间的传热性能很差，难以移出反应热，使聚合反应不能正常进行，必须另谋途径解决聚合过程反应热的移出问题。

本体PVC实际生产过程分预聚合和后聚合两步进行。预聚合阶段物料处于VCM液均相→PVC悬浮液状态，预聚合釜没有剧烈的搅拌，反应热靠釜壁夹套和釜顶回流冷凝器的冷却水移出应当没有问题。当氯乙烯转化率达到 8%～12%后即将物料送入后聚合釜继续反应。

在后聚合釜物，料从悬浮液经过黏糊状最后转变为粉末状态。为使物料始终处于均匀混合状态，防止局部受热，后聚合釜设有两个各自独立的搅拌系统：一是螺杆式搅拌，从釜顶直伸入直到底部，搅拌时推动并维持物料进行上下循环运动；另一是从釜底部伸入的锚式刮板搅拌桨，刮板与釜底的曲线相似，其作用一是防止 PVC 颗粒沉降，二是向螺杆搅拌器送料。上下两搅拌器均为空心结构，内部都能通循环冷却水，增加了传热面积，以便传带出更多的反应热，同时还有防止黏附物料的作用。

仅仅依靠夹套和搅拌桨的传热面积还不能完全移出聚合反应热，特别是物料处于黏糊状和粉末状的状态。因此，还要采用其他方法，诸如釜顶冷凝器、排出易挥发的（VCM）物料带出热量，以保证聚合能稳定恒温地进行，产物树脂质量达到标准的要求。

(2) 大型本体聚合釜的设计及结构特点 在分析 VC 本体聚合对聚合釜要求的基础上，宜宾天源和锦西化工机械厂吸收国内外的先进技术和使用经验，将预聚合釜从 30m^3 放大至 42m^3，后聚合釜从 50m^3 放大至 70m^3，放大后的釜型与原釜型保持几何相似。

70m^3 后聚合釜的技术特性及结构特点见表 2-46。

■表 2-46　70m^3 后聚合釜的技术特性

项　目	釜　体	夹　套
设计压力/MPa	1.55	0.5
设计温度/℃	100	100
物料名称	VCM＋PVC＋助剂	冷、热水
全容积/m^3	71.5	
釜内径/mm	3900	
长径比	1.2：1	
换热面积/m^2	78.65(夹套)	20.8(搅拌器)
主体材质	16MnR＋316L	Q235-B
焊缝系数	1	封头 1　筒体 0.85
容器类别	Ⅱ	
减速比	上传动装置 59.6	下传动装置 99.3
电机	YB355M-4　280kW　4P　380V　50Hz (1500r/min)	
搅拌形式	螺杆式	锚式
搅拌转速/(r/min)	25	15
轴封形式	填料密封	
每台生产能力/(t/a)	28000	

后聚合釜配套辅件主要有：回流冷凝器、PVC 脱气过滤器、清釜冲洗装置和计算机控制系统等，均采用了较为成熟的技术和先进的结构。

2.4.5 粘釜与防粘釜

在氯乙烯聚合过程中，有一部分聚合物料会黏结在聚合釜壁、搅拌器、挡板上，称为“粘釜”，它给PVC生产带来了极大的危害。

① 釜壁黏结后，使釜壁的传热系数下降，最大时可下降20%，反应热不易移走，被迫降低聚合速率，延长了聚合时间。

② 粘釜料孔隙率低，加工塑化性能差，易生成“鱼眼”，而“鱼眼”是使PVC制品老化、破裂的最薄弱环节，从而影响制品的质量。

③ 清釜不仅延长了生产的辅助时间，降低了釜的利用率，而且人工清釜环境恶劣，劳动强度大，严重影响了工人的身体健康与人身安全。

④ 妨碍了釜的大型化和连续化。

如何防止粘釜或减轻粘釜，是PVC生产中必须解决的课题之一。目前氯乙烯悬浮聚合的防粘釜问题已基本上得到了解决，可以做到上百釜、甚至一年左右不开盖，实现密闭化生产。但氯乙烯本体聚合的粘釜比较严重，目前只能做到一个月左右不开盖，其防粘釜问题还有待于进一步研究和解决。

不管是物理粘釜或是化学粘釜，釜壁对聚合物料的吸附与黏结效应是粘釜形成的最基本条件，因此“纯化”聚合釜壁的表面活性，则是防止粘釜的根本措施或途径。

(1) 提高聚合釜壁的光洁度 要提高聚合釜壁的光洁度就必须对釜内表面进行抛光处理。抛光处理分为机械抛光和电解抛光等。机械抛光是用布轮与不同粒径的细砂进行抛光，以除去釜壁表面的凸出部分，得到光滑的内表面。电解抛光又称为电解研磨，是用与电镀相反的方法，在电解液中使粗糙的表面得以清除，得到平滑表面的电化学方法。机械抛光技术劳动强度大，效率低，釜壁表面光洁度有限，仅能除去釜壁表面凸出部分，对釜壁表面凹陷部分就难以解决。目前国内外大型聚合釜基本上都是采用电解抛光技术。釜内壁的粗糙度可以达到$R_a=0.01\sim0.32\mu m$的镜面光滑度，相当于搪玻璃的光滑度。

(2) 涂布阻聚剂和添加防粘釜剂 提高原材料纯度，调节体系的pH值，改变加料工艺使各种添加剂在体系中均匀分散，当采用油溶性引发剂时涂布阻聚剂等都可以起到减轻粘釜的效果。当聚合工艺、设备、配方及操作控制条件等已确定的条件下，采用涂布阻聚剂和添加防粘釜剂，是最好的防粘釜方法之一，既“纯化”了釜壁的表面活性，又起到了阻止釜壁与聚合物之间的接枝聚合反应的作用。在氯乙烯本体聚合中，采用涂布液对釜壁进行涂布，并添加防粘釜剂HNO_3以及采取了一些特殊措施，取得了一定的防粘釜效果，可以做到一个多月不开釜，粘釜量也很少（约几公斤），用高压水冲洗头冲一冲就干净了。

2.4.6 本体 PVC 树脂的加工与应用

M-PVC 属于物理机械性能、电气性能及化学耐腐蚀性能比较优越的塑料之一。根据不同规格 M-PVC 的型号，采用不同的塑化配方和加工方法，可以制成不同用途的软硬制品。表 2-47 是不同型号 M-PVC 的用途一览表。

■表 2-47　各种型号 M-PVC 的用途

型号	KW57（RB8010）（本体 8 型）	KW60（BB9010）（本体 7 型）	KW62（GB9550）（本体 6 型）	KW67（GB1210）（本体 5 型）	KW70（GB1350）（本体 4 型）
用途	瓶子	半硬质压延品	硬质型材	管材	软质注射品
	唱片	软质涂层	地板涂料	硬质型材	软质挤出品
	硬质压延品	条形挤出品	软质挤出品	硬质板材（挤出）	软质压延品
	硬质注射品			软质挤出品	管材
	流化床涂层				

PVC 塑料在五大通用塑料生产中成本最低，自熄性好，且有良好的机械强度和尺寸稳定性，同时还具有突出的耐化学腐蚀性和电绝缘性。因此，PVC 在建筑、包装、医疗卫生、电器材料、化工防腐、农业和汽车工业以及人民生活中占有重要地位。主要应用领域如下。

① 管材管件　主要生产各种耐压管材和无压管材，如农用灌溉管、市政供水管、化工用管、排污管、导线套管、通风管等。

② 建筑及装饰材料　主要用于生产墙板、地板、门窗异型材、灯箱透明片材、装饰型材、台布、建筑扣板、透光棚板及片材、窗帘、壁纸、中空吸塑装饰制品、防水及隔音隔热材料等。

③ 包装材料及薄膜　主要生产各种 PVC 包装薄膜或薄片、吹塑瓶、容器、农用薄膜等。

④ 电子电器及电线电缆　主要生产绝缘电线电缆及电缆护套、保护套管、胶带、插座或插销、接线盒、电汽外壳及配件等。

⑤ 交通运输材料　主要生产汽车装饰材料和内衬、座椅、汽车地板或软垫，仪表板及旋钮，缓冲带和缓冲挡板，车窗密封条等。

⑥ 仿革制品及涂覆材料　主要生产各种人造革、仿皮制品、防水涂覆材料、防渗漏涂覆材料等。

⑦ 医用器材及制品　主要生产卫生及 PVC 血袋和盐水袋、透明塑料管和输液管、医用盒具及容器、药品包装、医疗辅助设备及器材等。

⑧ 服装和织物　主要生产雨具、PVC 纤维及织物、医疗用特殊衣裤、

仿皮夹克、旅行箱包及日用包件等。

⑨ 体育及娱乐用品　主要生产玩具、球类、唱片、体育器材或设施配件、运动用品及箱包等。

⑩ 其他用品　主要生产有化工防腐容器及设备衬里、化工塔罐及设备、工业过滤织物和滤片、农用器具、蓄电池壳体及隔板、空气过滤器及通风管网等。

PVC 塑料通常是由 PVC 树脂与多种起不同作用的添加剂配合后，经过不同的加工成型方法而制成的。根据制品的用途和加工方法的不同，其物料组成除主体成分为 PVC 外，还含有稳定剂，增塑剂、润滑剂、改性剂、填料、色料和其他加工助剂等。在有特殊要求时还需加入抗静电剂、发泡剂、阻燃剂、防霉剂、抗菌剂、增黏剂和抗粘连剂等。

M-PVC 树脂和 S-PVC 树脂都属于通用型的 PVC 树脂，可以通过特定的配料工艺和各种加工过程制得一系列从硬质到软质的、性能各异的、质量良好的 PVC 塑料制品。其加工成型过程如图 2-53 所示。

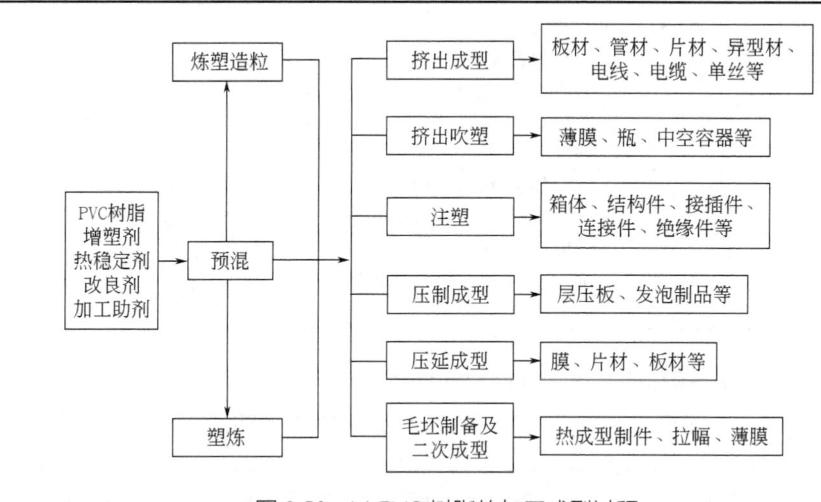

■图 2-53　M-PVC 树脂的加工成型过程

由于 M-PVC 树脂的颗粒形态规整，结构紧密且疏松，比表面积大且孔隙率高又无皮膜包覆，粒径小且分布均匀集中，流动性又好，因而增塑剂吸收量大且速率快，树脂容易破碎和熔融，加工温度低，生产量大，增塑性能和加工性能都十分优越，深受用户的欢迎和青睐。

2.4.7 本体法与悬浮法工艺技术综合比较

2.4.7.1 工艺技术及主要设备比较

本体法与悬浮法工艺技术及主要设备比较见表 2-48。

■表 2-48 本体法与悬浮法工艺技术及主要设备比较

序号	内容	悬浮法	本体法
1	工艺可行性	国内基本采用此技术，技术成熟，无风险	技术成熟，国内较少本体 PVC 厂
2	清洁工艺	VC 单体分散在水中进行聚合，需用去离子水，如不回用只有简单沉淀后送废水厂处理。每吨 PVC 用去离子水 3.5t 以上，废水量大	1. 聚合中不需去离子水，只有冲洗釜需用水，而只用生消水 2. 每个工序的工艺较完善 3. 基本无废液排放
3	工艺流程	1. 需要各种助剂的配制和储存 2. 把单体、去离子水、分散剂等一次加入釜内聚合，回收的 VCM 量较少 3. 需要浆料汽提装置 4. 需要 PVC 的离心分离、干燥装置	1. 聚合分别在预聚合釜和后聚合釜进行，聚合釜总数与悬浮法相当 2. 聚合中有 VCM 排出，聚合完还有未反应 VCM，都需进行回收 3. 不需要 PVC 浆料的汽提、离心分离和干燥装置
4	原材料消耗	1. 聚合过程中去离子水的耗量高 2. 助剂(引发剂、终止剂、消泡剂、分散剂等)的使用量多	1. 聚合过程中不用去离子水 2. 助剂的用量少(仅使用氨水、甘油、抗氧化剂、引发剂、增稠剂等)
5	能耗	1. 聚合后的 PVC 要通过浆料汽提、离心、干燥，蒸汽的消耗量高约为 1.5t/tPVC 2. 聚合完后的尾气排入 VCM 气柜，需耗能精馏才能用于聚合	1. 蒸汽的总消耗量小于 0.4t/tPVC 2. 对 VCM 的回收需要冷冻水及冷冻盐水量较大
6	主要设备	$70m^3$ 聚合釜为 10 台，离心机 4 台(进口)，汽提塔、旋风干燥设备	$30m^3$ 预聚合釜 2 台，$50m^3$ 聚合釜 10 台
7	操作	1. 聚合操作较简单 2. 实现 DCS 自动调节控制	1. 聚合操作较复杂 2. 实现 DCS 自动调节控制
8	产品质量	聚合中加入消泡剂、终止剂、分散剂、助剂等，产品含添加剂残留物，纯度降低	聚合中不使用消泡剂、终止剂、分散剂、助剂等，产品纯度好

2.4.7.2 颗粒形态的比较

本体法与悬浮法 PVC 颗粒形态的比较见图 2-54。

本体法PVC

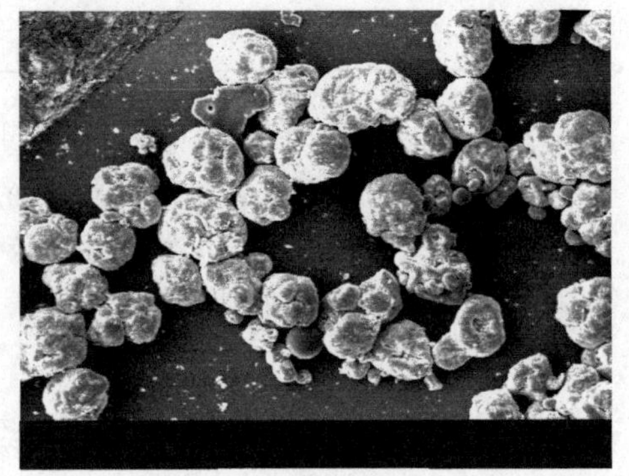

悬浮法PVC

■图 2-54 本体法与悬浮法 PVC 颗粒形态的比较

由图可见，本体法 PVC 的颗粒形态比悬浮法规整，粒径大小均匀。

2.4.7.3 本体法 PVC 市场状况分析

国内只有两家公司生产本体法 PVC，产品主要用于管件和透明片材的加工。

目前，生产的 7 型和 8 型树脂在管件和透明片材领域已供不应求，但还没有开发 5 型树脂在异型材、管道等硬制品方面的应用，所以很少生产 5 型树脂，其应用优越性还没有充分体现出来。

用户认为：从树脂的颗粒形态、加工性能、加工制品的强度和表面光洁度，以及高型号树脂用于透明片材领域等方面看，本体法 PVC 树脂产品质量比悬浮法好而稳定，但价格比悬浮法产品高出 150 元/吨。预计将来本体法产品可以代替乙烯法产品在透明片材领域的应用。

市场需求：本体法 PVC 产品用户主要为我国南方地区 PVC 下游产品加工行业。福建省需求量每年约为 10 万吨，江浙和广东市场每年需求量约 50 万吨以上。

2.4.7.4 本体法的优越性

本体法 PVC 生产工艺是在无水、无分散剂、只加入引发剂的条件下进行聚合，不需要浆料槽、汽提塔、离心机、沸腾床等后处理设备，具有投资少、节能、成本低、树脂加工性能好等特点。用本体法 PVC 树脂生产的制品透明度高、电绝缘性好，易加工，用来加工悬浮法树脂的设备均可用于加工本体法树脂。但受本体法 PVC 生产工艺复杂性和悬浮树脂更易得到等的影响，所以本体法 PVC 生产工艺在我国使用较少。

本体法具有以下特点。

(1) 设备少，工艺流程短 由于聚合过程中不加水和分散剂（或乳化剂），因而可以省去悬浮法（乳液法）PVC 生产中的去离子水制备和分散剂等溶液的配制（乳液法 PVC 生产中去离子水制备和乳化剂等的配制），浆料槽和汽提塔、离心干燥（或喷雾干燥）等过程和设备。所以大大地简化了工艺流程，装置占地面积小，投资较省。

(2) 能耗低 由于反应中不加水，聚合释放反应热容易导出，仅用循环水冷却，而且生产用蒸汽总消耗量仅为 0.3～0.4t/t PVC。

(3) 三废排放少 该工艺基本没有生产废水向外排放，清釜为密闭自动清釜，工艺过程基本无废气排出，因而环境污染少。

(4) 质量稳定 因为在生产过程中不加水和其他助剂，减少了不可重复参数；产品黏数仅仅取决于搅拌速率和温度，这些参数具有可重复性，因此产品的分子量、粒度等均匀稳定，故产品质量稳定。

(5) 生产能力大 由于聚合过程中不加水而使用釜顶回流冷凝器，因而釜的生产强度高，生产能力大，一般一台预聚合釜和五台聚合釜相匹配，其装置的生产能力可以达到 10 万吨/年，生产强度约为 417t/(m^3·年)。

(6) 产品质量好 本体法生产的聚氯乙烯树脂颗粒均匀，由于不加分散剂，产品纯度高，在显微镜下观察像鹅卵石形状，粒子分布集中，无表皮，孔隙率较高，具体表现在以下几方面。

① 较好地兼顾了密度和孔隙率两方面性能，因此在相同的加工条件下，本体法聚氯乙烯的加工速度比悬浮法高 10%～15%。

② 加工性能好。本体法聚氯乙烯树脂颗粒均匀而集中，吸收增塑剂较快，可塑性好，可缩短加工操作周期。

③ 本体法树脂干流性好。本体法生产工艺所得树脂颗粒呈均匀鹅卵石形状，而悬浮生产工艺所得树脂呈棉花团状。因此，本体法树脂干流性好。

④ 由于本体法聚氯乙烯树脂纯度较高，颗粒无表皮多孔，塑化程度较好，所以制品透明度比悬浮法高。利用该特性在压延薄片、刚性板片、瓶子、薄膜等均有应用。特别是制作地膜时具有很好的透明度和透气性，适合农作物生产使用。

⑤ 由于聚合时不用分散剂，所以本体法 PVC 树脂无表皮；聚合过程不断排气，使得树脂孔隙率和疏松性能好，而且树脂颗粒由直径约为 120μm 的微小颗粒堆积而成。这些对聚合后的汽提，脱除树脂中的氯乙烯提供了内部条件，能使成品树脂中氯乙烯单体的残留量小于 1mg/kg，符合食品级卫生标准，达到无毒 PVC 树脂的要求，完全可以取代同类进口产品。

⑥ 聚合过程中不需要用水和分散剂，因而所得 PVC 树脂纯度高，加工所得制品的吸水率低，长期保存也不易吸潮和发霉；制品透明度高，雾度小，无水印；电性能特别好，具有优良的热稳定性，故而特别适合于制作透明包装材料、电缆粒料、上水管道和型材。

⑦ 由于本体法 PVC 产品纯度高、VCM 含量低、鱼眼少、无毒、具有内增塑作用，可以少用或不用增塑剂，因而大大减轻了对环境的污染，有利于工人的身体健康。同时可以吹成很薄的薄膜替代聚乙烯作农用薄膜，而且透紫外光线好，强度也比较高，可以提高农业生产的产量，有较好的社会效益和经济效益。

⑧ 加工过程中排放的废气少，操作环境较好，在价格高于悬浮法树脂 200～300 元/t 的条件下，国内厂商仍乐于使用本体法树脂。

⑨ 本体法 PVC 的生产成本和投资比较：一般生产成本较 $70m^3$ 悬浮法 PVC 要低 3%～5%左右，投资较相同规模的悬浮法 PVC 相当，只是聚合单元比悬浮聚合单元投资高出部分。总体投资基本相当。

参考文献

[1] 邴涓林，黄志明．聚氯乙烯工艺技术．北京：化学工业出版社，2008．
[2] 潘祖仁．高分子化学．第四版．北京：化学工业出版社，2007．

[3] 潘祖仁，邱文豹，王贵恒．塑料工业手册：聚氯乙烯．北京：化学工业出版社，1999.
[4] 严福英等．聚氯乙烯工艺学．北京：化学工业出版社，1990.
[5] 司业光，韩光信，吴国贞．聚氯乙烯糊树脂及其加工应用．北京：化学工业出版社，1993.
[6] Burgess R. H. 著．聚氯乙烯的制造与加工．黄云翔译．北京：化学工业出版社，1987.
[7] L. I. 纳斯主编．聚氯乙烯大全·第一卷．王伯英等合译．北京：化学工业出版社，1983.
[8] 曹同玉，刘庆普，胡金生．聚合物乳液合成原理、性能及应用．北京：化学工业出版社，1997.
[9] 李克友．乳液聚合·上册．成都：四川科学技术出版社，1986.
[10] 阚浩．氯乙烯本体预聚合成粒过程研究．浙江大学硕士学位论文，2008.
[11] 兰凤祥等．聚氯乙烯生产与加工应用手册．北京：化学工业出版社，1996.

第 3 章 聚氯乙烯树脂的结构、性能及应用

3.1 引言

聚氯乙烯的分子结构、结晶性和颗粒形态等对树脂的加工性能和制品的性能都有重要的影响。因为 PVC 的分子结构、结晶和颗粒形态，一方面受聚合工艺条件所制约，另一方面又制约着 PVC 加工和应用领域。

3.2 PVC 分子结构

3.2.1 主链结构

氯乙烯是含有一个取代基的乙烯基单体，它在 PVC 的链结构上可能有几种不同的结合方式。首先，单体单元依次接在一起，一种是氯原子处在相邻的碳原子上（头-头结合），另一种是氯原子沿着链均匀地排列（头-尾结合），如图 3-1 所示。进而要考虑的是关于氯原子相互间的位置。所有的氯原子都排列在聚合物链的同一侧为等规（全同）立构型，从一侧到另一侧交替排列的为间规（间同）立构型，而杂乱无章排列的为无规立构型，见图 3-2。

$$\left[\begin{array}{c}H\\|\\C\\|\\H\end{array}-\begin{array}{c}Cl\\|\\C\\|\\H\end{array}-\begin{array}{c}Cl\\|\\C\\|\\H\end{array}-\begin{array}{c}H\\|\\C\\|\\H\end{array}\right]_n$$

头-头结合

$$\left[\begin{array}{c}H\\|\\C\\|\\H\end{array}-\begin{array}{c}Cl\\|\\C\\|\\H\end{array}-\begin{array}{c}H\\|\\C\\|\\H\end{array}-\begin{array}{c}Cl\\|\\C\\|\\H\end{array}\right]_n$$

头-尾结合

■图 3-1 PVC 链上氯原子的排列

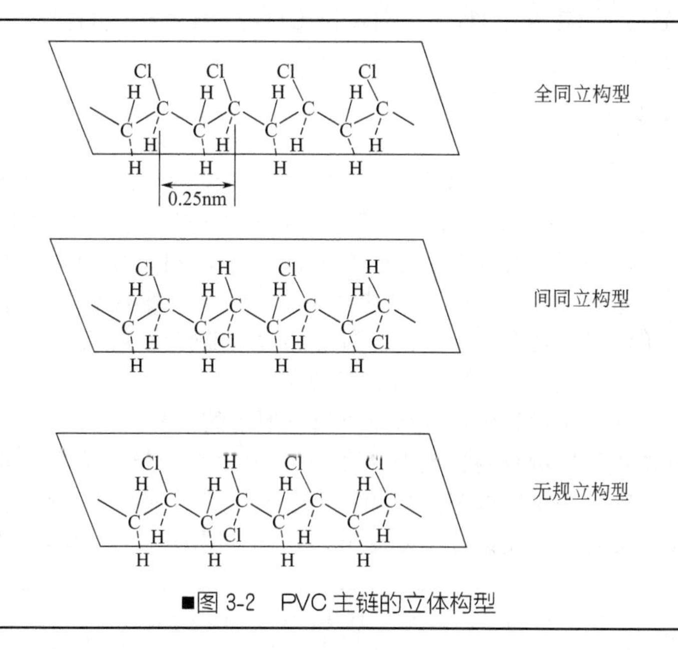

■图 3-2　PVC 主链的立体构型

商品 PVC 中以无规立构为主，但间规立构仍然存在。通过红外光谱（IR）和核磁共振（NMR）分析，发现随着聚合温度降低，PVC 的间规立构比例提高。同时还发现，降低聚合温度，较长间规立构链段的质量比率也提高。PVC 间规立构与聚合温度的关系见图 3-3，间规立构链长对链段质量分布的影响见图 3-4。

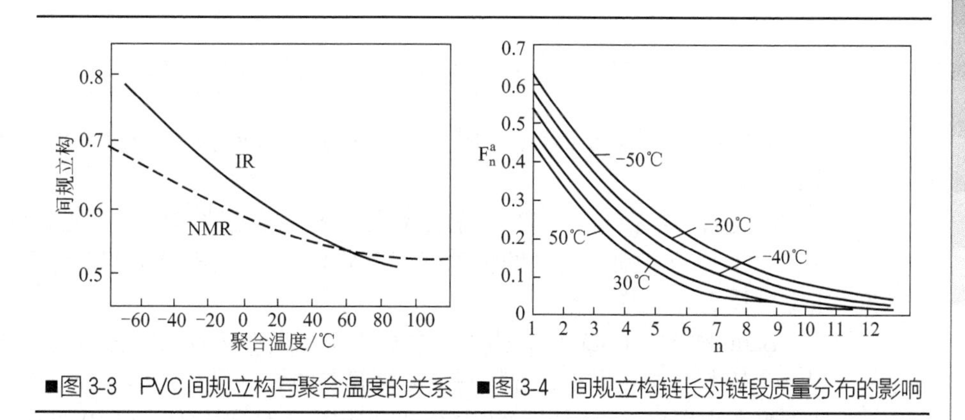

■图 3-3　PVC 间规立构与聚合温度的关系　■图 3-4　间规立构链长对链段质量分布的影响

3.2.2 端基结构

引发剂的残基应是聚合物链起始点的端基。此外，各种可能的终止反应（包括链转移和链终止两种反应）能够导致形成其他端基。现将除引发剂残基以外的其他端基列于如下：—CH_2—CH_2Cl、—CH ═CHCl、—CCl ═

CH_2、—CH═CH_2、—CHCl—CH_3、—CH_2—$CHCl_2$。

3.2.3 支化链

大分子自由基向 PVC 大分子发生链转移时，可以在大分子链上形成一个支化点。Cotman 用还原氢化法，把 PVC 转变成类似于聚乙烯的聚烯烃，然后以研究聚乙烯的方法研究 PVC 支化程度，发现聚合度为 1523（相对分子质量 89000）的 PVC 树脂，每个大分子平均有 20 个支链，这就是说每 70 个单体单元就有一个支链。分支的数量随转化率的提高而增多，因为大分子自由基向大分子链转移的概率增大。

红外研究显示，支链是含有碳原子的丁基，另有人认为是甲基。而核磁共振研究显示是两种支链共存，每 1000 个碳链上有三个甲基支链（而且此甲基支链是氯甲烷基团）和一个丁基支链。而另有人认为，在 PVC 主链上主要含有乙基支链和丁基支链，并且可用图 3-5 的结构式表示。

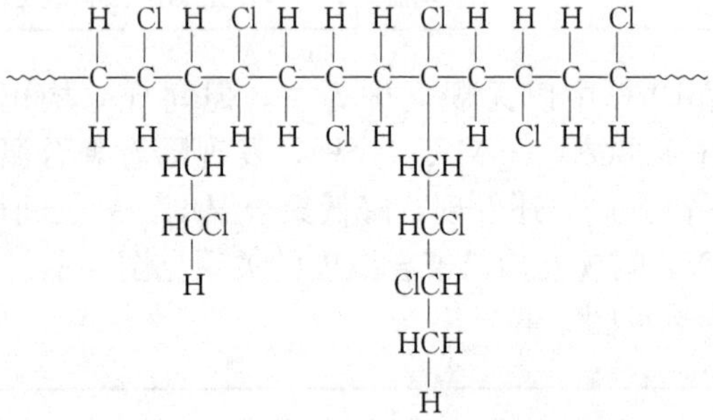

```
      H  Cl  H  Cl  H   H   H  Cl  H   H   H  Cl
      |  |   |  |   |   |   |  |   |   |   |  |
~~~~C—C—C—C—C—C—C—C—C—C—C—C~~~~
      |  |   |  |   |   |   |  |   |   |   |  |
      H  H   |  H   H   Cl  H  |   H   Cl  H  H
            HCH                HCH
             |                  |
            HCCl               HCCl
             |                  |
             H                 ClCH
                                |
                               HCH
                                |
                                H
```

■图 3-5 PVC 链支化结构中可能出现的两种端基

显然这种结构较为合理，因为氯乙烯由两个碳组成，应更多出现偶数碳支链。

研究表明，在 50～75℃的聚合温度范围内支链数与聚合温度关系不大，但在 50℃以下，随着温度的降低，支链数目减少。在－50℃聚合，PVC 基本上可看作为线型分子。

Baun 和 Wartman 研究指出，存在于支化点上的叔氯化物为脱氯化氢的起点。基本上未支化的聚合物脱氯化氯起点的数目仅有一小部分，而不像支化的聚合物那样。因而可以认为 PVC 支化为不稳定因素。在 PVC 树脂生产过程中，过高的追求树脂转化率，往往会导致树脂热稳定性的降低，在干燥过程中就发生热分解，树脂白度下降。

3.2.4 不稳定结构单元

PVC 大分子上主要有如下结构单元：

① 分支结构单元上的叔氯；

② 富氯基团：～CHCl—CHCl～、～CH_2～$CHCl_2$、～CHCl—CH_2Cl；

③ 不饱和端基：～CH═CHCl、～CCl═CH_2、～CH═CH_2；

④ 烯丙基氯基团：～CHCl—CH═CH_2（端基烯丙基氯）、～CHCl—CH═CH～（大分子内的烯丙基氯）。

这四类不稳定结构单元中，最不稳定的是大分子内的烯丙基氯，其次是分支结构单元上的叔氯、端基烯丙基氯和仲氯。这些不稳定的氯原子在热（或紫外光）作用下易于脱掉氯原子，紧接着脱去邻位上的一个氢原子（而不是脱氯化氢），生成氯化氢放出，在大分子上形成一个双键。这种脱氯、脱氢过程是连锁进行的，发展迅速，很快就形成一个多烯共轭体系，如图3-6所示。

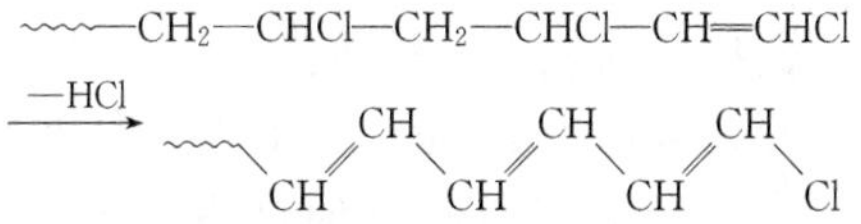

～～—CH_2—CHCl—CH_2—CHCl—CH═CHCl

$\xrightarrow{-HCl}$ ～～CH═CH—CH═CH—CH═CH—Cl

■图3-6 脱氯化氢形成多烯共轭体系

共轭体系越长，颜色就越深，所以在PVC加热降解时会显示出一系列特征颜色：透明→无色→淡黄→黄→黄-橙→红-橙→红→棕褐。

3.3 PVC结晶

在50～60℃聚合的商品PVC树脂主要是无定形聚合物。然而，X射线衍射图像确实显示出少量的结晶性，一般估计结晶度为5%～10%。Natta在研究PVC定向纤维时得出结论，这些晶体是正交晶系，其晶体尺寸为a=1.055nm，b=0.525nm，c=0.508nm。这些微晶是间规立构型链段的有序排列，是粒径为23nm的区域结构（domain）内生成的晶片，晶片厚度为1～1.5nm，宽度为5～10nm，其余区域为无序排列的链段，如图3-7所示。此结构似乎难以令人置信，但是用此结构模型可成功地解释X射线宽角散射（WAXS）、小角X射线散射（SAXS）和小角可见光散射（SALS）的数据。在聚合初期，PVC大分子浓度甚低时，这种晶片也许是可能发生的，只是到较高转化率时，PVC大分子浓度高，相互缠绕，再加上分支增多，此种晶片就难以生成。

PVC晶片密度为1.53g/cm^3（普通PVC密度1.50g/cm^3），熔点为175℃，它十分稳定，在高浓度增塑剂存在的塑化PVC中还能发现晶片。蠕变试验和

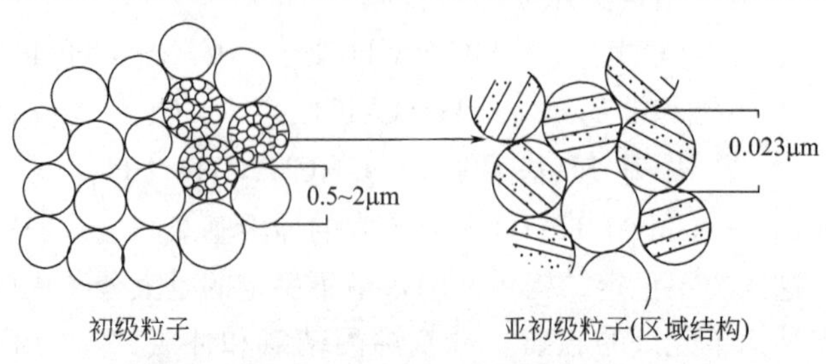

■图 3-7 PVC 树脂颗粒内存在晶片的模型

松弛研究表明，结晶度是造成塑化 PVC 内存在应力的原因。其实，在硬质 PVC 加工过程中这些晶体也是很难熔化塑炼的，顽固地保持原有状态。因而结晶度高的聚合物需较高的加工温度，而制品则有着较高的软化温度。

PVC 的结晶度随着聚合温度的降低而提高，其根本原因是间规立构型链段增多和支链数目的减少。据报道，－50℃制备的 PVC 树脂其结晶度为 20％，－60℃的聚合物为 25％，－75℃的为 27％。

White 报道，用特殊手段可以制得完全间规立构型 PVC，该 PVC 的高结晶度，在 500℃也不熔化。

3.4 PVC 树脂颗粒形态和内部结构

工业上应用的聚氯乙烯树脂都是以粉料形式供货，主要有悬浮 PVC 树脂（S-PVC）、本体 PVC 树脂（M-PVC）和 PVC 糊树脂（E-PVC）三大类，以 S-PVC 树脂占产品中的大多数，其次是 M-PVC 和 E-PVC 等树脂。随着生产方法和条件的差异，PVC 树脂颗粒的形成过程、结构形态、加工性能和应用领域也不相同。了解树脂的颗粒形态和结构对于加工应用会有很大的帮助。

3.4.1 悬浮 PVC 树脂

S-PVC 树脂是粒径为 75～250μm 的白色粉末。由于搅拌强度和分散剂的不同匹配，形成了两种不同外部形貌（单细胞和多细胞）的树脂颗粒，图 3-8(a) 为外部形貌扫描电子显微镜（SEM）照片。由图 3-8(b) 的多层次结构 SEM 照片可见，不管树脂外部形貌是单细胞还是多细胞，都由多层次结构组成：颗粒外边的皮膜与颗粒内部的初级粒子或凝聚体连在一起，几乎成一体。据此提出了悬浮 PVC 树脂颗粒的多层次结构模型，如图 3-8(c) 所示。树脂多层次结构的形成和影响因素已在“2.2.2.5.1 树脂颗粒形成的传统理论”一节中阐明，在此不再赘述。

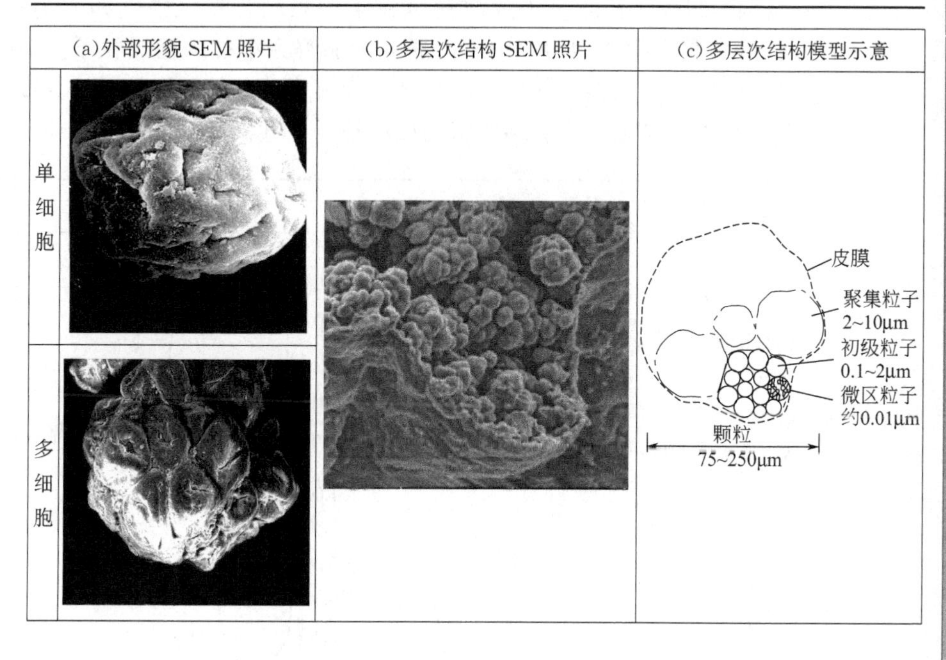

■图 3-8　悬浮 PVC 树脂颗粒形态

3.4.2 PVC 糊树脂

PVC 糊树脂及其他配合剂一般要在液体增塑剂中调制成稳定的悬浮分散体系，即 PVC 增塑糊，然后将其加工成最终制品。尽管 PVC 增塑糊加工成型方法很多，但都要求糊料有适宜的黏度和较好的触变性，其糊性能直接影响到增塑糊的加工及使用。而对糊性能影响最大的则是糊树脂在增塑糊中的颗粒特性，主要包括糊树脂在增塑糊中的崩解程度、崩解后粒子的形态和大小。

由于 PVC 糊树脂生产和加工的特殊性，对于 PVC 糊树脂的颗粒形态应关注以下几方面。

一是聚合结束后形成的乳胶粒子（称为初级粒子）的大小及分布。由“2.3.4 聚氯乙烯糊树脂聚合方法及生产工艺”一节可知，PVC 糊树脂可由不同的聚合方法制得，糊树脂原始乳胶粒（初级粒子）外部形貌都呈现为无孔、圆球形，大小和分布也各不相同，因而增塑糊的黏度和加工应用领域也有差别。不同聚合方法的初级粒子粒径及粒径分布如图 3-9 所示。

另一是聚合乳液干燥时，若干大小不一的初级粒子因受热而黏结成一个粒子团，形成最终的干燥糊树脂（称为次级粒子），其粒径为 20～70μm。根据初级粒子黏结程度不同，次级粒子可有紧密型和松散型之分，即使对于同一批干燥糊树脂，也可有两种形态的次级粒子同时存在。其外部形貌和内部结构模型见图 3-10。

再者，PVC 乳液在干燥时初级粒子的黏结程度（强度和大小）不同，因此 PVC 糊树脂在增塑剂中不可能完全崩解为单独的初级粒子。对于松散型的次级粒子可以很容易地在增塑剂中崩解为单独的初级粒子，其糊性能仍为初级粒子所决定。而黏结紧密的次级粒子，其糊黏度既受初级粒子影响又

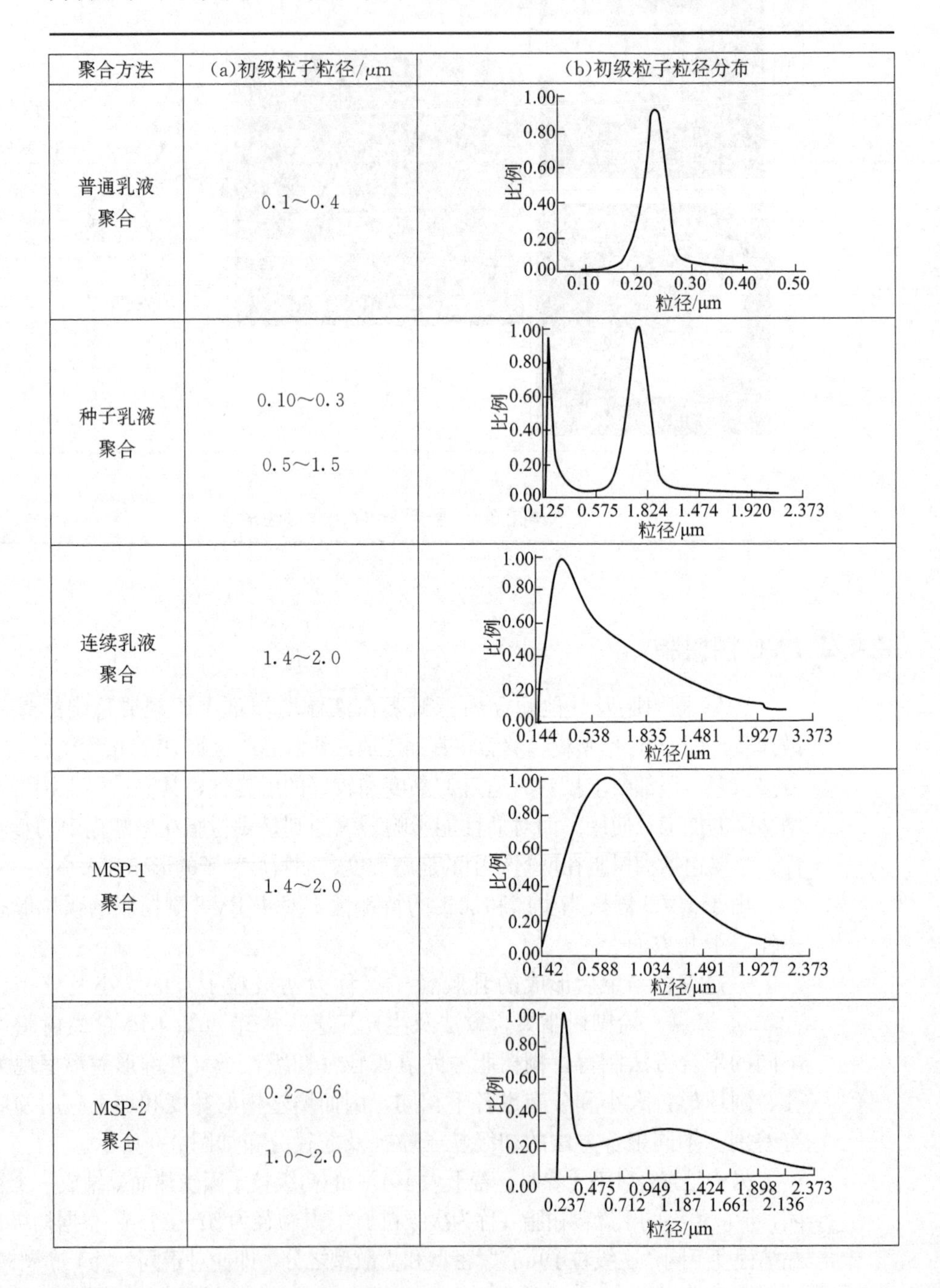

聚合方法	(a)初级粒子粒径/μm	(b)初级粒子粒径分布
普通乳液聚合	0.1～0.4	
种子乳液聚合	0.10～0.3 0.5～1.5	
连续乳液聚合	1.4～2.0	
MSP-1 聚合	1.4～2.0	
MSP-2 聚合	0.2～0.6 1.0～2.0	

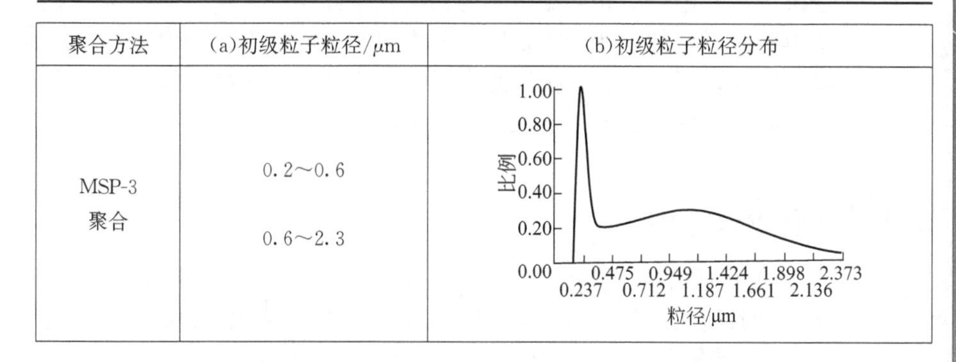

聚合方法	(a)初级粒子粒径/μm	(b)初级粒子粒径分布
MSP-3 聚合	0.2～0.6 0.6～2.3	

■图 3-9　不同聚合方法初级粒子粒径及粒径分布

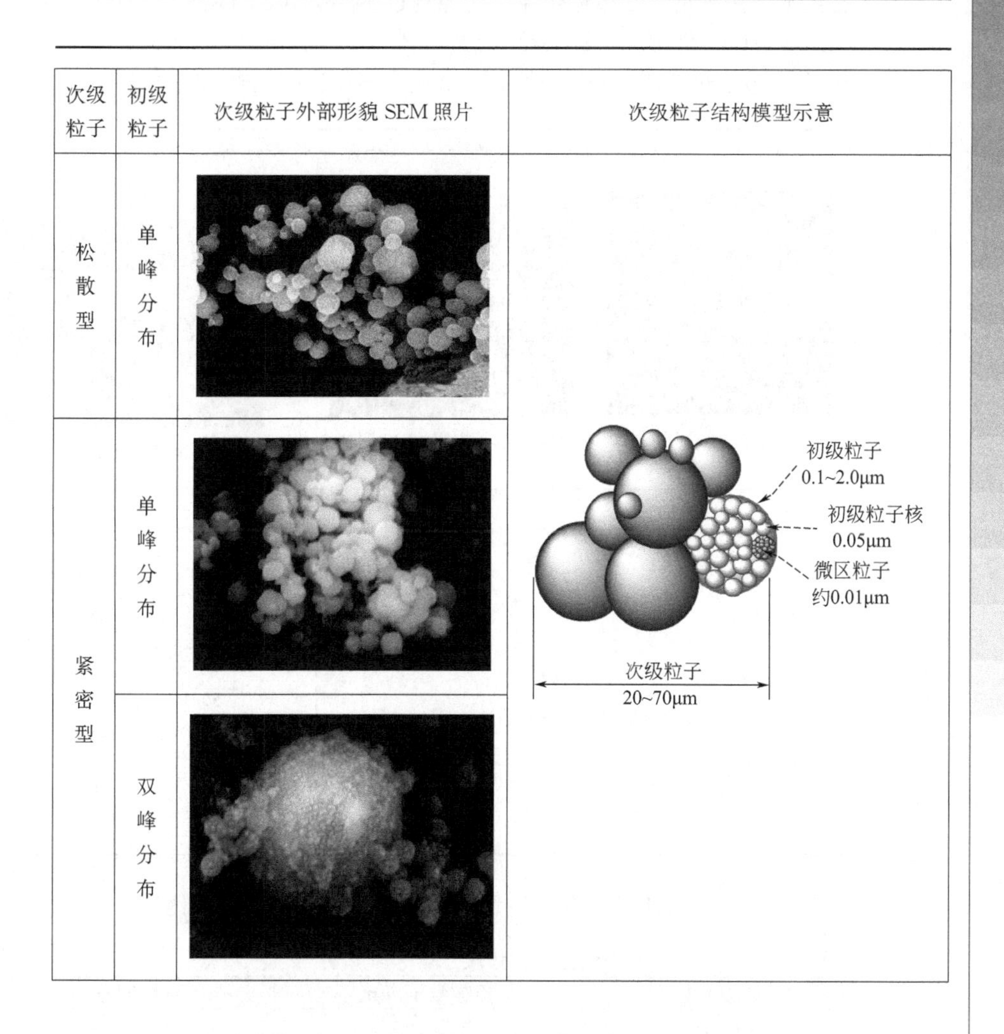

次级粒子	初级粒子	次级粒子外部形貌 SEM 照片	次级粒子结构模型示意
松散型	单峰分布		
紧密型	单峰分布		
	双峰分布		

■图 3-10　干燥后次级粒子外部形貌及内部结构模型

受次级粒子影响。如果糊树脂的初级粒子黏结得紧密，使初级粒子的性能无法得到体现，其糊性能主要取决于次级粒子的形态，对增塑糊有多种不利影响。因此，国外生产的糊树脂在干燥后都要经过研磨，使次级粒子破碎。国内原有生产糊树脂的工艺没有研磨工序。

3.4.3 本体 PVC 树脂

M-PVC 树脂为粒径 50～100μm 的白色粉末，其外部形貌如图 3-11(a) 的 SEM 照片所示。由于 VC 本体聚合不使用分散剂和水，因此本体树脂颗粒的外表没有皮膜覆盖，而是由初级粒子及凝聚体包裹在颗粒周围，从外表就可清楚看到内部结构：初级粒子或凝聚体之间堆积不紧密，不是彼此隔离封闭，而是有孔洞相互贯通，内部有孔隙，孔隙越过树脂颗粒的无皮边缘与外界相通，参见图 3-11(b) 外部无皮膜 SEM 照片和图 (c) 内部结构 SEM 照片。图 3-11(d) 和 (e) 分别是本体树脂无皮膜模型和内部多层次结构模型的示意图。

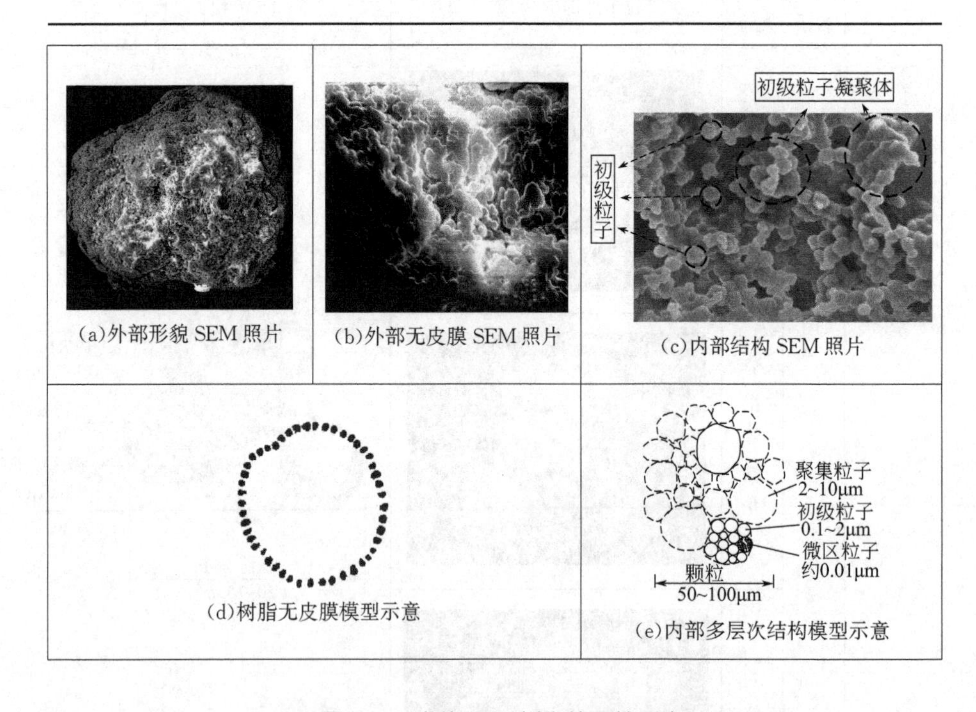

(a)外部形貌 SEM 照片 (b)外部无皮膜 SEM 照片 (c)内部结构 SEM 照片 (d)树脂无皮膜模型示意 (e)内部多层次结构模型示意

■图 3-11 本体 PVC 树脂的颗粒形态

表 3-1 是三种聚合方法生产的 PVC 树脂的颗粒尺寸比较。

■表 3-1 三种 PVC 树脂颗粒的颗粒尺寸

树脂品种	初级粒子/μm	树脂颗粒/μm
S-PVC	0.5～1.0	75～250
E-PVC	0.1～2.0	20～70
M-PVC	0.5～1.5	50～100

3.5 加工中 PVC 树脂颗粒结构的变化

人们对 PVC 树脂的合成和颗粒形态、产品的规格和应用、制品的物理和化学性能等研究得较多，认识也较为深刻，但对加工过程中诸多性能的变化，特别是颗粒形态的变化研究甚少。

PVC 树脂在加工过程中受到加热、剪切和增塑剂等的作用，树脂颗粒从破碎、细化到熔化、熔解、塑化。加工过程一方面受制于树脂的颗粒结构，另一方面又影响着制品的质量。因而研究加工中 PVC 树脂形态的变化将有助于指导 PVC 加工条件和配方的确定。

3.5.1 相关理论

在氯乙烯的聚合过程中，无论是悬浮聚合、本体聚合或是乳液聚合，树脂颗粒均由初级粒子凝聚而成。而在加工过程中受到热、剪切和增塑剂等的作用，树脂颗粒会分裂为初级粒子或更微小的结构单元，可视为聚合的逆过程。聚氯乙烯树脂属无定形聚合物，但也存在少量结晶区域（结晶度为5%～10%），微晶结构通过分子物理交联连接成一体。PVC 在较低温度（140～190℃）下加工，PVC 树脂颗粒受到热和剪切作用而破碎，其流动单元是初级粒子，熔体黏度比较小。当加工温度更高时，初级粒子进一步解体，粒子自外层向内部逐步熔融，熔体流动以分子流动为主，粒子间熔融的 PVC 大分子在剪切力作用下逐步缠结，形成网络结构，黏度上升。PVC 微观粒子相互熔融所形成的三维网络结构在低温下网络很弱，且不连续；相反，在高温（200℃）下加工，三维网络更强更光滑。PVC 加工过程中经过熔融作用和冷却过程中再结晶，物理交联网络进一步生成。通常 PVC 树脂的粒径越小，分布越集中，越容易完成粒子破碎和缠结这两个过程，如图 3-12 所示。

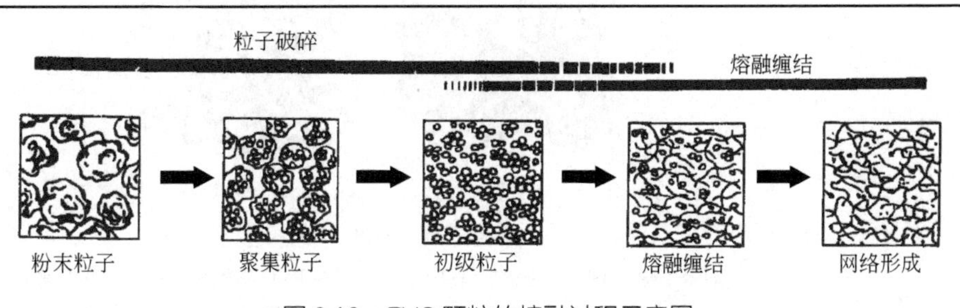

■图 3-12　PVC 颗粒的熔融过程示意图

对于 PVC 加工，一般把粉末状颗粒破坏而产生连续网络的变化称为凝胶化或熔化。由于 PVC 颗粒具有多层次形态，较难准确定义。为了说明 PVC 料的凝胶化（熔化），已提出了三种假说：结晶度理论、缠结理论和粒子破坏理论，分别来解释凝胶化整个过程的不同现象。

3.5.1.1 结晶度理论

Summers 根据实验提出了原始微晶结构模型（图 3-13）。这些微晶借助连接分子和 0.01μm 面间距连接在一起，从而建立了 PVC 熔化模型，并用以说明 PVC 加工和分子量的关系（图 3-14）。PVC 的初级粒子流动单元可以部分熔化形成 PVC 的自由分子，并在流动单元的边界缠结。这些缠结的分子在冷却的时候可以再结晶，形成二次微晶，并把流动单元结合成三维结构。熔化后所建立的大的三维结构对冲击强度、蠕变、断裂强度以及注塑流动性能，都有很重要的影响。

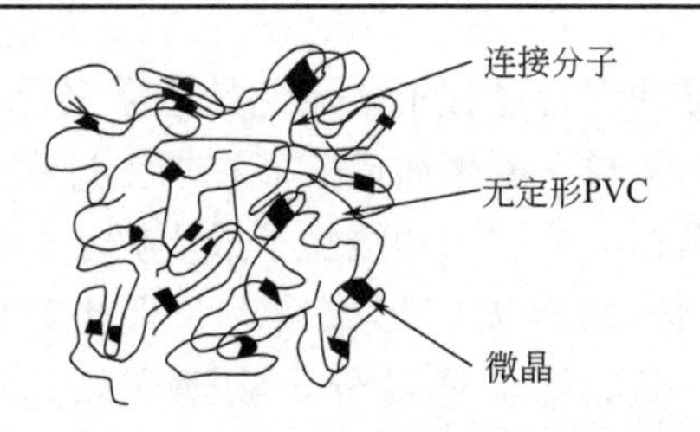

■图 3-13 PVC 原始微晶结构

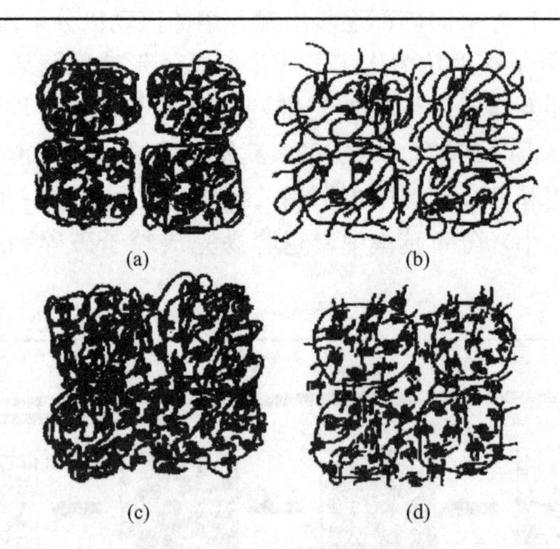

■图 3-14 PVC 熔融模型

(a)未熔融的 PVC 初级粒子；(b)部分熔融的 PVC 初级粒子；(c)部分熔融的高分子量 PVC 重结晶图；(d)部分熔融的低分子量 PVC 重结晶图

3.5.1.2 缠结理论

缠结理论假定：分子缠结可提供网络形成的连接点，在热和剪切作用下，增塑剂等添加剂与 PVC 大分子在加工过程中随着黏度比的变化而发生层流混合。制品加工初期温度不高时，增塑剂等添加剂的黏度较低，属连续相，PVC 树脂颗粒是分散相。随着温度升高到 PVC 的软化温度以上，树脂颗粒发生形变，生成片状或带状物。接着在片状或带状物上生成有小孔的易破裂的不稳定的网络。在剪切力和剪切速率的作用下，该网络破裂形成不规则的小碎块。小碎块继续分裂形成近乎球状的粒子。然后借助分子缠结提供的连接点或借助熔化晶粒冷却时的再结晶将这些粒子连接在一起而形成三维网络结构。

3.5.1.3 粒子破坏理论

PVC 粒子破坏理论认为：其凝胶化的过程可以定义为初级粒子之间边界消除的过程。在较低温度下，由于热和剪切作用使颗粒崩解成初级粒子，随着温度的升高初级粒子可部分粉碎，当加工温度更高时初级粒子可全部粉碎、晶体熔化、边界消失，从而形成三维网络。颗粒在破坏过程中，在 160～190℃低温区颗粒崩解为初级粒子，熔体流动是以粒子流动为主，其活化能为 50kJ/mol；在 190～218℃高温区，熔体流动是以分子流动为主，其活化能为 113kJ/mol。

3.5.2 硬质 PVC 加工过程中的颗粒结构

硬质 PVC（rigid polyvinyl chloride，简称 RPVC）的加工以悬浮或本体树脂粉料为主要原料，在加热和剪切作用下，树脂粒子从破碎、细化到熔化、熔结，进一步至边界消失，在熔体中有网络形成并伴随着力学性能的变化，被称为凝胶化作用或塑化作用。

为研究加工 PVC 粒子的熔融过程及行为，采用一些直接或间接的观察和分析技术，着重研究 PVC 粒子的破坏过程及熔融特性、熔体中形成的网络与熔融程度的关系、微晶的熔化行为及其与 PVC 粒子熔融程度的关系等。常用的方法是采用转矩流变仪（塑化仪）测试 PVC 熔融过程转矩和温度的变化特点和规律，也用辊压法在不同辊压温度和剪切条件下观察 PVC 的熔融情况，并结合 SEM 和 TEM 以及毛细管流变仪或熔体指数仪等观察粒子和物料的熔融行为、结构形貌变化、流动时的弹性行为等。

图 3-15 是典型的硬质 PVC 的转矩塑化曲线及相对应的树脂颗粒结构的变化。

从图 3-15(a) 可以看出，RPVC 在塑化过程出现两个转矩峰，*A* 峰为加料峰，为 PVC 粉体物料加料过程物料被压实和摩擦阻力引起的转矩增大。过程中粉体物料在剪切作用下粒子发生了破坏，在重压下物料体积逐渐减小而密度增大，同时物料从混合室器壁吸收热量导致器壁温度下降，物料温度可达 110～130℃。*B* 处为峰谷，此时 PVC 粉末粒子已破碎为聚集粒子和初级粒子，由于已吸收了一定热量而软化，同时在剪切作用下使粒子间产生滑移从而导致转矩下降，此时取样考察并用 SEM 进行物像分析，显示出该处物料基本仍为粉状，见图 3-15(b) *B*，冷却后为强度很低的块状物。过了 *B* 处后，在剪切作用下，粉体物料中的摩擦热使物料温度逐渐回升，同时初级粒子进一步被破坏，粒子表面积增加，粒子的堆积密度也增至最大，随着温度升高，物料的熔融程度增大，粒子开始熔结，物料黏度很大，转矩增加在 *C* 处达最大值，*C* 峰称为熔融峰，此时物料温度达 150～170℃。熔融峰处物料的 SEM 图像示于图 3-15(b) *C*。随着混炼时间的增加，在器壁加热和物料摩擦热的共同作用下，物料温度继续升高，熔融区域进一步向粒子内部扩展，熔融程度进一步加深。由于物料温度增高的原因，PVC 熔体的黏度逐渐降低并导致转矩减小，在 *D* 处取样观察表明熔体中粒子的熔结范围扩大，见图 3-15(b) *D*，此时物料温度已达最高，一般为 200～210℃。过 *D* 点后，随混炼时间增加，粒子内的熔化和粒子间的熔结，以及剪切作用下熔体中 PVC 大分子链网络结构的形成均趋于完善，粒子界面模糊至边界消失，熔体的黏度下降，转矩也相应达到一个平衡值，混炼时间的增加只是进一步使物料体系塑化更趋均匀。在 *E* 点取样观察的物像结构如图 3-15(b) *E* 所示。如果混炼时间过分地延长以致 PVC 产生降解并进一步交联时，熔体黏度将增大并会使转矩重新增加。

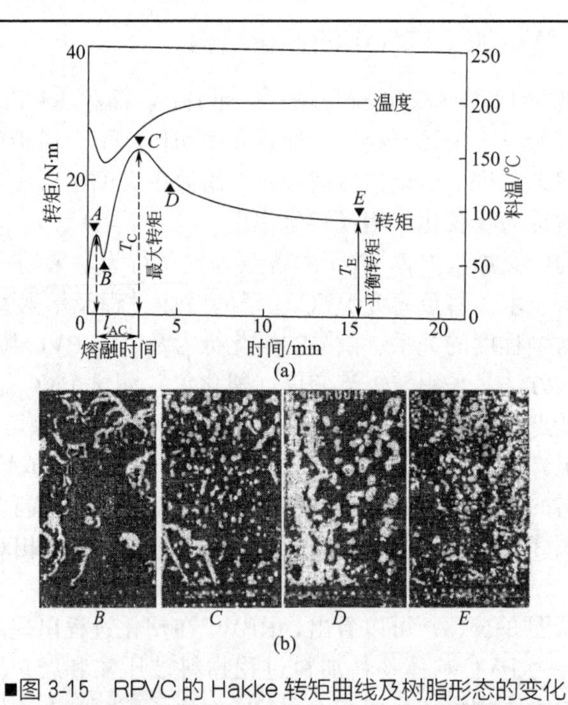

■图 3-15 RPVC 的 Hakke 转矩曲线及树脂形态的变化

对应于熔融峰的转矩为最大转矩（T_C），从加料峰至熔融峰的混炼时间称为熔融时间或凝胶化时间（t_{AC}），从 E 点开始转矩保持恒定的阶段称为平衡转矩（T_E）。

Krzewki 等用 Brabender 塑度仪研究了温度对 RPVC 配混物（稳定剂和加工助剂各 3 份）熔融行为的影响，塑化仪的温度按 5℃/min 升温速率进行加热。过程中物料的形态结构变化和熔融情况采用电子显微镜观察和分析，结果如图 3-16 所示。

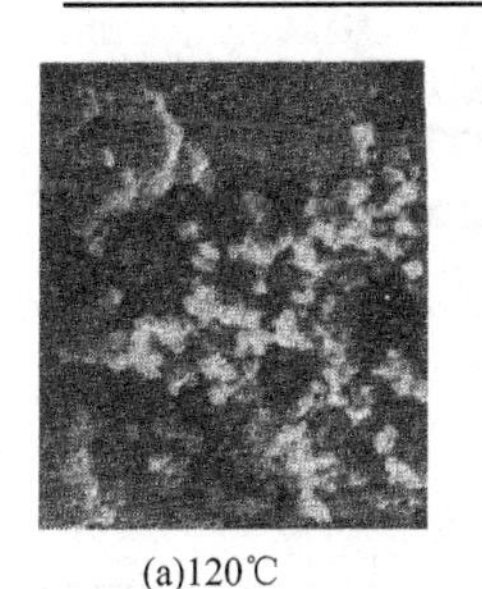
(a)120℃

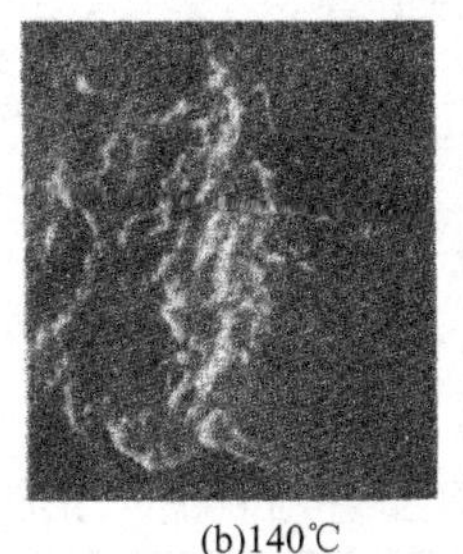
(b)140℃

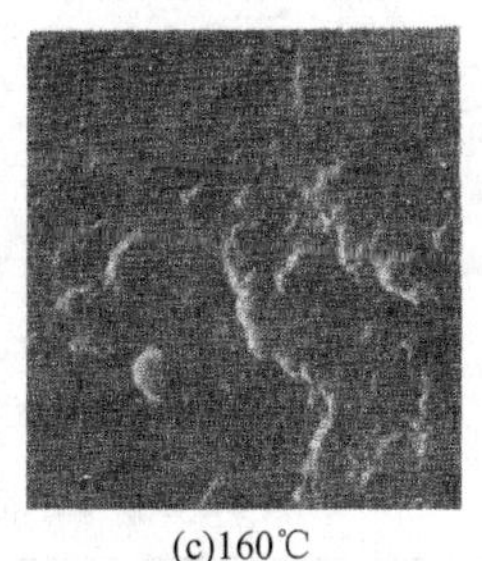
(c)160℃

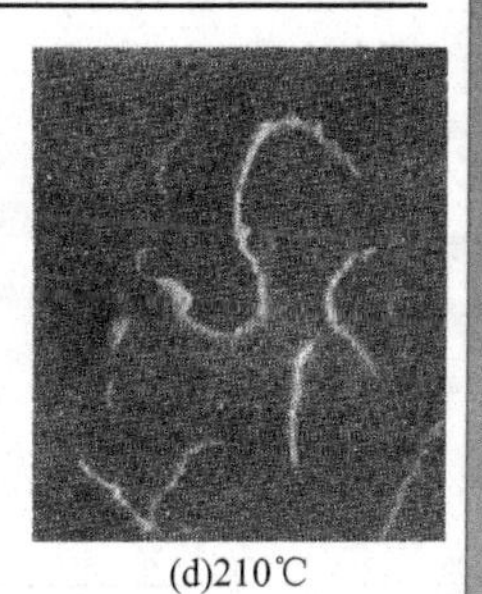
(d)210℃

■图 3-16　熔融时 PVC 粒子形态随温度变化的 SEM 照片

研究发现，120℃时，在剪切作用下 PVC 粉末粒子已基本破碎和解离为微粒子碎片和初级粒子群，粒子间并未熔融和熔结，如图 3-16(a)。140℃时初级粒子进一步破碎细化为 0.7～2μm 的微细粒子，并完全被压实，粒子群部分熔融和熔结，熔体中可见大量清晰的微区粒子，如图 3-16(b)。温度升至 160℃时，熔融区域进一步发展扩散，粒子界面已不明晰，大部分粒子已熔融，此时熔体中的弹性成分进一步增大，如图 3-16(c)。到 190℃时，粒子界面上的分子链扩散已达很高程度，已难以观察到独立的粒子，熔体中界面消失，当温度升高达 210℃时，熔体变得十分均匀，已不能见到有残存的独立的结构单元，如图 3-16(d)。

由上可知，在 160～210℃的温度范围内对 PVC 进行挤出加工，随着加工温度的提高，PVC 的形态结构跟着发生变化。温度在 180℃以下时，初级粒子保持不变，不受破坏。当达到 180℃时，它们被撕裂为不同程度的连续网络。这些网络在 200～210℃时分裂为 23nm 的区域结构。这些区域结构可由各温度下熔体中 PVC 形态结构变化的 TEM（用 MMA 包埋）照片得到证实，见图 3-17。

3.5.3 增塑 PVC 加工过程中的颗粒形态

增塑 PVC 主要包括软质 PVC 和 PVC 增塑糊两类，增塑剂对这两类 PVC 熔融过程和行为的影响很大。增塑 PVC 的熔融机理与非增塑 PVC 的熔融机理不完全相同，增塑剂对 PVC 粒子的溶剂化作用使其熔融前先行溶

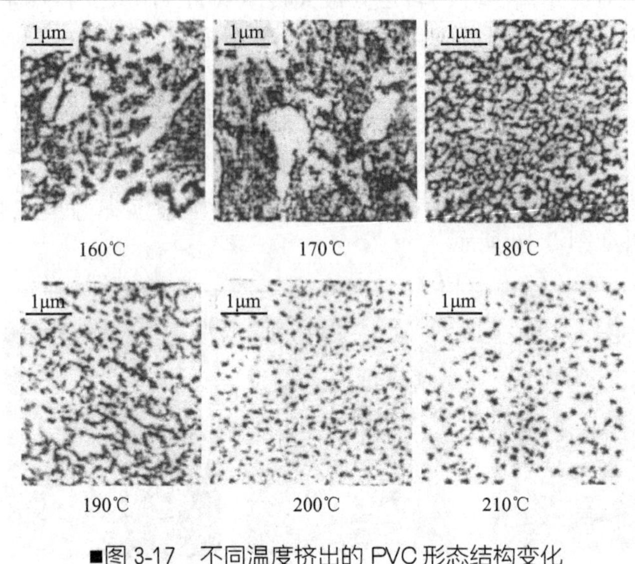

■图 3-17 不同温度挤出的 PVC 形态结构变化

胀和凝胶是增塑 PVC 熔融过程的一个特点。

3.5.3.1 悬浮和本体 PVC 树脂的增塑

图 3-18 表示悬浮 PVC（S-PVC）和本体 PVC（M-PVC）树脂的增塑溶胀、凝胶和熔融过程。

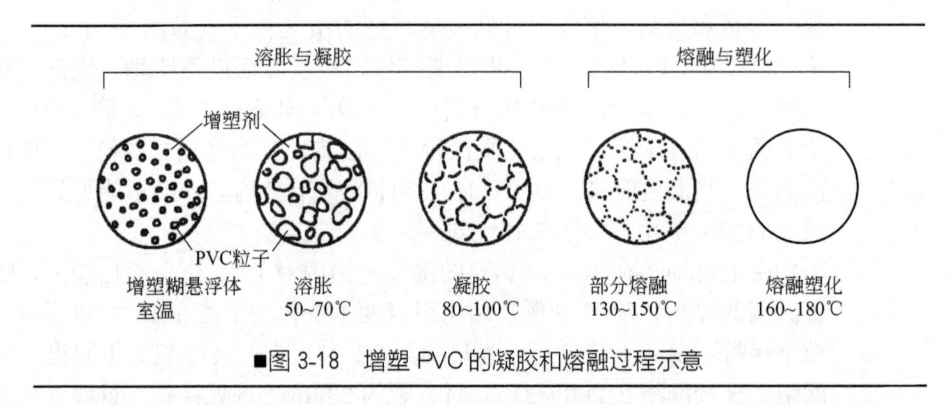

■图 3-18 增塑 PVC 的凝胶和熔融过程示意

通常可将增塑 S-PVC 和 M-PVC 的熔融过程分为两阶段，即溶胀-凝胶阶段和熔融-塑化阶段。

在溶胀-凝胶阶段的初期，PVC-增塑剂混合物处于室温下，PVC 粒子被分散在增塑剂中，增塑剂为连续相，混合物为液-固悬浮体系。此时，由于 PVC 粒子的吸附作用，增塑剂快速进入 PVC 粒子的缝隙中，伴随吸附过程，PVC 粒子中还发生向尺寸更微细粒子的解离作用。随着温度升高（50～70℃），当增塑剂湿润 PVC 树脂粒子表面后，即开始向粒子内部渗透和扩散，在 PVC 粒子吸收增塑剂的过程中，粒子被溶胀，体积增大，但悬浮体系总体积因增塑剂量的减少而稍有减少。PVC 粒子吸收增塑剂从膨润到充分溶胀的过程所需的活化能由 20.9～209kJ 上升到 284～464kJ。因此，只有在 80～100℃较高温度的条件下增塑剂才能较快地进一步向粒子内部扩散，当增塑剂大部或全部扩散进入粒子中大分子链网络时，自由流动的增塑剂消失，物料失去流动状态，称此时物料的状态为凝胶。在增塑剂的溶剂化作用下，充分溶胀的 PVC 粒子中 PVC 分子的缠结状态变得较为松动和容易位移，由于 PVC 的玻璃化温度降低，大分子链的形变更为容易。溶胀的 PVC 粒子富有弹性，粒子间形成物理结构上没有强度的干混物，随温度升高，溶胀的粒子间能产生一定程度的黏结，此时 PVC 粒子的溶胀-凝胶阶段即告完成。

在熔融与塑化阶段，当溶胀的 PVC 干混物被加热到 130～150℃时，PVC 即大部分被溶解在增塑剂中，过程中溶胀粒子间的界面逐渐模糊，粒子间被熔混和黏结起来，熔体的黏度和强度逐步增大。当温度进一步提高到 160～180℃时，PVC 在增塑剂中的溶解已经完成，并成为外观与结构上都为均质的熔体（PVC 增塑剂浓溶液），如果组成中没有填料或颜料等不熔物时，PVC 熔融物是均匀透明的或半透明的黏流体。由于 PVC 与增塑剂分子或链段间的范德华力或氢键的作用，以及熔体中大分子网络结构的形成，熔体的强度提高，工艺上常将 PVC 通过加热和剪切作用使 PVC 组成均化并获得最佳熔融质量和熔体强度的过程称为塑化。

3.5.3.2 PVC 糊树脂的增塑

作为增塑 PVC 之一的 PVC 增塑糊是指 PVC 糊树脂和其他固体配合剂（颜料、稳定剂、填充剂等）悬浮在液体增塑剂中所形成的稳定的分散体系，也称 PVC 糊料。将糊料涂覆在基材（或衬托物）上，加热成凝胶并熔融，最终制成人造革、地板革、包皮、壁纸、搪塑靴、日用品及玩具、工作手套、包装、装饰材料、服装、瓶盖密封垫、难燃运输带、热熔胶、防水卷材、金属涂层、工具手柄、汽车用装饰材料、电器材料等糊制品。

PVC 糊树脂有多种聚合方法，但其初级粒子的粒径都在 0.2～2.0μm 的范围内，通常为实心圆球形。经过喷雾干燥后初级粒子因受热或多或少、或紧或松地黏结在一起，最终形成次级粒子粒径为 30～70μm 的糊树脂。

尽管 PVC 糊料加工成型方法很多，但都要求糊料有适宜的黏度及较好的触变性，其糊性能的好坏直接影响到增塑糊的加工及使用。而对糊性能影响较大的则是树脂本身的颗粒特性，主要包括树脂的初级粒子和次级粒子的颗粒特性。

PVC 增塑糊配制过程中，在增塑剂的作用下 PVC 糊树脂松散黏结的次级粒子崩解还原成初级粒子，而紧密黏结的次级粒子则几乎不能发生崩解，由此形成比较稳定的糊状分散体系。增塑糊的黏度主要由分散体系中树脂粒子的粒径和分布所决定。在相同的粒子体积下，粒子的表面积与粒径大小有关：粒径越小，表面积越大；粒径越大，表面积越小。而粒径分布与粒子间堆砌空隙有关：粒径分布越窄，堆砌空隙越大；粒径分布越宽，堆砌空隙越小。

在 PVC 增塑糊中，增塑剂处于两种状态：一是浸润树脂颗粒表面及填充树脂颗粒间堆砌空隙的增塑剂，称为结合增塑剂；另一是体系中能自由流动的增塑剂，称为游离增塑剂。显然，结合增塑剂与糊树脂的颗粒形态密切相关。在增塑糊体系中，当增塑剂量一定时，所需的结合增塑剂的量越多，则体系中能自由流动的游离增塑剂就越少，反之亦然。这就是糊树脂的颗粒特性对增塑糊黏度有较大影响的原因。由此可见，在以初级粒子为主的增塑糊中，浸润树脂颗粒表面所需的增塑剂主要由初级粒子的粒径所决定，填充树脂颗粒间堆砌空隙的增塑剂主要由初级粒子的粒径分布所决定。

糊料涂覆在基材上之后，必须进行加热使之凝胶化并熔融，最终制成糊制品。开始加热时增塑剂黏度下降，树脂颗粒在其中易于移动，体系糊黏度下降。随着温度的升高，由于增塑剂的溶剂化作用，逐渐扩散渗透到颗粒内部并使颗粒溶胀，粒径逐渐变大，糊料黏度迅速增加。当所有自由流动的游离增塑剂被完全吸收时，粒子间相互粘连、挤压变形并轮廓模糊，PVC 增塑糊失去流动性而处于凝胶状态。此时 PVC 糊料处于一种机械强度接近于零的“干态”。之后还要进一步熔融塑化，才能达到制品所要求的机械强度。

由上可知，PVC 糊树脂的颗粒特性（包括糊树脂的初级粒子和次级粒子的颗粒特性）以及糊树脂干燥后研磨与否，对增塑糊的调制，增塑糊的糊性能及加工成型，直至糊制品的性能都有很大的影响。图 3-19 以 PVC 糊树脂搪塑加工成型为例，示意糊树脂配制和加工过程中树脂颗粒形态的演变。

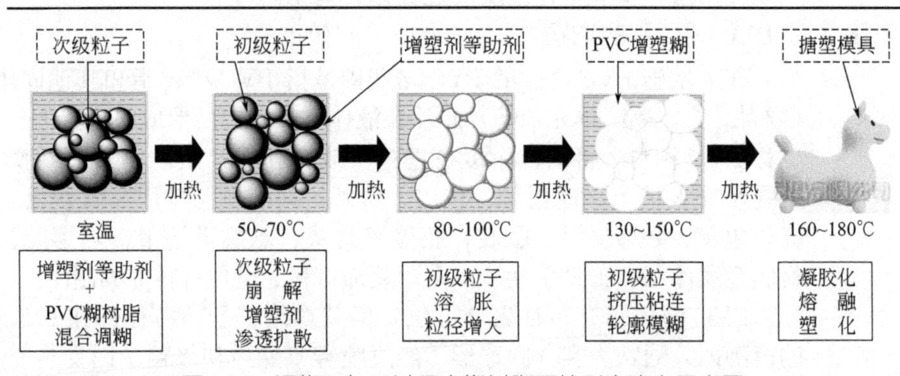

■图 3-19 调糊和加工过程中糊树脂颗粒形态演变示意图

3.6 PVC 树脂的性质及用途

3.6.1 PVC 树脂的物理化学性能

聚氯乙烯树脂一般是指由氯乙烯单体均聚而成的无定形聚合物，简称 PVC，其分子结构式为 $\left[\!-CH_2\underset{\displaystyle Cl}{\underset{|}{CH}}-\right]_n$，其中 n 表示聚合度。商品化 PVC 树脂

平均聚合度 $\overline{DP}$=350～8000（平均分子量 M=19000～500000）。

（1）典型的物理性能

外观：白色粉末；

颗粒大小：悬浮树脂 75～250μm，本体树脂 50～100μm，糊树脂初级粒子 0.1～2μm，次级粒子 20～70μm，掺混树脂20～80μm。

相对密度：1.35～1.45(20℃)；

表观密度：一般 0.4～0.65g/ml；

结晶度：5%～10%；

熔点：175℃；

比热容：1.045～1.463J/(g·℃)；

热导率：2.1kW/(m·K)；

折射率：n_6^{20}=1.54；

毒性：无毒无嗅。

（2）化学稳定性 聚氯乙烯化学稳定性很高，常温下可耐任何浓度的盐酸、90%以下的硫酸、50%～60%的硝酸及 20%以下的烧碱溶液。

（3）耐溶剂性 不溶于水、汽油、酒精和氯乙烯。分子量较低者可溶于丙酮及其他酮类、脂类或氯烃类溶剂中。

（4）热性能 聚氯乙烯没有明显的熔点，85℃以下呈玻璃态，在 80～85℃开始软化，85～175℃呈黏弹态，加热到 130℃以上时变为皮革状，175～190℃为熔融状态，190～200℃属黏流态，在 180℃时开始流动，在加压条件下，145℃即开始流动。玻璃化温度在 80℃上下，100℃以上开始分解，180℃以上快速分解，200℃以上剧烈分解并变黑。

（5）燃烧性能 PVC 在火焰上能燃烧，离火自熄，燃烧时降解并释放出 HCl、CO 和苯等低分子化合物。

（6）光性能和老化性能 纯聚氯乙烯在紫外线单色光的照射下显示弱蓝绿荧光色，在长期光线照射下发生老化并使之色泽变暗。聚氯乙烯塑料耐老化性能较好，但在光照（尤其光波长为 270～310nm 时）和氧作用下会缓慢分解，释放 HCl，形成羰基（C═O）、共轭双键而变色。

（7）加工性能 PVC 是无定形高聚物，没有明显的熔点，加热到 120～150℃时具有可塑性。由于它热稳定性较差，在该温度下有少量 HCl 放出，促使其进一步分解，故必须加入碱性的稳定剂中和放出的 HCl 而抑制其自催化的分解反应。纯 PVC 可用于加工成型硬质制品，加入适量的增塑剂才能加工成型软质制品，对于不同的制品还需要加入诸如紫外线吸收剂、填充剂、润滑剂、颜料、防霉剂等助剂以改善加工性能和 PVC 制品的使用性能。与其他塑料一样，树脂的性能决定制品的质量及加工的条件。对 PVC 而言，与加工有关的树脂性能有颗粒大小、热稳定性、分子量、鱼眼、表观密度、孔隙率、纯度和杂质等。对 PVC 增塑糊还有糊黏度和塑化性能等。

3.6.2 聚氯乙烯树脂的品种与牌号

聚氯乙烯树脂的品种依据聚合方法不同而有悬浮 PVC 树脂、本体 PVC 树脂和 PVC 糊树脂之分，每种树脂又有多种通用牌号以及特种树脂和专用料。我国聚氯乙烯树脂的品种牌号近年来有很大发展，已有一百多品牌。在此仅介绍三种聚合方法生产的通用牌号树脂。

3.6.2.1 悬浮法 PVC 树脂

我国国家标准 GB/T 5761—2006 规定，按树脂的分子量（聚合度）大小，将工业生产的悬浮法通用 PVC 树脂划分为 10 个型号：SG0～SG9，其聚合度在 650～1785 之间，采用不同温度聚合可得到不同型号的树脂。表 3-2 是国产（新旧不同标准）型号悬浮法 PVC 树脂的用途。表 3-3 是各型号悬浮 PVC 树脂的特性参数、加工和应用。

■表 3-2 国产悬浮法 PVC 树脂型号（新旧不同标准）与用途

型号		平均聚合温度/℃	黏数/(ml/g)	K 值	聚合度 P	用　　途
新 SG	旧 XS(J)					
1		48.2	154～144	77～75	1800～1650	高级电绝缘材料
2	1	50.5	143～136	75～73	1650～1500	电绝缘材料，一般软制品
3	2	53.0	135～127	73～71	1500～1350	电绝缘材料，农膜，塑料鞋
4	3	56.5	126～118	71～69	1350～1200	一般薄膜，软管，人造革，高强度硬管
5	4	58.0	117～107	68～66	1150～1000	透明硬制品，硬管，型材
6	5	61.8	106～96	65～63	950～850	唱片，透明片，硬板焊条，纤维
7	6	65.5	95～85	62～60	850～750	吹塑瓶，透明片管件
8	—		85～75	59～57	750～650	

■表 3-3 各型另悬浮 PVC 树脂的特性参数、加工和应用

型号	特性参数				加工成型方法适应性	主要应用领域
	黏数/(ml/g)	K 值	聚合度	玻璃化温度/℃		
SG1	156～155	77～75	1700～1300	85～81	树脂糊、塑性溶胶、涂覆、搪塑的软质制品和涂层	搪塑制品、纸张及织物涂层、表面保护涂膜
SG2	153～136	25～73				
SG3	135～127	72～71	1350～1250	81～79	压延、挤塑、注塑、吹塑的软质制品	薄膜、片、管、型材、革制品、电线电缆包覆、鞋、玩具
SG5	126～119	70～69	1250～1150			
SG5	118～107	69～66	1150～1000	79～78	挤塑、吹塑、注塑、压延、压制的硬质、半硬质制品	管、板、片、型材
SG6	106～96	65～63	950～850	77～76		
SG7	95～87	62～60	850～750	76～75	注塑、吹塑、压延、挤塑的硬质制品	注塑件、管件、管、板、片、膜、型材、容器
SG8	86～75	59～55	750～650	75～75		
未定		58～56	500～600	73.5～71	注塑、挤出、吹塑的硬质制品	注塑件、微膜、粉末涂层、共混改性

3.6.2.2 PVC 糊树脂

聚氯乙烯糊树脂可由不同聚合方法制备，产品树脂的性能（特别是树脂初级粒子粒径）各有差异，但是树脂牌号的划分与悬浮树脂一样，还是以树脂分子量（聚合度）的大小为依据。表 3-4、表 3-5 分别是乳液法和微悬浮法 PVC 树脂不同牌号的特性参数、性质及用途。

3.6.2.3 本体 PVC 树脂

本体 PVC 树脂的聚合方法和工艺过程与悬浮 PVC 不同，但其牌号的划分、质量标准和主要用途等基本与悬浮树脂相同，只是本体聚合树脂所含杂质比悬浮树脂少，因此可应用于电性能要求高的制品和透明片材等的加工。在我国本体 PVC 树脂只有四川宜宾天原集团有限公司和内蒙古海吉氯碱化工股份有限公司生产，目前只有各自的企业质量标准。表 3-6 列出了其中的质量标准和主要用途。

■表 3-4　各种牌号乳液法 PVC 树脂的特性参数、性质及用途

牌号	特性参数			性　能	用　途
	黏数/(ml/g)	*K* 值	聚合度		
P550	150～130	76.0～71.5	1550±200	黏度低，流动性近于牛顿型的假塑性，耐酸性好，耐水性好，透明性好	通用型，钢板涂层，人造革，密封胶，透明膜制品
P515	150～130	76.0～71.5	1550±200	黏度低，脱膜性和涂布性好，热稳定性好	适于模塑成型，帆布，皮革，玩具，手套，汽车内装饰
P550	120～100	69.0～63.5	1000±150	流动性近于牛顿型的假塑性，高速均匀涂布性好，发泡性好	发泡涂布，弹性地板发泡层，墙纸，泡沫人造革
P1069	165～155	79.0～75.0	1800±300	分子量高，黏度低，具有好的耐磨性、抗水性、热稳定性和透明性	适用于制品的耐磨层材料，弹性地板耐磨层，贴墙材料，人造革
P555	105～85	65.0～59.0	850±150		高填充壁纸，弹性地板发泡层
P560	105～85	65.0～59.0	850±150		高填充壁纸，地毯衬里
P510	165～115	79.0～67.5	1550±350		通用型，人造革，帆布，玩具，手套
P550	120～85	69.0～59.0	950±200		贴墙材料，弹性地板发泡层，人造革

■表 3-5 沈阳化工厂微悬浮法 PVC 糊树脂特性参数、性质和用途

牌号	聚合度	树脂/DOP（质量份）	B 型黏度/Pa·s	性 能	用 途
PSH-10	1780～1580	100/65	1～2.5	高分子量，糊黏度低，糊黏度经时①变化小，吸水性小，绝缘电阻大，透明性好	通用型，非发泡人造革底层，帆布，浸渍成型（手套、靴鞋），旋转成型（娃娃玩具），瓶盖垫
PSH-20	1780～1580	100/100	2.5～7.5	高分子量，糊黏度高，破泡性好，热稳定性好，成雾性低，耐候性好	适用于增塑剂含量高的增塑糊，人造革发泡层，瓶盖垫，橡皮擦
PSH-31	1780～1580	100/65	1.5～6.5	高分子量，糊黏度中等，糊黏度经时变化小，破泡性好，发泡性好	钢板涂层，发泡壁纸，地板发泡层，帆布，软管，旋转成型（玩具）
PSM-30	1530～1230	100/100	3～8	中等分子量，糊黏度中等，破泡性好，不易断裂，不易成白霜，热稳定性好，耐候性好	软管，带，帆布，花编式台布，人造革发泡层
PSM-31	1530～1230	100/65	1.5～6.5	中等分子量，糊黏度低，糊黏度经时变化小，破泡性好，发泡性好，热稳定性好，溶胶不易沉降	发泡墙纸，旋转成型玩具，瓶盖垫
PSM-70	1530～1230	100/100	3.5～18.5	中等分子量，糊黏度高，发泡性好	高增塑剂含量的发泡体，泡沫人造革
PSL-10	1080～880	100/65	1.0～2.5	低分子量，糊黏度低，糊黏度经时变化小，吸水性好，绝缘电阻大，透明性好	通用型，可采用低温熔融加工，用途与 PSH-10 相同
PSL-31	1080～880	100/65	1.5～6.5	低分子量，糊黏度中等，发泡性好，凝胶化性好，糊黏度经时变化小，破泡性好	低温熔融发泡体，发泡壁纸，地板发泡层，旋转成型

① 经时——调成糊后，不同时间糊黏度的比较。

■表 3-6 本体 PVC 树脂质量标准和主要用途

项目 \ 牌号	KW57	KW60	KW62	KW65	KW70
黏数/(ml/g)	78	90	98	108	130
特性黏数(ASTM D1235)	0.70	0.80	0.83	0.89	1.03
聚合度(JIS K6721)	650	750	860	1000	1300
孔隙率(体积分数)/%	15	18	25	22	30
表观密度(ASTM1985 和 JIS6721)/(g/cm³)	0.62	0.60	0.55	0.57	0.52
平均粒径/μm	105	105	105	130	120
相应的法国阿托商品牌号	BB8010	BB9010	GB9550	GB1150	GB1320
主要用途	瓶子，唱片，硬质品压延，硬质品和软质品注塑，流化床涂料	硬质品压延，瓶子，硬板挤出，硬质品注塑	硬质品注塑，地板涂料，硬质品压延，软质品压延	硬管，型材，压延板，软质品挤出，软质品压延	软质品注塑，软质品挤出，软质品压延，电缆线，电影胶片，软管

3.6.3 聚氯乙烯树脂的应用

到目前为止，世界上聚氯乙烯生产的聚合工艺主要有五种，即悬浮法、乳液法、本体法、微悬浮和溶液聚合工艺。其中悬浮聚合工艺一直是工业生产的主要工艺，绝大多数均聚及共聚产品都是采用悬浮聚合工艺。

3.6.3.1 悬浮法聚氯乙烯树脂的应用

从 20 世纪 60 年代起，我国悬浮法聚氯乙烯树脂先后加工成薄膜、硬管、软管、鞋底、全塑凉鞋、板材和人造革等制品，随着需求的不断变化和技术水平的提高，应用领域越来越广泛。近年来我国以包装材料、人造革、塑料鞋等制品为主的 PVC 软制品消费比例逐年下降，而随着乡村城镇化，城市房地产建设的集中发展，异型材、管材、板材等硬制品的消费比例不断提高。20 世纪 80 年代引进生产技术并工业化生产的建筑用给排水管材、异型材门窗等制品现已被广泛采用，并成为国家鼓励使用、积极组织推广的新型建材，目前塑料管材和异型材在建筑用管材及门窗中使用比例已分别达到 30%和 15%左右。

在我国聚氯乙烯消费总量中，消费结构变化较快，硬制品比例逐年上升，已经约占 55%，软制品约占 45%。我国软硬制品具有代表性的 10 年变化见表 3-7。

■表 3-7 聚氯乙烯下游制品消费结构变化

年份	1995	1999	2000	2001	2002	2005
软硬制品比例	65%：35%	60%：40%	55%：45%	50%：50%	45%：55%	35%：65%

根据国家相关部门预测，我国 PVC 消费增长较快的领域是建筑行业和包装行业。

建筑业是我国近几年和今后一段时间增长较快的行业，建筑行业的发展，须用大量化学建材，主要包括塑料建材（塑料管材、塑料门窗、铺地材料、壁纸和卫生洁具）、建筑防水材料、隔热保温材料、建筑涂料、胶黏剂、密封材料和堵漏剂等。其中，以塑料门窗、管材用量最大，各种以塑料代木的保温板材也发展较快。

我国的管材生产始于 1983 年，由沈阳塑料厂（现沈阳久利的前身）投产。20 世纪 90 年代后期得到了快速发展，期间年产能在 5 万吨以上的工厂陆续建成投产，目前 PVC 管道约占塑料管道 70%的市场份额。全国共有 400 多家塑料管生产企业，但年产能力为 1 万吨的仅有 70 多家，年产 3 万吨以上的企业为 20 多家，仅拥有行业 60%的产量。目前，管材、管件的生产能力达到 120 万吨左右，产量突破 80 万吨。经过多年的推广应用，塑料管的优良性能及工程经济性正在逐步被人们所接受。建筑排水用硬质 PVC 塑料管的推广应用发展势头最好，近几年应用数量迅速增加，遍布全国多个省、市、自治区。在一些经济较发达地区，建筑内电线逐步采用暗敷方式，使冷弯 PVC 阻燃穿线管的推广应用发展也较快。硬质 PVC 塑料管在城镇自来水管道中的应用也在逐步扩大，已在我国多个城市及几十个小城镇的市政自来水管道系统中获得使用。

PVC 管材在塑料管材中的应用情况：发达国家为 70%～80%，中国为 45%～50%。PVC 管材在建材中的应用情况：欧美为 60%～62%，日本为 50%，中国为 10%。可见，我国在 PVC 管材的应用方面还有较大的差距。

3.6.3.2 乳液法聚氯乙烯树脂的应用

2010 年国内有 9 家 PVC 糊树脂生产企业，分别是西化热电、安徽氯碱、上海氯碱、沈阳化工、天津化工、武汉祥龙、郴州华湘、牡丹江树脂、东北高新等。

聚氯乙烯糊树脂的主要生产方法有乳液法、种子乳液法、微悬浮法、种子微悬浮法、混合法等。糊树脂适合多种小批量的生产，而且能得到传统加工方法不可能得到的新产品。例如：由聚氯乙烯糊树脂制成的帆布，兼有防水和防火性能，是建筑工程不可少的材料；用涂布法加工成聚氯乙烯壁纸，既美观大方又富有弹性，在室内装饰中占有重要地位；聚氯乙烯糊树脂广泛应用于人造革生产，使普通的压延革发展到针织泡沫革、柔软革、人造皮等；聚氯乙烯塑料地板，可以发泡，可以压花，也可以镶嵌，经久耐用，价格便宜；煤矿难燃输送带，以高强力尼龙丝为骨干材料，浸渍覆盖聚氯乙烯糊树脂而制成，具有防静电、不燃烧、强度高、不分层、自身轻、寿命长等优点。聚氯乙烯糊树脂还可用于浸渍窗纱、手套、电机绝缘套等，在搪塑玩具、密封垫、食品包装袋在塑料制品中也占有一定比例。此外，聚氯乙烯糊树脂经冷却后烧结而成的蓄电池隔板还用于汽车、飞机、轮船等蓄电池中等。可以说，在我们的生活中随时随处可见由聚氯乙烯糊树脂加工而成的塑料制品，随着聚氯乙烯应用市场的逐步开发，聚氯乙烯糊树脂的用途将不断地发展壮大。

3.6.3.3 本体法聚氯乙烯树脂的应用

本体法聚氯乙烯树脂国内目前只有宜宾天原和内蒙古海吉两个厂家生产。本体法聚氯乙烯生产装置经过多年的生产经验积累和实践，生产技术不断改进，由于生产工艺不使用水、分散剂的特点，本体法也得到很多新建项目的厂家的重视。

由于本体法的生产技术和生产控制仍有一定的难度，所以本体法发展缓慢，但由于本体法 PVC 树脂在生产中不加分散剂，树脂较为纯净，在透明片材应用中，有独到之处。

3.7 聚氯乙烯塑料

聚氯乙烯塑料是以 PVC 树脂为基料，与稳定剂、增塑剂、填料、润滑剂、着色剂及改性剂等多种助剂混合、塑化、成型加工而成。随树脂及添加助剂的种类、数量不同，可以制造出各种各样性能迴然不同的硬质、半硬质或软质制品。不同 PVC 塑料制品的性能如表 3-8 所示。

PVC 可以用各种成型加工方法制造从柔性软质制品到刚性硬质制品，从热塑性弹体到工程结构材料，从通用塑料到弹性体、纤维、涂料、粘接密封剂、特种功能材料。PVC 及其改性树脂、专用料的品种大约有 2000 种以上。PVC 塑料制品种类繁多，分类如下。

① 按柔性可分为硬质（未增塑）和软质（增塑）两大类。

② 按应用划分有板材（透明或不透明），管材（软管、硬管、护管、发泡管、缠绕管、波纹管），异型材（门窗、扶手、踢脚板、挂镜线、窗帘盒、护墙裙板、隔断板、各种嵌条压条等建筑异型材，雨披、雨落水管、建筑和道路的接合件、堤坝隧道、排水渠的隔水板、农田暗沟和土木构件等，家具构件，电子器材的集成电路套管、通信线路多孔管、接线柱套、电线槽等电子构件），粘接密封材料，皮革，薄膜薄片，鞋料，发泡制品等。

■表 3-8 聚氯乙烯塑料典型品种的基本性能

项目	软质 PVC	硬质 PVC	氯化 PVC	(VDC/VC)共聚物
密度/(g/cm³)	1.2～1.3	1.5～1.7	1.55～1.53	1.58
吸水性(浸 25h)/%	0.25	0.05～0.5		
拉伸强度/MPa	10～21	35～55	55～70	35～69
断裂伸长率/%	100～500	25～80	30～60	20～50
压缩强度/MPa	20～10	55～90		
弯曲强度/MPa		80～100	120	
冲击强度(缺口)/(kJ/m²)	随增塑剂变	3～10	5	2.5～5.5
硬度(邵氏)	A50～95	D75～85	D95	透光率 90%
比热容/[J/(g·K)]	3～5	2.5～3.5	1.5	热收缩性(100℃)
热导率/[kW/(m·K)]	1.3～1.7	1.5～2.1	1.05	55%～50%
线膨胀系数/$\times10^{-5}K^{-1}$	7～25	5～10	7.5～8	
脆化温度/℃	−60	−50		−15～15
维卡软化温度/℃	65～75	70～80	90～125	105～155
折射率		1.52～1.55		1.525
氧指数		55～59	>70	
燃烧性	自熄	自熄	自熄	自熄
火焰温度/℃		1960		O_2 透过率(25℃)
闪点、自然温度/℃		>530		1.9ml/(100cm²·
				25h·0.1MPa)
体积电阻率(20℃)/Ω·cm	$10^{11}\sim10^{13}$	$10^{12}\sim10^{16}$		水蒸气透过率
介电常数				(相对湿度 95%,30℃)
60Hz	5～9	3.2～5.0		0.33g/(100cm²·35h)
1kHz	5～8	3.0～3.8		
1MHz	3.3～5.5	2.8～3.1		
介电强度(20℃)/(kV/mm)	15.7～29.5	9.85～35.0		
介质损耗角正切				
60Hz	0.08～0.15	0.007～0.020		
1kHz	0.07～0.16	0.009～0.017		
1MHz	0.05～0.15	0.006～0.019		
动摩擦系数(棉布)	0.55	0.23		

参考文献

[1] 邴涓林，黄志明．聚氯乙烯工艺技术．北京：化学工业出版社，2008．

[2] 潘祖仁．高分子化学．第四版．北京：化学工业出版社，2007．

[3] 潘祖仁，邱文豹，王贵恒．塑料工业手册：聚氯乙烯．北京：化学工业出版社，1999.

[4] 严福英等．聚氯乙烯工艺学．北京：化学工业出版社，1990.

[5] 郑石子等．聚氯乙烯生产与操作．北京：化学工业出版社，2008.

[6] [英] Burgess R. H. 著，聚氯乙烯的制造与加工．黄云翔译．北京：化学工业出版社，1987.

[7] [美] L. I. 纳斯主编．聚氯乙烯大全·第一卷．王伯英等译．北京：化学工业出版社，1983.

[8] 潘祖仁，翁志学，黄志明．悬浮聚合．北京：化学工业出版社，1997.

[9] 黄志明，包永忠，翁志学，潘祖仁．聚氯乙烯结晶行为研究．高分子材料与工程，1998，14 (7)：78-81.

[10] 陈志俭，刘廷华．PVC 颗粒形态及其对制品力学性能的影响．中国塑料，2003，17 (10)：32-35.

[11] 王国全，张权，乔辉，陈耀庭．PVC 糊树脂的颗粒形态研究．中国塑料，1990，4 (1)：41-47.

[12] 吉玉碧，徐国敏，张敏敏，胡智等．PVC 糊树脂颗粒形态研究．塑料科技，2009，37 (9)：23-25.

[13] 陈耀庭，王国全，乔辉，张权．聚氯乙烯糊树脂次级粒子形态对凝胶化过程的影响，1991，5 (3)：261-265.

第4章 聚氯乙烯树脂的改性

4.1 引言

聚氯乙烯（PVC）具有阻燃、耐化学腐蚀、综合力学性能良好等特点，随着添加的增塑剂含量的变化，可以得到硬质、半硬质（皮革状）和具有类似橡胶特性的制品，应用范围很广。但是由于均聚PVC本身结构的特点，导致其存在热稳定性差、硬制品冲击强度和热变形温度低、小分子增塑的软质制品回弹性比交联橡胶差等不足，在加工和应用方面受到一定的限制。

化学改性是PVC改性的重要方法，它是通过一定的化学反应改变PVC的分子结构，从而达到提高PVC性能或赋予PVC材料功能的目的。PVC的化学改性方法包括共聚合、氯化、交联、胺化等。共聚合是制备改性PVC树脂的主要化学改性方法，通过氯乙烯（VC）单体和其他单体无规共聚、VC与其他聚合物接枝共聚、PVC与其他单体接枝共聚及VC和其他单体嵌段共聚等方法，可以获得内增塑、高抗冲强度、耐热温度高、耐油性好、高阻隔或生物相容性好的专用PVC树脂。

国外主要PVC树脂生产公司已通过共聚合方法生产了多种专用PVC树脂，主要包括：氯乙烯-醋酸乙烯酯（VC-VAc）共聚树脂（简称氯醋树脂）、氯乙烯-丙烯酸酯共聚树脂（简称氯丙树脂）、氯乙烯-乙烯基醚共聚树脂（简称氯醚树脂）、氯乙烯-丙烯腈共聚树脂（腈氯纶树脂）、偏氯乙烯（VC-VDC）共聚树脂等无规共聚型改性PVC树脂，乙烯-醋酸乙烯酯共聚物接枝氯乙烯（EVA-g-VC）、丙烯酸酯聚合物接枝氯乙烯（ACR-g-VC）、聚氨酯接枝氯乙烯（TPU-g-VC）等接枝共聚型改性PVC树脂。近年来，国外也陆续开展了通过活性大分子单体与VC共聚和活性自由基聚合制备嵌段共聚型改性PVC的研究。

我国PVC树脂产量已超过美国而成为全球最大PVC树脂生产国，但产品仍以通用悬浮PVC树脂占多数，改性PVC树脂品种极其缺乏，仅有少数公司生产氯醋共聚树脂、氯醚共聚树脂、氯乙烯与少量二(多)烯单体共聚而合成的高聚合度或交联（消光）PVC树脂等品种。每年从国外进口的PVC树脂中改性PVC树脂占很大比重。

本章着重介绍氯乙烯-醋酸乙烯酯、氯乙烯-丙烯酸酯、氯乙烯-异丁基乙烯基醚、氯乙烯-丙烯腈无规共聚树脂及丙烯酸酯聚合物接枝氯乙烯树脂等 PVC 特种树脂。

4.2 氯乙烯-醋酸乙烯酯共聚树脂

氯乙烯-醋酸乙烯酯共聚（氯醋）树脂是最主要的共聚改性 PVC 树脂，总产量约占以 VC 为主的共聚树脂产量的 90%。商品氯醋共聚树脂的 VAc 含量为 3%～40%，用途较广的是 VAc 含量为 5%～20%的共聚树脂。除了二元氯醋树脂，还有包含第三单体的多元氯醋共聚树脂，包括 VC-VAc-乙烯醇共聚树脂、VC-VAc-马来酸（酐）共聚树脂、VC-VAc-丙烯酸羟烷基酯共聚树脂。VC-VAc-乙烯醇共聚树脂由 VC-VAc 共聚树脂醇解得到，其他多元共聚树脂由相应单体共聚而成。

氯醋树脂可以采用悬浮、乳液和溶液聚合方法合成，但不同方法合成的氯醋树脂基本以固体粉末形式出售。VAc 的内增塑作用使氯醋共聚树脂具有低的塑化温度和熔体黏度，改善了加工性能，因此悬浮法氯醋共聚树脂主要用于生产要求加工性能好的制品（如地板和唱片）。乳液法氯醋共聚树脂可以增塑糊形式用于塑化温度不能过高的制品的生产。此外，悬浮、乳液和溶液法氯醋共聚树脂也以溶液形式生产涂料、油墨和胶黏剂。含羟基或羧基第三单体的引入，可以增加涂层的黏结强度，并赋予氯醋树脂与其他涂层聚合物（如聚氨酯、环氧树脂等）的反应和相容性。

美国 United Carbide Corporation（联合碳化合物公司）和德国 I. G. Farben 公司从 20 世纪 30 年代起就有少量氯醋共聚树脂生产，70 年代是氯醋树脂生产的鼎盛时期，各大 PVC 树脂生产公司基本都有氯醋树脂生产，仅美国就年产悬浮法氯醋共聚树脂 20 多万吨。其后，氯醋树脂的产量因 PVC 加工技术的进步和氯醋树脂主要应用市场（塑料地板和唱片等）的萎缩而出现下降。

悬浮法氯醋共聚树脂的主要国外生产公司有：日本信越化学、法国 Arkema、Solvay、Wacker 化学公司等。乳液（微悬浮）法氯醋共聚树脂生产公司有 B. F. Goodrich 公司、西方化学公司、Arkema 公司、Wacker 公司、钟渊化学、韩国 LG 公司和韩华公司等。溶液法氯醋共聚树脂生产公司有联合碳化合物公司（后被 Dow 化学公司兼并，目前已关停）。

国内 PVC 工业起步较晚，天津化工研究所、北京化工研究所和浙江大学先后从 20 世纪 60 年代开始相继开展 VC-VAc 共聚研究，并于 1965 年实现中试生产。目前，国内生产的氯醋共聚树脂以悬浮法产品为主，产品牌号多以 LC 开头，牌号中的数字通常表示 VAc 的含量，主要生产单位有上海天原化工集团、江苏蝙蝠塑料集团公司（华士玻璃钢化工厂）、无锡汇洪化工、安徽歙县新丰化工、江苏新沂嘉泰化工有限公司等。乳液（微悬浮）法氯醋共聚树脂主要有沈阳化工股份有限公司等生产。

4.2.1 氯醋共聚树脂的制造

氯醋共聚树脂主要采用水相悬浮聚合、乳液聚合和溶液聚合法生产。

4.2.1.1 水相悬浮共聚

VC-VAc 悬浮共聚工艺与 VC 悬浮均聚相似。VC 和 VAc 单体在分散剂和搅拌作用下，分散成为悬浮于水相的单体液滴，在油溶性引发剂的引发下进行共聚。为了获得组成均匀的氯醋共聚树脂，可将部分 VC 在聚合过程中分批或连续添加。聚合到一定压降后，加入终止剂结束聚合，汽提脱除未反应单体，将离心分离得到的共聚树脂洗涤、干燥、筛分即得到成品氯醋共聚树脂产品。

VC-VAc 悬浮共聚的反应温度多在合成通用 PVC 树脂的聚合温度范围内，通常在 40～65℃之间。根据聚合温度选择具有合适活性的偶氮和过氧化物类引发剂。当生产低聚合度 VC-VAc 共聚树脂时，可以加入适量的链转移剂。表 4-1 为制备几种不同用途 VC-VAc 共聚树脂的典型配方。

■表 4-1 VC-VAc 悬浮共聚典型配方

项目	生产唱片用树脂	生产片材、薄膜用树脂
去离子水/质量份	139	139
VC/质量份	93.8	88.6
VAc/质量份	6.2	11.4
分散剂/质量份	0.076	0.09
引发剂/质量份	0.038	0.038
pH 调节剂/质量份	0.15	0.15
聚合温度/℃	60	65
共聚物中 VAc 质量分数/%	5.0	9.1

采用悬浮共聚法制备氯醋共聚树脂时，颗粒特性的控制非常重要。由于 VAc 组分的引入，聚合物玻璃化温度降低，混合单体与共聚物的相容性增加，聚合过程中单体液滴的黏并性增加，颗粒内部初级粒子也更易聚集，因此氯醋共聚树脂的颗粒形态往往与悬浮法 PVC 均聚树脂有较大差别，图 4-1 是典型氯

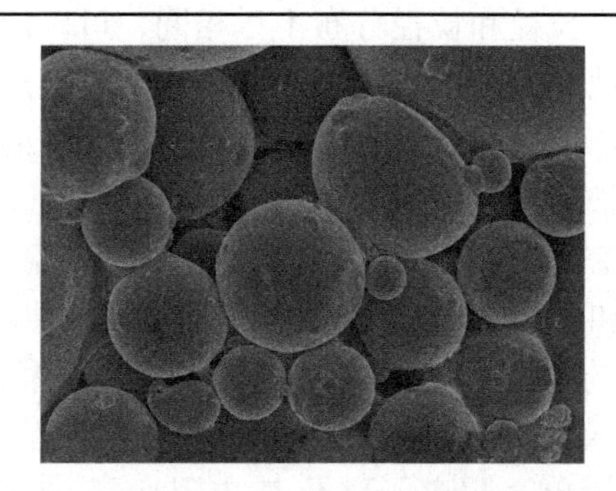

■图 4-1 悬浮法氯醋共聚树脂的典型颗粒形态

醋共聚树脂（VAc 含量约 13%）颗粒的扫描电镜照片。与通用悬浮 PVC 树脂相比，氯醋共聚树脂的颗粒外形更加规整而接近球形，颗粒表面皮膜较为光滑。

不同用途的悬浮氯醋共聚树脂对颗粒特性有不同要求，可以通过分散体系的选择进行适当的控制。如对用于塑料地板和唱片等制品生产的氯醋共聚树脂，要求有高的表观密度和较低的孔隙度，可通过选择醇解度较大的聚乙烯醇（PVA）、纤维素醚类或聚乙烯吡咯烷酮作为分散剂，及调节聚合工艺来实现。LG 化学公司专利报道了高表观密度 VC-VAc 共聚树脂的生产方法，先在聚合釜中加入部分 VC、全部 VAc、引发剂和纤维素醚类分散剂，在 40～70℃开始聚合，在聚合过程中加入剩余的 VC 单体，得到 VAc 含量高、黏度小、表观密度大、加工温度低、流动性和黏结力强的共聚物。

对于醇解制备 VC-VAc-乙烯醇共聚树脂或溶解后作为油墨、涂料添加剂的氯醋共聚树脂，则希望树脂具有疏松结构和较高的孔隙率。在合成这类氯醋树脂时，除采用聚乙烯醇和羟丙基甲基纤维素作为主分散剂外，还可加入亲油性 PVA 等助分散剂，降低初级粒子的聚集程度，提高孔隙率。

由于 VAc 单体的增塑作用和与金属的较强亲和作用，VC-VAc 共聚树脂比 VC 均聚树脂更易黏釜，对聚合防黏釜技术提出了更高的要求。在汽提脱除未反应单体和干燥等后处理阶段，由于共聚树脂玻璃化温度的降低和未反应 VAc 的增塑作用，共聚树脂颗粒间相互粘连倾向也较大，因此，应根据生产的氯醋共聚树脂的 VAc 含量和分子量，适当降低汽提和干燥温度。此外，回收单体中 VAc 的存在及聚合废水中 VAc 的溶解，增加了回收单体和废水处理的难度。

4.2.1.2 乳液和微悬浮聚合

与 PVC 糊树脂生产类似，氯醋糊树脂生产工艺很多，有间歇无种子乳液聚合、间歇种子乳液聚合、连续乳液聚合、一步微悬浮法、种子微悬浮法和溶胀微悬浮法等。采用不同工艺制备的氯醋乳液经凝聚干燥或直接喷雾干燥即可得到氯醋共聚糊树脂，而不同聚合工艺制备的氯醋糊树脂的初级（乳胶）粒子平均粒径和粒径分布不尽相同，可以满足不同加工工艺对增塑糊黏度和流变特性的要求。当氯醋糊树脂以溶液形式使用时，对树脂初级粒子粒径可不作要求，而树脂的溶解性和所形成溶液的黏度成为重要质量指标。

间歇乳液聚合工艺是将去离子水、VAc、乳化剂、引发剂和其他助剂加入反应釜，密封脱氧后加入 VC 单体，升温聚合，聚合结束后汽提脱除未反应 VC 和 VAc 单体，乳液经干燥得到树脂。在间隙乳液聚合时加入部分预先制备的氯醋乳液则成为间歇种子乳液聚合。连续乳液聚合是将反应物料连续加入到反应器中，同时连续产出氯醋共聚物乳液。VC-VAc 乳液聚合通常采用单一阴离子乳化剂或阴离子/非离子复合乳化剂，常用的阴离子乳化剂有十二烷基硫酸钠、十二烷基苯磺酸钠、月桂酸钠等。乳液聚合温度通常在45～65℃之间，可采用水溶性引发剂（如过硫酸铵、过硫酸钾等）或氧化-还原引发体系［如过硫酸铵/亚硫酸（氢）钠、叔丁基过氧化氢/甲醛次硫酸钠/硫酸铜等］引发聚合。表4-2为典型的VC-VAc乳液聚合体系组成。

■表4-2 VC-VAc乳液共聚合体系组成

名称	用量	备注	名称	用量	备注
VC/%	90～95		引发剂/%	0.1～0.2	对单体
VAc/%	5～10		助剂/%	0.1～0.5	对单体
去离子水/%	150		热稳定剂/%	0.1～0.2	对单体
乳化剂	5～6份	相对水			

微悬浮聚合是在聚合体系含有主乳化剂（十二烷基硫酸钠、十二烷基苯磺酸钠等）和助乳化剂（十六～十八醇）条件下，通过高速剪切形成包含单体的复合胶束，进而由水溶性或油溶性引发剂引发聚合，形成共聚物乳液。微悬浮聚合工艺通常是先将全部或部分单体、复合乳化剂和水一起均化，形成分散于水相的单体微液滴，然后引发聚合。但也可采用先将主/助乳化剂在水相高速分散形成复合胶束（均化液），再加入单体而使单体溶胀进入复合胶束的工艺，称为溶胀微悬浮聚合工艺。微悬浮聚合进行到聚合压力下降0.25～0.4MPa时终止，经汽提、喷雾干燥或凝聚/气流干燥而得到氯醋糊树脂产品。由于干燥过程中初级粒子的聚并和熔合，氯醋树脂次级粒子由许多初级粒子组成，图4-2为典型的氯醋糊树脂颗粒形态照片。

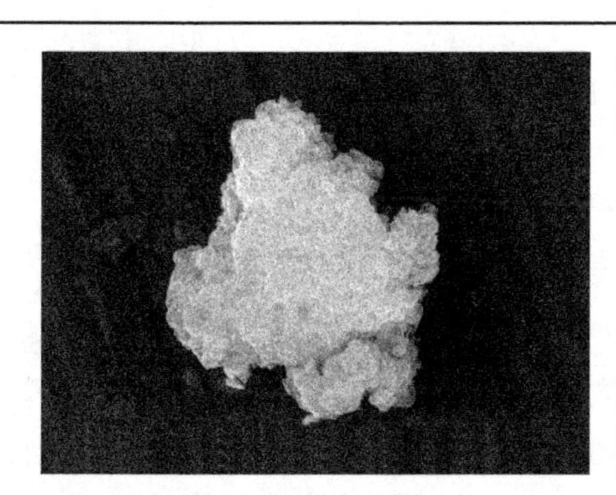
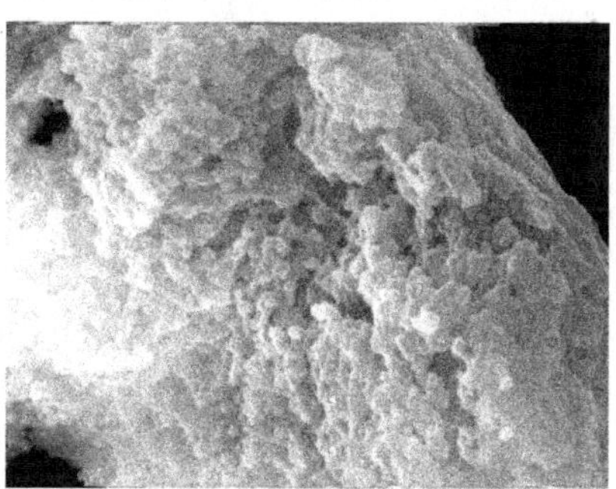

■图4-2 氯醋糊树脂（Wacker公司E15/45型产品）颗粒电镜照片

4.2.1.3 溶液聚合

VC-VAc溶液共聚是将VC、VAc单体混合并溶于溶剂中，在引发剂引发下于一定温度下聚合。聚合产物可直接以溶液形式应用，也可沉淀、干燥得到固体产品。溶液共聚可采用的溶剂包括：醋酸乙酯、醋酸丁酯、丙酮、环己酮、二氧六环、四氢呋喃等。溶液法VC-VAc共聚物主要用作涂料、油墨和黏合剂，要求分子量较低，因此，聚合温度通常较高，根据需要也可加入链转移剂。溶液共聚时单体和形成的共聚物都溶解于溶剂中，只要控制合适的初始单体比例和补加单体速率，可以合成共聚组成较为均匀的共聚树脂。此外，溶液共聚也较为适合制备组成均匀的含羧基或羟基的多元氯醋共聚树脂，长期以来美国联合碳化合物公司即采用溶液共聚合成二元和多元氯醋树脂，图 4-3 为该公司采用溶液聚合/凝聚法得到的 VC-VAc-马来酸共聚树脂（牌号 VMCH）的颗粒形态。与悬浮法氯醋树脂相比，溶液聚合/凝聚粒子的表面有更多皱褶，形态较氯醋糊树脂规整。

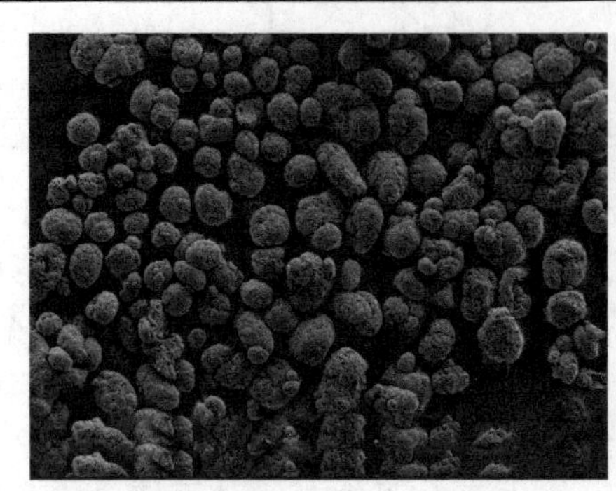
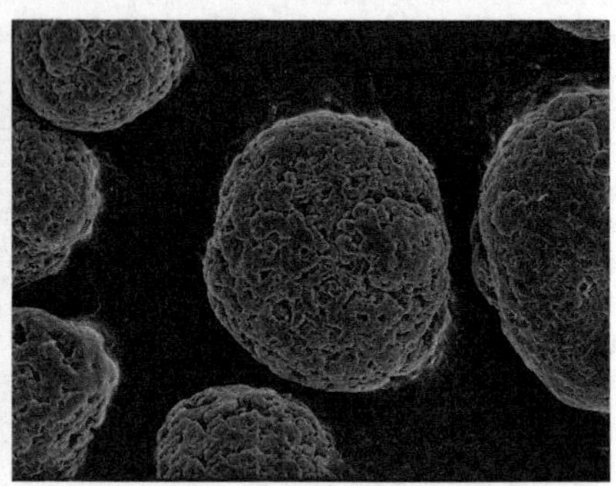

■图 4-3　溶液聚合/凝聚法得到的 VC-VAc-马来酸（86/13/1）共聚树脂的颗粒形态

溶液聚合法的缺点是：溶剂回收复杂、能耗高、产品成本较高。

4.2.2 氯醋共聚树脂的分子结构

氯醋共聚树脂的组成、平均分子量及分子量分布是反映其分子结构的主要参数。

4.2.2.1 共聚树脂组成

二元氯醋共聚树脂仅由 VC 和 VAc 单元组成，共聚物中 VAc 质量分数是影响其使用性能（加工温度、熔体黏度、溶解性能和溶液黏度、力学性能、黏结强度等）的重要因素。由于 VC-VAc 共聚竞聚率差异较大（如 60℃共聚时，VC 竞聚率为 1.68，VAc 竞聚率为 0.23），共聚物组成与投料单体组成并不相同，同时在不同聚合时期形成的共聚物的组成也不尽相同，存在共聚物组成分布。

根据共聚组成方程，对于一次加料的 VC-VAc 共聚，可以由单体投料组成、竞聚率计算不同转化率下共聚物的瞬间组成和平均组成。同时，也可根据需要得到的共聚物的瞬间组成计算投料单体组成。

图 4-4 为投料单体中 VAc 质量分数为 15%时，根据以上竞聚率计算得到的 VC-VAc 共聚物组成随转化率的变化。该图表明，当最终聚合转化率为 90%时，共聚物中平均 VAc 含量为 12%，共聚物中 VAc 含量在 8%～24%范围内波动，组成不均一。

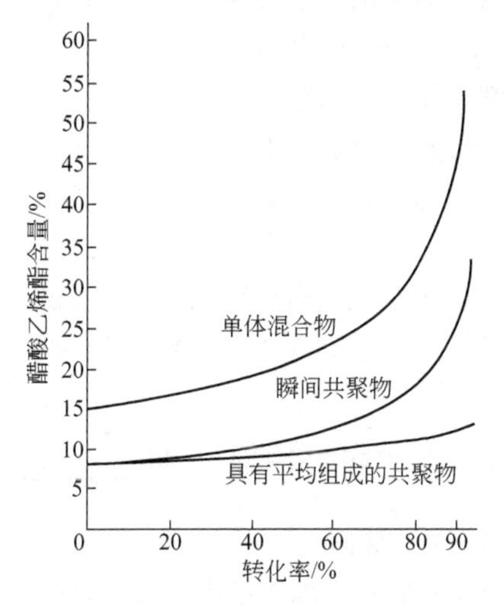

■图 4-4　VC-VAc 共聚过程中单体和共聚物组成随转化率的变化

对于大多数应用场合，偏离平均组成较大的组分往往对氯醋共聚树脂的应用性能有不利影响，如 VAc 含量比平均组成低得很多的那些组分，由于熔体流动性差，对精密制品的加工有不利影响；VAc 含量过低的组分，溶解性也差，如 VAc 质量分数小于 8%的共聚物只能被丙酮等极性较小的溶剂溶胀，而不能溶解，而当 VAc 质量分数大于 8%时，共聚树脂能溶于丙酮、醋酸丁酯等溶剂。因此，在大多情况下，要求合成的氯醋共聚树脂的组成分布尽量均匀。合成化学组成均匀的 VC-VAc 共聚树脂，主要采用两种方法。

(1) 一次投料共聚时，控制适宜的转化率　根据共聚树脂组成控制要求，选择合适的投料单体组成，并控制适宜的聚合转化率。一般当转化率控制在一定的范围（如小于 70%），则共聚物瞬间组成的波动不会太大。该方法的优点是操作简单，缺点是聚合效率低，存在大量未反应单体的回收。

(2) 中途添加活泼的 VC 单体或以 VC 为主的混合单体，使未反应单体的组成基本保持恒定　根据共聚树脂组成控制要求，选择合适的初始投料单体组成，在聚合过程中分批或连续添加活泼的 VC 单体或 VC 单体质量分数较高的混合单体，保持未反应单体的组成基本恒定，则形成的共聚物的组成也基本恒定。对于乳液（微悬浮）聚合，也可采用连续添加合适组成的混合单体或混合单体预乳化液的方法。

该方法的操作难度虽然较大，但只要初始投料单体和补加单体的组成、VC 或混合单体的补加速率适宜，在高转化率下仍可获得组成均匀的共聚树脂，减少未反应单体的回收量，同时也利于聚合速率和放热的控制，是合成化学组成均匀的氯醋共聚树脂的主要方法。原联合碳化学公司在溶液法合成氯醋共聚树脂时，即采用这一方法，通过控制不同转化率时的 VC 加入量得到组成波动很小、溶解性能优异的共聚树脂。新疆天业集团中发化工公司在悬浮法合成氯醋共聚时，也采用分次补加 VCM 的方法，可以减少 VAc 的用量，得到 VAc 分布均匀的产品。

4.2.2.2 共聚树脂的平均分子量

当 VAc 含量较低时，氯醋共聚树脂的平均分子量（特性黏数、*K* 值）主要取决于聚合温度和链转移剂浓度，提高聚合温度和链转移浓度，将得到平均分子量较低的氯醋共聚树脂；当 VAc 含量较高时，除以上两个主要因素外，VAc 含量和转化率的影响也不容忽视，其他聚合条件相同时，氯醋共聚树脂的平均分子量随 VAc 含量的增加而降低。

4.2.3 氯醋共聚树脂主要质量指标、性能和应用

4.2.3.1 悬浮法氯醋共聚树脂

悬浮法氯醋共聚树脂的质量指标是在悬浮 PVC 树脂基础上，再增加 VAc 含量指标。表 4-3 为日本信越化学公司不同牌号氯醋共聚树脂的质量指标。德国 Wacker 公司的氯醋共聚树脂主要作为涂层黏结组分，要求溶解性能好，溶液黏度成为其主要质量控制指标，不同牌号共聚物树脂的质量指标如表 4-4 所示。表 4-5 为 Solvay 公司氯醋共聚树脂牌号、规格及主要应用领域。

■表 4-3 信越化学公司悬浮氯醋共聚树脂的质量指标 （根据该公司网上介绍整理）

项目	平均聚合度	*K* 值	数均分子量	VAc 含量/%	20%(质量分数)丁酮/甲苯溶液黏度/mPa·s
测试方法	JISK-6721	DIN 53726			
SOLBIN-C	420	48	31000	13	150
SOLBIN-CL	300	41	25000	14	60
SOLBIN-CH	650	55	38000	14	700
SOLBIN-CN	750	59	42000	11	40（浓度 10%）
SOLBIN-CNL	200	35	12000	10	30
SOLBIN-C5R	350	47	27000	21	60

■表 4-4 Wacker 公司 Vinnol 系列氯醋树脂品种和规格 （根据该公司网上介绍整理）

牌号	VAc 质量分数/%	*K* 值	重均分子量	粒度	玻璃化温度/℃	20%(质量分数)甲乙酮溶液黏度/mPa·s
H14/36	14.4±1.0	35±1	(30～40)×10³	<1mm	69	13±3
H15/42	14.0±1.0	42±1	(35～50)×10³	<1mm	70	28±5
H15/50	15.0±1.0	50±1	(60～80)×10³	<1mm	74	70±10
H11/59	11.0±1.0	59±1	(80～120)×10³	<1mm	75	450±100
H40/43	34.3±1.0	42±1	(40～50)×10³	<1mm	58	25±5
H40/50	37.0±1.0	50±1	(60～80)×10³	<1mm	60	55±10
H40/55	38.0±1.0	55±1	(80～120)×10³	<1mm	60	100±20
H40/60	39.0±1.0	60±1	(100～140)×10³	<1mm	62	180±30

■表 4-5　Solvay 公司悬浮法氯醋共聚树脂品种、规格和应用（根据该公司网上介绍整理）

牌号	K 值	VAc 含量/%	应用领域
SolVin 550GA	50	13	唱片、涂料、油墨、黏结剂
SolVin 557RB	57	11	信用卡、药品等包装片/薄膜等
SolVin 560RA	60	8	通用型片材/薄膜
SolVin 561SF	61	7	汽车胶黏和密封剂（作为填料）

国内江苏蝙蝠塑料集团华士玻璃钢化工、无锡洪汇化工、新沂市嘉泰化工有限公司生产的悬浮氯醋共聚树脂的品种和质量指标分别如表 4-6～表 4-8 所示。

可见，VAc 质量分数为 13%的氯醋共聚树脂最为常见，各公司基本都有这类产品，并且进一步根据平均分子量（黏数、*K* 值）的高低形成不同品级；VAc 质量分数为 7%、8%的氯醋共聚树脂国内外也较多，而国内 VAc 质量分数为 5%的氯醋共聚树脂很少。此外，还有产量较少的 VAc 质量分数为 25%和 40%的氯醋共聚树脂。

■表 4-6　江苏蝙蝠塑料集团华士玻璃钢化工厂氯醋共聚品种和质量指标（根据该公司网上产品介绍整理）

项目	外观	黏数/(ml/g)	K 值	VAc 含量/%	表观密度/(g/ml) ≥	白度/% ≥	筛余物(0.45mm)/%	总挥发分/%	黑黄点总数/(个/100g)
BL-1	白色粉末	80±2	59±1	11±1	0.42	80	<0.5	<1.2	<40
BL-1-16	白色粉末	80±2	59±1	16±1	0.42	80	<0.5	<1.2	<40
BL-2	白色粉末	74±2	55±1	13±1	0.42	80	<0.5	<1.2	<40
BL-3	白色粉末	62±2	51±1	13±1	0.42	80	<0.5	<1.2	<40
BL-4	白色粉末	56±2	48±1	13±1	0.42	80	<0.5	<1.2	<40
BL-25	白色粉末	45±2	42±1	25±1	0.42	80	<0.5	<1.2	<40
BLM	白色粉末	31-53	34-47	13±2	0.42	80	<0.5	1～2	<40

■表 4-7　无锡洪汇化工有限公司生产的氯醋共聚树脂品种和质量指标（根据该公司网上产品介绍整理）

项目	LA	CK	RC	LP	SP	HA
外观	白色粉末	白色粉末	白色粉末	白色粉末	白色粉末	白色粉末
黏数/(ml/g)	78～83	80～83	88～92	39～42	71～73	47～50
K 值	57～59	58～59	60～62	40～42	54～55	37～40
VAc 含量/%	7～9	10～12	13～15	14～16	12～14	24～26
总挥发分/%	≤1.0	≤1.0	≤1.0	≤1.0	≤1.0	≤1.0
过筛率（0.25mm）	≥98	≥98	≥98	≥98		
杂质粒子数/100g 样品	≤23	≤23	≤23	≤23	≤20	
表观密度/(g/ml)	≥0.60	≥0.60	≥0.60	≥0.60	≥0.60	≥0.60

■表 4-8 新沂市嘉泰化工有限公司氯醋共聚树脂的质量指标 （来源于该公司产品介绍书）

项目	LC-1		LC-2		LC-3	LC-4
	一等品	合格品	一等品	合格品	合格品	合格品
黏数/（ml/g）	55～65		66～100		106～116	126～143
VAc 质量分数/%	13.0～15.0		8.0～13.0		10.0～15.0	2.0～8.0
杂质粒子数/个 ≤	60	100	60	100	80	80
挥发物（包括水）质量分数/% ≤	1.0	1.5	1.0	1.5	1.5	1.5
表观密度/（g/ml） ≥	0.45	—	—	—	—	—
筛余物（0.45mm 筛孔）质量分数/% ≤	0.05	0.30	0.05	0.30	0.30	0.30

平均聚合度相近的氯醋共聚树脂与 PVC 均聚树脂的性能比较见表 4-9，可见相同加工配方条件下，氯醋共聚树脂的硬度和软化温度较 PVC 均聚树脂低，VAc 含量越高，差异越大，从中也说明了 VAc 链段的引入起到了内增塑 PVC 的作用。

■表 4-9 VC-VAc 悬浮共聚树脂的性质

性质	VC-VAc		普通 PVC	
	SC-400G	MA-800	TK400	TK800
平均聚合度	400	750	400	800
VAc 含量/%	13	5	—	—
表观密度/（g/ml）	0.62	0.60	0.58	0.56
挥发分/%	1.5	1.0	1.0	0.5
邵氏硬度	D84	D85	D86	D86
拉伸强度/MPa	53.9	56.8	53.9	56.8
伸长率/%	120	140	100	140
软化温度/℃	63	68	70	71

4.2.3.2 乳液（微悬浮）法氯醋共聚树脂

采用乳液或微悬浮聚合得到的氯醋共聚树脂主要用于低温塑化和黏结用途，前者的 VAc 质量分数约为 5%，树脂仍以与增塑剂混合调成糊状为主，因此其质量指标与 PVC 糊树脂类同，除了分子结构方面的指标外，糊黏度仍是重要质量指标。后者的 VAc 含量为 15%左右，可以以糊形式使用，也可以以溶液形式使用。对于以溶液形式使用的树脂，糊黏度可不作指标要求，而增加溶液黏度的指标要求。

国外低 VAc 含量的氯醋共聚糊树脂品种主要有美国 PolyOne 公司的 Geon 136 和 Geon138，Oxygen 公司的 6338，德国 Wacker 公司的 Vinnol E5/65C，韩国韩华石油化学的 KCM-12、KCH-12 和 KCH-15 等。高 VAc 含量的氯醋共聚糊树脂有 Wacker 公司的 E15/45、Arkema 公司 P1384 牌号的产品。

国内氯醋共聚糊树脂的生产单位不多，规模较大的仅有沈阳化工股份有限公司，生产的氯醋共聚糊树脂的主要质量指标如表 4-10 所示。

■表 4-10　沈阳化工股份有限公司氯醋共聚糊树脂的质量指标

项　目		汽车塑溶胶专用树脂（PCMA-12）	油墨专用树脂（PCL-15）
树脂	聚合度	1000±100	800±100
	挥发分/%　≤	1.0	1.0
	堆积密度/（g/ml）	0.20～0.40	0.35～0.55
	VAc 含量/%	3～5	13～17
混合物	B 型黏度/mPa·s	1000～6000	
	刮痕粒度/μm　≤	100	

以 Geon 135 型氯醋共聚糊树脂为例，其与 Geon 121 型 PVC 均聚糊树脂的性能比较如表 4-11 所示。

■表 4-11　VC-VAc 共聚糊树脂的性质

加热温度/℃		132	143	149	154	166	177
拉伸强度/MPa	135	11.0	14.8	17.5	17.5	17.5	17.5
	121	6.5	9.3	12.3	13.4	17.2	19.2
100%拉伸模量/MPa	135	5.6	5.3	5.4	5.2	5.9	6.1
	121	—	7.1	7.3	7.3	6.9	7.4
撕裂强度/(N/m)	135	265	373	422	402	441	461
	121	127	206	294	333	490	539
伸长率/%	135	240	310	380	380	410	380
	121	100	140	210	250	370	410

注：配方为 VC-VAc 共聚树脂/DOP/Ba-Cd 稳定剂＝100/60/2。

氯醋共聚树脂增塑糊经较低的加工温度后，就显示出较高的强度和伸长率。以强度和伸长率达到平衡的加工温度为衡量基准，则氯醋共聚树脂的塑化温度比均聚树脂低 28℃左右。另外，氯醋共聚树脂的拉伸模量和硬度都小于均聚树脂，同样体现了 VAc 的内增塑作用。

4.2.3.3 溶液法氯醋共聚树脂

溶液法氯醋共聚树脂仅有 Dow 化学公司曾经生产，产品的溶解性能优异，主要用于涂层方面。表 4-12 为溶液法氯醋共聚树脂的品种、规格。图 4-5 为不同规格氯醋共聚树脂甲乙酮溶液黏度与树脂质量分数的关系。

■表 4-12 溶液法氯醋共聚树脂品种、规格和应用（源自 Dow 化学公司网上产品介绍）

公司名	牌 号	组成		相对分子质量	K 值	玻璃化温度/℃	溶液黏度①(25℃)/mPa·s
		VC	VAc				
Dow 化学	Ucar VYNS-3	90	10	44000	56	79	1300
	Ucar VYHH	86	14	27000	46	72	200
	Ucar VYHD	86	14	22000	42	72	200

① 质量浓度 30%的甲乙酮溶液。

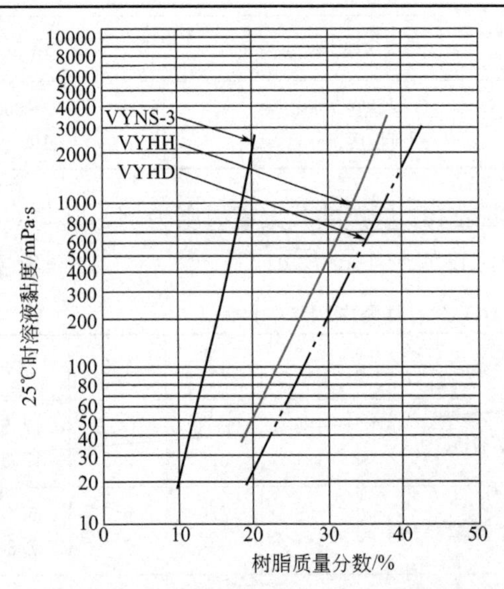

■图 4-5 氯醋共聚树脂甲乙酮溶液黏度与浓度的关系（源自 Dow 化学公司网上产品介绍）

4.2.3.4 多元氯醋共聚树脂

美国联碳化学公司（Dow 化学）开发了牌号为 Ucar 的多元改性氯醋共聚树脂，主要品种和规格如表 4-13 所示。

Ucar 系列改性氯醋共聚树脂具有溶解性好、黏结力强等优点，已有很长的应用历史。图 4-6 和图 4-7 分别为含羧基和含羟基 Ucar 系列改性氯醋共聚树脂的溶液黏度与树脂浓度的关系。

■表 4-13　牌号 Ucar 改性氯醋共聚树脂（源自 Dow 化学公司网上产品介绍）

项　　目		含羧基改性氯醋共聚树脂			含羟基改性氯醋共聚树脂				
		VMCH	VMCC	VMCA	VAGH	VAGD	VAGF	VAGC	VAOH
共聚物组成（质量份）	VC	86	83	81	90	90	81	81	81
	VAc	13	16	17	4	4	4	4	4
	其他单体	1	1	2	6	6	15	15	15
反应基团种类		羧 基			羟基（乙烯醇）		羟基（丙烯酸羟烷基酯）		
酸值/(mgKOH/g)		10	10	19					
羟值/(mgKOH/g)					76	76	59	63	66
特性黏度（ASTMD1243）		0.50	0.38	0.32	0.53	0.44	0.56	0.44	0.30
相对密度（ASTMD792）		1.35	1.34	1.34	1.39	1.39	1.37	1.36	1.37
玻璃化温度/℃		74	72	70	79	77	70	65	65
数均分子量		27000	19000	15000	27000	22000	33000	24000	15000
25℃时 30% 甲乙酮溶液黏度/mPa · s		650	100	55	1000	400	930	275	70

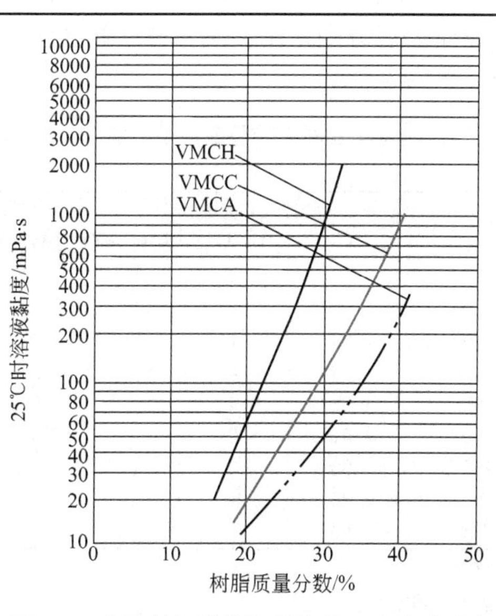

■图 4-6　含羧基氯醋共聚树脂甲乙酮溶液黏度与浓度的关系（Dow 化学公司网上产品介绍）

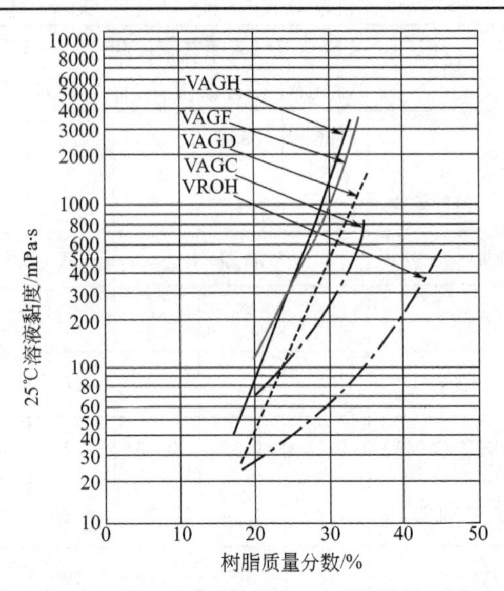

■图 4-7 含羟基氯醋共聚树脂甲乙酮溶液黏度与浓度的关系（Dow 化学公司网上产品介绍）

为了克服溶液聚合的不足之处，国内外许多公司分别开发了悬浮聚合、乳液聚合法生产改性氯醋共聚树脂技术，而应用领域与 Ucar 系列树脂相同。由于溶液法多元改性氯醋共聚树脂生产成本较高，目前溶液共聚合装置已关停，市场上主要是悬浮和乳液聚合法产品。

日本信越化学公司含羟基或羧基的氯醋共聚树脂的主要指标如表 4-14 所示。Wacker 公司分别采用乳液和悬浮共聚合生产含羧基的氯醋共聚树脂，主要指标如表 4-15 所示。

■表 4-14 日本信越化学公司含羟基或羧基的氯醋共聚树脂的主要指标 （该公司网上产品介绍）

项目	组成(质量份)			平均聚合度	K 值	平均分子量	黏度⑤/mPa·s
	VC	VAc	其他单体				
SOLBIN-A	92	3	5①	420	48	30000	220
SOLBIN-AL	93	2	5①	300	41	22000	70
SOLBIN-TA5R	88	1	11①	300	41	28000	130
SOLBIN-TA2	83	4	13②	500	51	33000	300
SOLBIN-TA3L	83	4	13②	350	45	24000	100
SOLBIN-TAO	91	2	7①	360	45	15000	230
SOLBIN-TAOL	92	2	6①	280	40	14000	100
SOLBIN-M5	85	14	1③	420	48	32000	130
SOLBIN-MFK	90	7	3④	440	49	33000	30

① 乙烯醇。

② 羟烷基丙烯酸酯。

③ 二元羧酸。

④ 丙烯酸。

⑤ 除 SOLBIN-MFK 采用 10%（质量分数）浓度的丁酮/甲苯 （1/1） 溶液测定外， 其他 20%（质量分数） 浓度， B 型黏度计， 25℃。

■表 4-15 Wacker公司牌号为 Vinnol 的含羧基氯醋共聚树脂的主要指标（Dow化学公司网上产品介绍）

牌号	VAc 质量分数/%	羧酸单体/%	酸值(mgKOH/g)	*K* 值	重均分子量	粒度	玻璃化温度/℃	20%(质量分数)甲乙酮溶液黏度/mPa·s
E15/45M	15.0±1.0	约1.0	7.5±1.5	45±1	(50～60)×10³	<2.5mm	76	40±5
H15/45M	15.0±1.0	约1.0	7.0±1.5	48±1	(60～80)×10³	<1mm	79	60±10

国内歙县新丰化工有限公司生产的含羧基、含羟基的氯醋共聚树脂的主要指标分别如表 4-16 和表 4-17 所示。

■表 4-16 歙县新丰化工有限公司生产的含羧基氯醋共聚树脂的主要指标

指标项目		VAM	VMA	VMC	HVAMA
外观		白色粉末	白色粉末	白色粉末	白色粉末
组分/%	VC	86±1%	81±1%	83±1%	84
	VAc	13±1%	17±1%	16±1%	13
	马来酸酐	1±0.2%	2±0.2%	1±0.2%	3
活性官能团（羧基）/%		1±0.2%	2±0.2%	1±0.2%	3
酸值/(mgKOH/g)		10	19	10	30
黏数/(ml/g)		50	45	45	66
玻璃化温度/℃		约72	约70	约70	约74
平均分子量		约27000	约15000	约19000	约27000
粒度（60目过筛）		100%	100%	100%	100%
表观密度/（g/ml）		≥0.5	≥0.5	≥0.5	≥0.5
挥发分/%		≤1%	≤1%	≤1%	≤1%
黄黑点/（个/100g）		≤20	≤20	≤20	≤20
溶解性（25%丁酮甲苯溶液）		无色透明	无色透明	无色透明	无色透明

■表 4-17 歙县新丰化工有限公司生产的含羟基氯醋共聚树脂的主要指标

指标项目		VAH	VAD	VAF	VAF-P	VOH
外观		白色粉末	白色粉末	白色粉末	白色粉末	白色粉末
组分/%	VC	90±1%	90±1%	81±1%	81±1%	81±1%
	VAc	4±1%	4±1%	4±1%	4±1%	4±1%
	含羟基单体	6±0.5%（乙烯醇）	6±0.5%（乙烯醇）	15±1%（羟烷基丙烯酸酯）	15±1%（羟烷基丙烯酸酯）	15±1%（羟烷基丙烯酸酯）
活性官能团（羟基）/%		1.8～2.3	1.8～2.3	1.6～1.8	1.7～1.9	1.9～2.1
羟值/（mgKOH/g）		70～76	70～76	58～60	60～64	66
黏数/（ml/g）		54～58	44～48	56～60	48～52	32～36
平均分子量		约27000	约22000	约33000	约24000	约15000
玻璃化温度/℃		约79	约77	约70	约65	约65
粒度（60目过筛率）		100%	100%	100%	100%	100
表观密度/（g/ml）		≥0.5	≥0.5	≥0.5	≥0.5	≥0.5
挥发分/%		≤1%	≤1%	≤1%	≤1%	≤1%
黄黑点/（个/100g）		≤20	≤20	≤20	≤20	≤20
溶解性（25%丁酮甲苯溶液）		无色透明	无色透明	无色透明	无色透明	无色透明

4.3 氯乙烯-丙烯酸酯共聚树脂

随着烷基链碳原子数目的变化，可形成性质变化大的（甲基）丙烯酸酯类单体及相应的聚合物，满足 PVC 改性的不同需要。丙烯酸长链烷基酯的聚合物具有低的玻璃化温度，与 VC 共聚可提高 PVC 的柔性、韧性和耐油等性能。图 4-8 为烷基链碳原子数对丙烯酸酯均聚物玻璃化温度（T_g）的影响。可见，随着烷基链上碳原子数目的增大，聚丙烯酸酯的玻璃化温度呈现先减小后增大的趋势，在烷基链上碳原子数目为 4、6 和 8 时，对应丙烯酸酯均聚物的 T_g 最低。因此，丙烯酸丁酯（BA）、丙烯酸己酯和丙烯酸辛酯（EHA）是用于制备增韧或增塑 PVC 的优选单体。

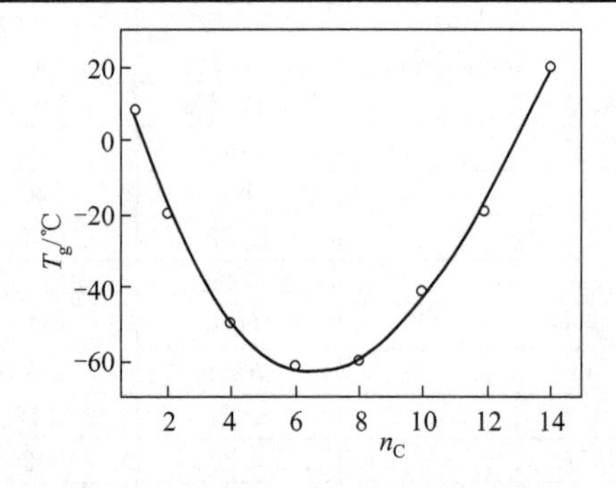

■图 4-8 丙烯酸酯烷基链上碳原子数目对聚丙烯酸酯玻璃化温度的影响

甲基丙烯酸甲酯、（甲基）丙烯酸异冰片酯等丙烯酸酯单体的聚合物的玻璃化温度高于 PVC，与 VC 共聚可提高 PVC 的玻璃化温度和热变形温度。（甲基）丙烯酸羟烷基酯单体与 VC 共聚可提高 PVC 的黏结性能，可用于涂层用改性 PVC 树脂的制备。

德国 I. G. Farben 公司在第二次世界大战前就研制出 VC-丙烯酸甲酯（MA）共聚物，商品名称为 Igelit MP。20 世纪 60 年代以来，日本吴羽化学等公司开始生产 VC-EHA、VC-MMA、VC-丙烯酸羟烷基酯共聚物。B. F. Goodrich 公司则采用两种不同结构的丙烯酸酯与 VC 共聚制备了新型耐油 PVC 树脂，其中一种为丙烯酸短链烷基酯单体，如丙烯酸乙酯、丙烯酸丙酯、丙烯酸丁酯，用作耐油剂；另一种为丙烯酸长链烷基酯，起到改进共聚物压缩永久变形和低温脆性的作用。德国 Wacker 公司采用乳液聚合生产用于涂层的 VC-丙烯酸羟烷基酯共聚物。

4.3.1 氯乙烯-丙烯酸酯共聚树脂的合成

VC-丙烯酸酯共聚树脂可采用悬浮、乳液聚合方式生产。

4.3.1.1 悬浮共聚

VC-丙烯酸酯悬浮聚合工艺与VC均聚类似。由表4-18列举的VC与一些丙烯酸酯单体的共聚竞聚率可见，VC与大多数丙烯酸酯单体的竞聚率相差很大，VC竞聚率通常小于1，而丙烯酸酯单体竞聚率大于1，因此，共聚物组成与共聚单体组成差异很大，并随共聚合转化率的增大，组成发生漂移。为了获得化学组成均匀的VC共聚物，通常采用在共聚过程分批或连续加入活泼的丙烯酸酯单体的方法。

■表4-18 氯乙烯（M_1）与丙烯酸酯（M_2）共聚合竞聚率

M_2	r_1	r_2	聚合温度/℃
丙烯酸甲酯	0.083	9.0	50
丙烯酸乙酯	0.12	4.4	50
丙烯酸丁酯	0.07	4.4	45
丙烯酸-2-乙基己酯	0.16 0.12	4.15 4.8	56 48

Vendelin等研究了悬浮聚合合成VC-丙烯酸丁酯（BA）无规共聚树脂，在反应器中加入蒸馏水、甲基羟基脯氨酸纤维素的水溶液、BA及过氧化月桂酰；密闭排氧后，在搅拌下把VC和甲酸钙水溶液加入反应釜；冷搅25min后，升温开始聚合，当压力降至0.3MPa时，结束聚合得到VC-BA共聚树脂。由于采用一次性投料法，得到混有VC和BA均聚物的VC-BA共聚物，化学组成不均一。

VC-丙烯酸甲酯（MA）无规共聚树脂的合成与以上方法类似，在反应器中加入去离子水、纤维素醚和聚乙烯醇复合分散剂的水溶液，同时往夹套中注入循环冷却水保持反应器内温度，开启搅拌；而后泵入一定比例的VC和MA单体，温度升至反应温度；再加入过氧化二碳酸二（2-乙基己酯）引发剂。在不同转化率阶段，补加一定比例的VC和MA，当压力下降0.2MPa时，冷却终止聚合得到VC-MA共聚树脂。通过先在反应器中加入一定比例的VC和MA单体，再在反应不同阶段连续补加VC和MA单体，得到化学组成较均一的VC-MA共聚物。

对于VC-丙烯酸长链烷基酯单体的悬浮共聚，除了共聚物组成控制外，颗粒形态的控制也非常重要。通常，丙烯酸长链烷基酯单体的加入会使PVC颗粒变得更加紧密。姜术丹研究了VC-丙烯酸辛酯（EHA）悬浮共聚，得到EHA单体直接滴加和乳化后滴加时，不同EHA含量共聚树脂的吸油率如图4-9所示。可见，随着EHA含量的增加，共聚树脂的增塑剂吸收率逐渐降低，滴加纯EHA共聚合成树脂的增塑剂吸收量要比采用滴加乳化EHA共聚合成树脂的增塑剂吸收量下降更快。

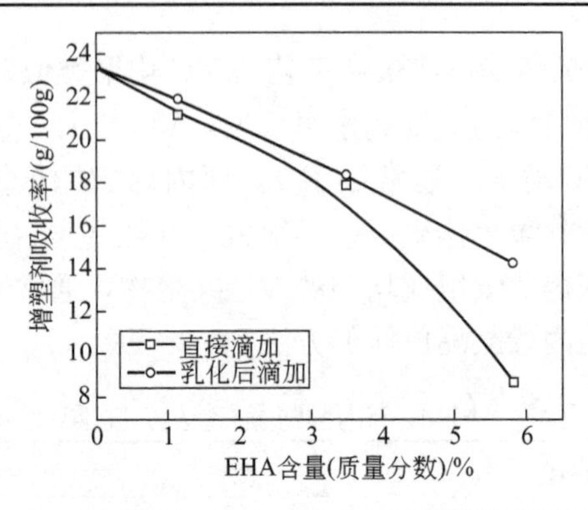

■图 4-9 EHA 含量对 VC-EHA 共聚树脂增塑剂吸收量的影响

4.3.1.2 乳液共聚

丙烯酸酯加入方式、丙烯酸酯加入量、引发体系和乳化体系选择、搅拌强度是 VC-丙烯酸酯乳液共聚的重要影响因素。VC-丙烯酸酯乳液共聚中丙烯酸酯加入方式一般采用连续加入或分批加入；丙烯酸酯初期加入量一般控制在 10%～30%；引发体系多采用氧化-还原引发体系；乳化体系通常由阴离子乳化剂和非离子型乳化剂复配组成。

英国公开专利报道了 VC-丙烯酸乙酯（EA）共聚乳液的合成。在反应器中加入蒸馏水、过硫酸钾引发剂和 VC-EA 种子乳液，加入 VC，升温后再加入复合乳化剂和 EA 单体；在反应不同阶段补加剩余 VC 单体，待转化率达到 65%时，补加剩余复合乳化剂；压力降至一定程度后，结束聚合得到稳定的 VC-EA 共聚物乳液。

美国公开专利报道了 VC-甲基丙烯酸-2-羟乙酯（HEMA）共聚乳液的合成。在反应器中加入去离子水、过硫酸钾引发剂，搅拌升温至反应温度；而后加入 VC 和乳化 HEMA 单体，控制滴加速率，保持反应压力；压力降至一定程度后，结束聚合得到共聚组成较为均一的 VC-HEMA 共聚物。

张焱研究了 VC-HEMA 共聚乳液的合成，在反应器中加入去离子水、SDS、和 $NaHCO_3$；再加入 VC 和 HEMA 单体。室温下，预乳化 30min，升至反应温度；加入 KPS 引发剂水溶液，开始聚合；按需要可补加 VC 和 HEMA 单体；压力降至一定程度后，冷却，停搅拌，得到 VC-HEMA 共聚物乳液。研究表明，采取分步加入的半连续聚合可得到共聚组成较为均一的共聚物。

4.3.2 氯乙烯-丙烯酸酯共聚物的性能

组成均匀的氯乙烯-丙烯酸酯无规共聚物通常具有均相结构和单一的玻

璃化温度和软化温度。表 4-19 列举了 VC 与几种丙烯酸酯共聚物的软化温度。由表可见，共聚采用的丙烯酸酯的烷链越长，软化温度越低，内增塑效果越明显。

■表 4-19　氯乙烯-丙烯酸酯共聚物的软化温度

丙烯酸酯单体类型	不同组成共聚物的软化温度/℃		
	95∶5	90∶10	80∶20
丙烯酸甲酯	75	73	63
丙烯酸乙酯	72	67	61
丙烯酸丙酯	70	65	60
丙烯酸丁酯	80	64	56
丙烯酸-2-乙基己酯	72	62	53

表 4-20 列举了不同组成的 VC-丙烯酸甲酯共聚物的性质。可见，随着丙烯酸甲酯含量增加，共聚物软化温度、压延温度和模压成型温度均有一定程度的下降。

美国公开专利报道了投料比 VC∶BA∶EHA＝1000∶228∶410 时得到的 VC-丙烯酸酯悬浮共聚树脂增塑制品的力学性能，如表 4-21 所示。

■表 4-20　VC-MA 共聚物的热性能

投料 VC/MA（质量比）	聚合物中 VC 含量/%	聚合物软化温度/℃	压延温度/℃	模压成型温度/℃
100∶0	100	78	135	160
95∶5	88	75	135	160
90∶10	87	75	130	155
80∶20	81	63	120	150

■表 4-21　VC-BA-EHA 共聚树脂的性能

性　　能	数值	性　　能	数值
硬度	A63	100%伸长时的拉伸强度/MPa	2.1
压缩变形（22h,100℃）/%	57.0	断裂伸长率/%	322
压缩变形率（22h,RT）/%	43.4	拉伸模量/MPa	406
拉伸强度/MPa	7.7	脆化温度/℃	−19.5

相同增塑剂含量时，VC-BA-EHA 共聚树脂的硬度比均聚 PVC 低，拉伸强度下降，断裂伸长率提高，显示了良好的内增塑作用。

姜术丹计算和实验测定了不同 EHA 含量 VC-EHA 无规共聚物的玻璃化温度，结果如图 4-10 所示。可见，随着 EHA 含量的增加，共聚物的 T_g

逐渐下降。当 EHA 加入量为 5.84%时，T_g 降低 8℃以上，说明 EHA 对 PVC 具有良好的内增塑效应。图 4-11 为不同 EHA 含量 VC-EHA 共聚树脂的加工转矩曲线。可见，随着 EHA 含量增加，加工平衡转矩降低，塑化时间缩短。

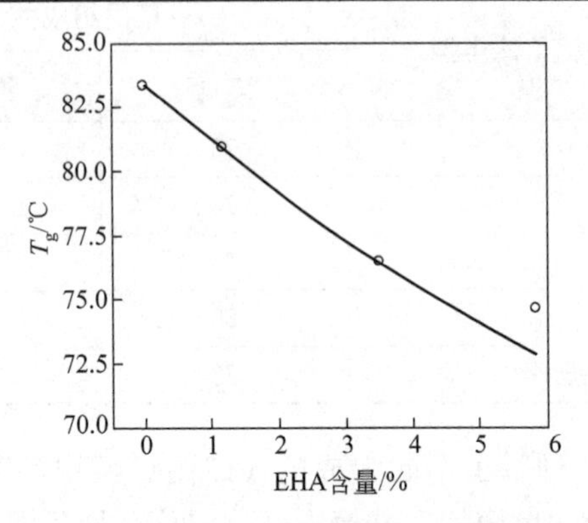

■图 4-10 EHA 含量对 VC-EHA 共聚物玻璃化温度的影响

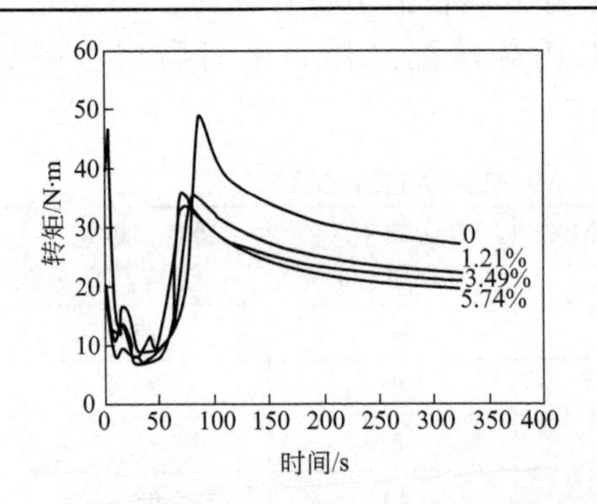

■图 4-11 EHA 含量对 VC-EHA 共聚物加工转矩的影响

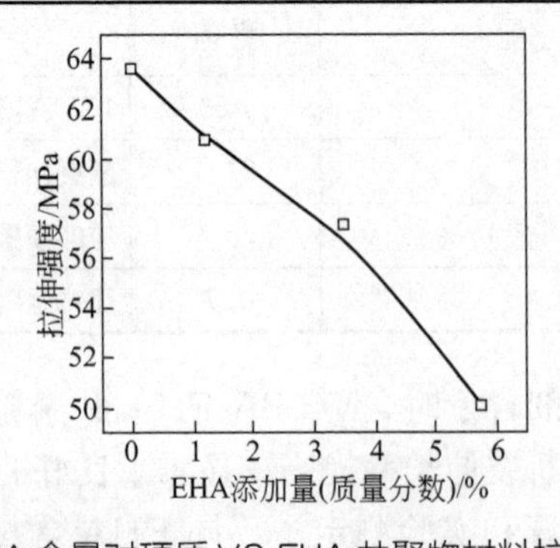

■图 4-12 EHA 含量对硬质 VC-EHA 共聚物材料拉伸强度的影响

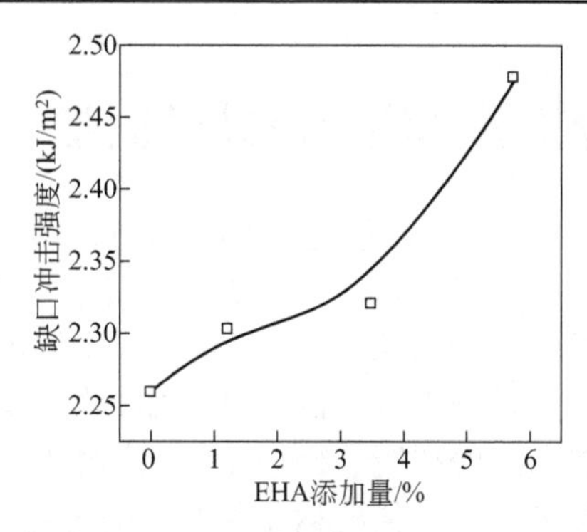

■图 4-13　EHA 含量对硬质 VC-EHA 共聚物材料冲击强度的影响

EHA 含量对 VC-EHA 共聚物力学性能的影响如图 4-12 和图 4-13 所示。可见，随着 EHA 含量的增加，材料的拉伸强度有减小趋势，而冲击强度略有增大趋势，这是共聚引入 EHA 链节后 PVC 材料韧性增加的表现。

美国公开专利报道了采用水相悬浮法合成高耐油性 VC-BA-EHA 共聚物，研究了 EHA/BA 投料比对共聚树脂低温脆性和耐油性能的影响，结果如表 4-22 所示。

■表 4-22　EHA/BA 配比对 VC-丙烯酸酯共聚物耐油性的影响

树脂	EHA/BA	脆化温度/℃	压缩永久变形(100℃/22h)/%	耐油性-体积溶胀(100℃/166h)/%
1	40/0	－32	45.8	171
2	35/5	－32	48.4	134
3	30/10	－34	51.6	103
4	20/20	－25	53.9	62.5
5	0/40	－14	—	6.9

由表 4-22 可见，VC-BA-EHA 共聚物的低温脆性随着 EHA/BA 投料比的增加而提高。VC-BA-EHA 共聚物的压缩变形率并不随 EHA/BA 投料比的增加而发生显著变化。VC-BA-EHA 共聚物的耐油性随 EHA/BA 投料比的增加而降低。

表 4-23 列出了德国 Wacker 公司 Vinnol 牌号 VC-羟烷基丙烯酸酯共聚树脂的品种和质量指标。

■表 4-23　Wacker 公司 Vinnol 牌号 VC-羟烷基丙烯酸酯共聚树脂的品种和质量指标（源自该公司网上产品介绍）

品种	VC 质量分数/%	羟烷基丙烯酸酯质量分数/%	羟基质量分数/%	重均分子量(×10³)	K 值	玻璃化温度/℃	20%(质量分数)甲乙酮溶液黏度/mPa·s	粒径/mm
E15/40A	84.0±1.0	约 16.0	1.8±0.2	40～50	39±1	69	20±5	<2.5
E15/48A	83.5±1.0	约 16.5	1.8±0.2	60～80	48±1	69	60±10	<2.5
E22/48A	75.0±1.0	约 25.0	1.8±0.2	60～80	48±1	61	45±7	<2.5

4.4 氯乙烯-异丁基乙烯基醚共聚树脂

氯乙烯-异丁基乙烯基醚（VC-IBVE）共聚树脂（简称氯醚树脂）是VC质量分数为75%左右、与金属和塑料基材黏结性好、主要作为油墨和涂料黏结组分的无规共聚物，是一种性能良好的树脂品种。IBVE组分的引入，提高了树脂在极性较弱的溶剂（如芳烃、酮等）的溶解性，能溶于众多溶剂中，并能与醇酸树脂、硬树脂、丙烯酸树脂、干性油、焦油、沥青等涂料、油墨添加剂混溶；氯醚树脂有很高的抗皂化性，并因结合的氯原子十分稳定，使涂料具有耐水、耐化学腐蚀的性能；同时也由于此类树脂不含反应性双键，因此不易为大气氧化而降解，涂层耐老化、耐热，不易泛黄及粉化；氯醚树脂与金属有很好的粘接性，能对钢铁、锌、铝等金属表面起到良好的防护作用；氯醚树脂组成中，IBVE具有内塑性，不加外增塑剂的涂层已有较好的增塑性，因而不会因增塑剂的迁移损失而变脆；由于氯醚树脂具有以上优越的性能特点，该树脂的主要应用领域是用作强腐蚀涂料，如船舶涂料、金属防腐蚀处理涂料，尤其用于强防腐涂料，其防腐寿命是普通防腐涂料的2～3倍，并逐步取代了氯化橡胶类涂层材料；还可以用于黏合剂和油墨添加剂，涂覆聚烯烃和其他塑料。

氯醚树脂最早由德国BASF公司采用乳液聚合方法生产，产品牌号为Laroflex MP，根据溶液黏度不同，分为MP15、MP25、MP35、MP45和MP60五种规格。国内杭州电化集团公司与浙江大学合作开发了乳液聚合制备氯醚树脂技术并投入工业化应用，江苏利思德化工有限公司、江阴汇通精细化工有限公司等单位也开发了氯醚树脂生产技术并进行工业化生产。目前国内生产的氯醚树脂的黏度等指标与BASF公司产品基本一致，前期开发和生产以MP45型氯醚树脂为主，目前性能指标已与BASF公司产品接近。黏度较低的MP25、MP15型氯醚树脂主要用于防腐涂料，是国内企业开发生产的新方向，产品在热稳定性、溶解速率等方面与BASF公司产品还稍有差距。表4-24为BASF公司氯醚树脂主要品种和质量指标。

■表4-24 BASF公司Laroflex MP系列氯醚树脂主要品种和质量指标（源自该公司网上产品介绍）

项目	MP15	MP25	MP35	MP45	MP60
外观	白色细粉末	白色细粉末	白色细粉末	白色细粉末	白色细粉末
氯质量分数/%	约40	约44	约44	约44	约44
K值	约30	约35	约35	约35	约35
密度/（g/cm^3）	约1.24	约1.24	约1.24	约1.24	约1.24
维卡软化温度/℃	46～48	48～58	48～58	48～58	48～58
20%（质量分数）甲苯溶液黏度/mPa·s［23℃，剪切速率 $250s^{-1}$（对MP60为$100s^{-1}$）］	12～18	20～26	30～40	40～50	≥50

4.4.1 氯乙烯-异丁基乙烯基醚共聚树脂的合成

氯醚树脂的组成及组成分布对其性能有很大影响，当共聚物中 VC 含量过高时，共聚物不易溶于芳烃类溶剂，限制应用；而 IBVE 含量过高时，树脂的玻璃化温度过低，涂层硬度和强度减小，而且产品成本增加；共聚组成不均匀时，部分 VC 含量过高的组分将影响其溶解性，因此，实用氯醚树脂应具有适当的组成和较为均一的组成。从聚合角度看，IBVE 的自由基聚合活性很低，与 VC 共聚时，竞聚率相差很大，因此合成化学组成均一共聚物的难度较大。

氯醚树脂通常采用乳液共聚和悬浮共聚方法合成。

4.4.1.1 乳液共聚

VC-IBVE 乳液共聚的早期专利中，提出了分步添加 VC 的方法合成组成均匀共聚物，同时采用低温聚合提高共聚物分子量，但专利介绍仅采用过硫酸铵引发剂，而聚合温度为 30～40℃，聚合速率很小，聚合时间长，具体如表 4-25 所示。

■表 4-25　VC-IBVE 乳液共聚专利配方

项目	配方	实际过程
温度/℃	30～50 ℃	30～40 ℃
乳化剂	磺酸盐	磺酸钠（纯度 95%～90.5%）
乳化剂浓度	水相浓度为 6%	水相浓度为 3.5%～4.5%
pH	7 左右	7～12
反应时间	—	24～30h
单体添加方式	半连续聚合（分批加料）	半连续聚合（分批加料）
转化率	低于 100%	98%～100%
油水比	1：3	1：3～1：1

浙江大学与杭州电化集团公司合作对 VC-IBVE 乳液共聚合进行了深入研究，并形成了具有自主知识产权的氯醚树脂乳液共聚合成技术。针对单一过硫酸盐引发的 VC-IBVE 乳液聚合速率较慢的特点，提出了采用 $(NH_4)_2S_2O_8$-Na_2SO_3（或 $NaHSO_3$）-$CuSO_4$ 三元氧化-还原引发体系，可以在较低温度下实现 VC 的快速聚合，研究得到采用该氧化-还原引发体系时，单体投料组成、聚合温度、乳化剂浓度和引发体系浓度等对聚合转化率-时间关系的影响。投料单体组成及引发体系浓度对 VC-IBVE 间歇乳液共聚转化率-时间关系的影响如图 4-14 和图 4-15 所示。由图可见，相同聚合时间的聚合转化率和聚合速率随投料组成中 IBVE 含量增加而下降，随引发体系浓度增大而增大。

固定投料单体中 VC/IBVE 摩尔组成为 68.86/31.14，其他聚合参数不变时，SDS 乳化剂浓度对 VC-IBVE 乳液共聚时间-转化率关系的影响如图 4-16 所示。可见，SDS 浓度对聚合时间-转化率曲线或聚合速率的影响不大，

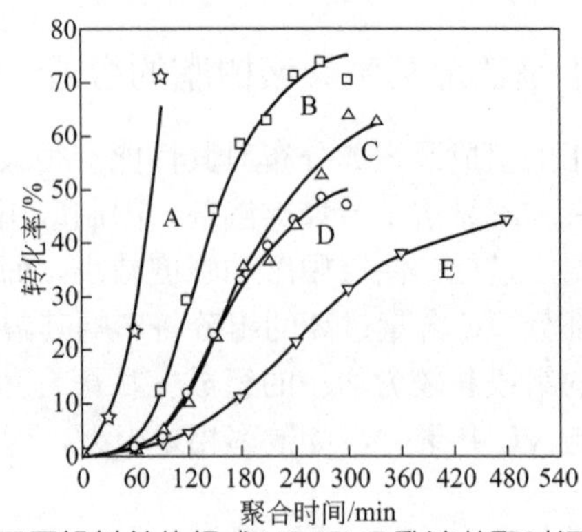

■图 4-14 不同投料单体组成 VC-IBVE 乳液共聚时间-转化率曲线

聚合温度 45℃，$(NH_4)_2S_2O_8/Na_2SO_3/CuSO_4$ 浓度 2.586mmol/L/0.794mmol/L/0.0313mmol/L。VC 摩尔组成：A—100%；B—88.90 %；C—77.01 %；D—68.86 %；E—62.95%

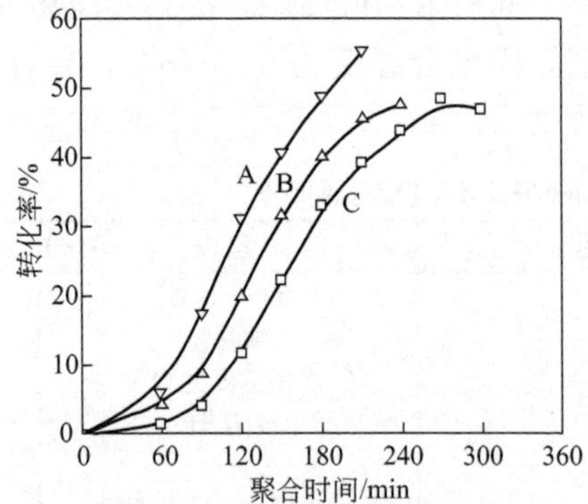

■图 4-15 引发体系浓度对 VC-IBVE 乳液共聚时间-转化率关系的影响

聚合温度 45℃，投料单体中 VC 摩尔分数为 68.86%。

$(NH_4)_2S_2O_8/Na_2SO_3/CuSO_4$ 浓度（mmol/L）：A—7.758/2.382/0.0939；B—5.172/1.598/0.0625；C—2.586/0.794/0.0313

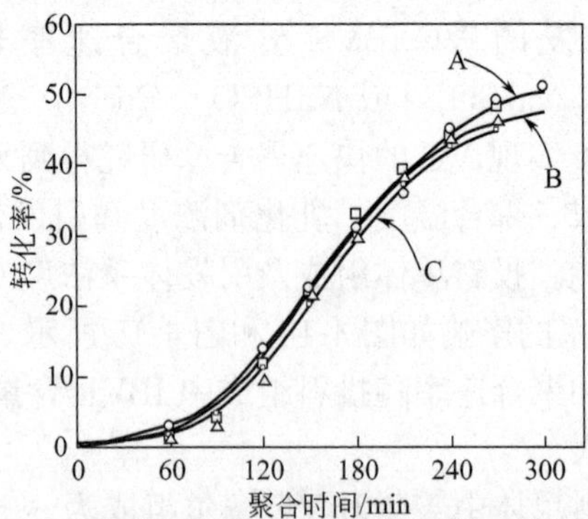

■图 4-16 SDS 浓度对 VC-IBVE 乳液共聚时间-转化率关系的影响

SDS 浓度：A—0.069 mol/L；B—0.052mol/L；C—0.017mol/L

这与 VC 乳液均聚规律相符。这是由于 VC-IBVE 共聚主要发生在水相或已形成乳胶粒子表面，聚合速率与乳胶粒子数目关系不大。

投料单体中 VC 摩尔分数为 68.86%，其他聚合参数不变时，不同温度下 VC-IBVE 乳液聚合转化率-时间关系如图 4-17 所示。

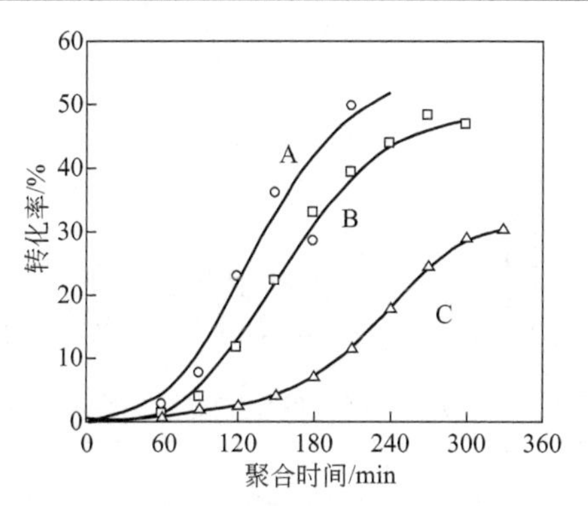

■图 4-17　聚合温度对 VC-IBVE 乳液共聚时间-转化率关系的影响

聚合温度：A—50℃；B—45℃；C—40℃

浙江大学对氯醚树脂的共聚组成控制也进行了研究，在初始投料 VC/IBVE 质量比为 1.4∶1，分批补充余下 VC 单体，最终投料 VC/IBVE 质量比为 3∶1 条件下，合成了组成较为均匀、在甲苯中溶解完全的 VC-IBVE 共聚树脂。采用连续滴加 VC/IBVE 质量比为 3∶1 的乳化单体，同样由乳液共聚得到组成均匀性和在甲苯中溶解性良好的氯醚树脂。

4.4.1.2 悬浮共聚

江阴汇通精细化工公司的发明专利报道了氯醚树脂的悬浮聚合制备方法。配方如下：VC 65%～98%、IBVE 2%～35%，第三单体为丙烯酸、马来酸酐等不饱和有机酸，第三单体的质量为上述单体总质量的 0.03%～5%，聚合采用聚乙烯醇、改性纤维素或聚乙烯基吡咯烷酮为主分散剂，也可加入少量非离子型或阴离子型乳化剂，聚合采用油溶性引发剂，如过氧化苯甲酰和偶氮二异丁腈等，聚合温度 40～80℃，聚合反应时间 3～10h。

4.4.2 氯乙烯-异丁基乙烯基醚共聚树脂的结构和性能

工业化氯醚树脂中 IBVE 的质量分数为 25%左右，由于 IBVE 与 VC 共聚的竞聚率接近 0，以 IBVE 为末端的自由基键接 IBVE 的概率很小，共聚物分子链中 IBVE 基本以单链节，即 IBVE 两端均为 VC 链节。图 4-18 为典型的氯醚树脂的核磁共振氢谱。其中 1.183mg/kg 处为 IBVE 结构中两个甲基峰氢原子位移峰，2.0～2.5ppm 处主要为 VC 的—CH_2 结构中氢原子的位移峰，同时包含 IBVE 的—CH 结构氢原子的各位移峰，4.4～5.0ppm

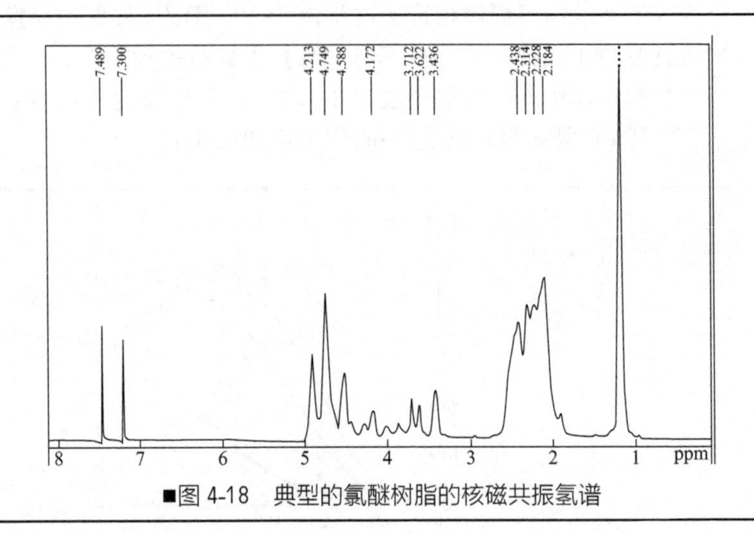

■图 4-18 典型的氯醚树脂的核磁共振氢谱

之间为 VC 的—CH 结构氢原子的位移峰，3.4～4.4ppm 之间为 IBVE 的—CH_2 结构中氢原子等的位移峰。

采用差示扫描量热法测定了 MP 系列氯醚树脂的玻璃化温度，在 10℃/min 升温速率下，MP15、MP25、MP35、MP45 和 MP60 型氯醚树脂的玻璃化温度分别为 45.4 ℃、49.6 ℃、50.9 ℃、51.4 ℃和 52.1℃，除 MP15 因 IBVE 含量略高、分子量较低，而导致玻璃化温度较低外，其余牌号氯醚树脂的玻璃化温度随分子量增加略有增加。

溶解性和溶液黏度是影响氯醚树脂应用的重要质量指标，只有当氯醚树脂中 IBVE 含量大于一定值时［如 10%(摩尔分数)］，氯醚树脂才能在甲苯等不能溶解 PVC 的极性较弱的溶剂中溶解，而当氯醚树脂组成不均匀，存在部分 IBVE 含量较低的组分时，其溶液会出现混浊等现象。

图 4-19 为 MP 系列氯醚树脂甲苯溶液黏度随树脂含量的变化。

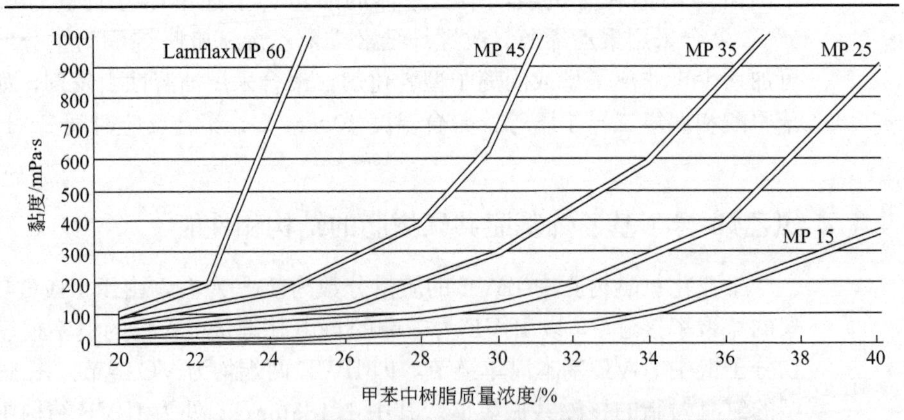

■图 4-19 MP 系列氯醚树脂甲苯溶液黏度与树脂浓度的关系
（引自 BASF 公司产品介绍）

4.5 氯乙烯-丙烯腈共聚树脂

氯乙烯-丙烯腈（VC-AN）共聚树脂也是工业化比较早的氯乙烯共聚物，AN 含量为 40％～60％的共聚树脂主要用于阻燃纤维的生产，与由偏氯乙烯-丙烯腈共聚树脂制成的纤维一起总称为腈氯纶。

1947 年，美国 Union Carbide 公司将含 VC 60％、AN 40％的共聚物制成纤维，并于 1948 年投向市场，商品名为 Vinyon N。日本钟渊化学工业公司是目前世界上最大的以 VC-AN 共聚树脂为原料生产腈氯纶纤维的公司，其产品牌号为 Kanecaron（卡耐卡纶）。国内浙江大学、南通江山农药化工股份有限公司也进行了制备腈氯纶的 VC-AN 共聚树脂的合成、结构和性能研究。

4.5.1 VC-AN 共聚树脂的合成

VC-AN 共聚树脂可以采用溶液聚合、乳液聚合和悬浮聚合等方法进行合成。

4.5.1.1 溶液聚合

在 VC-AN 溶液共聚合中，单体和形成的共聚物均可溶于作为聚合介质的有机溶剂中，聚合结束后 VC-AN 共聚物溶液经单体脱除，可直接进行纺丝。VC-AN 溶液共聚可采用过硫酸盐-亚硫酸氢钠氧化-还原引发体系、偶氮二异丁腈、偶氮二甲基戊腈、过氧化二碳酸二（2-乙基己酯）等自由基引发剂。聚合温度一般在 50～60℃范围内。VC-AN 溶液共聚常用溶剂有二甲基甲酰胺（DMF）和丙酮等。

4.5.1.2 悬浮聚合

VC-AN 悬浮共聚与 VC 悬浮均聚类似，混合单体在分散剂和搅拌作用下，成为分散于水相的液滴，聚合转化为共聚树脂颗粒。由于 VC 和 AN 的竞聚率和在水中的溶解度有较大差异，共聚物组成控制较为困难，其优点是聚合时间短，所得共聚树脂的颜色较好，并可达到较高平均分子量和转化率。VC-AN 悬浮共聚多采用油溶性引发剂，聚合温度一般为 35～55℃，聚合温度过高，容易使共聚树脂变黄。

4.5.1.3 乳液聚合

乳液共聚是目前最主要的 VC-AN 共聚合方法，其优点是共聚物组成控制较容易；缺点是共聚树脂中乳化剂等杂质含量偏高。

日本钟渊化学公司采用乳液共聚法制备纺丝用 VC-AN 共聚树脂，首先在反应器中加入去离子水、十二硫醇、亚硫酸氢钠，然后减压吸入十二烷基苯磺酸钠和二氧化硫，再加入 VC 和 AN，升温加入过硫酸盐引发剂开始聚合。在聚合体系中加入二氧化硫有利于生成物的稳定，还可以增加树脂的白度；聚合体系的 pH 在 2～3 之间。德国 Bayer 公司的聚合工艺为：采用 15%～50%的 AN、50%～85%的 VC 和 4%的乙烯基不饱和共聚单体直接共聚，反应采用浓度为 0.5%～4%的过硫酸盐-亚硫酸盐氧化-还原引发体系，聚合温度为 10～50℃；乳化体系由阴离子反应性乳化剂和非离子乳化剂组成。

为了符合纺丝要求［AN 含量 50%（质量分数）左右、平均分子量 6 万～8 万，溶于二甲基甲酰胺，溶液清澈透明］，李志云对 VC-AN 乳液共聚组成和分子量的影响因素进行了研究，按顺序将去离子水、单体、引发剂、乳化剂、助剂加入反应釜，脱氧后加入 VC 及部分 AN，搅拌升温至反应温度，聚合过程中用定量泵连续补加 AN 及聚合助剂，反应得到的乳液再破乳、离心、水洗、干燥，得到共聚产物。由于 AN 的竞聚率大于 VC 的竞聚率，必须采用 AN 补加的方式才能获得组成均匀的共聚树脂，通过反应中定时取样测定共聚物组成，并用 DMF 进行溶解实验，发现在最优的单体投料比和 AN 补加速率下，共聚组成随转化率的提高基本不变，共聚物在 DMF 中溶解性良好。同时，研究发现 VC-AN 共聚物的平均分子量随乳化剂用量增加而提高，随过硫酸铵-亚硫酸氢钠（两者比例不变）总用量和聚合温度的增加而降低。除上述因素外，还发现聚合体系 pH、氧等杂质含量对 VC-AN 共聚树脂组成、分子量及其他指标也具有一定的影响，特别是反应体系中氧的存在不仅影响聚合速率，而且对产品的组成、溶解性都有较大的影响。针对 VC-AN 共聚物着色性差，不易染色的不足，可加入一定量的丙烯磺酸钠、甲基丙烯磺酸钠、衣康酸等，染色指数可提高到 2.5 以上。

Leland 等采用氧化-还原引发体系引发 VC-AN 乳液聚合，制得了 VC 含量在 45%～80%之间，可溶于丙酮的 VC-AN 共聚物，并绘制了 VC-AN 共聚组成曲线。AN 反应速率快，当初始投料中 VC 含量为 90%时，才能获得共聚组成约 50%的共聚物，而且若一次投料，随反应进行，AN 浓度降低，使共聚组成不均匀。采用连续加料，将 VC 蒸出同 AN 混合后再加入的方法，可使釜内单体比例恒定，得到组成均匀的 VC-AN 共聚物。

Edward 等研究了由过氧乙酸和一种不溶于水的高级烷基硫醇组成的复合引发体系引发的 VC-VDC-AN 乳液共聚合，初始投料为 AN 16g、VC 22g、VDC 2g、水 200g、乳化剂丁二酸二异辛酯磺酸钠 0.9g。

Joachim 等研究了阴离子/非离子复合乳化剂存在下的 VC-AN 半连续乳液共聚合，其中 VC 质量分数 20%～50%，AN 质量分数 50%～80%，可同时加入第三共聚单体。聚合采用 0.5%～4%的水溶性氧化-还原引发体系引发，乳液体系 pH 控制在 2～6，聚合温度 20～40℃。对于此种复合乳化体系，阴离子乳化剂可采用磺酸及磺酸衍生物、磷酸及磷酸衍生物等，其中含碳原子数 10～18 的烷基苯磺酸、含碳原子数 8～14 的脂肪醇硫酸盐、磷酸酯，特别是十二烷基硫酸钠的效果较好；非离子乳化剂采用聚乙二醇醚。

采用该复合乳化体系制得的 VC-AN 共聚树脂具有高的特性黏度及分子量，共聚物中 VC 含量较高且不影响纤维纺丝性能。

4.5.2 VC-AN 共聚物的性质

以 VC-AN 共聚树脂为原料制备的腈氯纶最大的特点在于具有良好的阻燃性，其极限氧指数（LOI）在 28%～37%，属阻燃纤维。腈氯纶纤维在明火下强制燃烧时，直接炭化，不会产生熔滴，安全性较高；腈氯纶纤维对于酸、碱为主的一般有机、无机溶剂均有良好的耐腐蚀性；此外，腈氯纶纤维还具有仿兽毛、热收缩特性、弹性、保温性等。因此，腈氯纶纤维广泛用于假发、人造毛皮、室内装饰品、童装及特种防护用服、工业用滤布的制造，也可用于铅蓄电池和碱性电池的电极生产。

4.6 ACR-g-VC 共聚树脂

ACR-g-VC 是以丙烯酸酯类聚合物弹性体（ACR）为基体，接枝 VC 而形成的包含以 ACR 分子为主链、VC 为支链的接枝共聚物。一般采用 ACR 胶乳或 ACR 粒子存在下的 VC 聚合制得。因制备过程中不可避免存在未接枝的 ACR 和 VC 均聚物，所以 ACR-g-VC 共聚树脂实际是 ACR-g-VC 接枝共聚物、ACR 和 VC 均聚物的混合物。与其他橡胶增韧 PVC 树脂相比，ACR-g-VC 共聚树脂有很多优点：①ACR 具有核-壳结构，改性效果优于 CPE 和 EVA，用量较少时就能使 PVC 材料具有较高的冲击强度，同时具有完善的以 ACR 为分散相和以 PVC 为连续相的“海-岛”结构，避免了诸如 CPE-g-VC、EVA-g-VC 中橡胶网状结构的形成，能最大限度地保持 PVC 基体的拉伸强度和耐热变形性能；②克服了 CPE-g-VC、EVA-g-VC 共聚树脂冲击强度对加工温度敏感的缺点，在较宽加工温度内都能获得高抗冲性能的 PVC 制品；③ACR 具有促进 PVC 塑化的特性，使 ACR-g-VC 共聚树脂具有良好的加工性能；④耐候性和大气老化性优良，使用寿命长。

ACR-g-VC 共聚树脂最早由德国 Hüls 公司开发成功，牌号为 Vestolit P1982K，其后 Wacker 开发了牌号为 Vinnol VK602/64 的 ACR-g-VC 共聚树脂，其 *K* 值为 64，ACR 含量为 6%；Solvay 公司开发了牌号为 Solvic 465SE、聚丙烯酸丁酯（PBA）含量为 6.5%的 PBA-g-VC 共聚树脂；赫斯特公司开发了牌号为 Vinnolit H2264Z、ACR 含量为 7%的 ACR-g-VC 共聚树脂。近年来，有关不同 ACR 组成的 ACR-g-VC 共聚树脂的国外专利报道很多。我国在“八五”期间，先后由北京化工研究院与天津化工厂合作进行 ACR-g-VC 共聚树脂的开发，其后浙江大学、河北工业大学也进行了该树脂的研究，但尚未有该共聚树脂的工业化生产。

4.6.1 ACR-g-VC 共聚树脂的合成

ACR-g-VC 共聚树脂的合成主要包括以下两个主要过程。

4.6.1.1 ACR 乳胶的合成

ACR 的合成采用乳液法。尽管早期有直接采用 PBA 均聚胶乳的报道，但目前大多采用由两（多）步乳液聚合制备的核-壳结构型 ACR。通常选择 T_g 较低的聚合物，如 PBA、聚丙烯酸乙基已酯等作为 ACR 的内核。ACR 内核只有经过适当的交联，形成具有一定弹性模量的粒子，才能成为高性能抗冲击改性剂。常用交联剂有乙二醇二（甲基）丙烯酸酯、邻苯二甲酸二烯丙基酯、二乙烯基苯等。交联剂的用量一般控制在 0.5%～1.5%（相对内核单体质量）。壳层一般由与 PVC 相容性好、T_g 较高的聚合物组成，常用的是聚甲基丙烯酸甲酯（PMMA）。

制备 ACR 胶乳时，先通过乳液聚合合成交联 PBA 内核，再以此为种子，由 MMA 单体的连续或半连续聚合，合成壳层聚合物，得到核-壳型 ACR。根据需要也可在 PBA 核层外合成过渡层，最后形成 PMMA 壳层，得到多层核-壳型 ACR。为了合成壳层包覆完全的 ACR，应选择合适的 BA/MA 比例，一般 40/60～60/40 之间。

ACR 内核和整个 ACR 粒子的粒径和粒径分布对抗冲击改性效果有较大影响，是合成过程所要控制的参数，一般 ACR 粒径控制在 0.1～0.4μm。

4.6.1.2 ACR-VC 接枝共聚

ACR-VC 接枝共聚可以采用乳液、悬浮聚合方法。

(1) 乳液接枝共聚法 乳液法以瑞士 Longa 公司为代表，以合成 B6805 系列树脂为例，第一步由丙烯酸酯合成 ACR 胶乳；第二步，ACR 同 VC 进行乳液接枝共聚，得到 ACR 含量为 5%的共聚物。其树脂性能如下：K 值 68±1，表观密度（0.62±0.05）g/cm^3，挥发度≥0.20%，氯含量 53.6%，粒径在 0.1～0.25μm 之间的粒子占 40%。乳液接枝共聚法制备 ACR-g-VC 共聚物的部分专利见表 4-26。

国内河北工业大学对 ACR-VC 乳液接枝共聚开展了研究。Pan 等先采用乳液聚合法合成了丙烯酸丁酯（BA）与丙烯酸 2-乙基已酯（EHA）交联[P(BA-EHA)] 乳液，再以 P(BA-EHA) 乳液为种子合成 P（BA-EHA)/P(MMA-St) 复合胶乳，分别以 P(BA-EHA) 和 P(BA-EHA)/P(MMA-St) 为种子，与 VC 聚合制备了 P(BA-EHA)-g-VC 和 P(BA-EHA)/P(MMA-St)-g-VC 复合胶乳，对复合胶乳粒子及 ACR-g-VC 材料的形态结构进行了表征。P(BA-EHA)-g-VC、P(BA-EHA)/P(MMA-St) 及 P(BA-EHA)/P(MMA-St)-g-VC 复合粒子的透射电镜（TEM）照片分别如图 4-20 和图 4-21 所示。由图可见，P(BA-EHA)-g-VC 和 P(BA-EHA)/P(MMA-g-St)g-VC 复合胶乳粒子具有完整核-壳结构，外层为 PVC 壳，核层颜色较深的为 P

■表 4-26　乳液接枝共聚法制备 ACR-g-VC 共聚物

专利号	ACR 类别	与 VC 乳液聚合条件	力学性能
DE4330180	丙烯酸酯共聚物	聚合温度 50～65℃，5～20 份乳液，固含量为 45.9%	缺口冲击强度 23℃时为 65.9kJ/m²，0℃时为 8kJ/m²
JP11-228642	丙烯酸酯、2-EHA 共聚物		冲击强度 119kJ/m²，拉伸强度 4.63MPa
EP0313507	丙烯酸酯共聚物	聚合温度 50～80 ℃	
CN1418898A	丙烯酸酯共聚物	聚合温度 40～60℃，胶乳 0.9～9 份，VC 单体 45～28 份，水 100 份	
CN1743371A	丙烯酸酯共聚物	胶乳 0～84 份，VC 单体 90～300 份，水 300～800 份	冲击强度最高可达 103kJ/m²

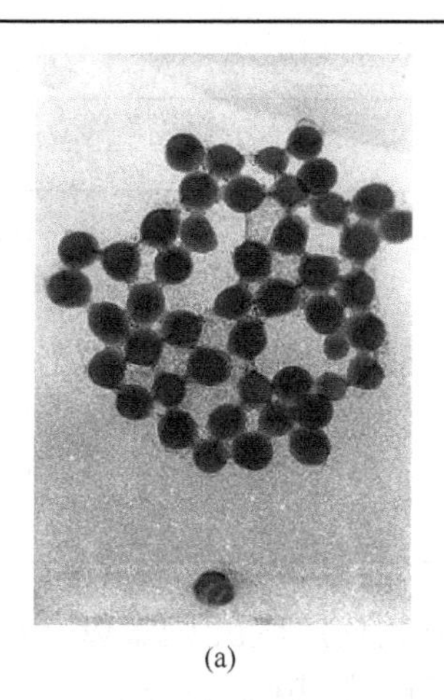
(a)

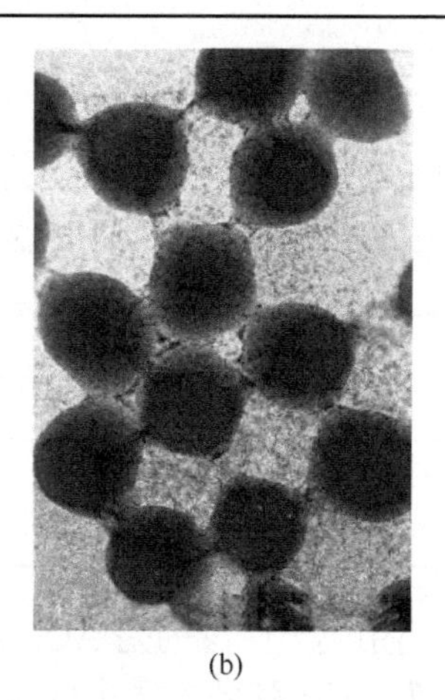
(b)

■图 4-20　P（BA-EHA）-g-VC 复合乳胶粒子的透射电镜照片
（a）放大 30000 倍；（b）放大 80000 倍

(BA-EHA)或 P(BA-EHA)/P(MMA-St)。

（2）悬浮接枝共聚法　悬浮聚合是制备 ACR-g-VC 共聚树脂的主要方法，又可分为两种方法，一种是以破乳后 ACR 粒子与 VC 悬浮接枝共聚，另一种是直接加入 ACR 胶乳，与 VC 悬浮接枝共聚。ACR 胶乳破乳干燥，工艺过程烦琐。为此有公司提出先使 ACR 胶乳在反应釜中凝聚，再加 VC 单体悬浮接枝共聚的方法，得到的 ACR-g-VC 共聚物具有较好的粒径分布和性能。采用的凝聚方法是加入金属盐、铵盐、金属氢氧化物，或采用低温（≤10℃）凝聚方法。近年专利报道的典型凝聚剂如表 4-27 所示。

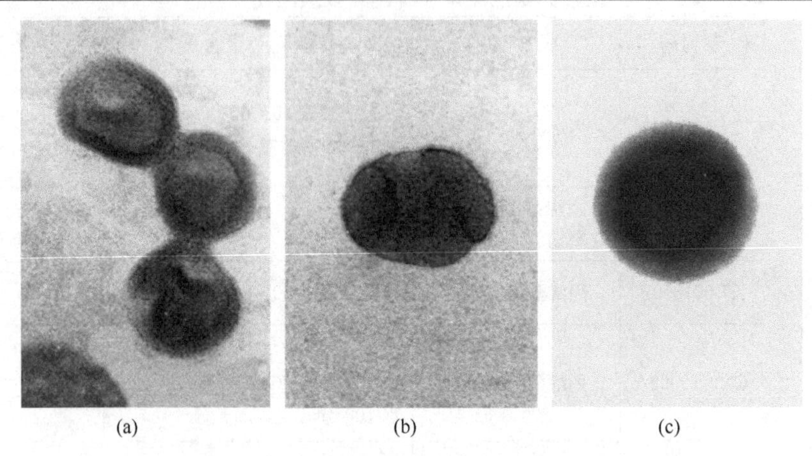

■图 4-21 P（BA-EHA）/P（MMA-St）及 P（BA-EHA）/P（MMA-St）-g-VC 复合粒子的电镜照片

（a）核壳比为 60∶40，核层 BA65%，壳层 St40%；
（b）核壳比为 60∶40，核层 BA65%，壳层 St75%；
（c）P(BA-EHA)/P(MMA-St)-g-VC 复合粒子

■表 4-27 ACR 乳胶凝聚剂种类

专利号	凝聚剂
JP 61-43608，JP 61-73713	第Ⅰ、Ⅱ和Ⅲ族金属盐和铵盐
JP 61-43611	金属氧化物
JP 61-43609，JP 61-73715	有机酸盐
DE 4330238	氯化钙
KR2008053686，JP 10279694	铵盐、钙盐等

使用更为广泛的是 ACR 胶乳直接存在下的 VC 悬浮接枝共聚方法。表 4-28 为 ACR 胶乳悬浮接枝 VC 的典型配方。典型专利如表 4-29 所示。

Macho 等制备了 PEHA 胶乳，并采用悬浮法与 VC 单体接枝共聚，为了消除乳化剂对悬浮聚合的影响，在悬浮聚合时添加了甲酸钙，并认为甲酸钙能与乳化剂分子进行如下反应式。实验发现甲酸钙的用量往往为理论估算的 2～3 倍，甲酸钙对树脂性能无明显影响。

$$2C_{15}H_{31}SO_3Na + (HCOO)_2Ca \longrightarrow (C_{15}H_{31}SO_3)_2Ca + 2HCOONa$$

■表 4-28 ACR 胶乳与 VC 悬浮接枝共聚配方

物　　料	质量份	物　　料	质量份
去离子水	14000	脱水山梨糖醇单月桂酸酯	12
VC 单体	9500	过氧化二月桂酰	12
交联 ACR 胶乳（固含量 25%）	2300	巯基乙醇	4
聚乙烯醇	55		

■表 4-29 ACR-g-VC 共聚物的悬浮聚合制备方法

专利号	ACR 组成	与 VC 悬浮聚合条件	力学性能
DE 223718	BA-EHA-EA	加 2 份 ACR 乳液，80 份的 VC 聚合	23℃ 缺口冲击强度 92.0kJ/m²
JP 96-225622	核与壳都是甲基丙烯酸酯	少部分接枝在核壳粒子上，大部分 VC 聚合成为均聚物	冲击强度 119kJ/m²，拉伸强度 52.3MPa
JP 9627232	BA-EHA-MMA-乙二醇二甲基丙烯酸酯	57℃聚合 5h，叔丁基过氧化物作为引发剂	悬臂梁冲击强度 132kJ/m²
KR2003-014454	丙烯酸酯共聚物	50～65℃聚合	
JP2006-249405	丙烯酸酯共聚物	1～30 份乳液，62℃聚合，月桂酰过氧化物作引发剂	
JP2006-152194	丙烯酸酯共聚物	4～20 份丙烯酸酯共聚物乳液	
JP2006-328313	丙烯酸酯共聚物，乙二醇二丙烯酸酯为交联剂	57℃聚合，17 份乳液	
JP2002-201237	丙烯酸酯共聚物	57℃聚合，23.3 份乳液	缺口冲击强度大于 15kJ/m²
CN 1640902A	BA-MMA，马来酸多烯酯为交联剂	15～30 份乳液，57℃，过氧化二碳酸二（2-乙基己酯）	23℃ 缺口冲击强度 35kJ/m²
CN 1266180C	BA-MMA，二乙烯基苯为交联剂	16.68～23.34 份乳液，偶氮二异庚腈和过氧化二碳酸二（2-乙基己酯）作引发剂	23℃ 缺口冲击强度 64.4kJ/m²

德国 Huls 公司最早开发了 ACR-g-VC 悬浮树脂，牌号为 Vestolit P1982K，其理化指标如表 4-30 所示。

■表 4-30 牌号为 Vestolit P1982K 的 ACR-g-VC 树脂的理化指标

指　标	测试标准	数　值
K 值	DIN EN ISO1628-2	65
黏数/（ml/g）	DIN EN ISO1628-2	106
表观密度/（g/cm³）	DIN EN ISO60	0.62
0.063mm 筛未过率/% 0.200mm 筛过筛率/%	DIN EN ISO4610 DIN EN ISO4610	≤10 ≥90
灰分/%	DIN ISO3451-5	≤0.1
挥发分/%	DIN ISO1269	≤0.3
丙烯酸酯含量/%		≥6.3

制备性能优异的 ACR-g-VC 悬浮树脂的关键：一是要合成稳定性好、

抗冲型的 ACR 乳液；二是选择合适的聚合工艺，以制备接枝效率高、颗粒形态好的 ACR-g-VC 树脂。

在 VC 悬浮聚合体系中加入 ACR 胶乳，对聚合稳定性有一定影响。温绍国等研究发现，ACR 胶乳的引入容易使聚合失稳出粗料，这是由于乳化剂的存在影响到 VC/水界面张力和液液分散，通过调节分散体系可以得到颗粒特性较好的 ACR-g-VC 共聚树脂。霍金生合成了 St/BA 型 ACR 乳液并通过悬浮共聚接枝氯乙烯，发现乳液加料方式、乳液 pH 值对聚合稳定性和接枝共聚树脂颗粒特性有很大影响，采用乳液在 VC 预分散后加入、聚合介质和乳液分别调节 pH 值至碱性，对提高聚合稳定性和树脂粒径分布有利，另外，分散体系的选择对树脂颗粒特性也有很大影响。

近年来，一些专利提出了采用多层核壳结构 ACR 制备 ACR-g-VC 共聚树脂，如日本 Sekisui 化学公司专利报道了先由 MMA 乳液聚合得到交联内核，然后形成交联 PBA 层，再在外面形成 PMMA 层，将得到的三层 ACR 乳液与 VC 接枝共聚，得到抗冲击 PVC 树脂。

4.6.2 ACR-g-VC 共聚物的结构和性能

ACR-g-VC 共聚树脂是以 ACR 分子为主链、PVC 为支链的接枝物，同时体系中还存在未参与接枝反应的 ACR 和 VC 均聚物，因此 ACR 的结构、组成和含量、接枝率、支链 PVC 和均聚 PVC 的平均分子量等对树脂的性能都有较大的影响。

ACR 弹性体是赋予接枝共聚物优异抗冲击性能的重要因素，ACR 的含量、结构和组成，对抗冲击性能有很大影响。如前所述，ACR 内核通常为交联的 PBA，是常见的增韧弹性体，它在 ACR-g-VC 共聚物中分散分布，当材料受到冲击时，弹性相能吸收能量，提高 PVC 材料的抗冲击性能。ACR 壳层对核层具有保护作用，同时又与 PVC 相容。商品化 ACR-g-VC 共聚物中 ACR 含量高时，作为抗冲击改性剂与 PVC 共混使用，ACR 含量在 10%以下时，可直接使用。

接枝率和接枝效率也是 ACR-g-VC 树脂的重要参数，影响接枝率的因素包括 ACR/VC 配比、引发体系、聚合温度、链转移剂等。通常过氧类引发剂分解产生的自由基易夺取 ACR 的不稳定氢原子而产生接枝点，对提高接枝效率有利，提高聚合温度和加入链转移剂通常也能提高接枝效率。

ACR-g-VC 树脂支链 PVC 的分子量与 PVC 均聚物分子量接近，在共聚体系不加链转移剂时，主要取决于聚合温度。由于聚合温度同时也影响树脂的接枝效率，因此应综合两方面的影响而选择合适的聚合温度。

ACR-g-VC 共聚物的相态结构对制品的抗冲击性能有很大的影响。研究发现，ACR-g-VC 共聚物基本呈“海-岛”型相态结构，ACR 橡胶为“岛”，PVC（包括部分 PMMA）为“海”。

与 PVC 均聚物和 PVC/ACR 共混物相比，ACR-g-VC 共聚物具有许多性能优点。接枝共聚物的加工性能比纯PVC好，塑化时间短，熔融温度低，有利于加工和提高制品质量。接枝共聚物的冲击强度不仅远大于均聚PVC，而且在ACR含量相同条件下，优于ACR/PVC共混物，随着共聚物中ACR含量的增加，冲击强度增加。ACR-g-VC共聚物的拉伸强度略低于均聚PVC，断裂伸长率则较大。此外，ACR-g-VC共聚树脂的耐候性较好。

4.6.3 ACR-g-VC共聚物的加工及应用

ACR-g-VC共聚物可以采用类似PVC的加工配方和加工技术。由于ACR不仅有抗冲击改性作用，而且还有改进加工性能的作用，因此ACR-g-VC共聚物的加工性能优于纯PVC，塑化时间较短、熔体强度较高，注塑性、吹塑性、挤出加工性和发泡成型性都较好。与EVA-g-VC、CPE-g-VC共聚物相比，ACR-g-VC共聚物的加工范围宽，即加工温度、加工时间等参数对性能的影响较小，加工条件的选择和控制相对容易。

ACR-g-VC共聚物可用于生产抗冲击性能要求的PVC硬制品，同时由于ACR-g-VC不含双键，耐候性优异，因而特别适合制造户外使用的制品，如壁板、门窗框、雨水槽、输送管和导线管等。

4.7 超高分子量聚氯乙烯树脂

超高分子量聚氯乙烯树脂是国外20世纪70年代末和80年代初实现工业化的新树脂品种，目前生产的型号以K值93～102的树脂为多，国内也有厂家开始生产这种树脂。

4.7.1 产品特性

由于微晶和分子链缠结形成的物理交联作用，软质聚氯乙烯具有类似橡胶的弹性。但是，通用聚氯乙烯的分子量和结晶能力较低，物理交联作用有限，在软质状态下显示的回弹性和耐压缩永久形变性能较差。在受压情况下，软质PVC材料因分子链构象改变而产生变形，在压力消除后分子链很难恢复到原来的构象，材料也很难恢复到原来的形状。采用化学交联和提高分子量是提高软质聚氯乙烯弹性的重要方法。化学交联虽能有效提高软质聚氯乙烯的弹性，但交联程度较高会使聚氯乙烯难以加工或失去热塑加工特性。而采用提高聚氯乙烯分子量的方法，虽会增加聚氯乙烯的加工难度，但材料仍具有可重复热塑加工的特性。

增塑超高分子量聚氯乙烯弹性好，可热塑加工，具有类似热塑性弹性体的特性，因此可作为橡胶替代品而广泛应用，不仅在工业垫圈、电缆、民用鞋底、地板覆层等应用，而且进一步应用于汽车零部件的生产。以前，PVC 在汽车方面的应用仅仅是铭牌、椅套、椅垫等装饰，车门镶板、挡泥板、车窗、车门的半槽边、窗密封垫、车身边缘保护模塑品和其他的装饰修整方面的材料。由于超高分子量聚氯乙烯的开发而使它进入新的汽车应用领域，如可代替 EPDM 橡胶而应用在汽车内部部件。在美国，超高分子量聚氯乙烯主要以增塑 PVC 或 PVC 与其他弹性体复合的形式使用。

超高分子量聚氯乙烯及其制品具有如下特点。

① 由于超高分子量聚氯乙烯具有良好的物理性能，以软质形式使用时具有较长的使用寿命。K 值 95 的超高分子量聚氯乙烯树脂与通用聚氯乙烯树脂相比，具有增塑剂吸收量大、吸油速度快等特点，密度可降低 2%左右，可用于制造使用寿命长、质量轻的汽车部件（如变速杆套）、鞋底、装饰材料（如体育馆地板覆层）、屋顶防水卷材、耐磨折的电线、电焊把线等。

② 超高分子量聚氯乙烯制品具有低的光泽度，可赋予制品特殊的表面性能和一定的功能，适于汽车方向盘、喇叭按钮、自动装置按钮等制品。

③ 软质超高分子量聚氯乙烯具有类似弹性体的性能，在压缩回弹性能方面有明显的改进，如用 K 值 95 的超高分子量聚氯乙烯加工的软质制品在压制 70h 后，其压缩永久变形率与用 K 值 69 的通用聚氯乙烯加工的软质制品压制 22h 的压缩永久变形率相当。因此，采用超高分子量聚氯乙烯加工汽车和工业机械垫料、建筑密封条等弹性体部件更为适宜。

④ 超高分子量聚氯乙烯材料具有优良的力学性能，制品的拉伸、抗撕裂性能均优于通用聚氯乙烯制品，如 K 值 95 的超高分子量聚氯乙烯树脂制品的拉伸强度比 K 值 69 的聚氯乙烯树脂制品的拉伸强度大 10%以上。超高分子量聚氯乙烯可用于制作汽车制动装置和加速器踏板覆层，也可替代具有相同耐磨损性能的材料制作高抗撕软膜。

⑤ 超高聚合度聚氯乙烯复合物具有较宽的使用温度，较低的脆变温度和优良的耐高温和耐蠕变性能，硬度对温度的依赖性小，因此可制作输送热水或油类介质的耐热软管和电缆护套，电气孔塞衬垫。

目前，从国外超高聚合度聚氯乙烯的用途来分析，市场的应用比例为汽车占 45%，建材占 23%，电线电缆及电器占 14%，其他用途占 18%。

4.7.2 生产工艺

超高分子量聚氯乙烯树脂的生产工艺分为悬浮聚合法、乳液聚合法和 HIBRID 法，有悬浮法树脂和分散型树脂两个类型。目前，国内外市场以悬浮法树脂用量较大，分散型树脂用量较少。

超高分子量聚氯乙烯树脂可采用低温聚合和添加扩链剂法生产。采用低温聚合工艺生产超高分子量聚氯乙烯的工艺难度较之生产高分子量聚氯乙烯树脂更大。生产高分子量聚氯乙烯树脂的聚合温度一般在 40～45℃之间，聚合温度易于控制，聚合体系与通用树脂的聚合体系差别不大。采用低温聚合工艺生产超高分子量聚氯乙烯树脂时，聚合度更高，聚合温度更低，一般聚合温度都在 30℃以下，使聚合配方的选择（如引发剂品种和用量的选择）和聚合温度的控制更加困难。在开始聚合前，需将聚合釜内温度降到常温下，为保持釜内温度，加料时间要求苛刻，温度控制有一定难度。如果用低温悬浮聚合法生产聚合度为 9000 的聚氯乙烯树脂，聚合温度需控制在 10℃以下，这在工业化生产中是十分困难的。在聚氯乙烯树脂生产中，聚合温度降低往往会导致聚合时间的相应增长，聚合釜生产效率就会降低，这对工业化生产是不利的。为适应工业生产的需要，在满足聚合传热条件下，可通过采用高效引发剂提高聚合反应速率，如采用过氧化二异丁酰作为引发剂。随着聚氯乙烯树脂聚合度的提高，要求在生产过程中使用的引发剂的活性和用量也会相应增大，这也会带来引发剂安全性、聚合传热能力等一系列问题。

采用低温悬浮聚合法生产超高分子量聚氯乙烯树脂时，国外成功的经验是使用扩链剂。所谓扩链剂是指一个分子中含有两个或两个以上乙烯基双键的反应性单体，如苯二甲酸二烯丙酯、乙二醇二丙烯酸酯、乙二醇二烯基醚、二烯丙胺、三烯丙胺和二烯丙酮等。通过添加扩链剂，可以适当提高聚合温度，缩短聚合周期。同时，通过加入适当的扩链剂混合物还可以对聚氯乙烯进行改性，如加入乙二醇二-3-(3-叔丁基-5-甲基-4-羟苯基）丙烯酸酯和结构式为 $ROOCOR^1R^2R^3$ 的混合物，可提高超高分子量聚氯乙烯树脂的电性能。在聚合体系中加入 α-偶氮二-2，4-二甲基戊腈和聚四甲基二醇二丙烯酸酯的混合物可改进树脂的加工性能。

在生产超高分子量聚氯乙烯树脂时，国外一些厂家为了提高树脂的表观密度和塑化性能，还采用了升温聚合方法，在聚合转化率达到 50%以后，逐步提高聚合温度 10～15℃，通过控制反应温度和调整引发剂的复合化，提高树脂的表观密度和树脂的塑化性能，生产出易于加工的超高分子量 PVC 树脂。

4.8 超低聚合度聚氯乙烯树脂

4.8.1 产品特性

超低聚合度聚氯乙烯树脂是指聚合度在 600 以上，孔隙率高的专用树脂。该树脂加工时具有干混时间短，吸油率高、熔融及凝胶化温度低，熔融黏度低，具有塑化时间短，易于加工的特点，是一种用量较大的聚氯乙烯树脂。通常用于制作注塑品、搪塑制品、地板、唱片和粉末涂料，也可在聚氯乙烯糊料加工中作掺混树脂使用。由于该品透明度高，可制作类似玻璃的透明聚氯乙烯制品。

超低聚合度聚氯乙烯树脂制品以美国和西欧开发较早，以后日本也推出了类似的产品。

4.8.2 生产工艺

超低聚合度聚氯乙烯树脂一般采用悬浮聚合工艺生产，聚合温度在60～80℃之间，聚合温度越高，树脂分子量越低，与通用树脂相比，也进行了一些调整。

① 为了提高树脂的孔隙率，使用复合分散体系，必要时可添加表面活性剂机械调整。

② 采用复合引发体系，保持聚合过程中反应平稳，聚合速率趋于一致，后期容易降压，同时可提高树脂质量，减少晶点，降低产品成本。

③ 采用复合链转移剂体系和恰当的添加方式，保持聚合体系的胶体稳定性，控制聚氯乙烯的平均分子量。

在生产低分子量聚氯乙烯树脂时，聚合体系往往在高温和高压下进行，由于使用的链转移剂不同，对各种聚合条件也有不同的要求，对聚合引发剂体系的种类和用量也有一定的限制，所以，使用链转移剂体系比较麻烦，稍不注意就会产生质量问题。例如，现在普遍使用的链转移剂有巯基乙醇、巯基乙酸二乙基己基酯，在聚合体系中都有一定的阻聚作用，而且有安全和环保问题。

美国一家公司，通过研究使用取代的苯二甲酰基亚氨基过氧酸作为链转移剂，如琥珀酰亚氨基过氧酸、马来酰氨基过氧酸、过月桂酸等。这类链转移剂是油溶性的，与各种引发体系配伍性好，使用的聚合温度范围宽，对氯乙烯均聚和共聚体系均无阻聚作用，既可用于悬浮聚合体系，也可用于乳液聚合体系，可代替旧链转移剂生产低聚合度 PVC 均聚树脂和共聚树脂，特别适合于生产瓶料和注射制品专用的低分子量 PVC 树脂。

使用过氧酸类链转移剂的优点有：首先是链转移作用明显，能有效发挥降低 PVC 分子量的作用，生产出性能良好的树脂；其次，可克服使用传统链转移剂而产生阻聚作用的不足，甚至一些品种的过氧酸类链转移剂还能起到促进聚合反应的作用，减少聚合体系中引发剂的用量，起到链转移剂和引发剂的双重作用，提高生产效率；再次，过氧酸类链转移剂对悬浮 PVC 树脂的颗粒形态和颗粒尺寸基本没有影响。

过氧酸类链转移剂的用量可根据聚合反应温度、采用何种引发体系和期望的 PVC 分子量降低程度来决定。一般，过氧酸类链转移剂用量为单体质量的 0.02%～2%，可以使用一种过氧酸类或若干种过氧酸复合作为链转移剂。选择使用的过氧酸类链转移剂的分解温度要在聚合温度以上，否则在升温聚合后会降低链转移剂的活性。采用这类链转移剂对引发剂没有特殊的限制，可使用通用的聚合引发剂，如过氧化酯类和过氧化二碳酸酯类引发剂。

4.9 高表观密度的聚氯乙烯树脂

高表观密度的聚氯乙烯树脂是颗粒规整度和球形度高的聚氯乙烯树脂，该类树脂最早由美国 B. F 古德里奇公司在 1985 年研制成功，并在 1986 年实现工业化，年生产能力 10 万吨。此后，西欧、日本等发达国家先后开发成功这种树脂，现已广泛应用于高质量的大口径管材、型材和板材，使树脂和加工厂都得到了效益。

4.9.1 产品特性

这种新型树脂的表观密度为 0.58～0.62g/cm^3，树脂中 93%以上的颗粒为球形，粒径＞105μm。树脂中玻璃态树脂含量＜5%，基本无细粒子，树脂流动性好，易于加工。

国外生产这种树脂目的是为了解决高速挤塑加工时对树脂表观密度的要求，以便提高生产效率。由于在生产中采用了新的工艺，可大大减少黏釜，提高树脂质量，增加了制品的冲击强度。

这种高表观密度聚氯乙烯树脂的主要特点如下。

① 从球形树脂的形态来看，它既具有紧密型聚氯乙烯树脂表观密度高的特点，又具有疏松型树脂的多孔性，具有适当的吸油率，在加工时，具有迅速吸收各种助剂的优点。

② 由于在树脂生产中采用了新工艺，树脂颗粒规整，多为球形，基本消除了 50μm 以下的细粒子，在预混加工时，大大减少了树脂粉尘，改善了工作环境；树脂具有较好的流动性，易于加工，并提高了热稳定性。

③ 该树脂多用于挤塑制品，也可用于压延法加工；不但可用于生产硬质品，如管材、型材、护墙板等制品，还可用于生产软制品。一般生产硬制品的 PVC 树脂表观密度做到 0.58～0.62g/cm^3，生产软制品的 PVC 树脂表观密度一般做到 0.50g/cm^3 以上。

④ 从生产的树脂品种来看，采用球形树脂生产工艺不但能产生均聚树脂，还可生产共聚树脂，以满足不同应用领域的需要。可与氯乙烯共聚的单体主要是偏氯乙烯、甲基丙烯酸甲酯、丙烯酸乙酯、丙烯酸辛酯、丙烯腈、甲基丙烯酰胺、乙烯、氯乙基乙烯基醚、马来酸酯等。

从这种树脂的形态、品种、性能和用途可以明显看出，高表观密度聚氯乙烯树脂的确是一种性能好，用途广，用量大的新型树脂，通过调节工艺体系和产品品种可以推出一系列专用树脂。它弥补了疏松性聚氯乙烯树脂表观密度低，粒度分布宽，树脂流动性差等一系列难题，提高了产品质量。随着PVC加工高速化、制品高性能化和应用领域的扩大，市场对于高表观密度聚氯乙烯树脂的需求量会越来越大，品种也会不断增多，是一个颇有发展前途的树脂品种。

4.9.2 生产方法

国外在生产高表观密度聚氯乙烯树脂的工艺方面做了大量的研究工作，基本保持了疏松型树脂的工艺流程，采用间歇聚合方法生产出球形、颗粒规整、粒径分布窄的高表观密度 PVC 树脂，并且在合成和加工技术方法方面取得了新发展。

与通用树脂相比，高表观密度聚氯乙烯树脂的工艺改进主要集中在聚合配方、加料方式、搅拌速率和工艺条件方面。

① 为了提高聚氯乙烯及树脂的表观密度，在体系中使用了高黏度聚合分散剂，如相对分子质量为 4000 的羟丙基甲基纤维素分散剂，用量以 100 份单体质计为 0.02～0.10 份，其分散剂用量越大，生产的树脂表观密度越高。选择适当黏度的羟丙基甲基纤维素，可以控制分散剂的用量。

② 为了生产出球形度高、颗粒形态高度均一、粒度分布窄的聚氯乙烯树脂，在聚合体系中还使用了低分子量助分散剂协同，使单体液滴稳定地分散于水介质中，这种分散剂可以是羟丙基甲基纤维素、聚乙烯醇、十二烷醇等。从世界发达国家大公司生产高表观密度聚氯乙烯树脂所采用的分散剂体系看，美国一般采用羟丙基甲基纤维素与聚乙烯醇的复合体系，生产的树脂表观密度高，树脂粒度分布窄，粘壁物少。在日本和欧洲一些国家，一般都使用全聚乙烯醇分散剂体系，也能生产出质量较好的高表观密度的聚氯乙烯树脂。

在美国，还有一些公司为提高树脂的颗粒均一性，采用一种水溶性未中和的聚丙烯酸分散剂，与聚乙烯醇分散剂复合，在酸性条件下聚合反应生成PVC 树脂颗粒，表观密度和树脂颗粒形态都优于原来的工艺水平，玻璃态树脂含量降至 5%以下。

③ 在聚合配方中使用了两种以上的表面活性剂，使单体液滴在分散剂和表面活性剂包覆下悬浮分散于反应介质中。使用的表面活性剂有含环氧乙烷的表面活性剂和不含环氧乙烷的表面活性剂两类，用量以 100 份单体质量计为≥0.0075 份。含有环氧乙烷的表面活性剂可以是聚氧乙烯烷基酚类、聚氧乙烯乙醇类、脂肪酸聚氧乙烯酯类、聚氧乙烯烷基胺类等。例如聚氧乙烯单油酸山梨糖醇酯，聚氧乙烯月桂酸山梨糖醇酯，聚氧乙烯硬脂酸酯，聚氧乙烯蓖麻油，聚氧乙烯十二烷基醚等。

使用的不含环氧乙烷的表面活性剂与不溶于水的、交联的聚丙烯酸分散剂一起使用，这种表面活性剂是不含环氧乙烷链段的山梨糖醇酯、三硬脂酸山梨糖醇酯、三油山梨糖醇酯、油酸甘油酯、单硬脂酸甘油酯等。

④ 为提高树脂颗粒的均一性，减少粘釜物，国外厂家还采用了倒加料法和变速搅拌的方法来生产这种树脂。倒加料工艺是先将单体与引发剂溶液和助分散剂混合均匀，然后再将水和分散剂加入聚合釜中分散均匀，升温至57℃进行聚合。用这种生产方法生产的树脂粒度分布窄，大大减少了细粒子和玻璃态树脂的产生。

⑤ 在聚合过程中，采用了升温聚合法，提高了聚合釜的生产能力。

⑥ 使用填充技术生产高表观密度的 PVC 树脂，在聚合体系中加入氧化铝水合物处理的二氧化钛微粒子填料。由于这种微粒子表面经过有机物包覆处理，可与分散剂一起使用，显著提高悬浮聚氯乙烯树脂的表观密度。

⑦ 国外一些公司在后处理过程加入有机添加剂，生产高密度聚氯乙烯树脂，即将添加剂水溶液喷射到沸腾的聚氯乙烯离子表面，随后挥发掉水分，可以较好地提高聚氯乙烯树脂表观密度，同时，减少了树脂粒子中的静电。处理后的 PVC 树脂结构没有发生变化，只是处理工艺使树脂表面孔隙率缩小，增大了填充密度，提高了表观密度。

4.10 消光聚氯乙烯树脂

4.10.1 产品特性和应用市场

消光聚氯乙烯树脂是采用氯乙烯与交联剂共聚制得的，含有部分分子间交联而不溶于四氢呋喃等溶剂的凝胶组分的聚氯乙烯树脂。它可用一般塑料加工设备加工成制品，加工过程中表现出与通用聚氯乙烯树脂不同的黏弹性，从而使制品表面形成细小的凹凸结构，使制品具有消光效果。通常，在190℃以下加工消光聚氯乙烯树脂得到的制品具有较好的消光效果。消光聚氯乙烯树脂含有凝胶组分，软质制品具有良好的弹性、较小的压缩永久变形率（一般≤50%），表现出类似弹性体的特性，因此是生产交联聚氯乙烯电缆的良好原料。与通用聚氯乙烯制品相比，由消光聚氯乙烯树脂加工的制品具有更好的耐溶剂性、耐热变形性（使用温度可提高10℃以上）、机械强度和加工尺寸稳定性。

消光聚氯乙烯树脂的主要用途是生产消光聚氯乙烯电线电缆，汽车消光仪表盘、按钮和车内装饰品，消光皮革，飞机地板，消光化学建材（如消光层压板、消光内墙衬板），磨砂玻璃透明片材和板材，消光标牌，工具消光套管等。

4.10.2 生产方法

(1) 氯乙烯与二烯类单体共聚 交联聚氯乙烯树脂的生产方法是将含两

个或两个以上反应官能团的单体或聚合物（交联剂）与聚氯乙烯共聚而成，反应体系中使用的改性单体组分可以是二烯类单体，如二甲酸二烯丙酯、二丙烯酸乙二醇酯、乙二醇二烯基醚、双马来酸化合物，通过与氯乙烯共聚形成具有交联网络结构的聚氯乙烯，使聚氯乙烯材料具有更好的耐磨、耐溶剂、机械强度和加工尺寸稳定性。

在采用悬浮聚合方法生产这种树脂时，首先将交联剂与氯乙烯单体混合，再加入聚合釜中聚合；也可将交联剂在氯乙烯聚合过程中逐渐加入到聚合体系中生产出交联聚氯乙烯树脂。

(2) 氯乙烯-双马来酸共聚 使用双马来酸化合物与氯乙烯共聚，需要苯乙烯作辅助交联剂，可明显促进双马来酸化合物与聚氯乙烯大分子的交联。首先，交联反应使双马来酸化合物接枝到聚氯乙烯大分子链上，然后，苯乙烯与双马来酸化合物上的活性中心共聚，使接枝链延长，易于发生架桥反应，形成网状结构的共聚物，达到交联的目的，使生产出的制品具有较低的光泽度。

(3) 氯乙烯-1,5-己二烯共聚 使用 1,5-己二烯与聚氯乙烯共聚可生产出具有良好消光效果的聚氯乙烯树脂。使用该树脂压片，不论是粉料或制成粒料加工（140～190℃），即使采用镜面光的压延加工，都能得到消旋光性能好的制品，使用真空成型方法加工也不会产生“回光”现象，二烯类单体加入体系中，不但可以保持聚合物原体系加入交联丙烯酸酯单体的消旋光性，又能保持良好的加工性能，产品力学性能好。

该共聚物采用悬浮聚合方法生产，使用皂化度 74%的聚乙烯醇作为分散剂，聚合前将 1,5-己二烯（1%）加入到氯乙烯单体中，然后加入聚合釜中。使用过氧化异丁酰、2,2-偶氮异庚腈等引发剂聚合得到消光聚氯乙烯树脂。

(4) 使用重叠聚合法生产消光聚氯乙烯树脂 用重叠聚合法生产消光聚氯乙烯树脂是美国 1990 年新推出的一种聚合方法，重叠聚合法的树脂由交联聚氯乙烯芯层和非交联聚氯乙烯表层组成。树脂与疏松型树脂一样具有高孔隙率。使用这种树脂生产消光聚氯乙烯树脂，简化了配料步骤，而且干混时间短，吸油速率快，大大提高了生产效率。

在采用重叠聚合生产这种树脂时。首先采用悬浮聚合工艺生产无皮交联聚氯乙烯树脂芯层。将水和离子敏感性主分散剂加入聚合釜中，一般在助分散剂中加入聚合釜之前进行预混，搅拌水和主分散剂直到形成乳液，然后减速或停止搅拌，使釜内物料不形成湍流区。将氯乙烯单体和交联剂加入聚合釜。使单体浮在乳化的增稠介质上面。加入由溶剂、自由基引发剂以及助分散剂组成的溶液，应在加入釜中与单体预混。此后搅拌，使引发剂溶液在整个单体层内中分散；提高搅拌速率开始聚合，当转化率达 1%～2%时，加入 NaOH 稀释主分散剂，防止分散剂与氯乙烯单体液滴发生接枝共聚，以消除交联树脂芯层的包封皮层，继续聚合后达到需要的聚合度和转化率。然后按生产无皮非交联树脂的方法再次加入单体和引发剂进行第二次聚合，在交联氯乙烯树脂粒子表面再聚合一层非交联聚乙烯均聚物表层。用这种重叠聚合法生产的树脂表观密度和孔隙率高，粒子分布均匀，流动性好，易于加工。

(5) 生产易加工无皮交联聚乙烯树脂中 聚合体系中必须使用离子敏感性分散剂作主分散剂，以保持胶体分散体的稳定性。这种分散剂一般使用增稠水介质的高分子量分散剂或交联分散剂，如交联的聚丙烯酸聚合物、交联的乙烯和马来酸酐共聚物，在水介质中的用量为0.1%。

为生产出无皮交联聚氯乙烯树脂，在单体转化率为5%时，加入一种离子物料如NaOH，防止主分散剂在单体表面形成接枝共聚物，使生产出的交联树脂表面无连续的包封皮层，树脂疏松，易于加工。

在生产这种无皮树脂中，首先将引发剂与溶剂（如异丙醇）混合，其步骤如下。

① 将水和能增稠水介质的离子敏感性主分散剂加入聚合釜，加入的主分散剂最好预先用去离子水配制成浓分散剂溶液，以利助剂加入釜后迅速分散。

② 搅拌，直到主分散剂形成乳液。

③ 减速或停止搅拌形成无湍流流动。

④ 然后加入单体、黏度抑制剂和交联剂，使单体浮在乳化增稠水层的顶部。

⑤ 加入由溶剂和自由基引发剂和助分散剂组成的溶液。如果助分散剂没有与引发剂溶液混合，在加入釜中以前，应该先进行预混。

⑥ 提高搅拌速率，乳化全部聚合介质。

⑦ 升温至53℃进行聚合，在转化率达1%～2%时，加入NaOH吸收单体液滴表面的助分散剂。

⑧ 继续聚合直到获得需要的聚合度。

这种新聚合体系与旧工艺相比，不但降低了树脂的复合黏度，而且降低了聚合温度，生产出无包封皮层的交联聚乙烯树脂。

该树脂干混效率高，易于加工，可用挤出，注塑和吹塑方法加工，与旧工艺相比，在加工大型复杂结构的制品中表现出明显的优越性。该树脂还可与普通氯乙烯树脂掺混使用，制作出消光聚氯乙烯纸制品，树脂兼容性好，易于加工，经氯化处理后可制成交联氯化聚氯乙烯树脂，树脂同样具有良好的加工性能。

4.11 高阻隔性聚氯乙烯树脂

4.11.1 产品特性

氯偏共聚物是一种具有高阻隔性的聚合物材料，是塑料中对氧、水、气阻隔性最优的品种，使用这种共聚物制作的包装材料不仅具有防潮、隔氧、保鲜、保香的功能，而且具有良好的耐热和耐化学品性能、耐油和低温热封、热收缩等多种特性。

近年来，以偏二氯乙烯和氯乙烯为主的一系列新型树脂得到了不断的发展，使该共聚物具有更优越的综合性能，研制成功的新品种有偏氯乙烯/氯乙烯/二氯异丁烯、偏氯乙烯/氯乙烯/丙烯酸酯共聚物等。

4.11.2 生产方法

目前，使用悬浮法生产的氯偏共聚物的组分是偏氯乙烯/氯乙烯为87∶13，主要用于制作高阻隔性食品包装膜，用于食品防潮和密封，其中多层膜用于保鲜包装或加工肉制品，医药、化妆品和对潮湿敏感的衬层，如鲜肉、鸡、乳酪和熟食等。

使用乳液聚合生产的偏二氯乙烯-氯乙烯共聚乳液，氯乙烯含量大约占50%，主要用于生产各种金属及木材等的涂料。

随着各种高性能包装材料的发展，也为氯偏共聚树脂开辟了更大的市场，目前，国外各种共挤出的低成本复合包装膜、罐头瓶、微波炉耐热食品包装膜是热门产品，销量趋于上升势头。

在使用悬浮聚合法生产这种树脂时，反应分两步，首先在高温和高压条件下，使用过氧化月桂酰等低活性引发剂聚合；第二步，在中断反应以后，在降低温度和压力条件下，使用过氧化二碳酸二异丙酯等高活性引发剂。在第一步中，转化率为大约40%～80%，第二步聚合总转化率可达98%。这一工艺的第一步生产低分子量，有较高偏氯乙烯含量的聚合物，第二步由于提高了氯乙烯组分的量，提高了分子量，生产的共聚物在添加热稳定剂和增塑剂后加工。

4.12 医用聚氯乙烯树脂

4.12.1 氯乙烯-反应性聚酯内增塑医用树脂

内增塑氯乙烯早在20世纪60年代就开发成功，主要解决聚氯乙烯软制品加工中和使用过程中小分子增塑剂的迁移问题。随着聚氯乙烯产品的发展，越来越多的医用制品使用聚氯乙烯材料，如血液包装使用的血袋、输血软管、食品包装和饮料容器等。但是，用小分子增塑的聚氯乙烯中，增塑剂和其他一些助剂在制品与油、醇、脂和化学药品接触时，或在高温条件下，易于迁移出聚氯乙烯制品，污染血液、医药、饮料和食品，危害人们的身体健康。为此，国外曾采用不迁移的反应性增塑剂在聚合过程中接枝到聚氯乙烯骨架上的方法，生产出内增塑聚氯乙烯材料。一种方法是使用反应性丙烯酸作为内增塑剂，生产出反应性聚氯乙烯，然后在混炼条件下，将丙烯酸反应结合到共聚物骨架上；另一种方法是使用羧酸和二醇的缩聚物作为反应性增塑剂，与聚氯乙烯聚合。通过检测发现，有82%的聚酯很容易从树脂中被萃取出来，只有很少一部分共价结合到聚氯乙烯上，所以，要得到一种基本上不迁移的内增塑聚氯乙烯就必须使用这种反应性增塑剂。与氯乙烯反应生成新聚合物后，在储存中不但保持稳定，而且能继续进行自聚，能得到充分反应，生成没有迁移性的内增塑聚氯乙烯。

国外一家公司选择反应性聚酯增塑剂，研制出有低增塑剂迁移的内增塑聚氯乙烯树脂，可用于制作血液和食品包装材料。这种内增塑共聚物由50%聚氯乙烯和50%反应性聚酯增塑剂组成。这种反应性聚酯增塑剂是在聚酯化条件下，反应二元羧酸和/或二元羧酸酐、多醇而成，在反应中聚酯对聚合反应有促进作用。

在使用悬浮法生产这种内增塑聚氯乙烯树脂时，首先将反应性聚酯加入含去离子水的聚合釜中，然后关闭聚合釜，除氧，加入氯乙烯单体进行反应，每100份质量的氯乙烯单体需要加入50份反应性聚酯增塑剂，最好在将物料加入釜中之前计量加入两种单体的混合物，然后进行悬浮聚合，水与单体之比为2∶1。也可使用本体法，乳液生产这种树脂，但以使用悬浮法较为理想。

该聚合体系也可用来生产内增塑剂改性共聚物，根据使用性能要求，可在体系中加入可共聚单体，如偏二氯乙烯、溴乙烯、偏氟乙烯丙烯酸、甲基丙烯酸等。改性单体加入量最好为20%（以氯乙烯与反应性聚酯混合物计），聚合温度为40～70℃，压力与一般聚合工艺无明显差别。

为了检测这种树脂的稳定性，取60g内增塑树脂放在抽提套管中，浸入索氏抽屉器中，在82.4℃条件下，用异丙醇抽提24h，并在真空烘箱中干燥，称量树脂质量。可看出，聚氯乙烯与聚酯之比为58.9∶41.1的体系最为稳定，增塑剂未被萃取率为80.4%，显著好于其他体系。

4.12.2 氯乙烯-聚氨酯共聚物

该共聚物是国外医用内增塑聚氯乙烯材料的一个重要品种，近年来，在生产工艺方面也不断得到改进，并开发出以氯乙烯和聚氨酯为基体的多种新型多元共聚树脂，使产品使用性能得到进一步改进。

这种内增塑聚氯乙烯可在不使用增塑剂的条件下加工得到软聚氯乙烯制品，内增塑效果相当于在100份聚氯乙烯中加入40～85份增塑剂，制品透明、耐磨、耐寒、耐油、耐老化和力学性能好。以日本电气化学公司的GC4140树脂为例，该共聚树脂密度1.28g/cm^3，邵氏A硬度80，拉伸强度22.54MPa，伸长率580%，撕裂强度83.3kN/m，脆化温度－59℃，柔软温度－8℃。

该共聚物主要用于急救辅助设备、医用容器、外科手术用具、血袋和输血管，植入管和药品运输容器，除此以外，该树脂还可用于制作高级合成皮革、帆布、护套材料、薄膜、片材、软管和各种异型材等。该树脂可采用悬浮法和乳液法来生产。采用悬浮法生产时，在由二元醇与二异氰酸酯反应得到的热塑性聚氨酯存在下，进行氯乙烯接枝共聚，制备得到聚氨酯氯乙烯接枝共聚物。

将这种共聚物加工成医用制品时，需使用 γ 射线辐射或是高压电子束灭菌处理。但经过处理的制品易变色，出现损坏机械和生物兼容性问题，所以在加工这种共聚树脂时，配方中要加入受阻胺光稳定剂或聚氯乙烯复合物、聚偏二氯乙烯和金属氧化物，以便生产出抗氧化性能良好的聚氯乙烯医用制品。

4.12.3 耐辐射氯乙烯-丙烯共聚物

为了防止聚氯乙烯医用制品在使用 γ 射线辐射或是高压电子束灭菌处理后制品褪色，国外生产厂家采用将氯乙烯与少量丙烯共聚的方法，解决氯乙烯材料的耐辐射问题。

在生产这种共聚树脂时，丙烯加入量要在 10 份以下，加入量低于 0.5 份时，对制品性能改进不大；但用量太高，超过 10 份时，反而会降低制品的强度和透明度，一般在耐辐射树脂生产中，加入 0.5 份丙烯就会产生明显的效果。

除此以外，氯乙烯-丙烯共聚物中丙烯含量达 5～8 份时，共聚物具有一定的内增塑性，在高温条件下延伸率大，而且热稳定性优于氯醋共聚物，所以还可以制作一些复杂形状的真空成型制品和其他食品包装用品，如设备构件和零部件，压滤机板框、真空吸尘器叶轮、阀门、蓄电池槽子和盖板，电插头；包装食品、药品、洗涤剂、化妆品和干粉的薄膜和瓶子。粉状树脂还可用于粉末涂层。

国外在生产医用耐辐射制品时，采用悬浮聚合法，将去离子水、甲基纤维素分散剂、过氧化二碳酸二辛酯、过氧化新癸酸枯基酯引发剂加入高压釜中，用氮气置换出空气后，加入适量丙烯和氯乙烯单体，在 45℃聚合 8h，在压力降至约 196kPa(2kgf/cm^2) 的条件下，开始回收未反应单体，然后出料、过滤、干燥成粉状树脂。经 5mrad（1rad＝10may）射线辐射后，用色差仪测定，制品质量稳定，变色度低于额定指标。

4.13 粉末涂料聚氯乙烯树脂

4.13.1 产品特性

用于粉末涂料的聚氯乙烯树脂以前多是用本体聚合方法生产的，其原因是本体法生产的聚氯乙烯树脂高度疏松、没有皮膜，熔融加工性能好，适用于粉末涂层。使用悬浮法生产这种树脂时，则需要控制树脂的某些性能，使生产的树脂要有本体聚合法树脂的表观密度、孔隙率和粒度分布。为生产出这种树脂，对分散体系进行了改进，在聚合体系中使用了两种不同醇解度的聚氯乙烯分散剂组成复合分散体系，减小了树脂基本粒子的颗粒度，增大了表观密度和增塑剂的塑化作用，重均分子量小于100000，树脂有均匀的高孔隙率，专门适于作粉末涂料使用。与最新本体法工艺生产的树脂相同，该树脂的生产成本随牌号、聚合度不同而变化，介于通用和超低聚合度聚氯乙烯树脂之间。

4.13.2 生产方法

在生产这种树脂时，聚合前，首先将自由基引发剂如过氧化脂族二酰、过氧化酰基酯、过氧化二碳酸酯、过氧化叔烷基和偶氮类引发剂，与反应混合物混合，或分步加入聚合釜中，以保持反应体系的稳定。

悬浮聚合树脂时，将乙烯醇分散体系水、混合物加入釜中，用氮气置换后，在搅拌条件下，加入氯乙烯单体（也可根据使用性能的需要加入其他可共聚单体），升温到71℃，加入引发剂混合物乳液进行悬浮聚合，在反应中搅拌控制在130r/min，聚合时间4h，生产出相对分子质量为60000～65000的PVC树脂。

4.14 聚氯乙烯发泡树脂

4.14.1 产品特性

聚氯乙烯树脂经常用于生产化学发泡产品，糊树脂中通常加入适当的发泡剂，在高温下通过发泡剂的分解生产聚氯乙烯制品。PVC糊树脂的分子量、粒径分布、使用聚合乳化剂的种类和数量以及使用其他添加剂对发泡制品的结构都有一定的影响。

采用低黏度PVC糊树脂生产泡沫制品时，泡沫制品的泡孔结构粗大；而使用中黏度和高黏度PVC糊树脂生产的泡沫制品的泡孔结构细。这与糊树脂生产中使用的乳化剂有重要的关系。一般使用低黏度的烷基芳基磺酸盐和硫代琥珀酸盐乳化剂生产的糊树脂用于发泡制品时，泡孔粗大、结构差。而在乳液聚合中使用黏度不太低的烷基硫酸盐生产的糊树脂泡孔结构却很好。日本一家公司在氯乙烯乳液聚合生产糊树脂时，使用烷基硫酸盐或乙氧基化的烷基硫酸盐，特别提到使用含甲基支链的化合物。采用这一方法生产的糊树脂的发泡性能好，但糊黏度太高。

欧洲乙烯公司经过研究推出了一种糊的黏度低、可生产细泡孔结构泡沫制品的新型 PVC 糊树脂。该公司工艺改进重点在使用乳液法、微悬浮法进行氯乙烯聚合时改变乳化剂，使用支链结构的烷基硫酸盐，这种乳化剂的特点是至少含有 30%摩尔分数的支链烷基硫酸盐，可生产出发泡性能好的 PVC 糊树脂。使用这种乳化剂生产的树脂与传统工艺生产的 PVC 糊树脂相比显著降低了糊黏度。这种乳化剂既可以用于种子和无种子乳液聚合，也可用于微悬浮聚合工艺。

4.14.2 生产方法

在采用乳液聚合法生产这种发泡糊树脂时，首先将适量的去离子水、种子乳胶、过硫酸钾和硫酸铜、乳化剂和缓冲剂等其他助剂加入聚合釜中，脱气后加入氯乙烯单体（和共聚单体），升温后加入亚硫酸氢盐，聚合反应速率决定亚硫酸氢盐的数量。反应大约 1h 左右，加入支链的烷基硫酸盐乳化剂溶液，稳定正在形成的聚合物乳胶粒子表面。转化率达到 90%～92%，回收残留单体，干燥得到聚氯乙烯树脂。

具体操作时，也可以颠倒加入引发剂的顺序，先加入还原剂亚硫酸氢盐，然后再加入氧化剂过硫酸盐。在加入单体时，开始先加入 20%～25%单体，在反应过程中再连续或分批加入剩余的单体进行聚合。采用的乳化剂混合物是在乳化剂溶液中加入起稳定作用的一种支链的烷基硫酸盐乳化剂制成的预混物。

在采用微悬浮聚合方法生产发泡聚氯乙烯糊树脂时，采用两个反应器，一个作为混合容器，另一个为聚合釜，引发剂体系由一种油溶性氧化剂如过氧化物和一种水溶性活性体系如抗坏血酸作还原剂组成。在生产这种树脂时，首先将部分氯乙烯单体加入混合容器中，然后加入水、少量的支链烷基硫盐乳化剂和油溶性引发剂，搅拌数分钟，将混合器中的物料破碎成非常小的液滴，同时，将剩余的单体，剩下的水和 $CuSO_4$ 催化剂加入聚合釜。然后将混合器中的物料用高压泵打入聚合釜，升温，并开始向釜内注入抗坏血酸。通过控制抗坏血酸的加入速率可得到适当的反应速率。在开始加入抗坏血酸几分钟后，为了稳定正在生产的聚合物粒子表面，连续向聚合物中加入支链的烷基硫酸盐乳化剂溶液。

微乳液聚合是最近一些年发展起来的一种聚氯乙烯糊树脂生产新技术，在采用微乳液聚合工艺生产这种树脂时，在有缓冲剂的情况下，长链脂肪醇与支链化乳化剂的混合物形成很稀的浓度大约 4%～5%的含水溶液，然后加热该混合物（在 70℃加热 2h），产生液体结构，形成“水乳液”以后，将该乳液输入聚合釜，然后加入硫酸银和过氧化氢，将聚合釜抽真空，然后加入氯乙烯和任意的共聚单体。在搅拌条件下升温到反应温度，并注入助催化剂抗坏血酸，也可以使用其他的水溶性还原剂。为了控制聚合反应速率，可调节催化剂的注入速率。

在反应转化率达70%时，反应速率加快，很快达到转化率90%～92%，排放出残留单体，加入稳定剂，然后从釜中排放出乳胶。采用这种工艺生产的PVC糊树脂适用于发泡制品的加工。

4.15 可直接加工聚氯乙烯树脂

4.15.1 产品特性

多年来，人们一直在研究，力图生产出更易于加工、使用更方便的聚氯乙烯树脂。采用的方法之一是在聚合体系中加入稳定剂、润滑剂、改性剂、着色剂、增强剂等，使聚合得到的PVC树脂可直接加工，使加工步骤更加简单。

美国一家公司采用新工艺制备可直接加工的聚氯乙烯树脂，在聚合一开始就将加工助剂加入聚合体系，当结束聚合时，加入氯乙烯质量计0.01%～50%（以VCM质量计）的液体烃离聚物、乙烯-丙烯共聚合物或烯烃低聚物。液体烯烃离聚物可以是烯烃的二聚物、三聚物直到六聚物。最好使用的液体聚合物是弹性乙丙聚合物。加入液体聚合物或离聚物要根据制备产品的性能需要进行选择。这样就使得氯乙烯聚合开始阶段就加入各种助剂成为可行。生产的可直接加工PVC树脂可以用挤塑、注塑、吹塑或压延法制备出各种产品，如管材、管件、片材和瓶等。

4.15.2 生产方法

现在该公司已经生产出K值65～68、粒径136～170μm、转化率最高达87.8%的可直接加工聚氯乙烯树脂。新工艺在聚合前先将氯乙烯和去离子水加入聚合釜，加入硬脂酸钙和硫酸铅稳定剂。在开始聚合时加入分散剂聚乙烯醇，加入过氧化二碳酸酯和过氧化新癸酸枯基酯引发剂。在开始聚合时加入乙烯、丙烯二环戊二烯低聚物或乙丙共聚物，聚合物链的长度由反应温度控制，降压时加入终止剂，按常规处理生产的树脂。

与传统工艺生产的树脂相比，由于添加剂在聚合步骤中加入聚合体系中，添加剂在聚氯乙烯树脂中、分散更均匀，此外还提高了聚合物的转化速率，减少了聚合时间。由于在体系中加入了热稳定剂，树脂汽提过程安全可靠，可避免汽提过程中PVC树脂的变色和热分解，同时释放到空气中的残留单体和废水量减少。

在干燥步骤，可采用较高的进口温度和较高的湿度差，甚至当干燥温度达到 100℃时，由于在聚合中加入了热稳定剂，也可以避免树脂在干燥中的降解。由于热效率提高，能源消耗降低，干燥工序的经济性提高。由于 PVC 树脂中含有金属添加剂，树脂不易产生静电，易于过筛，所以即使使用较小筛目的过滤筛也不会发生堵筛现象。

由于热稳定剂在 PVC 树脂中分布均匀，可更好发挥其对 PVC 的热稳定作用，因此可适当减少热稳定剂的用量。在挤塑和注塑制品中不需要再加入润滑剂。

4.16 氯乙烯-丙烯酸酯-苯乙烯接枝共聚涂料用树脂

4.16.1 产品特性

以苯乙烯为主的苯乙烯/丙烯酸酯的共聚物与氯乙烯原位接枝聚合生产的共聚树脂乳液，可用作制涂料的主要原料，在防锈涂料、地板上光、皮革处理、水泥件外部涂料、建筑涂料、纸张涂料、印刷油墨、印刷涂料等方面应用。该树脂是一种含水树脂乳液。含有部分以接枝共聚物。

4.16.2 生产方法

生产这种树脂的工艺分两步，反应在同一个聚合釜中进行。第一步在不锈钢聚合釜中加入去离子水，十二烷基硫酸钠乳化剂，过硫酸钠引发剂，丙烯酸丁酯（或丙烯酸乙酯）和苯乙烯单体，在搅拌条件下，加热到 82℃，保持这一温度聚合 2h。

第二步聚合，使用冷却水将聚合釜温度降至 52℃，将过硫酸铵、液氨和去离子水混合成的溶液加入聚合釜中，随后将大量的氯乙烯、少量丙烯酸丁酯和去离子水与 28%（质量计）液氨的混合物，在 14h 内计量加入聚合釜中，将过硫酸铵溶解在去离子水中后，加入聚合釜，将聚合釜保持在 65℃聚合 4h，为了使残留的单体聚合完全，将聚合温度升高到 75℃聚合 4h，同时计量加入氧化还原剂。其中氧化剂为叔丁基过氧化氢。还原剂是采用甲醛次硫酸钠。反应结束后，用抽真空的方法脱除残留氯乙烯，得到固含量 49%、玻璃转化温度 63℃、pH＝8、Brookfied 黏度为 1100mPa·s、树脂粒径为 100nm 的树脂乳液。采用这种乳液聚合物制作的油墨、涂料具有黏附性好，耐剥离强度高，没有涂层泛白现象，并可配制透明彩色油墨，产品性能好。

参考文献

[1] Kim Y D，Kim G H，Lee M J. Method for preparing vinyl chloride-vinyl acetate copolymer with high bulk density. KR 2008017644，2008.

[2] 伯吉斯 R. H. 主编．聚氯乙烯的制造与加工．黄云翔译．北京：化学工业出版社，1987.

[3] 司业光，韩光信，吴国贞主编．聚氯乙烯糊树脂及其加工应用．北京：化学工业出版社，1993.

[4] Macho V，Kralik M，Micka M，Komora L，Srokova I. A tough noncombustible material prepared by grafting of poly（2-ethylhexyl acrylate）with vinyl chloride，J. Appl. Polym. Sci.，2002，83（11）：2355-2362.

[5] 大森英三．丙烯酸酯及其聚合物．朱传启译．北京：化学工业出版社，1987.

[6] Vendelin M，Kralik M，Micka M，Komora L，Bakos D. Simultaneous statistical suspension copolymerization of vinyl chloride with butyl acrylate and grafting on poly（butyl acrylate），J. Appl. Polym. Sci.，1998，68（4）：649-656.

[7] 姜术丹．氯乙烯/丙烯酸-2-乙基己酯共聚物的合成与表征：[硕士学位论文]．杭州：浙江大学，2008.

[8] Goodrich . B F. Process for polymerizing liquid vinyl chloride in aqueous media，GB 1254812，1975.

[9] Kurz D，Kandler H. Copolymers of vinyl chloride and 2-hydroxypropyl acrylate，US3886129，1975.

[10] 张焱．高粘接性氯乙烯共聚树脂的合成与表征：[硕士学位论文]．杭州：浙江大学，2005.

[11] 霍金生．高透明耐冲击聚氯乙烯接枝聚合研究．石油化工，1998，27（4）：253-258.

[12] Greenlee W S. Thermoplastic elastomer blends of a poly vinyl chloride-acrylate copolymer and crosslinked elastomers. EP0358180，1989.

[13] Greenlee W S，Vyvoda J C. Thermoplastic elastomer blends of a poly vinyl chloride-acrylate copolymer and a cured acrylate elastomer. US4935468，1990.

[14] Greenlee W S，Vyvoda J C. Thermoplastic elastomer blends of a poly vinyl chloride-acrylate copolymer and crosslinked nitrile elastomer. US4937291，1990.

[15] Wiley E D. Esaston Pa. Emulsion copolymerization of isobutyl vinyl ether and vinyl chloride，US3741946，1970.

[16] 包永忠，张照龙，孔万力，储卫平，黄志明，翁志学．氯乙烯/异丁基乙烯基醚共聚树脂的乳液聚合制备方法．ZL200410025656. 5，2004.

[17] 唐志虎．氯乙烯-异丁基乙烯基醚共聚树脂合成与表征：[硕士学位论文]．杭州：浙江大学，2004.

[18] 刘琳，张志德．氯醚树脂的制备方法．CN1401676A，2003.

[19] 李志云．氯乙烯-丙烯腈乳液共聚．合成纤维，1992，（5）：23-26.

[20] Leland C S，George H F. Vinyl chloride copolymer and process for making it. US 2420330，1947.

[21] Edward M L，James H A，Bruce R T，Andrew T W. Catalysts for the polymerization of vinyl monomers，US 3219588，1965.

[22] Joachim K S，Carlhans S O，Gunther B L. Process for preparing acrylonitrile/vinyl chloride copolymers having an increased viscosity which comprises using anionic/non-ionic emulsifier blends，US 4100339，1978.

[23] Pan M W，Zhang L C，Wan L Z，Guo R Q. Preparation and characterization of composite resin by vinyl chloride grafted onto poly（BA-EHA）/poly（MMA-St），Polymer，2003，44：7121-7129.

[24] Pan M W，Zhang L C. Preparation and characterization of poly（butyl acrylate-co-2-ethylhexyl acrylate）grafting of vinyl chloride resin with good impact resistance，J. Appl. Polym. Sci.，2003，90（3）：643-649.

[25] 温绍国，包永忠，黄志明，翁志学．中国塑料，2001，15（3）：47.

第 5 章 PVC 加工助剂

5.1 引言

为了提高 PVC 树脂的加工性能和制品的使用性能，拓宽 PVC 塑料的应用领域，PVC 树脂在加工成型时往往需要添加诸如热稳定剂、增塑剂、润滑剂、填料、颜料、加工改性剂、冲击改性剂、交联剂、紫外线吸收剂、抗静电剂、防霉剂等加工助剂。

PVC 的加工助剂种类很多，通过特定的配方和加工工艺，加工助剂与 PVC 树脂组合可制成从硬质到软质性能各异的一系列 PVC 塑料制品。

PVC 的加工助剂的种类、用量和质量等对 PVC 加工过程和塑料制品的影响很大，本章着重介绍加工助剂的种类和质量指标，并对作用机理进行了讨论。

5.2 稳定剂及稳定机理

5.2.1 加工过程中的不稳定因素

5.2.1.1 PVC 大分子结构的不稳定因素

PVC 大分子上分支结构单元上的叔氯、富氯基团、不饱和端基和烯丙基氯基团，是不稳定的结构单元。这些不稳定结构单元上的氯原子，在热力作用下，以氯原子（$Cl^{\bullet}$）的形式脱下来，此氯原子（$Cl^{\bullet}$）是很活泼的（能量高）。脱下 $Cl^{\bullet}$ 的碳也变成自由基，这些自由基能量也高，它势必夺取邻位碳原子上的一个氢原子（$H^{\bullet}$），在大分子上形成一个双键，而 $Cl^{\bullet}$ 和 $H^{\bullet}$ 结合成氯化氢 HCl。在这个降解过程中，HCl 分子或 H^{+} 和 Cl^{-} 是无法参与作用的，更谈不上 HCl 的催化降解作用。当然在一般的讨论中，为叙述的简洁和便捷，称作 PVC 大分子的脱氯化氢作用也是可以的。

5.2.1.2 机械剪切作用的降解过程

在机械的强力剪切作用下，PVC大分子会断裂成两个不稳定的活性自由基。

$$\sim\sim CH_2-CHCl-CH_2-CHCl\sim\sim \longrightarrow \sim\sim CH_2-\overset{H}{\underset{Cl}{C^\bullet}} + {}^\bullet\overset{H}{\underset{H}{C}}-CHCl\sim\sim$$

这种断链自由基活性极高，极不稳定，如不及时终止，它将会夺取邻位碳原子上的氢或氯生成氯化氢放出，而生成一个端基带双键的较小分子量的PVC大分子。这种含双键的端基属于不稳定结构。

实验表明，把板材废、次品破碎后再挤出成硬PVC板材时，如此反复三次，发现每加工一次板材的机械强度均要下降，板材的热稳定性也跟着下降。前苏联学者在进行硬PVC管件注塑加工时也发现类似现象，注塑管件废、次品破碎再加工时熔体指数增加，熔融时间缩短，热稳定时间也缩短。

5.2.1.3 光氧化

在紫外光和氧参与下，PVC大分子会发生一系列复杂反应。

$$P-H \xrightarrow{h\nu} P^\bullet + H^\bullet$$

$$P-H \xrightarrow{h\nu} P-H^*\text{（激发态）}$$

$$P^\bullet + O_2 \longrightarrow POO^\bullet$$

$$P-H^*\text{（激发态）} + O_2 \longrightarrow POOH$$

$$POOH \longrightarrow \begin{cases} POO^\bullet + H^\bullet \\ PO^\bullet + HO^\bullet \end{cases}$$

这些自由基继续按连锁反应作用下去，导致PVC大分子降解。

PVC大分子的各种化学键的强度有高有低，键断裂所需的能量有大有小。而光波的波长长短不一，各种波长的光波所具有的能量也有大有小。只有光波的能量大于化学键断裂所需的能量，此化学键才会断裂而导致PVC降解。表5-1列出有关化学键键能和光子能量的关系。

■表5-1　化学键键能与光波波长的关系

化学键	键能/(kJ/mol)	紫外光波长/Å	光子能量/(kJ/mol)
C—H（伯）	444	280	428
C—H（仲）	414	300	400
C—H（叔）	381	320	376
C—O	352	340	353
C═O 醛	736.4	360	333
C═O 酮	748.9	380	316
C—N	304.6	400	300
C═N	615	420	280
C≡N	889.5	440	265
C—F	338.9		
C—Cl	326.6		

续表

化学键	键能/(kJ/mol)	紫外光波长/Å	光子能量/(kJ/mol)
C—Br	284.5		
C—I	217.6		
C—S	272		
S—H	347.3		
S—O	492.9		
N—H(伯)	351.7		
C—H(仲)	288.9		
O—H	462.8		
C—C	345.6		
C═C	610		
C≡C	835.1		

5.2.1.4 热氧化过程

PVC 大分子被氧化生成氢过氧化物，该氢过氧化物在适当条件下分解生成活性自由基：

$$\text{PVC—H} + O_2 \xrightarrow{h\nu} \text{VC—O—O—H}$$

$$\text{PVC—O—O—H} \xrightarrow{\triangle} \text{PVCO}^{\bullet} + \text{HO}^{\bullet}$$

这些自由基继续按连锁反应作用下去，导致 PVC 大分子的降解。

5.2.2 不稳定因素的改善

(1) 热降解过程的改善

① 自由基终止　热力脱 $Cl^{\bullet}$ 和脱 $H^{\bullet}$ 过程，机械剪切的断链过程，光氧化过程和热氧化过程都要产生大量自由基，这些自由基都要诱发 PVC 大分子降解的连锁反应。这些自由基不终止，PVC 大分子将加速降解。

处于低价位的变价元素（如 Pb^{2+}、Sn^{2+}、Sb^{3+}、P^{3+}、Ce^{3+}、Nd^{3+}、Pr^{3+}）终止自由基功能强，它们与自由基发生作用，自身则被氧化成高价位氧化态，自由基被终止。

分子中含有弱键的化合物，如有机金属化合物中的金属-碳键（如有机锡中的 Sn—C 键、有机锑化合物中的 Sb—C 键），环氧化合物中的环氧键，硫醇、硫醚、巯基化合物中的 C—SH 键，含硫有机锡中的 Sn—S 键，胺类化合物中的 N—H 键、苯环、联苯这类大共轭体系分子上的 O—H 键、叔氢、叔氯等，它们易于断链生成自由基，它们为自由基给予体。此种自由基给予体与 PVC 降解自由基作用而将其终止。

② 取代不稳定的氯原子　最有效的稳定方法是通过与 PVC 大分子上薄弱连接的不稳定氯原子起反应。并用内在稳定性较大的其他基团置换这些氯原子而起稳定作用。如：

$$M(OCR)_2 + \sim\sim C(Cl)\sim\sim \longrightarrow M(Cl)(OOCR) + \sim\sim C(OOCR)\sim\sim$$

(其中 $M(OCR)_2$ 的羰基为 C=O)

$$M(SR)_2 + \sim\sim CHCl—CH═CH\sim\sim \longrightarrow M(Cl)(SR) + \sim\sim CH(SR)—CH═CH\sim\sim$$

$$P(OR)_3 + \sim\sim CH═C(Cl)—CH\sim\sim \longrightarrow \sim\sim CH═CH—CH(O═P(OR)_2)\sim\sim + RCl$$

③ 与不饱和部位的反应　起稳定作用的另一途径是使一种稳定基团与 PVC 链上的不饱和键发生加成反应，生成不含不饱和键的稳定结构。例如，金属硫醇盐稳定剂与 HCl 反应时生成的产物硫醇加成到双键上形成稳定的饱和结构：

$$RSH + \sim\sim CH═CH\sim\sim \longrightarrow \sim\sim CH_2—CH(SR)\sim\sim$$

(2) 机械剪切降解过程的改善

① 断链自由基的终止，这完全同于热降解过程的自由基终止，使用变价元素稳定剂或使用自由基给予体使断链自由基终止。

② PVC 熔体润滑性能的改善，降低熔体黏度，减少 PVC 大分子之间以及 PVC 大分子与设备金属壁之间的摩擦，减少 PVC 大分子断链的概率。

(3) 光氧化过程的终止　某些材料它们对波长为 290～390Å 的紫外光有屏蔽或优先吸收的性能，从而保护聚合物免受辐射而不被破坏。高度遮光颜料有此作用，如钛白粉和炭黑可将紫外光反射或吸收，是高效的光屏蔽剂。不过，颜料不是在所有场合都起作用，普适的光稳定剂有如下几类：①光屏蔽剂，与钛白粉和炭黑类似，将紫外光反射或自身强烈地吸收，而不让 PVC 大分子遭受伤害。②紫外光吸收剂，它们将紫外光吸收后放出对 PVC 大分子无伤害的热能，如水杨酸酯类、二苯甲酮类、苯并三唑类。③自由基给予体，它们将光氧化过程中产生的各种自由基终止，一般是有空间阻碍的哌啶衍生物，如二苯甲酮类。

(4) 热氧化过程的终止　能够延缓或抑制氧化降解的物质称为抗氧剂。有人将抗氧剂的功能分为链终止型、自由基捕获型、电子给予型、过氧化物分解型和金属离子钝化型。一般则将它们统称为自由基给予体，酚类和胺类是抗氧剂的主体，其消费量约占总量的 90%。一般来说，胺类抗氧剂的防护效能比酚类高。

5.2.3 稳定机理

5.2.3.1 自由基稳定

综上所述，从 PVC 降解过程中不稳定因素的分析看，其降解过程属于自由基型反应历程；从不稳定因素的治理看，所用稳定剂属于能终止自由基、能产生自由基的化合物。因而，PVC 的降解及其降解过程的终止均属于自由基反应历程，而不是离子反应历程，也不是酸碱中和过程。

5.2.3.2 变价元素稳定

(1) 变价元素 元素周期表上典型的金属和典型的非金属均只有一种氧化态，所谓氧化态是指化学元素在它的化合物中所能出现的价位，如氯元素(Cl) 除单质的氧化值外还有−1、+1、+3、+5 和+7 五个氧化态，磷元素(P) 有−3、−2、+1、+3、+5 五个氧化态，Pb 和 Sn 有+2、+4 两种氧化态。在这些氧化态中有的是常规氧化态，它们在常规化合物中经常出现；有的是非常规氧化态，在常规化合物中不出现，只有在物质结构分析中才能确认它们的存在。我们把具有两个以上常规氧化态的元素称为变价元素。

迄今为止所发现的元素稳定剂（把纯有机化合物以外的稳定剂称作元素稳定剂），其主导元素均属变价元素，如 Pb、Sn、Sb、S、P、Ce、Nd、Pr 等。

(2) 变价元素稳定机理 当 Pb、Sn、Sb、S、P 以及稀土元素 Ce、Nd、Pr 等属变价元素处于低价位的还原态时，很易与自由基作用变成高价位的氧化态，同时将自由基终止，起到稳定作用。

① 铅化合物的稳定作用 铅有三种氧化态（Pb、Pb^{2+}、Pb^{4+}），用作稳定剂的铅处于+2 价（Pb^{2+}），当它与自由基或易发生自由基反应的活性基团发生反应，就会失去电子变成 Pb^{4+}，终止自由基反应。

二盐、三盐以及二碱式亚磷酸铅等含 PbO 和 $Pb(OH)_2$ 的铅化物和断链自由基发生反应：

$$\sim\sim CH_2-\overset{\overset{H}{|}}{\underset{\underset{Cl}{|}}{C^{\bullet}}}+PbO+{}^{\bullet}\overset{\overset{H}{|}}{\underset{\underset{H}{|}}{C}}-CHCl\sim\sim \longrightarrow \sim\sim CH_2-CHCl-\overset{\overset{O}{\|}}{Pb}-CH_2-CHCl\sim\sim$$

硬脂酸铅和断链自由基反应：

$$\sim\sim CH_2-\overset{\overset{H}{|}}{\underset{\underset{Cl}{|}}{C^{\bullet}}}+\overset{\overset{OOCC_{17}H_{35}}{|}}{\underset{\underset{OOCC_{17}H_{35}}{|}}{Pb}}+{}^{\bullet}\overset{\overset{H}{|}}{\underset{\underset{H}{|}}{C}}-CHCl\sim\sim \longrightarrow \sim\sim CH_2-CHCl-\overset{\overset{OOCC_{17}H_{35}}{|}}{\underset{\underset{OOCC_{17}H_{35}}{|}}{Pb}}-CH_2-CHCl\sim\sim$$

+2 价铅盐和氯自由基（$Cl^{\bullet}$）、氢自由基（$H^{\bullet}$）反应：

$$2Cl^{\bullet}+2H^{\bullet}+PbO \longrightarrow PbCl_2+H_2O$$

+2 价铅盐与光氧化过程产生的一系列自由基 $P^{\bullet}$、$H^{\bullet}$、$POO^{\bullet}$ 反应：

$$2POO^{\bullet}+PbO^{\bullet} \longrightarrow POO-\overset{\overset{O}{\|}}{Pb}-OOP$$

+2 价铅与热氧化过程产生的一系列自由基也会发生类似反应。

虽然铅稳定剂对光氧化过程和热氧化过程的稳定作用并不明确，似乎光氧化和热氧化这两种降解是由抗氧剂和紫外线吸收剂分别阻止的，但事实上，众多的 PVC 加工制品，如 PVC-U 管材、PVC-U 线槽，都不特意加入抗氧剂和紫外线吸收剂也照样能长期使用。日本学者坪井康太郎等的研究表明，稀土稳定剂Ce_2O_3用量大时制品的耐候性也有提高，这就是热稳定剂发挥了相应作用的结果。

② 锡化合物的稳定作用　锡稳定剂中Sn和Pb一样也是变价元素，也有三种氧化态（Sn、Sn^{2+}、Sn^{4+}）。二月桂酸二丁锡是典型的锡稳定剂结构：

$$\begin{array}{c} C_4H_9 \quad\quad OC(=O)C_{11}H_{23} \\ \diagdown \quad \diagup \\ Sn \\ \diagup \quad \diagdown \\ C_4H_9 \quad\quad OC(=O)C_{11}H_{23} \end{array}$$

它与断链自由基将发生如下反应：

$$2\sim\!\sim CH_2—CHCl^{\bullet} + (C_4H_9)_2Sn(OC(=O)C_{11}H_{23})_2 \longrightarrow (\sim\!\sim CH_2—CHCl)_2Sn(OC(=O)C_{11}H_{23})_2 + 2^{\bullet}C_4H_9$$

③ 锑化合物的稳定作用　锑有三种氧化态（Sb^{3-}、Sb^{3+}、Sb^{5+}），作稳定剂的锑化物的氧化态为Sb^{3+}。锑化物稳定剂分为含硫锑和羧酸酯锑两类，含硫锑的稳定作用高于羧酸酯锑。含硫锑的热稳定性在用量少时优于有机锡，在用量高时不如有机锡，如图5-1所示。

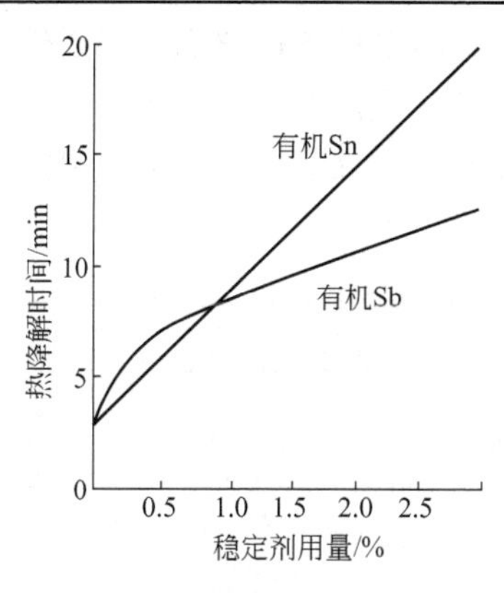

■图5-1　有机锡与有机锑的热稳定性对比

④ 磷化物的稳定作用　P与Sb同处于周期表的氮族元素，有五种氧化态（P^{3-}、P^{2-}、P^{+}、P^{3+}、P^{5+}），其中P^{3+}和P^{5+}处于常规氧化态。+3价的亚磷酸酯或盐是典型的热稳定剂，如二碱式亚磷酸铅（$2PbO \cdot PbHPO_3 \cdot H_2O$）、亚磷酸三苯酯。亚磷酸三苯酯可将氢过氧化物分解成不活泼产物，抑制其自动催化作用，自己则被氧化成P^{5+}化合物：

$$[C_6H_5—O]_3^{-}P + ROOH \longrightarrow C_6H_5—ROH + [C_6H_5—O]_3^{-}P═O$$

⑤ 硫化物的稳定剂　硫也是变价元素，有四种氧化态（S^{2-}、S^{2+}、

S^{4+}、S^{6+}）。处于 S^{2-} 的有机二硫化物将氢过氧化物分解成活泼产物，抑制其自动催化作用，自己则被氧化成 S^{4+} 的硫代亚硫酸酯：

$$R'{-}S{-}S{-}R' + 2ROOH \longrightarrow R'{-}\overset{\overset{\displaystyle O}{\|}}{\underset{\underset{\displaystyle O}{\|}}{S}}{-}S{-}R' + 2ROH$$

⑥ 稀土化合物的稳定作用　稀土元素 La 应该没有明显的热稳定作用，因为它只有一个氧化态 La^{3+}（三价），不会产生电子得失。Ce、Pr、Nd 都会有热稳定作用，因为它们都有两个以上的氧化态，可以发生电子得失而变价。在这种元素变价过程中，电子发生得失与断链自由基、热氧化和光氧化所生成的自由基、脱氯和脱氢过程所产生的自由基的孤电子结合，而将自由基终止，或与不饱和键产生自由基加成反应，把不稳定的不饱和键消除。

在 Ce、Pr、Nd 这三种稀土元素中，Ce 和 Nd 应是最具热稳定效果的，因为它有两种常见氧化态 Ce^{2+} 和 Nd^{2+}（二价）、Ce^{3+} 和 Nd^{3+}（三价）以及 Ce^{4+} 和 Nd^{4+}（四价），这三种价态的转化，都可以易将自由基终止。其次是 Pr，它的常规氧化态 Pr^{3+}（三价）也可以失去电子变成 Pr^{4+}（四价）。该现象在国外专利中也有报道。

可见，在稀土元素中还有钐（Sm）、铕（Eu）、铽（Tb）、镝（Dy）、铥（Tm）和镱（Yb）六种元素都是变价元素，都具有热稳定作用，而且铽、镱和铈一样有两种常见的氧化态，具有较高的稳定性。

(3) 元素的标准电极电位与稳定剂活性　按照自由基稳定机理，所谓稳定性能就是自由基反应性能。表征自由基反应性能的直接参数未能找到，但两种氧化态过渡时的标准氧化电极电位也能说明问题。表 5-2 列出了一些相关元素的标准电极电位。

■表 5-2　相关元素的标准电极电位

电极反应	标准电极电位/V	电极反应	标准电极电位/V
$Li-e^- \longrightarrow Li^+$	+3.09	$Fe-2e^- \longrightarrow Fe^{2+}$	+0.44
$Ba-2e^- \longrightarrow Ba^{2+}$	+2.90	$Cd-2e^- \longrightarrow Cd^{2+}$	+0.403
$Ca-e^- \longrightarrow Ca^{2+}$	+2.87	$Sn-2e^- \longrightarrow Sn^{2+}$	+0.136
$Na-2e^- \longrightarrow Na^+$	+2.714	$Pb-2e^- \longrightarrow Pb^{2+}$	+0.126
$La-3e^- \longrightarrow La^{3+}$	+2.52	$H_2-2e^- \longrightarrow 2H^+$	0.00
$Ce-3e^- \longrightarrow Ce^{3+}$	+2.48	$Sn^{2+}-2e^- \longrightarrow Sn^{4+}$	−0.15
$Nd-3e^- \longrightarrow Nd^{3+}$	+2.44	$Cu-2e^- \longrightarrow Cu^{2+}$	−0.337
$Mg-2e^- \longrightarrow Mg^{2+}$	+2.37	$Cu^+-e \longrightarrow Cu^+ -0.159$	−0.521
$Sm-3e^- \longrightarrow Sm^{3+}$	+2.41	$Fe^{2+}-e^- \longrightarrow Fe^{3+}$	−0.771
$Al-3e^- \longrightarrow Al^{3+}$	+1.66	$CO^{2+}-e \longrightarrow CO_3^+ -1.84$	−1.23
$Zn-2e^- \longrightarrow Zn^{2+}$	+0.736	$2Cl^- -2e^- \longrightarrow Cl_2$	−1.36
$S^{2-}-2e^- \longrightarrow S$	+0.48	$Ce^{3+}-e^- \longrightarrow Ce^{4+}$	−1.61

标准电极电位为负值，表示此电极反应是非自发过程，必须供给能量方可进行，电极电位的负值的绝对值小，只需要吸收少量能量就可以完成电极反应。$Sn^{2+}-2e \longrightarrow Sn^{4+}$ 的标准电极电位只有 −0.15V，这说明锡稳定性很高，只需吸收少量能量就能完成稳定化反应。反之，标准电极电位的负值

的绝对值越大，必须供给的能量越大，方能完成电极反应。$Ce^{3+} - e \longrightarrow Ce^{4+}$ 的标准电极电位为－1.61V，这说明铈稳定剂的稳定性不高。但由于它的电极反应难，Ce^{3+} 的消耗速率慢，因而它具有长期稳定性。可以用标准电极电位去评价稳定剂的稳定活性。

5.2.3.3 自由基给与体的稳定

自由基给与体分子中有弱键，这些弱键在稳定化反应过程中极易分解成两个自由基，此自由基与不稳定因素产生的自由基相互作用而终止，使 PVC 降解过程稳定下来，所以有人又把这类稳定化合物称为“自由基捕捉剂”。下面对几种有代表性的自由基给与体的稳定作用进行介绍。

① 环氧化合物　主要有环氧大豆油、环氧蓖麻油、环氧硬脂酸丁酯等，分子上都有一个至数个环氧键 —CH—CH—（O 桥接），根据有机分子结构理论，五元环和六元环的成环化学键没有张力存在，比较稳定。而三元环的张力最大，也最不稳定，在降解自由基的进攻下容易破裂开环，使 PVC 降解自由基终止。

② 硫醇（RSH）及其衍生物　主要有巯基乙酸戊酯、十二硫醇二丁基锡、2-巯基苯并咪唑等，它们含有 C—S 键、Sn—S 键。从表 5-1 中的数据可知，C—S 键能为 272kJ/mol，比 C—H 和 C—C 键能小得多，当受到降解自由基的进攻时容易断裂降解，将自由基终止。

③ 硫醚　硫代二丙酸二月桂酯，分子中含有两个 C—S 键，键能低，容易使降解自由基终止。

④ 硫脲　二苯基硫脲分子中含有两个 N—H（仲）键。从表 5-1 中的数据可知，N—H（仲）键能为 288.9kJ/mol，比 C—H 键和 C—C 键键能小很多。当受到降解自由基的进攻时将会断裂，将降解自由基终止。

⑤ 抗氧剂及金属钝化剂多属于“自由基给予体”。

⑥ 有机锡和有机锑也属于“自由基给予体”，它在稳定化反应中释放出烷基自由基。

⑦ 大共轭体系 β-位的化学键是较薄弱的化合物。

从表 5-1 可知，氧氢键（O—H）、碳氢键（C—H）、氮氢键（N—H）或硫氢键（S—H）等是一种稳定或比较稳定的价键结构，但当它们处于一个共轭体上的 β-位时，它们可以失去氢原子而变成一个稳定的共轭体系自由基。由于这种稳定的共轭体系自由基的出现，降低了脱氢的活化能，使原本难以生成自由基的化合物变得容易生成自由基，成了自由基给与体。

联苯酚（HO—C₆H₄—C₆H₄—OH）分子中的 O—H 键、β-二酮中的 C—H 键、二苯胺（C₆H₅—NH—C₆H₅）分子中的 N—H 键均易失去 H 而变成稳定的共轭自由基。

5.2.3.4 螯合型金属皂的稳定

有人把作为稳定剂的金属皂分为共价型金属羧酸盐和碱土金属羧酸盐，又有人把它们分为螯合型金属皂和离子型金属皂，其结构如图 5-2。

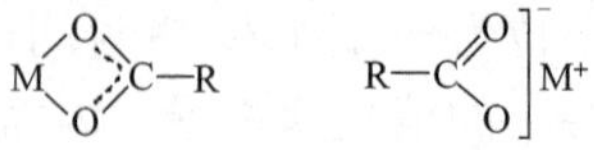

$$M\langle^{O}_{O}\rangle C-R \qquad \left[R-C\langle^{O}_{O}\right]^{-} M^{+}$$

(a)螯合型　　(b)离子型

■图 5-2　螯合型金属皂和离子型金属皂的结构

螯合型金属皂的典型代表是锌皂和镉皂，离子型金属皂的典型代表是钙皂和钡皂。

关于螯合型金属皂稳定机理，可用被广泛接受的 Frye-Horsf 理论来解释。利用红外线和同位素跟踪技术，Frye 和 Horsf 发现 Cd 皂和 Zn 皂与 PVC 的氯原子发生酯化置换反应。认为这是用稳定的羧基团取代不稳定的氯原子基团，从而阻止脱氯化氢过程。

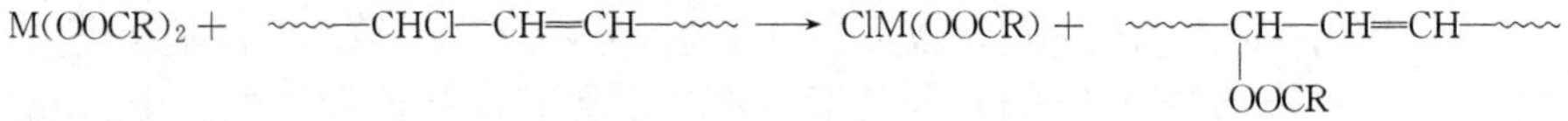

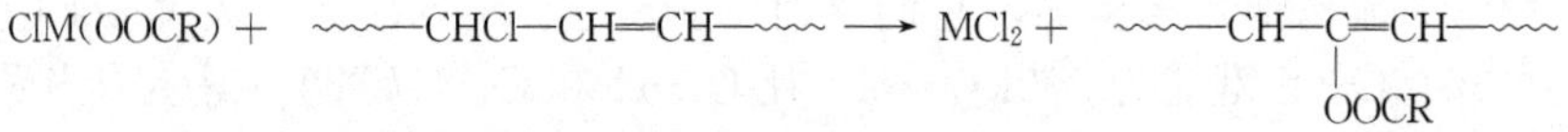

$$M(OOCR)_2 + \sim\sim CHCl-CH=CH\sim\sim \longrightarrow ClM(OOCR) + \sim\sim \underset{\displaystyle OOCR}{\underset{|}{CH}}-CH=CH\sim\sim$$

$$ClM(OOCR) + \sim\sim CHCl-CH=CH\sim\sim \longrightarrow MCl_2 + \sim\sim CH-\underset{\displaystyle OOCR}{\underset{|}{C}}=CH\sim\sim$$

然而，伴随着螯合型金属皂的使用，产生了一个较大的难题，随着酯化反应的进行，生成了金属氯化物，而 PVC 却进一步迅速的降解。金属氯化物如 $ZnCl_2$ 和 $FeCl_3$，具有路易斯酸的特性，它催化 PVC 快速分解，产生“锌烧”。为防止“锌烧”，则加入离子型金属皂，如钙皂和钡皂。由于它们的加入，稳定性反应结果就不会生成具路易斯酸特性的螯合型金属氯化物，如 $ZaCl_2$ 和 $CdCl_2$，而生成不具路易斯酸特性的离子型金属氯化物，如 $CaCl_2$ 和 $BaCl_2$，其反应如下：

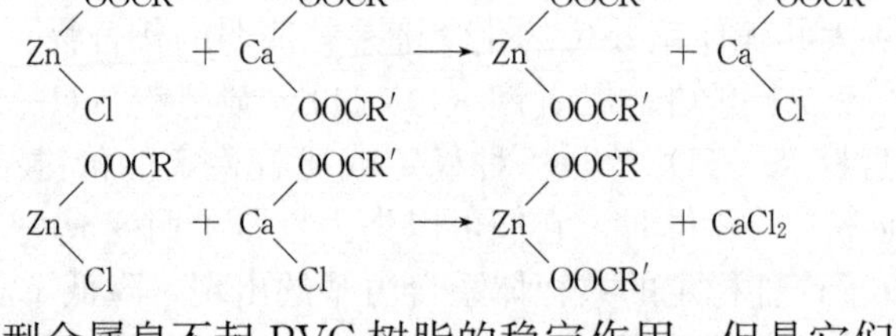

$$Zn\begin{matrix}\diagup OOCR\\ \diagdown Cl\end{matrix} + Ca\begin{matrix}\diagup OOCR'\\ \diagdown OOCR'\end{matrix} \longrightarrow Zn\begin{matrix}\diagup OOCR\\ \diagdown OOCR'\end{matrix} + Ca\begin{matrix}\diagup OOCR'\\ \diagdown Cl\end{matrix}$$

$$Zn\begin{matrix}\diagup OOCR\\ \diagdown Cl\end{matrix} + Ca\begin{matrix}\diagup OOCR'\\ \diagdown Cl\end{matrix} \longrightarrow Zn\begin{matrix}\diagup OOCR\\ \diagdown OOCR'\end{matrix} + CaCl_2$$

虽然离子型金属皂不起 PVC 树脂的稳定作用，但是它们可用于再生成有效的稳定剂，并且避免了螯合型金属氯化物可能发生的分解结果。这就是两种金属皂的协同效应。

5.2.3.5 润滑稳定

金属皂在 PVC 加工过程中在 PVC 热分解放出 HCl 的同时生成硬脂酸，这也是众多的金属皂具有润滑作用的根本原因所在，下面以硬脂酸钙与 HCl 的反应为例予以说明：

$$(C_{17}H_{35}COO)_2Ca + 2HCl \longrightarrow 2C_{17}H_{35}COOH + CaCl_2$$

赵劲松等在实验的基础上，阐述了润滑体系对加工过程热稳定性能的影响，认为硬脂酸的存在使 PVC 加工熔体黏度降低，最大转矩和平衡转矩较小，大分子之间、大分子与螺杆和料筒之间的摩擦力降低，断链自由基减少，PVC 加工热稳定性就好。另一方面，由于熔体黏度降低，摩擦热减少，PVC 发生热分解减少，这也使 PVC 加工热稳定性变好。

增塑剂 DOP、DBP 和环氧大豆油均有提高 PVC-U 加工热稳定性能的功效。金属皂对 PVC 加工具有润滑作用，也就具有热稳定作用，在 PVC-U 加工的“中期稳定”中起关键作用。

5.2.3.6 配位络合稳定

随着稀土稳定剂的出现，出现了配位络合稳定剂理论。该理论认为，稀土元素（主要是镧、铈、镨和钕）具有从 6～12 的各种配位数，它有众多的电子轨道可作为中心离子接受配位的孤对电子；同时，稀土金属离子有较大的离子半径，与无机或有机配位体主要通过静电引力形成离子配键，与氯离子易形成稳定的络合物。因此，稀土阳离子的存在，能够有效地抑制 PVC 链上活泼氯的脱除反应（生成 HCl），从而达到稳定的目的。其化学模型可表示如下：

$$\left[CH_2 - \underset{\underset{\underset{Re}{|}}{\underset{Cl^*}{|}}}{\overset{\overset{H}{|}}{C}} \right]_n$$

这是目前国内稀土稳定剂专家的权威解释，该理论有待于进一步的实验验证。日本有人研究了氧化铈和钕化物对 PVC 的热稳定性作用，并发表了专利，认为铈和钕都是变价元素。国内稀土稳定剂多是稀土金属皂类（镧皂），一般具优良的润滑性，起润滑稳定作用。

5.2.4 稳定剂

稳定剂的选用条件如下。

① 热稳定效能高，并具有良好的光稳定性。

② 与聚氯乙烯的相容性好，挥发性小，不升华，不迁移，不冒霜，不易被水、油或溶剂抽出。

③ 有适当的润滑性，在压延成型时使制品易从滚筒剥离，不结垢。

④ 不与其他助剂反应，不被硫或铜污染。

⑤ 不降低制品的电性能及印刷性、高频焊接性和黏合性等二次加工性能。

⑥ 无毒、无臭、不污染，可以制得透明制品。

⑦ 加工使用方便，价格低廉。

5.2.4.1 碱式铅盐稳定剂

常用的碱式铅盐稳定剂见表 5-3。

■表 5-3 碱式铅盐稳定剂

名称与化学式	稳定机理	性质	适用性	毒性
三碱式硫酸铅（三盐）（TBLS）$3PbO \cdot PbSO_4 \cdot H_2O$（TBLS）	变价元素：Pb^{2+}	优良的热稳定性，电绝缘性良好，但光稳定性略逊于 DBLPP	硬板，管及注塑制品；软质电线电缆；人造革之类的软制品；泡沫制品	有毒，毒性系数$T=2$
二碱式亚磷酸铅（DBLPP）$2PbO \cdot PbHPO_3 \cdot \frac{1}{2}H_2O$	变价元素：Pb^{2+} P^{3+}	热稳定性好，耐光、耐候性优越，初期着色性小；但约 200℃变成灰黑色，用量过大有起泡之弊	特别适用于户外制品	有毒，毒性系数$T=2$，对大白鼠的经口 $LD_{50}>$ 6000mg/kg 体重
二碱式硬脂酸铅（二盐）（DBLSt）$2PbO \cdot Pb(C_{17}H_{35}COO)_2$	变价元素：Pb^{2+} 润滑稳定：$C_{17}H_{35}COO^-$	有润滑性，可改善加工流动性，但初期着色大，稳定性在碱式铅盐中是较差的，有硫化污染性	硬质挤出制品及软质制品	有毒，毒性系数$T=2$，对大白鼠的经口 $LD_{50}>6000$mg/kg 体重
二碱式邻苯二甲酸铅（DBLPt）$2PbO \cdot Pb(OOC)_2C_6H_4$	变价元素：Pb^{2+}	有良好的热稳定性和光稳定性，与邻苯二甲酸酯类增塑剂有一定相容性，但缺乏润滑性	软质制品，挤塑和压延硬质制品、泡沫塑料及糊制品，适用于高温电绝缘料（90℃和105℃级）	有毒
二碱式碳酸铅（DBLCt）$2PbO \cdot PbCO_3$	变价元素：Pb^{2+}	色白，热稳定性一般，易吸湿，200℃以上脱水	电绝缘制品，成本低	有毒

5.2.4.2 有机锡类热稳定剂

常用的有机锡类热稳定剂如表 5-4 所示。

■表 5-4 有机锡类热稳定剂

化学名称	结构式	稳定机理	性质	适用性	毒性
二月桂酸二丁基锡（DBTL）	$(C_4H_9)_2Sn(O-CO-C_{11}H_{23})_2$	变价元素：Sn^{2+} 自由基给与体：$\cdot C_4H_9$ 润滑稳定：$C_{11}H_{23}COO^-$	锡含量 19%，淡黄色透明液体，凝固点 16～23℃，折射率 1.47（25℃），稳定性好，兼具优良的润滑性，耐热性比 DBIM 差一些	硬质透明食品包装及软质无毒制品	无毒
二月桂酸二正辛基锡	$(C_8H_{17})_2Sn(O-CO-C_{11}H_{23})_2$	变价元素：Sn^{2+} 自由基给与体：$\cdot C_8H_{17}$ 润滑稳定：$C_{11}H_{23}COO^-$	锡含量 16%，黄色透明液体，折射率 1.47（25℃），热稳定性，润滑性比 DBTL 好	硬质透明食品包装及软质无毒制品	无毒

续表

化学名称	结构式	稳定机理	性质	适用性	毒性
马来酸二丁基锡（DBIM）	$(C_4H_9)_2Sn$ 与 $-O-C(=O)-CH=CH-C(=O)-O-$ 成环	变价元素：Sn^{2+} 自由基给与体：$\cdot C_4H_9$	锡含量33%～34%，熔点108～113℃，具优良的耐热性、耐候性和透明性，无硫化污染，无润滑性	尤适用于软透明制品，不降低硬制品的软化点和冲击强度	有毒，催泪性
马来酸二正辛基锡	$(C_8H_{17})_2Sn$ 与 $-O-C(=O)-CH=CH-C(=O)-O-$ 成环	变价元素：Sn^{2+} 自由基给与体：$\cdot C_8H_{17}$	锡含量25.2%～26.6%，熔点87～105℃，热稳定性优异，可在210℃下使用。透明性和光稳定性俱佳，缺乏润滑性	硬质和软质透明制品	低毒
双（马来酸单丁酯）二丁基锡	$(C_4H_9)_2Sn(O-C(=O)-R)_2$ $R=-CH=CHCOOC_4H_9$	变价元素：Sn^{2+} 自由基给与体：$\cdot C_4H_9$	锡含量21%，淡黄色透明液体，折射率1.493（20℃），其余同上	硬质和软质透明制品	低毒
双（马来酸单辛酯）二辛基锡	$(C_8H_{17})_2Sn(O-C(=O)-R)_2$ $R=-CH=CHCOOC_8H_{17}$	变价元素：Sn^{2+} 自由基给与体：$\cdot C_8H_{17}$	锡含量13.5%，淡黄色透明液体，折射率1.48（20℃），其余同上	硬质和软质透明制品	低毒
双（硫代甘醇酸异辛酯）二丁基锡	$(C_4H_9)_2Sn(SCH_2R)_2$ $R=-COOC_8H_{17}$（异）	变价元素：Sn^0 自由基给与体：$\cdot C_4H_9$ $\cdot SCH_2COOC_8H_{17}$	锡含量18.3%，无色透明液体，巯基硫含量10%，具有优良的热稳定性、透明性、相容性、热合性和印刷性，无硫化污染，初期着色性小	硬质和软质透明无毒制品	无毒，对大白鼠的经口 LD_{50} 为500mg/kg体重
双（硫代甘醇酸异辛酯）二正辛基锡	$(n\text{-}C_8H_{17})_2Sn(SCH_2R)_2$ $R=-COOC_8H_{17}$（异）	变价元素：Sn^0 自由基给与体：$\cdot C_8H_{17}$ $\cdot SCH_2COOC_8H_{17}$	锡含量16%，淡黄色透明液体，具有优良的热稳定性、透明性、相容性、热合性和印刷性，初期着色性小，无硫化污染	硬质和软质透明无毒制品	无毒

5.2.4.3 含锑稳定剂

含锑稳定剂开发较晚，目前在稳定剂中所占的份额也较少，美国用得较多。由于有机锑的毒性比有机锡还低，而且在低用量时热稳定性优于有机锡，因此锑稳定剂的发展前景很好。我国锑资源丰富，含锑稳定剂将会得到大的发展。到目前为止，已有 20 多个锑稳定剂产品问世，其主要品种见表 5-5。

■表 5-5 含锑稳定剂

化学名称	结构式	稳定机理	性能评价
月桂酸锑	$(C_{11}H_{23}COO)_3Sb$	变价元素：Sb^{3+} 润滑稳定： $C_{11}H_{23}COO^-$	较好的热稳定性
三（巯基乙酸乙酯）锑	$(C_2H_5—O—\overset{O}{\overset{\Vert}{C}}—C—S)_3Sb_4$	变价元素：Sb^0 自由基给与体： $C_2H_5—O—\overset{O}{\overset{\Vert}{C}}—C—S\cdot$	热稳定性优于月桂酸锑，在低用量时优于有机锡，在高用量时不如有机锡
三（月桂基硫醇）锑	$[CH_3—(CH_2)_{11}—S]_3Sb$	变价元素：Sb^0 自由基给与体： $CH_3—(CH_2)_{11}—S\cdot$	热稳定性优于月桂酸锑，在低用量时优于有机锡，在高用量时不如有机锡
一（巯基乙酸异辛酯）二（月桂酸硫醇）锑	$(HSC_{11}H_{23}COO)_2Sb—S—CH_2COOC_8H_{17}$	变价元素：Sb^{2+} 自由基给与体： $\cdot S—CH_2COOC_8H_{17}$	热稳定性优于月桂酸锑，在低用量时优于有机锡，在高用量时不如有机锡
双（二月桂基硫醇锑）硫醚	$(C_{11}H_{23}S)_2Sb—S—Sb—(S—C_{11}H_{23})_2$	变价元素：Sb^0 自由基给与体： $C_{11}H_{23}—S\cdot$	热稳定性优于月桂酸锑，在低用量时优于有机锡，在高用量时不如有机锡
五硫醇锑	$(R—S)_5Sb$	变价元素：Sb^0 自由基给与体： $R—S\cdot$	热稳定性优于上面的三硫醇锑

5.2.4.4 稀土稳定剂

近年来，发现稀土元素镧 La、铈 Ce、镨 Pr 和钕 Nd 的化合物对 PVC 加工具有良好的热稳定性，特别是长期稳定性，且没有铅污染。这种稳定剂在我国发展较快，在世界居领先地位。公开发表的稀土稳定剂见表 5-6。

■表 5-6　稀土稳定剂

化学名称	结构式	稳定机理	性能评价
三氯化钕	$NdCl_3$	变价元素：Nd^{3+} 络合稳定：Nd^3	复合使用效果很好
氧化钕	Nd_2O_3	变价元素：Nd^{3+} 络合稳定：Nd^3	复合使用效果很好
氢氧化钕	$Nd(OH)_3$	变价元素：Nd^{3+} 络合稳定：Nd^3	复合使用效果很好
碳酸钕	$Nd_2(CO_3)_3$	变价元素：Nd^{3+} 络合稳定：Nd^3	复合使用效果很好
软脂酸钕	$(C_{17}H_{32}COO)_3Nd$	变价元素：Nd^{3+} 润滑稳定：$C_{17}H_{32}COO^-$ 络合稳定：Nd^3	复合使用效果很好
三对-叔丁基安息香酸钕	$[CH_3-C(CH_3)_2-C_6H_4-C(=O)-O]_3Nd$	变价元素：Nd^{3+} 络合稳定：Nd^3	复合使用效果很好
含钕复合物	$Mg_{4.5}Nd_2(OH)_{13}CO_3\cdot 3H_2O$	变价元素：Nd^{3+} 络合稳定：Nd^3	
氧化铈	Ce_2O_3	变价元素：Ce^3 络合稳定：Ce^3	可用作透明制品
三月桂酸铽	$(C_{11}H_{23}COO)_3Tb$	变价元素：Tb^{3+} 络合稳定：Tb^{3+}	脱 HCl 的活化能增加
三月桂酸镝	$(C_{11}H_{23}COO)_3Dy$	变价元素：Dy^{3+} 络合稳定：Dy^{3+}	脱 HCl 的活化能增加
三月桂酸钬	$(C_{11}H_{23}COO)_3Ho$	变价元素：Ho^{3+} 络合稳定：Ho^{3+}	脱 HCl 的活化能增加
硬脂酸镧	$(C_{17}H_{35}COO)_3La$	润滑稳定：$C_{17}H_{35}COO^-$ 络合稳定：La^{3+}	国内较多使用

5.2.4.5 金属皂稳定剂

C_8～C_{18}的各类羧酸盐均可称作金属皂，具有一定的热稳定性，更具润滑性，已开发出的用于热稳定剂品种极多，重要的、有代表性的品种见表 5-7。

■表 5-7　金属皂稳定剂

化学名称	结构式	稳定机理	性能评价
硬脂酸铅（$PbSt_2$）	$(C_{17}H_{35}COO)_2Pb$	变价元素：Pb^{2+} 润滑稳定：$C_{17}H_{35}COO^-$	熔点 104～109℃，突出的润滑性和热稳定性，有硫化污染
硬脂酸锡（$SnSt_2$）	$(C_{17}H_{35}COO)_2Sn$	变价元素：Sn^{2+} 润滑稳定：$C_{17}H_{35}COO^-$	无毒，PVC 的辅助稳定剂和润滑剂
硬脂酸镉（$CdSt_2$）	$(C_{17}H_{35}COO)_2Cd$	螯合稳定：$Cd\langle O_2\rangle C-R$（Cd 与两个 O 螯合于 C—R） 润滑稳定：$C_{17}H_{35}COO^-$	螯合型金属皂，熔点 100～110℃，具有相当润滑性，与离子型金属皂如 $BaSt_2$ 协同效应好，组成钡镉复合稳定剂

续表

化学名称	结构式	稳定机理	性能评价
蓖麻油酸镉	Cd（$OOCHOC_{17}H_{35}$）$_2$	螯合稳定：Cd(O)(O)C—R 润滑稳定：蓖麻油酸根	熔点 90～104℃，其余同上
月桂酸镉	（$C_{11}H_{23}COO$）$_2$Cd	螯合稳定：Cd(O)(O)C—R 润滑稳定：$C_{11}H_{23}COO^-$	熔点 94～102℃，其余同上
硬脂酸钡（$BaSt_2$）	（$C_{17}H_{35}COO$）$_2$Ba	润滑稳定：$C_{17}H_{35}COO^-$	离子型金属皂，熔点＞220℃，优良的润滑性，与螯合型金属皂如 $CdSt_2$ 协同效应好
蓖麻油酸钡	Ba（$OOCHOC_{17}H_{35}$）$_2$	润滑稳定：蓖麻油酸根	熔点 116～124℃，其余同上
月桂酸钡	（$C_{11}H_{23}COO$）$_2$Ba	润滑稳定：$C_{11}H_{23}COO^-$	熔点＞230℃，其余同上
硬脂酸钙（$CaSt_2$）	（$C_{17}H_{35}COO$）$_2$Ca	润滑稳定：$C_{17}H_{35}COO^-$	离子型金属皂，熔点 150～155℃，优良的润滑性，与螯合型金属皂如 $ZnSt_2$ 协同效应好，无毒
月桂酸钙	（$C_{11}H_{23}COO$）$_2$Ca	润滑稳定：$C_{11}H_{23}COO^-$	熔点 150～158℃，其余同上
硬脂酸锌（$ZnSt_2$）	（$C_{17}H_{35}COO$）$_2$Zn	螯合稳定：Zn(O)(O)C—R 润滑稳定：$C_{17}H_{35}COO^-$	螯合型金属皂，熔点 118～125℃，润滑性好，与离子型金属皂如 $CaSt_2$ 和 $BaSt_2$ 协同效应，组成钙锌和钡锌复合稳定剂，无毒
月桂酸锌	（$C_{11}H_{23}COO$）$_2$Zn	螯合稳定：Zn(O)(O)C—R 润滑稳定：$C_{11}H_{23}COO^-$	熔点 110～120℃，其余与硬脂酸锌相同

5.2.4.6 有机化合物稳定剂

前述 5 类稳定剂均属于含金属的稳定剂，称为元素稳定剂。下面将介绍含 O、N、P、S 的有机化合物稳定剂。这类稳定剂有的属于热稳定剂，有的属于光稳定剂，有的属于抗氧剂。如前所述，这三类稳定剂的稳定机理相同，而且实验和文献报道表明，热稳定剂加多了，也能起到抗氧和光稳定作用，制品照样有好的耐候性。本书将不专门介绍光稳定剂和抗氧剂，而与热稳定剂一起进行讨论。

(1) 环氧稳定剂 常用的环氧化合物稳定剂见表 5-8。

■表 5-8 环氧化合物稳定剂

化学名称	结构式	稳定机理	性能评价
环氧大豆油	$CH_2—O—C(=O)—R—CH—CH—R^1$（CH—CH 间以 O 桥连成环氧） $CH—O—C(=O)—R—CH—CH—R^1$（CH—CH 间以 O 桥连成环氧） $CH_2—O—C(=O)—R—CH—CH—R^1$（CH—CH 间以 O 桥连成环氧）	自由基给与体：—CH—CH—（以 O 桥连成环氧） 润滑稳定：属于增塑剂，具有润滑性	良好的热稳定性及光稳定性，属于辅助热稳定剂
环氧硬脂酸丁酯	$C_8H_{17}CH—CH(CH_2)_7COOC_4H_9$（CH—CH 间以 O 桥连成环氧）	自由基给与体：—CH—CH—（以 O 桥连成环氧） 润滑稳定：属于增塑剂，具有润滑性	良好的热稳定性及光稳定性，属于辅助热稳定剂
环氧大豆油（2-乙基己）酯	$C_5H_{11}CH—CHCH_2CH—CH$（两处 CH—CH 间以 O 桥连成环氧） $C_4H_9—CH(C_2H_5)—CH_2—O—C(=O)—(CH_2)_7$—	自由基给与体：—CH—CH—（以 O 桥连成环氧） 润滑稳定：属于增塑剂，具有润滑性	良好的热稳定性及光稳定性，属于辅助热稳定剂

(2) 含 N、P、S 的有机化合物稳定剂 常用的含 N、P、S 的有机化合物稳定剂见表 5-9。

■表 5-9 含 N、P、S 的有机化合物稳定剂

化学名称	结构式	稳定机理	稳定作用类型	性能评价
二苯基硫脲	$C_6H_5—NH—C(=S)—NH—C_6H_5$	自由基给与体：N—H	热稳定剂	热稳定性优良，长期热稳定性好，初期着色性差，透明性好，电气性能好
二[丙烯酸月桂酯]硫醚	$[C_{12}H_{25}O—C(=O)—CH_2—CH_2]_2S$	自由基给与体：C—S	热稳定剂	热稳定效能好，辅助抗氧剂
巯基乙酸戊酯	$C_5H_{11}O—C(=O)—CH_2—SH$	自由基给与体：S—H	热稳定剂	
2-巯基苯并咪唑	（苯并咪唑环，2位 C—SH，1位 N—H）	自由基给与体：S—H 仲氨基氢（N—H）	热稳定剂	热氧稳定效能高

续表

化学名称	结构式	稳定机理	稳定作用类型	性能评价
2-苯基吲哚	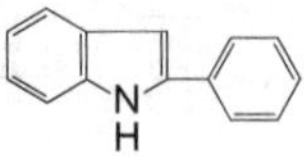 N H	自由基给与体：H N 仲氨基氢	热稳定剂	受光照后会变色
草酰胺	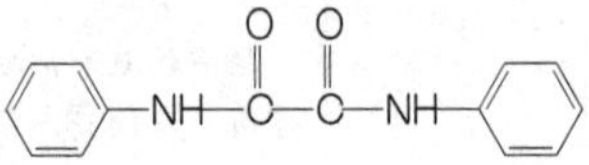 O O NH—C—C—NH	自由基给与体：H N 仲氨基氢	抗氧剂	
亚磷酸三苯酯	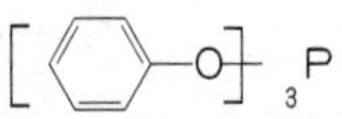 [—O—]$_3$P	变价元素：P^{3+}	抗氧剂	辅助抗氧剂，并具有光稳定效果
六甲基磷酰三胺	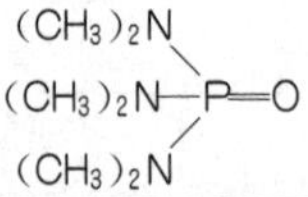 $(CH_3)_2N$ $(CH_3)_2N—P=O$ $(CH_3)_2N$	自由基给与体：$\cdot CH_3$	光稳定剂	PVC 高效耐候剂

(3) 酚类化合物稳定剂 常用的酚类化合物稳定剂如表 5-10 所示。

■表 5-10 酚类化合物稳定剂

化学名称	结构式	稳定机理	稳定作用类型	性能评价
联苯酚	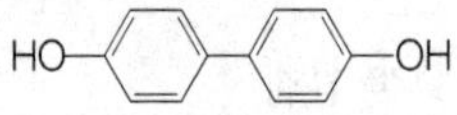 HO— —OH	自由基给与体：苯环 β-位 O—H	抗氧剂	热氧稳定效能高
双酚 A	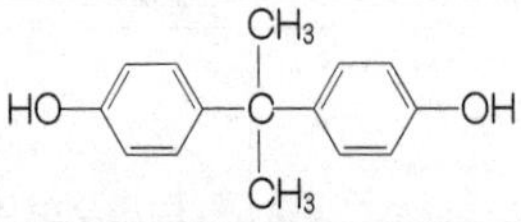 CH_3 HO— —C— —OH CH_3	自由基给与体：苯环 β-位 O—H	抗氧剂	抗氧性、热稳定性好
3，6-二叔丁基苯酚	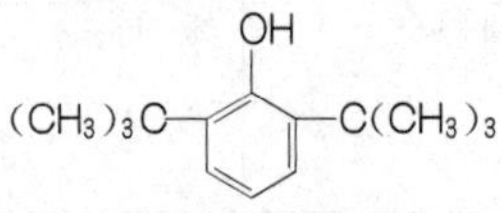 OH $(CH_3)_3C$— —$C(CH_3)_3$	自由基给与体：苯环 β-位 O—H	抗氧剂	
2，2-亚甲基双（4-甲基-6-叔丁基苯酚）	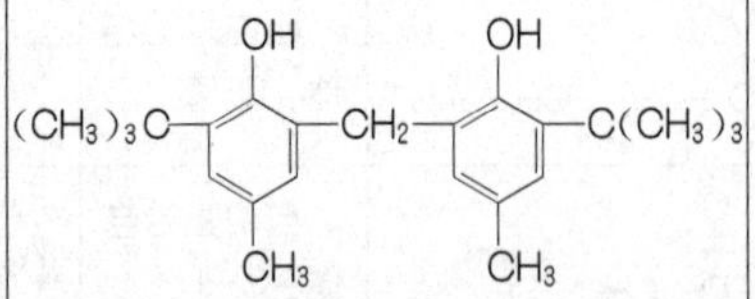 OH OH $(CH_3)_3C$— —CH_2— —$C(CH_3)_3$ CH_3 CH_3	自由基给与体：苯环 β-位 O—H；苯环 β-位次甲基氢 —CH_2—	抗氧剂	热氧稳定性高
4，4-硫代双（6-叔丁基 3-甲基苯酚）	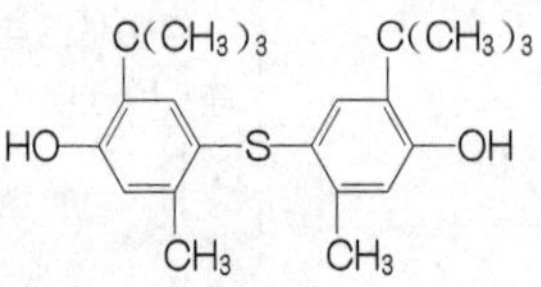 $C(CH_3)_3$ $C(CH_3)_3$ HO— —S— —OH CH_3 CH_3	自由基给与体：苯环 β-位 O—H；C—S	抗氧剂	耐热性和耐候性优良

续表

化学名称	结构式	稳定机理	稳定作用类型	性能评价
水杨酸苯酯	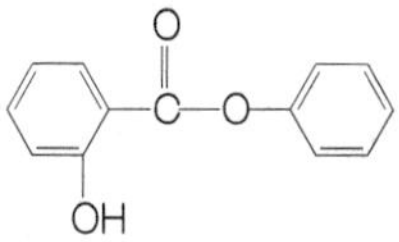	自由基给与体：苯环 β-位 O—H	紫外线吸收剂	
1-羟基-3-甲基-4-异丙基苯	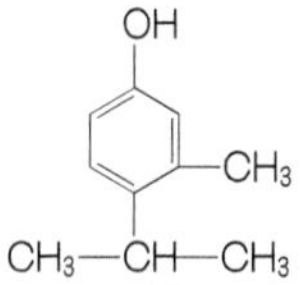 CH_3—CH—CH_3	自由基给与体：苯环 β-位 O—H 苯环 β-位叔氢 C—H	抗氧剂	良好的热氧稳定性、光稳定性

(4) **酮类化合物稳定剂** 酮类稳定剂包括 β-二酮类和二苯甲酮两大类，前者属于热稳定剂，可明显减少制品的初期着色性能，后者则属于光氧稳定剂，能吸收紫外线。已开发的酮类稳定剂有很多，现仅举例列于表 5-11 中。

■表 5-11 酮类化合物稳定剂

化学名称	结构式	稳定机理	稳定作用类型	性能评价
硬脂酰苯甲酰甲烷	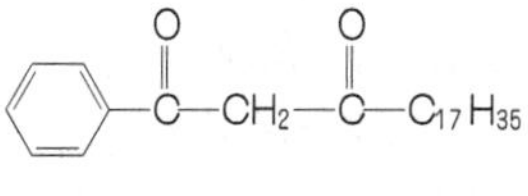 —C(=O)—CH_2—C(=O)—$C_{17}H_{35}$	自由基给与体：共轭体系 β-位次甲基氢—CH_2—	辅助热稳定剂	
双苯甲酰甲烷	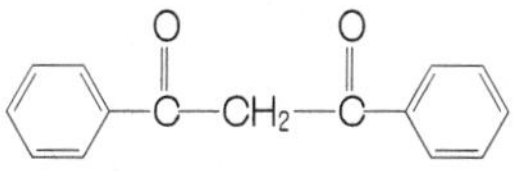 —C(=O)—CH_2—C(=O)—	自由基给与体：共轭体系 β-位次甲基氢—CH_2—	辅助热稳定剂	
苯甲酰异丁酰甲烷	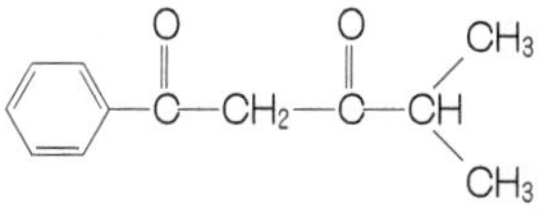 —C(=O)—CH_2—C(=O)—CH(CH_3)CH_3	自由基给与体：共轭体系 β-位次甲基氢—CH_2—	辅助热稳定剂	
2-羟基-4-甲氧基二苯甲酮（UV-9）	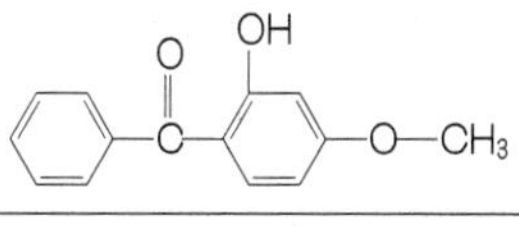 OH, O—CH_3	自由基给与体：共轭体系上的酚羟基 O—H	紫外线吸收剂	几乎不吸收可见光，适用于浅色透明制品
2，2′-二羟基-4-甲氧基二苯甲酮（UV-24）	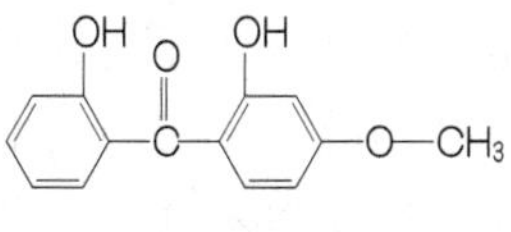 OH, OH, O—CH_3	自由基给与体：共轭体系上的酚羟基 O—H	紫外线吸收剂	对波长 330～370 nm 有吸收作用，缺点是吸收部分可见光，制品稍显黄色

5.2.4.7 辅助稳定剂

单一的螯合型金属皂和离子型金属皂的简单搭配效果并不佳，为了提高使用效果并达到饮用水管所需的稳定剂水平，往往要加入一些辅助稳定剂，最常用的辅助稳定剂有：①β-二酮，稳定机理同于酮类化合物稳定剂；②水滑石；③多元醇，如季戊四醇；④抗氧剂；⑤无机亚磷酸盐；⑥亚磷酸酯；⑦微晶硅酸钙；⑧氢氧化镁；⑨沸石；⑩片钠铝石；⑪γ-羟烷基聚有机硅氧烷的稳定剂，其结构式为：

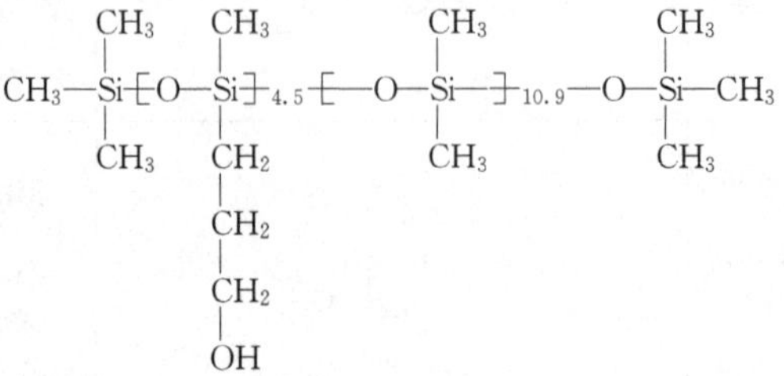

$$CH_3-\underset{CH_3}{\overset{CH_3}{|}}{Si}-\!\!\left[O-\underset{CH_2CH_2CH_2OH}{\overset{CH_3}{|}}{Si}\right]_{4.5}\!\!\left[-O-\underset{CH_3}{\overset{CH_3}{|}}{Si}-\right]_{10.9}\!\!-O-\underset{CH_3}{\overset{CH_3}{|}}{Si}-CH_3$$

该稳定剂属于自由基给予体，式中，Si—CH_3 键很易裂解生成 $CH_3^{\bullet}$ 自由基，并参与稳定化反应，每分子可分裂出 32.3 个 $CH_3^{\bullet}$ 自由基，这是一个多自由基的自由基给予体。

5.3 增塑剂及塑化机理

尽管硬质聚氯乙烯在应用领域占有较大份额，但是增塑聚氯乙烯的加工成型技术和制品应用的研究都有重要的意义，它一方面使聚氯乙烯能在硬-半硬-软制品及弹性体方面获得多姿多彩的广泛应用，另一方面也拓宽了聚氯乙烯的应用领域，促进了聚氯乙烯加工技术的发展。聚氯乙烯的增塑剂、增塑技术和增塑理论已成为聚氯乙烯应用技术和加工技术的重要内容。

增塑剂能使树脂产生可塑性、柔韧性或膨胀性；降低热熔融温度，改进流动性，降低加工温度。在增塑浓度范围内降低模量、强度、硬度、玻璃化温度和脆化温度，提高冲击韧性；在反增塑范围内，则增加模量、硬度、拉伸强度及脆性。

5.3.1 增塑机理

5.3.1.1 增塑剂的作用

增塑剂的作用就在于削弱聚合物分子间的作用力，从而降低软化温度、熔融温度和玻璃化温度，减小熔体的黏度，提高其流动性，改善聚合物的加工性和制品的柔韧性。关于增塑剂如何产生增塑效果的问题经逾四十年的研究，不同研究者提出了不少机理，至今尚无统一。但一般认为增塑剂以如下三种方式插入到聚合物大分子之间，从而削弱了分子间的作用力。

(1) 隔离作用 增塑剂介于大分子之间，增大其间的距离，从而削弱大分子间的作用力。常用于解释非极性增塑剂加入到非极性聚合物中产生的增塑作用。

(2) 屏蔽作用 增塑剂的非极性部分遮蔽聚合物的极性基，使相邻聚合物分子的极性基不发生作用。

(3) 偶合作用 增塑剂的极性基团与聚合物分子的极性基团偶合，破坏原来聚合物分子间的极性联结，从而削弱其作用力。

简单地说，增塑剂对高聚物有溶剂化作用，遵从溶解度参数相同或相近原理。非极性增塑剂对非极性高聚物的溶剂化（隔离作用），极性溶剂对极性高聚物的溶剂化（偶合作用），使增塑剂插入到聚合物大分子之间，产生了隔离作用，削弱了大分子之间的作用力，从而增塑。

5.3.1.2 增塑剂的相容性、增塑效率及耐久性

(1) 相容性 相容性是增塑剂与PVC树脂相互掺混的难易程度及掺混物热力学稳定性的量度。如果相容性不好，随时间推移掺混体系就会产生相互分离，出现渗出、喷霜等现象。所以相容性是PVC树脂选用增塑剂首先应考虑的因素，也是最重要的一个基本条件。

表征增塑剂与聚氯乙烯树脂相容性最常用的方法是溶解度参数法。根据热力学原理，两种物质（树脂与增塑剂）的溶解度参数相近时（其差距在1.0以内），可以彼此相容。溶解度参数（δ）的定义为：

$$\delta^2=(\Delta H_V-RT)/V=(\Delta H-RT)d/M=\mathrm{CED}$$

式中 ΔH_V——摩尔蒸发能；

V——摩尔体积；

d——蒸气密度；

M——分子量；

R——气体常数；

T——热力学温度；

CED——内聚能密度。

各种增塑剂的溶解度参数列于表5-12中。

■表5-12 常用增塑剂溶解度参数、介电常数及相互作用参数值①

增塑剂	代用符号	溶解度参数 δ /$(4.18\mathrm{J/cm^3})^{1/2}$	介电常数 ε②	相互作用参数 X
邻苯二甲酸酯类				
邻苯二甲酸二甲酯	DMP	8.8～10.5	8.25(25℃)	0.52
邻苯二甲酸二乙酯	DEP	8.9～9.9	7.56(25℃)	0.34
邻苯二甲酸二丁酯	DBP	8.3～9.1	6.12(25℃)	−0.05
邻苯二甲酸二正辛酯	DnOP	—	—	—
邻苯二甲酸二乙基己酯	DOP	7.3～8.8	5.18(25℃)	—
邻苯二甲酸二异辛酯	DIOP	—	4.9(25℃)	—
邻苯二甲酸二正癸酯	DnDP	8.8	—	0.19
邻苯二甲酸二异癸酯	DIDP	7.2～8.2	4.46(25℃)	—
邻苯二甲酸丁苄酯	DBBP	7.6～8.9	6.41(25℃)	0.10

续表

增塑剂	代用符号	溶解度参数 δ /(4.18J/cm^3)$^{1/2}$	介电常数 ε②	相互作用参数 X
脂肪族二元酸酯类				
己二酸二乙基己酯	DOA	8.6	4.13（25℃）	0.28
己二酸二异癸酯	DIDA	—	3.74（25℃）	—
壬二酸二乙基己酯	DOZ	—	4.04（25℃）	—
癸二酸二丁酯	DBS	—	4.92（25℃）	—
癸二酸二乙基己酯	DOS	8.6	3.8（25℃）	0.53
磷酸酯类				
磷酸三丁酯	TBP	—	7.95（30℃）	−0.55
磷酸三乙基己酯	TOP	—	5.14	−0.30
磷酸二苯辛酯	DPOP	9.2	7.60（25℃）	−0.35
磷酸三甲酚酯	TCP	8.4～9.9	7.20（25℃）	0.38
环氧系类				
环氧大豆油	ESO	—	5.47（25℃）	—
脂肪酸酯类				
硬脂酸丁酯		—	3.11（25℃）	>1
油酸丁酯		—	4.0（25℃）	>1

① 聚氯乙烯（PVC）溶解度参数为约 9.7，介电常数为 3.0～3.3。

② 10kHz，25℃时测定。

由于聚氯乙烯树脂的溶解度参数 δ 为 9.7，根据相似相溶原则，凡溶解度参数 δ 在 8.7～10.7 之间的增塑剂，应能与 PVC 树脂有较好的相容性（但也有例外的情况）。

Small 提出了如下方程用于计算 δ 值：$EV=(\sum F)^2$、$CED=(\sum F)^2/V$ 和 $\delta=\sum E/V$。方程式中 F 是可加和的常数，称为“摩尔吸引常数”（也称为 Small 常数）。表 5-13 列出了几种官能团的摩尔吸引常数 F。

■表 5-13　几种官能团对应的摩尔吸引常数

官能团	F	官能团	F	官能团	F	官能团	F
$-CH_3$	214	$-CH=$	111	CO	275	$-\overset{\vert}{C}F_2$	150
$-CH_2-$	133	$CH\equiv C-$	285	$-COO-$	310	$-S-$	225
$-\underset{\vert}{\overset{\vert}{C}}H$	28	$-C\equiv C-$	222	$-CN$	410	$-SH-$	315
$-\underset{\vert}{\overset{\vert}{C}}-$	−93	$-C_6H_5$	735	$-Cl$	270	$-ONO_2$	440
$=CH_2$	190	$-C_6H_4-$	658	$-Br$	340	$O=P(-O-)_3$	约 500
$>C=$	19	$-O-$	70	$-I$	425	$-N-$	约 600

对许多增塑剂，特别是对物理数据还不完善的新的增塑剂，利用 Small 设计的方法估算 δ 非常有效。对于没有氢键的非极性化合物，估算值与实测的溶解度参数值非常一致，而当官能团的极性增加时，Small 常数很难测定。对于低分子量的增塑剂，应用 Small 方法很方便，而对于聚合物来说，因为没有一个完整的分子单元，就需要找一个认为是“分子”的重复单元进行计算。图 5-3 是利用 Small 方法计算增塑剂苯二甲酸丁苄酯（BBP）和 PVC 树脂的溶解度参数的例子。

增塑剂和溶剂	聚合物
苯二甲酸丁苄酯 相对分子质量 312.4 密度 1.12 F $1CH_3$ 214 $4CH_2$ 532 1苯基 735 1亚苯基 658 2COO 620 $\sum F=2759$ $\delta=\dfrac{2759}{312.4/1.12}=9.88$	$\left[CH_2-CH(Cl) \right]_n$ PVC重复单元 单元重量 62.5 聚合物密度 1.4 F $1CH_2$ 133 1CH 28 1Cl 270 $\sum F=431$ $\delta=\dfrac{431}{62.5/1.4}=9.66$

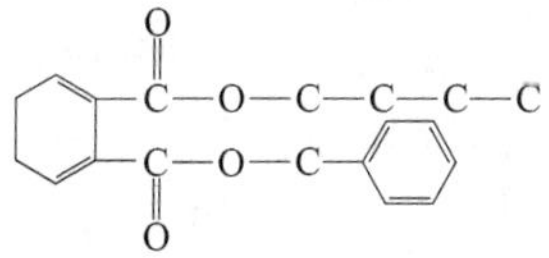

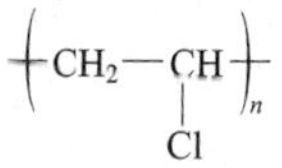

■图 5-3 溶解度参数的计算例

由图 5-3 可见，两者的溶解度参数相近，说明能够相容。聚合型增塑剂的溶解度参数可能介于单体型增塑剂和聚合物之间。对于分子量低、连接得紧密的增塑剂，用 Small 方法可得到很近似的溶解度参数；而对于分子量较大、分子伸展的增塑剂，利用 Small 方法计算得到的 δ 值误差较大。

虽然 Wall 等人对其他测定方法进行了补充和修改，但因为在许多文献中都载有 Small 方法的数据，而且该法已经普遍用于高分子量增塑剂（包括聚合型增塑剂）和聚合物 δ 值的近似计算，因此 Small 方法仍然是比较可信的方法。

(2) 增塑效率 加有增塑剂的树脂制成的制品要比不加增塑剂的富有柔软性。各种增塑剂对树脂的柔软度改善程度不一样，一般使用增塑效率来评定。评定时，通常以 100 份树脂加 50 份 DOP 制成的聚氯乙烯制品的模数和刚性作为标准，随后就另用其他增塑剂来增塑 PVC 而使其达到标准试样的模数和刚性，此时所耗用其他增塑剂的份数与 DOP 用量的比值即称为增塑效率比值。为便于比较，将 DOP 的增塑效率定为 100，而其他常用增塑剂的增塑效率比值列于表 5-14。

■表 5-14 常用增塑剂的增塑效率比值

增塑剂	增塑效率比值	增塑剂	增塑效率比值
乙酰蓖麻油酸丁酯（BAR）	94	癸二酸二乙基己酯（DOS）	101
邻苯二甲酸二丁酯（DBP）	95	磷酸三乙基己酯（TOP）	101
己二酸二乙基己酯（DOA）	98	邻苯二甲酸二异辛酯（DIOP）	103
邻苯二甲酸二正辛酯（DnOP）	99	环氧大豆油（ESBO）	105
邻苯二甲酸二乙基己酯（DOP）	100	磷酸三甲酚酯（TCP）	105
壬二酸二乙基己酯（DOZ）	100	烷基磺酸苯酯	105
聚己二酸丙二醇酯（PPL）	102	氯化石蜡（含氯量 40%）（CP）	116

可以看出，增塑剂的增塑效率是一个相对值，其值愈小表明该增塑剂对PVC 的塑化效率愈高。通常分子量较低和具有线型烷烃链结构的增塑剂塑化效率较高；而分子量较高、分子结构紧密和极性大、支链和环状结构含量多的增塑剂塑化效率较低。可根据制品性能、用途和使用条件，从增塑效率比值选用一种合适的增塑剂或选用两种以上增塑剂配合使用以获得预期效果。

(3) 增塑剂在制品中的存留性 PVC 中的增塑剂常会由于挥发、迁移、抽出等原因而减少，以致使制品变硬，同时对力学性能也会有一定影响。增塑剂减少愈多，对制品的性能影响愈大。增塑剂从 PVC 制品中减少的性质称为留存性或耐久性。

增塑剂的挥发性是指增塑剂直接从制品中气化逸散倾向的大小，并导致制品中增塑剂含量逐渐减少的性质。软质 PVC 中，增塑剂的挥发性与其分子量、分子结构和性质，以及与所处环境温度有关。通常，增塑剂从制品中挥发出来的速率与温度及其蒸气压有关。随温度升高，增塑剂的分子热运动活跃，挥发速率增加。在同样温度下，增塑剂的蒸气压越低，则加热失重越小。另一方面，随增塑剂分子量增加或分子中侧基和芳环结构的增多，增塑剂的挥发性也降低。

耐抽出性是指增塑剂从制品中向与之接触的液体介质中扩散、迁移而损失的性质。增塑剂的耐抽出性既与其自身结构、性质和分子量有关，也与所接触的液体介质性质有关。通常，大多数增塑剂均有较好的耐水性，含有长烷烃结构的增塑剂具有更好的耐水性，而极性增塑剂，尤以含芳环基、酯基多的极性增塑剂及高分子量聚酯增塑剂有较好的耐油性和耐溶剂性。

增塑 PVC 制品在与某些性质相近固体物质接触时，增塑剂通过接触表面向与之接触的固体物质中渗透、扩散的行为成为迁移性。通常单体型和分子量较低的液体增塑剂较之聚合型增塑剂和固体增塑剂有较大的迁移性。

5.3.2 增塑剂

5.3.2.1 增塑剂的选用条件

① 与 PVC 树脂有良好的相容性，有利于获得结构与品质稳定的 PVC 制品。

② 对PVC树脂有高的塑化效率，能以最少的增塑剂用量获得最合理塑化加工条件和最佳的柔软制品。

③ 在PVC制品中有良好的耐久性和存留性，包括低的挥发性，对油剂、有机溶剂和水等的耐抽水性，对性质相似固体物质的低的耐迁移性等。

④ 较高的热稳定性，能赋予PVC掺混物良好的加工性。

⑤ 良好的耐候性和对环境作用的稳定性，包括热稳定性、耐霉菌性和对辐照（射）的化学稳定性等。

⑥ 能满足用途所需的特效性，如电绝缘性、阻燃性、难燃性和耐寒性等。

⑦ 无味、无嗅、无色、无毒和无污染性。

⑧ 容易获得，价格低廉。

5.3.2.2 增塑剂品种及特性

常用主增塑剂特性如表5-15，常用辅助增塑剂特性如表5-16。

■表5-15 常用主增塑剂特性

增塑剂名称		代号	物态及凝固点/℃	相对分子质量	沸点/℃	折射率 n_d	特性	主要用途
邻苯二甲酸酯类	邻苯二甲酸二丁酯	DBP	无色透明液体 −35	278	340℃/101kPa	1.4921（20℃）	与树脂相容性好，增塑效率高，加工性好，价廉；但挥发性，热损耗及水抽出性均大，可与部分氯化石蜡混用	人造革 鞋类
	邻苯二甲酸二异丁酯	DIBP	无色透明液体 −50	278	327℃/101kPa	1.4921（20℃）	相容性好，价廉，对植物有害，挥发性和水抽出性比DBP大	鞋类 日用品
	邻苯二甲酸二庚酯	DHP	无色透明油状液体 −46	363	235℃/1.33kPa	1.485（25℃）	加工性好，价廉，挥发性较大	日用品 人造革
	邻苯二甲酸二辛酯	DOP	无色透明油状液体 −55	391	386.9℃/101kPa	1.485（25℃）	相容性好，挥发及水抽出性低，电绝缘性优良，毒性低微，综合性能优良；单独使用时耐寒性差	日用品 工业品
	邻苯二甲酸二正辛酯	DnOP	无色油状液 −25	391	220～248℃/0.53kPa	1.485（25℃）	耐寒性好，挥发性小，光稳定性及增塑糊黏度稳定性好	农用薄膜 线缆 糊制品
	邻苯二甲酸二异辛酯	DIOP	无色黏稠液 −45	391	231℃/0.67kPa	1.486（25℃）	绝缘性和耐油性好，毒性小；但耐寒性和耐热性差	线缆 人造革

续表

增塑剂名称		代号	物态及凝固点/℃	相对分子质量	沸点/℃	折射率 n_d	特性	主要用途
邻苯二甲酸酯类	邻苯二甲酸二仲辛酯	DCP	无色黏稠液		229℃/0.6kPa	1.480（25℃）	耐候性稍优于DOP，热稳定性差，耐油及汽油抽出性比DOP差	—
	邻苯二甲酸二环己酯	DCHP	浅黄色油状液 58～65	330	212～218℃/0.67kPa	1.4828（35℃）	耐久性和耐油性好，但耐寒性和柔软性差	包装材料
	邻苯二甲酸二壬酯	DNP	无色液体	419	230～238℃/0.67kPa	1.484～1.486（20℃）	绝缘性好，低挥发迁移性，耐水性好，但耐寒性差，塑化效率低	线缆 板材
	邻苯二甲酸二异癸酯	DDP	黏稠液体 −37	447	356～420℃/101kPa	1.483（25℃）	绝缘性和耐久性好，水抽出和挥发性小；但耐寒性差，增塑效率低	线缆 人造革
	邻苯二甲酸丁苄酯	BBP	无色油状液 −40	312	370℃/101kPa	1.536（25℃）	耐油性及加工性能好，但耐寒性差	地板 涂料
	丁基邻苯二甲酰基羟乙酸丁酯	BPBG	透明油状液 −35	336	215℃/0.67kPa	1.49（25℃）	无毒，相容性好，光、热稳定性和耐油性好，但水抽出性和挥发性较大，价贵	食品包装 医药器械 包装
	邻苯二甲酸十二酯	BLP			210～220℃/0.67kPa		耐寒性好	
磷酸酯类	磷酸三甲酚酯	TCP	无色液体 −35	368	349℃/101kPa	1.439（25℃）	相容性好，阻燃，防霉，耐候，耐磨，耐辐射，耐水和耐寒性均好；有毒，低温性差	线缆 地板 运输带
	磷酸三辛酯	TOP	无色液体 −70	435	216℃/0.53kPa	1.441（25℃）	低挥发性，耐寒，耐霉菌性，耐燃及耐久性俱佳；但塑化效率及热稳定性差，耐热性不及TCP	线缆 雨衣
	磷酸三苯酯	TPP	白色针状结晶 48.5	326	370℃/101kPa		耐候性好，耐燃性好，耐污染性差	PVC 涂料
	磷酸三氯乙酯	TCEP					耐燃性好，耐寒性差	

■表 5-16　常用辅助增塑剂特性

类别	增塑剂名称	代号	物态及凝固点/℃	相对分子质量	沸点/℃	特性	主要用途
脂肪族二元酸酯类	癸二酸二丁酯	DBS	无色液体 -11	314	319℃/48kPa	耐寒性和手感滑爽性好，无嗅，无毒；但水抽出性，挥发性，耐油性及相容性差	耐寒制品
	癸二酸二乙基己酯（癸二酸二辛酯）	DOS	无色油状液 -60	426	270℃/0.53kPa	耐寒性和电绝缘性好，低挥发性，黏度小；但相容性，耐油性，迁移性均差，易被霉菌侵蚀，价贵	电缆耐寒薄膜
	己二酸二乙基己酯（己二酸二辛酯）	DOA	无色油状液 -60	370	210℃/0.67kPa	耐寒，耐候及糊稳定性好；但耐油及相容性差	糊制品人造革
	己二酸二异辛酯	DIOA	无色透明液	426	215～220℃/0.53 kPa	耐寒及光稳定性均好。挥发性低，水抽出性小；但耐油及相容性差	耐寒辅助增塑剂
	壬二酸二乙基己酯（壬二酸二辛酯）	DOZ				相容性差	
环氧酯类	环氧大豆油	ESO	淡黄油状 2	约 1000	150℃/0.53 kPa	性能与 DOA 相似，无毒，但由于含有环氧基，兼有稳定作用；耐油及相容性差	耐热性及无毒制品
	环氧油酸丁酯	EBO	淡黄透明液	约 350		耐热，耐候，耐寒和相容性好；但挥发性大，点绝缘性差，不能单独使用	耐寒性制品
	环氧硬脂酸丁酯	EBST	-5	约 350		热稳定性和耐寒性好；耐久性和相容性差	耐寒性制品
	环氧硬脂酸二乙基己酯（环氧硬脂酸辛酯）	EOST	淡绿色油状液 -5		240℃/0.27kPa	热稳定性及低温性好，挥发性低，耐久性好；相容性差，易凝胶	透明及耐热或耐低温制品

续表

	增塑剂名称	代号	物态及凝固点/℃	相对分子质量	沸点/℃	特性	主要用途
其他	氯化石蜡[1]		淡黄色黏稠液	400～530		绝缘及阻燃性好，价廉，挥发性小；相容性差，耐寒性差，延伸率低，增塑效率及热稳定性差	阻燃制品辅助增塑剂
	烷基磺酸苯酯	M50或T50	淡黄透明油状液			相容性，绝缘性，光稳定，耐候性等均好，热损失小，凝胶速率低；耐水抽出性差，耐寒性比DOP差	辅助增塑剂
	乙二醇 $C_5 \sim C_9$ 脂肪酸酯				190～260℃/0.67kPa	耐寒性好，但不及DOS；加工时有臭味，焊接性，水抽出性，加热损耗均差	
	癸二酸丙二醇酯					低温柔软，挥发性低，迁移性小	
	聚己二酸-缩乙二醇酯			2000～8000		耐汽油性，耐久性好，有较好的增塑效率；相容性差，价贵	食品包装材料辅助增塑剂

① 含氯量≥42%。

5.4 润滑剂及润滑机理

聚氯乙烯树脂是性能优良的通用高分子材料，其制品已广泛应用于各行各业，正不断地取代传统的木材和金属制品，有着广阔的发展前途。硬PVC因在高温下进行加工，故极易造成分解；另外，物料熔融时熔体的黏度大，物料流动性差，给加工带来了困难。为改善其加工性能，PVC成型加工时必须加入一些助剂，如稳定剂、增塑剂、润滑剂等。作为添加助剂之一的润滑剂虽然其所用量不大，却是硬PVC塑料加工中不可缺少的助剂，润滑剂的选择往往与主稳定剂一样同等的重要。

润滑剂是能减少聚合物熔体内部及聚合物熔体与加工设备金属表面的摩擦力及黏附性，能调节树脂塑化速率、提高设备的生产强度并改善制品的性能的加工助剂。本节着重介绍润滑剂的结构与分类、功能与机理、品种与性能。

5.4.1 润滑剂的分类

润滑剂按其功能可分为内润滑剂和外润滑剂。外润滑剂在PVC加工中起一种界面润滑作用，它与树脂的相容性有限，加工时易从树脂熔体的内部迁移到表面，形成润滑剂分子层。内润滑剂与树脂之间具有较大的相容性。但是这种分类只是对润滑剂功能的定性描述，事实上两者之间并无严格的界限，一种润滑剂往往同时兼备内、外两种润滑性能，只是侧重程度不同而已。可见，润滑剂的润滑作用主要取决于润滑剂与树脂相容性，而相容性又与其极性的大小有关，最终取决于润滑剂的极性基团的极性和长链烷烃长度的比值，即化学结构决定了润滑剂的作用方式及其功能。表 5-17 列出了不同类型 PVC 润滑剂的结构、极性基团及润滑行为。图 5-4 是常用润滑剂在 PVC 制品中的润滑特性。

■表 5-17　PVC 用润滑剂的分类

润滑行为	化合物类型	极性基团
内润滑剂	硬脂酸单甘酯（GMS） 脂肪醇 脂肪酸 皂类，如硬脂酸钙	O=C(RO)—C_{14}～C_{16}链 HO—C_{14}～C_{16}链 O=C(HO)—C_{14}～C_{16}链 C_{14}～C_{16}—O—Ca—O—C_{14}～C_{16}链 极性中心
界于内、外润滑剂之间	合成脂肪酸与钙的部分皂化物（WaxGL-3） 长链褐煤蜡酸酯类（Wax OP）	C_{26}～C_{30}链 皂和酯基极性中心 C_{26}～C_{30}链 C_{26}～C_{30}链 酯基极性中心 C_{26}～C_{30}链
外润滑剂	长链褐煤蜡 烯烃蜡 聚乙烯蜡 亚乙基双硬酯酰胺（ERS）	O=C(HO)—长链 C_{30}～C_{32} 短支链 直长链 带少数支链的长链 C_{18}～C_{20}链 酰氨基极性中心 C_{18}～C_{18}链

5.4.2 润滑剂的作用机理

在 PVC 加工成型过程中，由于影响因素很多而且复杂，润滑剂的功能和作用随加工过程的不同而变化，而且在加工各阶段的润滑行为目前尚不能完全表征，因此润滑剂的作用机理至今还没有形成完整、成熟的理论，但是较常用的润滑作用解释是内、外润滑作用原理。虽然把润滑剂分为内、外润滑剂不太确切，但给 PVC 加工工作者带来许多方便，因而是一种通用分类方法。实际上，没有一种润滑是单纯内润滑或外润滑，说某种润滑剂是内润

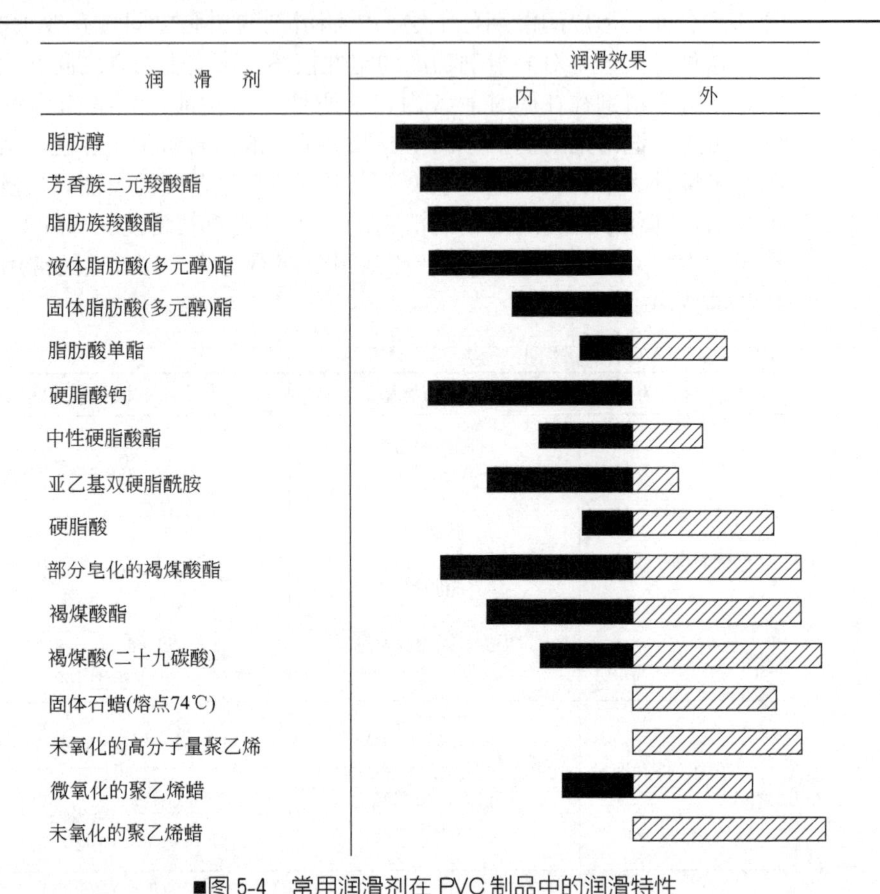

■图 5-4 常用润滑剂在 PVC 制品中的润滑特性

滑剂，是指在一般情况下常规加入量时它是以内润滑为主的润滑剂；外润滑剂是在一般情况下以外润滑为主的润滑剂。下面只作一些简单的介绍。

5.4.2.1 内润滑作用

PVC 是树脂极性较强、宏观粒子由线型大分子相互缠绕构成的多层次结构树脂。内润滑剂应该渗入到 PVC 各层粒子中，减少初级粒子凝聚体、初级粒子及分子之间相互作用力（即摩擦力），促进树脂的塑化。

由 PVC 化学结构及立体构象可知，其大分子团的各部分相互作用不尽相同，有多处相互作用力（吸引力）较小，而有些结点处相互作用力比较大。从化学结构观点分析，相互作用力比较大的结点处必是极性较大的部分（如叔碳原子、烯丙基碳原子），其分子间诱导偶极矩也比较大。内润滑剂要插入 PVC 各层粒子之间以及分子内部链段之间才能起到内润滑作用，这就要求其化学结构必须有极性基团和长链烷基的非极性部分。在 PVC 塑化前润滑剂的极性基团与树脂的极性结点有一定的亲和力，形成络合键，从而减弱或消除了 PVC 宏观粒子、次层粒子间吸引力，使 PVC 相互缠绕的链段相互易于扩散，分子团之间界限易于消失，促进树脂塑化。在塑化之后，润滑剂的极性基团减弱了熔体内初级粒子、分子间及分子内链段之间的相互吸引力，降低了熔体黏度，使树脂熔体易于流动，从而起到内润滑作用。

润滑剂的长链烷基（碳数在12个以上）部分与PVC树脂相容性相差较大，相互亲和力较小，它以屏蔽作用方式把PVC粒子、分子彼此隔离开，使之易于滑动，起到纯物理的类似润滑油的作用。

与极性较小的润滑剂对比，极性较大的内润滑剂在攻击PVC极性结点时更容易形成络合键，其络合键能亦较大，从而削弱PVC分子间吸力的作用也较强。极性较强的内润滑剂更容易穿插及吸附在PVC初级粒子及分子之间，所以极性较强的内润滑剂与PVC相容性更好一些，其内润滑作用也较强一些。

内润滑作用可以看作是一种弱的增塑作用，由于润滑剂在塑料分子之间的渗入，降低了大分子链间的作用力，因而使塑料熔体在成型加工中更利于流动。从内润滑剂的作用结果看，它有些类似于增塑剂，但是还是有较大的区别。增塑剂能有效地促进塑化、降低熔体黏度、大幅度地降低树脂的玻璃化温度，但加入的份数必须很大才能起作用，小于10～20份时则起反增塑作用，使制品变脆。而内润滑剂加入的份数很少，一般在0.5～1.2份时就能有效地促进塑化，降低熔体黏度，又因加入份数较少，对树脂的玻璃化温度影响不大。当润滑剂的内润滑作用过大时，也就是同PVC的相溶性过大时，它就成了一种增塑剂了。

内润滑剂除了极性基团以外，还有一个或两个不溶于PVC粒子的长链烷烃（碳数大于12），从而起外润滑作用。内润滑剂与ACR类加工助剂亦不相同。加工助剂虽然有降低塑化温度、促进塑化的作用，但同时又增加熔体黏度。

5.4.2.2 外润滑作用

外润滑剂涉及相界的过程，是降低聚合物熔体和加工设备表面之间的摩擦或减小聚合物粒子之间的摩擦，又能延迟塑化速率的加工助剂。

外润滑剂大多数是由极性很弱的基团与非极性端基组成的分子，与内润滑剂相比，其极性更小，因而与PVC的亲和力也更小。典型的外润滑剂是天然的或合成的直链或带支链烷烃蜡，一般只有C—C及C—H链，因而极矩很小，与强极性的PVC相容性也很小，因而大都被PVC分子排斥在PVC体系以外而起外润滑作用。外润滑剂所起的润滑作用与一般润滑油的润滑作用没有太大的区别，以物理作用为主。在塑化前，它均匀地包覆在PVC粒子表面，使粒子相互滑动，阻碍粒子链段相互扩散、粘连，减小聚合物粒子之间的摩擦，延迟塑化；在塑化以后，它会慢慢地从熔体中渗出到熔体的表面，被排斥在PVC熔体外表面，由于金属分子对极性基团的吸力，它最初在金属表面与熔体表面形成一层非极性端朝外的单分子层，再逐渐扩展成由多层润滑剂分子组成、被固定的隔离层，如图5-5所示。形成的液体润滑薄膜隔离层减少PVC熔体与加工设备金属表面的黏附性及摩擦力，从而减少了局部过热现象，提高了PVC热稳定性及流动性。

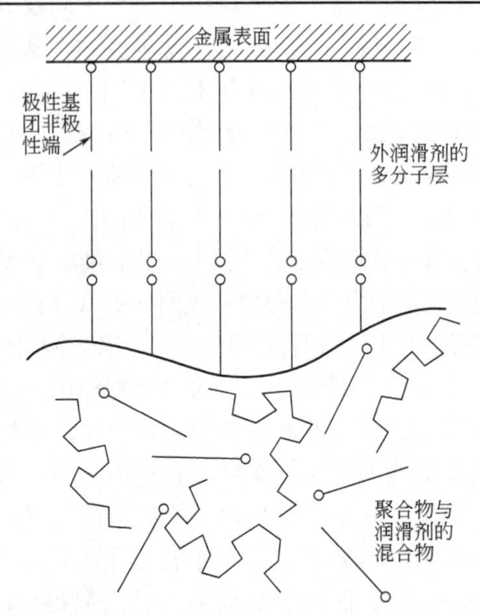

■图 5-5 聚合物熔体表面与加工机械表面的润滑剂层示意图

5.4.2.3 润滑作用的平衡

(1) 内、外润滑的平衡 能经济地连续生产优质产品的润滑体系即为内、外润滑平衡体系。

① 较适合的熔体流动性 PVC 树脂由于是极性较强的高分子材料，所以熔体黏度较高，流动性较差。提高加工温度，有利于降低熔体黏度，提高熔体流动性，但 PVC 又是极易受热分解的树脂，因此必须在尽可能低的温度成型。通过加入内、外润滑剂来尽可能地降低熔体黏度，增大其流动性，减少局部过高的摩擦热的生成，避免因局部过热而导致 PVC 分解。

② 较满意的黏附性 由于 PVC 是极性较强的树脂，熔体黏度较高，在加工时一般又必须加入 ACR 类加工助剂，提高其熔体强度，防止熔体破裂而影响制品的质量，更增加了 PVC 的熔体黏度，增加了它对加工设备的黏附性，在剪切力作用下增加了局部的摩擦热，造成局部过热而分解，加入润滑剂可以降低其黏附性并提高流动性。

③ 较合适的塑化速率 加入润滑剂不仅是为了减少摩擦力，增大树脂流动性，它还有一重要功能，即调控塑化速率。不同制品的塑化程度及在加工设备中的塑化速率是不一样的，通过调控塑化速率来控制塑化程度。

(2) 不同加工阶段的润滑平衡 PVC 的成型加工过程比较复杂，不同的加工阶段对润滑剂的性能要求不尽相同，其挤塑成型过程大致分三个阶段：吸热过程、凝胶化过程和熔融流动过程。根据润滑剂在各个加工阶段所表现出来的润滑作用依次定义为初期润滑性、中期润滑性和后期润滑性。

在吸热阶段，润滑剂的主要功能是调节摩擦生热速率。在吸热阶段，熔融树脂所需要的热量来自传导热（通过挤出机料筒和螺杆表面传导）和摩擦热（挤出机料筒内树脂输送和堆积所产生的摩擦热）两个部分。对高速生产来说，热传导缓慢而不充分，摩擦热则显得十分必要和关键，摩擦所产生的热量可以通过润滑体系来调节。适当控制熔融前树脂粒子之间、树脂粒子与加工设备表面之间的摩擦，使之达到摩擦热迅速产生而不至于出现局部温度过高引起树脂热降解的平衡。因此，初期润滑性实际表现为降低树脂粒子之间摩擦，延缓树脂熔融和减小树脂粒子与加工设备表面之间的摩擦，促进树脂粒子在挤出机中传送的外润滑作用。初期润滑性不足或过度都可能对PVC 加工带来不利的影响。

树脂吸收了足够的热量后便开始熔融，同时也标志着 PVC 加工进入了凝胶化阶段，凝胶化过程润滑剂的主要功能是促进树脂熔融和防止树脂黏附于金属表面。在这一阶段，促进树脂粒子破裂成初级粒子，确保得到均一的树脂熔体便上升为主要矛盾，对润滑性的要求亦将随之发生变化。内润滑剂与基础树脂具有一定的相容性，能够促进树脂粒子边缘之间链段的相互扩散，有助于树脂的完全熔融。相反，配合显示高度外润滑性的润滑剂则有碍树脂的均匀熔融，因为树脂粒子之间摩擦的降低往往导致螺杆传递的剪切作用不能充分传递，树脂微粒结构的破裂和链段之间的相互扩散受到一定的抑制。显然，中期润滑性更多地体现在内润滑作用方面，而赋予防止熔融树脂黏附于金属表面的外润滑功能亦不可忽视。

经过吸热和熔融（凝胶化），树脂以熔融流动方式进行模塑成型，此时，熔体黏度和层流状态变得十分重要，润滑剂的功能开始转向调节熔体黏度和层流。内润滑剂对基础树脂具有内增塑作用，可以降低聚合物分子间的内聚能，起到降低树脂熔体黏度的作用。层流对于促进树脂完全均匀熔融确有裨益，但过度的层流可能产生内应力，因为树脂熔体在挤出机内滞留时间过长容易造成树脂降解现象，影响制品的加工；外润滑剂，尤其是与金属表面具有亲和性，可以形成润滑剂分子界面的品种，具有调节层流的功能。除此之外，润滑剂尚能赋予初级树脂微粒和其他粒子（如填料、颜料等）表面滑性，使之形成均匀的粒子流动状态并降低熔融流动黏度。因此，后期润滑性是内、外润滑剂双重作用的结果。

任何单一组成的润滑剂很难满足塑料加工过程中的所有要求，应用中常常将内、外润滑作用不同的组分配合起来。在硬质 PVC 加工后期，因外润滑过多，使内、外润滑剂失衡或在真空成型时大量外润滑剂析出，堵塞真空系统，被迫停机事件时有发生。

5.4.3 润滑剂

5.4.3.1 润滑剂的选择

作为 PVC 塑料的润滑剂需满足下列要求：

① 能很好地分散于聚氯乙烯树脂中并与其他助剂互不干扰；

② 不妨碍 PVC 配混料的塑化；

③ 润滑效率高且持久；

④ 不严重降低制品质量，最好能改善制品性能。

不同的成型工艺有不同的内外润滑要求，在具体配料选择时应注意以下几点。

① 凡成型加工时剪切速率越高则要求内润滑效果越好。

② 在硬质 PVC 配方中，润滑剂的用量比 SPVC 为多，此时也应考虑到某些稳定剂的固有润滑性。

③ 软质 PVC 配方中，由于增塑剂已具备内润滑作用，故 SPVC 一般不再添加内润滑剂，而只选用外润滑剂。

④ 配方中内润滑和外润滑应力求平衡，否则会引起加工困难。

⑤ 配方中若填料量多时，宜适当增加润滑剂用量。

5.4.3.2 PVC 加工常用润滑剂

PVC 加工常用润滑剂可分为五类：脂肪醇、金属皂类、饱和烃类及其氧化物、脂肪酸和脂肪酸酯。

(1) 脂肪醇 一元脂肪醇类润滑剂在 PVC 中常用的是高级醇($C_{14\sim22}H_{29\sim45}OH$)，它与 PVC 的相容性极好，透明性好，分散性好，具有初期和中期润滑性，是良好的内润滑剂。与有机锡并用时，能改善热稳定性，与其他润滑剂并用时，能增加其他润滑剂的相容性，故常被用作复合热稳定剂的一个组分。

二元或多元脂肪醇，如聚乙二醇、甘油、聚甘油、季戊四醇、木糖醇等属于高温润滑剂兼辅助热稳定剂。聚乙二醇和聚甘油还有抗静电性。

(2) 金属皂类 金属皂类润滑剂通常具有 $R^1O—O—M—O—OR^2$ 结构，为高级脂肪酸的金属盐类，R^1 和 R^2 为含 8～18 个碳的脂肪链烃基，代表品种有硬脂酸钙、硬脂酸铅、硬脂酸锌、硬脂酸镉、月桂酸铅、辛酸铅等。

金属皂类是一种兼有内外润滑作用的润滑剂，它们的润滑效果视脂肪酸基长短和金属的种类而定。例如，硬脂酸皂的外润滑性大于月桂酸皂；硬脂酸铅的外润滑性强于硬脂酸钙和硬脂酸镉；二碱式硬脂酸铅和硬脂酸钡是在加工温度下不会熔融的固体润滑剂。对于 PVC 配混料的加工，金属皂不仅是良好的润滑剂，而且它们中的多数也具有热稳定作用，也是 PVC 的优良稳定剂。

(3) 饱和烃类及其氧化物 饱和烃类是非极性物质，具有—C—C—饱和碳链结构。随分子量由低到高而有液态烃和固态烃两类。饱和烃类润滑剂与 PVC 相容性差，在正常状态下大多几乎是外润滑剂，使用时切勿过量，否则会造成过润滑。用量一般为 0.1%～1%，对硬制品或加工过程出现困难的半硬质品用量可达 2%左右。

① 液体石蜡 熔点 50～60℃，是通式为 $C_{16}H_{34}$ 或 $C_{20}H_{42}$ 的饱和烃混合物，含有少量短支链，相对分子质量约为 226～282，属油状液体，沸点 250～300℃。它们的黏度可分低、中、高三种类型，其中无色无嗅的重型石

蜡可做润滑剂用，且可用于透明制品。

② 固体石蜡　熔点50～60℃，是通式为$C_{20\sim30}H_{42\sim62}$，为典型的外润滑剂，但与PVC的相容性差，用量稍大会影响制品的透明度。与硬脂酸钙并用具有协同效应。

③ 微晶石蜡　其通式为$C_{32\sim72}H_{66\sim146}$，由多种烃异构体组成。由于其熔点高，硬度大，有时又称作高熔点石蜡或硬石蜡。这种石蜡的润滑效果和热稳定性均优于固体石蜡，但凝胶化速率较慢，透明性较差。由于它能提高PVC的电绝缘性能，故主要用于电缆料和硬质PVC制品。

④ 低分子量聚乙烯　即合成蜡，其通式为C_nH_{2n+2}，相对分子质量约2000～5000，熔点90～110℃，与PVC相容性较差，具有较强的外润滑性和透明性。用量过大会析出，并导致PVC的热稳定性急剧下降。

⑤ 氧化聚乙烯蜡　为聚乙烯部分氧化后的产物，由于氧化使烷烃链上生成一定数量的羧基和羟基（均为极性基团），故提高了它与PVC的相容性，使其同时兼有良好的内、外润滑性能，并赋予制品良好的透明性和光泽，是价格较低的一种优良润滑剂。

将氧化聚乙烯蜡用高级脂肪醇或脂肪酸进行部分酯化，或用氢氧化钙进行部分皂化，所得到的衍生物均是兼具内、外润滑性能的润滑剂，颇受用户欢迎。

(4) 脂肪酸　这里指的脂肪酸包括除褐煤酸外的所有高级饱和直链脂肪酸。最重要的是硬脂酸（$C_{17}H_{35}COOH$，简称HSt）。

工业用的硬脂酸为白色或微黄色颗粒或块状物，熔点一般高于60℃[纯品熔点70～71℃，沸点383℃，折射率1.4299（80℃）]，是C_{18}、C_{16}、C_{14}酸的混合物，其中80%～90%为硬脂酸及软脂酸（$C_{15}H_{31}COOH$）的混合物。由于硬脂酸等脂肪酸在液态时以双分子缔合体形式存在，故其极性比硬脂醇小得多，相容性也差。在双分子缔合物解离之前，只能起外润滑剂作用，只有在高温和外力作用下，双分子缔合物解离后才能起内润滑作用。本品用量一般为0.3～0.5份，用量不可过大，否则易喷霜并影响制品的透明性。本品会影响凝胶化速率，使用时最好与硬脂酸丁酯之类的内部润滑剂并用。

除硬脂酸外，12-羟基硬脂酸[$CH_3(CH_2)_{15}CH(OH)(CH_2)_{10}COOH$]也较常用，其挥发性比硬脂酸低，和PVC相容性比硬脂酸好（因极性基团—OH的存在），但热稳定性则比较差。

其他的饱和直链脂肪酸，如软脂酸、肉豆蔻酸（十四酸）、花生酸[$CH_3(CH_2)_{18}COOH$]和山嵛酸[$CH_3—(CH_2)_{20}COOH$]等都可在中期和后期起润滑效果。

(5) 脂肪酸酯　脂肪酸酯在这里指脂肪酸低级醇酯、脂肪酸高级醇酯（天然蜡）和脂肪酸多元醇酯3类，褐煤酸酯在本书中归入褐煤酸及其衍生物类中。

① 脂肪酸低级醇酯，代表品种是硬脂酸丁酯，作为润滑剂，由于它和PVC的相容性好，主要用作内润滑剂，但也起一定的外润滑作用。

② 脂肪醇高级醇酯，一般硬脂酸高级醇酯均具有较好的内、外润滑平衡性，优良的高温持续润滑性和持久的脱模性。因此，它们是 PVC 用的高级润滑剂和复合润滑剂的主要成分。主要品种有天然蜡（白蜡、蜂蜡、鲸蜡及棕榈蜡），但也有合成的产品，如硬脂酸十八烷基酯等。

③ 脂肪酸多元醇酯，本类产品主要是硬脂酸的多元醇酯，如硬脂酸单甘油酯（GMS）、双甘油酯和三甘油酯、硬脂酸季戊四醇酯、硬脂酸山梨糖醇酯。常用的硬脂酸单甘油酯具有 α 及 β 两种结构，工业品以 α 结构为主，是 PVC 的优良内润滑剂，透明性好，但中后期持续润滑性较差，常与中、后期润滑性能好的硬脂酸并用。

5.5 填料

为了降低成本，提高刚性和耐热性，改善耐候性，增加尺寸稳定性和赋予着色遮盖力等需要，往往在聚氯乙烯加工成型配料中加入一定量的填充剂，某些填充剂还可提高制品的绝缘性、导热性、阻燃性、耐溶剂性、隔音性、导电性等，见表 5-18。

■表 5-18　赋予或改善塑料功能的无机粉末填料

功能的种类	填料品种
导电性	炭黑（回收炭黑等），金属粉末（银、铜、镍等），SnO_2，ZnO
磁性	各种铁酸盐（Sr、Ba），磁性氧化铁，Sm/Co，Nd/Fe/B
导热性	铝
抗振性	云母、石墨、钛酸钾、烧蛭石、铁酸盐
压电性	钛酸钡、钛酸锆酸铅（PZT）
滑动性	石墨、沥青、烧蛭石、滑石粉
抗震性	超微细碳酸钙、各种微珠
摩擦性	云母、沥青、烧蛭石、钛酸钾
隔音性	金属粉末（铝粉、铁粉）、硫酸钡
绝热、轻量	玻璃微珠、硅珠

5.5.1 PVC 填料的基本要求

① 细度适当，采用适当的表面处理方法，使之容易分散于聚氯乙烯塑料中。

② 无化学活性，在聚氯乙烯配混物中不与各种助剂产生化学作用。

③ 不含加速 PVC 树脂分解的杂质，如铁、锌等金属化合物。

④ 不影响 PVC 塑料的外观质量，电性能和加工性能。

⑤ 不溶于水、油脂及其他常用溶剂，耐酸、耐碱。

⑥ 吸收增塑剂的能力要小。

⑦ 对特定用途制品，具有某些特殊功能。

5.5.2 PVC 用填料的品种

5.5.2.1 碳酸钙

(1) 优点 碳酸钙是 PVC 用得最多的填料，它具有如下的优点：

① 价格低廉；

② 质较软，莫式硬度为 3.0，对设备的磨损和磨蚀是最低的；

③ 具有较小的密度；

④ 良好的分散性；

⑤ 色白，适合生产白色和浅色制品，着色容易；

⑥ 折射率与许多增塑剂和树脂吻合，因而对着色剂的干扰极小；

⑦ 作为酸接受体而起到 PVC 的次级稳定剂作用；

⑧ 纯度达美国药典、美国食品及药物行政管理局规定的接触食品的标准；

⑨ 热稳定性高达 550℃左右；

⑩ 可提供范围宽广的粒度及粒度分布，最小可达纳米级（20～30nm）；

⑪ 必要时为改进熔融流动性可很容易地进行包覆；

⑫ 当 PVC 复合物受热时可阻滞烟雾的产生。

(2) 品种

① 重质碳酸钙（简称重钙） 重钙由石灰石经机械破碎、筛分而成。国内产品的颗粒尺寸可控制在从 200 目（74μm）～1250 目（10μm）的较大范围内。国外更细，可达到 0.01μm（100nm），比活性钙还细。由于国内重钙颗粒较大，在 PVC-U 管材生产中，为保证制品有较高的冲击强度，一般不使用。只有在高填充时，为下料通畅（料斗不架桥），一般加入部分重钙。

② 轻质碳酸钙（简称轻钙） 轻钙经化学反应而成，其颗粒在 1μm 左右，呈纺锤形，其透射电镜照片如图 5-6 所示。这种轻钙由于粒径较小，受到工业界（塑料、塑胶、造纸等）的欢迎。

■图 5-6 轻钙透射电镜照片（×30000）

③ 活性碳酸钙（简称活钙） 由于轻钙的表面极性，在用于塑料加工时与非极性的 PVC、PP、PE、PS、ABS 等相容性差，往往降低制品的冲击强度，因而填充量不大。将活钙表面包裹一层偶联剂以后，活钙颗粒表面由极性变成非极性，称表面极性改变了的轻钙为活钙，示意图如图 5-7。

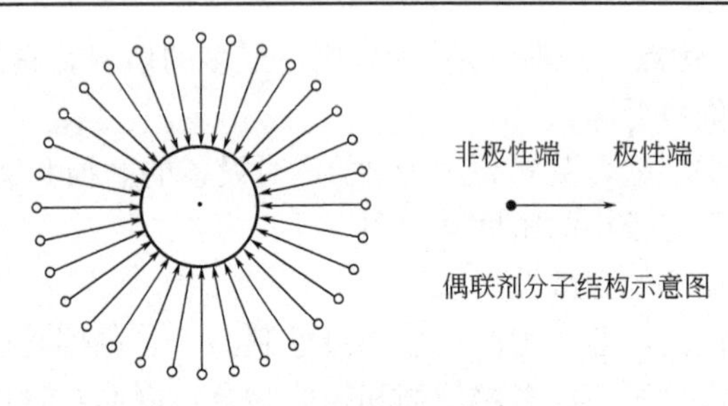

■图 5-7 活钙表面改性示意图

由于表面性能的改变，与 PVC 树脂的结合强度提高，制品的冲击强度大大提高。另外，包裹层可遮盖促使聚氯乙烯分解的铁基盐等杂质，从而提高了稳定性；掩盖碳酸钙表面有色杂质，从而提高了制品白度；该包裹层减少了对挤出螺杆的磨损，从而提高了机器的使用寿命。

活钙的质量与偶联剂的品种和活化工艺条件关系很大。一般说来，偶联剂与 $CaCO_3$ 分子之间以化学键结合最佳，极性吸附者次之，范德华力吸附最差。就活化工艺来说，湿法超过干法，因为湿法一般在偶联剂和 $CaCO_3$ 粒子之间有化学键生成。活化温度高一些有利。正是上述原因，活钙的质量差距甚大，应用于生产 PVC-U 电工套管时，在相同工艺、相同配方情况下，－5℃冲击强度可相差 2J。

④ 纳米碳酸钙（简称纳米钙） 目前国内把一维尺寸小于 100nm 的碳酸钙称为纳米钙，如内蒙古蒙西高科技公司的纳米粒径为 30nm，山西兰花公司的纳米钙为 60nm。在塑料加工中合理使用纳米钙后，制品的冲击性能和热稳定性都有一定程度的提高。纳米钙颗粒的透射电镜照片如图 5-8。

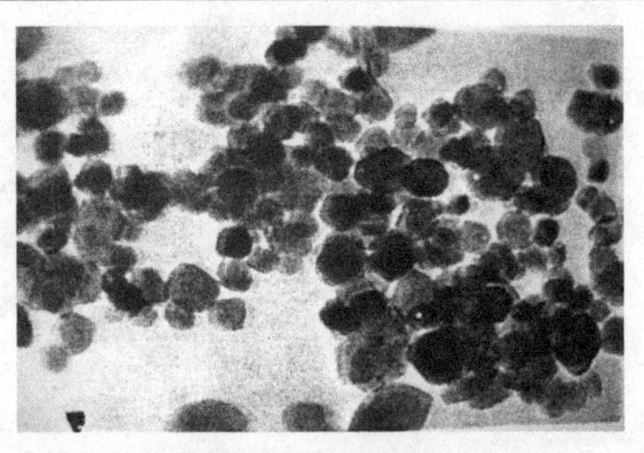

■图 5-8 纳米钙透射电镜照片（×1000000）

纳米碳酸钙的质量也与偶联剂的种类和活化工艺有关，质量也有较大差异。

5.5.2.2 石棉

从体积耗量的观点来看，石棉的重要性仅次于碳酸钙。

石棉是一种天然硅酸盐纤维，化学成分为 $3MgO \cdot 2SiO_2 \cdot 2H_2O$。石棉有温石棉（蛇纹石石棉）、青石棉（角闪石石棉）和铁石棉。温石棉可用于热固性及热塑性塑料，青石棉仅用于热固性塑料，铁石棉在塑料工业中不用，我国四川省西部有生产。目前，我国用的石棉粉多采用质地柔软、强韧且耐高温的温石棉短纤维磨碎制成。

与其他矿物填料比较，石棉价钱并不特别便宜，用于聚氯乙烯的原因是它兼有增强剂的价值和固有的耐燃特性。然而，它所以被广泛采用，尤其是在聚氯乙烯地板工业，是因为它具有纤维的性质。这种性质可以增加尺寸稳定性和承受冲击时的阻力，从而允许比平常不加石棉加入更多的填料，而且在实质上还不会降低这些性能。此外，这样使用石棉有可能使聚氯乙烯塑料物理性能下降最小。

5.5.2.3 陶土

在聚氯乙烯中使用重要性居第三位的是陶土。陶土来源的类型和分级比聚氯乙烯使用的任何其他填料都多。陶土通常是以其他名称而被大家熟悉的，如高岭土、膨润土、漂（白）土和胶岭石等。陶土的组成主要是含水硅酸铝。

陶土广泛地应用于聚氯乙烯各种加工成型配合料中，其中包括地板、薄膜、玩具、室内装饰和电线以及电缆绝缘层等。在电器等级配方中，煅烧陶土最好，这是因为煅烧使它无水，再加上成分纯净，因而赋予它优异的电绝缘性。

陶土的颜色变化很大，取决于产地和存在的杂质。铁是产生色泽的主要原因，陶土中由于铁的浓度不同，颜色的范围可以从无色透明、轻奶油色、粉红色、米色、黄色直到褐色。较深的色调在聚氯乙烯中很少应用。然而，陶土填料的色泽会在原材料开采和加工过程中得到相当的改进。煅烧通常使之成为较鲜明的颜色等级。湿处理的陶土一般也比干处理的陶土色浅，尤其是当湿陶土在加工过程中夹有用强还原剂（如亚硫酸氢锌）漂白的工序时。

5.5.2.4 滑石粉

滑石粉是另一种硅酸盐填料，近年来用量一直在增加。滑石粉是另外一种形式的水合硅酸镁，但是，除此之外与石棉并无相似之处。滑石粉一般以 $H_2Mg_3(SiO_3)_4$ 表示，并且以片到纤维的形式存在。滑石粉的单斜晶型很稀少以致几乎不为人知。滑石粉有完整的基面解理，所具有成层的薄片虽稍柔韧，但却无弹性；它可剖开且很软，似蜡状或有像珍珠的光泽，色泽变化可以从白到灰或绿。它有明显的滑腻手感。

滑石粉不常作聚氯乙烯的填料，它的折射率和聚氯乙烯很接近，着色力很低。正是上述原因，在不透明聚氯乙烯料中，滑石粉优于性质相似的矾土、硅石和一些硅酸盐等其他填料。

一些非扁平结构滑石粉似纤维的特性，也能对聚氯乙烯制品起到增强作用，有着与石棉相似的应用。因此，滑石粉已进入了一些以前习惯用石棉的领域（如聚氯乙烯地板）。

5.5.2.5 硅石

虽然可用的硅石形状和种类很多，但要考虑什么样的聚氯乙烯配方才能使成本有利，所以在聚氯乙烯工艺中仍然很少应用。它在涂料工业和许多液体转换成液态状的塑料（如不饱和聚酯、有机硅树脂、环氧树脂和聚氨酯树脂）中应用较多，在聚氯乙烯中它很少用于压延和挤出，但用于模塑和浸渍增塑糊和稀释增塑糊操作的却不少。近来对一种不寻常的软型隐晶硅石（只在美国阿肯色 Arkansas 发现）的功能进行了一系列研究，这种材料极有可能用于某些压延和挤出操作，以及作为刮涂和辊涂涂层用的增塑糊或稀释增塑糊。

5.5.2.6 硅藻土

存在于自然界的硅石是硅藻土（单细胞植物硅藻的化石遗体），还有石英、燧石、砂、板岩、硅藻石灰石和均质石英岩。在这许多不同的类型中，每一种的颜色变化都很大，其全部颜色范围可从非彩色的（白）到暗蓝灰黑色。当然，只有最浅色的等级才能用作填料。当用颜色好的硅石研磨料作聚氯乙烯填料时，如无外加颜料的作用，则聚氯乙烯配料的最终颜色是色泽很淡的非彩色、米色或银灰色。由于硅石的折射率和软聚氯乙烯很接近，所以聚氯乙烯塑料的透明性很高。

5.5.2.7 云母

云母是铝硅酸盐，与滑石粉相似，也是良好的层状结构矿物，属于单斜晶系，呈假六方片状。云母集合体呈鳞片状，具有玻璃光泽。云母的种类很多，有绢（白）云母、金云母、全黑云母、黑云母等，在填料中主要用的是绢（白）云母和金云母两种。前者基本无色，后者呈棕色，以粉末态使用。它具有介电性好，热导率小，尺寸稳定性高的优点，主要用于电气制品。此外，它还可以大大提高塑料制品的拉伸弹性模量和弯曲弹性模量，可用作聚乙烯、聚丙烯、PVC、尼龙、聚酯、ABS 等热塑性塑料的增强填料，还可填充酚醛、环氧树脂等热固性塑料。

云母的分散比较困难，因此在使用前最好用氨基硅烷、马来酸酐接枝的聚丙烯蜡或氨基乙酸酯进行表面处理。

国内现已有平均粒度为 4μm 的云母粉出售。

5.5.2.8 硫酸钡

硫酸钡有两种制法，一是将天然矿石（重晶石）经粉碎、水洗、干燥后制得，这种产品称为重晶石粉，粒子较粗，杂质也较多。不过近年来随着技术的进步，国内已能制出较细的重晶石粉，其平均粒径为 1.2～1.4μm，白度可达 93%。另一种制法是将重金石粉与炭加热还原生成可溶性硫化钡，再与硫酸或硫酸钠作用生成沉淀硫酸钡。沉淀硫酸钡平均粒径 1.2～

1.4μm，白度可达97%。

将硫酸钡粉体用作PVC填料制成ϕ110mm×4mm的PVC-U静音排水管，当每100份PVC树脂加硫酸钡250～300份时，管材密度约2.5g/cm^3，排水噪声可降至30dB以下。

硫酸钡的价格较廉，与PVC塑料有好的混溶性，有较高的白度，它是一个很有价值的吸声功能填料。

5.5.2.9 木纤维（木粉）

地球上每年产出数亿万吨的木质材料，木质材料含纤维素65%～75%，含木质素16%～32%。纤维素具有如下优点：

① 刚度和强度大，弹性模量一般为40GPa，可与铝媲美；

② 理想的长径比；

③ 硬度低，在加工过程中对机器没有损伤；

④ 密度低；

⑤ 体积成本低；

⑥ 环境材料，木塑复合材料报废销毁时，或燃烧，或大气氧化分解，或细菌腐烂，可彻底消除，不给地球造成环境压力。

木粉（又称为木纤维）在酚醛塑料中的应用已近200年，可以说是它的应用才使酚醛塑料得到蓬勃的发展和应用。木粉在热塑性塑料（PVC、PP、PE、ABS、PS等）中的开发和应用是近30年的事。木粉和热塑性树脂相容剂的研发成功使木粉/热塑性树脂复合材料得到较大的发展，复合材料不但能制出大量装饰用板材、异型材、庭院护栏、公园小桥、公园座椅、搬运托盘、日用塑料制品、农业塑料制品，而且可以制成强度要求较高的门窗异型材。

木粉是最晚开发的填料，将可能成为最重要的填料。

5.5.3 填充剂对制品性能的影响

在软质和硬质聚氯乙烯以及聚氯乙烯糊的加工与产品应用中，加入填充料均有广泛应用，填充剂对各类聚氯乙烯制品性能的影响是很大的，也是复杂的。这种影响既与填料的种类有关，还与填料粒子的粒径、粒子尺寸分布和表面性状等因素有关。

5.5.3.1 对软质聚氯乙烯制品的影响

通常，在软质聚氯乙烯中加入填料的主要目的是为了降低成本，但其柔软性、伸长率和拉伸强度等力学性能均会有所下降，下降的程度及方式随粒径、粒径分布和表面性状而有差异。一般情况下，粒径较细的填料形成孔隙多，表面积大，对增塑剂的吸收能力强，对软质PVC的性能影响大。粒径较细的填料能减少拉伸强度降低的程度，而断裂伸长率和硬度则随填料粒径减小而增大。

填充剂加入软质PVC中会抵消增塑剂对PVC的柔软化作用，制品硬度增加，但若另外增补若干增塑剂仍可使其恢复到原来的柔软度，恢复到原来的柔软度需加入的增塑剂量称为“增塑剂必要量”。

在填充剂加入量较少时，软质 PVC 的撕裂强度会略有下降。而耐寒性则随填料的加入明显降低，一般来说，下降的幅度随填充剂的吸收量增加而增大。同时，填料的加入能使软质 PVC 的吸水率上升，但随填充剂的用量和种类而有差异。

5.5.3.2 对硬质聚氯乙烯制品性能的影响

硬质聚氯乙烯中加入填料，不仅可降低成本，而且可使 PVC-U 的模量、刚度、耐热性等得到提高，因此填料在 PVC-U 配混料中也是一种重要成分。填料对其他力学性能的影响则较复杂。在用量较少时，对拉伸强度有一定提高，用量增大后其拉伸强度、弯曲强度和冲击强度均不同程度降低，且与填料的种类、粒径和表面处理与否及处理后表面状态有关。

5.5.3.3 对聚氯乙烯糊的影响

在聚氯乙烯糊中加入填充剂后，其黏度大幅度增加，糊的触变性、赋形性等均有改善。同时填料的加入也有利于改善和提高制品的电性能和抗划痕性，并减少黏附性等。当填充剂配合量在 10 份以下时，对 PVC 糊力学性能的影响并不大，超过此量时则有较大的影响。当然，填充剂的种类、性质、粒径大小、表面性状和用量仍然是主要的影响因素。

5.6 着色剂

为了赋予 PVC 塑料制品各种不同的色调，须在塑料中加入着色剂。

5.6.1 着色剂的分类

着色剂有染料与颜料之分，染料又有水溶性染料与油溶性染料之分。通常油溶性染料能溶于塑料中，所以能赋予塑料以透明而鲜艳的色泽，但这类染料的耐热性、耐光性、耐迁移性较差。颜料则相反，难溶或不溶于水或有机溶剂，也不能溶于塑料，只能以细微粒子分散在塑料中而使塑料带色，其着色为不透明的，但具有优异的耐光性、耐热性和耐溶剂性。颜料又分为有机颜料及无机颜料两种。通常无机颜料的耐光性、耐有机溶剂性、遮盖力均好，而且价格便宜，但缺点是色泽不鲜艳、品种较少、着色力低、密度大；有机颜料则相反。用作 PVC 树脂的着色剂以颜料居多。

5.6.2 着色剂的选择

聚氯乙烯塑料用着色剂的基本要求如下：

① 不影响制品的物理、力学及电气性能；

② 不影响树脂的成型性能，与金属皂类稳定剂共用时应不黏附加工机械或模具表面，在树脂中应有良好的分散性；

③ 具有良好的耐酸性，在特殊情况下，并要求有一定程度的耐碱性；

④ 具有较好的耐光性，耐水性，耐溶剂性，耐候性；

⑤ 迁移性及化学活性较小。

5.6.3 着色剂的性能和配色

一切颜色都是由红、黄、蓝三种基本颜色所构成的，这三种最基本的颜色称为三原色。用着色剂进行配色时除了要注意原色外，还要注意色光才能配得鲜艳的色调。

现将主要的二次拼色和三次拼色的原理及过程以简图表示如下。

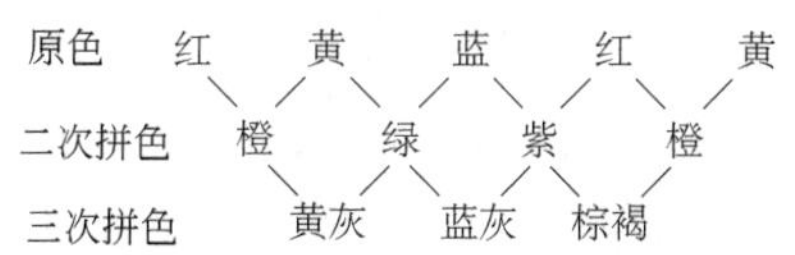

为获得良好拼色效果，拼色时应合理选配组分并避免不利影响，着重注意以下几点。

① 各种着色剂的密度不应相差很大。

② 彼此间无化学反应。

③ 耐光级别相同或相差不大。

用于聚氯乙烯塑料的着色剂的性能及应用范围列于表 5-19。

■表 5-19 聚氯乙烯常用着色剂的性能及应用范围

类别	名称	特性	应用范围
红色	氧化铁红	常用于不透明制品，耐光 7 级，耐热性好，遇强酸要溶解，在聚氯乙烯树脂中遇氯化氢生成 $FeCl_3$，会促进树脂进一步分解	主要用于人造革制品
	立索尔宝红	微带蓝色，遮盖力和着色力尚好，耐热性不及酞菁颜料，耐光性也差	透明制品一般用量为 0.08%，不宜作浅色制品
	酞菁红	微带蓝色，色彩较鲜艳，耐光 6～7 级，耐热 7～8 级，耐磨 5 级，耐酸 4 级，耐碱 4～5 级	透明制品
	永固红 2B	分为钡系和钙系，色泽鲜艳，着色力强，透明性好，耐迁移性好，但耐光性，耐候性差	钡系一般只用于 SPVC，而钙系可用于 SPVC 和 RPVC
	硫靛红（紫红）	耐光，耐候，耐热，耐酸碱，光泽性，透明性好，不迁移，但遮盖力较差	广泛用于透明性 SPVC 和 RPVC
	菲红 GR	耐光，耐热，耐候，透明性，耐迁移性好，但遮盖力、耐酸碱性略差	广泛用于透明性 RPVC 和 SPVC

续表

类别	名称	特性	应用范围
黄色	柠檬黄	为带绿色的柠檬色无机颜料，耐光 4～5 级，耐热，无迁移，遮盖力强	可单独使用或拼驼灰或咖啡色用
	铅铬黄	耐光，遮盖力强，无迁移，但耐热性稍差	不透明的 SPVC 和 RPVC
	镉黄	耐光，耐热，耐碱，耐迁移，不透明，但有硫化污染	用于不接触食品和饮用水的 PVC 制品
	荧光黄	微带绿色，色泽鲜艳，有增光作用，耐热，耐光，但有迁移性	可单独使用或拼色之用
蓝色	酞菁蓝	为带微红色的有机颜料，色泽鲜艳，耐热性中等，耐光性好，无迁移性，遮盖力强	可单独使用也可拼色，用于透明制品时，用量为 0.02%
	群青	是含硫的铝硅酸钠，色泽鲜艳，耐高温，耐碱，耐晒，耐候性都较好，但不耐酸	不能用于含铅、镉的 PVC 制品
绿色	氧化铬绿	耐高温，耐酸碱，耐晒性均好，但色泽不鲜艳	用于 PVC 的不透明制品
	酞菁绿	略带蓝光，光泽鲜艳，具有优良的耐热，耐光及耐溶剂性，分散性也好	透明制品一般用量为 0.05%，与黄色颜料拼用可得果绿色
黑色	炭黑	一般采用槽法炭黑，遮盖力强，热稳定性，光稳定性，耐候性均佳，无迁移性，但用量太大会降低制品的电绝缘性	一般用量为 0.5%，可单独使用也可用作拼制灰色或咖啡色
白色	钛白	纯品为优越的白色颜料，可分为锐钛型和金红石型，均无毒，前者质软，带蓝白色，后者遮盖力更强，耐光性好	可单独使用或拼制灰色制品
特殊颜料	铝银粉	分为浮型与非浮型两种，作为着色剂一般采用浮型铝银粉（含铝 65%～70%），所得制品为银灰色	一般在树脂中不加填充剂，用量为树脂量的 0.5%
	铜金粉	加入铜金粉可使 PVC 制品产生金黄色泽，铜金粉含锌，会降低 PVC 的热稳定性	用量一般为树脂的 0.5%，制品中不能加入填充剂，热稳定体系应加强
	珠光粉	为盐基性碳酸铅的结晶体，能反射光线，使制品显出珠光	可用于 RPVC 和 SPVC，但配置色浆时，增塑剂用量不宜过多
	荧光增白剂 PEB	荧光增白剂是吸收紫外线而产生极明亮的蓝紫色的白色粉末，为黄褐色粉末	一般为树脂的 0.02%，适宜于软质聚氯乙烯制品

5.7 抗冲击改性剂

5.7.1 概述

以改进塑料冲击性能为目的而使用的助剂称为抗冲击改性剂。目前该类助剂主要用于硬质聚氯乙烯，但在聚丙烯、聚苯乙烯等其他塑料中的应用亦正在发展。

聚氯乙烯是产量最大的塑料品种之一，其具有许多宝贵的特性，但也存在着不少缺点，韧性差即是其一大缺点。如何能提高韧性而又不损害拉伸强度和其他性能，是聚氯乙烯改性研究中的一个重要课题。特别是近年来聚氯乙烯硬质制品的应用迅速增长，其抗冲击改性问题越来越受到重视。

抗冲击改性剂不仅能提高 PVC 制品的冲击强度，而且不少品种还可改善树脂的加工性能。目前，聚氯乙烯用抗冲击改性剂主要是一些共聚树脂或后改性树脂，如 ABS 树脂、MBS 树脂、EVA 树脂、氯化聚乙烯树脂等。此外，最近还提出了使用热塑性橡胶作聚苯乙烯和聚烯烃的抗冲击改性剂。

就聚氯乙烯抗冲击改性剂而言，其性能应满足如下要求。

① 与聚氯乙烯的相容性适中，如果抗冲击改性剂与聚氯乙烯的相容性过大，两者完全呈分子级混合，抗冲击改性剂起着增塑剂的作用，其与聚氯乙烯分子的紧密附着，可使冲击应力直接作用于聚氯乙烯链上，得不到高抗冲击强度。反之，若两者的相容性过小，达不到均一的分散，抗冲击改性剂失去对聚氯乙烯的黏附力，无法对振动起吸收作用，冲击强度亦不能提高。

② 玻璃化温度低，能在低温下增进聚氯乙烯的抗冲击性能。

③ 分子量高，必要时最好有轻度的交联，以提高增强效果。

④ 对聚氯乙烯的表观性能及物理机械性能无明显影响。

⑤ 耐候性良好，离模膨胀性小。

⑥ 与树脂容易共混，在可能的情况下，最好做成与聚氯乙烯相类似的形状和粒度。

5.7.2 抗冲击改性剂品种

(1) MBS 树脂（甲基丙烯酸甲酯-丁二烯-苯乙烯共聚物） 白色粉末，无臭，视相对密度 0.20～0.45，真相对密度 1.02～1.03。作为聚氯乙烯抗冲击改性剂使用的 MBS 树脂通常是接枝共聚物，其制法是向聚丁二烯或聚丁二烯-苯乙烯乳液中，加入甲基丙烯酸甲酯或与其他单体的混合物进行接枝共聚。MBS 树脂具有优良的抗冲击性，可将聚氯乙烯制品的冲击强度提高 6～15 倍，而对拉伸强度、伸长率等其他力学性能的影响很小。MBS 还具有良好的透明性、耐热性、着色性和低温特性，可改善制品的二次加工性，在要求透明和耐应力白化的场合非常适用。一般用于制作包装容器、管材、板材、室内装饰板和软质制品等。用量随制品而异，通常在 5～15 份之间。MBS 因含有不饱和结构，易受氧和紫外线的作用而老化，故耐候性差，不适用于制作室外长期使用的制品。

国内已有上海高桥化工厂等厂家生产，国外生产厂家更多，下面将影响最大、其产品在我国已销售的相关产品介绍如下。

商品名	生产厂家	国别
Paraloid（Acryloid）	Rohm&Hass	美国
Cycolac CIJ	Marbon	美国
ヵネェース（Kaneace）B-22，B-28，B-11A，B-12，B-14，EP-B-16，B-18A，B-18A-1	鐘淵化学	日本
クレハ（Cleha）BTA-Ⅱ，$Ⅱ_K$，Ⅲ，$Ⅲ_S$，$Ⅲ_N$，X_2，$Ⅲ_{N-2}$	吴羽化学	日本
メタブレン（Metablen）C	三菱レイョン	日本
JSR MBS 66，MBS-67	日本合成ゴム	日本
Sictor MBS	Mazzucchelli	意大利

（2）ABS（丙烯腈-丁二烯-苯乙烯共聚物） ABS 树脂作为耐冲击性热塑性塑料已众所熟知，这类树脂用作聚氯乙烯的抗冲击改性剂也有着良好效果。聚氯乙烯冲击改性用 ABS 树脂主要是接枝共聚物，其制法是向聚丁二烯胶乳中加入苯乙烯和丙烯腈单体进行共聚。ABS 树脂对聚氯乙烯冲击强度的增强效果大，而使拉伸强度下降很小，有些品种兼有加工改性剂的功能。一般用量为 5～20 份。但 ABS 因含有不饱和结构，易受紫外线和氧的作用而老化，故耐候性差，不适用于长期在户外使用的制品。目前，国外生产的聚氯乙烯改性用 ABS 树脂品种很多，但其组成很少披露，现以美国 Borg-Warner 公司 Marbon 化学部的商品“Blendex”为例，简介各品种特性。

Blendex 101　通用型抗冲击改性剂，可提高耐冲击性，改善加工性，特别适用于压延制品。

Blendex 201　加工时流动性好，可提高抗冲击性，改善二次加工性。

Blendex 301　以少量添加即可提高强韧性，能代替部分增塑剂，低温耐冲击性好。

Blendex 401　透明性好，适用于透明制品，机械强度高。

Blendex 431　透明性好，抗冲击性高。

Blendex 575　能改善加工时的流动性，而又无损于力学性能。

Blendex 311M　适用于不透明制品，抗冲击性优良。

ABS 树脂抗冲击改性剂无毒，可用于食品包装材料。

日本的商品有：

JSR ABS 60　　日本合成ゴム

ブレンデックス　宇部サイコメ

(3) 氯化聚乙烯 (CPE) 氯化聚乙烯由高密度聚乙烯氯化而得。一般含氯量20%～50%，随着树脂的分子量、含氯量及分子结构不同，呈现为硬质塑料或橡胶状物。氯化聚乙烯具有优良的耐候性、耐寒性、抗冲击性、耐化学药品性、耐油性和电气性能，与聚氯乙烯和填充剂有良好的相容性，含氯量>25%时具有不燃性，密度为1.15g/cm^3。

氯化聚乙烯广泛用作聚氯乙烯的抗冲击改性剂，与ABS和MBS树脂相比，其最大特点是耐候性好，冲击强度随老化时间的下降极其缓慢，可用于波纹板、管材、建材等长期在户外使用的制品。一般认为，氯含量为36%的品种在硬质聚氯乙烯中的改性效果最好，可以获得良好的加工性、分散性和耐冲击性。含氯量在25%以下的品种与聚氯乙烯的相容性不好。氯化聚乙烯的主要缺点是制品透明性差、拉伸强度低。降低分子量、提高氯含量以及并用第三成分（如聚甲基丙烯酸甲酯）等可以改善透明性。国内生产厂有山东潍坊化工厂等数十家公司。国外生产厂家不少，不过在中国已没有市场。

(4) EVA树脂（乙烯-醋酸乙烯共聚物） EVA树脂由乙烯和醋酸乙烯共聚而得。为白色粉末，可作为聚氯乙烯的抗冲击改性剂，其效果随共聚体中醋酸乙烯的含量而异。醋酸乙烯的含量低时，与聚氯乙烯的相容性差，增强效果低，制品不透明。随着醋酸乙烯含量的增高，共聚体与聚氯乙烯的相容性变好，增强效果提高，制品透明性也较好。但醋酸乙烯的含量过高也不好，一般为30%～60%。表5-20列出了在EVA树脂中醋酸乙烯的含量与对硬质聚氯乙烯改性效果的关系。

■表5-20　EVA树脂中醋酸乙烯含量与改性效果的关系

EVA中醋酸烯含量(质量分数)/%	在硬质聚氯乙烯中的改性效果		
	透光率/%	摆锤式冲击值/(J/m^2)	热变形温度/℃
12	0	5.5	66.4
33	3	14.6	67.1
45	14	17.1	67.2
55	63	17.0	66.5
60	75	15.5	65.3
70	84	7.6	56.4
90	83	5.6	49.4
纯聚氯乙烯	85	5.7	69.0

配方：聚氯乙烯（平均聚合度$\overline{P}$=800）　100份

　　EVA树脂　10份

T. V. S. ＃N-200E（有机锡热稳定剂） 2 份
T. V. S. ＃3-LP（有机锡热稳定剂） 2 份
液体石蜡 0.2 份
混炼温度 175℃

(5) EVA与氯乙烯的接枝聚合物（EVA-g-VC） EVA-g-VC是将EVA溶解于氯乙烯单体中进行引发聚合得到的珠状聚合物，可作为聚氯乙烯的抗冲击改性剂。因其粒度与聚氯乙烯相近，故易于共混，分散性好。但冲击改性效果较低，用量比一般抗冲击改性剂多，而且制品的拉伸强度下降较大。

(6) 丙烯酸系树脂 美国Rohm and Hass公司开发了一系列丙烯酸系树脂作为聚氯乙烯的抗冲击改性剂，但其具体组成未披露。它们可以改善聚氯乙烯的流动性，显著提高硬制品冲击强度，仅7.5%的用量即可将冲击强度提高10倍。加有这类树脂的聚氯乙烯制品离模膨胀性小，耐候性好，拉伸强度和伸长率亦大，有些品种还有良好的透明性（与纯聚氯乙烯透明制品几乎没有差别）。各具体品种的特性和用途如下。

Paraloid KM-228：适用于硬质和半硬质着色料，冲击改性效果大，耐热性、耐酸性和耐碱性好。本品还有改善软质聚氯乙烯耐寒性的效果。无毒，可用于做食品包装制品。

Paraloid KM-229：聚氯乙烯抗冲击改性剂，特别适用于管材和接头，仅用少量即可明显改善韧性和加工性，赋予制品优良的抗冲击断裂强度和耐药品性。无毒，可用于制作食品包装制品。

Paraloid KM-323 B：白色粉末，表观密度0.38g/ml，挥发成分<1.5%。耐候性优良，抗冲击性和热稳定性高，离模膨胀小，适用于壁板、雨漏、管材等长期户外使用的制品，经长期暴露后，制品仍能保持良好的色调和抗冲击性。

Paraloid KM-607 N：兼具优良的透明性、耐曲折白化性和抗冲击性，透气性低，耐药品性亦佳。无毒，适用于食品包装材料。

Paraloid KM-611：通用型抗冲击改性剂，具有良好的抗冲击性、透明性、热稳定性和加工性。无毒，可用于做食品包装材料。

Paraloid KM-636：通用型抗冲击改性剂，透明性好，熔体黏度低，无应力白化和遇水雾化性，无毒，可用于做食品包装材料。

Paraloid KM-330：白色粉末，表观密度0.41g/ml，挥发成分<1.5%。本品为耐候性抗冲击改性剂，其性能与KM 323 B基本类似，但抗冲击性能约高20%。适用于各种挤塑制品和注塑制品。

Paraloid KM-318F：白色粉末，表观密度0.6g/ml，挥发成分<0.5%。本品为发泡用抗冲击改性剂，适用于低密度发泡制品，可在低温下维持高的冲击强度，耐候性优良，制品表面光泽美观，可以切割、钉打。本品适用于代替木材的聚氯乙烯挤塑型材、管材和板材。

日本生产的丙烯酸系树脂抗冲击改性剂商品如下：

商品名	生产厂家
カネェース（Kaneace）PA-11，PA-20，FM	鐘淵化学
クレハ（Cleha）HIA-15，HIA-28，HIA-30	吴羽化学
ハイブレソ（Hi-Blen）401，402	日本ゼォン
メタブレン（Metablen）P	三菱レイヨン

（7）Durastrength 200，210 这两个品种是具有多层核壳结构的丙烯酸酯类树脂，210是200的改性品，它们可作为聚氯乙烯树脂的抗冲击改性剂，并兼有加工改性剂的作用。用它们改性的聚氯乙烯树脂熔融速率快，熔体黏度低，加工性好，可以不用或少用其他加工助剂，而且制品的耐候性、耐低温性、冲击强度和色稳定性优良。本品最适用于聚氯乙烯户外耐候不透明建材制品，如披叠板、百叶窗、管材、挤出型材等。

生产厂：美国M&T化学公司。

（8）Elvaloy 837，838 这两个品种均为超高分子量乙烯系聚合物，重均分子量100万以上，其基本性能如表5-21所示。

■表5-21 两种超高分子量乙烯系聚合物基本性能

项目	Elvaloy 837	Elvaloy 838
外观	颗粒状物	颗粒状物
熔体指数/（g/10min）	0.15	0.3
密度/（g/cm^3）	0.96～0.98	0.96～0.98
表观密度/（g/cm^3）	0.59	0.59
玻璃化温度/℃	－25	－25

这两个品种可作为硬质聚氯乙烯的抗冲击改性剂，用量少，抗冲击改性效能高，对聚氯乙烯的其他力学性能如拉伸强度、热变形温度等无影响，得到的制品具有良好的耐候性，因此特别适用于户外用制品。

生产厂：Du Pont公司（美国）。

5.8 加工助剂

5.8.1 概述

加工助剂又称加工改性剂。主要是针对PVC-U加工性能差而开发的一种改善加工性能的助剂。PVC-U难加工的特性表现在它的加工温度和分解温度比较接近；它的熔体黏度大，流动性差，PVC在加工设备中停留时间较一般树脂长，易在设备和模具的死角结焦、分解；PVC-U的熔体热强度差，树脂间黏结力不高，容易产生熔体破裂，使制品外观变差。使用加工助剂即可很好地克服 PVC-U 加工中的各种缺陷。

加工助剂主要是一类丙烯酸酯类的高分子聚合物。20 世纪 70 年代美国的 Amoco 公司开发了另一类加工改性剂，聚 α-甲基苯乙烯，称为 Resin18（国内称 M80）。其他如 MBS、ABS、EVA、ACR 等抗冲击改性剂也有加工助剂的功效，但不如该加工助剂效果显著。

5.8.2 加工助剂的改性原理

在热塑性树脂的加工成型过程中，PVC 树脂是借助于挤出机螺杆转动传递的能量和料筒外加热圈传入的热量而塑化的。塑化过程是通过以下几种方式实现的：①树脂粒子（粉料、颗粒料）与料筒壁和螺杆接触表面间的摩擦产生的热量；②树脂粒子间的摩擦，处于固态、热弹性态及部分热塑性态的粒子的剪切作用转化成热量；③料筒壁面通过接触面将外加热量传递给树脂，需两者间有较高的摩擦系数和传热系数。纯的 PVC 或只加稳定剂和润滑剂的 PVC，在较宽的温度范围内和金属的摩擦系数较低，常称该状态下的 PVC 为“滑壁”树脂。而另一类树脂，如聚乙烯、聚苯乙烯、聚甲基丙烯酸甲酯等，则与金属间有较高的摩擦系数，这些塑料又常称为“黏壁”塑料。加工助剂属于“黏壁”塑料。加工助剂加到 PVC-U 混合料中，使处于固态、热弹性态和热塑性态的 PVC-U 也具有了“黏壁”性能，使加入 ACR 的 PVC 熔体转变成黏壁熔体，其结果使最靠近料筒壁的物料层停留时间较长，又加之外层物料有较高的剪切强度，使得加入 ACR 的 PVC 热熔体的热应力提高了，从而加速了体系的塑化过程，缩短了塑化时间，提高了设备的加工能力。

树脂粒子间的摩擦作用是发生在多个树脂层面间的摩擦，赵劲松针对 PVC 树脂的加工改性行为做过较多的研究，发现可起到 PVC 树脂加工改性的物质有两大特点：第一，与 PVC 树脂有较好的相容性；第二，相对于 PVC 树脂来说有较低的玻璃化温度（T_g）和较低的熔融温度。采用差热分析仪和哈克流变仪测定部分加工改性剂的玻璃化温度和熔融温度，见表 5-22。

■表 5-22　部分加工助剂的T_g和熔融温度

加工改性剂	T_g/℃	熔融温度/℃
K-125	32	144
K-120N	15	152
K-175	18	150
タフマー P-0280（乙烯-α-烯烃共聚物）	49	
ACR201		70
PVC 树脂（SG5）	79	179

加工助剂的玻璃化温度低，使加工助剂早于 PVC 树脂进入高弹态。从表 5-22 中的数据可以看出，许多加工助剂在室温已处于高弹态。处于高弹

态的加工助剂粒子与PVC树脂颗粒的摩擦加大，产生大量摩擦热，使体系温度迅速升高。再加上加工助剂熔融温度较低，于是它们很快又由高弹态转化为黏流态。处于黏流状态的加工助剂将PVC树脂颗粒包裹、浸润和溶胀，并在剪切作用下产生黏性撕裂，使PVC树脂颗粒崩溃和熔融，所以熔融时间缩短，显示出加工改性作用。

5.8.3 加工改性剂类别和品种

(1) 加工改性剂的类别

① 丙烯酸酯类共聚物（Acrylics，缩写ACR）：甲基丙烯酸酯与丙烯酸酯共聚物。ACR的分子结构式如下：

$$\left[\mathrm{-CH_2-C(CH_3)(COOR)-} \right]_m \left[\mathrm{-CH_2-CH(COOR')-} \right]_n$$

ACR是将甲基丙烯酸酯（MMA）接枝于烷基丙烯酸酯上的共聚物，如丙烯酸乙酯（EA）、甲基丙烯酸乙酯（EMA）、苯乙烯（St），共聚物组成、性能和所选用的单体和聚合工艺条件有关。国外目前已有20余种不同规格或品种的产品。

ACR是一种易流动粉末，相对密度为1.05～1.20，细度为30目左右。

② 聚α-甲基苯乙烯（R_{18}） 聚α-甲基苯乙烯的结构式为：

$$\left[\mathrm{-C(CH_3)(C_6H_5)-CH_2-} \right]_6$$

α-甲基苯乙烯的六聚体是无色透明的脆性固体，相对分子质量685～700，软化点100℃，折射率1.61。

(2) 国内外加工改性剂品种

① 国外品种 国外加工改性剂品种见表5-23。

■表5-23 国外ACR加工助剂牌号

<table>
<tr><th>产地</th><th colspan="2">Rohm and Hass</th><th>Kanegafuchi</th><th>Metco</th><th>C. B Huls</th></tr>
<tr><th>商品名</th><td colspan="2">Paraloid</td><td>Kane Ace</td><td>Metablen</td><td>Vesitiform</td></tr>
<tr><th rowspan="7">型号与组成</th><td>型号</td><td>组成</td><td rowspan="2"></td><td rowspan="2">P-530</td><td rowspan="2">R-210</td></tr>
<tr><td>K-120N</td><td>MMA-EA</td></tr>
<tr><td>K-120ND</td><td>MMA-EA</td><td>PA-20</td><td>P-501</td><td>R-315</td></tr>
<tr><td>K-120NL</td><td>（仅作外润滑剂）</td><td></td><td>APA3</td><td></td></tr>
<tr><td>K-125</td><td>MMA-EMA-EA</td><td>PA-50</td><td>P-551</td><td>R-420</td></tr>
<tr><td>K-175</td><td>MMA-BA-St</td><td>PA-100</td><td>P-700</td><td></td></tr>
</table>

注：MMA—甲基丙烯酸甲酯；EA—丙烯酸乙酯；EMA—甲基丙烯酸乙酯；St—苯乙烯。

② 国内品种　ACR201 是我国最早开发的加工改性剂，相当于美国 Rohm and Hass 公司的第一代产品 Acryloid K120。ACR301 性能接近于 K120ND。ACR401 性能接近 Rohm and Hass 公司的 K-125 及日本吴羽公司的 K-125P。表 5-24 为 ACR201、301、401 的物理性能。

■表 5-24　ACR201、301、401 的物理性能

项目品种	ACR201	ACR301	ACR401
外观	白色易流动粉末	白色易流动粉末	白色易流动粉末
特性黏数[①]	1.8～3.0	2.0～3.0	3.0～4.0
相对密度	1.05～1.20	1.05～1.25	1.05～1.25
粒度	98%通过 60 目	98%通过 60 目	98%通过 60 目
水分/%	≤1.0	≤1.0	≤1.0

① 特性黏数是在三氯甲烷溶液中，25℃±1℃，用乌氏黏度计测定的。

5.8.4 抗冲击改性剂的加工改性作用

前已提及抗冲击改性剂 MBS、ABS、EVA 和 ACR 也有加工改性剂的功效，因为和加工助剂一样，这些抗冲击改性剂也有两大相同的特点：第一，与 PVC 树脂有一定的相容性；第二，玻璃化温度和熔融温度比 PVC 树脂低，表 5-25 列出了这些抗冲击改性剂的 T_g 和熔融温度的测量数据。

■表 5-25　部分抗冲击改性剂的 T_g 和熔融温度

抗冲击改性剂	T_g/℃	熔融温度/℃
HIS 7587（日产 EVA）	35	154
BTA（美国产 MBS）		152
KM323B	37	169
CPE	35	
PVC 树脂（SG5）	79	179

此类抗冲击改性剂具有低的玻璃化温度，使它早于 PVC 树脂进入高弹态，实际上众多的抗冲击改性剂在室温就已处于高弹态（橡胶态）。与加工改性剂一样，处于高弹态的抗冲击改性剂与 PVC 树脂颗粒的摩擦加大，产生大量摩擦热，使体系温度迅速上升。与加工改性剂一样，此类抗冲击改性剂的熔融温度较低，于是它们很快又由高弹态转化为黏流态。处于黏流态的抗冲击改性剂将 PVC 树脂颗粒包裹、浸润和溶胀，并在剪切作用下产生黏性撕裂，使 PVC 树脂颗粒崩溃和熔融，所以熔融时间缩短，显示出加工改性作用。由于抗冲击改性剂与 PVC 树脂相容性不及加工改性剂好，所以其浸润溶胀性和黏性撕裂性要逊色一些，所以抗冲击改性剂没有真正的加工改性剂好。

5.8.5 增塑剂的加工改性作用

美国学者认为，增塑剂可当做加工改性剂来用，并将增塑剂和加工改性剂对树脂性能的影响作了对比，如图 5-9。

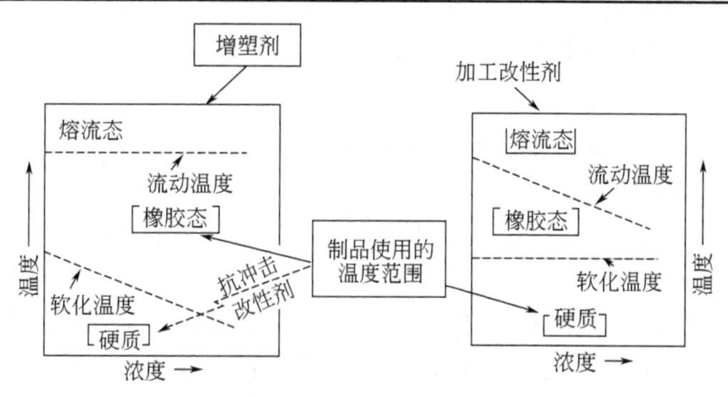

■图 5-9　增塑剂和加工改性剂对 PVC 树脂性能的影响对比

从图 5-9 可以看出，加工助剂的作用是降低加工温度，但不改变软化温度或成品最高使用温度的要求，而增塑剂则必然降低软化温度（玻璃化温度 T_g），而这个温度就是使用的最低温度，但它却保持流动温度不变，这说明增塑剂扩大了弹性范围。

在 PVC-U 板材的挤出加工中，配方中加入少量增塑剂（≤2.5 份）可大大改善加工流动性，而力学性能无明显变化。增塑剂具有加工改性作用，其加工改性行为甚至优于 ACR 型加工改性剂，塑化时间比用 ACR 型加工改性剂还要短些。其加工改性行为和经济效果以 DOP 为优。增塑剂对 PVC 树脂的加工改性行为，源于增塑剂本身就处于液体状态及它和 PVC 树脂之间优良的相容性。一旦增塑剂与 PVC 树脂颗粒接触，它将迅速将树脂颗粒浸润和溶胀，使树脂颗粒变成高弹态。高弹态树脂颗粒之间摩擦系数加大，摩擦热多，使 PVC 树脂颗粒迅速由高弹态进入黏流态，树脂就熔融。这就是增塑剂的加工改性原理，它和加工改性剂和抗冲击改性剂的加工改性作用原理完全一致。

5.8.6 PVC-U 加工中的“诱导塑化”作用

5.8.6.1 “诱导塑化”作用的发现

在 PVC-U 加工过程中，无论是 PVC-U 板、管（包括电线套管），还是型材（包括电线槽），都发现一种特殊现象：有时用一个加工性能优良的配方进行加工，开车就迅速稳定下来，然后换成加工性能较差的配方（如填料增加、加工改性剂减少或 PVC 树脂质量变差等），加工也可平稳地进行。反之，如一开始就用难以加工的配方开车，开车都难以成功。如欲使之成功，则需采取苛刻手段，如提高加工温度和（或）提高螺杆的剪切和（或）降低挤出速率，方能使加工正常。但一旦加工正常后，加工温度又可适当降低，螺杆转速可减少，挤出速率可以提高，甚至可以恢复到正常工艺水平。这是为什么呢？显然，在 PVC-U 加工过程中存在着“诱导塑化”作用。

5.8.6.2 “诱导塑化” 产生原因

根据熔体输送理论，熔体在螺杆计量段的流动有正流、逆流、横流和漏流四种。

正流，是塑料熔体在料筒和螺杆之间沿着 Z 轴，即沿着螺槽成螺旋形向口膜方向流动。

逆流，是料流压力梯度所引起的流动。由于料流压力是随着料流前进而逐渐增大的，所以逆流的方向与正流相反，沿着 Z 轴向加料口方向流动。

横流，是塑料熔体沿着 X 轴方向的流动，即熔体在两螺棱之间的流动。

漏流，是压力梯度造成的，或者说是机头压力（即熔体压力，一般为15～25MPa）造成的，这所指的是熔体从螺棱与料筒之间的间隙 δ，沿着螺杆轴线向加料口方向流出的料量。如果计量段温度偏高，熔体黏度小，而模头温度偏低，机头压力增大，漏流量增大，有时会从排气孔冒出熔体来。

漏流的存在，无疑对塑化过程起促进作用。加工过程之初，即刚开车时，熔化段和计量段无熔体漏流，所以加工较为困难，要么提高加工温度，要么提高剪切速率。待加工进行一段时间以后，计量段塑化完全，熔体黏度降低，漏流增大，这便产生了“诱导塑化”作用。

5.8.6.3 “诱导塑化” 的应用

① 性能优良的树脂“诱导塑化”性能较差的树脂，为使开车顺利进行，可先用加工性能优良的 PVC 树脂“诱导”开车，待开车顺利后再换上性能较差的树脂。

② 用乳液法 PVC 树脂“诱导塑化”悬浮法 PVC 树脂。欧洲人早就认为，乳液法 PVC 树脂的易流动特性可取消或减少对加工改性剂的需要，甚至将 30%的乳液法 PVC 树脂与 70%的悬浮法 PVC 树脂混合使用，可改善加工性能。乳液法 PVC 树脂的加工流动性优于悬浮法 PVC 树脂，在于它们的成粒历程不同。

③ 低分子量 PVC 树脂（如 SG7）“诱导塑化”高分子量 PVC 树脂（如 SG3）。

④ 利用“诱导塑化”降低加工改性剂用量。加工改性剂如 K-125、K-120N 和 ACR 等，能提高 PVC 树脂的塑化性能。但此类助剂价高，应尽量不用或少用。既要加工性能好，又要成本低，最好的办法是先加入大剂量的加工助剂，待顺利开车后，利用其“诱导塑化”作用，再适当降低加工助剂用量，也能得到好效果。

⑤ 利用“诱导塑化”适量增加填料。将碳酸钙、滑石粉等加到配方中可大大降低成本，但增加了加工难度，最好的办法是先少加填料或不加填料，待开车成功后利用“诱导塑化”作用，再增加适量填料。

⑥“诱导塑化”在挤出机螺杆设计上的应用。奥地利辛辛纳堤公司生产的CM80 锥形双螺杆挤出机其螺杆设计十分独特，在螺杆的熔化段后部和计量段前部，也即两段的交界处，在螺杆上有意识地开了一些缺口，如图 5-

10所示。这些缺口的存在使漏流量加大，“诱导塑化”作用特别明显。

正是这些螺棱上的缺口使PVC板的挤出诱导期大大缩短，牵引一成功，产品质量就达标，加工过程也就稳定下来，实际上诱导期几乎为零。

螺棱开口这一事实，是“诱导塑化”理论的应用，更是对“诱导塑化”理论的有力支持。加工改性作用也是“诱导塑化”作用。

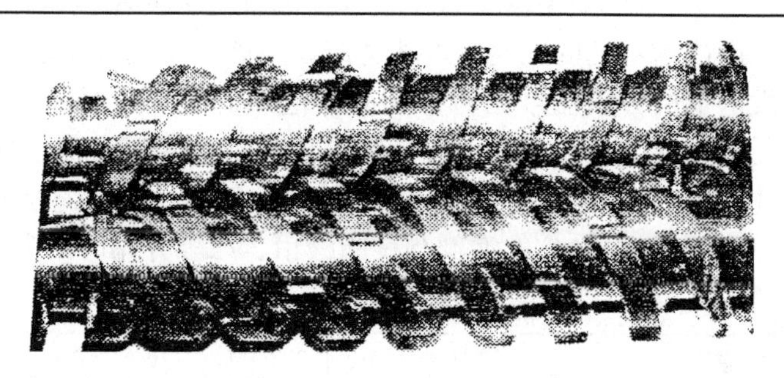

■图5-10 螺棱上开缺口的照片

5.9 发泡剂

5.9.1 发泡剂的种类

通常，聚氯乙烯泡沫制品多采用化学发泡剂为成孔剂，因而化学发泡剂是制备PVC泡沫塑料的重要助剂，发泡剂与聚氯乙烯树脂混合均匀后，在树脂熔融塑化的同时，发泡剂分解放出气体，并使制品形成微孔结构，从而可以制备具有不同性质和用途的PVC塑料泡沫制品。

常用的化学发泡剂可分为有机发泡剂和无机发泡剂两类，代表性的品种有如下几类。

① 有机发泡剂：偶氮化合物类，亚硝基化合物类，磺酰肼化合物类。

② 无机发泡剂：碳酸氢铵，碳酸铵，碳酸氢钠。

另外，也有以水作为发泡剂的。Matuana，Laurent M. 等在硬PVC/木粉复合材料制作中，利用含水木粉作为有效的发泡剂，发泡材料的密度可低达0.4g/cm^3。

5.9.2 发泡剂的选择

在大多数情况下，制备PVC发泡制品均采用有机发泡剂为成孔剂，有机发泡剂在PVC中的相容性和分散性好、发泡量大、效率高。对有机发泡剂有下列基本要求：

① 逸出气体的温度范围应与树脂熔融温度相适应；

② 发气量要大；

③ 逸出的气体无腐蚀性，对 PVC 的热稳定性不产生明显影响；

④ 分解时放热量较小，过程平缓。

生产 PVC 发泡制品时，常因发泡剂的分解温度较高，不能与树脂的熔融温度或增塑剂的胶凝温度相适应，故需添加发泡助剂（俗称促进剂）以降低发泡剂的分解温度。对常用的发泡剂偶氮二甲酰胺（AC 发泡剂）来说，若与尿素或与硬脂酸铅、锌、镉等化合物并用，会促使偶氮二甲酰胺分解。上述促进剂在使用相同份数时，其促分解能力的顺序是镉＞铅＞锌。表 5-26 和表 5-27 是 AC 发泡剂与硬脂酸铅、尿素并用时对分解温度的影响。

■表 5-26 硬脂酸铅对偶氮二甲酰胺起始分解温度的影响

硬脂酸铅/g	—	0.1	0.2	0.3	0.4	0.5	0.6	0.7	0.8	0.9	1.0
偶氮二甲酰胺/g	1.0	1.0	1.0	1.0	1.0	1.0	1.0	1.0	1.0	1.0	1.0
起始分解温度/℃	208	189	186.5	182.5	182	182.5	182	180.5	180	179	177

■表 5-27 尿素对偶氮二甲酰胺起始分解温度的影响

尿素/g	—	0.1	0.2	0.3	0.4	0.5	0.6	0.7	0.8	0.9	1.0
偶氮二甲酰胺/g	1.0	1.0	1.0	1.0	1.0	1.0	1.0	1.0	1.0	1.0	1.0
起始分解温度/℃	208	193	189	185	180	179	179	178	175	173	150

5.9.3 发泡剂的特性

PVC 泡沫制品生产中，常用的有机发泡剂与无机发泡剂的特性见表 5-28。

■表 5-28 常用发泡剂的特性

类别	化学名称	代号或化学式	物化性质				与 PVC 的混配技术		
			外观	分解温度/℃	气体成分	发气量/(ml/g)	分散方法	适应性	成孔特性
有机发泡剂	偶氮二异丁腈	AIBN或ABN	白色粉末	空气中：115 树脂中：90～115	N_2	130～150	与增塑剂等捏合	SPVC	闭孔
	偶氮二甲酰胺	AC或ADC	微黄粉末	空气中：195～200 树脂中：160～200	N_2：65% CO：32% NH_3：3%	250～300	与增塑剂等捏合	SPVC RPVC	闭孔
	偶氮二碳酸二异丙酯	DIPA	橙色液体	空气中：大于 240 树脂中：100～165	N_2，CO，CO_2	170～2350	与增塑剂混溶后加入	SPVC RPVC	微孔

续表

类别	化学名称	代号或化学式	物化性质				与 PVC 的混配技术		
			外观	分解温度/℃	气体成分	发气量/(ml/g)	分散方法	适应性	成孔特性
有机发泡剂	偶氮甲酰胺甲酸钾	AP	黄色粉末	空气中：175～185 树脂中：150～180	N_2，CO，NH_3，CO_2	400～430	与增塑剂等捏合	SPVC RPVC	闭孔
	N，*N*-二甲硝基五亚甲基四胺	DNPT 或 DPT	浅黄粉末	空气中：190～205 树脂中：130～190	N_2	260～270	与增塑剂等捏合	SPVC RPVC	微孔
	苯磺胺肼	BSH	白色粉末	空气中：100～160 树脂中：90～95	N_2 H_2O	120	与增塑剂先制成糊	无铅 SPVC 及 PVC 糊	闭孔为主少量开孔
	N，*N*，-二甲基 *N*，*N*，-二亚硝基对苯二甲酰胺	NTA DNTA	黄色晶体	空气中：105 树脂中：70～105	N_2	125	分散在矿物油中使用	厚型 SPVC 制品	闭孔
无机发泡剂	碳酸氢钠	$NaHCO_3$	白色细粉	100～140	CO_2 H_2O	266	与增塑剂等捏合	与 DPT 并用于 SPVC 糊	开孔或闭孔
	碳酸铵	$(NH_4)_2CO_3$	白色结晶	30～60	NH_3 CO_2，H_2O	700～980	与增塑剂先制成糊	与 DPT 并用于 PVC 糊	开孔或闭孔
	碳酸氢铵	NH_4HCO_3	白色结晶	30～60	NH_3 CO_2，H_2O	700～850	与增塑剂先制成糊	与 DPT 并用于 PVC 糊	开孔或闭孔

5.10 阻燃剂

5.10.1 概述

与无机材料相比，塑料等有机高分子材料的耐热性和耐燃性远为逊色，受热易分解，遇火易燃烧。聚氯乙烯是难燃塑料，自身即有良好的阻燃性，但配入增塑剂后，由于大部分增塑剂是易燃物质，至使软质聚氯乙烯塑料具有不同程度的易燃性，易燃的程度取决于增塑剂的品种和用量。如果增塑剂本身可燃，则当加入量在树脂的 50% 以下时，其制品遇火即燃，但离火自熄。因此，当 PVC 制品有阻燃要求时必须加入阻燃剂。对一些阻燃要求高的制品如电工导管，要求氧指数为 40，不加增塑剂的 PVC-U 塑料也不能达标，必须加入阻燃剂。

聚合物的燃烧是一个非常激烈复杂的热氧化反应，其有冒发浓烟或炽烈火焰的特征。燃烧的一般过程是在外界热源的不断加热下，聚合物先与空气中的氧发生自由基链式降解反应，产生挥发性可燃物，该物达到一定浓度和温度时就会着火燃烧起来。燃烧所放出的一部分热量供给正在降解的聚合物，进一步加剧其降解，产生更多的可燃性气体，火势在很短的时间就会迅速蔓延而造成一场大火。

阻燃剂是一类能够阻止塑料引燃或抑制火焰传播的助剂，根据使用方法可分为添加型和反应型两类。添加型阻燃剂是在塑料的加工过程中掺入塑料中，多用于热塑性塑料。反应型阻燃剂是在聚合物合成过程中作为单体化学键合到聚合物分子链上，多用于热固性塑料，有些反应型阻燃剂也可用作添加型阻燃剂。按照化学结构，阻燃剂又可分为无机和有机两类，在这些化合物中多含有卤素和磷，有的含有锑、硼、铝等元素。

5.10.2 阻燃机理

虽然对阻燃剂作用机理的研究还不够深入，但阻燃剂干扰氧、热和可燃物这三个维持燃烧基本要素的基本功能还是肯定的，它可通过如下几个途径得以实现。

① 阻燃剂分解产生较重的不燃性气体或高沸点液体，覆盖于塑料表面，隔绝氧气和可燃物的相互扩散。

② 通过阻燃剂的吸热分解或吸热升华，降低聚合物表面温度。

③ 阻燃剂产生大量不燃性气体，冲淡燃烧区域的可燃性气体浓度和氧浓度。

④ 阻燃剂捕捉活性自由基，中断链式氧化反应。

一种阻燃剂可通过一种或多种方式发挥阻燃效能。以下简要介绍几类主要阻燃剂的作用机理。

(1) 含卤化合物 有机类和无机类含卤阻燃剂的作用机理是相似的，都是捕捉活性自由基。在高温下含卤阻燃剂分解产生的卤原子与聚合物反应生成卤化氢；与高活性羟基自由基或氢原子反应生成水或氢气，从而中断链式氧化过程，使燃烧减缓，以至停止。反应过程如下。

$$\underset{\text{阻燃剂}}{R{-}X} \xrightarrow{\text{热}} R\cdot + \underset{\text{卤原子}}{X\cdot}$$

$$X\cdot + \underset{\text{聚合物}}{R'H} \longrightarrow XH + R'\cdot$$

$$H\cdot + HX \longrightarrow H_2 + X\cdot$$

$$HO\cdot + HX \longrightarrow H_2O + X\cdot$$

卤素的阻燃效果顺序是溴>氯>碘>氟，溴的效果最好，这是因为碳溴键的离解能比碳氯键的离解能低，氟化物几乎没有阻燃作用。

(2) 含磷化合物 磷化合物的阻燃效果相当大，燃烧时生成的偏磷酸可聚合成稳定的多聚态，成为塑料的保护层，隔绝氧和可燃物，磷酸能促进塑料的炭化。当磷与卤素共存时阻燃效果更大，两者反应生成的卤化磷（如 PBr_3、PBr_5 等）具有较大的蒸气密度，覆盖于火焰表面可隔绝氧气和冲淡可燃物，同时产生的卤化氢又可捕捉活性自由基。

(3) 三氧化二锑与卤化物 三氧化二锑本身并无阻燃效果，但在卤化物的存在下却显示很大的协同效应。因为两者在塑料表面层反应生成挥发性的卤化锑（如 $SbCl_3$）和卤氧化锑（如 SbOCl），它们的挥发可以吸收热量，同时产生的气体可以隔绝氧气和冲稀可燃物。

5.10.3 阻燃剂品种

PVC 塑料用阻燃剂的品种及性能如表 5-29 所示。

■表 5-29 PVC 塑料用阻燃剂

化学名称及分子式	性能	用途	毒性
三氧化二锑（锑白）Sb_2O_3	白色粉末，粒径 1～3μm，相对密度 5.2～5.7，熔点 652～656℃，折射率 2.087	应用广泛的添加型阻燃剂，单独使用阻燃效果低，与磷酸酯，含氯化合物、含溴化合物并用，有良好的协同效应，PVC 等多种塑料阻燃剂	对眼、鼻、咽喉有刺激作用，与皮肤接触可以引起皮炎
氢氧化铝 $Al(OH)_3$	白色粉末，粒径 1～20μm，相对密度 2.42，折射率 1.57。在 200℃ 以上脱水，放出三分子结晶水，可以吸收大量热量，降低温度，以阻止燃烧	多种塑料阻燃剂，价廉，除阻燃外还有减少烟雾和有毒气体的作用。但本品阻燃能力不太强，添加量高达 40～60 份	无毒
硼酸锌 $2ZnO \cdot 3B_2O_3 \cdot 3.5H_2O$	白色粉末，粒径 2～10μm，相对密度 2.69，折射率 1.58～1.59	PVC 等多种塑料阻燃剂，价廉，可作为三氧化二锑的代用品，对含卤阻燃剂并用效果好	无毒
硅合氧化锑或氧化锑-氧化硅复合物	本品是在二氧化硅表面融合一层氧化锑的产物，白色粉末，氧化锑含量 50%，粒径 <44μm	本品为阻燃型着色剂，特别适用于 PVC 等含氯塑料，在 PVC 中用量为 4%～8% 时即可获得良好的阻燃效果	
氧化钼或三氧化钼 MoO_3		是氧化锑的代用品，兼阻燃和抑烟双重功能。适于 PVC 和不饱和聚酯。与氧化锑或氢氧化铝并用有协同效应	

续表

化学名称及分子式	性能	用途	毒性
偏硼酸钡 $Ba(BO_2)_2$		添加型阻燃剂，可作为氧化锑的廉价代用品，与含卤阻燃剂并用有协同效应，适用于PVC等塑料阻燃，有抗微生物作用	
四溴丁烷 $C_4H_6Br_4$	白色粉末，熔点110～119℃，含溴量＞85%，开始分解温度150℃	软质PVC阻燃剂	
五溴二苯醚		添加型阻燃剂，用于PVC等塑料	
氯化石蜡	含氯量70%，淡黄色树脂状粉末，相对密度1.60～1.70，软化点95～105℃	添加型阻燃剂，适用于PVC等塑料，通常与等量的氧化锑配合使用，用量10%～20%	
磷酸三（2，3-二氯丙基）酯	淡黄色透明黏稠液体，相对密度1.5129（25℃），开始分解温度230℃，折射率1.5019	广泛应用的添加型阻燃剂，阻燃性能高，适用于PVC等塑料，一般用量10%～20%，软质PVC加入10%	对大白鼠的经口LD_{50}为2.83g/kg体重

5.11 抗静电剂

5.11.1 概述

大多数塑料及高分子材料所具有的高绝缘性、耐腐蚀性及耐水性等优良性能，使其在工农业、高科技领域有着广阔的应用空间。但是高绝缘性也从反面为塑料带来静电危害的问题。由于摩擦和剥离，在塑料制品上会产生静电积聚，静电压有时会高达几千伏甚至几万伏，轻者造成塑料表面吸尘，重者造成电击、放电，诱发火灾和爆炸，特别是煤矿井下瓦斯爆炸，造成巨大的人身伤亡和财产损失。各种塑料的体积电阻如表5-30所示。

5.11.2 抗静电剂的定义和分类

添加于塑料中或涂覆于其制品表面，能够降低表面电阻和体积电阻，适度增加导电性，从而防止制品上积聚的静电荷的物质称为抗静电剂，也可称作静电防止剂或静电消除剂。

抗静电剂可分为以下几类。

■表 5-30　各种塑料的体积电阻

塑料品种	体积电阻/Ω·cm	塑料品种	体积电阻/Ω·cm
聚乙烯	$10^{16}\sim10^{20}$	乙基纤维素	$10^{13}\sim10^{14}$
聚丙烯	$10^{16}\sim10^{20}$	聚酯	$10^{12}\sim10^{14}$
聚苯乙烯	$10^{17}\sim10^{19}$	蜜胺树脂	$10^{12}\sim10^{14}$
聚四氟乙烯	$10^{15}\sim10^{19}$	脲醛树脂	$10^{12}\sim10^{13}$
ABS 树脂	$1\sim4.8\times10^{16}$	环氧树脂	$10^{8}\sim10^{14}$
聚碳酸酯	2.1×10^{16}	醋酸纤维素	$10^{10}\sim10^{12}$
聚偏二氯乙烯	$10^{14}\sim10^{16}$	硝酸纤维素	$10^{10}\sim10^{11}$
聚氯乙烯	$10^{14}\sim10^{16}$	酚醛树脂	$10^{9}\sim10^{12}$
聚甲基丙烯酸甲酯	$10^{14}\sim10^{15}$	聚乙烯醇	$10^{7}\sim10^{9}$
聚氨酯	$10^{13}\sim10^{15}$	纤维素	$10^{7}\sim10^{9}$
聚硅氧烷	$10^{13}\sim10^{14}$		
聚酰胺（尼龙）	$10^{13}\sim10^{14}$		

(1) 表面活性剂型抗静电剂　抗静电剂的主要品种见表 5-31。一般是将其涂覆于塑料制品表面，依靠抗静电剂的亲水基增加制品表面的吸湿性，形成一个单分子的导电膜；或增加塑料制品表面的电子浓度从而增加导电性。但这类抗静电剂的缺点是对表面电阻的降低有限，即不能达到太低的表面电阻，用于煤矿井下这种易燃气体环境是不适合的，瓦斯排放用塑料管要求表面电阻小于 $1\times10^{6}\Omega\cdot cm$。

■表 5-31　抗静电剂主要品种

种类	结构	主要组成	适用树脂	特点
阳离子型	季铵盐类	亲油基：单烷基、双烷基 离子对：卤素、磷酸、高氯酸、有机酸	PVC	抗静电效果好，一般热稳定性欠佳，有着色作用，毒性较大
非离子型	脂肪酸多元醇酯	亲油基：单烷基、双烷基 多元醇：甘油、山梨糖醇、聚甘油酯、聚氧乙烯、聚氧丙烯	聚烯烃 ABS	与树脂相容性好，耐热稳定性好，抗静电效果好，无毒（或低毒）
	聚氧乙烯加成物	亲油基：烷基胺、烷基酰胺、脂肪醇、烷基酚 亲水基：聚氧乙烯、聚氧乙烯＋聚氧丙烯		
两性型	甜菜碱，丙氨酸盐	阳离子部分：烷基胺、烷基酰胺、咪唑啉 阴离子部分：羧酸盐、磺酸盐	聚烯烃 PS ABS	抗静电性能较好
阴离子型	磷酸盐型	亲油基：脂肪醇、聚氧乙烯	聚烯烃 PS ABS PVC	对材料力学性能影响较大，导致冲击强度下降
	磺酸盐型	亲油基：烷基、芳烷基		

(2) 结构型抗静电剂 结构型抗静电剂又称导电高聚物或称本体电导聚合物(Intrinsically Conducting Polymers)。这类导电塑料主要是使聚合物分子中的电子不定域(结构中有共轭双键),π键电子作为载流子,可在聚合物分子中引入导电性基团或掺杂其他材料,通过电荷交换而形成导电性。如聚乙炔、聚吡咯、聚噻吩和聚胺,表面电阻可达到 $10^3\Omega$。这类抗静电剂价太高,对煤炭井下抗静电塑料管是不适合的。

(3) 导电填料 炭黑、石墨、金属粉末、金属氧化物粉末、云母粉、镀金属的玻璃微珠、导电纤维等都属导电填料。这类导电填料抗静电效果好,表面电阻可降至 $10^2\Omega$ 以下,但缺点是价高,只限于特殊制品使用。

其中,炭黑填充的应用最广,这是因为炭黑原料易得、价廉、导电性能持久稳定,还可大幅度地调整导电性能。炭黑属于半导体,本身的体积电阻在 $0.1\sim10^2\Omega$ 之间。一般的炭黑不能作为导电填料,只有具有特定物质结构和外形尺寸的、在塑料中能形成网络结构的炭黑才能作为导电填料。常用的是用乙炔作原料的合成炭黑,导电炭黑最适合用于煤矿井下用抗静电管的制造。

炭黑的导电性是由炭黑的结构特点、粒子尺寸分布和表面化学性决定的。炭黑粒子只有在树脂基体内形成链状网络才显示出明显的导电性,此时达到某一临界值(图5-11),超过临界值后网络渐趋饱和,随后加入的炭黑形成过剩的导电网络,故电导率随含量的增加改变不显著。

另外,合理的工艺条件对产品抗静电性能影响也很大,主要是混炼时间和加工温度(见图5-12、图5-13)。图5-12表明,电性能与混炼时间的关系存在一最佳值混炼时间(大约5~7min),刚开始混炼时,剪切的分散作用占主导地位,故导电性随时间延长而升高。达到最佳值后再继续混炼,导电的炭黑将被树脂包裹而失去导电性,所以电导率反而下降。混炼时间越长,被包裹的导电炭黑越多,故时间越长,导电性能越差。导电炭黑用偶联剂进行表面活化处理后再与PVC树脂一起混炼,导电塑料的机械强度得到提高,但电导率却大大下降。这也是由于包裹的炭黑失去导电性所致。图5-13表明,成型温度高,使材料表面的电阻降低,有利于提高制品抗静电性能。

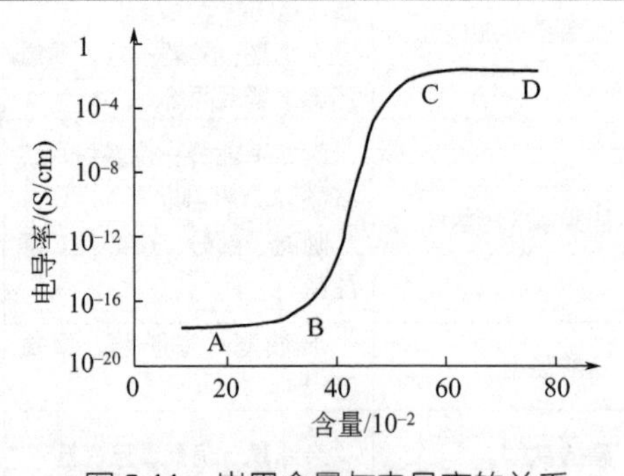

■图5-11 炭黑含量与电导率的关系

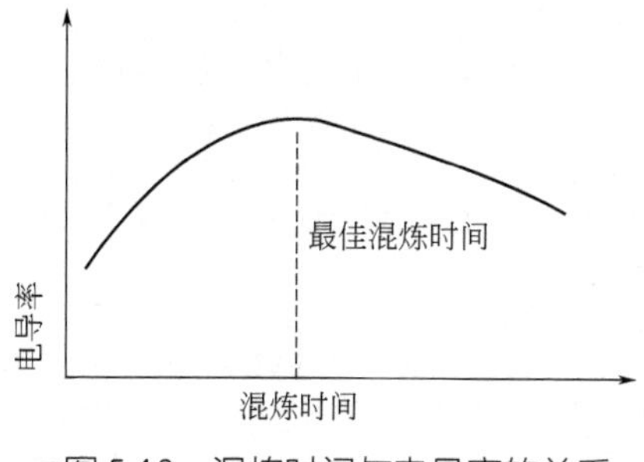

■图 5-12 混炼时间与电导率的关系

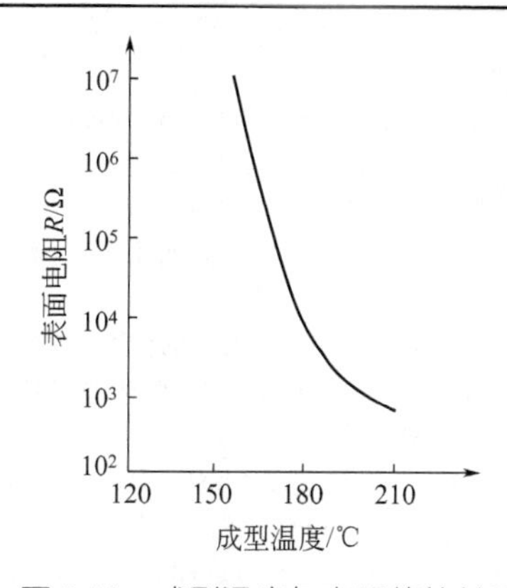

■图 5-13 成型温度与电阻值的关系

成型加工方法不同，制品的导电性有很大的差异，这主要是因为不同的加工方法使材料受到的剪切不同，也引起树脂包裹炭黑的程度不同，取向、分散程度的差异。不同加工方法所制得产品的电阻变化顺序为：流延＞吹膜＞注射＞挤出＞层压。

炭黑粒子形成的链状网络并不是指粒子之间彼此真正相连，粒子之间彼此是有距离的。只要导电粒子之间距离小于 1nm 时，在电压作用下就能形成导电通路；另外，在非导体聚合物隔开的导电粒子之间，电子隧道跃迁也会产生导电作用。

参考文献

[1] 赵劲松，付志敏．PVC-U 加工过程中的稳定机理及稳定剂发展状况．聚氯乙烯，2001（6）：30-33.

[2] 赵劲松，付志敏．PVC 加工热稳定剂配方设计．第 6 届全国 PVC 塑料与树脂技术年会论文专辑．2007，120-144.

[3] 赵劲松．废聚氯乙烯塑料的回收利用，塑料通讯，1990（3）：15-21.

[4] 坪井康太郎等．塩化ビニル系树脂组成物．特开平 5-70648. 1993.

[5] 岡部有司郎，芳贺俊和，纲泽康晴．塩化ビニル树脂组成物．特开平 6-322206. 1994.

[6] Rizwan Hussain and Fazal Mahmood. Jour Chem. Soc. Pak，1994，16（4）：225.

[7] H. Ismet Gøkcel，Devrim Balkøse，Ufiur Køktürk. Effects of mixed metal stearates on thermal stability of rigid PVC [J]. European Polymer Journal，1999，(35)：1501-1508.

[8] 赵劲松，赵川．复合金属皂热稳定剂对聚氯乙烯热稳定性的影响．2005年全国PVC塑料加工工业技术年会论文专辑P144～153.

[9] 杨明．塑料助剂手册．南京：江苏科学技术出版社，2002.

[10] 赵劲松，郑德，陈鸣才等．稀土钕（Nd）在聚氯乙烯加工中的热稳定性研究，塑料，2004，33（2）：5-11.

[11] 赵劲松，纳米复合PVC-U塑料增强、增韧机理探讨．聚氯乙烯，2003（5）：37.

[12] 赵劲松，付志敏．纳米$CaCO_3$在PVC-U管材生产中的应用．聚氯乙烯，2003（2）：32-35.

[13] 赵劲松，付志敏．聚氯乙烯静音排水管及其制造方法．ZL 03135574.9（2003).

[14] 赵劲松．木塑制品生产工艺及配方，2011年7月北京第一版，化学工业出版社．

[15] 陈顺喜，赵劲松，刘景江．氯化聚乙烯对聚氯乙烯的增韧改性．中国科学技术大学学报，1985，增刊：239-244.

[16] 陈顺喜，赵劲松，刘景江．EVA-PVC共混物和EVA-VC接枝共聚物抗冲击性能比较．工程塑料应用，1986（3）：30-32，47.

[17] 陈顺喜，刘景江，赵劲松．EVA-VC和EVA-PVC形态的研究．中国科学技术大学学报，1987，17（2）：278-281；CA107：237624X.

[18] 赵劲松，陈顺喜．EVA的加工改性作用和润滑作用．合成树脂及塑料，1989（2）：25-27.

[19] 赵劲松，陈顺喜．EVA和K-125在硬质聚氯乙烯加工过程中的流变性能研究．塑料通讯，1988（4）：44-46.

[20] 赵劲松．增塑剂在R-PVC挤出加工中的应用．聚氯乙烯，1988（3）：19-22.

[21] 赵劲松，赵侠．PVC-U加工中的“诱导塑化”作用．化学建材，2001（1）：13-15.

[22] Matuana，Laurent M，Mengeloglu，Fatih. Moisture as a foaming agent in the manufacture of rigid PVC/wood-flour composite foams of Plastics Technical Conference-Society of plastics Engineers，60th. 2002，(3)：3309-3314.

[23] 郑德，赵劲松等．塑料助剂与配方设计P511-520. 2005年北京第二版，化学工业出版社．

第6章 加工方法及制品

6.1 引言

PVC 加工全过程包括原料准备、配料、原料混合分散、造粒、制品成型、制品后处理、回用料回收、检验、包装等工艺过程组成的完整流程。典型流程的生产过程如图 6-1。

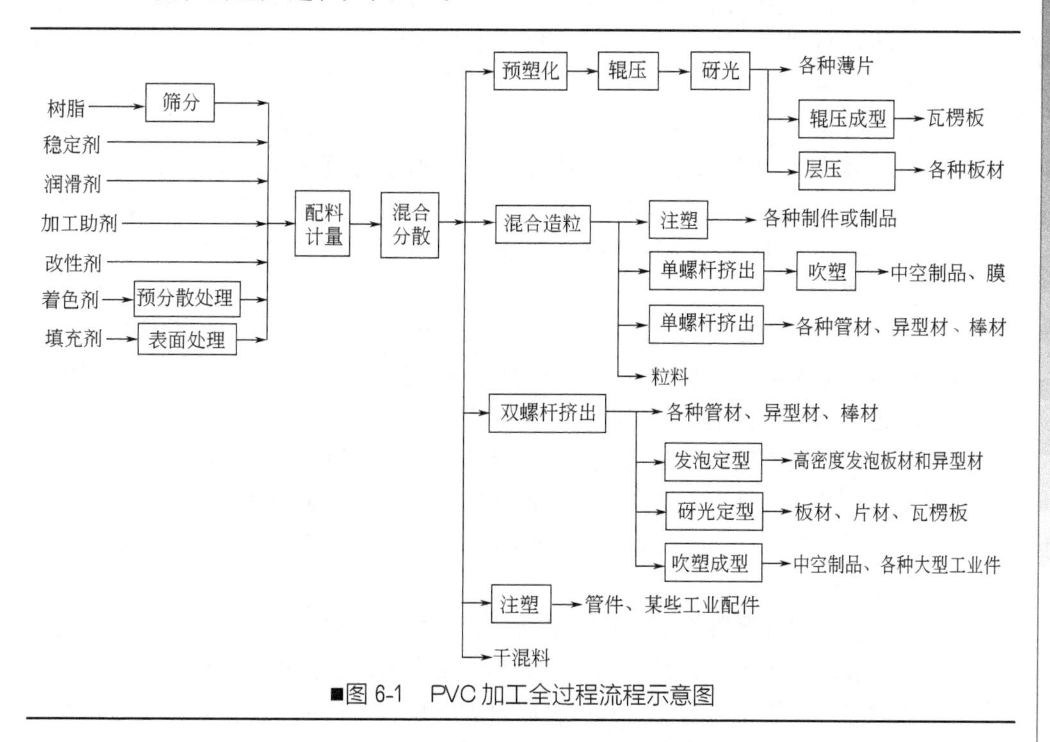

■图 6-1 PVC 加工全过程流程示意图

6.2 物料的配混

PVC 物料的配混分为原料准备、预混、混炼、造粒四个工艺过程。直接采用粉料加工成型可不经历后两个过程。

6.2.1 原料准备

原料准备是指按产品性能和加工技术要求，将选用的合格原料进行配方的有关工作，基本上可分为筛选、输送、计量、研磨等工序。

6.2.1.1 树脂筛选

筛选聚氯乙烯树脂的目的，主要是排除混在树脂内的机械杂质或不符合粒度要求的树脂粒子。常见的筛选设备有圆筒筛、振动筛和平动筛等。为去除金属杂质，许多筛选设备还附加有电磁吸脱装置。

6.2.1.2 树脂及粉体物料的输送

树脂输送装置有气力输送（即风送）、带式输送、螺旋输送和斗式升降输送等几种方式。

(1) **气力输送** 气力输送是塑料配混过程采用得最多的输送形式。输送系统由原料仓、输送管道、旋风分离器和储料仓组成。物料由风力驱动，悬浮于气流中在密闭的管道系统内输送。这种方式具有管路布置灵活，可进行垂直、倾斜和水平方向输送，输送距离远、速率快、效率高和物料不易混入杂质等优点，且整个系统占地面积小，设备维修方便、容易实现自动化操作；系统工作时不受外部环境因素（如气候、自然风等）的影响，操作条件和安全性好，也有利于环境保护。但这种方式动力消耗大，约为其他机械输送功率的 2～20 倍。几种气力输送的装置示意如图 6-2。

(2) **带式输送** 是以电动机和一系列传动机构、承托机构和传送带组合的物料输送装置。它在 PVC 塑料加工有一定应用，比如将 PVC 树脂袋由楼底送至高速捏合机旁边，减少人工扛送。

(3) **螺旋输送** 是由电动机、物料管和螺旋推料器组成的物料传送装置。它是一种具有长轴的螺旋片输送机，由电动机驱动螺旋片旋转，使物料从进料端沿管套送至出料口。实际上它是一个单螺杆挤出机，很少用于 PVC 塑料加工。

(4) **斗式升降输送** 是由电动机、一系列传动机构、料斗和料斗牵挂机构组成的机械式物料输送设备。实际上是由料斗、推车和电梯式起降装置组成的输送装置用得最多，它可将混合好的粉料由低位升至高位，也可由高位降至低位。属于半自动操作，但使用很方便，用得最多。

6.2.1.3 计量

聚氯乙烯塑料加工过程中，计量方式按物料的形态可以分为固体计量和液体计量两类，而按计量方法可分重量计量和体积计量两类。生产中常用的是重量计量法。计量可以采取自动计量，也可以采取人工称量。

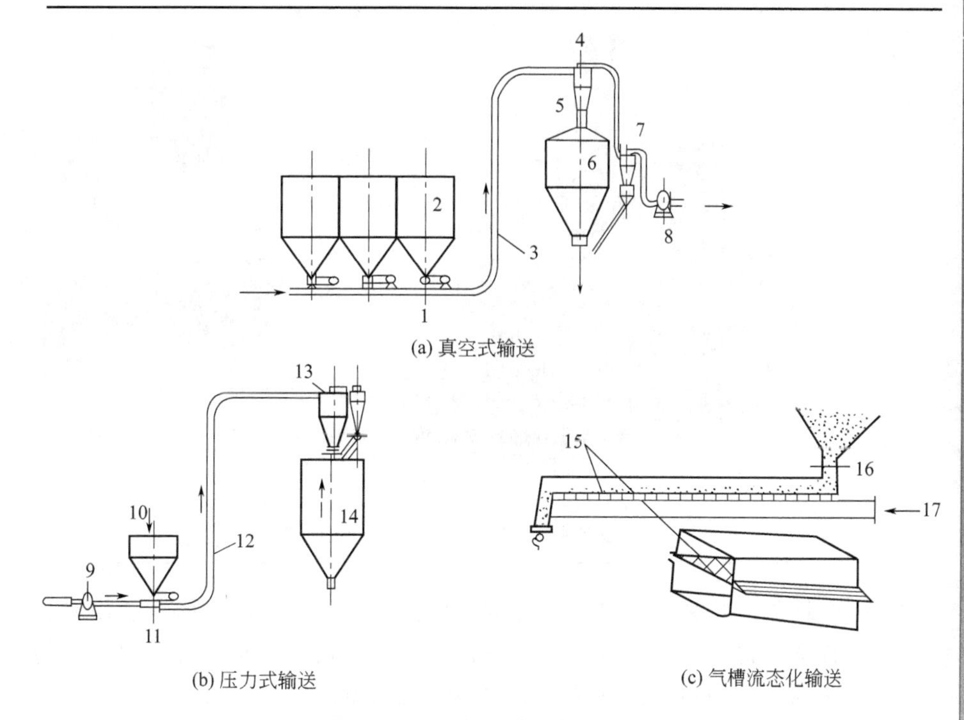

■图 6-2　几种气力输送装置示意图

1,11—旋转式送料器;2,14—料仓;3,12—输送管;4—第一次旋风分离器;5—挤出机;6—储槽;7—二次旋风分离器;8,9—罗茨鼓风机;10—料斗;13—旋风分离器;15—多孔板;16—调节板;17—空气口

6.2.1.4 粉体物料的研磨及母料制备

在 PVC 的加工配方组分中，有一些用量少但对分散要求较高的组分，如用作黑色着色剂的炭黑，一般是先将炭黑和少量增塑剂等必用的液体组分在三辊研磨机上研磨成浆料，再投入使用。也可以预制成色母粒料再投入使用。

6.2.2 预混

6.2.2.1 硬质聚氯乙烯的预混工艺

硬质聚氯乙烯预混一般采用热混机（高速捏合机）/冷混机机组，图 6-3 是两种最具代表性的热混/冷混机组。

热混机为一圆形筒体容器，如图 6-3 上部装置，容器底部有呈平面布置的一组搅拌叶。其转速因规格型号不同而不同。一般分高速和低速两挡，高速为 1000～1600r/min，低速为 400～900r/min。物料在搅拌桨叶推动下沿容器壁急剧散开，并从容器中心部位落下，形成旋涡状运动，以达到迅速混

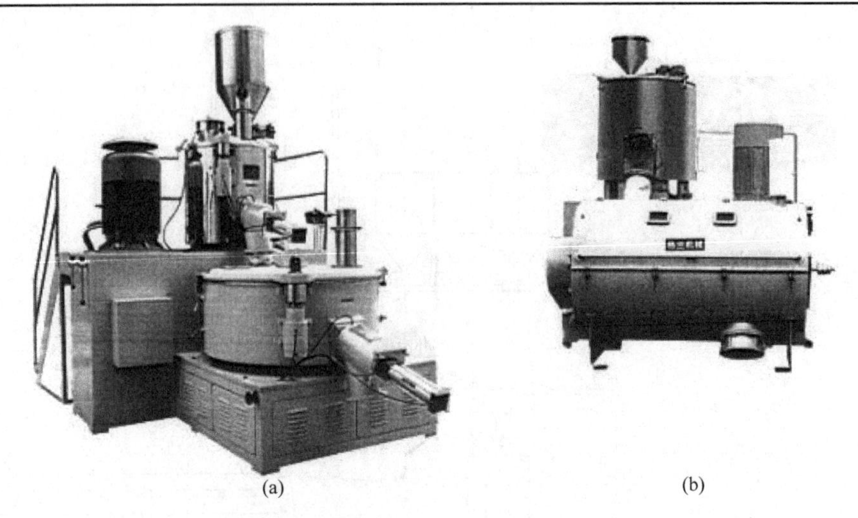

(a) (b)

■图 6-3 两种最具代表性的热混/冷混机组

合均匀。物料还受到折流板的作用而改变运动方向，增强了物料组分间的扰动并提高了混合效率。在高速搅拌下，物料得到混合的同时，物料间的摩擦热、物料与搅拌桨叶和容器壁间的摩擦热，会使物料温度上升。当达到设定温度（硬 PVC 为 105～125℃），放料阀门自动开放，物料放至冷混机。热混机顶盖设有排气口，将热混产生的水分及挥发分排出，防止在盖内冷凝。冷混机也是圆形筒体容器，容积比热混机大，筒体高度较低，热混料借重力自动卸入冷混机内。筒体有夹套，夹套中通冷却水。容器底部也有平面布置的搅拌桨叶，转速 300r/min，待物料温度降至 40℃以下，储备待用。

有些塑料加工厂则采用带水冷夹套的多螺旋（或螺带）搅拌锥形混合机（图 6-4）与高速捏合机配套使用。这种组合的优点是可以一次冷却多批热混料，而且有并批“归一化”作用，因而能够减少批料间差别，取得更好的均一性。

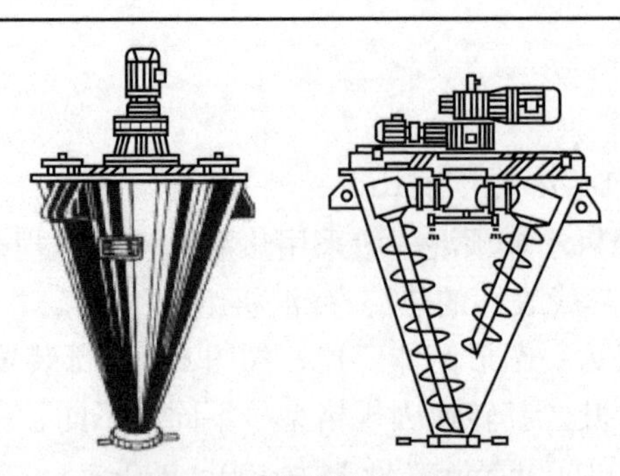

■图 6-4 螺旋搅拌锥形混合机

在热混过程中，PVC 树脂及各种组分不是简单的物理机械混合，而是要发生一定的物理化学变化，如熔点低于出料温度（110～130℃）的组分，如硬脂酸、石蜡等，它们会熔化变成液体，与室温下本身就是液体的组分如增塑剂、环氧大豆油、有机锡等，渗透进 PVC 树脂的多孔结构的孔隙中（疏松型 PVC 树脂的孔隙率在 20%～30%之间），将初级粒子（粒径约 0.7μm）包裹或浸润溶胀，而不是完全将助剂熔化而黏附在树脂表面。

从上述分析可以看出，似乎捏合温度越高越好，它可以使更多的组分在捏合过程中就熔化并进入 PVC 树脂孔隙。但捏合温度太高了，PVC 树脂会在捏合机中分解使树脂变黄，严重时会加速分解，捏合温度失控，物料熔在捏合机中，产生“熔锅”现象。因而高速捏合机的出料温度设计必须科学设计和严肃控制。

冷混机的出料温度不得高于 40℃，否则物料会结块，严重时物料会因 PVC 树脂分解而变黄。

6.2.2.2 半硬质聚氯乙烯的预混工艺

半硬质 PVC 如以常温搅拌，则不利于增塑。如采用硬质 PVC 搅拌时的加热温度，则少量增塑剂又可能很快被 PVC 树脂吸收，至使稳定剂、色料结块，不利于分散均匀。故半硬 PVC 以采用微加热捏合较好，并在搅拌过程中逐渐加热升温。

6.2.2.3 软质聚氯乙烯的预混工艺

软质 PVC 配方中加有大量增塑剂，预混过程中的工艺条件如混合时间、温合温度和加料顺序的设立应充分考虑到增塑剂对 PVC 树脂的溶胀过程及其他添加剂对增塑剂的吸收等因素。

配方中含有一定量的填料时，应在树脂中先加增塑剂，使树脂充分溶胀，然后再加入填料。

半硬质 PVC 和软质 PVC 的预混设备以低速混合机为宜（图 6-5）。

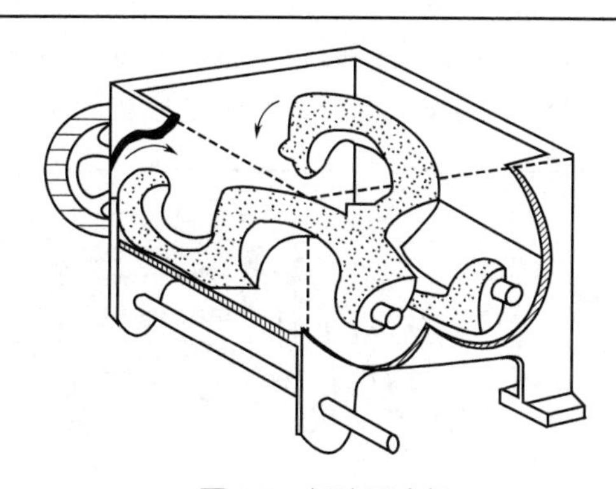

■图 6-5 低速混合机

这类搅拌机有 Z 型捏合机、Σ型搅拌机和螺带式搅拌机等。其搅拌叶的结构虽有不同，但搅拌效率基本相同，均属外加热式，低速、低效、开放式间隙操作的搅拌装置。Z 型捏合机中有一对转动方向相反的 Z 型搅拌桨，其主轴转速一般为 20～40r/min，副轴转速为 10～20r/min，速比大致是（1.5～3）∶1。工业上常用 Z 型捏合机的容积为 500～1000L 或更大。这类低速搅拌机适于粉状、糊状或高黏度物料的混合。

6.2.3 聚氯乙烯糊的制备工艺

先将各种助剂与少量增塑剂混合并用三辊研磨机研细作为“小料”备用，然后将乳液法 PVC 树脂和剩余的增塑剂，于室温下在混合设备内通过搅拌而使其混合。在混合过程中缓缓注入“小料”，直至成为均匀的糊状物为止。为了进一步提高制品质量，可将制成的糊状物再用三辊研磨细，最后再用真空脱除气泡。

6.2.4 混炼

使干混料通过高剪切混炼装置的混炼塑化，供成型、加工和造粒用的过程称为混炼。混炼装置的形式很多，通常可分为开放式双辊混炼机和密闭式混炼机等。

6.2.4.1 开放式双辊混炼机

简称开炼机，它由并列的相对旋转的钢制空心辊筒、机座、调距装置及传动装置等部件组成，如图 6-6 所示。辊筒内部可通蒸汽或电加热。辊筒间距可以调节，以便控制辊筒表面对物料的剪切混合作用，随间距增加剪切作用降低，混炼效果也降低。两辊转速不同，形成一定速比可增加对物料的剪切力，从而提高了混炼和塑化效率。两辊筒的速比一般是（1∶1.1）～（1∶1.5）。混炼硬聚氯乙烯时，由于混合体系黏度高，混炼时的剪切力大，摩擦热量较大，故可采用速比较小的双辊混炼机。混炼软聚氯乙烯时则可采用速比较大的双辊塑炼机。混炼时，前辊的温度比后辊高 5～10℃，以便熔融物料包在前辊上便于操作。开放式双辊混炼机的主要缺点是间歇操作，生产效

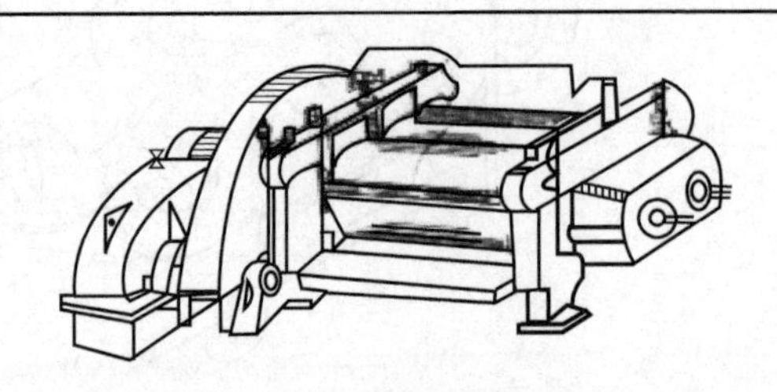

■图 6-6 双辊开炼机

率低、电力和蒸汽量消耗大、操作条件差、劳动强度大、混炼物料易热氧降解、物料易污染、质量控制较困难等。但因其设备简单、投资费用低、直观观察性强、混炼量范围宽、适应性强、清洁方便等，故目前仍在广泛使用。

6.2.4.2 密闭式混炼机

这是一类在开炼机基础上发展起来的密闭式加压的强力混炼装置，主要由混炼室、转子、加料斗、顶栓、加热和冷却系统以及传动装置等组成，如图 6-7 所示。在混炼室设置两个作异向旋转的转子，这是密炼机最重要的部

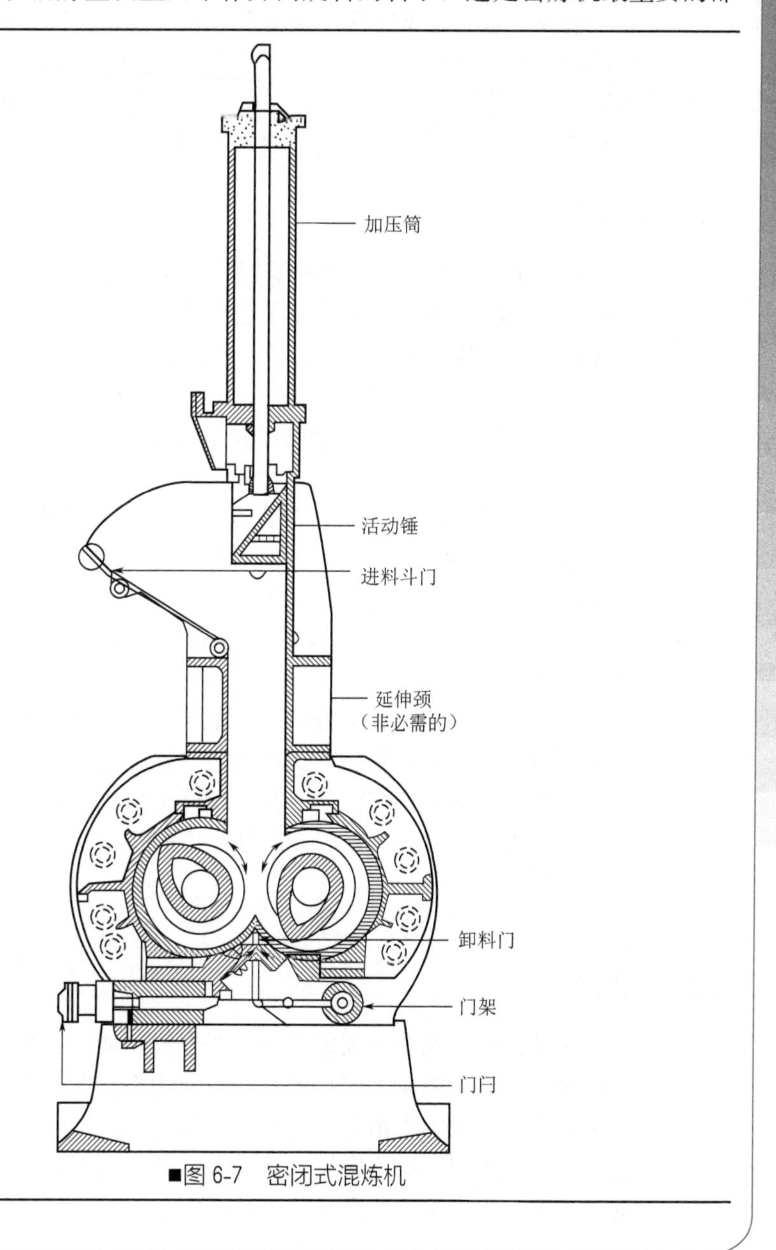

■图 6-7　密闭式混炼机

分，转子的断面形状有梨形、椭圆形等形式，转子表面有两条或多条突棱，可以增大混合能力和提高生产效率。两个转子的转速一般为30～70r/min，速比为（1∶1.1）～（1∶1.2）。常用密炼机的工作容量在30～80L范围。混炼室上部装有顶栓，顶栓并与汽缸相连，汽缸中的压缩空气施压于顶栓，使物料在混炼过程始终受到顶栓压力的作用。物料在混炼室内壁与转子之间和前后转子间受到强力剪切作用，从而能迅速达到塑化均匀，混炼充分的要求。混炼室的外部装有夹套以便通入蒸汽加热和冷水冷却，混炼后的团状物料由卸料门排出。密炼机的优点是实现了密闭操作，混合过程物料不会外泄，组分不易氧化或挥发，杂质不易混入；物料受到剪切作用强、混炼效率高、物料塑化均匀、质量稳定；劳动强度降低，生产条件及环境卫生状况改善等。但密炼机仍有设备复杂、材质要求高，投资费用大，间歇操作，难以实现连续生产；生产工艺控制要求严格，清洗困难，不适于多品种生产的缺点。

6.2.4.3 混炼挤出机

混炼挤出机可以认为是密炼机的改型，它使得混炼得以连续，机筒中的物料经过熔融、塑化、混合过程连续地从机头排出，并经切粒机实现熔混物的粒化。与前两种混炼装置比较，挤出混炼技术具有以下特点。

① 连续化操作，生产能力大，可调范围宽。

② 物料混炼时间短，不易热氧化降解，特别适合于硬质聚氯乙烯的混炼。

③ 剪切作用可以调节，混合效果好，混炼效率高，物料塑化质量好。

④ 物料适应性广，适于粉状，纤维状、粒状及液固混合物的混炼，可以在挤出机中完成预混塑炼、挤出和模口切粒多工序的操作。

⑤ 设备占地小，安装和维修费用低，改善了劳动保护，并可实现自动化生产等。

挤出混炼技术的缺点是设备较复杂，混炼螺杆种类繁多，制造较困难，投资费用大；使用灵活性不及开放式双辊混炼机。

混炼挤出机的形式很多；有单螺杆挤出机，双螺杆及多螺杆挤出机，以及特殊形式的混炼机。它们与制品生产的挤出机基本是一致的，将放在后面的挤出机部分介绍。

6.2.5 造粒

通过计量、混合、混炼塑化的混合料制成供挤出、注塑等成型加工用的粒料的工序称为造粒。粒料的制造可分为冷切和热切两种。冷切法有片状和束状之分，对于不规则物料，也可采用粉碎法制粒。热切法又可分为空气中热切和水中热切，对于聚氯乙烯的混炼料的切粒，切粒装置的配备主要应依据混炼工艺所得到的熔融物的形状而定。

6.2.5.1 片材切粒机切粒

通过开炼机混炼或密炼机混炼后，经开炼机辊压成的一定厚度的料片，一般经冷却后采用片材切粒机切粒。片材切粒机也称切条切粒机或切碎机。一定厚度的料片喂入这种切粒机时，环形纵切刀先将它切成多股条束，这些条束再由旋转刀和固定刀在机台上横切成正方体或长方体粒料。

6.2.5.2 多孔模口的挤出切粒

PVC 预混料由混炼挤出机混炼，经多孔模口挤出的条状物可采用以下三种方法切粒。

(1) 细条切粒机冷切 由挤出机头的多孔板口模挤出的多股细条经牵引至水槽或其他冷却介质冷却后经细条切粒机切粒。粒子的大小可通过调节牵引速率，选择适当的旋转刀直径和刀片数来控制。

(2) 磨面热切 熔融物料通过环状排列的多孔模板挤出的细条料，由安装在孔板表面的旋转刀刮切下来，切刀在孔板表面的削切速率可通过改变切刀轴的转速来控制，热的粒料由空气或冷却水带走，然后冷却或脱水干燥后包装。

(3) 下切粒 这种切粒方法在 PVC 塑料造粒中应用不太普遍。当物料由螺杆挤过滤网后，接着在机头处造粒，通过机头罩的循环水分开热切后的粒料并输送到冷却器，随后进行脱水和干燥，粒料的大小可通过调节切刀速率来控制。

6.2.5.3 粉碎造粒

对于开炼机、密炼机及混炼挤出机混炼得到的一些不规则的料片和料条，经冷却后，可通过塑料破碎机进行粒化。

6.3 挤出成型及挤出制品

6.3.1 概述

挤出是极为有用的加工技术，最广泛地用于将 PVC 物料加工成工业产品。45%～50% 的 PVC 制品用挤出方法加工。借助于配入添加组分而得到广泛改性的 PVC，可用于各种类型的挤出制品。这类制品范围从软密封垫和薄膜到承受负荷的制品（例如给排水管），以及建筑用型材（如门窗异型材）。和其他热塑性塑料一样，PVC 挤出最初是在单螺杆橡胶挤出技术上发展起来的。

在美国，挤出 PVC 最早的工业应用是用于电线电缆的软质 PVC 绝缘护套层。在这之前，电线电缆的绝缘护套层是橡胶材料，用单螺杆挤出技术完成的。由于橡胶产量满足不了电线电缆工业的需求，于是就用软质 PVC 塑料代替，从而使单螺杆挤出机在 PVC 塑料加工中得到了应用。而后，硬质 PVC 挤出制品得到发展，单螺杆挤出机难以适应，于是发展了双螺杆挤出机。

6.3.2 挤出成型原理

6.3.2.1 聚氯乙烯的热物理性能

PVC 的热物理性质主要有比容、比热容、热导率、热扩散系数、热焓、熔体黏度、黏流活化能、弹性模量及松弛形变等。表 6-1 列出了主要的热物理性能。

■表 6-1 聚氯乙烯的主要热物理性能

热物理性能	数值	热物理性能	数值
玻璃化温度T_g/℃		热扩散系数α / ($10^{-6}m^2/s$)	
RPVC	78～87①	－53℃	0.151
PVC/DOP=100/50	3.5	－33℃	0.148
PVC/DOP=100/75	－16	－3℃	0.139
PVC/DOP=100/100	－32	0℃	0.138
熔流温度T_f/℃	160～210	27℃	0.126
比容ν (20MPa) / ($10^{-3}m^3/kg$)		67℃	0.113
－50℃	0.704	100℃	0.083
－29℃	0.706	弹性模量E /MPa	
0℃	0.710	20℃	2.18×10^6
20℃	0.713	60℃	1.30×10^6
80℃	0.722	80℃	0.86×10^5
100℃	0.730	100℃	7.20×10^3
150℃	0.746	140℃	4.22×10^3
比热容C_p/ [J/(kg·K)]		180℃	8.31×10^2
－53℃	0.725	熔体黏度η / ($N\cdot s/m^2$)	
－33℃	0.770	160℃，$\gamma=0s^{-1}$	1.0×10^5
2℃	0.865	160℃，$\gamma=10s^{-1}$	3.5×10^4
23℃	0.960	190℃，$\gamma=0s^{-1}$	4.2×10^3
87℃	1.475	190℃，$\gamma=10s^{-1}$	3.0×10^3
107℃	1.569	黏流活化能E_η / (kJ/mol)	
147℃	1.741	152～175℃	203～205
热导率λ / [W/ (m·K)]		176～210℃	92～105
－53℃	0.156	热焓 ΔH / (kJ/kg)	
－23℃	0.163	23℃	19.2
－3℃	0.167	50℃	35.6
27℃	0.170	80℃	71.3
47℃	0.171	100℃	99.8
67℃	0.172	150℃	178.2
线膨胀系数/$10^{-5}℃^{-1}$		200℃	274.5
RPVC	5～18.5		
SPVC	7～25		

① 不同品牌级别 PVC 的综合数值。本表中未注明的均指硬质聚氯乙烯 (RPVC)。

6.3.2.2 物料在螺杆中的输送和塑化

螺杆是挤出机中最重要的工作部件，它与料筒配合后构成了一个长的物料流动通道，在螺杆转动时，PVC配混物沿螺槽向机头方向输送，在剪切和挤压作用下PVC被破碎细化，同时物料受到外部加热和内部摩擦热的共同作用逐步软化和熔融，并经受剪切混炼而塑化；过程中熔融物料被压实压紧，进入机头和成型口模前，PVC物料已转变为混合和塑化均匀、结构紧密并具有良好成型性的熔体。从螺杆的功能来看，全长范围内根据物料的变化可将PVC加工用螺杆分为三段：与动力系统相连的一端为加料段，主要起到输送物料的作用，同时开始预热物料；中间的一段为压缩段或混炼段，物料在此段中被逐步压实压紧，同时被进一步加热熔融，在剪切作用下受到混炼而塑化；在物料出口端的一段为均化段或计量段，螺杆头与料筒间构成一个尺寸较薄的狭缝通道，物料在此处被展开成薄的熔体层，受到温度和剪切作用达到进一步均化温度，均化塑化质量，压实物料和稳定流量的目的。对PVC而言，最常用的挤出机是等距不等深渐变型单螺杆挤出机；异向旋转的平行双螺杆和锥形双螺杆挤出机，同时还有同向旋转的平行双螺杆挤出机、三螺杆及四螺杆挤出机。有代表性的单螺杆及双螺杆结构如图6-8所示。图6-9表示了PVC加工用单螺杆挤出机的螺杆结构参数。

PVC及其配混物在挤出机中要完成物料的加热、熔融、混炼和塑化，这一过程中物料将同时受到剪切、挤压和温度的共同作用，物料不仅在形态、结构上会发生变化，而且还要产生形变和流动。挤出加工过程PVC粒子物料会经历固体-弹性体-黏性熔体的转变。70℃以下物料基本上为固态，物料的输送主要是通过粒子的滑移和滚动进行的；70～140℃物料逐步软化和部分熔融，应力作用下物料中有大量弹性形变，并随温度升高转化为塑性流动；140～200℃时物料逐步达到最大的熔融程度，弹性形变成分显著减小，熔体由塑性流动发展为黏性流动。

实验研究表明，物料自料斗加入并到达螺杆头部，要通过几个区域：固体输送区，熔融区和熔体输送区。固体输送区通常限定在自加料斗开始算起的几个螺距中，在该区，物料向前输送并被压实，但仍以固体状存在；熔融区，物料开始熔融，已熔的物料和未熔的物料以两相的形式共存，并最终完全转变为熔体；熔体输送区，螺槽全部为熔体充满，它一般限定在螺杆的最后几段螺纹中。这几个区不一定完全与习惯上提到的螺杆的加料段、压缩段、均化段相一致。

(1) 螺杆挤出过程中物料在螺杆中的固体输送 物料靠重力从料斗进入螺槽，当物料与螺纹螺棱接触后，橡胶面对物料产生与螺棱面相垂直的推力，将物料往前推移。推移过程中，由于物料与螺杆、物料与料筒之间的摩擦以及料粒相互之间的碰撞和摩擦，同时还由于螺杆前端熔体压力和料筒内表面温度等的共同作用，物料被压实，部分固体粒子的表面受热后并部分地

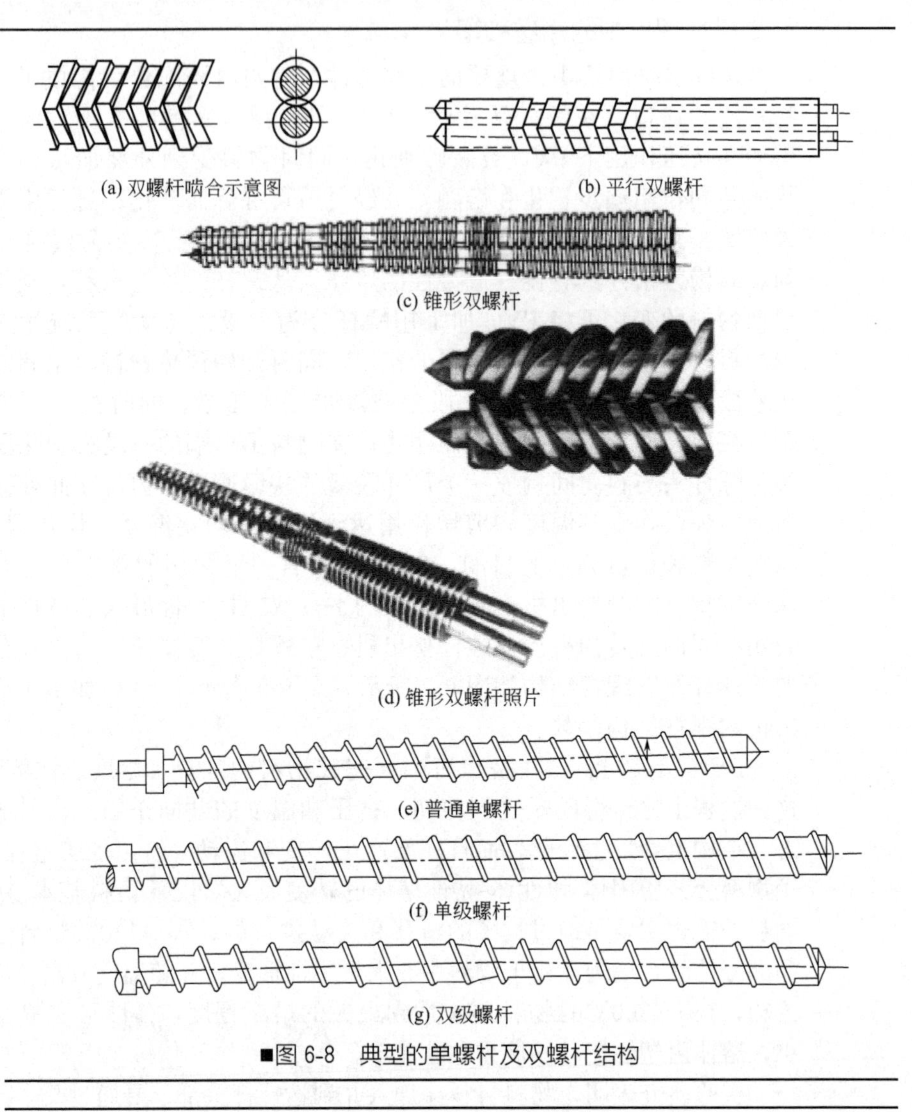

■图 6-8 典型的单螺杆及双螺杆结构

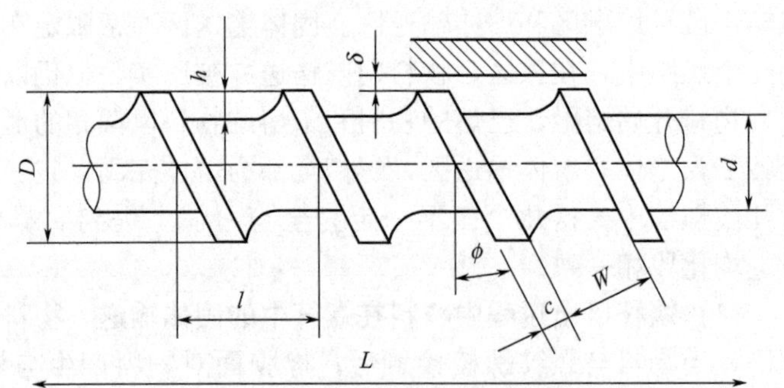

■图 6-9 螺杆结构的主要参数

D—螺杆外径；d—螺杆根径；l—螺距；W—螺槽宽度；c—螺棱宽度；h—螺槽深度；ϕ—螺旋角；L—螺杆长度；δ—间隙

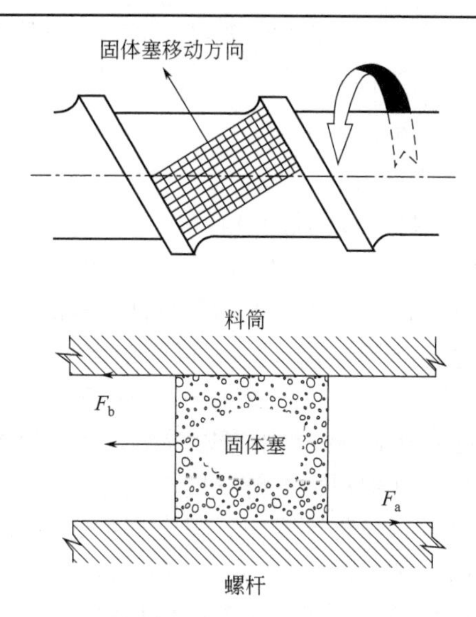

■图 6-10　螺槽与料筒间物料通道的固体塞模型

软化。对这类固体粒子状物料在螺杆输送过程的研究，常用一种简单模型，即固体床理论进行分析。该理论将螺槽中已被压实的 PVC 配混物固体粒子群视为一种“固体塞”，如图 6-10，它能在推力作用下沿着螺槽向前端移动，显然固体塞的移动是受固体塞与其周围的螺杆和料筒表面之间的摩擦力控制的。只有物料与料筒间的摩擦力大于物料与螺杆间的摩擦力时，即图 6-10 中 $F_b > F_a$ 时，物料才能沿轴向前移动。当螺杆转动一周时，若螺槽中固体塞上的 A 点移动到 B 点，如图 6-11 所示，通过推导，得固体输送体积速率为：

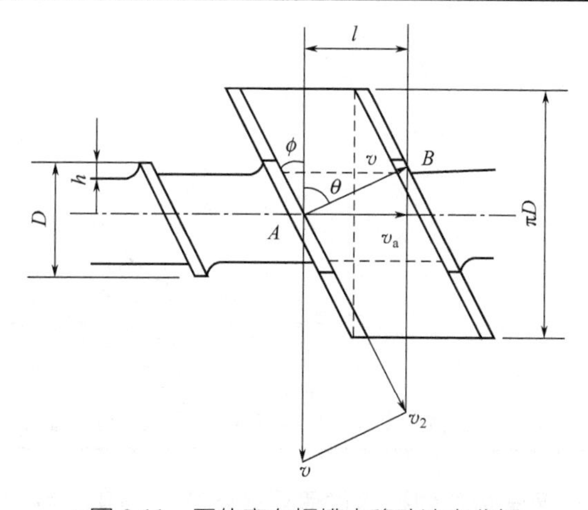

■图 6-11　固体塞在螺槽中移动速率分析

$$Q=\pi^2 Dh(D-h)N\frac{\tan\theta\tan\phi}{\tan\theta+\tan\phi} \tag{6-1}$$

式中 D——螺杆外径；

h——螺槽深度；

N——螺杆转速；

ϕ——螺杆螺棱的螺旋角；

θ——AB 与螺杆垂直面的夹角，称为移动角。

显然，式中的 θ 值和 ϕ 值均与螺杆结构的几何参数有关。如不考虑物料与螺杆间的摩擦作用，式（6-1）可简化为

$$Q=\pi^2 Dh(D-h)N\sin\phi\cos\phi \tag{6-2}$$

从式(6-1) 和式(6-2) 中可以看出，挤出机加料段固体物料的输送能力与螺杆的结构及几何尺寸、螺杆的转速，以及物料-螺杆和物料-料筒间的摩擦力有关，在其他条件不变时，只有当物料-料筒间的摩擦力大于物料-螺杆间的摩擦力时，才能产生推力并迫使物料固体塞沿螺槽向前移动，这是实现固体输送的必要条件。挤出机的固体物料输送能力则随螺杆直径，螺槽深度和螺杆转速增大而增加；同时减小螺棱的螺旋角 ϕ 也能增大固体物料的输送能力。由于 PVC 物料对钢的摩擦系数随温度升高而增大（图 6-12），在工艺上通过合理控制螺杆与料筒的温度差，即使螺杆的温度适当低于料筒的温度，此时物料与料筒间的摩擦系数相对比物料与螺杆间的摩擦系数大，从而有利于提高加料段固体物料的输送能力。

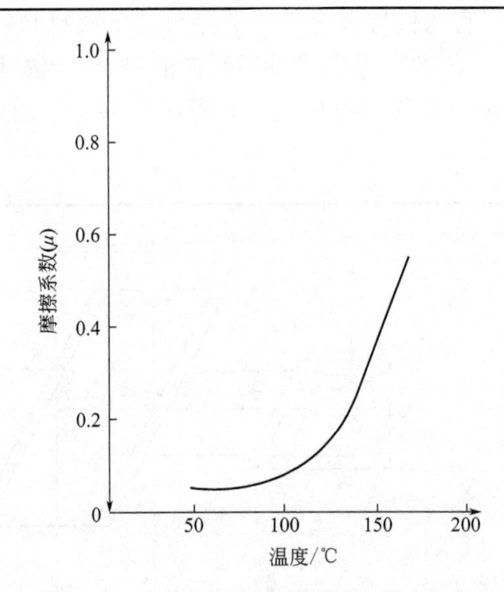

■图 6-12 PVC 对钢的摩擦系数与温度的关系

(2) 聚合物在螺槽压缩段中的熔化及塑化 物料从加料段进入压缩段后受到进一步加热，逐渐从固体粒子转变为熔体，因此螺杆的中段是 PVC 物

料主要的熔化区域。在熔化区域内，既存在固体料，又存在熔融料，物料在流动与输送中发生着相变化。Z. Tadmor 和 I. Klein 等通过大量实验和观察指出，固体聚合物粒子在沿螺槽向前移动中是逐步熔化的，沿熔化全过程的任一螺槽垂直截面上都含有三个区域：即固态物料区，熔池区，以及接近料筒表面的熔膜区，在这些区域之间存在半熔融混合物及流动的迁移面，如图 6-13 所示。基于这一实验观察，物料在螺杆螺槽的全长范围内由固体转化为熔融状态的过程可用图 6-14 表示，从图可以看出固体床在展开的加料区-熔融区-熔体输送区螺槽内固体物料的熔化过程，并可见固体物料，半熔物料及熔融物料在过程中的分布变化。

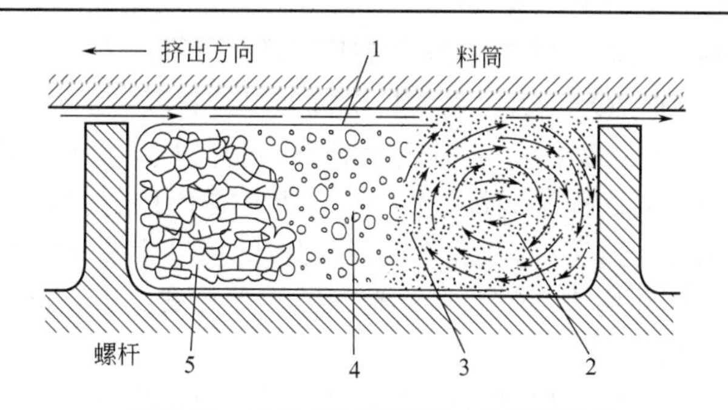

■图 6-13　PVC 物料在螺槽中的熔融过程

1—熔膜；2—熔池；3—迁移面；4—熔化的固体粒子；5—未熔化的固体粒子

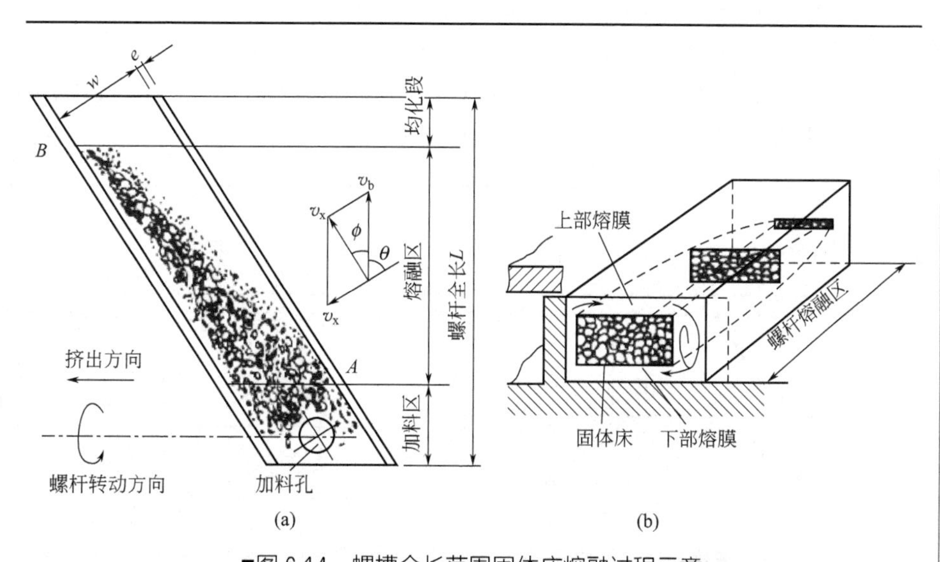

■图 6-14　螺槽全长范围固体床熔融过程示意

(a)固体床在螺槽的分布变化；(b)固体床在螺杆熔融区的体积变化

物料在螺杆中的熔化过程是按以下机理进行的：由加料段送入的物料，在进入熔化区后，即在前进的过程中同已加热的料筒表面接触，熔化即从接触部分开始，熔融的物料在料筒表面区域形成一层熔体膜，在螺杆与料筒的相对运动中不断被拖曳流向螺棱推进面，若熔体膜的厚度超过螺棱与料筒的间隙时，就会被旋转的螺棱切留下来并被强制积存在螺棱的前侧，形成熔体池。而在螺棱的后侧则为固体床，在熔池压力作用下固体床会移向料筒表面进一步被熔融和拖离，这样，在沿螺槽向前移动的过程中，固体床的宽度就会逐渐减小，直到全部消失，即完全熔化。螺槽中固体床中固体粒子的熔化是在熔体和固体床的界面即迁移面上发生的，所需的热量一部分来自于加热器通过料筒传导热，另一部分则来自于螺杆和料筒对熔体膜及其相邻区域固体物料剪切作用产生的摩擦热。

(3) 物料在螺杆均化段的熔体输送 物料进入螺杆的均化段时已成熔体状，因此熔体在均化段的流动和输送远比压缩段的情况要简单。现以 Q_1 代表加料段的输送速率，Q_2 代表压缩段的熔化速率，Q_3 代表均化段的挤出速率。若 $Q_1 < Q_2 < Q_3$，表明挤出机处于供料不足的状态，属不正常现象。假若 $Q_1 \geqslant Q_2 \geqslant Q_3$，这时均化段成为控制区域，操作平稳，质量也能得到保证。但三者之间不能相差太大，否则均化段压力过大，出现超载也会影响正常挤出加工过程。因此，通常均化段的挤出速率就代表了挤出机的生产率。

熔体在均化段时基本上有四种流动形式，即正流，逆流，漏流和横流，如图 6-15。

① 正流 即沿着螺槽向机头方向的流动。它是螺杆旋转时螺纹斜棱的推力在螺槽 z 轴方向对物料作用的结果，亦可视为料筒表面沿螺槽 z 轴方向对物料的拖曳流动。其体积流率（体积/单位时间）用 Q_D 表示。正流在螺槽深度方向的速率分布见图 6-15(a)。

② 逆流 逆流的方向与正流相反，它是由机头、口模、过滤网等对物料沿螺槽前进产生阻力引起的反压流动，又称为压力流动。通常，逆流随机头压力增大而加强。逆流的体积流率用 Q_P 表示，速率分布见图 6-15(a)。

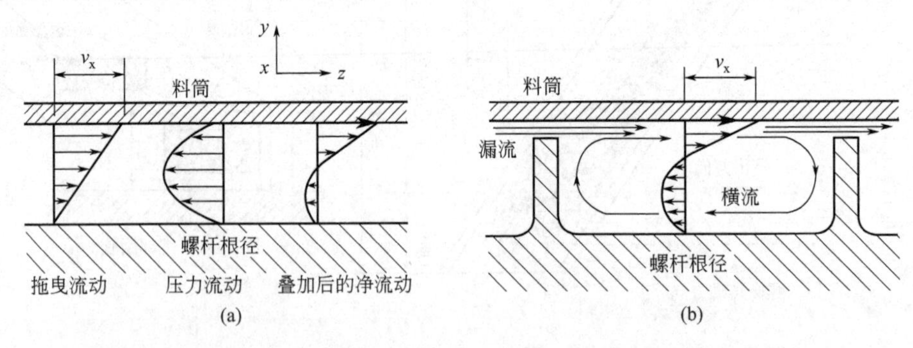

■图 6-15 螺槽中物料熔体的正流和逆流（a）及漏流和横流（b）流动

③ 漏流 也是由于螺杆前端物料受到机头压力作用，迫使熔融物料通过螺杆与料筒表面间间隙 δ 沿着螺杆轴向方向流动。通常漏流随间隙 δ 增大而增加。流率用 Q_L 表示。它的流动速率很小，比正流和逆流小很多，其流

动情况示于图 6-15(b)。

正是因为漏流产生了的“诱导塑化”。不过就辛辛纳堤 CM80 锥形双螺杆挤出机螺棱上开的“缺口”分析，漏流不仅产生在均化段（或计量段），在压缩段也会有“熔池”形成，就会产生漏流，这和辛辛纳堤的螺杆结构是完全吻合的。

④ 横流　为螺槽内与螺纹螺棱相垂直的平面内熔融物料的环形流动。物料因受料筒表面的拖曳而沿垂直于螺纹螺棱方向即 x 方向流动，到达螺纹侧壁时受阻而转向沿侧壁向螺槽底部方向流动，以后又被螺槽底面阻挡料流折向与 x 相反的方向，接着又被螺纹另一侧壁挡住，被迫改变方向而沿螺纹侧壁向料筒表面流动，这样形成环流。其体积流率以 Q_r 表示，这种流动有助于物料的混合，热交换和塑化，但对总的生产率的影响不大。

物料在螺槽内流动时实际上是上述四种流动形式的组合，它是以正流为主并结合了逆流和横流的具有螺旋形轨迹的向前流动［见图 6-15(a)］。

熔体在均化段输送时的净流率为

$$Q=Q_D-(Q_P+Q_L)$$

6.3.2.3 硬质 PVC 物料的熔融过程及树脂颗粒形态变化

挤出机内硬质 PVC 物料的熔融过程及树脂颗粒形态变化如图 6-16 所示。

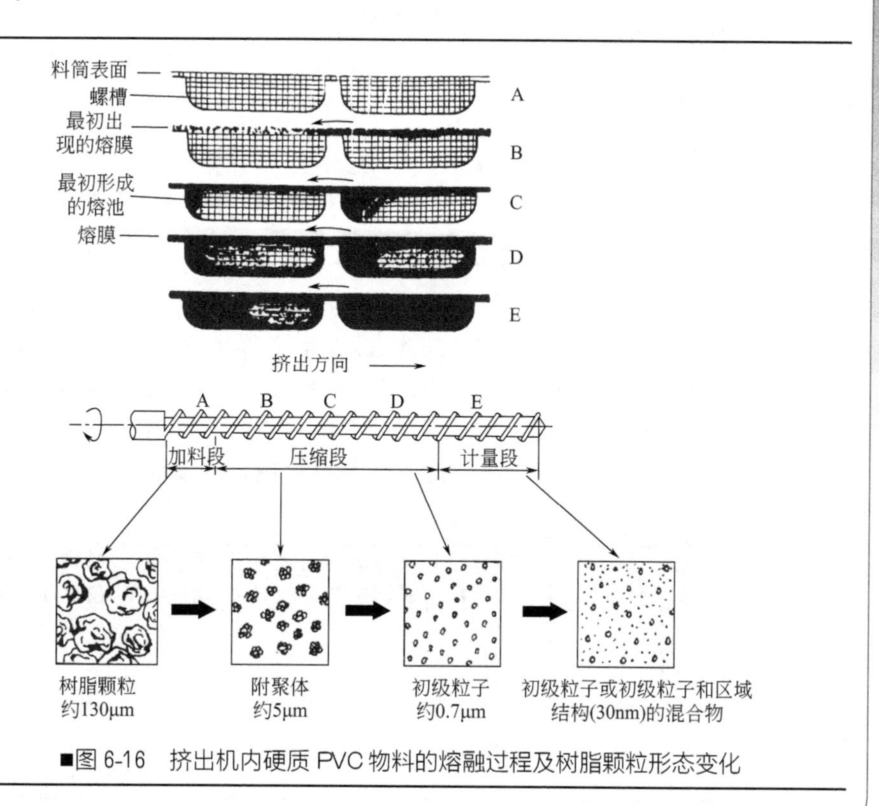

■图 6-16　挤出机内硬质 PVC 物料的熔融过程及树脂颗粒形态变化

6.3.3 挤出机

6.3.3.1 单螺杆挤出机

单螺杆挤出机在 PVC 配混料加工和成型中应用较广泛。用于混炼时，各组分物料须先进行初混，初混物料经料斗加入挤出机中，在螺杆的搅拌和挤出机加热系统作用下，物料经历固体输送、熔融和混炼阶段，从机头排出机外，其运转操作具有连续、密闭和混炼效果较好的特点。单螺杆挤出机的主要部件有螺杆、料筒、机头、加料装置、加热器、动力及传动系统等。物料在挤出机中受到外热和剪切摩擦作用逐步熔融，并在螺杆的剪切作用下受到充分混炼。图 6-17 是单螺杆挤出机结构示意图。

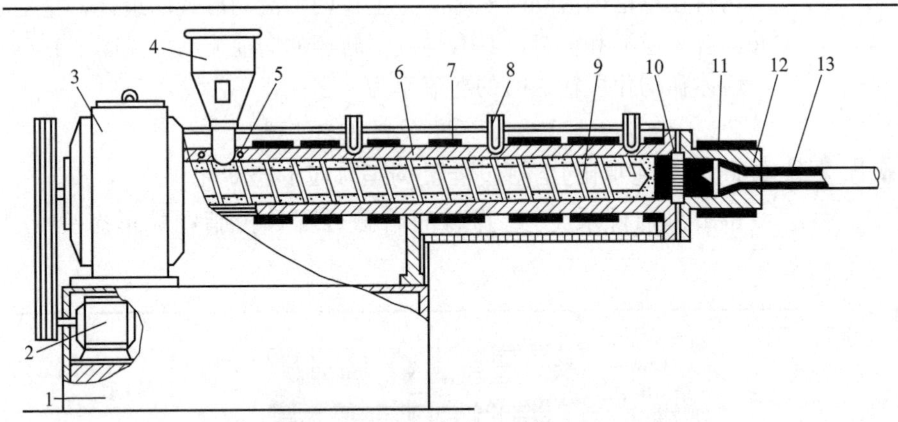

■图 6-17 单螺杆挤出机结构示意图

1—机座；2—电动机；3—传动装置；4—料斗；5—料斗冷却区；6—料筒；7—料筒加热器；8—热电偶控温点；9—螺杆；10—过滤网及多孔板；11—机头加热器；12—机头；13—挤出物

单螺杆挤出机的主要技术参数包括螺杆直径（D）、螺杆长度（L）与长径比（L/D）、螺杆转速（n）、最大生产能力（Q）、料筒加热功率和分段数、料筒轴心高度（H）和整机外形尺寸等。挤出机的标称规格一般以其螺杆直径 D 的毫米数表示，例如 SJ-100、SJ-200，其中 SJ 表示塑料挤出机。表 6-2 列出 JB1291—73 规定的单螺杆挤出机的基本参数。

■表 6-2 单螺杆挤出机的基本参数

螺杆直径/mm	螺杆转速/(r/min)	螺杆长径比(L/D)	标称产率/(kg/h)		电动机功率/kW	加热段数（料筒）	加热功率/kW	中心高度/mm
			硬质 PVC	软质 PVC				
30	20～120	15 20 25	2～6	2～6	3/1	2 3 4	3 4 5	1000
45	17～102	15 20 25	7～18	7～18	5/1.67	2 3 4	5 6 7	1000

续表

螺杆直径/mm	螺杆转速/(r/min)	螺杆长径比(L/D)	标称产率/(kg/h)		电动机功率/kW	加热段数(料筒)	加热功率/kW	中心高度/mm
			硬质 PVC	软质 PVC				
65	15～90	15 20 25	15～33	16～50	15/5	2 3 4	10 12 16	1000
90	12～72	15 20 25	35～70	40～100	22/7.3	3 4 5	18 24 30	1000
120	8～48	15 20 25	56～112	70～160	55/18.3	3 4 5	30 40 50	1100
150	7～42	15 20 25	95～190	120～180	75/25	4 5 6	45 60 72	1100
200	5～30	15 20 25	160～320	200～480	100/33.3	5 6 7	75 100 125	1100

螺杆是挤出机的关键部件。单螺杆根据螺杆结构有普通螺杆、排气螺杆、屏障型螺杆及混炼型螺杆。图 6-18 为典型普通螺杆基本结构示意图。

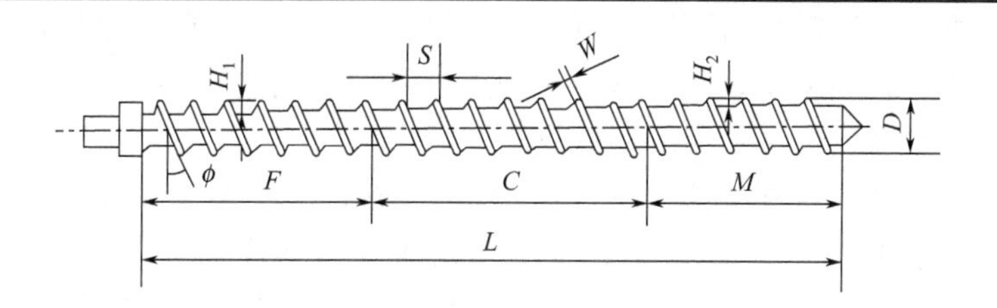

■图 6-18　普通螺杆基本结构示意图

D—螺杆直径；L—螺杆长度；F—进料段长度；C—压缩段长度；M—计量段长度；S—螺距；W—螺棱宽度；H_1—进料段螺槽深度；H_2—计量段螺槽深度

螺杆特性的最重要表征参数是长径比 L/D，压缩比 CR。增大 L/D，可增加物料在料筒内运输过程，意味着停留时间延长，这就可能允许物料在较缓和的条件或较低温度获得良好的塑化，因而可提高螺杆转速以增大挤出量。所以，目前世界各国的螺杆都有增大长径比的趋势。较早期 PVC 螺杆的 L/D 一般在 15～18 范围，而现代的 PVC 螺杆 L/D 已增大到 22～26。压缩比是影响物料压缩程度，剪切作用和剪切生热大小的重要因素。螺杆的几何压缩比 CR 为压缩段起始处的一个螺槽容积和终止处的一个螺槽容积之比，它表明螺槽缩小的程度。这个程度取决于物料的压缩比。所谓物料压缩比是指制品密度与进料表观密度之比。螺杆几何压缩比取决于所加工的物料种类，进料时的聚集状态和挤出制品的形状。一般而言，粉状料的压缩比应比粒料大，在挤出薄壁型材时压缩比应比挤出厚壁制品的大。对软质 PVC

而言，往往熔体黏度较小，可允许并应采用较大压缩比的螺杆，*CR* 值一般在 3～3.5；硬质 PVC 挤出时，由于熔体黏度大，剪切生热相应较剧烈，为确保物料不致过热分解，应采用较低的压缩比，*CR* 值一般在 2～3。表 6-3 列举了不同类型 PVC 物料宜于选用的螺杆参数。

■表 6-3 不同 PVC 塑料宜选的螺杆参数 （ϕ65mm 螺杆）

物料类型	长径比 (*L*/*D*)	压缩比 *CR*	进料段螺槽数	进料段螺槽深度/mm	计量段螺槽数	计量段螺槽深度/mm
软质 PVC 粒料	22～26	3.3	5～6	10	4～6	3
软质 PVC 干掺混料	22～26	3.5	5～7	10	4～6	2.8
高聚合度 PVC 软质料	22～26	3.9～4.2	5～7	9	6～7	2.2
硬质 PVC 粒料	22～26	2.9	5～6	9	4～5	3.1
硬质 PVC 干混（粉）料	22～26	3	5～6	9	4～5	3

(1) 螺杆材料 在选择挤出机螺杆结构钢材时，需结合考虑强度和韧性，一般选用低碳合金钢。使用小挤出机高速挤出硬质 PVC 时，因有很高的转矩负荷，宜选用物理性能优良的高合金钢。因为金属价格只是螺杆价格的一小部分，可考虑使用售价较贵的脱气钢。脱气钢可减少在最后磨光阶段表面出现气孔的可能性。

为提高耐磨性及耐腐蚀能力，螺杆表面可进行各种处理，通常采用渗氮螺杆，以提高耐磨性，也有只将螺纹经过表面淬硬加以保护。最普通的是螺纹经火焰硬化处理。高填充硬质 PVC 料的挤出，对螺杆磨损很大，可将钨铬钴硬质合金垫层焊到螺翅上，减少磨损。

(2) 螺杆冷却 在挤出 PVC 塑料时，为控制螺杆温度，单螺杆必须是空心的。空心螺杆中通入水或油作为热交换介质，水冷却效果好，油可准确地控制温度。对硬质 PVC 挤出，螺杆内油温一般保持在 140～180℃。对软质 PVC，油温可比前述温度低 5～10℃。冷却结构是利用一根长的薄壁管，通过装在螺杆尾部的螺旋接头，将一定温度的油输入到螺杆内。油从管内进入螺杆头部，然后从管外壁和螺杆内孔壁之间流出。

(3) 螺杆的改进 上述普通螺杆存在剪切效应大，熔融效率低，塑化混炼效果差等缺点。因此，不能适应高速成型时制备塑化质量和温度均匀熔体的要求。近年来在实践经验和理论的启发下，发展了不少新型的螺杆。在 PVC 挤出加工中可能采用的重要新型螺杆有：双级螺杆、波型螺杆、带线型混炼头螺杆、销钉螺杆和分配混合（DIS）螺杆。这里仅介绍排气式双级螺杆。

(4) 排气式双级螺杆 “双级”系指具有两段普通螺杆几何形状。这种螺杆一般在排气式挤出机中使用，以排除夹带在粉料中的气体，如图 6-19 所示。在无排气挤出机中，有时也可用双级螺杆，目的在于利用减压段，破坏螺槽内层流以及改进混炼。

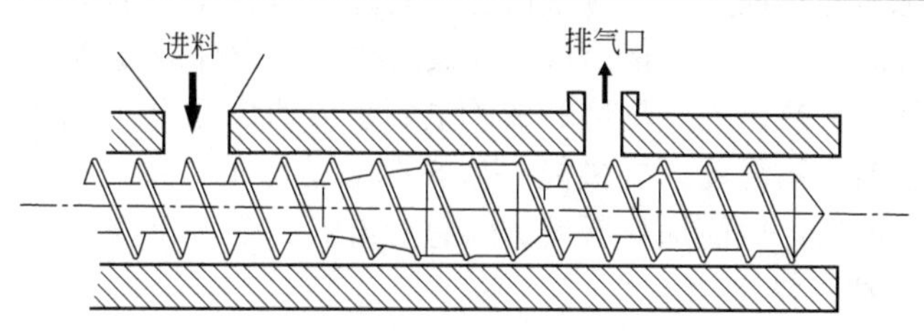

■图 6-19 排气式双级螺杆

为了使排气式挤出机有效的工作，第二级螺杆加料段的排气区应该保持敞开，以便在整个双级螺杆加料段上抽真空。这样，第一级螺杆总是在机头压力几乎为零的情况下将物料向前挤出，更确切地说，是将物料挤到真空区。第二级螺杆计量段螺槽较深，它必须以几乎完全与第一级螺杆相同的速率把物料挤出。然而，它确是对着机头所产生的机头压力挤出的。第二级螺杆的挤出能力若小于第一级螺杆，物料将填满在排气区并溢流。

相反，第二级螺杆挤出能力若大于第一级螺杆，第二级螺杆将出现脉冲，因为无物料挤出。双级螺杆的优点是物料从第一级螺杆计量段进入第二级螺杆计量段深螺槽时，受到搅动和翻转，从而促进了混合。有经验的操作者，可利用双级螺杆观察混炼过程中间阶段宝贵而有用的情况。挤出硬质PVC 粉料时，在脱气口下，物料的黏度随所用聚合物或配混料而改变。挤出所用物料在这里形成带有一些粉料的熔融料团的易碎的配混料。相反，对低分子量树脂物料或高冲击改性物料，以及加入加工改性剂的原料，在第一级螺杆中都可以熔融，第二级螺杆用于得到更均匀的熔体，以供挤出。

挤出机选用单级螺杆还是双级螺杆，取决于物料的物理性能和物理形状。塑化过的小方粒或颗粒料，可选用单级螺杆，但挤出粉料最好用排气式双级螺杆。

(5) 料筒材料 料筒除具备相应的强度、耐磨性和适中的温度惯性外，对 PVC 加工而言，还特别要求抗腐蚀性。因为 PVC 在成型温度下或多或少会释放出具有强烈腐蚀性的氯化氢。采用离子氮化或普通氮化技术使钢质料筒内表面具有良好耐磨性和一定的抗腐蚀性。

(6) 料筒的加热和冷却 挤出机需加热使其达到启动温度和保持正规操作下所需的温度。挤出机加热有三种方法：电加热，流体加热和蒸汽加热。电加热是挤出机中最常见的加热形式。料筒的温度控制一般采用三段或四段。

料筒也可以采用感应加热。感应加热中，交流电通过围绕挤出机料筒的线圈产生相同频率的交流磁场。这种交流磁场在料筒中感应出电动势并产生涡电流。循环电流的 I^2R 损耗产生热效应。在大多数挤出操作中，挤出机冷却是不可避免的弊病。在所有的情况下，冷却应尽可能减至最少，最好应彻底消除。理由是挤出机的任何冷却都降低过程的能量效率，因为冷却直接转化为能量损失。一般采用空气冷却和水冷却。挤出过程一般设计成总能量需求的主要部分由挤出机传动装置供应。螺杆的旋转导致聚合物的摩擦生热和黏性生热，这些热量的来源主要是传动装置的机械能转变为热能，导致提高了聚合物温度。机械能一般贡献总能量的 70%～80%。这表明，不考虑任何损失，机筒加热器仅贡献总能量的 20%～30%。

6.3.3.2 双螺杆挤出机

PVC 加工中除大量使用上述的单螺杆挤出机外，还越来越广泛地采用双螺杆挤出机。双螺杆挤出机以其优异的性能与单螺杆挤出机竞相发展，在 20 世纪的 70 年代它在硬质 PVC 加工中已逐渐显示其优势，大约有 80%～90%的双螺杆挤出机用在硬质 PVC 加工中，挤出各种规格和类型的管材、板材和异型材。其主要原因是双螺杆挤出机有良好的熔融、混合、分散特性和稳定的挤出特性。紧密啮合的双螺杆挤出机可将粉料在较低温度下转变为有良好成型性的硬质 PVC 熔体，使成型温度范围从单螺杆挤出时的 190℃以上降至 165～175℃。这就意味着可使耐降解安全系数增大、配方设计中可减少稳定剂用量，因而对降低原料成本有明显的作用。其次，良好的混合分散特性，对 PVC 这种多组分掺混物以及它的共混、填充改性掺混体系的加工有特别优良的适应能力。第三，稳定的挤出特性和较低的成型温度，使之特别适合于挤出断面尺寸大、形状复杂以及薄壁的各种制品，并可能使制品尺寸降至接近最小壁厚，从而大大节省原料费用。

(1) 双螺杆挤出机的类型

① 按两根螺杆的相对位置分为非啮合型和啮合型。非啮合型的特征是两根螺杆轴线分开的距离至少等于它们的半径之和，即 $I \geqslant R_1+R_2$。若 I 等于 R_1+R_2，又叫外接触式或相切式双螺杆挤出机。啮合型的特征是两根螺杆轴线间的距离小于它们的半径之和，即 $I<R_1+R_2$。因一根螺杆的螺棱介入到另一根螺杆的螺槽之中，故叫做啮合型。

② 按两根螺杆的旋转方向分为同向旋转和异向旋转双螺杆挤出机。

③ 按两根螺杆轴线是否相交分为平行和锥形双螺杆挤出机。两根螺杆轴线平行者叫做平行双螺杆，亦叫圆柱形双螺杆；若两螺杆的轴线相交，螺杆外形应为锥形，故叫做锥形双螺杆。

(2) 双螺杆挤出机基本特性

① 同向旋转啮合型双螺杆挤出机　啮合同向旋转平行双螺杆挤出机的一大类。其螺杆和料筒都作成分段组合式，这给应用带来很大的灵活性，可根据加工作业目的和所需达到的要求进行螺杆和料筒的最佳组合(一般是组合螺杆)，以期达到最佳效果。这种螺杆的螺纹啮合部分，由于螺杆同向旋转而呈相对反向移动，对物料的剪切力是相当高的，因而有良好的分散作用，但其啮合部位的剪切力有可能高到足以使硬质 PVC 在这一狭窄范围内降解。至于它的混合效果，有赖于两个螺纹间的间隙能否使全部或大部分熔体通过。通常情况下，若螺纹间隙相同，同向旋转螺杆通

过螺纹间隙的物料量百分数，比反向旋转螺杆小得多。另外，啮合同向旋转双螺杆的自洁作用良好，可高速运转而产量高，目前国外机型的最高转速可达到 1200r/min，最高产率已有很大提高，例如 W&P 公司的 ZSK Mega70 型加工 ABS 产率达 2500kg/h。这种类型的挤出机，由于螺纹啮合部分的剪切强烈、输送压力能力不高，通常主要用于非热敏聚合造粒、共混、填充和反应挤出等混合作业，但是，改进的机型已开始用于直接挤出制品。

② 反向旋转啮合型双螺杆挤出机　这是双螺杆挤出机的另一大类，它包括平行的和锥形的两种。

反向旋转啮合型双螺杆螺纹重叠部分的旋转方向相同，因而产生的剪切力较小，不必担心在螺纹重叠区域塑炼过度及物料过热，而且更重要的是，这种旋转方式可使更多物料通过这一区域，以保证得到较为均匀的挤出物。

从上往下俯视，反向旋转双螺杆有反向向内和反向向外旋转之分。就混合和传热而论，两者并无差别。就加料口物料进入和排气口物料是否堆积有一些不同看法。在料斗处，向内旋转螺杆更有效地把物料拉到螺杆间隙中，然而存在着有可能把异物，例如块状金属拉入间隙的危险，因而有损坏设备的可能性存在。至于排气口区，无论采用哪一种旋转方式，对硬质 PVC 而言都可保持较好的畅通。因为当硬质 PVC 部分熔融（半凝胶化）时，它是干燥和不粘的，不会造成在排气口侧面物料发生堆积。

锥形双螺杆挤出机的工作原理与啮合平行双螺杆挤出机基本相同。其啮合区螺槽一般为纵横向背封闭，物料输送能力和压力建立能力很强。与平行相螺杆相比，它有如下特点：加料段螺槽很深，容易加入较大体积的疏松粉料；螺槽容积沿螺杆轴线从加料端向挤出端逐渐变小，在进料方向螺杆和料筒表面积大，物料受热快，有利于物料在熔融过程中逐渐压缩和压实，从而提高产品质量；由于螺杆直径在物料输送方向逐渐减小，因而螺杆圆周速率也随之逐渐降低，有利于使排料端已成熔融态的物料不致承受过高的剪切力，可避免剪切过热而分解。这些特点特别适合于硬质 PVC 粉料的加工特性，所以锥形双螺杆挤出机在硬质 PVC 粉料直接挤出各种制品中越来越广泛地被采用。锥形双螺杆的挤出产量比相同直径的平行双螺杆高，例如直径 90mm 平行双螺杆挤出硬质 PVC 管材的产量最高达 450kg/h，而 CMT-92 型（Cincinnati 公司）锥形双螺杆机则可达 11000kg/h。表 6-4 举出世界五家有名的双螺杆挤出机制造公司的硬质 PVC 用双螺杆机的主要参数，供读者参考。

(3) 双螺杆挤出机的结构　双螺杆挤出机的每一根螺杆一般由一块金属切削而成或用一小段一小段的螺旋元件滑配到带键的多槽轴上组合成螺杆结构。

双螺杆挤出机的料筒和螺杆均需经渗氮处理，以提高其耐磨性。

■表 6-4　挤出硬 PVC 用的双螺杆挤出机的主要参数

型　　号	主　要　参　数								
	螺杆直径/mm	螺杆长度/mm	螺杆长径比	螺杆转速/(r/min)	作用在螺杆轴上的总扭矩/N·m	螺杆驱动功率/kW	机筒加热功率/kW	螺杆轴向总推力/10kN	挤出机产量/(kg/h)
KRACSS-MAFFEL 公司									
KMD 50K（锥形）	50/93②	1060		7.7～35	2150×2	3.4～15	10.85	18×2	110～120
KMD 60K	60/125②	1300		7～32	3400×2	5～22	13.4	22×2	200～240
KMD 90	90		22：1	4～40	5500×2	3.65～36.5	26	42×2	280～330
KMD90V（平行）①	90		18：1	3.25～32.5	5500×2	3.65～36.5		42×2	420～440
KMD120（平行）	120		22：1	6.8～27.5	10000×2	14～56	37	90×2	450～510
KMD120V（平行）①	120		18：1	6.8～27.5	10000×2	14～56		90×2	540～650
CINCINNATI-MILACRON									
CM 45（锥形）	45/90②	850		10～45.5	3000	3～14		32.5	80～90
CM 55（锥形）	55/110②	1050		10.5～36	5600	7～23	18	45	150～163
CM 65（锥形）	65/120②			10～34.7		33			250～300
CM 80（锥形）	80/130②	1655		10～33.4	13500	55	39	68	400～480
CM 2/160	160		16：1	5～27	43300	120		137	650～1000
BANSANO 集团									
MD66-18（平行）	66		18：1	10～78		7.5×2			82
MD88-19（平行）	88		19：1	8～57	—	7.5×4	—	—	205
MD115-19（平行）	115		19：1	6～45		18.5×4			364
BANDERA 公司					—			—	—
2B 55（平行）	55		22：1	4.6～46		12.5	15.2		
2B 85（平行）	85		22：1	4～40		30	25.5		
2B 100（平行）	100		22：1	3.5～35		50	26.6		
2B 130（平行）	130		24：1	2～35		80～110	46.5		
REIFENHAUSER 公司									
BT55-16R	55		16：1	8～50		11	10.6	44	20～80
BT65-16R	65		16：1	15～45		15	11.5	68	40～130
BT80-16R	80		16：1	12～36	—	30	19.2	104	150～250
BT100-18R	100		18：1	12～36		45	36.8	186	200～420
BT150-17R	130		21：1	3～30		55	50.60		300～650
	150		17：1	4～40		80	90	360	450～750

① 配合预热进料器作用的型号。
② 锥形螺杆，分子为计量段直径，分母为加料口下方螺杆直径。

双螺杆挤出机具有极有效的输送物料能力，在挤出机中容易产生过高的机头压力。为控制过高的机头压力，通常是由操作者采用计量加料来控制，最好是使用无级变速的螺杆加料器。值得注意的是，保持适当机头压力可以获得优质的挤出制品，这里充分体现出一个熟练操作工的价值。料筒加热一般选用电阻带加热，它作成曲面安装在稍带椭圆的机筒中，通常带有液体冷却。常用的方法是将水或油冷却管装在加热器下面料筒表面的沟槽内。近代高效双螺杆挤出机基本上都采用具有油冷却中心套管的控温式螺杆。油的温度通常低于熔体温度。

双螺杆挤出机料筒长度在不断增加。料筒的长径比已从20世纪70年代的14∶1～16∶1增加到现在的16∶1～24∶1。不对称的空腔和不平衡的力作用在螺杆上，当双螺杆制得较长时，就产生了一个弯曲问题。锥形双螺杆挤出机的优点是，锥形双螺杆是很有效的悬臂梁，能较好地耐弯曲。

在有较长料筒的双螺杆挤出机中可以采用排气料筒，放气或减压排出挥发性物质。排气式料筒结构和双级螺杆的排气式挤出机料筒结构（图6-19）类似。

(4) 双螺杆挤出机挤料系统的功能　双螺杆与单螺杆挤出机之间有根本差别，主要差别之一是挤出中的传送方式。单螺杆机中的物料传送是拖曳诱发型的，固体输送段中为摩擦拖曳，熔体输送段中为黏性拖曳。因此，输送行为在很大程度上取决于固体物料的摩擦性能和熔融物料的黏性。若PVC配混料过润滑，导致摩擦性能不良，则无法喂入单螺杆挤出机或至少引起输送不稳定。啮合双螺杆挤出机，两条螺杆的螺棱和螺槽彼此啮合，其物料的传送，在某种程度上是正向位移型传送。正位移的程度取决于一螺杆的螺棱与另一螺杆相对的螺槽的接近程度，因为接近的程度决定着漏流物料量的比率。另一方面，双螺杆的螺棱螺旋角不可作成与齿轮泵一样达到90°。因此，双螺杆在紧密啮合和反向旋转情况下，也只能说是具有一定程度的正位移输送特性。这种正位移输送特性对于双螺杆挤出机是十分重要的，它可以强制物料输送并建立一定的料压。

单螺杆与双螺杆挤出机的另一重要差别是料流的速率场。单螺杆机中的速率分布是充分明确的并容易描述。双螺杆机中的情况则相当复杂而难以描述。但是，这种复杂的流谱在实际上却有重要的良好作用，诸如混合充分、热传递良好、熔融能力大、排气功能强，以及对整个物料温度控制良好。双螺杆挤出机的功能之一是混合。双螺杆挤出机本质上等于一种齿轮泵，如只把它当作一个泵来用的话，则产生的混合作用很差。靠近螺纹和料筒壁存在一些剪切力；但双螺杆挤出机在低螺杆转速下操作，剪切速率低，因而混合作用亦差。混合作用可通过开大相对两根螺纹侧面间的间隙而加强，也可通过在一根螺杆螺纹表面和相对的另一螺杆底部通道间开一间隙（即非共轭啮合）而加强。这些作用促进了螺杆间物料的交换，起到进一步的混合作用。间断螺纹或把螺纹切去一些，也有助于混合作用；

这两种技术能把要产生的层流打散，从而加速混合。双螺杆挤出机的效率高低，在于加入机械能上的技巧，通过双螺杆泵输特性的改进获得必要混合，以得到一均匀熔体。

用于混合的机械能部分转化为热能，从而提供了聚合物稳定。实际上这是需要的，因 PVC 是热的不良导体，故仅靠料筒把热传导给聚合物是一个缓慢的过程。若无机械能的帮助，双螺杆挤出机的挤出速率可能很低，这对大批量生产是无吸引力的。从另外的观点看，如果没有足够的机械能而欲得到高产量，因其未完全熔融，产品质量可能很差；在高速挤出时，若仅仅借助于热传导给予足够的能量，与所需的传热时间相比，物料的停留时间太短。

一般来说，在双螺杆挤出机中，通过机械能提高物料温度，只起中等作用，因为和单螺杆挤出机相比较，螺杆转速是极低的。近年，螺杆转速高速化已成为双螺杆挤出机发展的重要特点之一。双螺杆挤出机螺杆的另一个作用是提供压缩。压实或压缩，在双螺杆挤出机中，可以多种途径实现。最普通的方法是改变螺杆的螺距，使之由加料直到出料处逐渐减小。由于在加料段螺杆输送物料速率比出料部分快得多，因而可使物料在其间受到压缩。极端情况下，可使螺杆一小段长度上螺纹反向，即可提供极高的压缩。这种技术通常局限于在混料中应用，在多数 PVC 加工中，这种方法太剧烈了。另一种螺杆设计是从加料至出料，螺纹厚度逐渐增加，因而可将物料逐渐压缩至较小体积。达到必要压缩的另一种方法，是朝着供料末端逐渐减小直径。有一类挤出机是利用锥形料筒和螺杆实现的，即锥形双螺杆。而另一类挤出机是选用圆柱形料筒，但料筒内径朝出料方向分三段逐渐减小。为得到所需的压缩，对于粉料挤出，仅靠减小料筒尺寸是不够的，可以结合上述两种体系使螺杆保证达到所需的压缩比。

目前，有一种特殊的设计，其螺杆由单头螺纹逐渐变为三头螺纹。单头螺纹在加料段以一宽的不规则四边形螺纹开始。在移向出料端时，又有第二头螺纹。从第一螺纹底部开始，通到匹配的螺纹顶端接纳它的沟槽中。这一设计为穿过螺槽及在螺槽内的物料交换提供了条件。一般来说，双螺杆挤出机所用物料配方较为简单。和单螺杆挤出机所用物料相比它们只要很少的或不需要加工助剂，所用的润滑剂和稳定剂用量也相应地减少。和单螺杆挤出机的需要相比，所需润滑剂系统要求有不同比例。对高剪切单螺杆挤出机来讲，需要较高用量的内润滑剂，而双螺杆挤出机所需外润滑剂用量却比内润滑剂高得多。使用双螺杆挤出机，由于挤出温度较单螺杆挤出低，因此稳定剂用量可以减少。PVC 的稳定剂大都是有一定的毒性，稳定剂用量的任何一点减少，对于迫切要求聚氯乙烯制品的无毒化，都具有现实意义。双螺杆挤出机具有良好的低温塑化功能和混合特性，允许采用尽可能接近纯 PVC 的配方。这对于要求得到具有突出的耐化学性质，或在应力下具有良好长期性能的制品，是非常有用的。

6.3.4 挤出制品

PVC的挤出成型通常是由挤出机、成型口模、定型模和冷却装置、牵引装置、切断和卷绕等装置共同来完成的，挤出机、成型口模和定型冷却是过程中最主要的部分。挤出机的作用是完成对PVC物料的加热、熔融混炼和塑化，并使熔体压紧压实以均匀流速进入机头口模中。机头和口模的作用则是通过型腔断面形状的均匀变化，使熔体沿型腔的流线型和光滑的流道表面导流入口模中并使其赋形取得制品所需形状。定型模及冷却装置的作用是将取得所需形状并以均匀速率离开口模的型坯引入定型模型腔，通过模壁的定型和冷却硬化作用使制品形状固定下来并达到要求形状、尺寸和外观质量。牵引装置的作用则是以适当的拉力，均匀地将定型和冷却硬化的成型制品牵离口模和定型模，以克服物料在口模中流动时摩擦黏滞阻力对成型物移离口模速率的影响，同时也克服定型和冷却过程成型物与设备器壁间摩擦阻力引起对尚未完全冷却硬化部分成型物形状畸变的影响。牵引过程，成型制品的形状、尺寸（如圆度、壁厚均匀度、厚度、宽度）和外观等受到经常的检测，以便及时调整工艺和校正加工设备或模具。由于挤出制品都是连续地生产的，硬制品通常按一定长度切断以满足使用和运输要求。

PVC典型挤出工艺流程如图6-20所示。

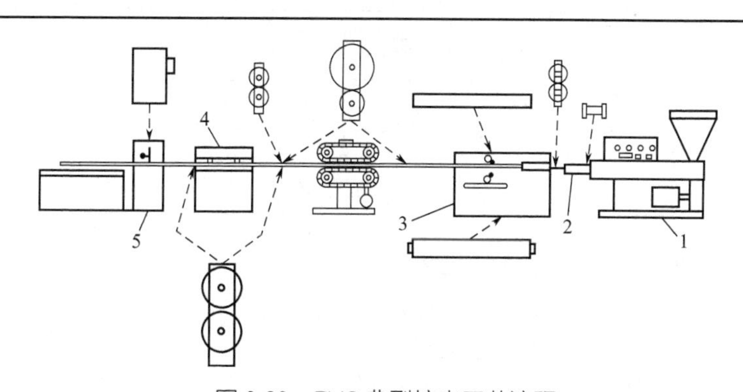

■图6-20　PVC典型挤出工艺流程

1—塑化挤出；2—口模；3—定型；4—牵引；5—切割

按照形状不同，可将PVC的挤出制品基本分类如下。

(1) PVC-U管材

① PVC-U排水管。

② PVC-U给水管。

③ PVC-U穿线管。

④ PVC-U/低发泡PVC/硬质PVC共挤出管（简称为芯层发泡管）。

⑤ PVC-U波纹管。

⑥ CPVC电力电缆护套管及冷热水管。

⑦ PVC-U/金属复合挤出管。

(2) PVC-U 异型材

① 门窗组装用中空异型材。

② 空腔异型材（如雨落水管）。

③ 敞口异型材（如电线槽管）。

④ 复合异型材。

⑤ 共挤出异型材。

⑥ 实心异型材。

⑦ 多孔管（如通信用梅花管、蜂窝管）。

主要的异型材类型如图 6-21 所示。

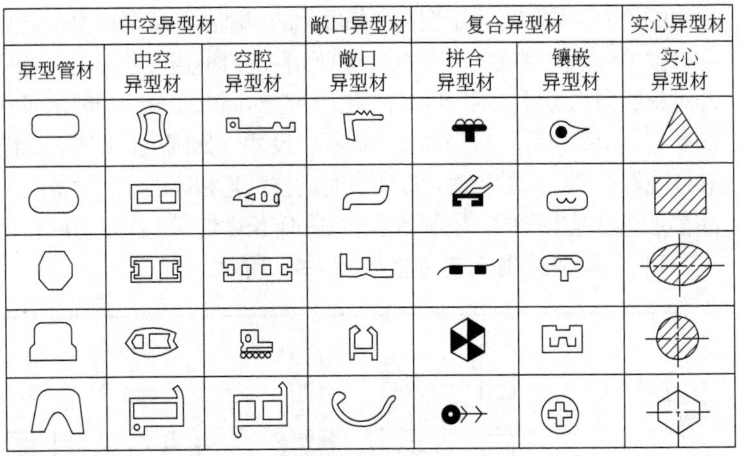

中空异型材			敞口异型材	复合异型材		实心异型材
异型管材	中空异型材	空腔异型材	敞口异型材	拼合异型材	镶嵌异型材	实心异型材

■图 6-21 异型材挤出制品的主要类型

(3) PVC-U 片材和板材

① PVC-U 硬片和硬板。

② PVC-U 低发泡板材。

③ PVC-U 波纹片和波纹板。

④ PVC-U/低发泡 PVC/硬质 PVC 复合板材（简称夹芯发泡板）。

6.3.4.1 PVC-U 管

PVC-U 管材生产工艺流程方块图如图 6-22，PVC-U 管材生产线的实物照片如图 6-23。

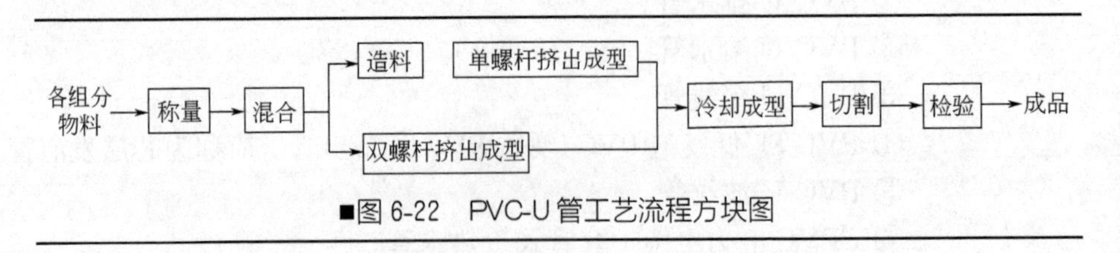

■图 6-22 PVC-U 管工艺流程方块图

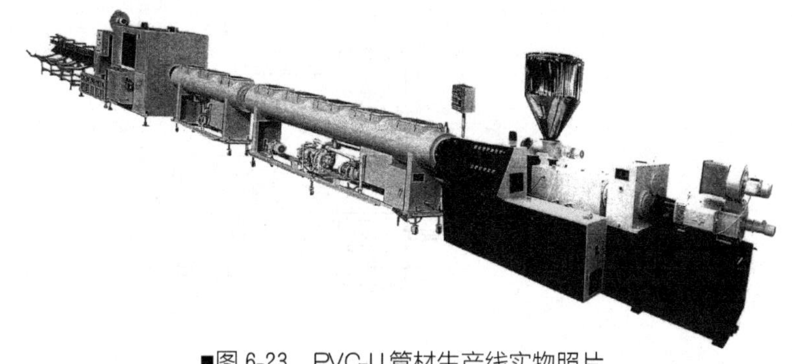

■图 6-23　PVC-U 管材生产线实物照片

(1) 建筑排水用 PVC-U 管

① 配方　见表 6-5。

■表 6-5　排水管配方

项目		国标管① 普通活钙配方	国标管① 神奇纳米配方③	市面通用管② 普通活钙配方	市面通用管② 神奇纳米配方
原料/kg	PVC 树脂（SG5 型）	100	100	100	100
	复合稳定剂（TY208）⑤	4.5±0.1	4.5±0.1	4.8±0.1	4.8±0.1
	氯化聚乙烯	4.5±0.2	4.5±0.2	4.0±0.2	4.5±0.2
	钛白粉（锐钛）	4.5±0.1	4.5±0.1	4.5±0.1	4.5±0.1
	碳酸钙粉体	10±2	15±2	60±2	80±2
	硬脂酸	0.5±0.05	0.5±0.5	0.6±0.05	0.6±0.05
	石蜡	0.35±0.05	0.35±0.05	0.4±0.05	0.4±0.05
原料成本/（元/t）④		7286	7088	5512	5080
物理机械性能	拉伸屈服强度/MPa	≥40	≥40	35～40	35～40
	断裂伸长率/%	≥80	≥80	—	—
	维卡软化温度/℃	≥79	≥79	≥79	≥79
	φ110mm×3.2mm 管室温冲击强度/J	60～70	60～70	45～50	45～50

① 符合建筑排水用 PVC-U 管材国家标准 GB/T5836.1—2006 的管材。

② 市面大量行销的管材，现市场上还有活性钙加入量为 180 份的管材。

③ 用神奇纳米作填料。神奇纳米是一种以轻钙为原料，用一种与碳酸钙表面有反应的偶联剂进行包裹处理而制得的一种活性钙品。

④ 按重庆市 2007 年 11 月市场价计算。

⑤ TY208-重庆台渝公司稳定剂。下同。

② 配混料　物料的配混在 6.2 节已经讨论，此处不再重述。

③ 挤管设备　挤管设备由主机（挤出机、机头和口模）和辅机（定型、冷却、牵引、商标印刷、切割、扩口）两大部分组成。

挤出机采用单螺杆挤出机或双螺杆挤出机，通常挤出粒料用单螺杆挤出机，粉料用双螺杆挤出机。在 6.3.3 节已经讨论，此处不再重述。

除挤出机外，主机系统中最关键的装置是机头。机头结构类型有多种，例如弯头进料、直角进料和直通进料等。用于硬质 PVC 挤出成型的机头，

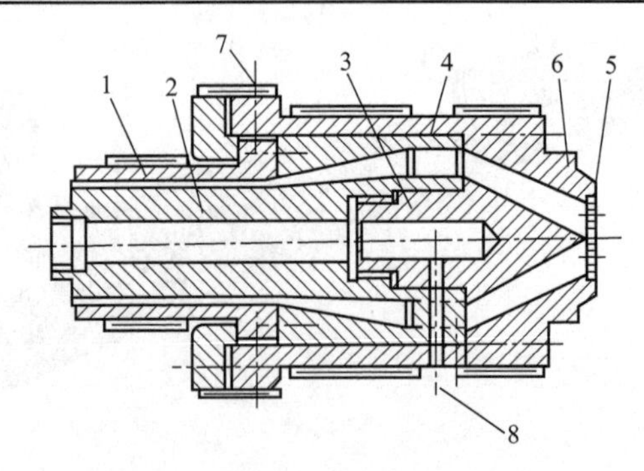

■图 6-24 硬质 PVC 管材挤出机头结构

1—口模；2—芯棒；3—分流器；4—分流器支架；5—多孔板(筛板)；6—机头体；7—口模调节螺栓；8—通气孔

一般宜采用直通进料型，以便减少高黏度熔体的流动阻力。硬质 PVC 管材成型用的直通进料机头的典型结构如图 6-24 所示。

机头体是连接料筒和口模的熔体通道，它的内腔应是高度流线型的，并经很好地抛光，以避免挂料。对双螺杆机头体而言，它的连接套必须有足够长度，以便把两条螺杆输出的两股料流很好地熔合在一起。挤出硬质 PVC 时，最好在料筒过渡到机头之间不使用多孔板来增加模头压力和均化熔体，以免挂料。这时，采用较长和过渡到较小直径通道的连接套，并适当增加模头的总压缩比，则十分必要机头体与料筒的连接有各种方式，对小型机大多采用螺纹套；对大型机，由于机头较笨重，大多采用法兰以螺栓或带楔形槽的两个半圆环［通常叫哈佛（half，半）环］紧固连接。

当采用多孔板时，分流器（又称鱼雷头）顶尖与多孔板距离以 10～20mm 为宜，或稍小于 $0.1D$（D 为螺杆直径）。分流器的扩张角 $\alpha=60°\sim90°$，锥形部分长度 $(0.6\sim1.5)D$。如 α 过大，会增加料流阻力，使黏性很大的熔体在机头壁上的滞流趋势增大，易发生分解。相反，若 α 过小，料层不能很快变薄，不仅不利于均匀受热匀化，而且会导致物料在此停留时间过长，同样可能造成分解。分流器头部圆角半径可取 0.5～2mm，过大易造成积料分解。不过，现在的挤出机机头一般不安装多孔板（筛板）。

分流器支架常随管径大小而不同。小管模头的分流器支架常与分流器作成为一个整体；大管模头，则分流器和支架作成两个部分。通常分流器支架的支脚为 3 个或更多。支脚比较细并呈流线型，使之对料流速率分布的破坏减至最小程度。当熔体绕过支脚再汇合时，仍将形成一熔合线，因而支架的位置应离模头出口相当远，以增加熔合缝处熔体的均匀愈合程度。分流器尖应在料筒的轴心线上，允许偏差 0.2mm 以内，否则将造成分料不均，模头环隙截面出料速率不一致。

通气孔（8），较为老式的机头都有设置，其主要作用是管材定型时通入压缩空气，使管内保持一定压力，从而管材紧贴定型套内壁，达到管材定型之目的。其次，从通气孔引入压缩空气，可以冷却芯棒（2）和分流器内部。

管材挤压成型部分，即口模和芯棒形成的平直环隙部分的长 $L_0=(2\sim3.5)D_t$（D_t 为管材外径）或 $(20\sim40)\delta$（δ 为管壁厚度），小管取大值，大管取小值。平直段的长度直接影响挤出质量，过短，螺杆所受的模头压力（又称背压）小，塑化可能不良，物料的压紧度减小，芯棒支架脚引起的熔合线处强度差，因而会导致管材强度不足，扁平试验时纵向直线开裂。反之，料流阻力和模头增大，甚至造成挤出困难或分解，还有可能顶坏机头的连接螺栓。

口模内径 $D_0=D_t/a$，a 经验系数，约为 1.02～1.06，成型段环隙宽度约比成品管壁厚度薄 20%，其值视熔体的离模膨胀特性、冷却收缩和牵引速度等情况而定。

机头压缩比，即分流器支架出口处截面积与口模芯棒间出口环隙面积之比，是机头的重要参数，一般在 3～10 范围为宜。具体取值视管径大小，大管取小值，小管取大值。双螺杆挤出机的机头压缩比应较大，大约在 7～10，生产大口径管时可将压缩比适当减小，例如取 5 左右。如压缩比过小，制品不密实，分流架所形成的汇合痕不易消除，管材强度差，扁平试验时易沿汇合线开裂。如压缩比太大，不仅机头体积大，而且会出现加热不均，模头温度难以调节和控制。

芯棒压缩角一般为 30°～45°，而且压缩角应小于分流器的扩张角。牵引挤出时，芯棒平直部分的长度与口模平直部分等长。采用顶出法（无牵引）挤出时，芯棒应加长 15～20mm，并使其伸入定径套内，或将芯棒加长 150mm 左右并将相等长度定径套经聚四氟乙烯绝热垫与口模相连，用喷淋水冷却。这种方法不用牵引机也能顺利生产 ϕ15～100mm 不同口径的管材。

挤出辅机设备如图 6-25 所示。

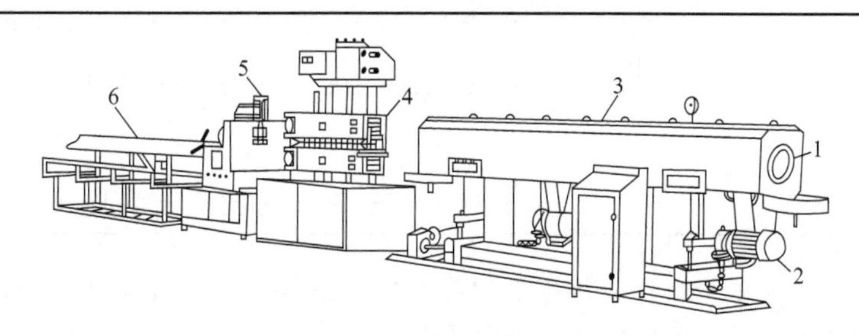

■图 6-25　管材辅机组

1—定型装置；2—水环式真空泵；3—喷淋冷却槽；4—牵引机；5—切割机；6—堆架

④ 挤管过程

a. 型坯挤出　PVC-U 管材型坯挤出可以采用单螺杆挤出机（粒料），也可以采用双螺杆挤出机（粉料），现在大部分用粉料，用双螺杆挤出机。

粉料从料斗加入进入双螺杆挤出机料筒，在料筒中粉料在双螺杆剪切和料筒外壁加热的热力作用下，经加料段（固体输送和预热）、压缩段（压缩、熔化和塑化）、计量段（混炼）后，进入管材挤出机头，制成管状型坯。此时，物料处于高弹态。

b. 管材定型　由挤出机口模挤出来的管状型坯首先应通过定型装置，使它在定径套的约束条件下冷却变硬而获得定型。为了获得具有光洁度高、尺寸准确和几何形状正确的管材，在定型过程中进行有效的冷却是至关重要的。因此，定型装置都有设计良好的冷却结构，并采用导热良好的材料（例如铜合金）。

定径方法有外径定型和内径定型两种。外径定型是在管状物外壁和定径套内壁紧密接触的情况下进行冷却而得以实现的。保证这种紧密接触的方式有两种。一种是加压定型，是从挤出机头的通气孔，向管状型坯内腔通入一定压力（一般为 0.02～0.03MPa）的压缩空气，并在管内装入一个浮动的堵气塞，该塞由一条钢线系挂于芯棒上，从而维持管内定型段的定型压力。这种定径法能保证管状物与定型套良好接触，因而管材表面光洁度和尺寸精度较好。但是，阻力较大，需要较大的牵引力，另外，由于使用堵气塞，对内径小的管材不大适用。另一种是真空定型，该法是在定型套上钻若干均匀分布的小孔，并使套管外壁处于真空抽气泵抽吸形成的减压（相对于大气压力）环境中。由于管状物外壁与定径套接触而处于低压，其管内为大气压，内外的差压（大约为 0.03～0.05 MPa）保证管状物外壁与定径套内壁紧密接触，并在此过程中向定径套外壁喷淋冷水而冷却定型，如图 6-26 所示。

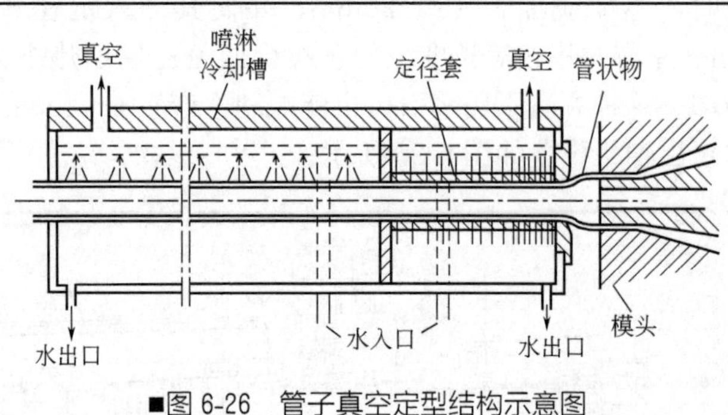

■图 6-26　管子真空定型结构示意图

由于管材在应用中的连接都以标准外径为基准尺寸，因此，目前管材生产中都采用外定径法。定径套尺寸，目前大多还凭经验确定。由于定径冷却与管材尺寸、挤出牵引速率、冷却水温度等因素有关，定径套的长度一般取其内径的 3～5 倍，内径应略大于管材外径的公称尺寸，以大 1%为宜，因为硬质 PVC 管材在定径后的冷却过程中还会发生一定的收缩。定径套上的真空孔分排开设，孔径（或缝距）为 3～5mm。

c. 管材冷却　管材冷却有浸没式和喷淋式。浸没式冷却，是将管材浸没在水中冷却，由于水对管材的浮力和上下层水温不同，常会使它弯曲。目前，大多采用沿管材圆周上均匀分布的喷水头对挤出管材进行喷淋冷却。这种冷却方式常能减少管子的变形。冷却槽的长度随管材大小可以不同。目前市售的冷却槽长度有 4m 和 6m 两种。为兼顾大小各种规格管材的要求，多采用 6m 冷却槽。当高速挤出时，冷却槽还可能要求更长。

d. 牵引　常用的管材牵引机有滚轮式和履带式两种。牵引机均要求具有足够的夹持力，并能均匀地分布在管材圆周上。此外，它的牵引速率必须十分均匀，而且能无级调速。滚轮式牵引一般适用于较小口径管材。履带式牵引比较适合于需要很高牵引负荷或挤出大口径管。牵引带表面输送特性可用多种方法来改善，譬如利用坚实的海绵橡胶包在带子表面，使表面呈一定形状，或把吸盘加到带子上，或作成 V 形楔槽表面以及锯齿形表面。当要求特别大的牵引负荷，例如挤出特别大口径管材时，围绕管子的牵引带数目可增加到三条、四条或六条，这样可得到较高的牵引力，并保持管子不变形。牵引速率取决于挤出速率。牵引速率应比挤出速率稍快一些，以使管状物在定型过程中有适度拉伸，这样有助于提高管材性能。牵引速率与挤出速率之间必须有相当高的协调稳定性，才能保证生产长时间处于稳定状态，获得高的成品率。牵引机的最高牵引速率，一般为 6m/min，也有高达 10m/min 的。

e. 切割　硬质 PVC 管材产品为直管，根据国家标准规定，其长度有4m和6m两种。当管材在牵引机达到规定长度即应由切割机自动切割成一定长度，长度偏差一般控制在±10mm。切割机的启动由长度定位开关控制，当管材达到开关位置并触动该开关时，切割机开始切割动作，切割系统并随管材的牵引而移动。当管材切断切割系统达到设定的动作行程即会触动行程开关停止转动，并回复到启动时的位置和状态，等待下次切割程序开始。切割小口径管材的切割机，一般是单圆片锯。随口径大小（壁厚也不同），应选择适合齿距的锯片，薄壁小口径管应采用小齿距，较大口径的管则应采用较大齿距的锯片。若挤出特大口径（譬如 ϕ600mm 以上）管，则需选用行星式多锯片切割机。锯切机一般都配置文丘里吸料装置，以便在锯切的同时，将锯削吸送到储槽（或袋）内，作为回用料再加工成产品。

f. 印刷　在牵引机和和锯切机之间，通常还应配置印刷装置，以便在管材上按一定距离印上商标、产品名称、标准代码、标称规格、批号、厂名等。印刷装置常用的有两种，一种是轮印式，另一种是喷印式。

g. 管材扩口　在实际应用中，管材彼此连接采用承插方式，在某些场合具有一定优越性，因为可以节省大量价格较贵的接头，而且施工便捷。所以承插管在管材市场仍占有相当份额，某些工厂在生产直管的同时，也生产承插管。承插管又称扩口管。它是将切割后的直管送到扩口工序，先将管口一定长度加热到 115～125℃，然后将其夹持在扩口机上，塞入扩口模头冷却定型而成。承插口有两种形式，即黏结连接和弹性密封圈连接。黏结连接承插口是带有很小锥度的直口，弹性密封圈连接承插口则是插口深度的中点位置有一嵌入弹性圈的凹槽环。承插口的成型及其精度主要依赖于扩口模头。模锥由导向头、定心体、承插口定型体三段组成。导向头作为管子加热后插入时导向用，其导向角一般取 30°。定心体的外径，一般比管材内径小 3～5mm，其扩口升角一般设计成 15°左右。定型体外径比管材外径约大1～1.5mm，待管口定型收缩，承口深度中点内径要比管材外径大 0.10～0.50mm，视管材直径大小而不同，具体尺寸应符合国家标准 GB/T5836.1—2006 要求。弹性密封承插口模具与直插口模的参数基本相同，只是在定型体中部有一凹槽结构。胶黏剂粘接管材承插口如图 6-27 所示，弹性密封圈连接型管材承插口如图 6-28 所示。

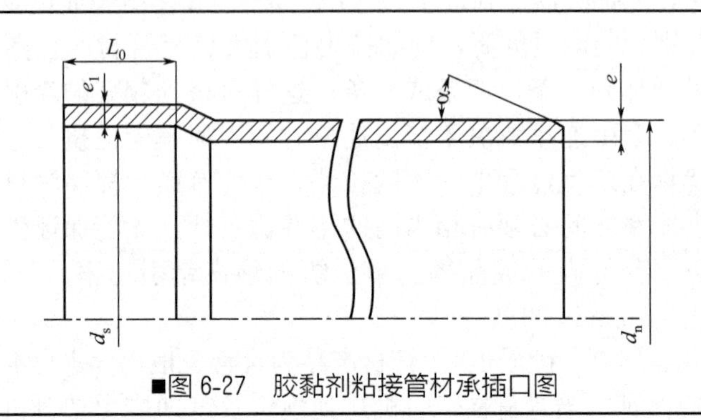

■图 6-27　胶黏剂粘接管材承插口图

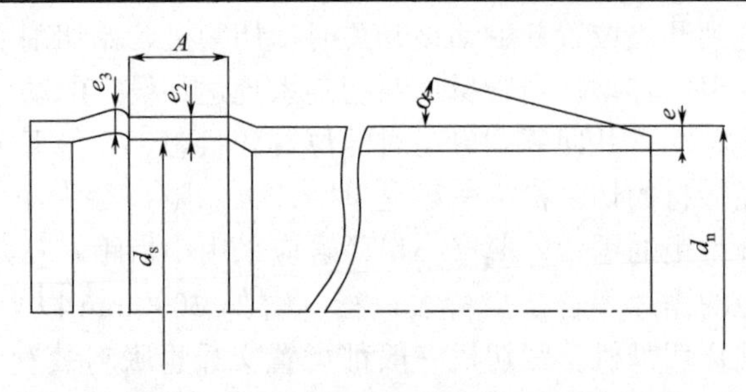

■图 6-28　弹性密封圈连接型管材承插口图

⑤ 挤管工艺操作

a. 开车　在开车前，首先检查各种仪表、电器是否正常，加料口有无异物，并将料筒和机头各段温度设定至 120℃，然后再开启加热电源开始升温。

待各段温度都达到 120℃时，开始保温。管径≥110mm 的排水管保温 1.5h。由于料筒和机头里的物料是清洗料（或开停机料），在 120℃是不会分解的，因而保温时间到了后，如有事不能即时开机也没关系。

将各段温度调至设定温度，当各段温度均达到设定温度后，接通加料冷却水，启动螺杆驱动电机，并缓缓加入物料，让螺杆在低速下运行。

当模口开始出料时，逐渐升高螺杆转速，利用螺杆剪切和料筒的加热作用使物料达到良好混炼和塑化。

当口模挤出的管坯变得具有一定弹性后，进行牵引。小口径管材，可由人工牵引，将弹性管坯从定型套穿过，牵至牵引机夹持牵引。大口径管材，则需用牵引杆（或牵引绳，用得最多的是生产车间现存的报废管材）进行牵引，牵引杆一端连接穿过定型套的热管材管坯，另一端夹在牵引机中。开启牵引机，并开启定型冷却水。待管坯引出冷却槽并进入牵引机牵引时，立即关闭冷却槽上的各段密封盖，启动真空系统，建立真空定型条件（真空度20～50kPa），并转入过程调节与控制。

b. 过程调节与控制　控制指标有管材外观、外径、壁厚偏差、不圆度、弯曲度等，调节对象有加料速率（加料螺杆转矩）、主机转速（主机转矩）、牵引速率、料筒及机头各段温度、定型真空度、冷却水量及水温及口模调节螺栓。

同步调节螺杆转速和牵引速率，以及挤出机各段温度，在保证管坯温度不超温的情况下，使挤出速率达到最高。在此同时，应检查管壁厚度。若管壁厚度超过标准规定的偏差过大时，可适当增加牵引速率，使管坯在定型过程中增大拉伸量使管壁减薄；相反，壁厚过小时，则应降低牵引速率。

挤出速率的高低取决于挤出机对给定物料的塑化能力和熔体流经口模的最高剪切速率。对给定的挤出机和物料而言，影响塑化能力的主要因素是它的操作条件，即各段温度和螺杆转速。如塑化能力足够，提高加料速率是提高产量行之有效的方法。

挤出机各段温度的设定和控制范围随挤出机类型、机头和口模结构、原料加工熔融特性而有所不同，一般原则是供料段设定温度要高，一般为180～185℃，因冷料要快速升温，要快速补充热量，而此时物料之间尚无摩擦热，只能靠外加热源。当然此段的实际料温是最低的。压缩段的设定温度居中，一般为170～180℃，此时物料之间弹性摩擦开始生热，当然也需要外加热源。此段的实际料温居中。计量段，设定温度偏低，一般为165～175℃，此时物料处黏流态，物料之间、物料与料筒螺杆间产生大量摩擦热，此时物料的温度往往会高于设定温度，因而温度自控系统经常处于关闭状态。而且还要开风扇进行风冷，甚至进行水冷。机头体的温度基本上保持与计量段的温度一致为宜，而口模温度最好比机头体高2～3℃，以保证管坯表面光滑平整。机头与挤出机相连接的部位，大部分是法兰连接，某些挤出机有专门的连接件（称为连接套），此部位流道较小，此段温度应比邻接部（机头体和料筒计量段）高5～7℃为宜。

从设备角度而言，调整控制机头压力可提高物料的塑化效果，可以提高管材的机械强度（如拉伸强度、冲击强度等），最有效的增加机头压力的方法是将口模加长。当然机头压力增加，提高了管材机械强度，但挤出产量要降低。

为了得到好的挤出效果，要求料筒真空口部位的物料处于半凝胶化，此处物料用手用力捏可捏成团。捏不成团不行，过分软也不好。

当主要工艺参数调整正常后，即可着手将定径套入口与口模端面的间距和它们对中心程度调到最佳程度。其间距大小，以定径套入口端处的管坯形成少许均匀的环状肩部为宜。

在生产过程中，保持稳定的及无波动的挤出量是极为重要的。否则，轻则导致成品率下降；重则引起生产中断而需重牵引型坯，并耗费相当时间和物料才能使生产过程及工艺条件稳定下来。对正常的设备而言，挤出量波动的常见原因是加料口进料流量不稳定，引致机器脉动性“饿料”。当采取自重落料方式进料时，物料倾落特性不良或产生架桥现象，常会出现上述问题。这时，若改用振动加料或定料加产装置，可使加料特性得到改善。对双螺杆挤出机来说，使用可以调节进料速率的装置，还可在一定程度上调节物料的实际压缩程度和改善挤出特性。

料筒应保持必要的真空度（一般），如真空度不够，物料中的挥发物和水分除不去，管子表面缺乏光泽，对内在质量也有影响。如真空部位的物料未达到半凝胶化，物料仍保持粉料，粉料会堵塞真空，应多加注意。

c. PVC-U管材生产中常出现的问题及解决途径列于表6-6。

■表6-6 硬聚氯乙烯管材生产中不正常现象及解决办法

序号	不正常现象	产生原因	解决办法
1	管材表面有分解色点或黑点	① 机身和机头温度过高 ② 机头和多孔板未清理干净 ③ 机头分流器设计不合理，有死角 ④ 物料中带入杂质 ⑤ 原料热稳定性差，配方不合理 ⑥ 控制仪器失灵	① 降低温度并检查温度计是否失灵 ② 清理机头 ③ 改进机头结构 ④ 检查原材料及混料造粒过程 ⑤ 检查树脂质量 ⑥ 检修仪表
2	管材表面有黑色条纹	① 机身或机头的温度过高 ② 多孔板未清理干净	① 降低机身或机头温度 ② 重新清理
3	管材表面无光泽度	① 口模温度过低 ② 剪切速率太大，发生熔体破裂 ③ 口模温度过高或内表面光洁度太差 ④ 料筒真空度不够，物料中的挥发物和水分未除去	① 提高口模温度 ② 适当提高料温或降低挤出速度 ③ 降低温度，降低口模粗糙度 ④ 清理真空系统，清除堵塞真空系统的粉料
4	管材表面有皱纹	① 口模四周温度不均匀 ② 冷却水太热 ③ 牵引太慢	① 检查电热圈 ② 开大冷却水 ③ 牵引调快
5	管材内壁毛糙	① 芯模温度太低 ② 机身温度过低 ③ 螺杆温度太高	① 提高模芯温度 ② 提高机身温度 ③ 加强螺杆冷却
6	管材内壁有裂纹	① 料内有杂质 ② 芯模温度太低 ③ 机身温度低 ④ 牵引速率快	① 调换无杂质的原料 ② 提高芯模温度 ③ 提高机身温度 ④ 减慢牵引速率

续表

序号	不正常现象	产生原因	解决办法
7	管内壁有气泡	料受潮	原料先干燥再用
8	管材内壁不均匀	① 口模、芯棒未同心，单边厚 ② 机头温度不均匀，出料有快有慢 ③ 牵引速率不稳定 ④ 压缩空气压力不稳定	① 重新调整口模，芯模同心度 ② 检查电热圈及螺杆转速和校准测温仪表 ③ 检修牵引 ④ 检查真空机，使其空气稳定
9	管材内壁凹凸不平	① 螺杆温度太高 ② 螺杆转速太快	① 降低螺杆温度 ② 降低螺杆转速
10	管材弯曲	① 管壁厚度不均匀 ② 机头四周温度不均 ③ 机身、冷却装置、牵引轴线不在同一直线上 ④ 冷却水箱两端孔不同心	① 重新调整管材厚度 ② 检修电热圈和校准测温仪表 ③ 设备重新排在一条轴线上 ④ 调整水箱两端孔同心
11	断面有气泡	① 物料水分高 ② 高速混合时温度低，排湿不良 ③ 挤出排气不良 ④ 加工温度过高 ⑤ 掺混料热稳定性差	① 干燥或更换原料 ② 提高排湿温度和时间 ③ 提高排气真空度 ④ 降低加工温度 ⑤ 检查稳定性并修改配方
12	管材脆	① 加工温度过低 ② 原辅料质量差 ③ 混炼和压实不良 ④ 配方不当，例如过多地加入增塑剂、填充剂，正确使用冲击改性剂	① 适当提高料温 ② 检查或更换原辅料 ③ 改善工艺条件 ④ 改进配方，调整工艺条件

d. 停车　挤出生产过程中是连续作业，在没有十分必要时，一般不完全停车。即使按照生产需要更换模头，最好只停螺杆旋转并适当降低温度，迅速更换模头，争取在尽可短的停车时间恢复开车操作。另一种更为安全的操作，是在更换模头前，用清洗料（成开停机料）顶出料筒内的加工料，再进行换模操作。

需要较长时间停车，例如机器严重故障、计划大修时，应按完全停车程序进行操作。停车前，将料斗中的原料卸出，然后加入清洗料，在降低机身温度的情况下，将机器中的生产料完全置换干净，并尽可将机器中的清洗料排出，再断开各级加热电源、电机电源、水源、气源，并及时卸下机头，拆开模头组件，进行清洁和保养处理。应绝对禁止模头完全冷却后才进行拆卸清洗。因为机头和口模内总是充满物料的，一旦物料硬化，是很难拆卸和清洁的。

清洁料（成开停机料）应具有良好的热稳定性和润滑性，其参考配方（质量份）如下：

PVC	100	硬脂酸	1
三碱式硫酸铅	3	石蜡	1
二碱式硬脂酸铅	3	活性碳酸钙	5

⑥ 建筑排水用 PVC-U 管材国家标准 GB/T 5836.1—2006 相关的质量标准数据如表 6-7。

■表 6-7 管材力学性能

项 目	要 求	试验方法
密度/（kg/cm³）	1.350～1.550	GB/T 1033—1986 中 4.1A
维卡软化温度/℃	≥79	GB/T 8802—2001
纵向回缩率/%	≤5	GB/T 6671—2001
二氯甲烷浸渍试验	表面变化不劣于 4L	GB/T 13526—1992
拉伸屈服强度/MPa	≥40	GB/T 8804.2—2003
落锤冲击试验 TIR	TIR≤10%	GB/T 14152—2001

表 6-7 中，落锤冲击试验所用冲击锤头半径 d_n＜110mm 时冲击头半径为 25mm，d_n≥110mm 时冲击头半径为 90mm。所用冲击头能量如表 6-8。

■表 6-8 不同规格管材所应承受的冲击能量

公称外径 d_n/mm	冲击能量/J	公称外径 d_n/mm	冲击能量/J
32	2.5	160	20.0
50	2.5	200	30.0
75	5.0	250	40.0
110	10.0	315	64.0

用表 6-8 规定的冲击能量进行冲击试验，冲击破了的管子数必须小于或等于 10%，即 TIR≤10%。

(2) PVC-U 静音排水管

① 概述 在建筑材料隔声降噪性能的选择上，人们发现具有高密度或高面密度的材料具有高的吸声或隔声能力，面密度越大吸声或隔声性能越好。通常把这一原理称为“隔声质量定律”。

人们先后开发了两种结构的 PVC-U 静音排水管，而且都申请了发明专利。一种为三层壁 PVC-U 静音排水管，该管的管壁分为三层，内、外皮层仅 0.2mm 厚，配方中不含吸声功能材料，填料活性碳酸钙也加得很少，具有较高的机械强度。外皮层起装饰作用，内皮层起防腐作用。芯层加入大量吸声功能填料（活性硫酸钡粉体），芯层密度为 1.85～2.00g/cm³，降噪 14～16dB。另一种为“单层壁 PVC-U 静音排水管”，它是在“三层壁 PVC-U 静音排水管”基础上提高发展起来的。所不同的是配方中加入活性硫酸钡粉体 200～250 份，可降低噪声 25～35 dB，使 PVC-U 排水管的排水噪声降至 30～40 dB，达到了人们生活居室“静”的要求。三层壁 PVC-U 静音排水管横切面结构如图 6-29 所示。

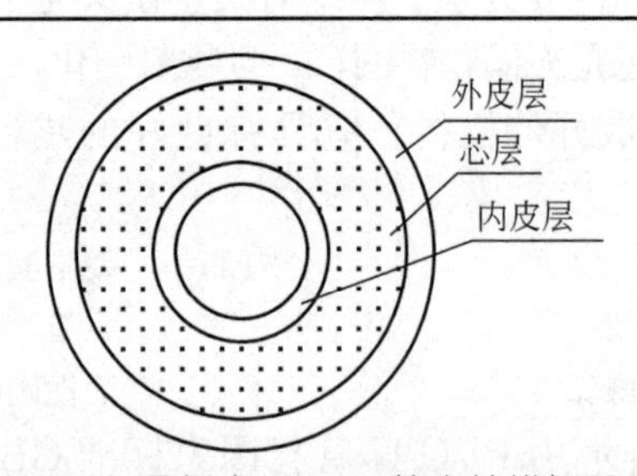

■图 6-29 三层复合 PVC-U 静音管横切面示意图

② 静音排水管的制造　静音排水管配方见表 6-9。

■表 6-9　静音排水管配方

原　　料	配方/kg
S-PVC 树脂（SG-5）	100
CPE	10±1
复合铅稳定剂（TY208）	4.0±0.2
ACR401	2.0±0.1
硬脂酸	0.8±0.05
石蜡	0.5±0.05
DOP	5.5±0.2
自制活性硫酸钡粉体	250±20

这里只介绍单层壁静音排水管的制造技术。静音排水管的关键技术是硫酸钡粉体的粒径和表面包裹活化技术。该专利先用了两种硫酸钡粉体，一种是破碎研磨重晶石粉体（相当于重质碳酸钙），白度可达 93%，平均粒径 $D_{50}=0.92\mu m$，粒径分布曲线如图 6-30，另一种是沉淀硫酸钡粉体（相当于轻质碳酸钙），平均粒径也是 $D_{50}=0.92\mu m$。研磨重晶石粉廉价得多，生产时选用它。

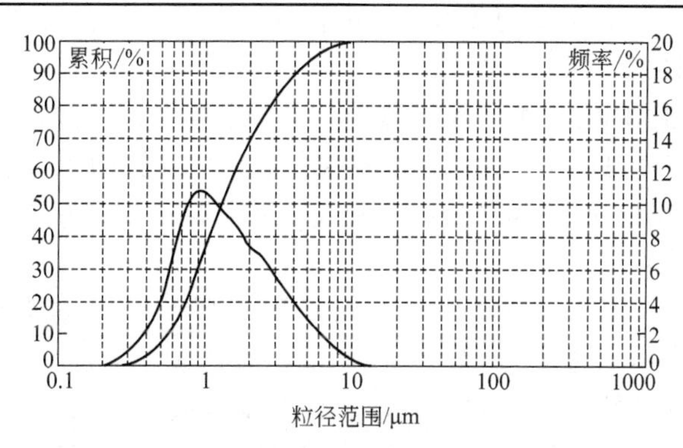

■图 6-30　破碎研磨硫酸钡粉体粒度分布曲线

硫酸钡粉体的表面包裹活化技术属于技术诀窍，选择合适的表面包裹活化技术，使单层壁 PVC-U 静音管的成功成为可能，才得以使静音管的生产成本大大降低，使静音排水管的价格与普通排水管的价格可比，得以使静音排水管为人们接受，走向市场。生产设备及生产工艺类似于建筑排水用 PVC-U 管。

③ 质量标准　该产品尚无国家标准，重庆顾地塑胶电器有限公司"PVC-U 静音排水管企业标准" Q/GDS6—2010 相关的质量标准数据如表 6-10。

表 6-10 中，落锤冲击试验所用冲击锤头半径 $d_n<110mm$ 时，冲击头半径为 25mm，$d_n\geqslant 110mm$ 时，冲击头半径为 90mm，所用冲击能量如表 6-11。

■表 6-10 静音管管材的力学性能

序号	试测项目	技术要求			试验方法
		S_0	S_1	S_2	
1	环刚度/(kN/m²)	≥2	≥4	≥6	GB/T 9647—2003
2	表观密度/(g/cm³)	2.00～2.50			GB/T 1033—1986
3	拉伸屈服强度/MPa	≥15			GB/T 8804.2—2003
4	落锤冲击试验(0℃)	真实冲击率法：TIR≤10%		通过法：12 次冲击，11 次不破	GB/T 14152—2001
5	纵向回缩率/%	≤5%，且不分脱，不破裂			GB/T 6671—2001
6	连接密封试验	连接处不渗漏，不破裂			GB/T 6111
7	消音性	排水噪声降至 30～40dB			

■表 6-11 不同规格管材所应承受的冲击能量

公称外径 d_n/mm	冲击能量/J	公称外径 d_n/mm	冲击能量/J
50	10	160	20
75	12	200	24
110	15	250	30

表 6-11 规定的冲击能量进行冲击试验，冲击破了的管子数必须小于或等于 10%，即 TIR≤10%。

(3) PVC-U 内螺旋降噪管 在排水管里，排出的污水自上而下流动，管内的空气自下而上排出。当排水量大时，在管内形成水塞，自下而上的空气排出受阻，必须积聚相当大的气压后方能冲破水塞排出空气，这便产生了巨大的噪声。

为了消除这种噪声，人们开发了 PVC-U 内螺旋降噪管和与之配套的旋流降噪三通[7,8]。排水在旋流降噪三通的导流下沿着管壁向下流动，由于管壁的螺旋结构的导流，这种贴壁旋流一直保持到排水出口，在管内不形成水塞，空气从管中心的空洞自下而上，水流气流不相互冲击，不会发出噪声。实验表明，将旋流降噪三通与内螺旋管配套，当排水管规格 ϕ110mm×3.2mm，排水管高 28m，进水流量 12L/s（而国家建筑排水设计规范只要求 PVC-Uϕ110mm×3.2mm 排水管的流量≥6L/s），噪声降低 5dB，底部出水沿管壁旋流而出，管中心无水流出。内螺旋管的结构如图 6-31 所示。

① 配方 类似于建筑排水用 PVC-U 管配方。

② 机头及定型模结构 机头主结构类似于建筑排水用 PVC-U 管用机头，只有口模的芯棒要作一些改动，在对应于螺旋筋的部位需开相应结构的沟槽，以便形成内螺旋筋。同时带沟槽的芯棒有链齿轮带动旋转，从而得到了管内壁螺纹。链齿轮在模体内，由模体下方引出，由模体下方的电机带动。带沟槽芯棒结构如图 6-32。

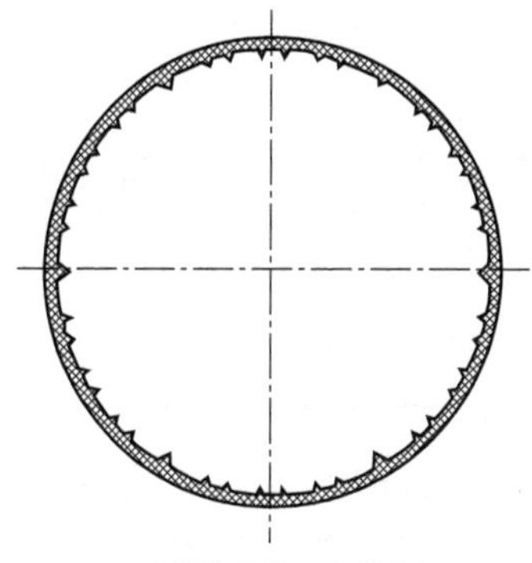

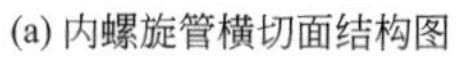
(a) 内螺旋管横切面结构图

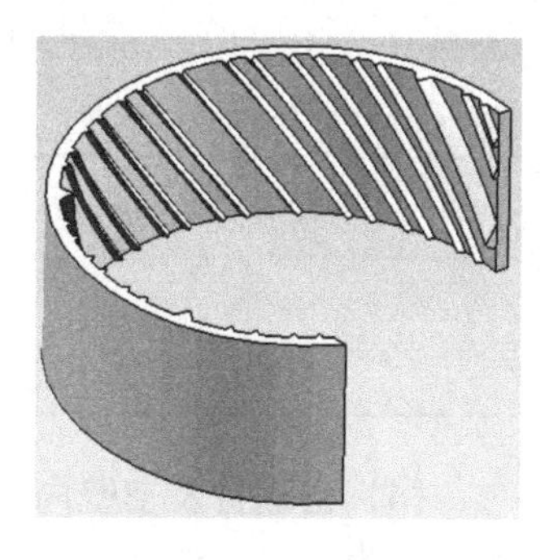
(b) 内螺旋管立体结构图

■图 6-31 内螺旋管的结构示意图

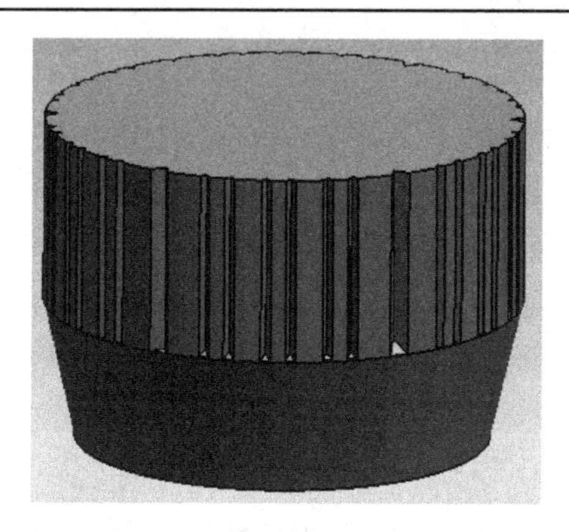

■图 6-32 带沟槽芯棒结构

③ 生产其他设备及工艺类似于建筑排水用 PVC-U 管。

④ 重庆顾地塑胶电器有限公司"排水用实壁 PVC-U 螺旋降噪管材"企业标准 Q/GDS5—2001 相关的质量标准数据如表 6-12。

■表 6-12 PVC-U 内螺旋降噪管力学性能数据

项目	指标				试验方法
	GD 优等品	GD 合格品	TR 优等品	TR 合格品	
拉伸屈服强度/MPa	≥40	≥35	≥35	≥30	GB/T 8804.2—2003
断裂伸长率/%	≥30	—	—	—	GB/T 8804.2—2003
维卡软化温度/℃	≥79	≥79	≥79	≥79	GB/T 8802—2001
扁平实验	无破裂	无破裂	无破裂	无破裂	GB/T 8804.1—2003
纵向回缩率/%	≤5	≤9.0	≤9.0	≤9.0	GB/T 6671—2001
落锤冲击实验 TIR（20℃或 0℃）	TIR≤10% TIR≤5%	9/10 通过 9/10 通过	9/10 通过 9/10 通过	9/10 通过 9/10 通过	GB/T 14152—2001

表 6-13 落锤冲击试验所用冲击锤头半径 d_n＜10mm 时，冲击头半径为 90mm，所用冲击头能量如表 6-13。

■表 6-13 不同规格管材所应承受的冲击能量

公称直径 d_n/mm	冲击能量/J	
	25℃	0℃
75	10	4.9
110	14	4.9
160	18	10.0

(4) 空壁管及空壁内螺旋管 一段时期以来，人们把材料的隔热和隔音机理混为一谈，误认为隔热的材料就会隔音，在这个概念指导下，相继开发了 PVC-U 空壁排水管和 PVC-U 空壁内螺旋排水管，发表的中国新型专利超过 20 个。PVC-U 空壁排水管的横断面结构如图 6-33，PVC-U 空壁内螺旋管立体结构如图 6-34 所示。

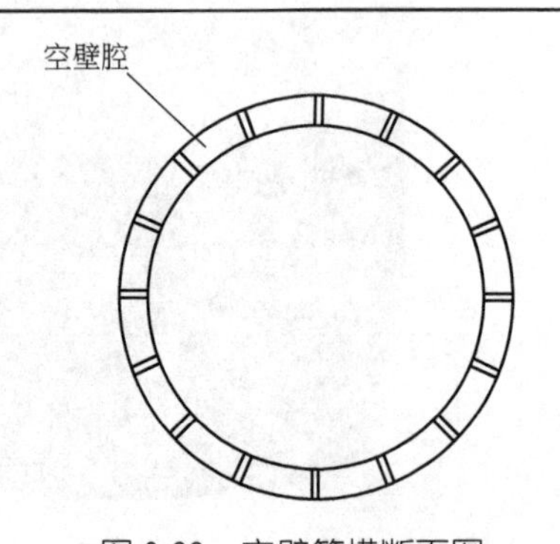

■图 6-33 空壁管横断面图

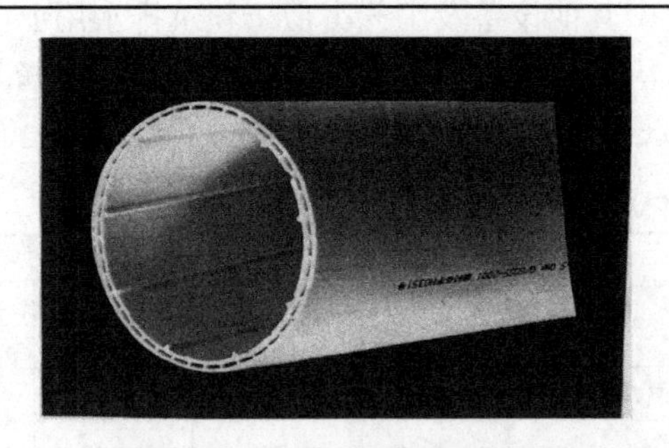

■图 6-34 空壁内螺旋管立体图

根据“隔音质量作用定律”，空壁管的降噪效果应该更差，而不是更好，实验数据充分证明了这些。正是因为这些原因，PVC-U 空壁排水管在中国只热闹了一段时期。

(5) PVC-U 芯层发泡管 PVC-U 芯层发泡管是内外皮层和发泡芯层的

三层结构管，管材横切面结构如图 6-35 所示。该管具有质轻、隔热、耐腐和一定的力学性能，节省原料消耗，成本较低等特点，在国内外都得到快速的发展。一般认为它具有隔音的特性，但这与“隔音质量定律”相反，实验数据也否定了这个特性。

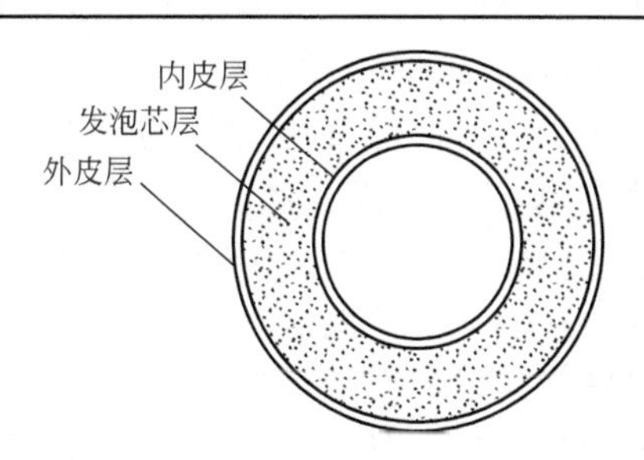

■图 6-35　芯层发泡管横切面结构示意图

发泡管有结皮发泡和夹芯发泡两种结构。结皮发泡管由单一的可发性材料经典型挤管工艺而成。芯层发泡管，由于具有发泡芯层和不发泡的内外皮层结构，需由不发泡料和可发泡料经分别塑化后，由一共挤出机头和口模挤出管坯、发泡、定型而成。因此，两种不同性质的物料，至少需两台挤出机来分别塑化和同时挤出芯层和内外皮层。通常，称这种工艺为双机共挤法。这是目前最通用的方法。另外，也可采用三台挤出机分别共挤出外层、芯层和内层来制造芯层发泡管，一般称此法为三机共挤法。三机共挤法的最主要优点是容易调节各层的挤出速率，另外，内外皮层可以采用不同配方而达到更合理的性能或成本，并适用于挤出不同颜色的内层和外层的制品。

下面对生产过程进行介绍。

① 配方（双螺杆挤出机配方）见表 6-14。

■表 6-14　PVC-U 芯层发泡管配方

原　　料	悬浮 PVC 树脂(S-PVC)配方/质量份		本体 PVC 树脂(M-PVC)配方/质量份	
	皮层	芯层	皮层	芯层
PVC 树脂	S-PVC(SG5)100	S-PVC(SG7)100	M-PVC(K 值 68)100	M-PVC(K 值 58)
复合稳定剂	TY208 5.0	TY218 4.2		
三碱式硫酸铅			1.0	1.0
二碱式硬脂酸铅			0.8	0.8
中性硬脂酸铅			0.5	0.5
硬脂酸钙	0.3	0.3	0.4	0.5
硬脂酸	0.5	0.5	0.3	0.2

② 挤出发泡成型设备

a. 挤出机的选择　低发泡掺混料挤出加工流程包括：塑化挤出、发泡、定型、冷却、牵引、切割等过程。当选用单螺杆挤出加工时，应使用粒状掺混料。粉状掺混料的挤出应选用双螺杆挤出机。

单螺杆挤出机一般选用渐变型螺杆，长径比应较大。

双螺杆挤出机具有强制送料功能，发泡料在料筒内的停留时间短，混合分散均匀性好，而且物料在双螺杆挤出机中可在较低温度塑化，挤出温度容易控制。因此，双螺杆挤出机最适合于发泡料的挤出。平行双螺杆挤出机和锥形双螺杆挤出机均得到平行发展。

b. 机头 硬质 PVC 低发泡管材的成型主要有两种方法，即阿母塞尔（又称部分塞路卡）法和共挤出法。

阿母塞尔法口模与普通硬质 PVC 管口模相同，它由芯棒和管状外模同轴套合形成管状环隙。芯棒以流线型过渡与分流鱼雷体连接。挤出的可发泡管坯在离开口模进入定径套的过程发泡，并由于定径套与管坯外表面接触冷却而形成光滑的外壁面结皮层。这种低发管的内表面，由于缺乏有效的控制，往往比较粗糙，而且不能形成足够的结皮层。有些口模设计经分流体支撑和芯棒中开设的孔道，向芯棒延长段通入冷却介质降温，以形成内壁结皮层，可以使管材内壁质量显著提高。阿母塞尔法管材成型，由于需加强冷却（因热导率比普通管低 35%），要求增加一部分设备投资，但其机头、模具等费用便宜，总的投资与普通 PVC 管的挤出设备相近。这种发泡管材的相对密度一般为 0.8，与相同口径和壁厚的普通管相比，可节省材料约 75%。但由于其刚度较低，若欲使其刚度达到同口径普通管材的水平，壁厚应增加大约 25%，按此计算，也能节省材料 40%。但由于添加了添加剂，导致成本升高，在日本和法国原料成本增高的幅度约在 10%～20%之间。结皮发泡管的壁厚根据管径和用途可在 1～9mm 范围内选定。结皮低发泡管的主要缺点是结皮层厚度很小且可能是微发泡状态，因而刚度和表面硬度较低。解决这一问题的主要方法，目前大多采用共挤出技术，生产表面不发泡而芯层发泡的所谓夹芯发泡制品。

共挤出技术生产芯层发泡制品需分别提供发泡料和非发泡料熔体，经共挤出机头挤出制品坯。两种不同的熔体可用两台或三台挤出机供料，因而有双机共挤和三机共挤两种组合方式。图 6-36 为双机共挤芯层发泡管机头与口模结构示意图。非发泡料经共挤机头的分流体 1 和分流体 2 分割为内外表层进入复合模，发泡芯层料经机头体 2 和分流体 1 的支架进入共挤内模和外模之间，与内外层汇合后再进入复合模，完成三层料的熔融复合，形成三层复合管坯。双机共挤芯层发泡制品时，由于使用一台挤出机同时供给内外层不发泡熔体，需经分流体（见图 6-36 分流体 1）将熔体分割，分别进入内外层流道，因此如何保证内外层熔体流速保持在相同或相近状况，就成为模具设计、制造和调整的关键问题。为此，将分流体 2 设计为两件，以便于通过调整分流体 2 的锥端与分流体 1 中心流道口端面间的间隙，使内外层熔体流速达到适当的匹配。即使如此，还是难以在生产过程中实施内外层流速的适时调节。

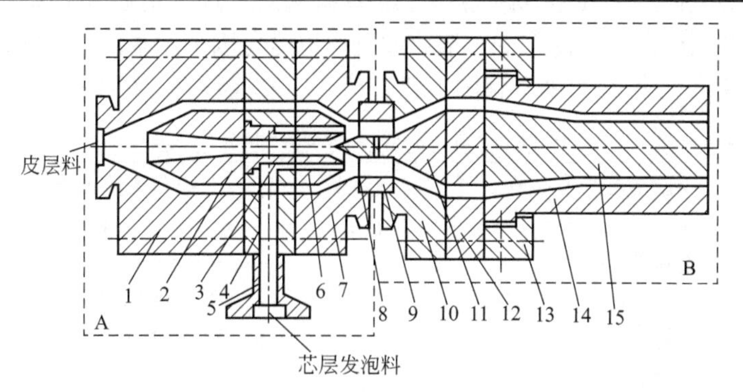

■图 6-36　双机共挤芯层发泡管的机头与口模结构示意图

1—机头体 1；2—分流体 1；3—内模；4—分流体 1 支架；5—机头体 2；6—外模；7—机头体 3；8，11—分流体 2；9—连接套；10—机头体 4；12—分流体 2 支架；13—口模压盖；14—口模；15—芯模

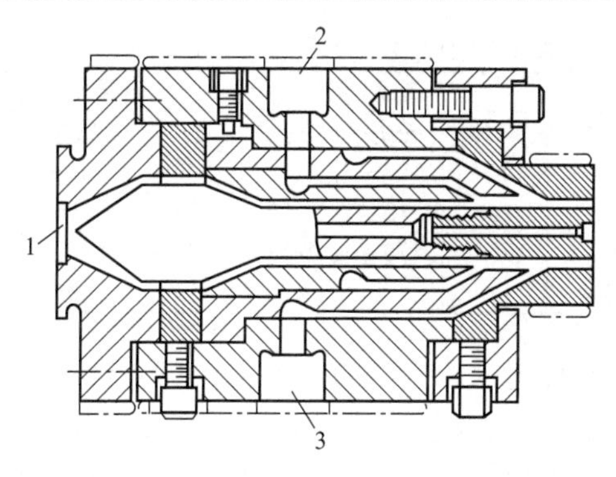

■图 6-37　三机共挤出积木式机头结构

1—内层挤出机；2—芯层挤出机；3—外层挤出机

为了在生产进行中能够方便地调整内外层熔体流速，有些生产线采用三台挤出机分别挤出内外皮层和芯层料。图 6-37 所示，即为这种三机共挤的一种机头结构。

机头流道应保持流线型，并避免截面积急剧变化，以防止局部积滞物料和物料在模内发泡。分流体支架消除分割发泡料所引起的流痕要比普通料更难，因此应尽量减少支架数量。口模平直段比普通管材模略短些为宜，一般长度为（8～15）δ（δ 为口模环隙尺寸）。由于口模缩短，应相应增大芯模支架至口模段的压缩比，以保证一定的模内压力。压缩比一般可放大到 10∶1～15∶1。

c. 辅助机械　发泡管材挤出生产线辅助机械的配置与普通硬质 PVC 生产线基本相同，所不同的是需要加强冷却而增加冷却槽长度，因为低发泡管的热导率比普通管约低 35%，定型模应采用导热性能优良的铜材，与管材接触的表面应镀硬铬以减磨损。定型和定型后宜采用喷淋冷却，因为喷淋冷却效率大约是水浴冷却的 3 倍，而且可以避免因采用水浴时水的浮力导致管材弯曲变形。表 6-15 列举韩国大亚公司芯层发泡管生产线设备参数，以资参考。

■表 6-15 韩国大亚机械研究公司硬质 PVC 芯层发泡管生产线设备参数

设备名称及型号	参数	设备名称及型号	参数
THL-90 型平行双螺杆挤出机（芯层用）	$L/D=22:1$	喷淋冷却水槽长度/mm 履带式牵引机/mm	6000 管径 ϕ50～300
THL-85 型平行双螺杆挤出机（皮层用）	$L/D=22:1$	自动切割机/mm 堆放架长度/mm	最大管径 ϕ 200
共挤出机头	两台挤出机成 90° 布置		6000
真空定径喷水冷却槽长度/mm	4500		

③ 挤出工艺

a. 挤出温度　表 6-16 所列为双机共挤出芯层发泡管的温度的范围。

■表 6-16 芯层发泡挤出温度控制范围（双螺杆）　　单位：℃

项目	料筒温度					连接器	机头温度			
	一段	二段	三段	四段	五段	温度	一段	二段	三段	四段
皮层挤出	205～210	200～205	193～198	150～155	140～145	160～165	160～165	165～170	175～180	190～200
芯层挤出	195～200	175～180	170～175	145～150	140～145	160～165				

b. 螺杆转速　共挤出的一个重要特点是必须实现两台挤出机挤出速率的协调匹配。一般将较大螺杆直径的挤出机配置在共挤机头的 90°，挤送发泡料。由于熔体流动阻力较大，可采用较高的螺杆转速。这一高转速也是发泡料混炼所需要的。

芯层发泡管的发泡层约占壁厚的 60%～70%，平均相对密度根据用途不同应控制在 0.95～1.20 范围。例如 ϕ110mm 标称口径的芯层发泡管，内外皮层厚度大约在 0.8mm，发泡芯层厚度约在 3.2mm，若用 ϕ90mm 和 ϕ85mm 直径的平行双螺杆挤出机分别挤出中间层和皮层料，85 型挤出机挤出皮层的螺杆转速可控制在 20～25r/min，90 型挤出机的螺杆转速应比 85 型机快约 2～5r/min。

c. 冷却定型　发泡过程是在型坯离开模口至定型套之间的一段输送距离中实现的。利用这段距离对发泡密度进行最终控制，也十分重要。通常根据芯层发泡情况调整定型套与模口的距离，这个距离大约在 150～200mm 范围。实际上，这个距离即为发泡时间，它的长短取决于挤出速率和发泡速率。若在该距离范围内，达不到所要求的发泡质量要求，即应适当调整型坯挤出工艺条件。

型坯进入定型套后，必须保证得到充分冷却，使发泡过程终止和整个型坯紧贴定型壁硬化定型。若定型冷却不足，芯层继续发泡，将导致内壁侧泡孔过大和管材内壁不光滑。

d. 其他操作工艺　类似于一般 PVC-U 管材挤出。

④ 排水用芯层发泡 PVC-U 管材国家标准 GB/T 16800—2008 相关的质量标准数据如表 6-17。

■表 6-17　PVC-U 芯层发泡管物理机械性能

项　目	要求			试验方法
	S_2	S_4	S_8	
环刚度/（kN/m²）	≥2	≥4	≥8	GB/T 9647—2003
表观密度/（g/cm³）	0.90～1.20			GB/T 1033—1986
扁平试验	不破裂、不分脱			GB/T 9647—2003
落锤冲击试验 TIR	≤10%			GB/T 14152—2001
纵向回缩率/%	≤9%，且不分脱、不破裂			GB/T 6671—2001
二氯甲烷浸渍试验	内外表面不劣于 4L			GB/T 13526—2009
降噪性能	不具降噪性能，其排水噪声比一般 PVC-U 排水管还高			

不同环刚度的 PVC-U 发泡管的应用范围如下：S_2 管材供建筑物排水选用；S_4、S_8 管材供埋地排水选用，也可供建筑物排水选择用。

表 6-17 中，落锤冲击试验所用冲击锤头半径 d_n<110mm 时，冲击头半径为 25mm，d_n≥110mm 时，冲击头半径为 90mm。试验温度为（0±1）℃，所用冲击头能量如表 6-18。

■表 6-18　不同规格管材所应承受的冲击能量

公称直径 d_n/mm	冲击能量/J	公称直径 d_n/mm	冲击能量/J
50	1.25	200	32.00
75	3.75	250	50.00
110	10.00	≥315	64.00
160	20.00		

按表 6-18 规定的冲击能量进行冲击试验，冲击破了的管子数必须小于或等于 10%，即 TIR≤10%。

(6) 化工用 PVC-U 管　PVC-U 化工用管，用于 45℃以下某些腐蚀性化学流体的输送，如石油、化工、污水处理与水处理、电力电子、冶金、采矿、电镀、造纸、食品饮料、医药等工业领域，具有相当的市场潜力。

① 配方　见表 6-19。

■表 6-19　PVC-U 化工管推荐配方

原　料	配方/kg	原　料	配方/kg
PVC 树脂（SG5）	100	硬脂酸	0.3～0.4
复合铅稳定剂（TY208）	4.5	石蜡	0.3～0.4
CPE	3～4	活性碳酸钙	3～5
硬脂酸钙	0.3～0.4	颜料	适量

② 管材结构、生产设备及制造工艺　化工用 PVC-U 管的管材结构、生产设备及制造工艺与建筑排水用 PVC-U 管基本一致。

③ 管材物理化学性能 化工用 PVC-U 管材国家标准 GB/T 4219—1996 的相关质量数据如表 6-20。

■表 6-20 PVC-U 化工用管材物理化学性能

指示名称	指 标	试验方法
密度/（g/cm³）	≤1.55	GB/T 1033—1986
腐蚀度（盐酸、硝酸、硫酸、氢氧化钠）/（g/m）	≤1.50	GB/T 4218
维卡软化温度/℃	≤80	GB/T 8802—2001
液压试验	不破裂，不渗漏	GB/T 6111—2003
纵向回缩率/%	≤5	GB/T 6671—2001
丙酮浸泡	无脱层、无碎裂	GB/T 9646
扁平	无裂纹、无破裂	GB/T 8804.1—2003
拉伸屈服强度/MPa	≥45	GB/T 8804.2—2003

④ PVC-U 管材不宜输送的流体如表 6-21。

■表 6-21 PVC-U 管材不宜输送的流体

化学药物名称	浓度	化学药物名称	浓度
乙醛	40%	二硫化碳	100%
乙醛	100%	四氯化碳	100%
乙酸	冰	氯气（干）	100%
醋酸酐	100%	液氯	Sat. sol
丙酮	100%	氯磺酸	100%
丙烯醇	96%	甲酚	Sat. sol
氨水	100%	甲苯基甲酸	Sat. sol
戊乙酸	100%	巴豆醛	100%
苯胺	100%	环己醇	100%
苯胺	Sat. sol	环己酮	100%
盐酸化苯胺	Sat. sol	二氯乙烷	100%
苯甲醛	0.1%	二氯甲烷	100%
苯	100%	乙醚	100%
苯甲酸	Sat. sol	丙烯酸乙酯	100%
溴水	100%	糖醇树脂	100%
醋酸丁酯	100%	氢氟酸	40%
丁基苯酚	100%	氢氟酸	60%
丁酸	98%	盐酸苯肼	97%
氢氟酸（气）	100%	氯化磷（三价）	100%
乳酸	10%～90%	吡啶	100%
甲基丙烯酸甲酯	100%	二氯化硫	100%
硝酸	50%～98%	硫酸	96%
发烟硫酸	10% SO_3	甲苯	100%
高氯酸	70%	二氯乙烯	100%
汽油（链烃/苯）	80/20	乙酸乙烯	100%
苯酚	90%	混合二甲苯	100%
苯肼	100%		

注：Sat. sol——在 20℃制备的饱和水溶液。

(7) **PVC-U 给水管** PVC-U 给水管也是 PVC 管材的一大类，销售市场较大。

① 配方 见表 6-22。

■表 6-22 PVC-U 给水管推荐配方

原　　料	有机锡稳定/质量份	钙锌稳定/质量份
PVC 树脂（SG5）	100	100
硫醇有机锡	0.3～2.0	
钙锌稳定剂		2.0～4.0
氯化聚乙烯（含氯 35%）	4～5	5～8
硬脂酸钙	0.5～0.6	
硬脂酸	0.3～0.5	0.2～0.3
石蜡	0.4～0.6	0.4～0.6
活性碳酸钙	5～10	5～10
颜料	适量	适量

② 管材结构、生产设备及制造工艺 PVC-U 给水管的管材结构、生产设备及制造工艺与建筑排水用 PVC-U 管一致。

③ 力学及卫生性能 给水用 PVC-U 管材国家标准 GB/T 10002.1—2006 和输送饮用水的管材卫生标准 GB/T 17219—1998 的相关质量数据收集在表 6-23 中。

■表 6-23 PVC-U 给水管材物料力学及卫生性能指标

项　　目		性能指标	试验方法
密度/（kg/cm³）		1.350～1.460	GB/T 1033—1986
维卡软化温度/℃		≥80	GB/T 8802—2001
纵向回缩率/%		≤5	GB/T 6671—2001
二氯甲烷浸渍试验（15℃，15min）		表面变化不劣于 4N	GB/T 13526—1992
落锤冲击试验（0℃）TIR/%		≤5	GB/T 14152—2001
液压试验		无破裂，无渗漏	GB/T 6111—2003
卫生性能	铅的萃取值/（mg/L）	≤0.005	GB/T 17219—1998
	镉的萃取值/（mg/L）	≤0.005	
	汞的萃取值/（mg/L）	≤0.001	
	VC 的含量/（mg/kg）	≤1.0	GB/T 4615—1998

表 6-23 中落锤冲击试验在 0℃进行，冲击头半径为 12.5mm，所用冲击头能量如表 6-24。

■表 6-24 不同规格管材所应承受的冲击能量

公称外径/mm	冲击能量/J	
	M 级	H 级
20	2	2
32	3	3
50	5	5

续表

公称外径/mm	冲击能量/J	
	M 级	H 级
75	8	9.6
110	16	32
160	32	64
200	40	80
250	50	100
≥315	64	126

按表 6-24 规定的冲击能量进行冲击试验，冲击破了的管材数必须小于或等于 5%，即 TIR≤5%。

(8) 建筑用绝缘电工套管 该产品用于建筑物或构筑物内保护并保障电线或电缆布线，它也是 PVC-U 管材的一大类。

① 配方 见表 6-25。

■表 6-25 PVC-U 绝缘电工套管推荐配方

原 料	配方/kg
PVC 树脂（SG5）	100
CPE	8
复合铅稳定剂（TY208）	3.7
碳酸钙填料	活性碳酸钙 15（神奇纳米 25）
硬脂酸钙	
硬脂酸	
石蜡	
钛白粉（锐钛）	
三氧化二锑	

② 管材结构、生产设备及制造工艺 除管材直径较小外，其余完全同于建筑排水用 PVC-U 管，其生产设备和制造工艺也基本相同。

电工套管管径太小，为了提高产量和降低劳动成本，现在发展了“一出四”的挤出生产线，其挤出状况如图 6-38，模具结构示意图如图 6-39 。

■图 6-38 “一出四”电工套管挤出图

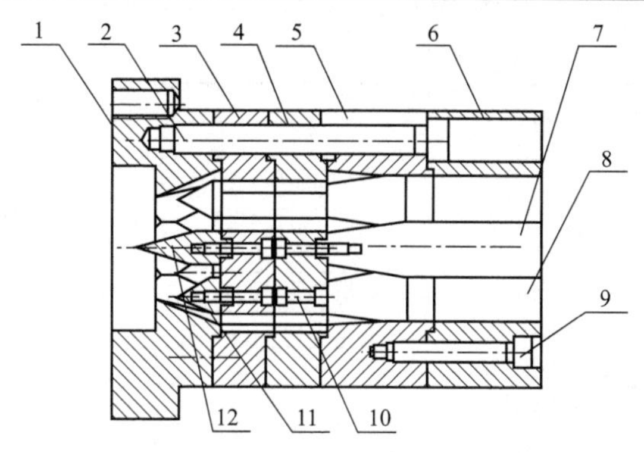

■图 6-39 “一出四”模具结构示意图

1—模体；2—模体连接螺栓；3，4—分流板；5—模体连接盘；6—口模；7，8—芯棒；9—口模连接螺栓；10—芯棒连接螺栓；11，12—分流锥

③ 几何尺寸及力学性能 建筑用绝缘电工套管建筑工业行业标准 JG3050—1998 相关质量标准数据如表 6-26。

■表 6-26 PVC-U 绝缘电工套管质量标准数据

项目		硬质套管
外观		$-(0.1+0.1A) \leqslant \Delta A \leqslant 0.1+0.1A$
最大外径		量规自重通过
最小外径		量规不能通过
最小内径		量规自重通过
最小壁厚		壁厚不小于表 2 所规定
抗压性能		载荷 1min 时$D_1 \leqslant 25\%$ 卸荷 1min 时$D_1 \leqslant 10\%$
冲击性能		12 个试件中至少有 10 个不坏、不破
弯曲性能		无可见裂纹
弯扁性能		量规自重通过
跌落性能		无破碎、震裂
耐热性能		$D_i \leqslant 2$mm
阻燃性能	自熄时间	$t_e \leqslant 30$s
	氧指数	OI≥32
电气性能		15min 内不击穿 $R \geqslant 100$MΩ

(9) 煤矿井下用 PVC-U 抗静电管 大多数塑料及高分子材料的高绝缘性（表面电阻 $10^{14} \sim 10^{16}\Omega$）、耐腐蚀性及耐水性等优良性能，使它在工农业、高科技领域有着广阔的应用空间。但高绝缘性也从反面为塑料带来静电危害。由于摩擦和剥离，在塑料制品上会产生静电积累，静电压有时会高达几千伏甚至几万伏，轻者造成塑料表面吸尘，重者造成电击、放电，诱发火灾和爆炸，特别是煤矿井下瓦斯爆炸，造成巨大的人身伤亡和财产损失。下面介绍煤矿井下用 PVC-U 抗静电管制造技术。

① 配方 见表 6-27。

■表 6-27 配方和电阻性能

项目		配方		
		1①	2①	3②
配方	PVC 树脂	PVC（K 值 70）880g	PVC（K 值 70）616g	PVC（SG5）100g
	稳定剂	月桂酸钡钙复合稳定剂 20g	月桂酸钡钙复合稳定剂 20g	复合铅稳定剂 4g
	导电炭黑	特导炭黑 100g	特导炭黑 100g	华光炭黑 HG-CB 7g
	DOP		246g	2.0g
	冲击改性剂 CPE			4.0g
	硬脂酸钙			0.5g
	硬脂酸			1.0g
	石蜡			0.5g
电阻性能	体积电阻率 /Ω·cm	10^4	10^3	
	表面电阻/Ω	10^3	10^3	$10^6 \sim 10^9$

① 美国专利配方。

特导炭黑性能指标：水吸收系数（AS 值） 15～35

表面密度 100～180g/L

BET 比表面 100～1000m²/g

100～180 绝对大压下的比电阻 $10^{-1} \sim 10^{-3}$ Ω

② 重庆顾地塑胶电器有限公司研制配方。

② 管材结构、生产设备及制造工艺 管材结构、生产工艺和加工设备类似建筑排水用 PVC-U 管。

③ 产品几何尺寸及力学性能 煤矿井下用 PVC-U 抗静电管煤炭行业标准 MT558.2—2005 相关质量标准如表 6-28。

■表 6-28 煤矿井下用 PVC-U 抗静电管质量指标

质量指标	技术要求
管材公称直径	ϕ12～1000mm，共 30 个规格（相应的最小壁厚 2～8.5mm）
管材公称压力	0.1MPa、0.6MPa、0.8MPa、1.0MPa、1.25MPa、1.6MPa、2.0MPa、2.5MPa，共 8 个等级
壁厚偏差	管材同一横截面的厚度偏差不应超过 14%
不圆度	管材不圆度不应大于 5%
扁平	对于公称压力＜1.25 MPa 的管材，管材被压至外径 1/2 时，应无裂纹和破坏；对于公称压力≥1.25MPa 的管材不要求
耐压	在试验压力下保持 100h，管材应无渗漏和破坏
拉伸强度	管材的拉伸强度≥35MPa
落锤冲击	试验温度（23±2）℃ 公称外径＜ϕ160mm，应承受的冲击锤能量为 40J 公称外径≥ϕ160mm，应承受的冲击锤能量为 60J
表面电阻	供排水管：外壁表面电阻算术平均值≤1.0×10^9 Ω 正风压管：内外壁表面电阻算术平均值≤1.0×10^8 Ω 喷浆用管：内外壁表面电阻算术平均值≤1.0×10^8 Ω 负压风管：内外壁表面电阻算术平均值≤1.0×10^6 Ω 抽放瓦斯用管：内外壁表面电阻算术平均值≤1.0×10^6 Ω

续表

质量指标	技术要求
酒精喷灯燃烧	6根试样的有焰燃烧时间的算术平均值不应大于3s，其中任何一条试样的有焰燃烧时间不应大于10s 6根试样的无焰燃烧时间的算术平均值不应大于20s，其中任何一条试样的无焰燃烧时间不应大于60s

④ 三层复合PVC-U抗静电管　从特导炭黑的制备可以看出，特导炭黑的制备成本是很高的。已批量上市的华光炭黑HG-CB，售价高达50元/kg。如整个管材都采用抗静电塑料，其抗静电管很昂贵，低利润的煤矿是承受不起的。为了降低成本，采用复合共挤技术生产多层复合抗静电管是合适的。

该管分为三层，其纵断面图见图6-40。所用挤出设备类似芯层发泡挤出管和三层结构静音排水管的挤出设备，它采用两台互成90°角的双螺杆挤出机和三层复合机头共挤而成。图6-40中，芯层是不含抗静电的普通PVC-U管材，内、外皮层为抗静电层，其厚度0.2mm即可，这就大大降低了生产成本。

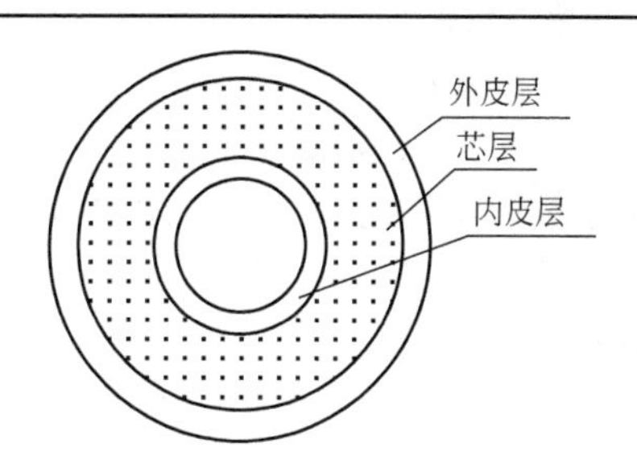

■图6-40　三层复合PVC-U抗静电管结构示意图

(10) 冷热水用氯化聚氯乙烯(PVC-C)管　PVC-C管广泛应用作家庭、办公室、医院、学校等楼房的采暖供热水管，甚至用作太阳能供水管和温泉供水管。

PVC-C管跟其他用于冷热水管的相关材料性能如表6-29。

■表6-29　几种用于冷热水管的相关性能比较

性能 \ 管材	PVC-C	PVC	PPR	PEX	PB	铜
拉伸强度(23℃)/MPa	55	50	30	25	27	>300
热膨胀系数/$\times10^{-4}K^{-1}$	0.7	0.7	1.5	1.5	1.3	0.2
热导率/[W/(m·K)]	0.14	0.14	0.22	0.22	0.22	>400
氧指数	60	45	18	17	18	不燃
细菌增长率/(KBE/cm²)	1			100		10

因而使用PVC-C冷热水管最能提供一套清洁(细菌增长慢)、安全(拉伸强度高)、易于安装(热膨胀系数低)、耐热、耐腐、阻燃(氧指数高)、

热损失少（热导率低）的管道系统。

① 配方 国内尚未见到冷热水用 PVC-C 管的配方披露，下面介绍两个国外专利配方。

a. 日本专利 JP11181206 配方（质量份）

PVC-C 树脂颗粒（氯化前聚合度 600～1500，氯含量 62%～70%）	80～99
PVC 糊树脂颗粒（聚合度 600～2100，喷雾干燥后粒径 5～100μm）	1～20
MBS（冲击改性剂）	3～15
稳定剂	5～6
硬脂酸	0.4～0.6
石蜡	0.3～0.5
TiO_2	3～5

b. 日本专利 JP11172066 配方（质量份）

PVC-C 树脂（氯含量 64%）	100
水滑石（平均粒径 3.2μm，稳定剂）	5
硅酸钙（稳定剂）	3
BTA751（MBS，冲击改性剂）	10
Hi-wax zoop（聚乙烯蜡）	2
Hoechst wax op（褐煤酸蜡）	0.5

② 管材结构、生产设备及制造工艺 类似于建筑排水用 PVC-U 管。

③ 产品尺寸及力学性能 冷热水用 PVC-C 管国家标准 GB/T18993.2—2003 相关质量标准如下。

a. 管材系列和规格尺寸

公称外径 ϕ20～160mm，共 12 个规格（相应的壁厚 2～17.9mm）。

b. 物理性能

密度/（kg/m^3）	1450～1650
维卡软化温度/℃	≥110
纵向回缩率/%	≤5

c. 力学性能 见表 6-30。

■表 6-30 力学性能

项 目	试验参数			要 求
	试验温度/℃	试验时间/h	静液压应力/MPa	
静液压试验	20	1	43.0	无破裂 无泄漏
	95	165	5.6	
	95	1000	4.6	
静液压状态下的热稳定性试验	95	8760	3.6	无破裂 无泄漏
落锤冲击试验（0℃），TIR				≥10%
拉伸屈服强度/MPa				50

表 6-30 中，落锤冲击试验按 GB/T 14152—2001 规定进行，0℃条件下试验，冲击垂头半径 25mm，所用冲击能量如表 6-31。

■表 6-31 不同规格管材所应承受的冲击能量

公称外径 d_n/mm	冲击能量/J	公称外径 d_n/mm	冲击能量/J
20	2	110	16
32	3	125	25
50	5	160	32
75	8		

按表 6-31 规定的冲击能量进行冲击试验，冲击破了的管子数量必须小于或等于 10%，即 TIR≤10%。

④ 卫生性能　如用于输送饮用水的管材的卫生性能应符合 GB/T 17219—1998 的规定。

(11) 埋地式高压电力电缆用 PVC-C 套管　PVC-C 电力电缆护套管主要用于电力电缆的铺设并起导向和保护电缆作用，更多的用于埋地路灯电缆保护套管。由于该管维卡软化温度高于 92℃，不怕电缆在管内发生过载短路而造成的高温。众所周知，高压电力的输送过程中有电力的损耗，这些损耗的电都变成了热能。因而电力线的发热是永恒的，不发生过载也发热，因而选用维卡软化温度高的 PVC-C 管是必要的。

以前，城市的电力线都是悬空于电线杆上，密如蛛网，既不安全也不美观。这种情况必须改造，电力电缆必须埋地，因而 PVC-C 电力电缆护套管具有相当市场。

① 配方　见表 6-32。

■表 6-32 PVC-C 电力电缆护套管配方

原　　料	配方/kg	原　　料	配方/kg
PVC 树脂（SG-5）	50	硬脂酸	0.3
PVC-C 树脂	75	氧化聚氯乙烯	0.25
MBS	5.0	石蜡	0.3
ACR 401	2.0	活性碳酸钙	40
铅稳定剂（TY208）	5～6	钼铬红	0.8

② 管材结构、生产设备及制造工艺　除管子为橘红色以外，管材结构与建筑排水用 PVC-U 管一样（如图 6-41 所示）。生产设备也与之相同。至于生产工艺也基本相同，只是料筒温度和模具温度要适当提高一些。

③ 产品力学性能　PVC-C 电力电缆护套管轻工行业标准 QB/T 2479—2005 的相关质量指标如表 6-33。

表 6-33 中，落锤冲击试验在（20±2）℃进行，所用冲击锤能量如表 6-34。

按表 6-34 规定的冲击能量进行冲击试验，每 10 根管子必须 9 根冲击不破。

■图 6-41 PVC-C 电力电缆护套管

■表 6-33 PVC-C 电力电缆力学性能

<table>
<tr><th colspan="3">项　目</th><th>性能指标</th><th>试验方法</th></tr>
<tr><td colspan="3">颜色</td><td>橘红色</td><td></td></tr>
<tr><td colspan="3">尺寸规格</td><td>ϕ110mm×5.0mm～ϕ219mm×9.5mm 共 8 个规格</td><td></td></tr>
<tr><td colspan="3">维卡软化温度/℃</td><td>≥93</td><td>GB/T 8802—2001</td></tr>
<tr><td rowspan="2">环段热压缩力/kN</td><td rowspan="2">公称壁厚e_n</td><td><8.0mm</td><td>0.45</td><td rowspan="2">GB/T 9647—2003</td></tr>
<tr><td>≥8.0mm</td><td>1.26</td></tr>
<tr><td colspan="3">体积电阻率/Ω·m</td><td>$\geq 1.0\times10^{11}$</td><td>GB/T 1410—1989</td></tr>
<tr><td colspan="3">落锤冲击试验</td><td>9/10 通过</td><td>GB/T 14152—2001</td></tr>
<tr><td colspan="3">纵向回缩率/%</td><td>≤5</td><td>GB/T 6671—2001</td></tr>
</table>

■表 6-34 不同规格管材所应承受的冲击能量

<table>
<tr><th>管材规格(直径×壁厚)/mm</th><th>冲击能量/J</th></tr>
<tr><td>110×5.0</td><td rowspan="4">15</td></tr>
<tr><td>139×6.0</td></tr>
<tr><td>167×6.0</td></tr>
<tr><td>192×6.5</td></tr>
<tr><td>167×8.0</td><td rowspan="4">30</td></tr>
<tr><td>192×8.5</td></tr>
<tr><td>219×7.0</td></tr>
<tr><td>219×9.5</td></tr>
</table>

(12) 工业用 PVC-C 管 工业用 PVC-C 管，国家标准为 GB/T18998.2—2003。就标准所规定的管材物理机械性能分析，它与冷热水用 PVC-C 管几乎是一样的。就其使用范围而论，它就是化工用管，与化工用 PVC-U 管基本一致，唯一的区别就是 PVC-C 管有着较高的维卡软化温度（≥92℃），PVC-U 管只允许在 45℃以下使用，因而在输送温度较高的化工流体时选用 PVC-C 管。

(13) PVC-U 波纹管 波纹管具有高的周向刚性质量比，节约原材料和良好的使用性能等优点，在我国得到了快速的发展。首先在家用电器、仪器、电器设备等方面获得广泛应用，近年来广泛用作电气电缆铺设导管、工业和民用建筑排水管和通风管、农业灌溉和排水管等。因此，波纹管也从小口径发展到大口径，目前这类管材的直径为 ϕ50～1600mm，用得较多的是 ϕ110～400mm。

波纹管是一类具有波纹形加强肋壁结构的特殊管材，有单壁波纹、外壁波纹内壁平直、芯层波纹内外壁平直的三种结构，分别被称作单壁、双壁和三壁波纹管，用得最多的是双壁波纹管。

① PVC-U 双壁波纹管配方　见表 6-35。

■表 6-35　PVC-U 双壁波纹管配方　　单位：质量份

原料	配方 1	配方 2	配方 3
PVC 树脂（SG-5）	100	100	100
复合铅稳定剂	—	—	TY 278 4.0
三碱式硫酸铅	4	4	—
二碱式亚磷酸铅	—	1	—
硬脂酸铅	0.5	0.5	—
硬脂酸钙	1.2	1.0	0.1
硬脂酸	0.6	0.6	0.1
石蜡	—	0.6	0.05
CPE（135A）	5	12	10
MBS	—	8	
ACR-201	1.6	—	2.0
低分子聚乙烯	0.6	0.5	0.10
碳酸钙粉体	活性钙 3	活性钙 5	活性钙 10

② 管材结构　PVC-U 双壁波纹管实物照片如图 6-42，管材纵截面结构如图 6-43。

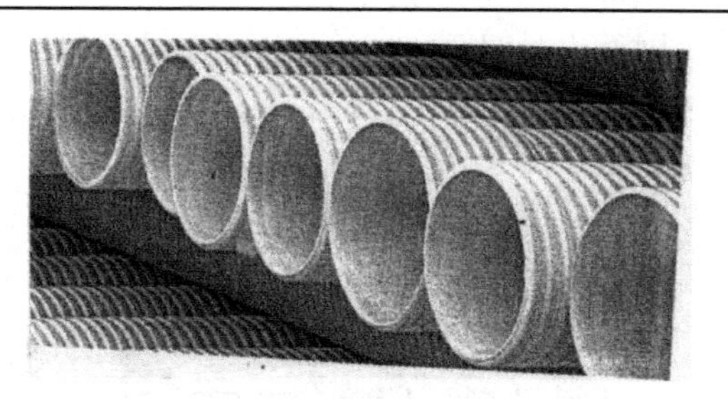

■图 6-42　PVC-U 双壁波纹管

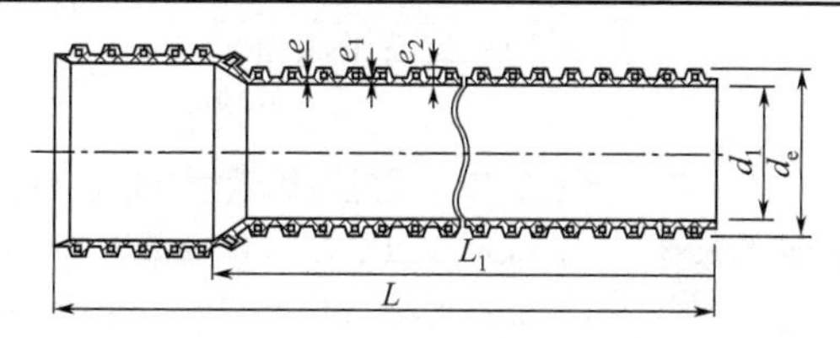

■图 6-43　PVC-U 双壁波纹管纵截面结构示意图（带扩口）

③ 生产设备及制造工艺

a. 波纹管生产流程及设备 波纹管自动生产线如图 6-44 所示，与普通硬质 PVC 管生产线基本相同，包括管坯挤出、成型、冷却定型、后冷却、切割。所不同的是，波纹管管坯需经成型机成型，另外，成型机的回转链式模同时起牵引作用而无需牵引机。某些波纹管在应用中需具有渗水功能，例如农用排水管和埋地的雨水排泄管，所以在切割工位前应增加一打孔工位。

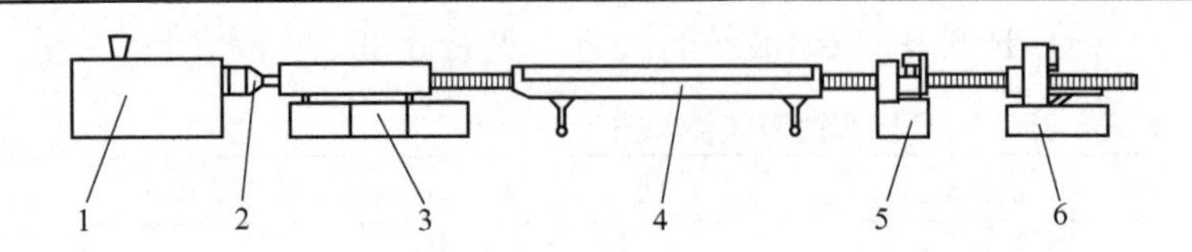

■图 6-44 波纹管自动生产线

1—挤塑机；2—模头；3—成型机；4—冷却设备；5—打孔机；6—切割设备

由于生产波纹管的挤出模头流道狭长，机头熔体压力较大，PVC 熔体应具有较高熔融度，因而螺杆承受的扭矩较大，所以大多选用建压能力较高的圆锥形或特级圆锥形双螺杆挤出机。最近几年，许多较先进的生产线几乎都采用两台双螺旋杆挤出机共挤方式，以满足高速挤出和方便调节内、外壁管坯挤出速率的要求。机器规格与生产的波纹管口径有关。单机挤出时，ϕ200mm 以下的波纹管可选用 65/120 型锥形双螺旋杆挤出机，口径大于 ϕ200mm，宜选用 80/145 或更大的锥形双螺旋杆挤出机。

b. 挤出机头 单壁波纹管的管坯挤出机头与普通管机头结构相同，只是口模较长或带有相应的其他附件，比较简单。对双壁波纹管来说，机头则比较复杂，因而也是双壁波纹管生产的核心部件。其典型的结构如图 6-45，

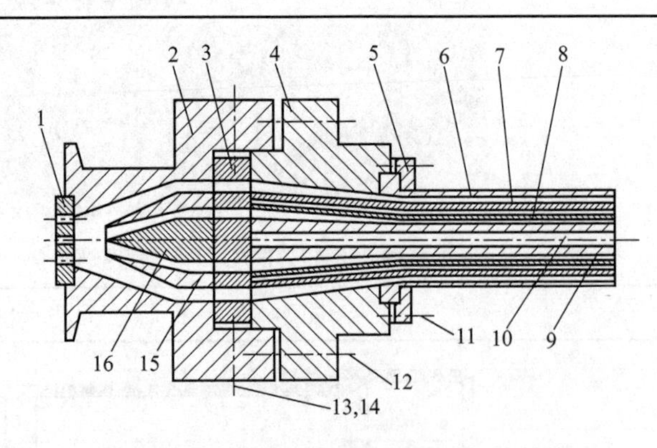

■图 6-45 双壁波纹管型坯挤出机头结构

1—多孔板；2—机头体；3—分流体支架；4—锥腔体；5—外口模压盖；6—外口模；7—外芯模；8—内口模；9—内芯模；10—加热器；11,12—紧固螺栓；13,14—水嘴、气嘴、同心度调节螺栓；15—外分流体；16—内分流体

主要特点是在同一模头内同时有两层分流体，形成同轴的内、外管坯流道。在内外两层流道间（外芯模 7 中）需设置向成型模通入压缩空气（波纹吹塑工艺）的气道。内芯模 9 内有压缩空气、冷却水、加热器孔道。这里的压缩空气起承托内管坯并使之与内定径头锥体表面隔离的作用，以减少阻力。冷却水和加热器用于控制内芯模温度，以便调节内层型坯的挤出速率，从而使内、外两层的挤出度达到恰当的匹配，对于单机挤出双层管坯是十分必要的。

c. 波纹管成型方法　制造可弯曲波纹管（小口径波纹管）可采用吸塑（真空）工艺。非弯曲波纹管（较大口径波纹管）一般采用吹塑工艺。

单壁波纹管吹塑原理如图 6-46。它在管坯挤出模头的芯棒前端延伸出一段圆锥形导向体和带有堵气塞的压缩空气导入管。离开口模的管坯在其内壁与锥形导向体和堵气塞所形成腔体内，由导气管通入的压缩空气压力使管坯被吹胀而紧贴闭合模腔，并被冷却的回转模块输送着不断变硬的波纹管，直到加工位置终点，模块打开时，波纹管离开模具时形状已经固定。单壁波纹管也可采用吸塑原理，如图 6-47。

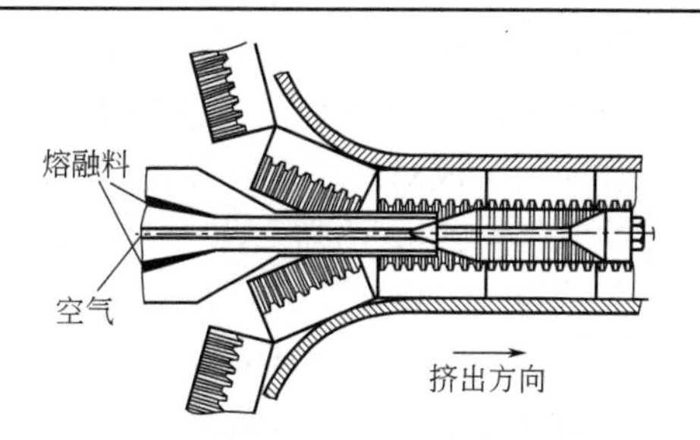

■图 6-46　单壁波纹管吹塑成型原理图

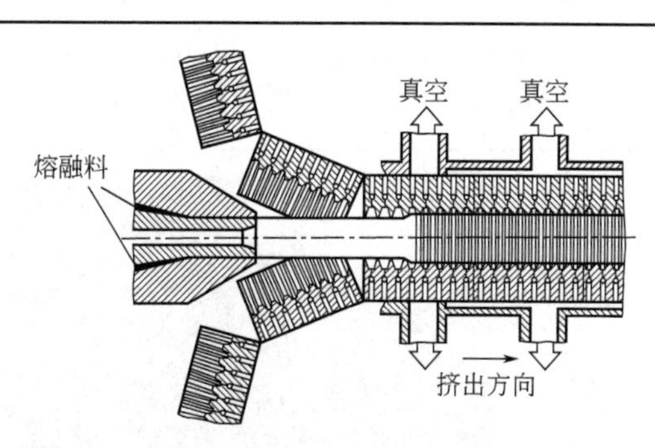

■图 6-47　单壁波纹管真空（吸塑）成型原理图

制造带波形外壁和平滑内壁的双壁波纹管的方法，也是采用上述的技术。20 世纪 70 年代发展起来的 PVC-U 双壁波纹管都是通过共挤出工艺生产的，其吸塑成型原理示于图 6-48。从共挤模头挤出两条同轴管坯，外管

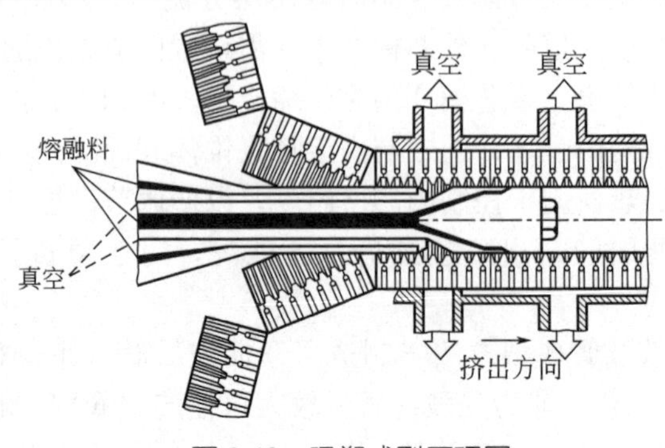

■图 6-48 吸塑成型原理图

坯首先被回转链模具吸塑形成波纹形外壁，然后，平滑的内管坯与波形外壁在塑化态时相互粘在一起，在内层壁外形成空芯环状加强肋。经过足够冷却后固定成型离开链式模具。

双壁波纹管的吹塑成型原理与吹塑有所不同，是在内外管坯之间通入压缩空气，使外管坯膨胀，在模块的模腔中形成波峰，同时利用空气压力将内管坯压到芯棒外表，形成平滑内壁。

无论是吹塑工艺还是吸塑工艺，都是用回转链式对合模具，将挤出机口模形成的薄壁管坯夹于成对模块中，并将模块真空系统接通，或从口模芯棒通气管吹入压缩空气，经吸塑或吹塑制成波纹管外轮廓。当今中国市场，吸塑（真空）工艺用得少，吹塑工艺用得较多。回转链式对合模具又分两种，一种是平面布局对合模具，两组模块（ϕ500mm 管每组 40 块，每块宽 150mm）分置于两个平面布局环状链齿轮上，形成两个闭合的模块环，两个闭合环分置于波纹管的左右两侧，并置于同一平面上。在链齿轮带动下两组模块不断地沿闭合环转动，实物照片如图 6-49。另一种是立面布局对合模具两组模块（每组一般是 42 块，每块宽 150mm）分置于两个立面布局环状链齿轮上，形成两个立面布局闭合的模块环，两个立面布局闭合环分置于

■图 6-49 平面布局对合模具实物照片

■图 6-50　立面布局对合模具生产实物照片

波纹管的正上方和正下方，并置于同一立面上。在链齿轮带动下两组模块不断地沿立面闭合环转动，立面布局对合模具实物照片如图 6-50。

重庆顾地塑胶电器有限公司 ϕ110～800mm 的 PVC-U 双壁波纹管全是平面布局对合模具，采用吹塑工艺。而立面布局对合模具，现用于 ϕ200～800mm 的 PE 双壁波纹管的成型，同时使用真空吸塑和压缩空气吹塑，两层薄壁管坯之间有压缩空气，薄壁管坯的外侧用真空吸塑，使外层薄壁管坯紧贴模块形成标准尺寸的波峰，使内层薄壁管坯紧贴芯棒，形成光滑的波纹管内壁。

模块结构如图 6-51 所示。模块内除开有冷却水孔道外，对吸塑成型模块而言，还开有真空孔道与真空槽相通。

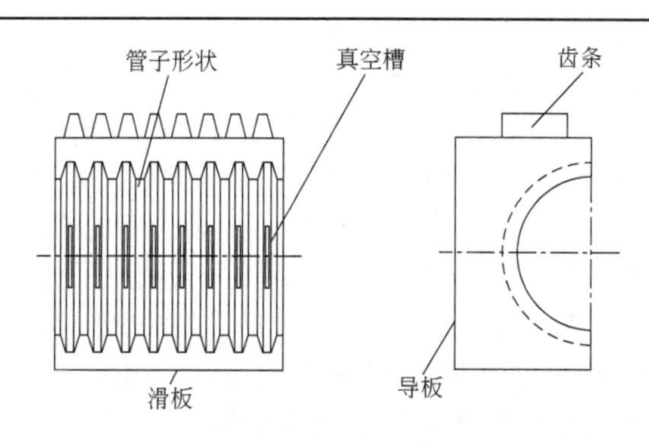

■图 6-51　模块结构

埋地排水用 PVC-U 双壁波纹管国家标准 GB/T 18477.1—2007 相关的质量标准如表 6-36。

表 6-36 中的落锤冲击性能按 GB/T 14152—2001 的规定进行。落锤的锤头直径为 90mm，试验温度为 (0±1)℃，所用冲击能量如表 6-37。

■表 6-36 管材的力学性能

<table>
<tr><th colspan="2">项 目</th><th colspan="2">要 求</th><th>检验方法</th></tr>
<tr><td colspan="2">密度/（kg/m³）</td><td colspan="2">≤1550</td><td rowspan="6">GB/T 9647—2003</td></tr>
<tr><td rowspan="5">环刚度/（kN/m²）</td><td>SN2</td><td colspan="2">≥2</td></tr>
<tr><td>SN4</td><td colspan="2">≥4</td></tr>
<tr><td>SN8</td><td colspan="2">≥8</td></tr>
<tr><td>（SN12.5）</td><td colspan="2">≥12.5</td></tr>
<tr><td>SN16</td><td colspan="2">≥16</td></tr>
<tr><td colspan="2">冲击性能</td><td colspan="2">TIR≤10%</td><td>GB/T 14152—2001</td></tr>
<tr><td colspan="2" rowspan="2">柔韧性</td><td rowspan="2">试样圆滑，无破裂，两壁无脱开</td><td>DN≤400，内外壁均无反向弯曲</td><td rowspan="2">GB/T 9647—2003</td></tr>
<tr><td>DN＞400，波峰处不得出现超过波峰高度10%的反向弯曲</td></tr>
<tr><td colspan="2">烘箱试验</td><td colspan="2">无分层，无开裂</td><td>GB/T 18477—2001</td></tr>
<tr><td colspan="2">蠕变比率</td><td colspan="2">≤2.5</td><td>GB/T 18042</td></tr>
<tr><td colspan="2">二氯甲烷浸泡</td><td colspan="2">内、外壁无分离，内、外表面变化不劣于 4L</td><td>GB/T 13526—1992</td></tr>
</table>

■表 6-37 不同规格的双壁波纹管所应承受的冲击能量

公称直径/mm	冲击能量/J	公称直径/mm	冲击能量/J
$d_e \leqslant 110$	8	$200 < d_e \leqslant 250$	40
$110 < d_e \leqslant 125$	16	$250 < d_e \leqslant 315$	50
$125 < d_e \leqslant 160$	20	$d_e > 315$	64
$160 < d_e \leqslant 200$	32		

按表 6-37 规定的冲击能量进行冲击试验，冲击破了的管子必须小于或等于 10%，即 TIR≤10%。

(14) 钢塑复合管 钢塑复合管的目的在于将钢管的高强度和塑料管的耐腐蚀性、装饰性巧妙地结合起来。碳钢的拉伸强度为 450MPa，冲击强度为 3.4×10^3J/m；PVC-U 塑料管的拉伸强度为 45MPa，冲击强度为22J/m。即碳钢的机械强度至少为 PVC-U 的 10 倍，也就是说 1mm 厚的钢管的液压强度与 10mm 厚 PVC-U 管的液压强度可以相比。表 6-38 为标称压力为 1.0MPa 的 PVC-U 给水管与 PVC-U/钢塑复合给管原料成本比较情况。

从表 6-38 可以看出，PVC-U/钢塑复合管的成本比纯 PVC-U 塑料管的成本低得多。四川东泰新材料科技有限公司制成了孔网钢带塑料复合管，四川金石公司制成了钢带（宽 20～25mm）增强缠绕管，国外也发表了不少专利。

① 几种简单的 PVC-U/钢塑复合管的制造方法

a. 发泡粘接剂粘接的钢塑复合管　选择与 PVC-U 管尺寸相匹配的钢管，其中 PVC-U 管的外径比钢管的内径略小，可以将 PVC-U 管插入钢管内。在 PVC-U 管外涂上一层发泡粘接剂，将涂布了发泡粘接剂的 PVC-U 管插到钢管内，将管子适当加热，粘接剂发泡，填满两管之间的环隙，使两管紧密地粘在一起，制成了优良的钢塑复合管。

b. 双层粘接剂的钢塑复合管　钢塑复合管的关键是两种复合管的粘接。这里选用两种粘接剂，一种是低黏度粘接剂，它是对 PVC-U 管有很强粘接

■表 6-38 两种给水管原料成本比较 （标称压力 1.0 MPa）

直径/mm	PVC-U 给水管				PVC-U/钢复合给水管(内皮层 2mm，外皮层 3mm)					1m 可节约成本/%
	壁厚/mm	质量/(g/m)	单产量/(m/t)	单价/(元/m)	钢片厚度/mm	质量=PVC+钢片/(g/m)	单产量/(m/t)	单价= PVC+钢片/(元/m)	单价/(元/t)	
200	8.7	7787	128.4	62.30	0.4	4554+1921=6475	154.4	36.43+10.76=47.19	7286	24.3
225	9.8	9867	101.3	79.94	0.5	5137+2710=7847	127.4	41.10+15.18=56.28	7170	29.6
250	10.9	12193	82.0	97.56	0.6	5720+3623=9343	107.0	45.76+20.29=66.05	7067	32.3
280	12.2	15286	65.4	122.32	0.8	6418+5422=11840	84.5	51.34+30.36=81.70	6904	33.2
315	13.7	19312	51.8	154.44	0.9	7235+6854=14089	71.0	57.88+36.87=94.75	6727	38.6
355	14.8	23557	42.5	188.24	1.0	8169+8632=16801	59.5	63.36+48.34=111.69	6646	40.7
400	15.3	27538	36.3	220.38	1.1	9220+10721=19941	50.1	73.76+60.04=133.80	6703	39.3
450	17.2	34825	28.7	278.75	1.3	10386+14276=24662	40.5	83.09+79.95=163.04	6603	41.5
500	19.1	42974	23.3	343.35	1.4	11553+171007=28660	34.9	92.42+95.80=188.22	6569	45.2
560	21.4	53926	18.5	432.43	1.7	12951+23291=36242	27.6	103.61+130.43=234.04	6460	45.9
630	24.1	76711	13.0	615.38	2.0	14583+30859=45452	22.0	116.66+172.81=289.42	6368	53.0
710	27.2	86891	11.5	695.65	2.3	16449+40035=56484	17.7	131.59−204.20=335.79	6297	51.7
800	30.6	110151	9.0	888.89	2.6	18549+51042=69591	14.4	148.39+285.84=434.23	6253	51.1

注：钢片价格为 5600 元/t；PVC 添加 12 份活性 $CaCO_3$；密度为 1.49g/cm^3，价格为 8000 元/t。

强度的热熔粘接剂，如乙烯-醋酸乙烯共聚物（EVA）、乙烯-丙烯酸乙酯共聚物（EA）等低黏度、低软化点的热熔粘接剂，称为低黏度粘接剂；另一种对钢管有很强的粘接强度，如聚酯系粘接剂等高黏度、高软化点性质的粘接剂，称为高黏度粘接剂。

加工 PVC-U 管时，在外层涂上低黏度粘接剂，再将低黏度粘接剂外涂上高黏度粘接剂，然后将其插入钢管中，适度加热，便制成了性能优良的钢塑复合管，如图 6-52 所示。

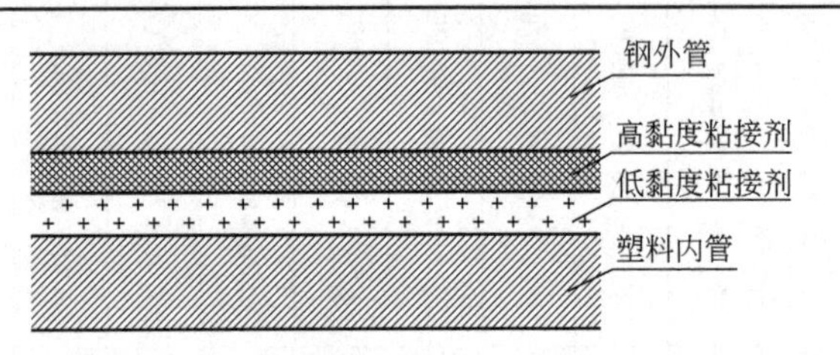

■图 6-52　双层粘接剂的钢塑复合管结构示意图

c. 压缩空气膨胀法　将 PVC 管插入钢管内，将钢管两端密封，然后整体放入有加热介质的加热槽内，加热温度为 150℃，加热 1h，用 0.1MPa 压缩空气向管内施压，PVC 管被吹胀，让膨胀的 PVC 管紧密与外套钢管贴在一起，制成了的钢塑复合管。

d. 粉体热熔法　将由 PVC 树脂、稳定剂、润滑剂、加工改性剂、冲击改性剂、填料、颜料等加工助剂组成的粉体，吹进钢管内壁，在钢管转动加热下，粉体熔化之后在钢管内壁形成了 PVC 塑料内管。

e. 外钢管拉伸粘接法　将 PVC-U 管外壁涂上热熔粘接剂，将此涂粘接剂的 PVC-U 管插入钢管内，将钢管在不加热的情况下进行冷拉加工，使钢管管径收缩变小，与内部的 PVC-U 管紧密接触，从而制得钢塑复合管。

f. 使用加热膨胀的 PVC-U 管作内管的方法　将热熔粘接剂涂在加热膨胀性的聚氯乙烯树脂管外周，将其插进钢管内，适当加热，内管膨胀，与钢管紧密粘在一起，制成钢塑复合管。该技术在日本应用广泛。

② 旧式共挤法生产 PVC/钢复合管技术　所谓旧式共挤法生产 PVC/钢复合管技术，是各国现在实施的生产制造技术，我国现有的铝塑复合管（或称稳态管）正是采用此技术进行生产。它的技术要点及存在的缺陷如下。

在热轧钢带钢材上，让钢带（片或板）两侧边对接成管状，再将对接部位焊接好，制成金属管，然后连续地将熔融 PVC-U 管挤压进已制成的金属管内，制成内衬 PVC-U 塑料、外衬钢管的双层塑钢复合管。如果在这种双层塑钢复合管的管外再挤上一层 PVC-U 外管将钢管包住，这就制成了以钢管为芯层、PVC-U 塑料为内外皮层的三层塑钢复合管。但这种塑钢复合管有四大缺点。

a. 焊缝附近 PVC 分解　这种复合管对接部位的焊接一般采用电弧焊

接，对接处（焊接的缝隙）或者它的附近产生很高的焊接热。对于复合树脂管，特别是复合聚氯乙烯树脂管，由于焊缝附近的温度相当高，聚氯乙烯树脂会分解，同时使其防水性降低。只有将焊缝温度降至聚氯乙烯分解温度以下再将聚氯乙烯树脂管挤入复合，才不会发生问题。

b. PVC管壁厚不均　向管内壁覆盖树脂时（即挤成聚氯乙烯树脂内管时），一般是在焊接部分将挤出机口模伸到金属管里去。这个挤出机口模位于金属管端部，由这个端部将PVC-U熔体挤压出去。口模里面的芯模依靠根部的螺纹与模体连接，处于悬臂状态，为了使焊接管的焊缝成为低温位置，口模的前端需远离焊接位置，这样势必使处于悬臂状态的金属口模加长，芯模容易偏心，不能与口模保持同心状态，从而使从口模端部挤出的树脂管壁厚不均。

c. 机头阻力增大　口模加长、树脂流道加长，机头阻力增大，这势必要提高树脂的熔体压力方可顺利挤出。

d. 焊接生产中产生的氧化膜　钢片对焊接部分用电弧焊接时，在焊缝及附近表面产生厚而脆的氧化膜。当PVC管挤压进去附着在这层脆弱的氧化膜上时，由于对金属管的附着力不强，在长期储存和使用过程中，氧化膜会脱落下来，PVC树脂管也随之与金属管产生裂缝。这种裂缝是塑钢复合管破坏的开始，会越来越严重；而且，脱落下来的PVC树脂会堵塞管道。

③ 最新PVC-U/钢复合管制造技术　最新的PVC-U/钢复合管制造技术将解决上述四大难题，生产出优质的PVC-U/钢复合管。图6-53为专利的工艺流程图。图6-53中，1为热轧钢带卷材，在后部的复合管的牵引装置8-3的牵引下匀速展开，展开的热轧钢带10，在脱脂酸洗装置2进行脱脂和酸洗除去铁锈和油脂，脱脂酸洗后的热钢轧带10，在辊轧成型机3加工成U形槽，即横切面为U形。此U形槽进入加热装置4加热，将脱脂和酸洗操作带来的水及其他杂物除去，保持纯净金属状态。干燥而纯净的热轧钢带U形槽进入圆管成型机5，在圆管成型机5内，U形槽的两边彼此卷曲起来，形成对接重合状态，其横切面为圆形，即成管状。两侧边的对接重合部分，在TIG焊机7进行焊接，制成了焊接金属管13（见图6-54），这样就连续制成了钢管。图6-54所示为圆管成型机、内管挤出复合模头和TIG焊接部分的结构详图。

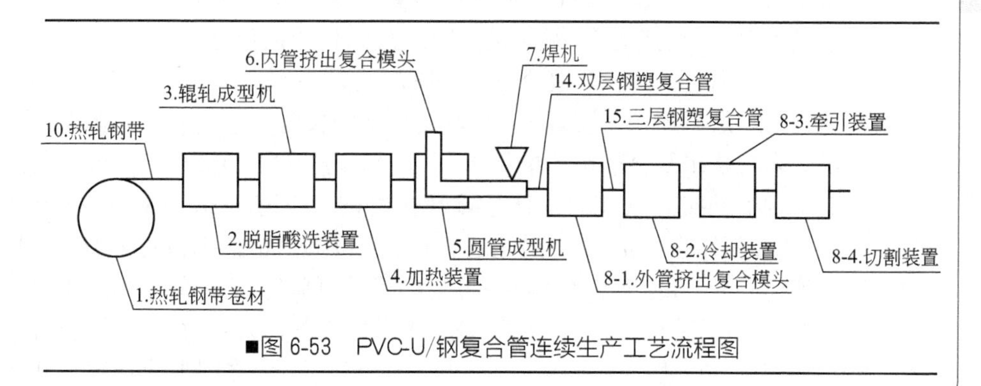

■图6-53　PVC-U/钢复合管连续生产工艺流程图

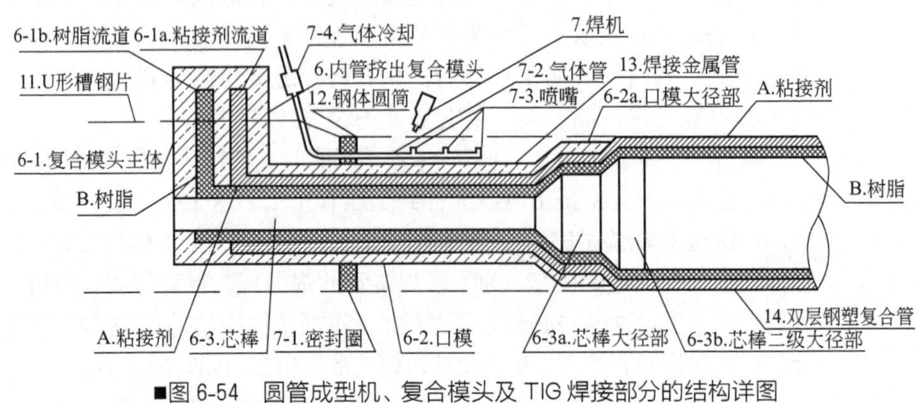

■图 6-54 圆管成型机、复合模头及 TIG 焊接部分的结构详图

从图 6-53 可见，内管挤出复合模头 6 在圆管成型机 5 内。PVC 树脂挤出机和固体粘接剂及复合挤出模头与焊接成的热轧钢管成 90°，PVC 挤出机通过复合模头将 PVC 树脂熔体挤出，绕过芯棒 6-3，在芯棒外生成 PVC 内管，固体粘接剂挤出机通过复合模头粘接剂流道 6-1a 将粘接剂 A 挤出，绕过新生成的 PVC 内管，在 PVC 内管外形成粘接剂层或粘接剂管。这样便制成了外边包裹了一层粘接剂的 PVC 管。此外部有粘接剂的 PVC 管处于焊接而成的焊接金属管 13 内，粘接剂处在焊接金属管 13 和 PVC 管之间，这样便制成了内管为 PVC 的双层钢塑复合管。

这种双层钢塑复合管，外管为钢质材料，钢易锈蚀，使用一段时间后生成一层铁锈，既难看，又缩短了复合管的寿命。为了克服这一缺陷，此双层钢塑复合管还需要在外面包裹一层 PVC 管，把钢管保护起来，生成塑-钢-塑三层钢塑复合管。

将前面生成的双层钢塑复合管 14 引进 PVC 外管挤出复合模头 8-1（见图 6-53），复合模头 8-1 与前述的复合模头 6 结构相似。固体粘接剂挤出机和 PVC 树脂挤出机均与双层钢塑复合管 14 成 90°，粘接剂挤出机经复合模头 8-1 挤到双层钢塑复合管 14 外，生成粘接剂层或粘接剂管。接着 PVC 树脂挤出机经复合模头 8-1 挤到粘接剂管 14 外，生成 PVC 树脂外管。这样使生成了 PVC-粘接剂-钢-粘接剂-PVC5 层结构的钢塑复合管。

将上面生成的钢塑复合管，在冷却装置 8-2 里冷却，经牵引装置 8-3 匀速检验，最后经切割装置 8-4 切割成需要的长度，包装入库，即成品。

内管挤出复合模头 6 的主体部分 6-1 内有两个流道 6-1a 和 6-1b。流道 6-1a 内的粘接剂 A 来自固体粘接剂挤出机，流道 6-1b 的 PVC 树脂 B 来自于 PVC 树脂挤出机，6-3 为芯棒，6-2 为口模。粘接剂流道 6-1a 和 PVC 树脂流道 6-1b 与芯棒 6-3 和口模 6-2 保持垂直状态。采取一种特殊的流道设计，生成内层（贴近芯棒 6-3）为 PVC 树脂管、外层（PVC 树脂管外）为粘接剂层（或管）的管坯，在口模 6-2 和芯模 6-3 之间形成环隙，并在熔体压力的推动下，将此复合管坯推向前进。

口模 6-2 和芯棒 6-3 的端部直径比前部口模和芯模要大，此成为大径部。大径部要经过两次放大，一次口模放大的大径部称为 6-2a，芯棒的大径部称为 6-3a；二次芯棒的大径部称为 6-3b，二次放大的口模与焊接金属管 13 汇于一体，即焊接金属管成为二次放大的口模。无论放大前还是两次放大后，芯棒和口模都必须保持同心，即二者之间的环隙要均匀。芯棒靠根部螺纹连接，端部是悬空的，因而芯棒不能太长，端部会因沉重的压力而下垂，口模和芯模难保持同心，生成的 PVC 管子的壁厚会不均匀，一般是上厚而下薄。这种扩大部分的结构类似于双壁波纹管成型芯棒的结构。

树脂熔体和粘接剂熔体首先在口模和芯模之间的环隙里流动，在经过两次扩大后，最后这两层熔体与金属管粘在一起生成双层钢塑复合管 14。

内管挤出复合模头 6 的口模 6-2 外面，在焊接位置前一点的位置有一个聚硅氧烷树脂制得密封圈 7-1。该密封圈的内圈与口模外周紧密接触，外圈与热轧钢带的钢体圆筒 12 的内壁紧密接触，把焊接用的冷却气体封住。穿过密封圈 7-1，沿着口模 6-2 的方向配置了冷却气体供应管 7-2。该气体供应管 7-2 在密封圈的前部，由热轧钢带卷成 U 形槽的上边开口处成弯曲状态引入，在 U 形槽处安装了气体冷却装置，将惰性气体冷却。该气体供应管 7-2 在密封胶圈的后部，沿焊接金属管 13 的焊缝等距离的设置了几个冷却喷嘴 7-3。通过此冷却气体供应管 7-2 供给冷却的惰性气体，由喷嘴 7-3 将其吹到焊接区。

惰性气体中含氧体积分数为 0.1％～5.0％ 。调节气体供应管的供气量，使焊接处焊缝的温度降低，要降低到 PVC 树脂的分解温度（200℃）以下，这样才能阻止 PVC 树脂分解。

由于焊接部分的温度可以快速降至 PVC 分解温度以下，因而 PVC 树脂管可以尽快地与焊接部位贴在一起，也就是说口模和芯模扩大部分 6-3b 可以与焊接处的位置靠近些，芯棒可以缩短，悬空的芯棒可以与口模保持很好的同心。如没有这样的冷却气体，芯棒和口模势必要加长，才能使焊缝的温度降至 PVC 分解温度以下。过长的悬空芯棒，必然下垂，影响芯棒和口模的同心度，从而导致金属管内覆盖的 PVC 树脂管壁厚不均。芯棒和口模缩短，流道变短，也不用增加流道的树脂熔体和粘接剂的熔体压就可顺利挤出。另外，气体供给管 7-2 和喷嘴 7-3 吹出的惰性气体将焊接管 13 的焊缝处包围，生成氧化膜的量得到控制。但也不能用纯度为 100％的惰性气体，因为这样在焊缝部分没有氧化膜生成，全为光滑的金属表面，与 PVC 树脂的粘接性降低。为此，在惰性气体中最好含氧体积分数为 0.1％～5.0％，可使焊缝和周边区域生成薄而致密、不易与金属脱离的氧化膜，使氧化膜和树脂粘接性提高。

塑钢复合管生产中的工艺参数如下。

a. 焊接金属管用钢片（或板）。热轧、冷轧钢片及不锈钢、各种铝合金、铜合金均可。专利采用热轧钢带卷材，钢片厚度应根据复合管的管径大小及耐压等级而定，只要能达到复合管的使用压力要求，薄一点为好，这样有利于焊接钢管的连续成型。有关专利技术采用 1.6mm 厚的钢片。

b. 固体粘接剂一般是热熔高分子材料粘接剂。对它的选择，首先是它对钢和塑料均有良好的粘接性，其次才是价格，当然气味和毒性也是必须考虑的。钢/PVC-U 复合管的粘接剂较易求得，价廉；而钢/HDPE 复合管的粘接剂较难求得，价格偏贵。有关专利为钢/PVC-U 复合管，文献中推荐的粘接剂为 HM。

c. 焊接。电弧焊接、高频率电阻焊接、电火花均可。有关专利使用 TIG 电弧焊接机，焊接速率以 1.0m/min 为宜。

d. 密封胶圈在焊接部位前 20mm 处，离焊接点较近，此处温度较高，要选择耐高温的橡胶。有关专利采用硅烷树脂密封圈。

e. PVC 内套管与焊接金属接触的位置，也即是芯棒 6-3b 的位置，在距焊接点 40mm 处。

f. 冷却气体。氮气、氨气和氦气均可用作冷却气体，有关专利采用氦气。氦气含氧体积分数为 0.2%，气体流量为 5L/min。如果惰性气体的流量过大，则焊缝温度降得太低，PVC 树脂管与焊接金属接触时与金属粘接不好，复合管强度下降。如果惰性气体含氧体积分数低于 0.1%，焊缝处及其邻近表面不能形成薄而致密的氧化膜，与 PVC 树脂管粘接不牢。反之，含氧体积分数超过 5%时，氧化膜生成速率过快，氧化层太厚，生成脆弱的氧化膜。当 PVC 树脂管与之粘接时，在储存和使用过程中，PVC 树脂管会与脆弱的氧化膜一道与金属管分离脱离，且分离脱离下的 PVC 树脂会堵塞管道。

(15) 双轴拉伸取向管成型 由于高分子长链具有明显的几何不对称性，因此在外力的作用下，分子链可沿外力方向排列。若将这种取向的分子链冻结，即会使材料在特定方向上获得许多优良的使用性能，例如模量和强度大幅提高，抗蠕变、硬度、耐冲击性、耐化学性、热膨胀、尺寸稳定性和阻隔性均有明显改进。

双轴拉伸取向技术在塑料加工中的最早应用是生产双取向薄膜。用于管材生产双轴拉伸技术及装置的研究起步较晚。1979 年英国利兹（Leeds）大学 Ian Ward 首先完成塑料管的模头拉伸工艺的开发研究，并于 1989 年获得美国专利。直到 20 世纪 90 年代初，双轴取向 PVC 管才问世，并显出极大的优越性。这种管材在相同尺寸和性能下，大约可比普通实壁管节省 50% 的材料费用，冲击强度提高 4 倍。主要的生产工艺有两种，即连续性模头拉伸和间歇式拉伸吹塑技术。其代表性公司有两家。一是希腊的 A. G. Petzetakis 公司开发的模头拉伸装置，其设备称为 Helidur-O 系统。它是在典型的挤管生产线的真空定径后，配置一调温再热箱，箱的出口端内装一个喇叭形口模和圆锥形拉伸芯模，芯模由钢丝系于挤出模的芯棒上。经再热箱调温至拉伸温度的管子，在重型履带牵引装置拖拽下通过拉伸口模，在管内锥型芯模承压下，同时获得轴向和周向拉伸取向，被取向的管段在拉伸口模后迅速受到喷淋冷却而使分子定向，从而制得双取向 PVC 管。该公司生产的 PVC 管材口径有 50mm、75mm、90mm 和 110mm 四种，可耐 86MPa 压力，用于输送水和气体。模头拉伸技术的最大优点是可以实现连续化生产，并且由于真空定径后不将管子完全冷却而进入调温再热箱，从而可节约能源。但是工艺要求较高的技术，使真空定径后冷却程度与再热调温速率之间彼此协调。另外，由于允许的最高拉伸生产能力有限，挤出速率不可能太高，从而有可能影响生产线能力的发挥。因此，挤出生产能力和拉伸生产能力之间，应注意协调匹配。未增塑 PVC（即 PVC-U）在 90℃附近拉伸可取得最大伸长率与取向效果。拉伸应变速率不应太大，否则管材表面可能出现微小的裂纹。

拉伸取向非连续工艺的代表公司是芬兰的 Uponor 公司。该公司的技术特点是将完全冷却定型后切断的管子，送入拉伸设备的预热装置，使之预热到拉伸温度，然后送入拉伸吹塑模中进行轴向拉伸并通入压缩空气实现周向拉伸，轴向拉伸控制在 10%左右，径向拉伸可达 1 倍。由于管材壁一般较厚，拉伸取向后冷却速率十分重要，以防取向分子松弛。通常在管模和管内两个侧面都通入冷却水，使之得到快速冷却，这是该工艺的特点。

6.3.4.2 PVC-U 异型材

异型材是指除了圆形管、膜、片、非中空板等之外，其他具有复杂横断面结构和形状的型材。这类型材在建筑业、家具工业、汽车工业、机械电器、土木工程等领域获得了广泛应用。主要的、应用形式最广泛的应用领域是建筑业，例如用作门窗、屋顶披板、楼梯扶手、室内吊顶和护墙板、踢脚板、装饰装修角线、室内隔断板、室外装饰与广告栏、亭榭、土工模板等材料。

异型材结构类型很多，其主要类型在图 6-21 中表示出来。用量最大的是门窗组装用异型材，是消费量仅次于管材的第二大品种。

(1) 门、窗组装用异型材[1]

① 门窗组装用异型材结构　门窗组装用异型材实物照片如图 6-55 所示。

② 配方　见表 6-39。

③ 异型材挤出成型工艺及设备　异型材挤出成型工艺过程与管材挤出成型基本相同，生产线由挤出机、异型口模、冷却定型装置、牵引装置、切割装置和堆料台组成，如图 6-56 所示。异型材生产线实物照片如图 6-57 所示。与管材成型不同之处是，异型口模和异型定型模。异型模具的设计与制造技术是其制品加工的关键，对此本节着重介绍。

■图 6-55 异型材实物照片

■表 6-39 门、窗异型材配方　　单位：质量份

原料		锡稳定配方	钡-镉稳定配方	铅稳定配方	意大利 Bausanoa 公司实用配方
PVC树脂（K值65～68）		100	100	100	100
冲击改性剂	ACR	6～12	6～12	8～12	8
稳定剂	马来酸二丁基锡	2～2.5	—	—	—
	钡镉复合稳定剂	—	2.5～3.0	—	—
	二碱式亚磷酸铅	—	—	3.5～4.0	4.0
	二碱式硬脂酸铅	—	—	0.5～1.0	1.0
	中性硬脂酸铅（A110）	—	—	—	1.0
	硬脂酸钙	—	—	—	1.0
	亚磷酸酯	—	0.5～0.7	—	—
	环氧油	—	1.0～1.5	1～2	—
	抗氧剂	0.1	0.1～0.2	—	—
	紫外线吸收剂	0.2～0.4	—	—	—
	12-羟基硬脂酸	—	0.4～0.6	—	—
润滑剂	石蜡	0.6～1.2	—	0.8～1.2	—
	酯蜡	—	0.4～0.6	—	—
	硬脂酸	—	—	0.5～0.8	0.7
	AC-6	—	—	—	0.2
着色剂	金红石钛白粉	2～4.0	2～4.0	4.0	3.0
填料	活性碳酸钙	5～10	0～10	5～10	5～10

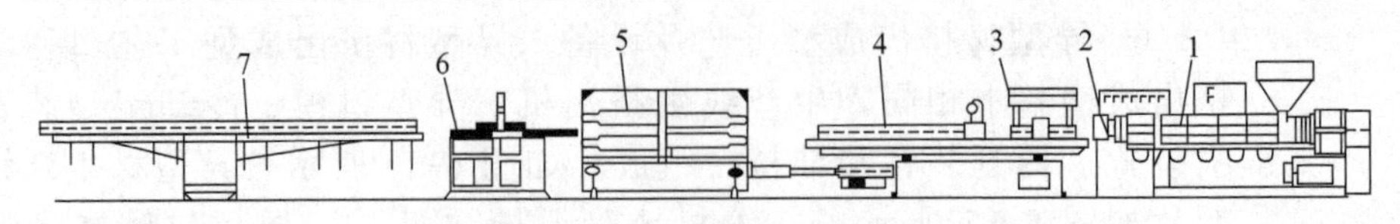

■图 6-56 异型材生产设备流程图

1—挤出机；2—机头；3—真空定型装置；4—冷却装置；5—牵引机；6—切割机；7—制品堆放架

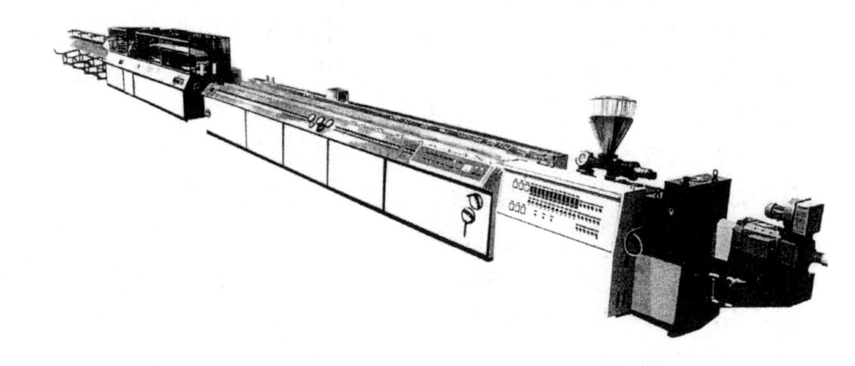

■图 6-57 PVC-U 异型材生产线实物照片

PVC-U 异型材的挤出，可以采用单螺杆或双螺杆挤出机。一般说来，较小截面的异型材大多采用单螺杆进行加工，但通常需要使用粒料才能获得质量良好的制品。高质量、高尺寸精度或大截面异型材，都趋向于采用锥形或平行双螺杆挤出机。

绝大多数异型材断面结构与圆形管材、片材和板材差别很大，一是异型材断面各部分壁厚不一定相同，二是断面形状和结构复杂。因此，异型材挤出成型机头比其他制品成型机头复杂得多，现仅将异型材成型机头的关键特点予以介绍。

a. 机头总体结构要求和类型　与其他制品挤出成型一样，异型材挤出机头流道由进料段和口模两部分组成。进料段包括机头座和过渡段（又称压缩段）。进料段的主要作用是将挤出机料筒出口处的物料的螺旋运动整流为直线运动，在压缩段将物料压缩和产生对螺杆的塑化所需的机头压力，使物料在流动中进一步熔融均化，并将物料流形状逐步过渡到异型口模的外轮廓形状。口模的作用是将进料段送入的熔体分割进入异型断面流道形成所需型坯。其重要特征是保证物流在成型段断面各部具有相同或 相近的流速，使模口断面处物料同步挤出。

机头结构总体上应保证如下几点。

（a）内腔呈流线型，避免急剧地扩大和缩小，更不能有死角，以防止物流停滞发生过热分解。

（b）足够的压缩比，以形成适当的机头压力，消除分流锥支架形成的分流痕，并使物料达到要求的密实度。压缩比一般取 3～8，双螺杆可取 2～3.5。

（c）型材（或口模）截面中心应与料筒同心。

（d）口模部分应保证挤出的型坯具有规定的断面形状。

（e）机头结构上应保证具有足够的强度，耐腐蚀性和耐磨损性。PVC 异型材挤出压力大约在 10～25MPa，硬质 PVC 挤出压力应取高值。

异型材挤出机头，根据成型制品类型不同，可分为轴向供料和非轴向供料两大类。非轴向供料机头主要用于塑料共挤出和非塑料型材的复合挤出。塑料异型材挤出绝大多数是用轴向供料机头。硬质 PVC 异型材挤出，通常采用流线型机头，主要有下述两种。

多级（或称分段）式流线型机头，结构如图 6-58 所示，分为若干段，逐段局部加工，并以拼装方法组合而成。其流道壁面作成与机头轴线平行，各种流道入口倒角作成斜面，并与上一块板流道出口相吻接，形成多次变化的流线型流道。这种结构的最大优点是减小机头渐变异型内腔面的加工难度。当级间尺寸变化梯度不太大、吻接处倒角较小时，组合流道仍具有良好流线型。这种机头适用于高挤出速率下生产高尺寸精度的异型材。

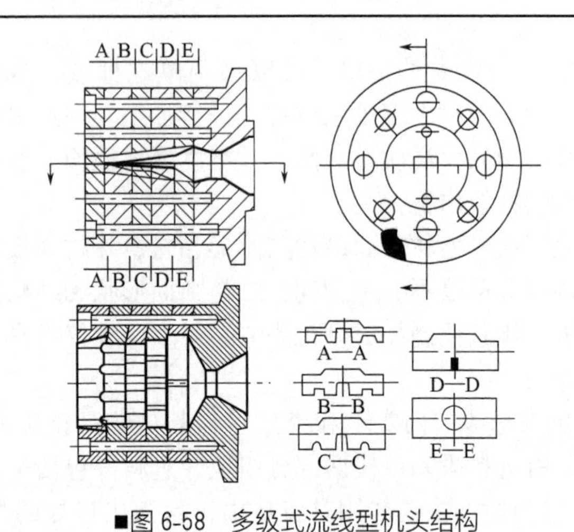

■图 6-58 多级式流线型机头结构

整体式流线型机头，结构如图 6-59 所示，整体式流线型机头的流道以流线变化逐步由圆形转变成所要求的形状，如图中 a—a，b—b，…，f—f 所示。这样的机头流道无任何“死点”，不产生熔体滞留，而且料流速率恒定增加，易获得最佳型材质量。但是，由于异型断面复杂时，机头流道整体加工时非常困难，须采用特殊加工方法。

b. 机头体的主要结构参数 机头体一般分为进料和压缩（亦称过渡部分）两部分，其主要参数为以下几项。

(a) 扩张角 α，从机头进料口 h—h 断面至支架 g—g 断面，机头内腔逐渐增大，形成一扩张角 α。α 值应控制在 70°以下。对于硬质 PVC 等热敏性塑料，α 以 60°左右为好。

(b) 收敛角 β（或称压力角 γ）机头压缩部分（如图 6-59 中 f 至 b 段）从支架出口截面外轮廓逐步收缩到异型材外轮廓（或口模模隙外轮廓）尺寸，形成收敛（或称压缩）角 β。β 应小于扩张角 α，其值通常取 25°～50°。流道外壁纵向截面线与机头轴线构成的夹角，通常又被称做压力角 γ，γ 值应小于 30°。

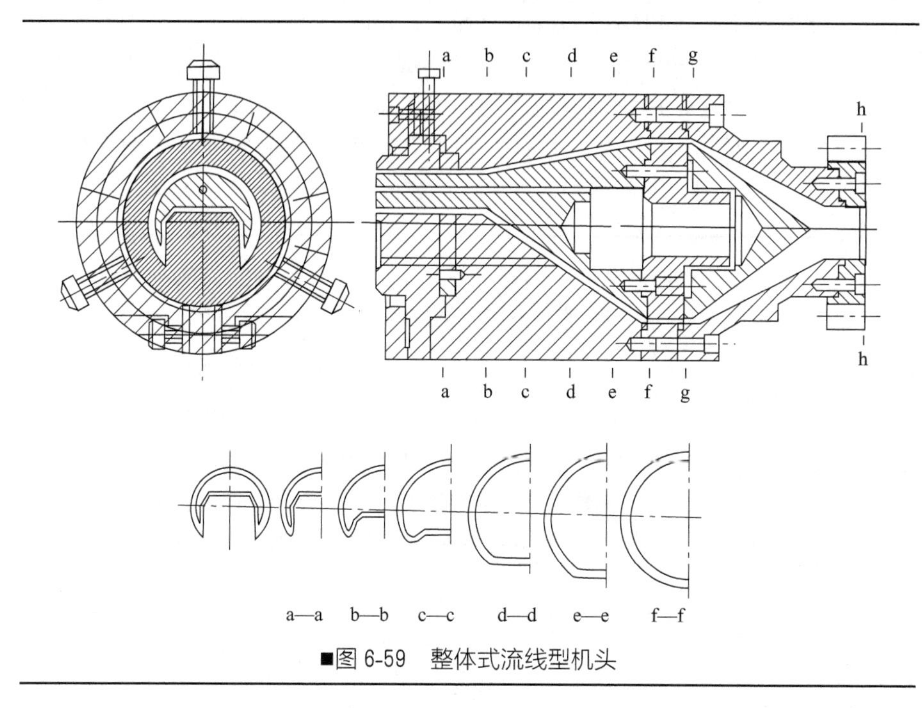

■图 6-59 整体式流线型机头

(c) 压缩比 ε 和管材模一样，支架出口流道截面积与异型材口模流道截面积之比，称为机头的压缩比 ε。ε 值一般在 3～10 范围内选取。收敛角和压缩比对制品材质压实程度和通过支架足分割熔体的熔合起着十分重要的作用。

对于长流道机头而言，其进料部分和压缩部分长度一般的取值范围分别为口模成型部分长度的 1.5～2 倍和 2～3 倍。

c. 机头过渡部分流道截面变化　挤出机头的过渡部分流道基本上都是从分流体的最大流道截面向挤出方向逐渐减小，并以流线过渡到成型口模截面（见图 6-59 中 f—f 和 a—a 截面）。连接最大截面积和口模截面积之间流道的外侧壁（图 6-58）或分流体斜面（图 6-59）与机头轴线的夹角，即压力角 γ 应小于 30°。压力角大，树脂流动易于均匀，但制品表面可能较粗糙。反之，压力角变小，制品表面易显出光泽，但在模隙厚度不同部分的流动难以均匀。模芯支架足分割流体的熔合线消除，除与流道压缩比有关外，也受压力角大小的影响。压力角和压缩比大，使熔体阻流而受较大的剪切力和压力，有利于熔合和拼缝痕的消除。

过渡部分的最大截面轮廓线尺寸与口模模隙尺寸、压力角 γ 的大小、过渡（或压缩）部分的长度 a 和压缩比 ε 有关。最大截面的轮廓可用作图法求得，如图 6-60 所示。过渡部分最大截面处的流道平均间隙 h，可由下式计算。

$$h=\frac{F\varepsilon}{KL}$$

式中 F——口模成型模隙总面积，mm^2；

ε——机头压缩比，一般单螺杆取 2～8，双螺杆取 1.8～3.5；

L——过渡部分最大截面的轮廓周长，mm；

K——L 的校正系数，根据几何形状复杂程度，一般在 0.9～0.95 范围内取值。

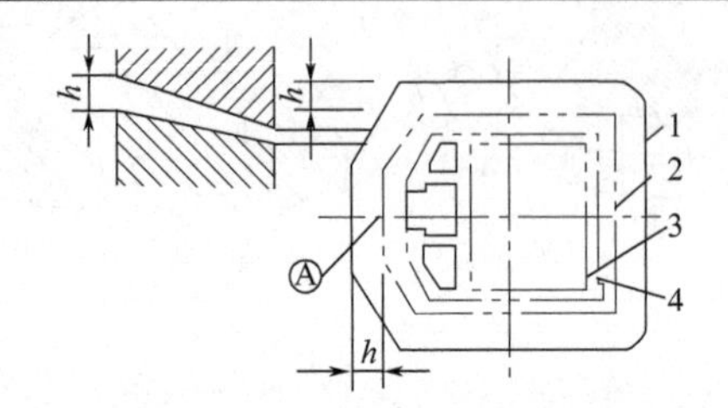

■图 6-60 机头压缩部分最大截面轮廓线的确定

1—最大压缩部分外轮廓线；2—最大压缩部分内轮廓线；3—模芯轮廓线；4—口模轮廓线

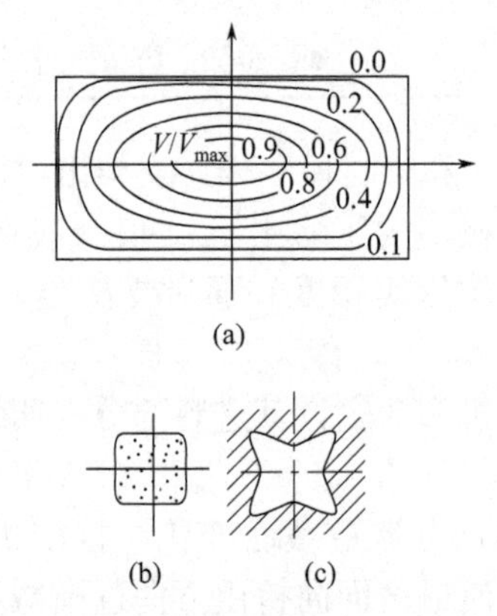

■图 6-61 熔体在模隙中的速率分布和制品截面与模隙形状

然后，对于局部结构复杂、壁较厚或较薄部位，应根据其截面相差的实际大小，按比例对计算结果进行调查。形状结构复杂、壁较厚的部位，料流量较多，应将 h 值调得比其他部位大；相反，料流量需较少的部位，应将 h 值调小。

d. 异型材成型口模 口模由纵截面与制品断面形状相似、在挤出轴向平直的模隙构成。模隙截面形状与制品形状不一致是异型模具设计的最大难点。引起这种形状不一致的基本原因有三点。一是模隙中心部位与模壁处熔体流动存在明显的速率梯度，而且速率分布随模具温度条件而有很大不同，在模隙截面转角部位的熔体流速更小，直边中部的流速较转角处大，如图 6-61(a) 所示，所以熔融料在直边中部处挤出较多。例如要制得如图 6-61(b) 所示的正方形截面制品，须将模具截面做成图 6-61

(c) 所示的形状。二是挤离模口的熔融型坯有比模隙或唇隙尺寸增大的现象，即所谓的离模膨胀。三是型坯在挤出模口至冷却定型模入口间的一段非支承的气隙 (air gap) 处，除保持稳定的形状外，由于牵引作用其截面积有减小的趋势，气隙的长短对异型材截面形状影响很大。但应注意，在相同牵引速率下，气隙较短时，型坯快速进入冷却定型状态，产生离模膨胀的松弛时间较短，制品壁较薄；相反，气隙较长时，相对而言制品壁较厚。

在设计挤出口模时，应充分估计到上述因素的影响。在实际生产操作中，也可以利用气隙的长短来调节，使制品达到尺寸标准。

异型材由于结构多样、断面壁厚一致或不一致，情况相当复杂。在以计算法设计口模时，视具体情况，须做若干简化处理，然后按熔体流经模隙的流动方程进行计算。即便如此，要做出恰如其分的设计，仍有很大的困难。因此，异型材挤出口模的设计，具有很大程度的经验性。

目前，由于 PVC 塑料的熔体流变特性参数受其组分、组成和加工参数的影响，设计参数的确定比其他品种更为复杂。因此，PVC 异型材口模设计更多地依赖于经验数据。PVC 异型材口模设计经验数据列于表 6-40。挤出硬质 PVC 异型材采用真空冷却定型时，由于牵引和冷却过程中产生收缩，口模的外形尺寸需放大 2%～3%，而口模间隙应缩小到制品壁厚的0.8～0.9。

■表 6-40　PVC 异型材挤出口模设计经验数据

参　数	硬质 PVC	软质 PVC	备　注
L/h	20～50	5～11	L 为口模长度
h_s/h	1.10～1.20	0.83～0.90	h 为口模间隙，h_s为制品厚度
a_s/a	0.80～0.93	0.80～0.90	a 为口模径向宽度，a_s为制品宽度
b_s/b	0.90～0.97	0.70～0.85	b 为口模径向高度，b_s为制品高度

如果口模有厚度不均的成型间隙，间隙大的部分，其成型段应尽量长，间隙小的成型段应该短，以使压力分布尽量均匀。要使熔体在不同厚度的模隙中的挤出线速率尽量一致，必须明白模隙尺寸与体积流率的大致关系，即模隙体积流率与模隙成型段长度成反比，与模隙厚度的三次方成正比（对牛顿流体，体积流率 $Q=wh^3\Delta p/12\eta L$）。这种大致的关系表明，模隙厚度比为 1∶2 的两模隙定型段长度之比应为1∶8，即厚度大的模隙的定型段长度须为厚度较小模隙的定型段长度的 8 倍以上。另外，在调试模具时，以修改模隙厚度或局部厚度来调整挤出流率同步是最灵敏的。例如图 6-62(a) 所示局部加厚异型材，可以如图 6-62(b) 所示，在挤出口模加厚部分总的成型段长度 L 的 1/4～1/3 处切削成倒锥楔形，使体积流率增大，达到规定厚度的情况下使挤出流速一致。假若楔形隙不能保证达到所要求的壁厚，则可将锥度延伸到 A'。

某些异型材的空腔或侧槽过小，会给模芯强度设计和机械加工带来一定困难。这时，可对口模形状进行如图 6-63 所示的修正放大，在挤出过程中

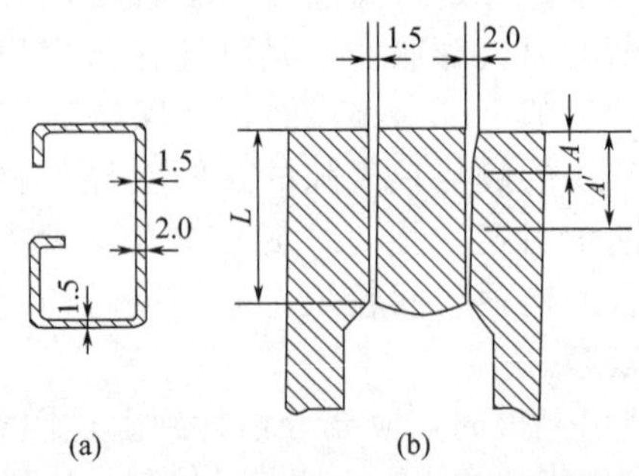

■图 6-62 以倒锥成型模隙挤出壁厚不同异型材示例

(a)壁厚不同的异型材；(b)采用倒锥度定性段的模具结构

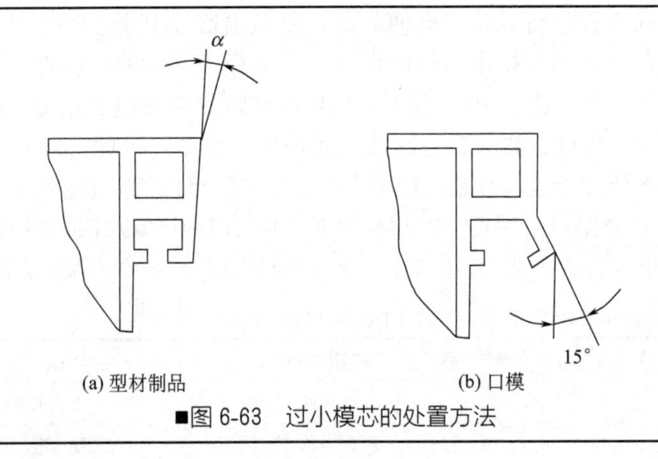

■图 6-63 过小模芯的处置方法

靠定型套使型坯缩径，回复到型材的预期结构尺寸。

e. 异型材定型模 异型材挤出成型时的定型方法是靠制品的种类、形状、要求精度和成型速率等来确定的，当然采用不同定型方法组合的情况也很多，主要的定型方法有多板式定型、滑移定型、空气加压定型、干真空和湿真空定型。用得最多的是湿真空定型。

湿真空定型装置如图 6-64 所示。在向密封的冷却水槽中供给冷却水的

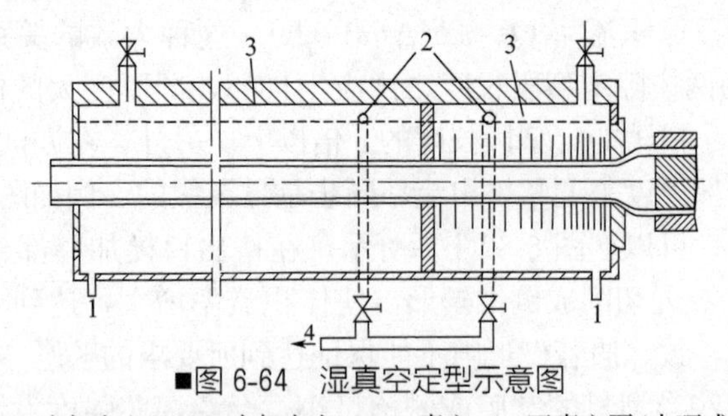

■图 6-64 湿真空定型示意图

1—冷却水入口；2—冷却水出口；3—真空；4—至真空泵(水环式)

同时，由水环式真空泵将空气抽到水槽外，以使水槽内减压。在水槽内安装黄铜或铝制定型槽（套管或几块平板），以此将挤出的高温管坯或异型管坯定型为规定的尺寸形状，通过处于减压状态的水槽后，由于管材内部大气压的作用，在膨胀方向上保持形状并进行冷却。

这一装置在冷却水槽的入口部位有被冷却的真空头，安装可与水槽同时或分别进行真空吸附的配管。由于这种湿真空定型的水槽处于减压状态下，因此定型模的结构可以非常简单。在定型套管上设有很多吸附缝，这广泛适用于异型管材的成型，而大口径薄壁管材则采用几个到几十个定型环进行成型。这种定型方法可减小管材和定型模间的摩擦阻力。

中空异型材大多采用真空冷却定型。这时，挤出的型坯外形必须等于或接近于定型模型腔尺寸。一般要求，挤出型坯的离模膨胀和牵引拉伸缩小的综合作用结果，使型坯外形尺寸略大于定型套内腔尺寸。为此，型坯口模尺寸可按定型套尺寸如表 6-41 所列比值放大。

■表 6-41　口模尺寸与定型套尺寸比值

流道类别	机头温度/℃	高度方向比值	宽度方向比值
长流道	190～200	1.03～1.05	1.02～1.04
短流道	190～200	1.006～1.015	1.004～1.012

型坯口模成型段模隙尺寸的确定应充分考虑到口模挤出物的离模膨胀，因此对普通硬质 PVC，模唇间隙应比制品厚度小 10%，而对改性的耐冲击硬质 PVC，模唇间隙应比制品厚度约小 20%。

对敞口异型材，硬质 PVC 的牵引冷却收缩率不超过 1%，因此模具宽度方向的尺寸可按制品的相应尺寸略微放大约 1%；而模唇间隙尺寸应比制品壁厚减少约 10%，因为挤出的型坯在厚度方向存在较大膨胀。

中空异型材在真空定型条件下，牵引和冷却水槽冷却所引起的各向外侧尺寸收缩率大约 1%，因此，当制品外侧尺寸公差为$^{+T}_{-0}$时，则定型模尺寸：

$$B_K=1.01(b_s+T/2)$$

当公差为$\pm T$时，

$$B_K=1.01b_s$$

式中　B_K——定型模宽度尺寸；

b_s——制品的相应尺寸；

T——公差值。

④ 异型材挤出成型中的异常现象及处理（表 6-42）

■表 6-42　异型材挤出成型中的异常现象、原因及处理

序号	现象	原因	解决办法
1	进料波动	① 干混粉料流动性不好 ② 原料容易在料斗中心形成空洞或附壁悬挂、架桥、滞料 ③ 加料段温度过高	① 使用具有适当流动性 PVC 干混粉料 ② 安装机械搅拌送料器，防止架桥、经常检查及时处理 ③ 进料段通冷却水冷却

续表

序号	现象	原因	解决办法
2	型材弯曲	① 整条生产线不直，中心位置没对准 ② 冷却方法不当 ③ 真空冷却水道不正常 ④ 机头流道及间隙不合理 ⑤ 挤出速率过快，冷却不够 ⑥ 模具装配不水平	① 调整生产线各装置至一条直线 ② 加强壁厚部位冷却，降低冷却水温度 ③ 检查真空冷却系统至正常 ④ 修正机头流道及间隙至均匀出料 ⑤ 降低挤出速率，改善冷却条件 ⑥ 模具安装完毕后用水平尺校正
3	筋处收缩大	① 口模筋处树脂流动慢、筋槽受拉伸 ② 真空操作不当或真空度控制不宜 ③ 冷却水温度高	① 增加筋的间隙，提高筋槽处树脂流速 ② 调节真空度或用尖头工具在型坯进定型器前在异型材上戳小孔，使型材成开放式加强真空吸附 ③ 降低冷却水温度，提高冷却效率
4	型材纵向收缩率大	① 牵引速率偏快 ② 定型器冷却不够 ③ 机头温度过高	① 降低牵引速率 ② 保证冷却水温（15℃）及水压，提高定型器冷却效率 ③ 降低机头温度
5	制品尺寸和厚度时大时小（波动）	① 进料波动 ② 电热圈加热不正常 ③ 牵引机工作不稳定 ④ 混合物料不均匀	① 参阅现象 1（进料不稳定） ② 检查、修复或更换加热圈 ③ 检查牵引机皮带或变速器是否滑动、履带上的制品是否滑动、牵引机的夹紧压力是否合宜 ④ 检查混合料的混合均匀性
6	制品端部开裂或成锯齿状	① 配方组分不宜，塑化不良 ② 口模温度低	① 检查配方、调整组分 ② 提高口模温度
7	出现熔接痕	① 口模设计或结构不好 ② 原料选配和成型条件不一致	① 使口模内的物料流量均匀 ② 增加前端机头压力 ③ 增加机头定型段长度 ④ 在模芯支架后设置物料池 ⑤ 增大机头入口处的树脂流道 ⑥ 降低混合料外润滑性 ⑦ 采用熔融黏度低的物料 ⑧ 提高机身温度，降低口模温度 ⑨ 降低挤出速率
8	型材表面中内壁出现斑点、鱼眼或似气泡状凸起	① 原料混有杂质 ② 物料水分或挥发物含量高 ③ 粉料堆放时间过长 ④ 机身温度低、机头温度高	① 检查杂质来源，以便清除 ② 将原料烘干，使水分和挥发物含量小于 0.1% ③ 重新配制混合料 ④ 调节温度
9	口模内发生分解制品表面有分解黄线	① 原料热稳定性差 ② 口模温度高 ③ 机头表面有凹陷或积料 ④ 口模结构不合理 ⑤ 物料在机筒内过热	① 检查原料配方，提高热稳定性 ② 调整口模温度至可挤出点 ③ 检查清理机头 ④ 增大机头的物料导入部位和进入口模前端的压力 ⑤ 尽量消除机头内的死角 ⑥ 缩短物料在机头内的停留时间

续表

序号	现象	原因	解决办法
10	制品表面粗糙出现条纹或云纹	① 物料混合质量差，不均匀 ② 外润滑剂过量 ③ 混有不同颜色、不同分子量树脂 ④ 机头温度较低	① 调整PVC配方，降低外润滑剂用量 ② 挤出带色制品要先做母料，不混用不同牌号或不同型号的树脂 ③ 检查混合的设备和工艺使物料混合均匀提高质量 ④ 适当提高机头温度
11	制品断面有气泡	① 物料中卷有空气，真空排气口堵塞 ② 物料中水分和挥发物含量过高 ③ 机筒内温度过高产生分解气体 ④ 螺杆摩擦热过高	① 增加螺杆压缩比，使排气完全 ② 使用前用干燥装置预先将原料干燥，达到规定指标 ③ 用真空排气，排除挥发物 ④ 降低机筒内物料温度 ⑤ 螺杆内通入循环冷却介质冷却螺杆，调整螺杆芯温度
12	异型材物理机械性能差	① 干混粉料质量差，物料不均匀 ② 挤出工艺条件不当 ③ 模具与定性模控制不当	① 检查配方，严格控制混料工艺条件 ② 减少PVC的外润滑性 ③ 配混的物料进行熟化（在室温放置10～20h） ④ 机筒内加热温度不要太高 ⑤ 采用口模压力大的挤出机 ⑥ 牵引速率与挤出速率配合好，不要使制品处于高拉伸条件 ⑦ 采用口模有压力的口模 ⑧ 定型模不要急冷，要缓冷为宜 ⑨ 定型器内不要有大的摩擦，经常清理定型模 ⑩ 螺杆转矩不应太低，一般应为50%～80% ⑪ 调整计量加料转速和挤出机螺杆转速,机头压力控制在15～25MPa

⑤ 门、窗框用PVC-U异型材质量标准　门、窗框用PVC-U异型材质量国家标准GB/T 8814—1998对异型材力学性能的要求如表6-43所示。

■表6-43　门、窗框用PVC-U异型材力学性能国家标准

性　　能	指　　标	试验方法
硬度（HRR）	≥85	GB/T 9342—88
拉伸屈服强度/MPa	≥37	GB/T 1040—92
断裂伸长率/%	≥100	GB/T 1040—92
弯曲弹性模量/MPa	≥1960	GB/T 9341—88
低温落锤冲击（破裂个数）	≤1	GB/T 8814—1998
维卡软化点/℃	≥83	GB/T 1633—79
加热后状态	无气泡、裂痕、麻点	GB/T 8814—1998
加热后尺寸变化率/%	±2.5	GB/T 8814—1998
氧指数/%	≥38	GB/T 2406—93
高低温反复尺寸变化率/%	±0.2	GB/T 8814—1998

续表

性能		指标		试验方法
简支梁冲击强度/(kJ/m²) (23±2)℃ (−10±1)℃		A类 ≥40 ≥15	B类 ≥32 ≥12	ISO 179—1993
耐候性	简支梁冲击强度/(kJ/m²) 颜色变化/级	A类 ≥28 ≥3	B类 ≥22 ≥3	大气耐候 GB/T 3681—83 人工耐候 GB/T 9344—88

⑥ 塑竹门窗 按照国家标准 PVC-U 门窗用异型材的弯曲弹性模量≥1960MPa，用这样的异型材在组装门窗时，异型材型腔内必须插入一定规格的钢衬，以增强塑料窗的抗风压能力，此称为塑钢门窗，其塑钢门窗型材断面结构如图 6-65 所示。

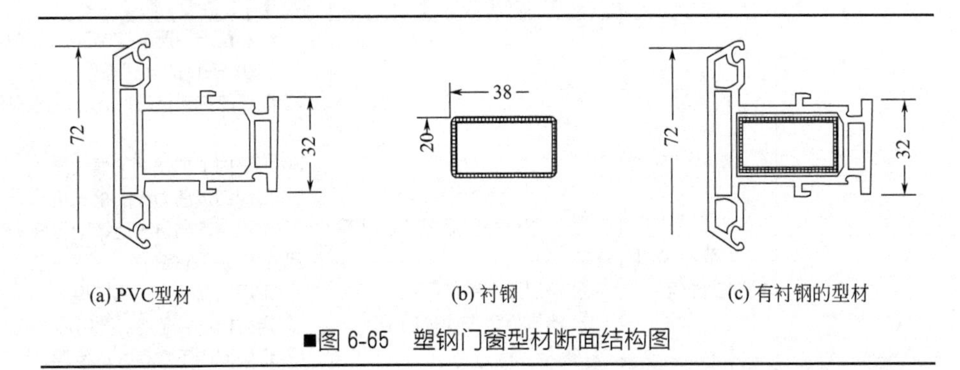

(a) PVC型材　(b) 衬钢　(c) 有衬钢的型材

■图 6-65 塑钢门窗型材断面结构图

重庆顾地最新开发了一种塑竹门窗，它是将塑钢门窗的钢衬换成竹编胶合板切割成的，具有相同外轮廓尺寸的矩形（或方形）条材，插进异型材型腔内，以增强塑料门窗的抗风压能力。这里用的竹编胶合板执行竹编胶合板国标 GB/T 13123—2003 的质量要求。塑竹门窗型材断面结构如图 6-66 所示。

以重庆顾地 1200×1500mm 塑竹门窗为例，与相同尺寸的塑钢窗（衬钢壁厚 1.5mm）相比，每平方米窗降低原料成本 15～20 元，节约钢材 16.7kg。由于不炼钢，因而每平方米窗节约炼钢用标煤 10.4kg，减少二氧化碳排放 38kg。

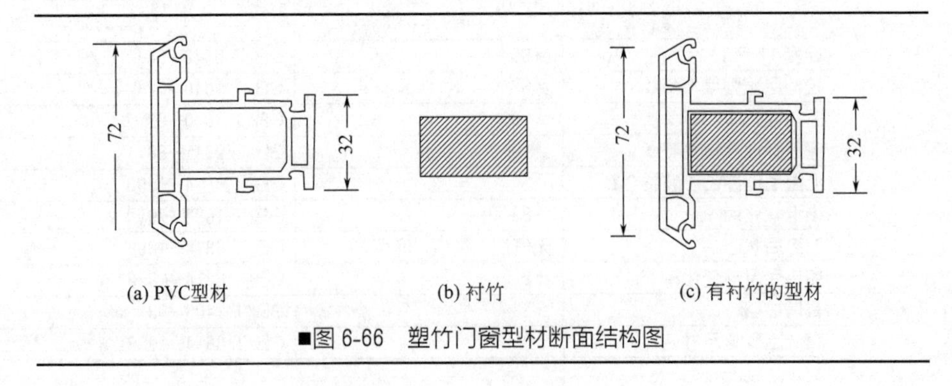

(a) PVC型材　(b) 衬竹　(c) 有衬竹的型材

■图 6-66 塑竹门窗型材断面结构图

⑦ 不用衬材的塑料门窗　平塚雄治报导，塑料窗型材的弯曲模量≥7364MPa，组装塑窗时就不用衬材。

(2) PVC-U 电线槽　电线槽用于室内外墙导线的布线，同时起到装饰美化作用，防止室内裸露导线的混乱排列。电线槽由槽底和槽盖组成。安装时直接用钉将槽底固定在墙上，放入电线后利用“扣接”盖上槽盖。以后如需更换导线和加减导线，用手工将带“扣接”的槽盖打开，完工后再盖上槽盖。槽底和槽盖均属于图 6-21 中的敞口异型材。

① PVC-U 电线槽结构（图 6-67）。

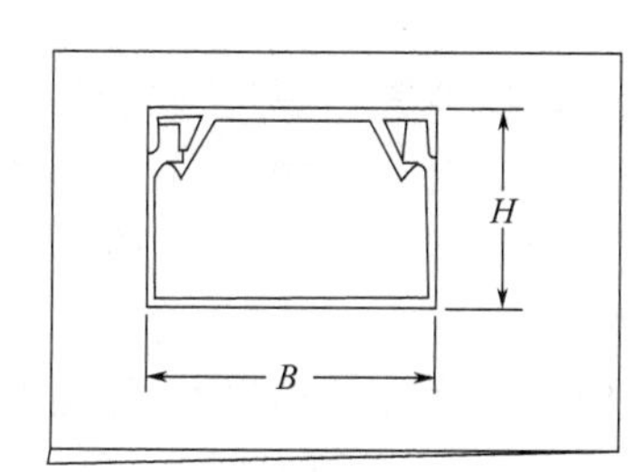

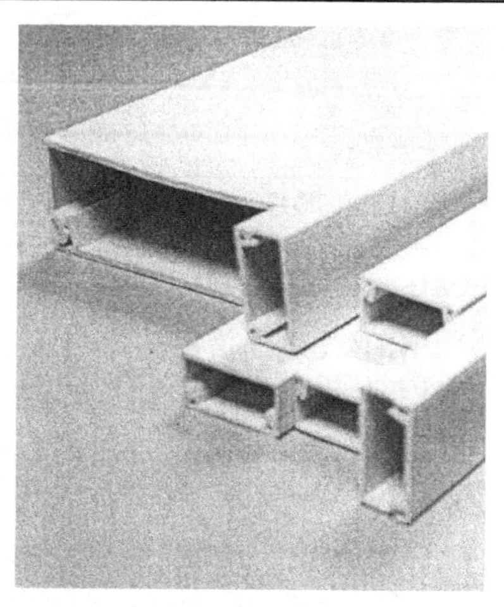

■图 6-67　PVC-U 电线槽及“扣接”图示

② 电线槽挤出成型工艺及设备　类似于门、窗组装用异型材的生产工艺和设备。

③ 配方　见表 6-44。

■表 6-44　PVC-U 电线槽用配方　　单位：质量份

原　　料	配方 1	配方 2
PVC 树脂（SG5）	100	100
冲击改性剂：CPE	7～9	7～9
加工改性剂：ACR201	0.8～1.2	0.8～1.2
复合铅稳定剂：TY208	3.2～3.8	3.2～3.8
硬脂酸钙	0.3～0.5	0.3～0.5
硬脂酸	0.2～0.4	0.25～0.45
石蜡	0.2～0.4	0.25～0.45
着色剂：TiO_2（锐钛型）	3～3.5	3～3.5
填料：活性碳酸钙	5～10	
神奇纳米碳酸钙		10～15

④ PVC-U 电线槽质量标准　PVC-U 电线槽国家标准 GB 1614—2000，对电线槽力学性能要求如表 6-45 所示。

■表 6-45 线槽及线槽配件技术性能指标

项目		线槽	配件
力学性能	负载变形性能	$D_A \leq H/10$ 且 $D_A \leq 10mm$ $D_B \leq W/10$ 且 $D_B \leq 10mm$	配件与槽盖不脱落
	冲击性能	无可见破碎及裂痕	无可见破碎及裂痕
	折叠韧性①	优等线槽 ≥50 次	—
		一般线槽 ≥30 次	—
	外负载性能	与支架不脱开	—
	耐热性能	—	≤2.0mm
燃烧性能	氧指数	OI≥32	OI≥32
	水平燃烧性能	Ⅰ级	Ⅰ级
	垂直燃烧性能	FV-0	FV-0
	烟密度等级	SDR≤75	SDR≤75
电气性能	耐电压	1min 内部击穿	1min 内部击穿
	绝缘电阻	$R \geq 1.0 \times 10^8 \Omega$	$R \geq 1.0 \times 10^8 \Omega$

① 折叠韧性是将线槽底板中部，沿长的方向剪取约 10mm 宽、120mm 长的样条，用手工对折，反复对折，样条对折处出现裂纹的对折次数，视为折叠韧性。折叠次数越多越好。此为重庆顾地塑胶电器有限公司内控指标。

（3）**埋地通信用 PVC-U 多孔一体塑料管** 埋地通信导线必须插入塑料多孔一体塑料管中，以达到保护盒维修方便的目的。不同楼号或不同楼层的电话线路走多孔管中的不同管道，给维修带来较大的方便。多孔一体塑料管属于中空异型材。

① PVC-U 多孔一体塑料管结构 目前我国在市面上流通的多孔管分为三类：梅花状管、格栅状管和蜂窝状管，它们的断面结构如图 6-68～图 6-70 所

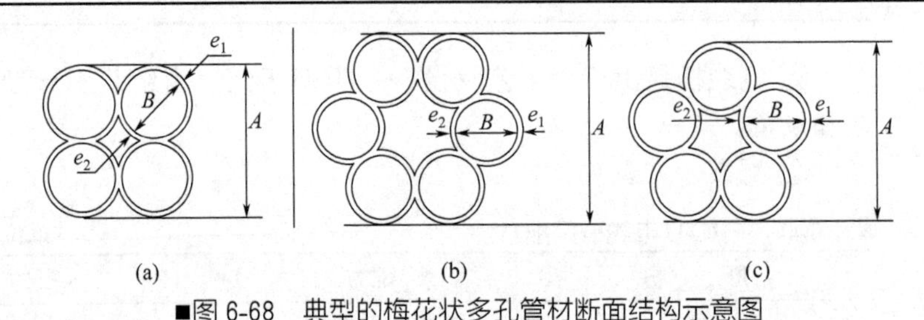

■图 6-68 典型的梅花状多孔管材断面结构示意图

A—管材耐外负荷性能试验时的压缩初始高度；B—子孔尺寸；e_1—最小外壁厚；e_2—最小内壁厚

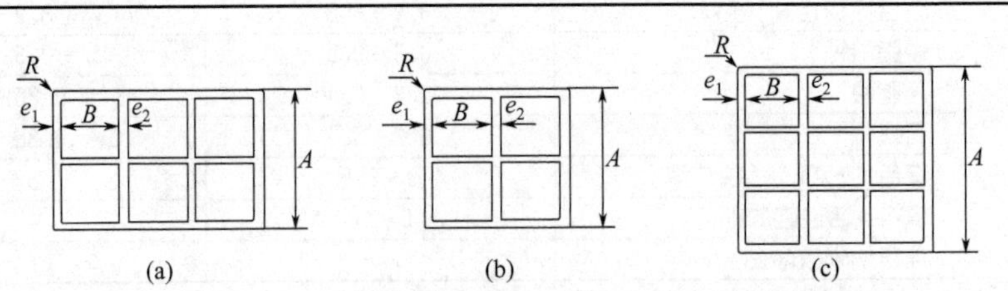

■图 6-69 典型的格栅状多孔管材断面结构示意图

A—管材耐外负荷性能试验时的压缩初始高度；B—子孔尺寸；e_1—最小外壁厚；e_2—最小内壁厚

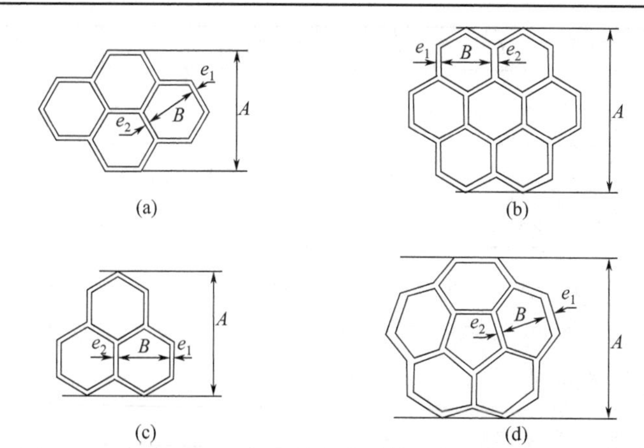

■图 6-70　典型的蜂窝状多孔管材断面结构示意图

A—管材耐外负荷性能试验时的压缩初始高度；B—子孔尺寸；e_1—最小外壁厚；e_2—最小内壁厚

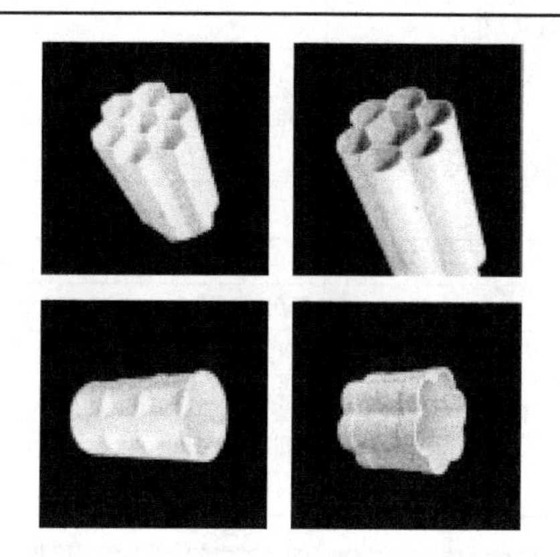

■图 6-71　蜂窝管和梅花管连接配件照片

示。蜂窝管和梅花管及其连接配件的实物照片如图 6-71。

② 多孔管挤出成型工艺及设备　基本类似于门、窗组装用异型材的生产工艺和设备，所不同的是挤出机头和定型模的结构，多孔管的机头机构与“一出四”的电工套管机头结构类似（参见图 6-39）。

③ 配方　见表 6-46。

■表 6-46　PVC-U 多孔一体管配方　　单位：质量份

原　　料	配方 1	配方 2
PVC 树脂（SG5）	100	100
CPE	7～9	7～9
ACR201	1.5～2.5	1.5～2.5
复合铅稳定剂	4～5	4～5
TiO_2（锐钛）	2～3	2～3
OPE	0.2～0.3	0.25～0.35
DBP	1.5～2.0	1.5～2.0

续表

原　　料	配方 1	配方 2
硬质酸钙	0.1～0.2	0.1～0.2
硬脂酸	0.1～0.2	0.15～0.25
石蜡	0.1～0.2	0.15～0.25
填料：活性碳酸钙 神奇纳米碳酸钙	10～15	 15～20

④ PVC-U 多孔管质量标准　PVC-U 多孔管轻工业标准 QB/T 2667.1—2004 及重庆顾地塑胶电器有限公司企业标准 Q/GDS7—2002 相关的力学性能数据如表 6-47 所示。

■表 6-47　PVC-U 多孔管相关的力学性能

<table>
<tr><th>序号</th><th>项　　目</th><th colspan="3">指　　标</th><th>试验方法</th></tr>
<tr><td>1</td><td>拉伸屈服强度/MPa</td><td colspan="3">≥30</td><td>GB/T 8804.2—2003</td></tr>
<tr><td>2</td><td>纵向回缩率/%</td><td colspan="3">≤5.0</td><td>GB/T 6671—2001</td></tr>
<tr><td>3</td><td>维卡软化温度/℃</td><td colspan="3">≥75</td><td>GB/T 8802—2001</td></tr>
<tr><td>4</td><td>落锤冲击试验（0℃）/个</td><td colspan="3">9/10 不破裂</td><td>QB/T 2667.1—2004</td></tr>
<tr><td rowspan="2">5</td><td rowspan="2">耐外负荷性能/（kN/200mm）</td><td>梅花状多孔管</td><td>格栅状多孔管</td><td>蜂窝状多孔管</td><td rowspan="2">QB/T 2667.1—2004</td></tr>
<tr><td>≥1.0</td><td>≥9.5</td><td>≥1.0</td></tr>
<tr><td>6</td><td>静摩擦因数</td><td colspan="3">≤0.35</td><td>QB/T 2667.1—2004</td></tr>
<tr><td>7</td><td>抗压性能</td><td colspan="3">750N 载荷/min Df＜25%</td><td></td></tr>
<tr><td>8</td><td>阻燃性能</td><td colspan="3">氧指数≥32%，离开火源 5s 熄</td><td>GB/T 2006—93</td></tr>
<tr><td>9</td><td>扁平试验</td><td colspan="3">无破裂</td><td>GB/T 8804.1—2003</td></tr>
<tr><td>10</td><td>电气性能</td><td colspan="3">2000V，15min 不击穿；绝缘电阻≥100mΩ</td><td></td></tr>
</table>

① 表中 7～10 项为重庆顾地企标 Q/GDS 7—2002 增加的质量控制指标。

(4) 建筑用矩形雨落水管　雨落水管用于室外沿墙、柱敷设的雨水重力排放系统用管，又可称为屋檐水管。管为矩形，贴墙安装牢固美观。目前大部分建筑采用普通圆形 PVC-U 排水管作雨落水管。矩形雨落水管属于异型管材。

① PVC-U 矩形雨落水管结构　PVC-U 矩形雨落水管及配件实物照片如图 6-72，规格尺寸如表 6-48 所示。

② 成型工艺及设备　雨落水管成型工艺及设备与管材挤出成型基本相同，不同的只是挤出机头和定型模具结构有所变化，圆形变成矩形。

③ 配方　见表 6-49。

④ 雨落水管质量标准　PVC-U 雨落水管轻工行业标准 QB/T 2480—2000 相关的力学性能数据如表 6-50。

(5) PVC-U 公共汽车中空地板　城市公共汽车 PVC-U 中空地板，由于质地美观、耐水、易清洁打扫，20 世纪 80 年代广泛用作城市公共汽车、电车地板，也有部分长途客车使用。

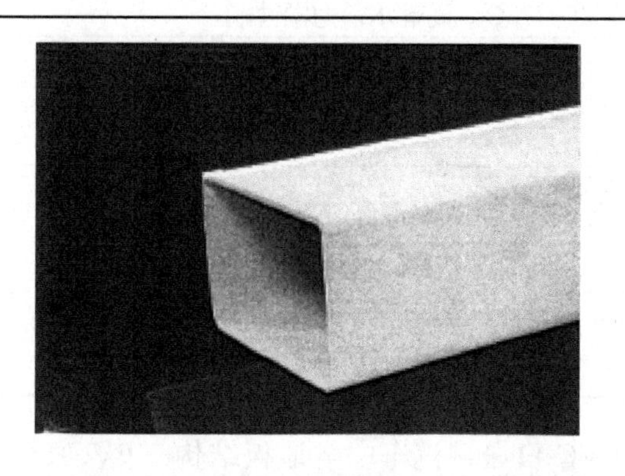

   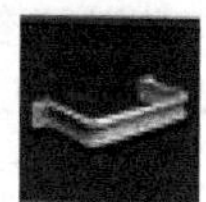

■图 6-72　矩形雨落水管及其配件照片

■表 6-48　矩形雨落水管规格尺寸　　单位：mm

规格	基本尺寸		壁厚	转角半径 *R*	长度 *l*
	长边 *A*	短边 *B*			
63×42	$63^{+0.3}_{0.0}$	$42^{+0.3}_{0.0}$	$1.6^{+0.2}_{0}$	4.6	
75×50	$75^{+0.4}_{0.0}$	$50^{+0.4}_{0.0}$	$1.8^{+0.2}_{0}$	5.2	
110×73	$110^{+0.4}_{0.0}$	$73^{+0.4}_{0.0}$	$2.0^{+0.2}_{0}$	5.5	$3000^{0.4\%}_{-0.2\%}$
125×83	$125^{+0.4}_{0.0}$	$83^{+0.4}_{0.0}$	$2.4^{+0.2}_{0}$	6.4	$4000^{0.4\%}_{-0.2\%}$
160×107	$160^{+0.5}_{0.0}$	$107^{+0.5}_{0.0}$	$3.0^{+0.3}_{0}$	7.0	$5000^{0.4\%}_{-0.2\%}$
110×83	$110^{+0.4}_{0.0}$	$83^{+0.4}_{0.0}$	$2.0^{+0.2}_{0}$	5.5	$6000^{0.4\%}_{-0.2\%}$
125×94	$125^{+0.4}_{0.0}$	$94^{+0.4}_{0.0}$	$2.4^{+0.2}_{0}$	6.4	
160×120	$160^{+0.5}_{0.0}$	$120^{+0.5}_{0.0}$	$3.0^{+0.3}_{0}$	7.0	

■表 6-49　PVC-雨落水管配方　　单位：质量份

原　　料	配方 1	配方 2
PVC 树脂（SG5）	100	100
冲击改性剂：CPE	5～7	5～7
加工改性剂：ACR201	0.5～1.0	0.5～1.0
含亚磷酸铅的复合铅稳定剂	3.5～4.0	3.5～4.0
增塑剂：DBP	1～1.2	1～1.2
润滑剂：硬脂酸钙	0.2～0.3	0.25～0.35
硬脂酸	0.5～0.6	0.55～0.65
石蜡	0.2～0.3	0.25～0.35
颜料：金红石 TiO2	4～5	4～5
紫外线吸收剂：UV-531	0.1～0.12	0.1～0.12
填料：活性碳酸钙	10	
神奇纳米碳酸钙		15

■表 6-50 PVC-U 雨落水管力学性能

性能		指标
拉伸强度(23℃)/MPa		≥43
断裂伸长率(23℃)/%		≥80
纵向回缩率(23℃)/%		≤3.5
维卡软化温度/℃		≥75
落锤冲击试验(20℃)		A 法：TIR≤10%
		B 法：12 次冲击，12 次无破裂
耐候性	拉伸强度保持率/%	≥80
	颜色变化/级	≥3

① PVC-U 公共汽车中空地板结构 PVC-U 公共汽车中空地板有两种基本结构，其断面结构如图 6-73。

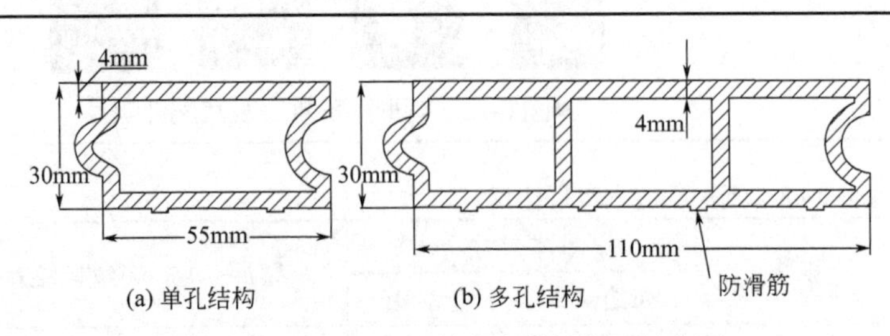

■图 6-73 PVC-U 公共汽车地板断面结构图

② 成型工艺及设备 PVC-U 公共汽车中空地板成型工艺及设备与 PVC-U 门窗、异型材完全相同。

③ 配方 见表 6-51。

■表 6-51 PVC-U 公共汽车地板配方　　单位：质量份

原料	配方 1	配方 2
PVC 树脂（SG5）	100	100
冲击改性剂 CPE	6～8	6～8
稳定剂：三碱式硫酸铅	3.5～4.0	3.5～4.0
二碱式亚磷酸铅	1.0～1.2	1.0～1.2
中性硬脂酸铅（A110）	0.8～1.0	0.8～1.0
润滑剂：硬脂酸钙	0.5～0.6	0.6～0.7
AC-6	0.15～0.25	0.2～0.3
石蜡	0.15～0.25	0.15～0.25
填料：活性碳酸钙	20	
神奇纳米碳酸钙		30

④ 质量标准 PVC-U 高填充中空地板重庆市企业标准 Q/17—18 相关的力学性能数据如下：

密度/（g/cm^3）	1.38～1.55	马丁耐热/℃	≥48
拉伸强度/MPa	≥30	弯曲强度/MPa	≥42
冲击强度（非缺口）/（kJ/m^2）	≥40		

6.3.4.3 PVC-U 板材和片材

生产聚氯乙烯板材和片材的成型方法有压延法、层压法和挤出法。用挤出成型法可生产厚度 0.25～8mm 的片材和板材。挤出法是生产片材和板材最简单的办法，表 6-52 是几种生产片材和板材成型方法的比较。一般按产品厚度分，0.25～1mm 称片材，1mm 以上称板材。

■表 6-52 几种成型方法比较

成型方法	产品厚度/mm	主要优缺点
挤出法	0.75～8	设备简单，成本低，板材冲击强度好，厚度均匀性差
压延法	0.08～0.5	产量大，厚度均匀，设备庞大、维修复杂，设备冲击强度低
层压法	1～40	板材光洁，表面平整，设备庞大，价高，极易分层

同一种塑料板与片还有单层与多层，平板与波纹板，发泡与不发泡之分，宽度一般 1～1.5m，目前世界上最宽板材可达 4m。

由于低发泡硬质 PVC 板具有与木材的特性相似而又不失塑料的优点，在建筑、交通、广告装饰等广阔领域有巨大的潜在市场，从 20 世纪 70 年代以来得到了快速发展。目前，国外低发泡硬质 PVC 板的生产速率可达 600kg/h，板宽 1.2～2m，厚度在 1 ～25mm。

塑料板与片材的用途甚广，可以大量替代钢材、铜等有色金属制作容器、储罐、管道的衬里，垫板及电绝缘材料。在建筑上可作壁板、隔板、天花板、底板等。无毒透明片及复合双色片可真空成型，是食品工业、医药工业的包装材料。

(1) 板材和片材成型工艺

① 工艺流程及设备　硬质聚氯乙烯挤出板材和片材的成型工艺和硬质聚氯乙烯管材和异型材的工艺基本相似，所不同的是模具和冷却定型方式以及后加工不同。典型的挤出板材和片材生产工艺路线如图 6-74；挤板生产机械照片如图 6-75。

② 主机及机头温度　挤出机机身温度根据原料而定，机头温度一般比机身温度稍高 5～10℃左右。机头温度过低，板材表面无光泽，易裂；机头温度过高，料易分解且有气孔。机头温度一般是控制中间低两端高。机头温度应严格控制在规定温度之内，否则，温度误差将影响板与片厚度均匀性。现将硬质聚氯乙烯板材和片材挤出温度列于表 6-53，供参考。

③ 三辊压光机温度　从机头挤出板坯温度较高，为使板坯缓慢冷却，防止板材产生内应力而翘曲，三辊压光机的三个辊筒应加热，并设置调温装置。加热介质为蒸汽、油、电热。辊筒温度过低，板不易贴紧辊筒表面，而产生斑点，表面无光泽，透明度差，并且会产生小皱纹。辊筒表面温度应高到足以使熔融物料与辊筒表面完全贴紧，但过高会使板、片脱辊，表面产生横向条纹。

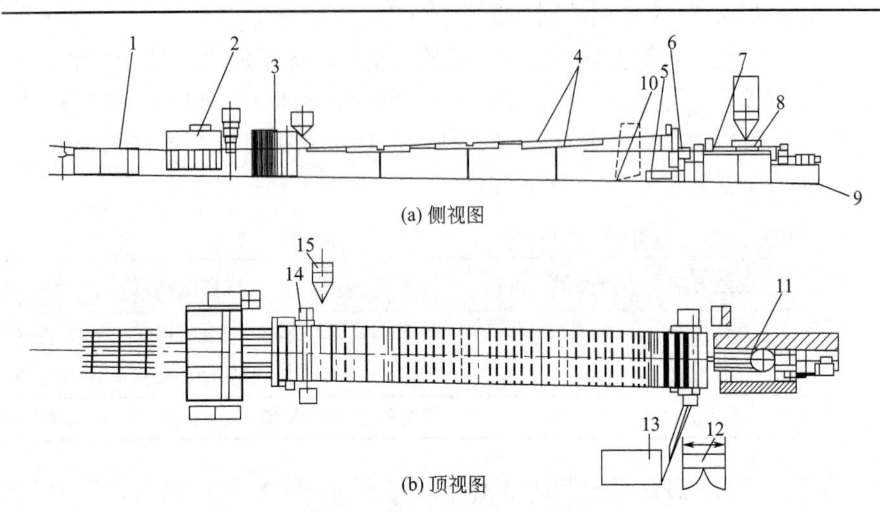

(a) 侧视图

(b) 顶视图

■图 6-74 PVC-U 板材生产线流程

1—辊道；2—锯切位置；3—板材引出机；4—辊子导向装置；5—上光装置；6—1700 口模；7—挤塑机；8—计量喂料器；9—真空泵；10—辊架；11—旋转运动装置；12—控制柜；13—加热/冷却装置；14—锯末抽吸设备；15—切边刀

(a) 挤出、压光部

(b) 压光、冷却、牵引、切割部

■图 6-75 PVC-U 板材生产线机器照片

■表 6-53　PVC 板（片）型坯挤出温度　　单位:℃

部位		硬聚氯乙烯	软聚氯乙烯
机身	1 段	120～130	100～120
	2 段	130～140	135～145
	3 段	150～160	145～155
	4 段	160～180	150～160
连接器		150～160	140～150
机头	1 段	170～180	165～170
	2 段	170～175	160～165
	3 段	155～165	145～155
	4 段	170～175	160～165
	5 段	175～180	165～170

注：表头“塑料名称”为斜线表头中的列标题。

一般说来，硬质聚氯乙烯，辊筒温度不超过 100℃，可用蒸汽或热水加热。挤出硬质聚氯乙烯板材时的三辊温度见表 6-54。

■表 6-54　挤出硬质聚氯乙烯（三辊温度）

辊筒	硬质聚氯乙烯使用温度/℃
上辊	70～80
中辊	80～90
下辊	60～70

④ 板材厚度控制　板材厚度与唇模开度、流道长度及三辊间距有关。成型板材与片材，唇模开度一般等于或稍小于板材或片材的厚度，挤出后膨胀并牵伸至要求的厚度。

机头唇模流道长度根据板材厚度的变化，一般取板材厚度的 20～30 倍。

上辊间距一般调节到等于或稍大于板材厚度，主要考虑热收缩。三辊间距沿板材幅面方向应调节一致。在三辊间距之间尚需有一定量的存料，否则当机头出料不匀时，就会出现缺料、大块斑等现象，但存料也不宜过多。存料多会将冷料带入板材而形成“排骨状纹”。

板材厚度一般由三辊压光机转速来控制，板材拉伸比不宜过大，它会造成板材单面取向，致使纵向拉伸性能提高，横向降低。对于二次成型的片材与板材，拉伸也不宜过大，它使二次预热时板材热收缩增大。

(2) 板（片）材成型设备及装置　挤板（片）设备主要由挤出机、挤板机头、三辊压光机、牵引装置、切割装置组成。

① 挤出机　挤板用单螺杆挤压机，一般直径 90～150mm，长径比 $L/D \geqslant 20$，现在生产硬质聚氯乙烯板材和片材普遍采用双螺杆挤出机挤出，主要是双螺杆挤出机挤出量大，塑化均匀，产品质量好，特别是透明片材和要求较高的产品必须使用双螺杆挤出机挤出。在挤出机与机头之间，一般用连接器连接。连接器外形为圆柱形，内部流道由圆锥形逐渐过渡为矩形，其作用是调整流动，将物料均匀地输送到机头。

② 机头　生产板材的机头主要是扁平机头，扁平机头设计的关键是使

机头在整个宽度上物料流速相等，这样才能获得厚度均匀，表面平整的板材。目前，扁平机头主要有以下四种类型。

a. 支管式　又称 T 形流道机头，结构如图 6-76，它的特点是机头内有与唇模平行的圆筒形（管状）槽，可以储存一定量的物料，起分配物料及稳压作用，使料流稳定。支管式是结构最简单的扁平机头，它的优点是结构简单、机头体积小、质量轻、操作方便。缺点是不能成型热敏性塑料板材，如聚氯乙烯硬板，特别是透明片，因为聚合物在支管内停留时间过长就会分解，变色。

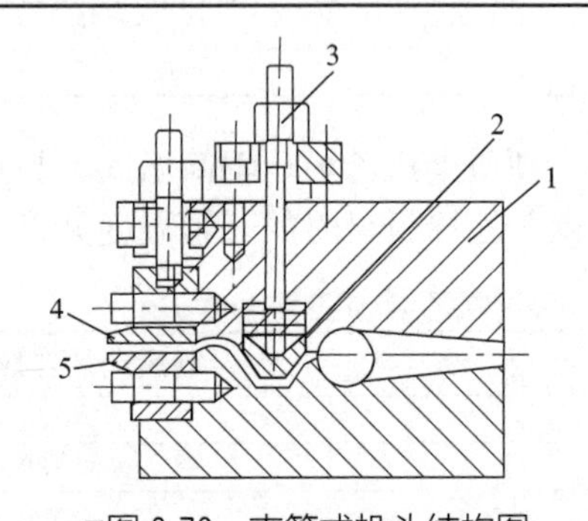

■图 6-76　支管式机头结构图

1—支管；2—阻力调节块；3—调节螺栓；4—上唇模；5—下唇模

b. 鱼尾式　结构如图 6-77，它是因机头内流道形状像鱼尾而得名。优点是流道平滑无死角，无支管模的停料部分，适于成型聚氯乙烯硬板。缺点是机头体积较大，笨重，不能生产宽幅板材。

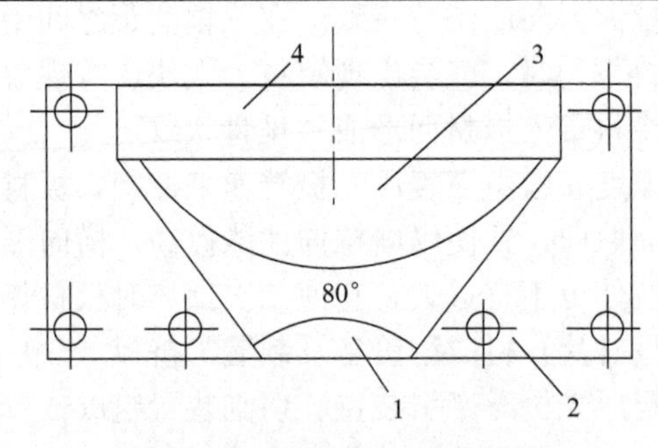

■图 6-77　鱼尾式机头结构示意图

1—进料口；2—模体；3—阻流器；4—唇模

c. 衣架式　图 6-78 为挤出聚氯乙烯硬板及透明片的衣架式机头结构图，它是因机头主流道像衣架而得名。

衣架式机头综合了支管式和鱼尾式机头的优点，它采用了支管式的圆筒形槽，对物料可起稳压作用，但缩小了圆筒形槽的截面积，减少物料的停留

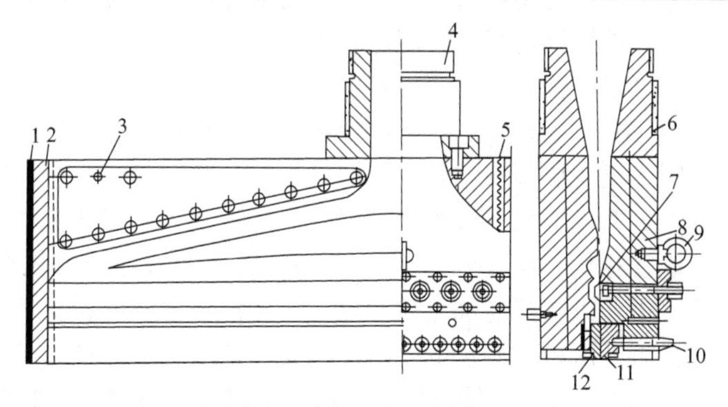

■图 6-78　衣架式流道机头结构

1—电热板；2—侧板；3—圆柱销；4—机颈；5—电热棒；6—电热圈；7—调节排；8—上模体；9—吊环；10—上模唇调节螺杆；11—上模唇；12—下模唇

时间；还采用了鱼尾式机头的扇形流道来弥补板材厚度不均匀的缺点。流道扩张角一般为160°～170°，比鱼尾模大得多，从而减小机头尺寸，并能产生2m以上的宽幅板材。它能较好地成型多种热塑性板与片，是目前应用最多的挤板机头。缺点是结构复杂，价格较高。

d. 螺杆分配机头　螺杆分配机头相当于支管式机头的支管内放入一根螺杆的扁平口模，如图 6-79 所示。螺杆靠单独的电动机驱动，使物料部停滞在支管内，并均匀地将物料分配在机头整个宽度上。改变螺杆转速，可以调整板材厚度。

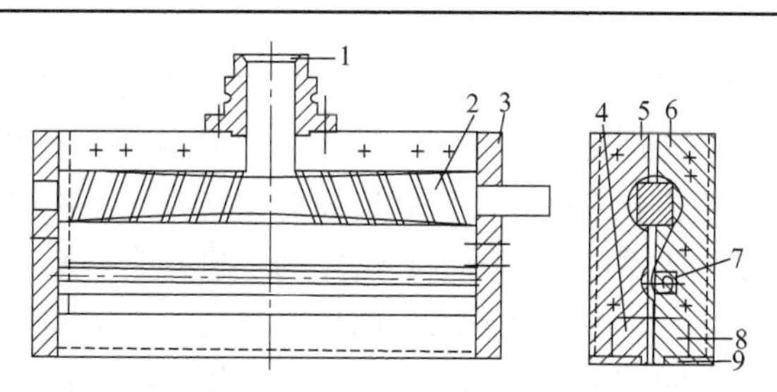

■图 6-79　螺杆分配机头（中央供料式）

1—机颈；2—分配螺杆；3—侧板；4—下模唇；5—下模体；6—上模体；7—调节排；8—上模唇；9—挡板

为了保证板材连续挤出，不断料，主螺杆的挤出量应大于分配螺杆的挤出量，即分配螺杆的直径应比主螺杆直径小。分配螺杆一般为多头螺纹，螺纹头数 $Z=4\sim6$，因多头螺纹挤出量大，可减少物料在机头内的停留时间。

机头的突出优点是基本上消除了物料在机头内停留的现象，使流动性差、热稳定性不好的聚氯乙烯厚板挤出变得容易了；同时生产的宽幅板材在沿横向的物理性能没有明显的差异；连续生产时间长；调换品种和颜色较容易。主要缺点是物料随螺杆作圆周运动突然变为直线运动，制品上出现波浪形痕迹；螺杆结构复杂；制造较困难。

③ 低发泡硬质 PVC 板材挤出口模　低发泡法可分为自由发泡、结皮（又称赛路卡，Celuka 法）发泡和共挤芯层发泡。共挤法需要使用两台挤出机分别塑化皮层不发泡料和芯层发泡料，并同时经一共挤出机头挤出，经芯层发泡定型，形成具有光滑、坚硬表层和发泡芯层的板材。其成型原理与芯层发泡管相似。图 6-74（或图 6-75）所示的普通板材生产线，由于只有一台挤出机，因此只能加工单一原料，生产自由发泡板材和结皮发泡板材。

自由发泡板材制造的基本原理是：使用含发泡剂的干混料，其中的发泡剂仅在 160℃以上于挤出机排气口区域以后才分解。分解产生的发泡气体在机筒压力下溶解于 PVC 熔体内，只有到熔体被挤离模口后，熔体获得了自由空间，气体迅速膨胀使熔体发泡，直至进入后续加工设备才定型。对板材来说，后续加工时三次辊压冷却抛光工序，最后进入进一步冷却的辊道上，其原理如图 6-80(a) 所示。自由发泡板的挤出模唇与普通板材相同，是一条单缝口。缝口尺寸大小约等于或小于成品板厚度的 50%。

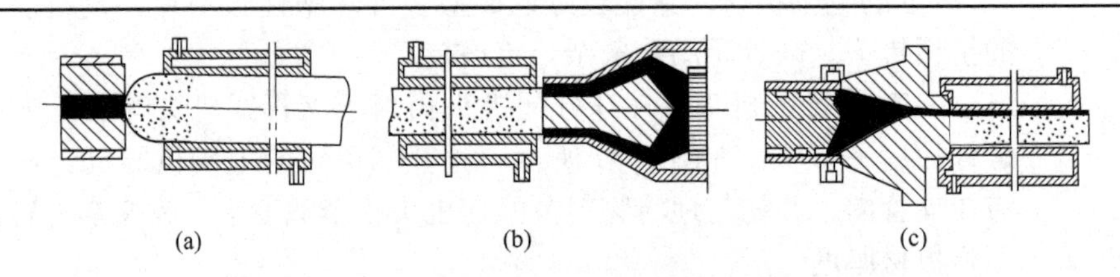

■图 6-80　自由发泡和结皮发泡成型原理示意图

(a) 自由发泡；(b)结皮(Celuka 法)发泡；(c)单面结皮发泡

结皮（有时又称连皮）发泡板材的成型，是利用口字形环缝口挤出。形成环缝的模芯造成挤离模口的熔体的发泡空间。在离模口很近的位置安装有一定型套。从模口出来的空心熔体马上进入定型套，并与套内壁接触，表层被迅速冷却形成不发泡皮层，内层热料向芯部空间膨胀发泡到彼此熔接，形成密度向截面中心逐渐减小的结皮发泡板材。其原理如图 6-80(b) 所示。这种模具的出口隙相当于成品的外形，其间隙为成品厚度的 1/7 左右。由于定型套摩擦，熔体需要一定的强度，以免在牵引移动时料坯在定型套中被撕裂。因此，往往需要改性剂来增加熔体强度。

④ 三辊压光机　熔融物料由机头挤出后应立即进入三辊压光机，由三辊压光机压光并逐渐冷却。三辊压光机还能起一定的牵引作用，调整板（片）材各点速率一致，保证板片平直。三辊压光机一般由直径 200～450mm 的上、中、下三只辊构成。中间辊的轴线固定，上、下两辊的轴线可以上下移动，以调整辊隙适应不同厚度的板与片。三只辊都是中空的且都带有夹套，为的是通入介质进行控温。辊筒长度一般比机头宽度稍宽，表面

粗糙度 $R_a 0.20\mu m$，镀铬，微呈腰鼓形。

三辊压光机辊筒的排列方式有多种，如图 6-81 所示。其中（a）较多采用，它在压光和产生弯曲应力方面，综合效果较好，结构也较简单；（b）主要用于大型挤板机，以增大下面的空间；（c）、（d）、（e）结构比较紧凑，但机架的机械加工较复杂。（c）包角大，对压光有利，但对塑料产生的弯曲应力大。（d）、（e）包角小，对压光不利。

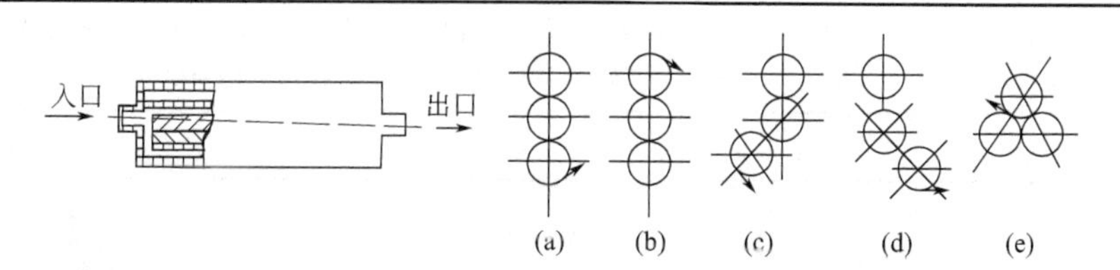

■图 6-81　三辊压光机的排列形式及辊筒的结构

三辊压光机与机头的距离应尽量靠近，一般为 5～10cm。若太大，板材下垂产生褶皱，光洁度不好，同时易散热冷却，对压光不利。

三辊压光机的辊速应略快于挤出速率，以使褶皱消除，并减小内应力。

⑤ 牵引装置　牵引装置一般由一个主动钢辊和外包橡胶的被动钢辊组成。两辊靠弹簧压紧，其作用是将板片均匀牵引至切割装置，防止在压光辊处积料，并将板与片压平。其牵引速率应与压光辊速率同步或稍小，这是考虑了板与片的收缩。牵引辊的速率应无极调节。上下辊间隙也能调节。

⑥ 切割与卷取装置　板与片的切割包括切边与切断。切边多用圆盘切刀，切断则多用电热切、锯切和剪切，用得较多的是后两种。锯切消耗动力小，也较简单，但噪声较大，且锯屑飞扬，切断处有毛边，效率低。剪切的方法不易产生飞边，切裁速率快，效率高，无噪声与锯屑，工人劳动条件好，但设备庞大、笨重。锯切、剪切对于软板与硬板均可使用。

软板片经冷却输送辊后，立即卷曲成圆筒状。

（3）波纹板的成型　波纹板是在挤出板坯的机头后面设置波纹成型装置，将板坯加工成各种波峰距的波纹板。一般塑料波纹板的规格是按通用波纹的波峰距大小规定的，即有 36mm/63mm/76mm/130mm 等。最常见的是 63mm 的波纹板。波纹板的波纹有正弦形波纹，也有梯形波纹，根据使用的要求有透明、半透明和不透明等几种，主要用作屋顶材料。

波纹板成型时，挤出板坯离开机头后，立即被上、下可移动的辊夹持而成型，并经冷却定型，采用这种成型方法成型的波纹板是横向波纹的卷材。挤出板材后，裁成一定长度，置于带波纹的模具中，经热压成型，这样是纵向波纹的块材波纹板。

波纹板生产线示意图如图 6-82，生产线机器（B 部）实物照片如图 6-83，该生产线前部机器同于图 6-75(a)。

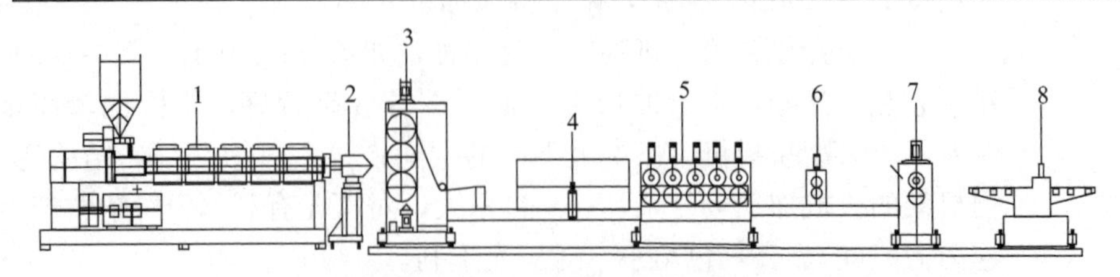

■图6-82 波纹板生产线示意图

1—挤出主机；2—五辊成型机；3—模具；4—切边分割装置；5—三辊压光机；6—二辊牵引机；7—应力消除箱；8—切断机

■图6-83 波纹板生产机器 实物照片（B部）

(4) 板材配方

① PVC-U挤出板配方（板厚≤6mm）（质量份）

PVC树脂（SG5）	100
丙烯酸加工改性剂K125	1.8～2.2
稳定剂：三碱式硫酸铅	2.8～3.2
中性硬脂酸铅	0.18～0.22
环氧大豆油	1.3～1.8
润滑剂：硬脂酸钙	0.8～1.2
聚乙烯蜡	0.07～0.09
颜料：钛白粉（锐钛）	0.9～1.1
炭黑（灰板）	0.03%
填料：活性碳酸钙	3～5

② PVC-U挤出透明板挤出配方（板厚≤6mm）（质量份）

PVC树脂（SG5）	100
丙烯酸加工改性剂：K-120N	1.8～2.2
稳定剂：马来酸二丁基锡	2.5～2.9
润滑剂：十六烷醇	0.7～0.9

硬脂酸丁酯　0.7～0.9
聚乙烯蜡　0.03～0.05
紫外线吸收剂：UV-9　0.23～0.27
颜料
黑茶色透明板：油溶红 0.0005%、醇溶黄 0.003%、油溶黑 0.008%
茶色透明板：油溶红 0.00033%、醇溶黄 0.001%、油溶黑 0.0053%
蓝色透明板：酞菁蓝（进口）0.003%、酞菁蓝（国产）0.006%
红色透明板：醇溶红 0.006%、5203 大红 0.006%
绿色透明板：酞菁绿 0.002%
深绿色透明板：酞菁绿 0.0035%
黑绿色透明板：酞菁绿 0.006%

③ PVC-U 挤出发泡板配方（壁厚≤10mm）（质量份）

PVC 树脂（SG5）　100
丙烯酸抗冲击改性剂：KM323B　5.0
丙烯酸加工改性剂：K125　6.0
K175　2.0
稳定剂：三碱式硫酸铅　3.0
二碱式硬脂酸铅　0.50
中性硬脂酸铅（A110）　0.30
环氧大豆油　2.0
润滑剂：硬脂酸钙　0.60
烃蜡 FTP　0.60
C60（蜡类）　0.40
G60（蜡类）　0.40
聚乙烯蜡（A01539）　0.30
填料：活性碳酸钙　10
发泡剂：AC 发泡剂　0.10
碳酸氢钠　0.80
颜料
白色发泡板：锐钛 TiO_2　2.0
豆绿色发泡板：锐钛 TiO_2 2.0、永固黄 0.15%、酞菁蓝 0.015%

(5) PVC-U 挤出板质量标准

① PVC-U 挤出板国家标准 GB/T 22789.1—2008 相关力学性能如表 6-55 所示。

■表 6-55　PVC-U 挤出板的力学性能

性　能	一般用途 PVC 板	透明 PVC 板	高模量 PVC 板	高抗冲 PVC 板	耐热 PVC 板	试验方法
拉伸屈服强度/MPa	≥50	≥45	≥60	≥45	≥50	GB/T 1040.2 IB型
拉伸断裂伸长率/%	≥8	≥5	≥3	≥8	≥10	GB/T 1040.2 IB型

续表

性　　能	一般用途PVC板	透明PVC板	高模量PVC板	高抗冲PVC板	耐热PVC板	试验方法
拉伸弹性模量/MPa	≥2500	≥2000	≥3200	≥2300	≥2500	GB/T 1040.2 IB型
缺口冲击强度（厚度小于4mm的板材不做缺口冲击强度）/（kJ/m²）	≥2	≥1	≥2	≥5	≥2	GB/T 1043.1 1epA型
维卡软化温度/℃	≥70	60	≥70	≥70	≥85	ISO 306:2004 方法 B50
总透光率（只适用于透明PVC板）/%	厚度：d ≤2.0mm　≥82 2.0mm<d ≤6.0mm　≥78 6.0mm<d ≤10.0mm　≥75 d >10.0mm　—					ISO 13468-1
加热尺寸变化率/%	厚度：1.0mm≤d ≤2.0mm　−10～+10 2.0mm<d ≤5.0mm　−5～+5 5.0mm<d ≤10.0mm　−4～+4 d >10.0mm　−4～+4					GB/T 22789.1—2008

② 自由发泡发 PC-U 低发泡板材轻工行业标准 QB/T 2463.1—1999 相关力学性能如表 6-56 所示。

■表 6-56　自由发泡 PVC-U 低发泡板相关的力学性能

性　　能	性能指标		
	A 型	B 型	C 型
表观密度/（kg/m³）	≤900	≤750	≤600
邵氏硬度（D）	≥45		≥45
拉伸强度/MPa	≥11		≥7
断裂伸长率/%	≥15		≥7
简支梁冲击强度/（kJ/m²）	≥10 或不断裂		≥6 或不断裂
维卡软化温度/℃	≥70		≥70
加热尺寸变化率/%	±2.0		±2.0
吸水率/%	≤1.0		≤1.0
弯曲强度/MPa	≥17		≥15
弯曲弹性模量/MPa	≥800		≥400
握螺钉力/N	—		≥800

(6) **不正常现象、产生原因及解决办法**　在板、片材生产过程中，不正常现象的原因很多，就具体情况进行分析，见表 6-57。

6.3.4.4 挤出 PVC-U 薄膜

厚度小于 0.25mm 的薄片称为薄膜，这类产品常用于包装和热成型以及用作板材和片材的表面覆层。

■表 6-57　板、片生产中不正常现象、产生原因及解决办法

序号	不正常现象	产生原因	解决办法
1	板材断裂	① 机身或机头温度偏低 ② 唇模开度小 ③ 牵引速率太快	① 适当升高温度 ② 调节螺栓增加开度 ③ 减小牵引速率
2	板材厚度不均匀	① 物料温度不均匀 ② 机头温度不均匀 ③ 阻力调节块调节不当 ④ 唇模开度不均匀 ⑤ 牵引速率不稳定	① 提高温度或其他措施使物料塑化好 ② 检查加热圈 ③ 调节阻力调节块 ④ 调整唇模开度 ⑤ 检查牵引设备
3	挤出方向产生连续划痕	① 唇模划伤 ② 唇模内有杂质，堵塞唇模 ③ 三辊压光机表面划伤	① 研磨唇模表面 ② 清理唇模 ③ 调换辊筒
4	板表面有气泡	原料中有水分或易挥发性物质	原料干燥脱水
5	板材表面有黑色或变色条纹、斑点	① 机头温度高，料受热分解 ② 机头有死角，料停留分解 ③ 机头内有杂质阻塞流道，料分解 ④ 三辊表面有析出物	① 降低机头温度 ② 清理机头，使流道无死角 ③ 清理机头 ④ 擦拭辊筒表面并检查配方
6	板表面粗糙，产生横向系列抛物线隆起	① 物料塑化不好 ② 三辊间余料太多 ③ 螺杆转速过快 ④ 板材厚薄相差太大 ⑤ 压光辊压力太大	① 提高温度或其他措施使塑炼充分 ② 减慢挤出速率或提高牵引速率 ③ 调整螺杆转速
7	板表面有斑点	三辊表面被析出物污染	除去三辊表面析出物
8	板材表面凹凸不平或光泽不好	① 机头温度偏低 ② 压光辊表面不光洁 ③ 压光辊温度偏低 ④ 机头唇模流道太短 ⑤ 唇模表面不光洁 ⑥ 原料中含少量水分	① 升高机头温度 ② 调换辊筒或重新抛光 ③ 升高压光辊温度 ④ 增加唇模流道长度 ⑤ 重新研磨机头唇模 ⑥ 原料干燥

(1) 配方　PVC-U 挤出薄膜的配方和挤出板材和片材的配方基本相同。

(2) 成型技术　PVC-U 挤出薄膜所用挤出机械与 PVC-U 板材及片材挤出机械是一样的，只不过要将机头模唇之间的缝隙调得很窄。PVC-U 薄膜挤出时，挤出温度达 225℃。这一高温来自高的机头压力，高的机头压力是薄膜机头狭窄的模唇缝隙引起的。

从薄膜机头模唇小缝隙中得到的挤出物，离模膨胀率可高达 100%，为得到一定厚度的薄膜，牵伸拉薄到机头模唇外面原挤出物厚度的 1/10～1/2。工业上完成 0.025～0.050mm 厚薄膜的挤出时非常困难的，因模唇必须校准至非常精确的公差。由此原因，薄膜机头模唇不仅必须非常光滑，而且必须非常平直。

薄膜离开机头模唇后，和平片相同，进入三辊压光机。因为制品很薄，辊的表面质量必须很好。同理，牵引装置应恒速运转，任何脉冲或瞬间速率变化都能在薄膜上显示出来。

PVC-U 薄膜制造，因薄膜机头缝隙较窄，主要采用单螺杆挤出机。即使对于热的低黏度熔体，挤出机的机头压力正常时可超过 36MPa，甚至达到 50MPa，这一压力范围对正常的双螺杆挤出机操作时太高了。

6.3.4.5 PVC-U 挤出吹塑成型

(1) 配方 见表 6-58。

■表 6-58 典型的 PVC-U 挤出吹塑配方

原料名称	配方/质量份		原料名称	配方/质量份	
	透明中空容器	透明薄膜		透明中空容器	透明薄膜
PVC（本体或悬浮法）（K 值 55～58）	100	100	部分皂化蒙旦蜡	0.2	0.2
有机硫醇锡稳定剂	1.2	2	单硬脂甘油酯	0.2	0.3
MBS 改性剂	—	5～10	低分子量聚乙烯（M＝9000）	0.1	0.1
丙烯酸酯抗冲击改性剂	8～10		滑爽剂	—	0.5～1.0
加工助剂（ACR）	2	1～3	抗静电剂	—	0.2～0.5

(2) 挤出吹塑设备

① 吹塑用挤出机

a. 单螺杆挤出机 PVC 吹塑用挤出机螺杆的长径比约取 25∶1，压缩比 (1.8～2.5)∶1。产量较低时，采用单螺杆挤出机加工硬 PVC 即可满足需求。不过，为提高吹塑生产率，要设置多（三或四）型坯机头，与之配套的单螺杆要有较大的直径、较深的螺槽。螺槽较深时，熔体均匀性较差。虽然增加螺杆长径比（如取 30∶1）可改善熔体均匀性，但 PVC 在挤出机内的停留时间较长，降解的可能性较大。

b. 双螺杆挤出机 双螺杆挤出机广泛用于 PVC 混料，PVC 管材、型材等的挤出。反向旋转双螺杆挤出机（包括平行与锥形）具有强制输送等特性，用于 PVC 吹塑有以下优点。

(a) 产量较高，熔体性能较好，可设置多（如四）型坯机头，以提高生产效率。

(b) 熔体温度较低，比单螺杆挤出低 10℃，从而减小熔体降解。

(c) 降低混合料成本。由于熔体温度较低，可以减少稳定剂的用量。

(d) 改善操作稳定性。反向旋转双螺杆挤出机的强制输送效率，可使其挤出流量波动很小（约 2.5%），确保吹塑过程稳定。

(e) 降低能耗。双螺杆挤出机的能量消耗要比单螺杆挤出机低 25%～30%。

c. 行星挤出机 行星挤出机是单螺杆挤出机与多螺杆挤出机的组合，其行星段由一根主螺杆与若干根行星螺杆以及内壁开齿的机筒构成。

行星挤出机能以较低的能耗挤出熔融，得到混炼性能好、温度较低且较均匀的熔体，自洁性能好，很适于 PVC-U 混合料。

② 吹塑机头

a. 中空容器吹塑机头

型坯挤出以连续方式进行，不采用储料式机头。PVC 吹塑用型坯机头的设计要满足以下要求。

（a）流道应具有良好的流线形，避免积料，尤其对多型坯机头。

（b）熔体停留时间要短。

（c）多型坯机头中，要把一股径向温度分布有差异的同心熔体通过支管分成几段，这会造成各型坯的温度分布不同。这样，机头的加热量要能调节，以控制各型坯的温度，保证出料速率相同且稳定。

PVC 吹塑一般采用中心入料式机头来成型型坯。这种机头的流径较短，熔体黏附与降解的可能性较小。硬 PVC 型坯的离模膨胀率约为 30%～35%。图 6-84 为中心入料式机头结构示意图。

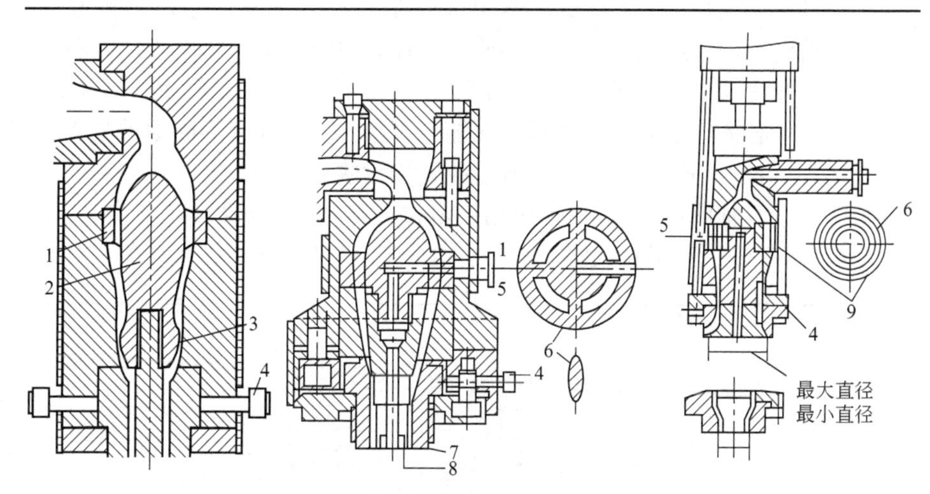

■图 6-84　中心入料式机头结构示意图

1—支架；2—分流体；3—节流；4—模口调节螺钉；5—压缩空气入口；6—分流肋；7—口膜；8—芯棒；9—双环式支架

用程序控制型坯壁厚可使壁厚变化较平滑地过渡，改善壁厚均匀性与瓶子性能，适应不同用途的要求，节约原料。不过，设计带程序控制的型坯机头时，应避免死角和缝隙，否则 PVC 熔体会降解。

设置双型坯机头的挤出吹塑机械成型 0.5～1.0L 的 PVC 瓶的产量为 1500～2000 个/h。为提高产量，降低 PVC 瓶成本，可设置 3～6 型坯机头，但其操作难度较大。

要求采用耐腐蚀性钢（如镍含量高或特殊镀覆的钢）来制造型坯机头。挤出吹塑中型坯机头的温度一般取 180～210℃，以使机头出口处型坯的温度为 190～215℃，PVC 吹塑模具一般由铜铍合金也可由不锈钢制成，以抗氯化氢的腐蚀性。型腔要经抛光，有镜面光洁度，以保证吹塑瓶的光泽度与透明度。PVC 吹塑制品的收缩率明显比 PE 制品的低，因此，吹塑模具型腔经抛光后，制品表面也不会出现像 PE 那样的橘皮纹。生产过程中，吹塑模具型腔最好每隔两星期用抛光剂与软棉纸抛光一次。模具排气不良不但会延长吹塑瓶的冷却时间，降低瓶子性能，还会使模腔受氯化氢的腐蚀而更快损坏，故要求模具有很好的排气性能。挤出吹塑的模具温度一般取 15～30℃。

b. 透明膜吹塑机头　硬质 PVC 透明膜（又称 PVC 玻璃纸），是近年来开发的一种新型的包装用超薄薄膜，厚度大约仅有 19μm。其成型方法有两种，一种是挤出吹塑法，另一种是衣架式或螺杆分配式机头［见 6.3.4.3（2）节］挤出平片法。目前国内大多采用前一种方法。

PVC 吹膜机头应具备存料少、高度流线形流道，不滞留物料等特点，以防止物料在模头内分解。因此，硬质 PVC 透明膜吹塑机头基本上都采用具有上述特点的芯棒式上吹机头，如图 6-85 所示。熔体物料自整流多孔板挤出后，通过机颈流道到芯棒轴，在芯棒阻挡下，物料分成两股，沿芯棒分流线流动，在芯棒尖处又重新汇合。汇合后的料流沿机头环形缝隙挤成管坯，芯棒气道向管坯内通入压缩空气，使管坯连续不断地被吹胀变薄，经冷却后对折为双层平薄，由收卷装置连续收卷。

双轴取向 PVC 瓶可采用挤出拉伸吹塑与注塑拉伸吹塑来成型，它们又分别有一步与两步这两种方式。在一步拉伸吹塑中，型坯的成型与拉伸吹塑

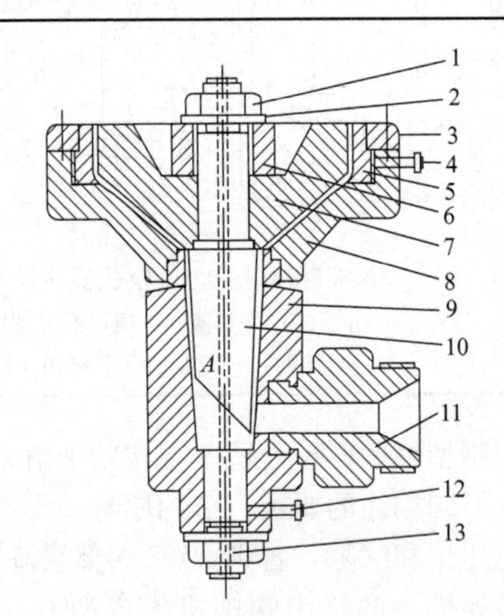

■图 6-85　PVC 吹膜用芯棒式机头结构

1—六角螺帽；2—垫圈；3—口模压板；4—调节螺栓；5—口模；6—垫套；7—芯模；8—口模套；9—模体；10—芯棒；11—机头连接器；12—六角螺钉；13—压缩空气孔

在同一台机器上完成。两步拉伸吹塑要在两台机器上分别进行型坯的成型与拉伸吹塑。

由于 PVC 为非结晶性高聚物，因此在一步成型拉伸吹塑中，把型坯温度从 190℃冷却至取向温度（90～110℃）后，进行拉伸吹塑。在两步拉伸吹塑中，成型的型坯冷却至室温，然后送入拉伸吹塑机械，经再加热至取向温度后进行拉伸吹塑。一步法和两步法拉伸吹塑的过程示意图如图 6-86。

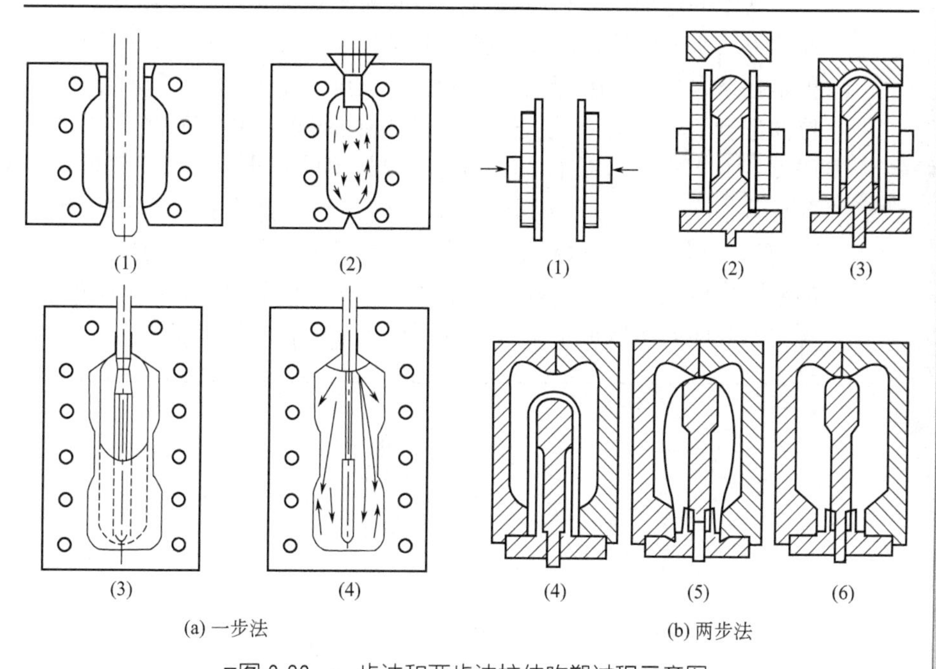

■图 6-86 一步法和两步法拉伸吹塑过程示意图

(a)(1)型坯挤出；(2)预吹塑、冷却；(3)拉伸；(4)吹塑

(b)(1)加热管坯；(2)成型颈部；(3)封接底部；(4)拉伸；(5)吹塑；(6)冷却

双轴取向 PVC 瓶的性能提高幅度随拉伸比而增加，故要尽可能采用大的拉伸比。PVC 拉伸吹塑的总拉伸比（即轴向拉伸比×周向拉伸比）一般取（4～6）：1，其中轴向拉伸比取（1.3～2.0）：1，周向拉伸比取（2～3）：1。采用中等的拉伸应变速率（0.5～2.5s^{-1}）并准确控制拉伸温度时，总拉伸比最大可取 10：1。拉伸比较大时，要求型坯有较大的壁厚，成型周期相应要长些。

瓶子底部的拉伸比是较小的。由于拉伸吹塑级的 PVC 混合料中抗冲击改性剂的含量较小，这样，瓶底的耐冲击性较低。为此，要设法增加瓶底的拉伸比。一种方法是在拉伸/吹塑模具内设置可移动的底部嵌块，以使型坯拉伸超出模具底部，然后嵌块往内移动，成型瓶底，并在较高温度下把瓶底夹坯口封接。

型坯在拉伸吹塑前要进行调温，以使型坯壁厚方向的温度分布尽可能均匀。

PVC 的一步挤出拉伸吹塑中的预吹塑模具采用铜铍合金或不锈钢制造，分九段控制预吹胀型坯的温度。PVC 的拉伸/吹塑模具可采用铝或铜铍合金制造，分三段冷却，其中颈部与底部的冷却量要大些。

注射吹塑通常可用来生产大批量的小容积（<350ml）瓶子，精度要求高的 PVC 瓶（尤其是颈部尺寸）。注射吹塑详情见后面注塑部分。

吹塑的薄膜也可利用双向拉伸取向来提高性能。适用于 PVC 膜双向拉伸的方法有泡管拉伸法和平膜逐次双向拉伸法。管膜的拉伸方法有两种，一种是在挤出加工成膜管内通入压缩气，利用气体压力进行吹胀和牵引夹棍的拉伸进行双向拉伸；另一种是在管的内部进行机械拉伸。图 6-87 所示为 PVC 双向拉伸管膜装置。其过程是，挤出的管膜冷却后，经输送夹棍送出，并在管中吹入气体，送到红外加热调温环加热到拉伸取向温度（约 90～105℃），利用管内气体压力将其吹胀和牵引夹棍进行轴向拉伸。拉伸后夹平的薄膜可以收卷，也可以进一步吹入压缩空气，使管张开加热，进行热处理。收卷时，可收成平管膜，也可切开分别收卷为单层膜。

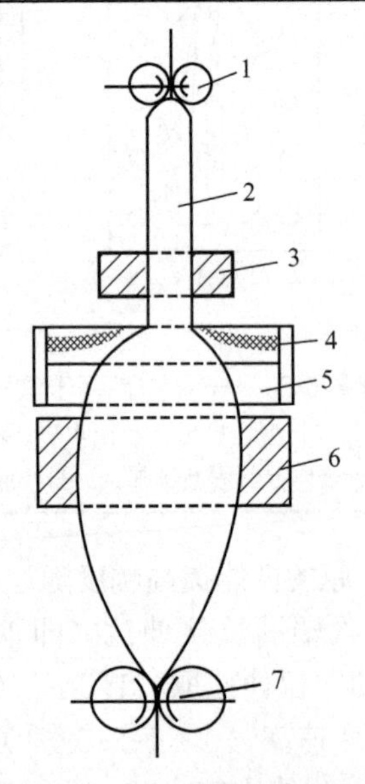

■图 6-87　双向拉伸管膜装置示意图

1—输送夹棍；2—膜管；3—调温环；4—加热器；5—冷却套；6—冷却环；7—牵引夹棍

(3) PVC-U 的挤出吹塑加工成型

① 中空容器的拉伸吹塑成型　PVC 中空容器的拉伸吹塑成型有如下优点。

a. 拉伸吹塑 PVC 瓶因力学性能提高，因而瓶子可以薄一些，从而可使瓶子质量降低 20%～30%。

b. 拉伸吹塑瓶的透明度与光泽度要比挤出吹塑瓶高。

c. 双轴取向可提高瓶子的耐冲击性能与耐压力破裂性，使得不需在配方中加抗冲击改性剂，从而原料成本降低。

d. 拉伸吹塑 PVC 瓶的配方中不加抗冲击改性剂，因而 PVC 瓶的阻气性能好，水蒸气渗透性降低。

e. 提高耐化学品腐蚀性。挤出拉伸与注塑拉伸吹塑级 PVC 树脂，一般采用悬浮法 PVC 树脂，*K* 值为 57～60，用有机锡和钙/锌稳定剂。

② 透明膜的吹塑加工　如前所述，PVC-U 包装膜一般采用挤出吹塑成型工艺，用粉料直接吹塑成型，方法与普通吹膜相似。挤出温度为：机身 160～180℃，机颈 180～190℃，机头 190～210℃。膜管吹胀比为 2～3，牵引速率 10～30m/min，吹塑 PVC 热收缩膜时，机头口模温度比普通膜的高，所以通常 210～220℃。热收缩膜通常以管膜折平后收卷；一般平膜则按部分平膜形式收卷，以克服由于厚度不均匀分布引起薄膜皱折。

硬质 PVC 透明包装膜，为防止静电吸尘，静电火灾和由于静电影响机械化包装（如香烟）作业，通常需要抗静电处理。抗静电的方法有添加抗静电剂和表面涂覆抗静电剂两种，但最适宜的是后一种方法。此法处理的 PVC 玻璃纸的表面电阻可从 $10^{13}\Omega$ 降到 $10^{8}\Omega$。

有些透明包装膜需要具有良好的热封性，为此应在抗静电处理后进行低温热封剂涂覆处理，以防止热封时薄膜发生收缩，影响美观。常用的涂覆热封剂为氯乙烯-乙酸乙烯共聚树脂，它可使热封合温度降至 95～120℃，且不引起收缩，还可提高 PVC 玻璃纸的耐候性、耐药品性，阻气保香性和光泽度。

硬质 PVC 透明包装膜的力学性能见表 6-59。

■表 6-59　硬质 PVC 透明包装薄膜的性能

项　　目	指标	项　　目	指标
拉伸强度（纵/横）/Pa · s	4.5/4.0	透光率/%	91
伸长率（纵/横）/%	180/180	透湿率/［g/(m^2 · 24h)］	32
落球冲击强度/N · m	50	透氧率/［ml/(m^2 · 24h)］	150

6.3.4.6 PVC-U 单丝

硬质 PVC 可用作单丝和鬃丝。PVC 单丝因其阻燃性和其僵硬性，用于制造圣诞树的针形叶是特别理想的。它还可用作耐化学品的筛网。聚氯乙烯单丝，因其具有手感柔软化及原纤化的特征，因而可制成有柔软可挠末端的极好的鬃。

单丝在单螺杆挤出机上挤出。单丝机头通常在机头连接套中用 90°拐弯向下挤出，以改变熔体水平流动方向。机头自中央进料，小孔排成环形使易于构成流线形。环上有 50～100 个孔。孔径尺寸大于产品额定尺寸，以允许在冷却槽中进行牵伸定向。随着近代高温挤出的发展，牵伸比的范围3∶1～

4∶1。

向下挤出的单丝直接被引入水冷却槽。从水槽出来，被梳成水平的排列，并经一套牵引辊装置牵引。若单丝需要定向，则送入一通常用辐射加热的烘房，在烘房内将单丝加热到精确的温度。最后，单丝被第二套辊牵伸，第二套辊的转速是预先确定的，并高于第一套辊的转速。这能使单丝定向并获得刚性和增加其拉伸强度。热处理（退火）烘房用于处理有应力的单丝，以避免收缩。

用于圣诞树材料的鬃可通过直角进料机头挤出。对于给定量的材料，它可提供更好的刚性，也能给出栩栩如生的外貌。作为这种应用则不需定向。

用于鬃的单丝需被柔软化，该操作是将切断的单丝末端加以捶打，或通过冲击装置切割。这样，把每一个末端碎裂成很多细的毛发纤维，故可改进刷子用丝的功效。

6.3.4.7 软质 PVC 挤出制品

软质 PVC 制品是指在配方中加有增塑剂，制成的具有一定柔软性的 PVC 制品。软质制品在 PVC 制品中占有重要地位，广泛应用于建筑装饰材料、人造革、薄膜软管、电线电缆、鞋等方面。近年来，软质 PVC 制品在汽车、电子、医疗卫生等领域的应用，也得到很好的发展。

(1) 软质 PVC 挤出制品成型方法 软质 PVC 挤出制品成型常用的工艺流程如下。

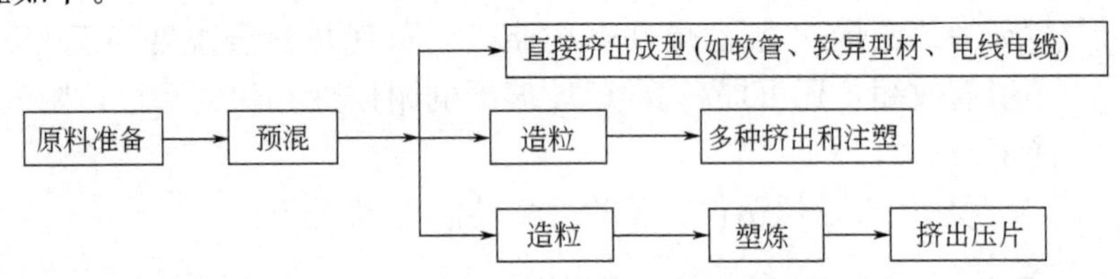

其配料过程如下。

① 原料准备 原料准备包括物料的输送、计量等工序。为使色料、稳定剂、发泡剂等小剂量料能均匀分散，通常还应配制母料。母料分浆料与粒料两种。

② 预混 预混工序又称捏合，是将按配方计量的物料在搅拌机中进行混合，形成均匀的混合物，呈松散、易流动的粉料。捏合工序形成的混合物称为“干混料”，可供下道工序塑炼用，也可直接用于成型。捏合工序大多采用高速捏合机。

③ 塑炼 将干混料通过混炼装置混炼塑化的过程称为塑炼。塑炼装置可分为双辊开炼机（简称双辊或对辊）、密炼机、混炼挤出机等类型。其中，密炼机和双辊开炼机都属于间隙操作，不利于生产的连续化与自动化。因此，目前工业上倾向于发展混炼挤出机，以利于连续化生产。经塑炼之后的物料，可直接用于成型，也可制成粒料，供成型加工之用。

(2) PVC 电线和电缆 软质 PVC 的主要应用于绝缘电线和电缆。第二次世界大战期间，PVC包覆电线首先在船上大量应用，是利用了PVC的阻燃特性。从那以后，其应用扩大到军用和民用飞机、电话电缆、同轴电缆、电子仪器导向、汽车导线、住宅房屋导向以及其他多种用途。

① 配方 见表6-60。

■表6-60 电线电缆参考配方 单位：质量份

原料组成	通用型绝缘材料	通用型绝缘材料	耐热性绝缘材料	耐低温护套	非迁移性护套
聚氯乙烯	100	100	100	100	100
邻苯二甲酸二辛酯	45	40	10	—	—
邻苯二甲酸二正辛酯	—	—	—	30	—
磷酸三甲酚酯	—	—	50	—	—
癸二酸二辛酯	—	—	—	30	
聚酯型增塑剂	—	—	—	—	66
环氧脂肪酸辛酯	—	3	3	—	—
氯化石蜡	12	12	—	—	—
三碱式硫酸铅	5	5	5	7	—
二碱式亚磷酸铅	—	—	5	—	—
二碱式硬脂酸铅	1	1	—	—	—
硬脂酸铅	—	—	—	1	1
高熔点石蜡	0.5	—	0.5	—	—
矿物油	—	—	—	0.3	0.3
碳酸钙	—	10～15	—	—	—
陶土	7	10	10	10	—

② 设备和工艺

a. 挤出设备 电线电缆的挤出设备与PVC-U挤出设备基本相同，可以用单螺杆挤出机，使用粒料为原料，也可以使用双螺杆挤出机，使用干混料为原料。

对于软制品料，挤出物温度应在180～190℃范围内。较硬的和半硬制品料应提高至190～210℃。手工检验至少也能检验出料温是否足够，好的熔体特性是当拉伸时可拉成细丝。

在电线电缆包覆中，有些挤出机的长径比仍用18∶1或20∶1。但目前明确地倾向使用长径比为24∶1或更长的机器。较长的挤出机可在较高速率下操作，以得到均匀的熔体。

若螺杆需冷却，冷却介质通常用水，水的流量与温度可用操作阀人工控制。螺杆冷却增加了熔体黏度，起到减少螺槽深度的作用。这样增加了剪切应力，有助于促进熔体均匀地混合。伴随较高黏度而增大的机头压力，在消除挤出物脉冲或至少是减少脉冲方面亦是有用的。

b. 机头（口模） 在电线包覆中选用直角进料机头，以使被包覆的线拉过机头。典型的机头示于图6-88，如挤出方向和导向传送方向成直角，机头被称为90°直角进料机头。该种结构占用较大的地面空间，因电线冷却槽

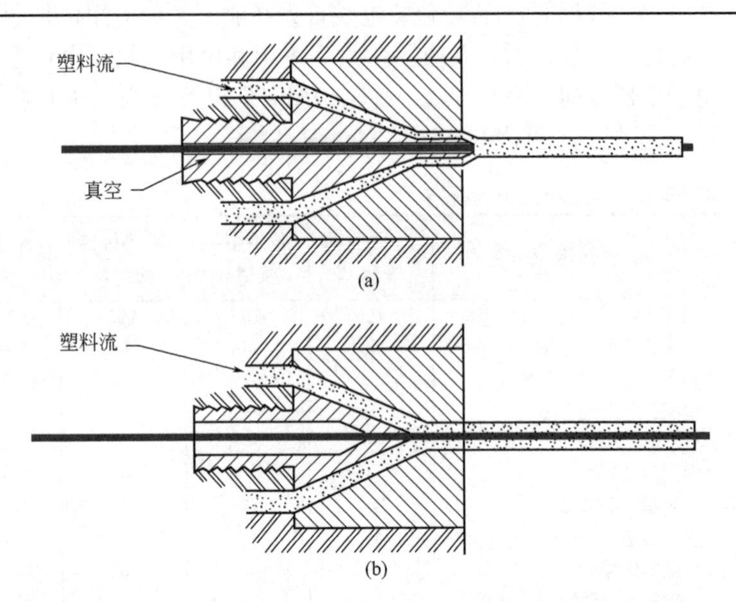

■图 6-88 电线包覆压力机头（a）及电线包覆管状机头（b）的挤出

要与挤出机成 90°，并有一定距离。根据工厂中利用空间的大小，采用 45°角或 30°角的机头，在布置上较为合理。较小的夹角对于 PVC 包覆是较为有利的，因熔体可比较有效地消除在模芯或接头处远端的汇合线。

电线和电缆可选用两种类型机头包覆。其中一种是压力机头［见图 6-88(a)］。导线离开机头时被熔体包围，并被熔体均匀包覆。这类系统使熔体对导线有最密切的接触和黏附，对多数导线包覆特别合适，挤出工艺的压力机头主要用于挤出以绝缘为主的产品。

另一类是管型机头［见图 6-88(b)］，聚氯乙烯挤出物和导线同心，但其直径较大，因而在机头表面它与导线不接触。然后，通过机头在聚氯乙烯管和导线间的空腔内抽真空，管子即收缩在电线上，这种技术常用在已经包覆有绝缘层的导线上包覆护套。

c. 金属导线的展卷与包覆导线（即电线和电缆）的收卷　生产过程中，金属导线要快速平稳地从绕线筒上展卷，以供挤出包覆之用。被包覆了软质 PVC 包皮的电线、电缆又必须快速而平稳地卷绕在收卷装置上。展卷、挤出和收卷三步操作必须同步速度，挤出机和收卷装置最好采用交—直流固体整流器，这些驱动装置通过来自导线包覆生产线任何一端的限定电子信号，很容易达到同步。

③ 产品质量标准　电线电缆用软 PVC 塑料国家标准 GB/T 8815—2002 相关的力学及电性能如表 6-61。

(3) 软质 PVC 挤出薄膜　软质 PVC 薄膜曾经在包装、农膜、雨衣等方面有着巨大的市场，近 2 年来，由于聚乙烯薄膜的挑战，市场也大大减

■表 6-61　电线电缆用软 PVC 塑料力学及电性能

性　能		J-70	JR-70	H-70	HR-70	JGD-70	HI-90	HII-90	J-90
拉伸强度/MPa ≥		15.0	15.0	15.0	12.5	16.0	16.0	16.0	16.0
断裂伸长率/% ＞		150	180	180	200	150	180	180	150
热变形/% ≤		40	50	50	65	30	40	40	30
冲击脆化性能	试验温度/℃	－15	－20	－25	－30	－15	－20	－20	－15
	冲击脆化性能	通过	通过	通过	通过	通过	通过	通过	通过
200℃时热稳定时间/min ≥		60	60	50	60	100	80	180	180
20℃时体积电阻率/Ω·m ≥		1.0×10^{12}	1.0×10^{11}	1.0×10^{8}	1.0×10^{8}	1.0×10^{12}	1.0×10^{9}	1.0×10^{9}	1.0×10^{12}
介电强度/（MV/m）≥		20	20	18	18	25	18	18	20
介电损耗因数（50Hz）		—	—	—	—	0.1	—	—	—
工作温度时体积电阻率	试验温度/℃	90±1	70±1	—	—	70±1	—	—	95±1
	体积电阻率/Ω·m ≥	1.0×10^{9}	1.0×10^{8}	—	—	5.0×10^{9}	—	—	5.0×10^{8}

小，但由于 PVC 薄膜，特别是氯偏共聚树脂薄膜低的透水透气性，具有极高的保险效果，因而在肉食包装，如火腿肠包装薄膜，是其他薄膜不能取代的。

通常薄膜厚度＜0.1mm 时采用挤出吹塑工艺，薄膜厚度≥0.1mm 时采用平挤机头（这种加工称为流延）。

① 配方　软质 PVC 挤出吹塑薄膜配方如表 6-62。

■表 6-62　挤出吹塑薄膜参考配方　　单位：质量份

原料组成	民用透明封面膜	日常用品薄膜	工业用薄膜	雨衣薄膜
PVC 树脂（黏度 1.8～1.9）	100	100	100	100
邻苯二甲酸二丁酯（DBP）	7	10	15	8
邻苯二甲酸二辛酯（DOP）	31	18	20	30
烷基磺酸苯酯（M-50）	—	8	—	—
癸二酸二辛酯	—	8	—	5
环氧脂肪酸辛酯	6	2	—	3
有机锡（C10R）	1	0.8	—	—
螯合剂	0.5	0.5	—	—
硬质酸钡	0.9	—	1.8	1.6
硬脂酸镉	0.3	—	—	—
硬脂酸锌	0.2	0.15	—	—
硬脂酸钙	—	0.06	—	—
液体铅钡复合稳定剂	—	—	2	2
硬脂酸	0.06	—	0.15	0.15
三碱式硫酸铅	—	—	1.0	1.0

② 设备和工艺　设备与 PVC-U 挤出吹塑薄膜生产设备基本是一样的，典型的软质 PVC 挤出吹塑薄膜的装置如图 6-89。

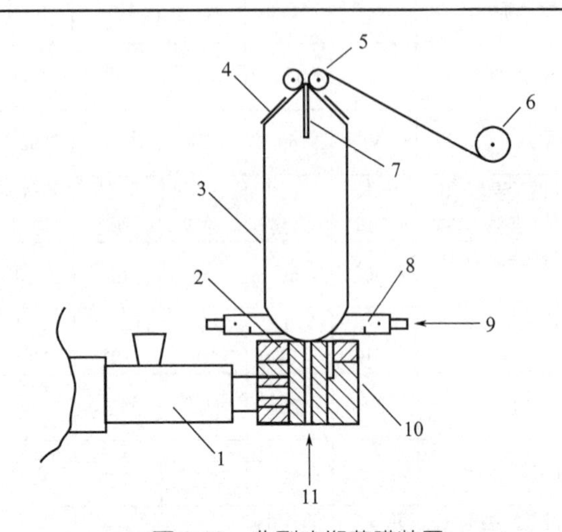

■图 6-89　典型吹塑薄膜装置

1—挤出机；2—芯棒；3—塑料泡；4—导向板；5—牵引辊；6—卷取辊；7—折叠导棒；8—冷却环；9，11—空气入口；10—模头

如图 6-89 所示，多数软质 PVC 薄膜在单螺杆挤出机上加工，最普通的单螺杆挤出机是卧式的，螺杆直径 90～114mm。这些挤出机的现行生产能力约为 136～227kg/h，取决于机头尺寸和薄膜厚度。多数薄膜在 210℃或更高温度下挤出。

管型薄膜使用两种基本类型的机头：侧向进料机头和中心进料机头。侧向进料机头用在卧式挤出机上，它改变料流呈垂直方向，一般向上。许多这类机头仍用在软质 PVC 的挤出中。用这类机头要想在机头远端得到较好的料流熔合，以及避免降解是困难的。侧向进料机头的优点是，空气可直接通过模芯引入，模芯一直延伸到相对的或靠近的机头末端。

中心进料机头的优点，是围绕机头周围有较均匀的流动。

空气冷却环装配在靠近模唇处，以冷却制成的薄膜及稳定膜泡。

薄膜的牵引辊在机头端面以上约 10m 处，根据膜泡的线速率，此距离还可再高一些。通常，用橡胶包覆的两个牵引辊，在压力下紧压在一起，以防止空气从膜泡中逸出。牵引辊表面速率达到 60m/min。

管状薄膜的优点之一是薄膜吹胀过程中引起的取向。横向取向不太大，因吹胀比通常不超过 4∶1，但由于薄膜厚度沿挤出方向牵伸，从 0.5mm 的机头缝隙变薄至 0.05mm 或 0.025mm。常用的机头缝隙范围 0.5～1.3mm。

软质 PVC 薄膜厚度超过 0.1mm 时，一般通过平挤机头挤出，这种加工称为流延。虽然，薄膜宽度达 2.44m，已在工业上用过，然而大多数这类薄膜宽度范围仍为 1.2～1.8m。其产品可用于包装用的无衬薄膜，用于涂覆织物的薄膜和用于吹胀制品的较厚薄膜。和压延产品比较，流延薄膜的优点是针眼较少。

③ 挤出吹塑软质 PVC 薄膜的性质　轻工行业标准 QB 1257—91，软质 PVC 吹塑薄膜相关的力学性能如表 6-63。

■表 6-63　软质 PVC 吹塑薄膜相关的力学性能

性　　能	指标	
	农业用	工业用
拉伸强度（纵/横）/MPa	≥18	≥18
断裂伸长率(纵/横)/%	≥200	≥180
低温伸长率（纵/横）/%		
最低使用温度高于－5℃	≥5	≥5
最低使用温度－5～－15℃	≥10	≥5
最低使用温度低于－15℃	≥15	≥5
直角撕裂强度（纵/横）/（kN/m）	≥50	≥40
水抽出物/%	≤1.0	—
加热损失率/%	≤6.0	—

(4) 软质 PVC 片材　软质 PVC 片材挤出同于软质 PVC 平挤薄膜，只不过挤出膜片较厚。

增塑片材可用在地板毡料或跑道，车辆地毡和地板覆面。实际上，挤出的地板确实不太吸引人，因在片材上增加图案的可能性不大。已经试着利用两台挤出机，加入不同颜料一起通过一共用机头来生产花色地板，即使如此，花色图案也会受到限制。

对于 114mm 或 152mm 的大型单螺杆挤出机，常用于把干混粉料直接加工成片材。所用机头是衣架式、可调式模唇结构。对于十分软的物料或厚片挤出，使用节流板以防止熔体自机头中心无节制地慢慢流出。

片板送进欲上光或压花的垂直叠置的三辊机组，通常软质 PVC 片材适于深度压花，常用于地板毡料。图案在刻花的中辊上压花。

挤出地板面层的特殊问题是螺杆和壁筒的高磨损，因在这类原料中添加了大量磨蚀性大的填料。

和薄膜相比，较厚的片材其厚度变化所引起的危害性较小。厚度变化虽然存在，但它只占厚度变化的较小百分数。此外，由于后片卷绕层数较少，以致膜厚变化不产生明显的凹凸不平。

(5) 软质 PVC 管材　软质 PVC 管有相当的市场，如浇花用水管、打扫场地用水管。软管的生产工艺与硬管基本相同，挤出温度比硬管低约 10～20℃。

下面重点介绍纤维增强 PVC 软管、辐射交联 PVC 热收缩套管两种产品。

① 纤维增强聚氯乙烯软管　纤维增强 PVC 软管具有耐压、耐酸碱、柔软质轻、透明等优点，已被广泛用于各种机械设备、家用电器（如洗衣机、

淋浴器)，以及农业、园林、化工等输水、输气的管道，可部分代替金属管、橡胶管和普通塑料管。

纤维增强 PVC 软管采用挤出成型，产品结构为三层组成，管壁的内层和外层为软质 PVC，中间层是化学纤维缠绕成的网格。

软管的生产设备由挤出机（两台）、缠绕机、牵引机等组成。首先将各种原料按配方混合造粒。将粒料加入第一挤出机中，挤出内层管。在内层管表面缠绕纤维网格后，经预热进入第二挤出机，包覆外层管。主要生产工艺流程如下。

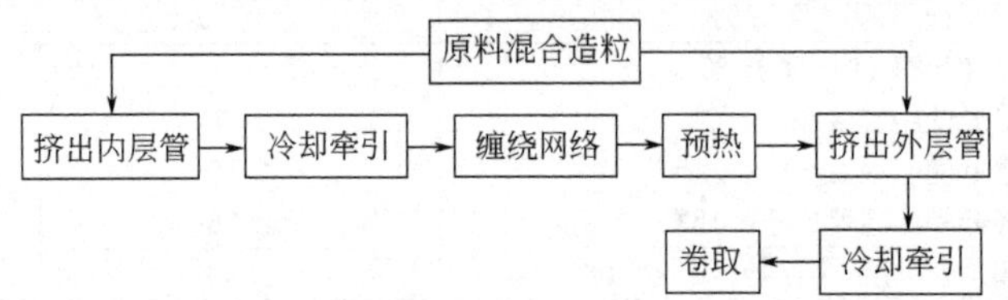

纤维增强 PVC 软管所用的缠绕纤维可采用维纶或涤纶。应根据软管耐压要求及管径不同，调整纤维股数及编制锭数。

用于纤维增强 PVC 软管的 PVC 粒料的基本配方如下（质量份）：

PVC（SG3 或 SG4）	100	润滑剂	0.2～0.3
增塑剂	45～60	颜料	适量
稳定剂	3～5		

配方中，增塑剂以 DOP 为主，可加入适量的环氧大豆油以提高热稳定性，加入 DOS 以提高耐寒性。稳定剂可以选用 Ba-Cd-Zn 复合稳定剂。根据使用的需要，可以加入紫外线吸收剂、防雾剂等。要求无毒的软管，应选用无毒 PVC 树脂和无毒助剂。不要求透明的软管，为降低成本，可加入碳酸钙填充剂。

② 辐射交联聚氯乙烯热收缩套管　热收缩套管在航空、家电、汽车、化工等方面有广泛的用途。采用辐射交联技术和具有耐热性的助剂配合，可制成耐温 105℃的 PVC 热收缩套管。

辐射交联 PVC 热收缩套管的基本配方如下（质量份）：

PVC（SG3 型）	100	硬质酸钡	2～5
偏苯三酸三辛酯（TOTM）	40～60	双酚 A	0.5～1.0
三丙烯酸三羟甲基丙酯（TMPTMA）	5～15	三氧化二锑	3～5
		氢氧化铝	10～20
三碱式硫酸铅	5～8	硼酸锌	3～5

配方中，TOTM 为耐热增塑剂，三氧化二锑、氢氧化铝、硼酸锌为阻燃剂，TMPTMA 为辐射交联所用的多官能团单体。辐射源采用电子加速器。

采用上述配方挤出制成的软质管材，通过辐射交联，使线型大分子变成体型结构，对于形状的变化具有了“记忆效应”，再经“扩管”后，就制成了热收缩套管。

“扩管”的方法可分为连续法与分段法两种。连续法通常采用气体扩张法，可以用内压吹胀，也可以用内压与外部真空联合作用。分段法采用机械扩张、布管扩张、双轴拉伸等方法。上述方法制造热收缩套管，都需要先将被扩管预热，经扩张后冷却定型，即制成热收缩套管。

在使用热收缩套管时，将套管加热，套管因记忆效应而发生收缩，可紧密地包覆住被套材料。热收缩套管可用于电线电缆的接续与补强等用途。耐高温热收缩套管则可在较高环境温度下使用。

6.4 PVC 注塑

6.4.1 注塑设备

用注塑法制造塑料制品的机械装置和控制系统总成叫做注塑机。注塑机与成型模具组合，才能完成制品生产整个过程。模具的功能是提供复制制品形状的型腔，而模具闭锁，物料的输送、塑化和压注入模腔，开启模具，顶出制品等过程则由注塑机的程序动作来完成。所以，注塑机是注塑制品生产的核心设备。

注塑机在适应不同注塑成型法的各种特殊要求中，得到不断发展和改进，已经形成了多种类型和品种。但是，现代注塑加工工业中几乎全是同轴往复螺杆式注塑机。这种机器的螺杆既旋转又可作轴向往复运动。但螺杆旋转时，它像一台挤出机那样动作，熔融和泵送物料。当它作轴向移动时，像一根柱塞的作用，对螺杆前端的熔体施加高压并将其快速注入模具型腔。通常，螺杆旋转靠液压马达或电动机拖动，不过，采用电动机的已较少。螺杆轴向移动，由注射油缸系统驱动和控制，下面将介绍这种类型的通用注塑机。

通用注塑机是指单阶式、单工位往复螺杆式注塑机。其结构形式有立式、角式和卧式，现代工业上应用最广的是卧式。

卧式螺杆注塑机由水平机架联接的机械系统、液压动力传动系统和电气控制系统组成，如图 6-90 所示。机械系统包括合模系统和注塑系统两个基本部分。动力系统有两种基本类型：全液压动力型和液压驱动与电动机械组合型。前者采用电动高压油泵驱动的液体为整个机械动作的动力源，并通过油路驱动油缸活塞或电机使工作机械运动。后者则以液压源驱动合模机械和注射机械的往复动作，而螺杆旋转由电动机驱动。电气控制包括机械程序动作及其安全控制，压力、温度、时间控制等部分。由于现代电子技术的进步，推动了控制技术不断发展，现代注塑机已由近代的电子电器程序控制发展到电子计算机控制，出现了各种级别的计算机控制系统，例如可编程序微

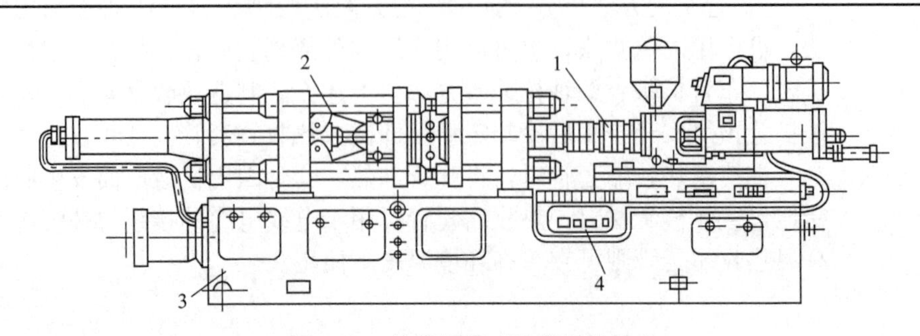

■图 6-90 往复螺杆式注塑机的组成

1—注塑系统；2—合模系统；3—液压动力传动系统；4—电器控制系统

处理器（PC 或 MPC）定值控制、较高级的普及型计算机直接数字控制（DDC）动态监控综合系统（智能控制）、高级型计算机集成制造系统（又称柔性注塑中心）。

下面对注塑机的关键部件进行详细讨论。

6.4.1.1 螺杆

塑化程度或剪切速率大小都将影响最终的熔体温度。在注塑料筒内，物料所受的塑化作用都是由于螺杆旋转产生的，故清楚地了解螺杆结构和操作是极为必要的。影响物料温度的螺杆基本因素是相互联系的。螺杆结构和螺杆操作间存在着复杂关系。物料的剪切程度和剪切速率与下列因素有关：

① 螺杆压缩比；

② 螺杆转速（每分钟转数）；

③ 螺杆背压；

④ 通过螺杆全长时物料流动阻力。

上述因素中任一因素的增大，将明显增加作用在物料上的剪切力，而导致提高物料温度。

(1) 螺杆类型 一般讲，螺杆或采用通用型螺杆，或带有螺杆头的 PVC 螺杆。所有通用型螺杆，在靠近螺杆头部位置都有某类节流装置，以防止在注塑过程中物料通过螺槽反流。此外，早期设计的全部 PVC 螺杆，都用于注射高黏度和热稳定性较差的管件用料。这些早期 PVC 配混料的极高黏度，妨碍了对反流止回阀的使用。而且该阀有可能挂料，此类挂料在其分解前不能及时排走。虽然，现在的 PVC 管件用料有相当好的热稳定性，其黏度也有一定程度降低，但比采用所谓 PVC 螺杆即带有螺杆头及没有反流止回阀的螺杆为好。

随着熔体黏度较低、热稳定性较高的通用型 PVC 配混料之出现，最好选用带有止回阀的通用螺杆来加工这类物料。某些较新的 PVC 通用型注塑用料，在熔体黏度和热稳定性方面，和其他已经被接受的热塑性材料，如 ABS 没有很大差别。

(2) 压缩比 注射螺杆的压缩比，是指螺杆加料段螺槽容积与计量段头部螺槽容积比。工业用螺杆的压缩比（见图 6-91），一般为 1.5∶1～3.5∶1。

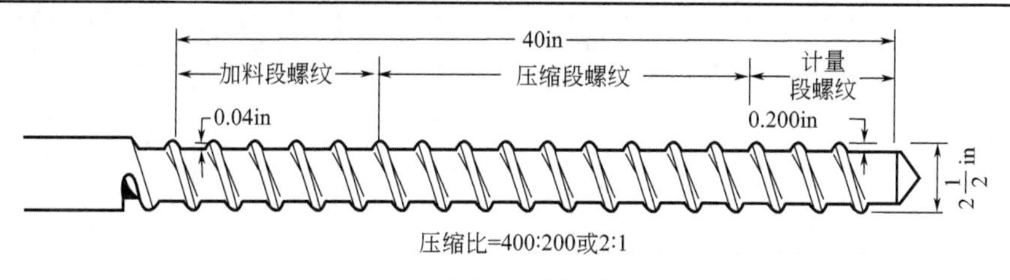

■图 6-91 螺杆压缩比的表示法

L/D=40∶2.5 或 16∶1

在制造注塑机时，为提供最大的生产量，最主要是选择螺杆的压缩比。PVC 熔体的挤出量与螺杆压缩比成正比。图 6-91 表明，在螺杆整个压缩段中，朝螺杆端部方向螺槽深度逐渐减少。因螺纹是等距的，故螺槽容积也逐渐减小。PVC 料在其熔融阶段，相对地说是不可压缩的，当螺杆的物料向螺杆头部推进时，必须有某些物料相对于螺纹来说向前滑行，物料的这种滑行作用强有力地增加了剪切力，因而提高了物料温度。显然，螺杆压缩比愈高，剪切力愈大。因为任何一根给定的螺杆其压缩比是固定的，熔体的受剪切速率和塑化程度大小，必须利用注塑机可控制特性来调节，即是用螺杆转速及背压（用以阻止螺杆后移的压力）。本质上，这两个可控特性都用于控制 PVC 熔体温度。用增加螺杆转速提高剪切速率，或通过增大背压增加剪切程度，都可提高熔体温度。重要的是，和螺杆结构的影响一样，过高的转数和背压可提高熔体温度，甚至达到立即分解的程度。

因此，螺杆转速和可选用的背压，与螺杆压缩比成反比关系，即螺杆压缩比愈大，螺杆转速的极限愈低，可利用的背压量愈小。

从上述讨论中可明显看出，虽然多数“通用型”螺杆是满意的，但较低压缩比螺杆可给操作者更多灵活性，并能较好地控制。

(3) 长径比 螺杆的 L/D 是指螺杆长度与直径的比。在现代设备中，长径比范围从 12∶1～24∶1。究竟选用低 L/D 螺杆还是高 L/D 螺杆，还不能清楚地回答，两者各有其特点。当然，L/D 大的螺杆塑化性能好，而 L/D 小的螺杆也有优点，即物料处于熔融状态时间最短。

(4) 螺杆-料筒间隙 关于螺纹外径与料筒内径间的间隙，当螺杆直径小于 63.5mm 时，应小于 0.2mm，而螺杆直径大于 63.5mm 时，其间隙不大于 0.3mm。若间隙超过上述范围，将增大螺杆螺纹上物料反流，从而增大作用在物料上的剪切力，其结果导致料温升高，致使料温无法控制。

(5) 螺槽深度 在料温控制中，适宜的螺槽深度是很重要的。若螺槽深度太浅，物料流动将受限制，也会增加作用在物料上的剪切力。表 6-64 略述了不同螺杆直径时的推荐螺槽深度。

■表 6-64 推荐的螺槽深度

螺杆直径/mm	螺槽深度/mm		
	末端		加料端近似值
	最小值	最大值	
38	4.6	5.6	7.6
64	5.1	6.6	10.2
89	5.6	7.4	11.4
114	5.7	7.6	11.9
152	6.4	8.0	

(6) 止逆环 当用通用型 PVC 料成型时，建议使用反流止逆阀。最常用的是刚好装在螺杆头部的“滑动环”。可用标准设计的滑动环，当物料流经最后一节螺纹时，滑动环对料流产生空间的限制，但使螺杆内熔体剪切作用增加，将导致降低螺杆每分钟转速和背压的最大调节范围。典型滑动环在螺杆上的位置示于图 6-92。

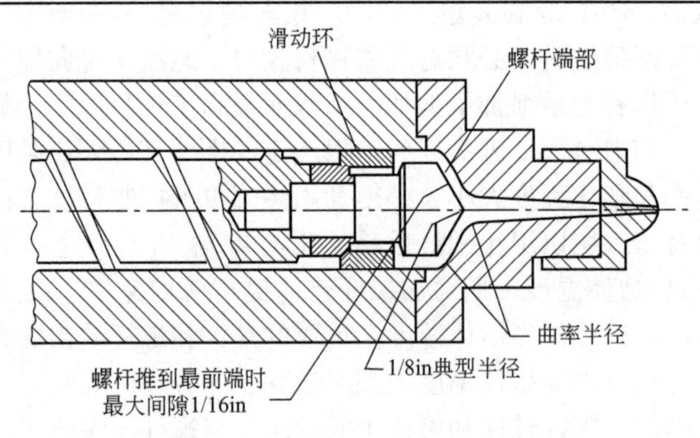

■图 6-92 典型滑动环在螺杆上的位置

1in=0.0254m

装在螺杆端部内的标准球形止逆阀，也能满意地用于通用型 PVC 配混料。像选用滑动环一样，设计上也不允许流动时受到空间障碍。

(7) 螺杆端部 顶角在 30°～120°之间的光滑、尖锐的螺杆端部是较好的。尖锐的顶角形状较理想地适用于管件用料，相反，钝角更适合用于通用型 PVC 配混料。

螺杆端部外形必须与料筒头部形状精确匹配。当螺杆推到最前端时，螺杆端部和料筒头部内径间的间隙应小于 1.6mm。在螺杆直径和螺杆顶角变换时，应避免尖角。

在螺杆端部最末端可能出现挂料。有时，把顶尖磨掉，呈一角度，这样螺杆端部最末端即偏离旋转中心。其作用是疏散旋转中心线处的滞留物料，图 6-93 表明正确的螺杆顶端结构。

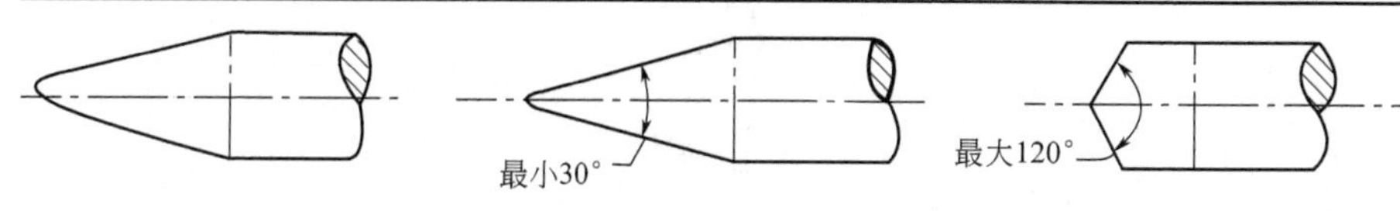

(a)顶端偏离中心的螺杆头　(b)加工管件料用的标准螺杆头　(c) 加工通用型料用的钝角螺杆头

■图 6-93　正确的螺杆端部设计

(8) 螺杆驱动　在往复式螺杆注塑机方面，两类通用驱动装置——液压的及电动的都适用。两种体系各有优点。电驱动螺杆常用更换齿轮来变速，有时它将导致操作中断。电驱动螺杆的优点是速率恒定及力矩大。为获得最优加工条件，无级变速调节常是不可能的。

液压马达调速范围可作无级变速。某些液压马达，在螺杆低转速时力矩低，因此，在螺杆后区低料温的操作条件下，螺杆速率控制是较差的。

(9) 螺杆结构材料　螺杆应采用氮化钢来制造。

6.4.1.2 机筒

(1) 结构材料　机筒结构材料建议使用氮化钢、X 合金和 Has-taloy 合金。

(2) 机筒头部　机筒头部内径应于螺杆端部有相同的几何形状。曲率半径用在由一个角到另一个角的过渡。

(3) 喷嘴　注塑 PVC 管件用料时，喷嘴设计应尽可能短，并在喷嘴外配有电热圈，以使物料在每次注射间隔中保持加工所需的熔体温度。装有电热圈的长颈（可达 610mm）喷嘴，可用于注塑热稳定性较好的通用型 PVC 配混料。沿长颈喷嘴，建议使用高温计来控制温度。

喷嘴内通道方向上应是没有急剧变化的直通圆锥形。在过渡到喷嘴孔处可用球形半径。喷嘴孔应尽可能大，但其直径应小于模具主浇道衬套上开孔直径，相差不超过 7.6mm。有人建议在喷嘴孔处选用反圆锥，它可防止每次注塑间隔中形成冷料（见图 6-94）。

采用顶端加热的喷嘴，直接和制品的浇口相连，这种办法已满意地用于 PVC 生产。

(4) 电热圈　只在开车阶段才利用电热圈供给 PVC 熔体以热量。而连续生产过程中，希望接近“绝热”操作。电热圈只供给原料很少热量，或根本不从外界供给热量。用这种办法应在料筒周围装设最少量的电热圈，因为通过料筒壁消散的热量比传给料筒内熔体的热量更为重要，因而有人建议电热圈外面不加隔热层也是可取的。

使用高压缩比的螺杆时，必须借助鼓风循环空气，以冷却料筒外面和电热圈防止过热。

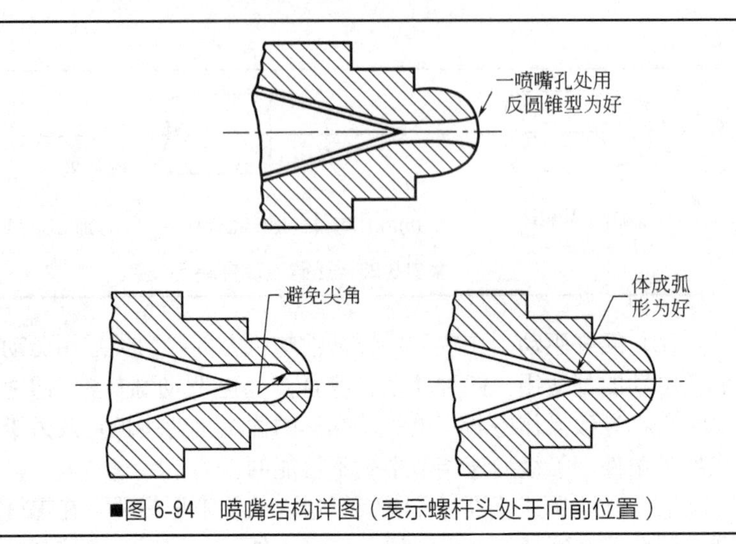

■图 6-94 喷嘴结构详图（表示螺杆头处于向前位置）

6.4.2 注塑模具

6.4.2.1 结构材料

不锈钢（StSt 420）是制造模具的最好材料，但成本较高，目前顾地塑胶公司采用德国防腐蚀的 2316 钢。

6.4.2.2 模具收缩率修正

PVC 和其他热塑性塑料一样，注塑加工后将会产生收缩，模芯及模腔尺寸必须大于制品最终尺寸。表 6-65 指出了对不同注塑等级 PVC 物料，注塑产品的平均壁厚和收缩率的关系。

■表 6-65 注塑收缩率 单位：mm/mm

原料分类	壁厚		
	1～2mm	2.3～3.2mm	3.8～5.1mm
管件			
低冲击	0.003	0.0035	0.004
高冲击	0.0035	0.004	0.0045
通用级			
低冲击	0.0035	0.004	0.0045
高冲击	0.004	0.0045	0.005
软质	0.018	0.020	0.024

6.4.2.3 主浇道

为达到 PVC 高效生产，一般说来，主浇道和喷嘴孔要相对地大些。当用管件级物料注塑时，喷嘴较短，主浇道可长些，这样可得到满意的产品。当使用通用级 PVC 原料，喷嘴加长时则主浇道应尽可能短，以防止由于要使主浇道冷固过分延长模塑周期。

当产品为中心浇口时，主浇道和制品接界处的直径至少为浇口处产品壁厚的 1.75 倍。在主浇道和制件相接部分，圆角半径必须最小为 3.2mm，见图 6-95。

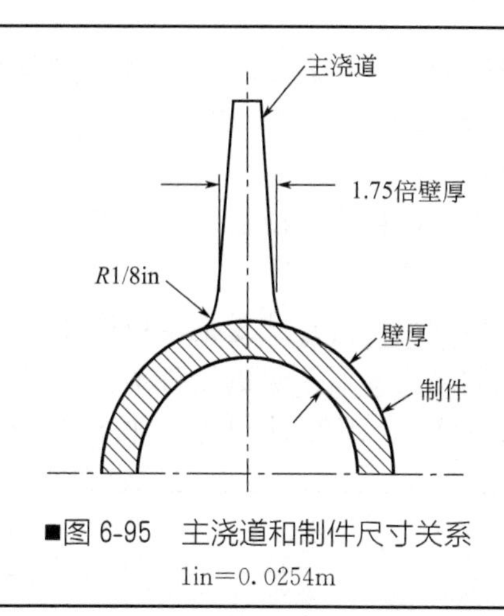

■图 6-95　主浇道和制件尺寸关系

1in=0.0254m

在多模腔的模具中，主浇道直径应约为流道直径的 125%。大的冷料阱应配置在主浇道的终端，也起到把主浇道拉出脱模的作用。

6.4.2.4 流道

流道的截面应是圆形，其直径范围 6.4～16mm，依注射量的大小而具体确定。当需要急转弯时，流道体系最好采用大的圆角（见图 6-96）。

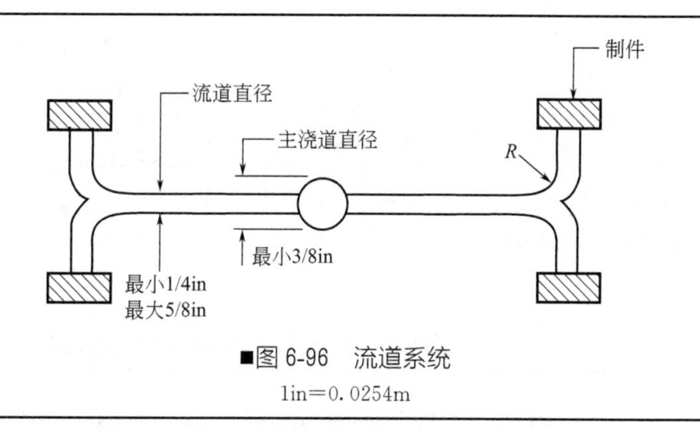

■图 6-96　流道系统

1in=0.0254m

6.4.2.5 浇口

为使物料在不发生降解的危险下迅速充满模具，为减少进入模腔物料初始波动的漩波效应，浇口应设计得相对大些并有最小的成型段长度。若产品设计成边缘浇口，浇口厚度应和壁厚相同，而浇口宽度至少应是流道宽度。

宽度为 25.4mm 或更大的扇形浇口，效果比上面提到的直通浇口还好，只要扇形浇口不使修边复杂化。

产品要求多浇口时，可使用三片组合式模具。副浇道和制品交线处的浇口直径应为 3.2～20.32mm。有了这样大小的小浇口，物料流入模具中的长度必然减少。

在 PVC 注射中，沉陷式浇口和隧道型浇口是十分有效的。不但主浇道和流道可自动除去，而且物料流入模腔的几何形状大大改善了制品的表观。

在该系统中，同样由于浇口的尺寸受到限制，物料流入模具的长度有减少的可能性。

隧道型浇口的另一种形式是把浇口设在扁平的脱模销上。这种安排是把实际浇口放在制品内侧看不见的组件上。

图 6-97 表示用于 PVC 注塑的各种浇口类型。

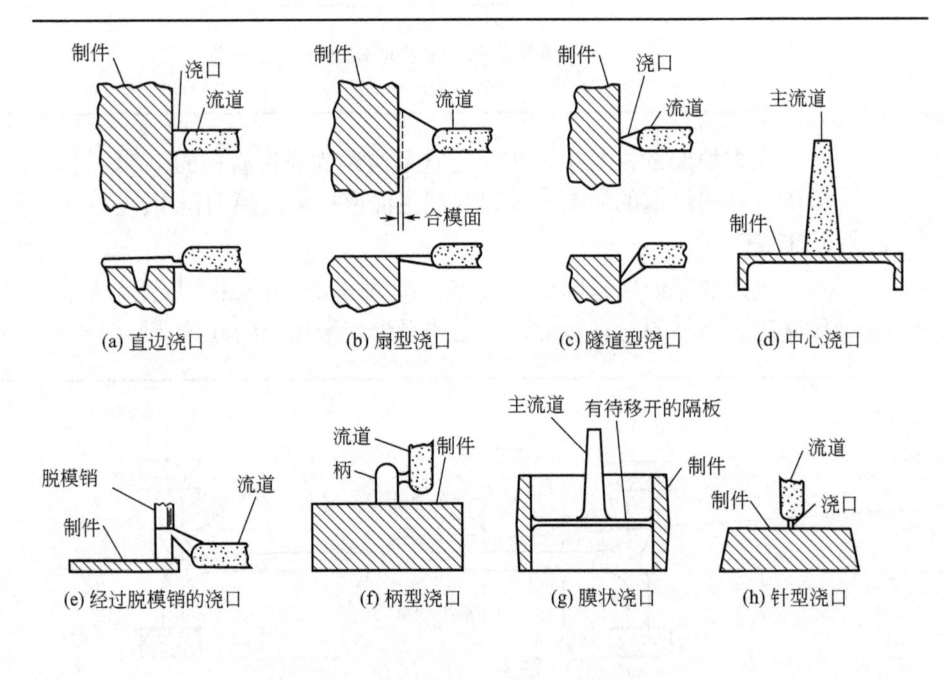

■图 6-97 用于 PVC 注塑的各种浇口类型

对 PVC 注塑，不推荐使用热流道模具。然而，热喷嘴可以满意地用于 PVC 注塑。

6.4.2.6 模具排气

PVC 模具良好的排气是极其重要的。当里面的空气被压缩时，可以达到极高的温度，甚至远远超过 PVC 开始分解的温度。而且，良好的模具排气有助于提高充模效率。由于这些原因，需要让保留在模腔中的空气逸散出去，以免在物料充模时被压缩。对于 PVC 模具，标准的排气装置是一些深度0.05mm、宽度12.7mm的排气口，中心间隔约为25.4mm。此外，配合较松的脱模销和移动滑板，也有助于模具的排气。

6.4.2.7 模具温度控制

对于PVC和所有其他热塑性塑料注塑制品，严格控制模具温度是极为重要的。若模具中熔体热量不能有效地传送出去，就会延长注射周期，并使翘曲问题变得严重。设计模具时，应将冷却水通道尽可能靠近模具表面。这些水通道内径至少应为16mm，如可能，中心间隔为76mm。循环水温度控制装置以较高的速率向模具供水。从温度控制器至模具间应选用内径为16mm的耐压管。模具上所有连接水通道的“回路”管线也应是16mm的耐压管。不推荐使用快速拆卸装置，因为它们将减少供水通路的截面积。

冷冻的冷却水循环用得十分普遍，它可给予最佳的注塑周期。在生产厚壁PVC制品如管件时，冷冻水是特别有效的。

在有细长模芯的模具中，循环水可通过“扩散器”通到模芯里面。有时，扩散器成功地用在模具中，以改善注塑制件局部的厚壁部分的热传导。

典型的模具组件如图6-98所示。

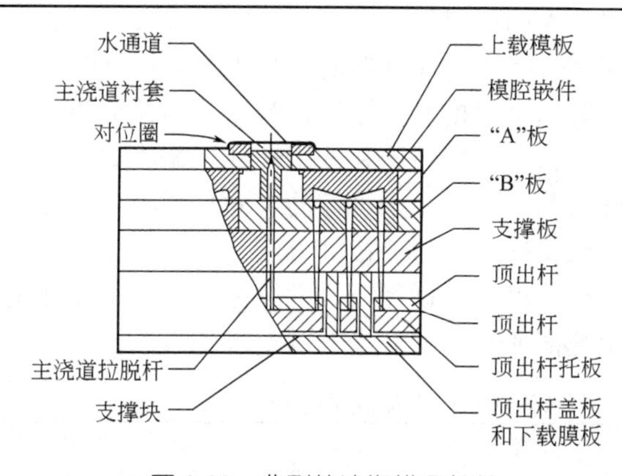

■图6-98　典型的注塑模具组件

6.4.3 注塑工艺

6.4.3.1 温度条件

分解作用——注塑PVC中最大的问题，在注射过程中，可能以两种明显不同的途径出现。①注塑料筒内、料筒头部或喷嘴内熔体过热；②由于喷嘴到模腔，熔体流速增加产生的摩擦剪切，引起PVC物料过热。

(1) 料筒内过热　料筒内物料过热，可由下列一种原因或同时由几种原因引起：

① 螺杆转速太快；

② 操作时背压太高；

③ 电热圈加热太高；

④ 螺杆压缩比太大。

(2) 摩擦过热 摩擦过热一般称为摩擦烧焦，它是熔体通过节流通道时流速太高引起的。当注塑速率太高时，窄浇口、窄流道、主浇道或小喷嘴孔，都是造成摩擦烧焦的原因。不合理的产品设计引起的流动阻力，也可导致摩擦分解。

为消除摩擦烧焦，操作者可迅速加以调整，即减低注塑速率，从而减少熔体通过阻流区的速率。当然，熔体注射入模具的速率，直接与物料流动长度有关。操作者用降低注塑速率的方法消除摩擦烧焦，同时也降低了熔体充模能力。注塑后，如果注塑速率降低以后导致缺料，显然可采用的方法即是把各种节流限制去掉。一般地讲，加大浇口、流道或主浇道和喷嘴的尺寸，将可消除摩擦烧焦，并能允许物料以足够的速率和压力注塑，以充满模具。

(3) 控制料温 聚氯乙烯物料或熔体温度有一限定范围。操作者必须在能充分体现制品良好的物理性能和保证充模时有足够低的黏度的温度下操作。PVC分解的时间-温度关系，使操作者必须在尽可能低的温度下操作。当此规律被人们认识时，生产灵活性便大大增加了。为使物料在最低温度下加工，同时又能显示优良性能，利用物料本身内在的剪切力，达到熔体温度是极为重要的。根据这一原理，为保持熔体温度，应尽可能少用外电热圈。物料温度可通过螺杆转速和选用螺杆压缩比适应的背压精确地控制。因螺杆每分钟转数和背压是完全可控的，而且每次注塑量是均匀的，故利用螺杆控制料温是保持熔体均匀的极好方法。

(4) 熔体温度 这里所说的熔体温度，是注塑用PVC熔体的实际温度，而不是电热圈所显示的温度，其要求如表6-66。

■表6-66 三种注塑料的熔体温度控制 单位：℃

项目	最小	最大
软质	160	188
管件	199	210
通用型	202	216

(5) 电热圈的温度分布线 虽然，用于PVC熔体的热量由螺杆旋转供给，但调整电热圈仍是十分重要的。合理的调整能保证正常开车，但在正常生产过程中，不应把电热圈作为供给物料的热源。由于物料的摩擦剪切实际上是其总热源，因此，沿螺杆长度有一梯度变化，即在螺杆加料段温度较低，到螺杆头部温度最高。电热圈必须调整好以反映同样的热梯度，使其不再向物料供给热量。电热圈的调整应采用温度变化分布线，即是从第一段料斗端为低值，最后段接近喷嘴处为高值。这是一条陡峭的温度分布线。图6-99表示适于注塑硬质PVC材料的典型温度分布线。

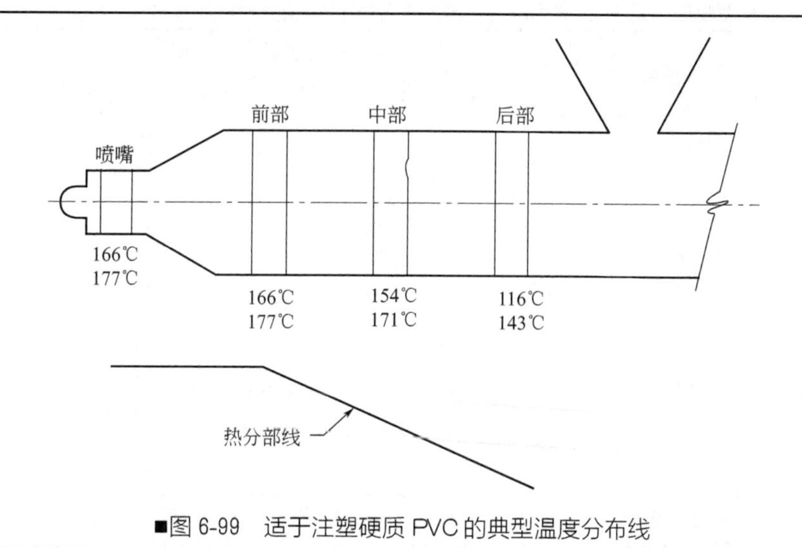

■图 6-99 适于注塑硬质 PVC 的典型温度分布线

当使用这条分布线时，借助于螺杆旋转产生的物料剪切是唯一的热源。应注意，在前端喷嘴处，电热圈加热的最高温度调定为 177℃，前面曾提到对硬质 PVC 料建议采用的注塑温度是 199 ～216℃。显然这比电热圈加热的最高温度 177℃高得多。物料熔融所需的附加热量必须由摩擦剪切供给。

(6) 模具温度 最好选用低的模温，模温约为 21℃时，可得到最佳成型周期和表面光洁度。若在此低模温下充模发生困难时，例如注塑薄壁制品，则可采用较高的模温。但无论如何，在任何情况下不能超过 71℃。厚壁制品可用冷却水，以使模温降至 21℃以下。这样可进一步缩短成型周期。

6.4.3.2 机械条件

(1) 螺杆速率和背压的控制 电热圈应调整到使其不作为 PVC 熔体的电源，而主要靠螺杆转速和背压来控制，需两者一起调节以得到所需均匀的物料温度。这两种控制能利用到多大程度，取决于螺杆压缩比，见表 6-67。

除了表 6-68 注解外，一般最好是按照背压控制螺杆转数，以便达到下列目的：

① 在料筒前部把料压紧，以较精确地控制注射量；

② 排除存在于熔融状态物料中的气体和挥发物；

③ 使物料进一步塑化；

④ 对物料温度作有限的控制。

(2) 注塑速率（充模速率） 注塑速率与熔体进入模具的流动长度成正比，注塑速度愈高，流动长度愈长。因此，注塑速率至少必须保证充模的要求。此外，较高的注塑速率有助于得到最佳成型周期。很明显，操作者应作到尽可能快地充模。流动中各种阻流区（即浇口、喷嘴直径、主浇道、流道体系及制品构型）将决定充模速率的上限。若通过阻流区熔体流动速率太

■表 6-67 螺杆压缩比决定的螺杆转数和背压的一般范围

原料类型	压缩比	最大转速/(r/min)		最大背压/MPa
		＜63.5mm 的螺杆	＞63.5mm 的螺杆	
管件料	1.5∶1	70	50	1.4
	2∶1	40	30	0.7
	2.5∶1	25	15	0.4
	3∶1	10	3	0
通用型	1.5∶1	80	60	5.7
	2∶1	65	45	2.9
	2.5∶1	45	30	1.4
	3∶1	25	10	0.4
软质	1.5∶1	100	80	2.9
	2∶1	90	60	2.1
	2.5∶1	60	45	1.4
	3∶1	35	35	0.7

注：表中不是企图同时采用最大螺杆转数和最大背压。相反，螺杆转数最大值与背压最小值并用，或螺杆转数最小值和背压最大值一起使用。不同类型 PVC 其变化范围不同。

高，可能引起摩擦烧焦现象。充模速率太高也可能引起流动取向，从而降低制品的物理性质。

(3) 注塑量 注塑量应调节至最小，而又能保证充满模具。

(4) 注塑压力和保持压力 聚氯乙烯的注塑压力和保持压力和其他热塑性塑料相类似。为制得收缩小及尺寸公差小的制品。压力应控制在所需的最小值。

6.4.3.3 合模要求

机械肘杆式或液压式合模机构，都适用于 PVC 的注塑成型。所需的合模力取决于注塑制品的投影面积，具体如下：

管件用料 62MPa 软制品 38.6MPa

通用型 PVC 用料 38.6MPa

6.4.3.4 成型周期

一切注塑成型操作的成败，关键在于生产制品所需的成型时间。在注塑成型中，生产或机器工作时间，用生产周期来表示。一般说来，总周期由机器操作的若干因素所确定，可控因素是：

① 螺杆返回时间（将后一次注塑料塑化所需的时间）；

② 注塑时间；

③ 注塑保压时间；

④ 合模时间；

⑤ 浇口打开时间；

⑥ 模具打开或关闭的减速；

⑦ 夹板（夹模板）移动速率。

表 6-68 概括了制品之壁厚及循环水温度和总注塑周期的近似关系。

■表 6-68　典型的总注塑周期

壁厚/mm	总周期		壁厚/mm	总周期	
	27℃冷水	4℃冷水		27℃冷水	4℃冷水
1.0	20s	不推荐	3.8	1.12min	45s
1.5	30s	不推荐	4.8	1.5min	1.25min
2.0	40s	不推荐	5.1	2min	1.5min
2.5	50s	35s	6.4	2.5min	1.75min
3.2	1min	40s	8.0	3min	2min

6.4.4 注塑制品

6.4.4.1 注塑工艺

注塑工艺流程图如图 6-100。

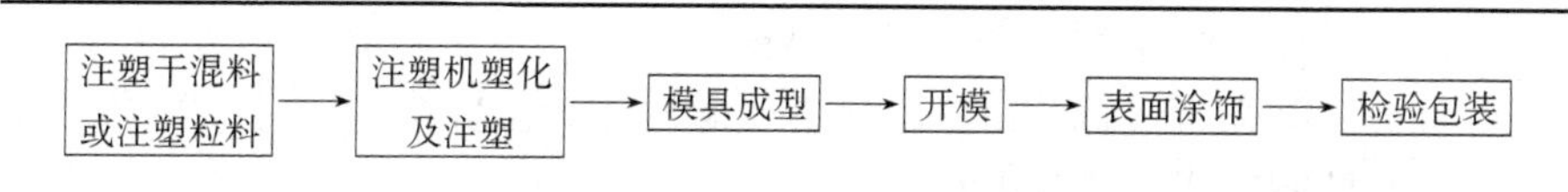

■图 6-100　注塑工艺流程示意图

熔体温度：150～200℃

模具温度：≤40℃

溶胶时间：5～20s　　锁模力 ≤11MPa

背压：0～5MPa　　保压时间：0.5～1.0s

注塑压力：14～18MPa　　冷却时间：5～100s

注塑时间：2～30s

6.4.4.2 注塑制品

(1) PVC-U 管件　在注塑成型中，PVC-U 材料最普通的应用或许就是管件，它包括各种管道用的连接件、阀门、管道安装件、透气帽、地漏、雨水斗、水路活门及浮球以及座便器坐板和盖板等。

① 配方（质量）　根据管件的不同应用要求，提供六种典型配方（质量份）。

a. 普通管件、阀门（铅盐稳定）

SPVC（*DP*=800 或 SG-7）	100	硬脂酸钡	1
邻苯二甲酸二辛酯	4	硬脂酸钙	1
环氧大豆油	3	石蜡	0.5
三碱式硫酸铅	3	钛白粉	5

b. 低毒普通管件、阀门（有机锡稳定）

SPVC（SG-7）	100	月桂酸二丁基锡	1
环氧大豆油	3	硬脂酸正丁酯	0.1
马来酸单丁酯二丁基锡	2.5	硬脂酸	0.1

褐煤酯蜡 0.2 硬脂醇 1.0

c. 耐化学性管件、阀门（铅盐稳定）

SPVC（SG-7）	100	钡-镉稳定剂（LP-125）	0.7
丙烯酸类加工助剂（K120ND）	2	OP 蜡	0.5
三碱式硫酸铅	3	碳酸钙	3
二碱式亚磷酸铅	0.5		

d. 耐化学抗冲击管件、阀门（铅盐稳定）

SPVC（SG-8）	100	硬脂酸铅	0.2～0.3
MBS 抗冲击改性剂（BTA ⅢS）	8～15	液体石蜡	0.3～0.5
三碱式硫酸铅	2～2.5	钛白粉	2～3
二碱式硬脂酸铅	0.5～1		

e. 无毒普通管件/阀门（有机锡稳定）

SPVC（SG7）	100	硬脂酸钙	0.5
丙烯酸类加工助剂（K120ND）	2	OP 蜡	0.5
双（巯基乙酸异辛酯）二丁基锡	3	碳酸钙	5

f. 无毒、抗冲击、耐化学、耐户外老化管件、阀门（有机锡稳定）（日本钟渊株式会社提供）

SPVC（S-1008，相似于 SG-7）	100	内润滑剂	1.5
双（巯基乙酸异辛酯）二丁基锡	3	外润滑剂	0.7
冲击改性剂（KANE ACE B-56）	7	群青	0.56
加工助剂（KANE ACE PA-20）	2	钛白粉	0.5

② PVC-U 管件料的力学性能 见表 6-69。

■表 6-69 管件用料的力学性能

性质	级别 12454-B	级别 14333-D	级别 14454-B
相对密度	1.36	1.34	1.33
拉伸强度/MPa ≥	50	50	39
拉伸模量/MPa ≥	2857	2857	2143
弯曲强度/MPa ≥	79	79	61
弯曲模量/MPa ≥	3214	2857	2500
热变形温度/℃			
在 1.9MPa 下	71	71	66～71
在 0.5MPa 下	77	77	74
Izod 缺口冲击强度/（J/m^2）	53.54	266.7～800	266.7～1067
拉伸冲击强度/MPa		3734～4267	5334
可燃性		全为自熄	
吸水率/%	0.04	0.07	0.07～0.2
体积电阻系数/（Ω/cm）	$>10^{16}$	$>10^{16}$	$>10^{16}$
耐电弧性/s	60～80	60～80	60～80
耐化学性	好	好	好
蠕变百分数（54℃ 2.1MPa，10000h）	0.5	0.7	0.8
成型收缩率(线性)/（mm/mm）	0.003	0.003～0.004	0.003～0.0045

(2) PVC-U通用注塑制品 通用注塑制品，如日用制品、家用和商用机器和电器外壳或零配件、包装容器，以及其他的工业用零配件。这些制品壁较薄，外观要求精美。由于PVC-U管件料热稳定性有限，流动性不太好，难以注塑管件以外的这些通用注塑制品，因而人们研制了另一类PVC-U注塑料，称为PVC-U通用型配混料，用以生产PVC-U通用注塑制品。

① 配方 通用注塑料针对不同的用途有各种各样的配方。下面仅举几个典型配方（质量份）供参考。

a. 工业用注塑料（铅盐稳定）

MPVC（SG5～SG8）	100	褐煤酸酯	0.4
三碱式硫酸铅	3.5	蒙旦蜡	0.4
硬脂酸钙	0.4	脂肪酸酯	0.8～1.0

b. 通用无毒透明注塑料（硫醇锡稳定）

SPVC（SG-7）	100	硬脂酸钙	1
双（巯基乙酸异辛酯）二丁基锡	2.5～3	硬脂酸	0.5
丙烯酸类加工助剂	2～2.5	OP蜡或E蜡	0.5
MBS	7～8		

c. 通用注塑料（铅盐稳定）

SPVC（SG-6～SG-7）	100	100	100
DOP	4	3	3
环氧大豆油	3	—	—
三碱式硫酸铅	3	3	3
二碱式亚磷酸铅	—	2	—
硬脂酸铅	—	0.5	0.5
硬脂酸钡	1	—	—
硬脂酸钙	1	1	1
硬脂酸	—	0.5	0.5
钛白粉	6	4	4
碳酸钙	—	8	8

d. 国外含铅、锡复合稳定剂的注塑料

SPVC（$P=800$）	100	100
三碱式硫酸铅	2～2.5	2～2.5
二碱式亚磷酸铅	—	1～1.5
非硫有机锡	0.5～1	0.5～1
硬脂酸铅	0.5	—
硬脂酸钡	0.3～0.4	—
硬脂酸钙	0.5	0.5
硬脂酸丁酯	—	0.5～1

e. 国外含硫醇锡稳定剂的注塑料

	美国	日本
SPVC（K值57）	100	100
双（巯基乙酸异辛酯）二丁基锡	1.6	1.6

硬脂酸钙	0.7	1.4
复合润滑剂	0.3	—
E 蜡	0.7	0.75
丙烯酸类加工助剂	1.5	1.5
丙烯酸类抗冲击改性剂	3	3
硬脂酸	—	1.0
钛白粉	1	1
碳酸钙	3	3

② PVC-U 通用型注塑料力学性能 见表 6-70。

■表 6-70 PVC-U 通用型注塑料力学性能

性 质		测量值
相对密度		1.35～1.38
拉伸强度/MPa	≥	46.4
拉伸模量/MPa	≥	2143
弯曲强度/MPa	≥	71.4
弯曲模量/MPa	≥	2500
热变形温度/℃		
在 1.9MPa 下		71
在 0.47 MPa 下		77
冲击强度（Izod 缺口）/（kJ/m^2）		6.3～38
拉伸冲击强度/MPa		34～102
吸水率/%		0.05
体积电阻系数/（Ω/cm）		$>10^{16}$
耐化学性		良好
蠕变百分数（54℃ 2.1MPa，10000h）		0.8
硬度		85（邵氏 D）
可燃性		自熄

③ 软质 PVC 注塑料 软质或增塑 PVC 注塑成型制品，如凉鞋、玩具，以及用于机械、电器的软质塑料配件器。现以软质 PVC 凉鞋为例对此技术进行介绍。

a. 配方（质量份）

(a) 软质 PVC 不发泡凉鞋参考配方

	透明凉鞋	半透明凉鞋	不透明凉鞋
PVC（SG3）	100	100	100
DOP	30	30	30
DBP	20	20	20
DOS	5	5	
石油酯			10
有机锡稳定剂	3.5	1.7	
硬脂酸镉		0.7	
硬脂酸钡		0.2	
三碱式硫酸铅			2.5

	透明凉鞋	半透明凉鞋	不透明凉鞋
二碱式磷酸铅			3
轻质碳酸钙			5
色浆	适量	适量	适量

(b) 软质PVC发泡凉鞋参考配方(发泡倍率约为1倍)

PVC(SG3型)	100	硬脂酸镉	0.5
DOP	35	硬脂酸锌	0.3
DBP	35	AC发泡剂	0.8~1.0
DOS	5	轻质碳酸钙	2
有机锡稳定剂	2	色料	适量
硬脂酸钡	0.5		

b. 软质PVC配混料的力学性质　见表6-71。

■表6-71　软质PVC配混料的力学性质

性质	高增塑剂含量	低增塑剂含量
相对密度	1.20	1.35
拉伸屈服强度/MPa	11.4	25
伸长率/%	400	250
邵氏硬度计(A)	70	90
脆化温度/℃	−20~−40	−15~−25
成型收缩率/%	2~3	1~1.5

6.4.4.3 注塑制品表观缺陷及其产生原因与补救方法(见表6-72)

■表6-72　制品常见的表观缺陷及其产生原因与补救方法

表观缺陷	原　因	解决途径
凹陷、缩孔、气孔	① 原料含挥发分过大、干燥不够 ② 制品壁厚差过大 ③ 模腔排气不良或模腔压力不足 ④ 模腔物料冷却过慢,不能及时补缩	① 干燥,防凝湿 ② 使筋厚为壁的1/2,厚处开支流道 ③ 改善排气,增加注射压力 ④ 增大浇口尺寸,延长保压时间,降低模温和料温
无光泽、泛白、搓痕、皱纹	① 模温过低、料温太高导致皮层冷却过快 ② 物料塑化不良 ③ 浇口小而注射速率大使物料湍流,细的不规则射流表面冷却后与后续熔体汇合 ④ 模具材质不佳,不出光 ⑤ 模具排气不良使表面局部不光泽	① 提高模温,降低料温 ② 适当提高螺杆转速或背压 ③ 降低注射速率或加大浇口 ④ 采用碳素钢或型腔表面镀铬,并用1μm金刚砂抛光 ⑤ 改善排气
银纹、剥层	① 物料含湿量过大或物料分解,形成气雾 ② 物料夹带大量气体,塑化螺杆排气不良 ③ 料筒至喷嘴的温度梯度太大成剪切力过大 ④ 模腔排气不良	① 干燥,降低料温 ② 采用粒料或粒子尺寸适合的粒料,增大螺杆背压或选用较大压缩比螺杆 ③ 提高喷嘴温度或降低注射速率 ④ 调整排气隙大小及位置

续表

表观缺陷	原　因	解决途径
翘曲	① 分子取向使各向收缩率不同 ② 模具制品冷却不均产生热应力 ③ 顶出系统设计不当	① 快速充模和及时补缩，以解除或减小取向应力 ② 降低制品两侧型腔壁面冷却速率差，增大注射压力或延长注射和保压时间 ③ 使脱模力作用均匀
熔合痕	① 料温和模温过低 ② 熔合料流前沿受异物（如气体）阻隔	① 提高熔体温度和模具温度 ② 在熔合缝处开排气隙或改善模具排气
龟裂	① 分子链在应力作用下沿力的方向排列 ② 顶出力不平衡或脱模时制品与型腔间存在很大真空吸力	① 提高料温和模温，降低注射压力和速率，或成型后退火消除应力 ② 改进模具，减小顶出速率
溢边	① 合模力过小或合模系统刚性不足 ② 注射压力过高 ③ 料温或模温过高 ④ 模具刚性不足或装配不良	① 选择合模力更大和刚性好的注塑机 ② 降低注射压力或采用多次增加注射，以降低料流速率头的冲击，或改变保压切换点 ③ 降低料温和模温 ④ 模具进行硬化处理，或更换模材料，或修改设计
模具型腔尺寸精度正确而制品尺寸误差很大	① 模具刚性不足 ② 模具温度过高，或冷却定型时间不足 ③ 注射压力太低或补缩不足	① 选用刚性好、热处理后能达到 Rc60 以上的材料 ② 降低模温，延长冷却时间 ③ 增大注射压和保压压力并延长保压时间

6.5 硬质 PVC 压延制品成型

6.5.1 设备

PVC 的压延制品占 PVC 制品产量的 1/5，其制品包括压延的硬质 PVC 片材、透明片材、板材、地板砖以及复合和增强板材等。

压延是将混合好的 PVC 树脂和助剂，转变为均匀的片材。在原理上，将物料加热至一定的温度，使其成为流动状态，经过辊压为片材。通常硬质 PVC 的压延工艺包括混料、熔融、辊压和定型四个部分。典型的压延工艺

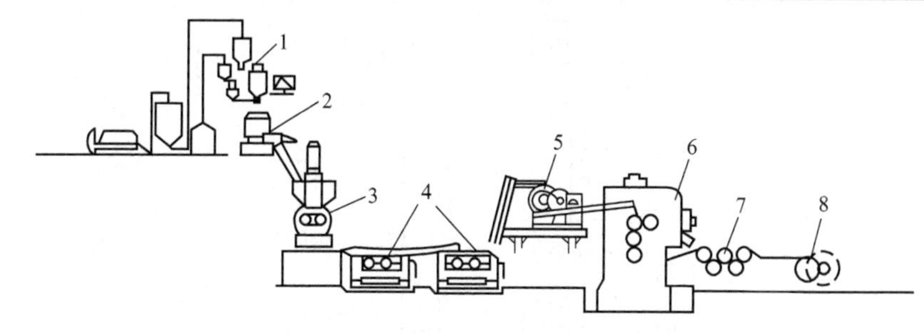

■图 6-101 典型硬质 PVC 压延生产线示意图

1—自动配料装置；2—高速混合机；3—密炼机；4—开放式双辊塑炼机；
5—供料器；6—压延机；7—冷拉辊；8—收卷机

如图 6-101 所示。

一条典型的 PVC 压延制品生产线由捏合机、密炼机、开炼机、喂料机、压延机、压花辊、检验台和卷曲设备等组成，可大致划分为混炼机械，压延机械和辅助机械三大部分。

6.5.1.1 混炼机械

由 PVC 树脂、增塑剂、稳定剂组成的混合物料，在压延之前首先要进行混炼，以使各组分之间分散均匀，并进行塑化。混炼过程分为混合和塑炼，分别由混合机械和塑炼机械完成。

(1) 混合机械 混合机械有低速捏合机（开放式混合机）和高速捏合机两类。

(2) 塑炼机械 目前在生产中比较常用的塑炼机械有密炼机、开炼机和挤出混炼机等。混炼机械及混炼过程已介绍过了，这里不再讨论。

6.5.1.2 压延机械

在整条压延成型生产线中，压延机械是将热塑性塑料压延成型的主要设备，它主要是通过若干个辊筒相向旋转，使混合物料受到辊筒的挤压和相互之间的摩擦，使得产品基本定型。

用压延工艺生成的制品质量高、产量大、生产连续。在我国，压延成型的 PVC 制品的产量已仅次于挤出法，居第二位。压延机体积庞大、投资多、维修复杂，而且压延机的制造技术要求高。

压延辊（或称辊筒）是压延机的主要部件，它的排列方式很多，对于四辊压延机来说，一般有 I 型（立式二辊、立式三辊和立式四辊）、L 型、Z 型、S 型（见图 6-102）。辊筒的排列方式不同，对制品的影响很大。四辊倒 L 型压延机上物料压延状态示意图 6-103。

辊筒通常用冷硬铸铁制成（也有用合金钢），表面粗糙度要求在 0.10～0.012mm 之间，粗糙度数值越小，制品的表面质量越好。辊筒的长径比（L/D）一般在 2.5～3.0 之间，一般软制品的 L/D 取 2.5～2.7，PVC-U 的 L/D 取 2.0～2.2。

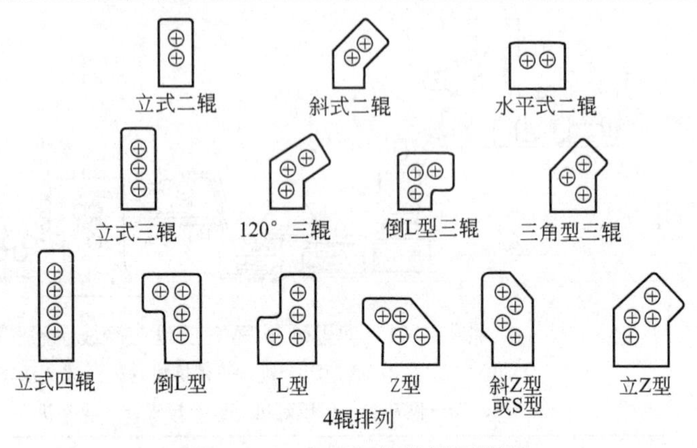

■图 6-102 压延机辊筒排列简图

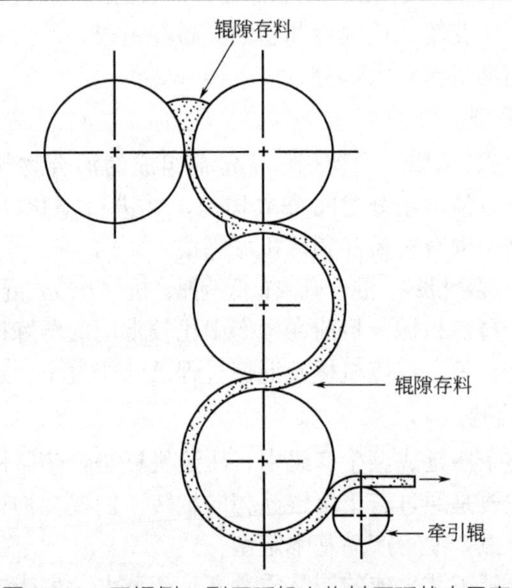

■图 6-103 四辊倒 L 型压延机上物料压延状态示意图

压延成型一般需要在一定的温度下进行，目前辊筒的加热系统一般采用钻孔式，载热体流道与辊筒表面较接近，并且沿辊筒周围和有效长度均匀分布，因此表面温差小，温度稳定。

6.5.1.3 辅助机械

辅助机械包括引离辊、轧花装置、冷却装置、检验装置和卷取装置。

6.5.2 压延制品

硬质 PVC 压延制品主要有硬质 PVC 透明片材、半硬质 PVC 压延地板、复合塑料装饰板和发泡板。

6.5.2.1 硬质 PVC 压延透明片材

(1) 硬质 PVC 压延透明片的用途与配方要点 硬质 PVC 压延透明片具有透明度高，二次加工性能好、价格适中等优点。广泛用于包装行业，如日常生活用品、服装及食品医药等商品的包装。

硬质 PVC 压延透明片材有多种用途，一般将其分为普通级、食品级和医药级三类。使用场合不同，其配方也有区别。

普通级硬质 PVC 透明片材，要求具有高透明度，一定的拉伸强度、冲击强度、硬度、热变形温度，以及一定的光稳定性。食品级和医药级硬质 PVC 透明片，还要求符合国家的卫生标准，如 VCM 含量等。

PVC 树脂一般选用平均聚合度（DP）800 的树脂。食品级及医药级硬质 PVC 透明片应选择卫生级（无毒）PVC 树脂，其氯乙烯残留量不超过 5×10^{-6}。

为了确保制品的高度透明，应选择有机锡、环氧大豆油等类稳定剂，特别是羧酸锡类稳定剂，它的热稳定性、透明性和光稳定性都优良。对于食品级及医药级硬质 PVC 透明片，一般选用二辛基锡类稳定剂和环氧大豆油。

在硬质 PVC 透明片中，一般都不加入增塑剂，因此片材往往较脆，为改善其冲击强度，一般需加入不影响透明度的抗冲击改性剂。

(2) 工艺过程 典型的 PVC-U 压延片材的生产流程如下。

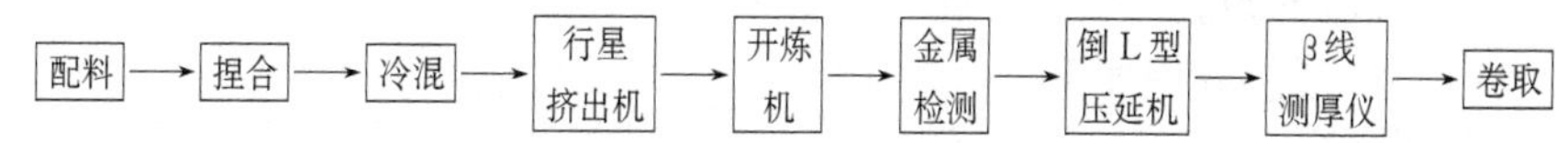

(3) 工艺参数 下面介绍一实际生产事例的工艺参数作为参考，具体生产应用时有些出入，特别是片材厚度变化大时，各个辊筒的线速率差异极大，但各种辊筒线速率的匹配关系基本是一致的。

① 捏合出料温度 100℃，冷混出料温度≤40℃。

② 行星挤出机温度 140～160℃，开炼机温度 155～165℃，辊距约 5.4mm。

③ 一号辊温 198～200℃，辊筒线速率 7.8～8.0m/min；二号辊温 198～199℃，辊筒线速度 10～11m/min；三号辊温 197～198℃，辊筒线速度 10～11m/min；四号辊温 193～195℃，辊筒线速率 11.5～12.0m/min。

④ 引离辊：1 号辊温 110～130℃，辊筒线速率 18～21m/min；2、3 号辊温 105～120℃，辊筒线速率 18.5～20.5m/min。

⑤ 研光辊温度 110～112℃，辊筒线速率约 21m/min。导辊温度～80℃。

⑥ 冷却辊：1～3 号辊温度 45～60℃，辊筒线速率～23m/min；4～6 号辊温度 40～45℃，辊筒线速率～23m/min。

6.5.2.2 半硬质 PVC 压延制品

半硬质制品是指软硬程度介于软质制品与硬质制品在之间的压延制品。

其硬度主要靠增塑剂量来调节，一般为 20%～30%。聚氯乙烯压延半硬质制品在工业、农业、建筑业、交通运输业等部门以及日常生活中都有着广泛的用途，可制成软地板、地板砖、防水卷材、屋面覆盖材料等各种制品。

许多半硬质 PVC 压延制品都不同程度地加入了各种填充剂，用得最多的是碳酸钙和高岭土两大类。

半硬质 PVC 压延制品的生产工艺流程如下。

配料 → 捏合 → 密炼 → 二辊开炼 → 压延成片 → 卷取

捏合温度 80 ～90℃，捏合时间约 10min；密炼温度 180～190℃（料温），密炼时间 8～10min；二辊混炼温度 180～195℃；压延成片温度 130～150℃。

6.5.2.3 硬质 PVC 夹层塑料装饰板

其生产时以 PVC 树脂和再生原料为主，加入填充剂、增塑剂、稳定剂等辅助材料，经塑化、压延成片、热压定型而成。已有压延设备的企业，只要添置压机，便可进行生产。

生产具有夹芯结构板，采用如下组合：表层＋内层＋木纹层。表层：厚 0.5mm，由 PVC 树脂、适量填充剂和助剂组成的片材，性能要求较高。内层：厚 2.5mm，由 PVC 树脂、再生料、填充剂和助剂组成的片材，性能要求不高，可采用前述白土及多种价廉填充剂。PVC 树脂与填充剂的比例是 1∶(1～2)。

工艺流程如下。

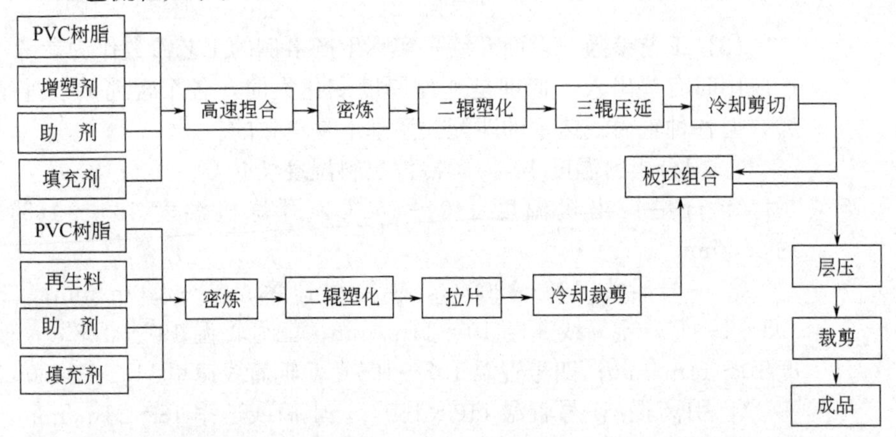

表层的原辅材料捏合温度控制在 90℃左右、捏合时间为 4～6min。

内层由于要求不高，回收料经粉碎后，可省去高速捏合一道工序，直接将各组分投入密炼机中混合密炼。密炼温度为 180～190℃，密炼时间为 8～10min。

内层由于填充剂量大，通过三辊压片较难，经二辊塑化后直接拉片。

片材经组合后进入压机中热压，主要工艺参数为温度、压力和时间。一般蒸气压力为 1.3～1.5MPa，时间根据板的厚度和叠合板的不同加以确定。

6.5.2.4 塑料地板

塑料地板具有美观质轻、耐磨、耐腐蚀、易洗等特点，用于改善居住条件、美化环境，很受人们欢迎。

下面介绍以压延法生产聚氯乙烯塑料地板（毯）的加工技术要点。

(1) 普通硬质（或半硬质）聚氯乙烯地板砖

① 配方 见表 6-73。

■表 6-73 普通 PVC 地板砖配方

原辅材料	质量份	原辅材料	质量份
聚氯乙烯（SG5，SG6）	100	增塑剂	5～20
EVA（乙烯-乙酸乙烯共聚物）	10	填充剂（白土，碳酸钙等）	300～450
稳定剂	5.5	着色剂	适量
润滑剂	2.5		

② 工艺流程如下。

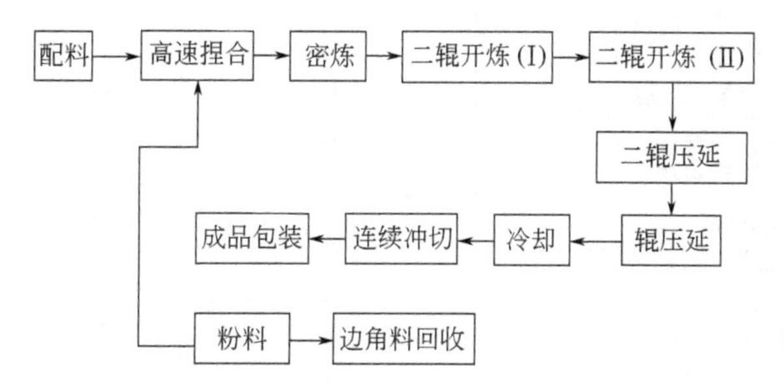

③ 工艺条件 捏合温度 100～120℃；密炼温度（壁温）150℃；二辊温度 120～175℃；三辊温度 80～90℃；主机线速率≥10m/min。

(2) 表面带有装饰膜的半硬质聚氯乙烯复合地板革

① 配方 见表 6-74。

■表 6-74 半硬质 PVC 复合地板革底层配方

原辅材料	质量份	原辅材料	质量份
聚氯乙烯（SG6）	100	填充剂（白土，碳酸钙等）	250
增塑剂	25～40	其他助剂	2
稳定剂及润滑剂	5.5		

表面装饰膜为 DVC 压延印花薄膜（仿木图案等）。其增塑剂含量 60 份左右，厚度为 0.15mm。

② 压延地板砖生产工艺流程如下。

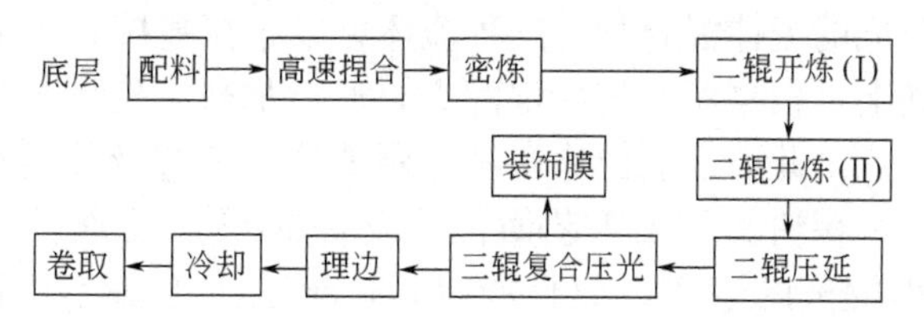

挤出地板砖生产工艺流程如下。

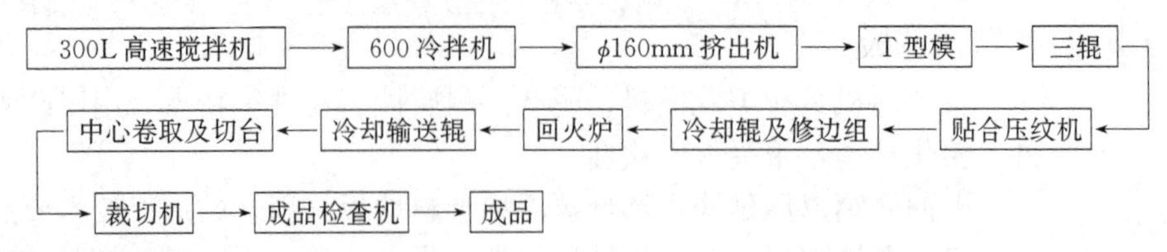

6.5.2.5 压延薄膜

压延薄膜和吹塑薄膜一样，在包装上具有极大的用途。它的制造设备和压延片材完全一样，只是把压延机的辊间距调得很小而已。压延工艺条件和压延片材的生产工艺条件也很接近。下面介绍几个压延薄膜配方，供读者参考（表 6-75）。

■表 6-75 PVC 压延薄膜参考配方　　单位：质量份

原料组成	民用薄膜≥0.3mm	雨衣薄膜	工业包装薄膜	农用薄膜
聚氯乙烯（SG4）	100	100	100	100
邻苯二甲酸二辛酯	—	5	—	—
邻苯二甲酸二仲辛酯	12	40	15	16.5
邻苯二甲酸二丁酯	12	—	—	16.5
癸二酸二辛酯	12	—	20	—
环氧脂肪酸辛酯	5	10	5	—
氯化石油酯	—	5	—	3
氯化石蜡（含氯量 52%）	10	—	—	20
硬脂酸铅	—	—	15	—
硬脂酸钡	1	1.25	1	1.2
三碱式硫酸铅	1	1.25	1	—
螯合剂	1	—	1	—
MB 防老剂	—	—	—	0.5
轻质碳酸钙	—	0.1	—	—
硬脂酸	5	—	—	—
硬脂酸镉	0.2	1.2	0.2	0.2

6.6 PVC 糊加工

目前，PVC 糊树脂的主要生产工艺有乳液法、种子乳液法、微悬浮法、种子微悬浮法、混合法等。用这些方法生产的 PVC 糊树脂都可以与增塑剂、稳定剂及其他添加剂配制成增塑糊，增塑糊是 PVC 树脂悬浮于液态增塑剂中所形成的流体混合物。这种流体可以涂在基料上，注入模具中，喷涂于物体表面上，根据所用的特定配方，通过加热，使增塑糊成为均态的 PVC 塑料制品。由此而发展出涂布法、浸渍法、搪塑及旋转成型等 PVC 糊树脂加工方法。糊树脂加工工艺简便，设备简单，投资少、成本低，适合多品种、小批量的生产，而且能得到传统加工方法不可能实现的新产品。例如：PVC 糊树脂制成的帆布，兼有防水和防火性能，是建筑工程不可少的材料；用涂布法加工成的 PVC 壁纸，既美观又大方且富有弹性，在室内装饰中占有重要地位；PVC 糊树脂涂覆钢板，具有耐腐蚀的特点，广泛应用于建材、家具、车辆和日用品；PVC 糊塑料地板，可以发泡，可以压花，也可镶嵌，经久耐用，价格便宜；煤矿难燃输送带，以高强力尼龙长丝为骨干材料，浸渍覆盖 PVC 糊树脂而制成，具有防静电、不燃烧、强度高、不分层、自身轻、寿命长等优点。PVC 糊树脂还可用于浸渍窗纱、手套、电机绝缘套等；搪塑玩具、密封垫、稻田水靴、食品包装袋在塑料制品中也占有一定比例；PVC 糊树脂经冷压烧结而成的蓄电池隔板用于汽车、飞机、轮船等蓄电池等。可以说，在生活中随时可见由糊树脂加工而成的塑料制品，随着 PVC 应用市场的逐步开发，PVC 糊树脂的用途将不断发展扩大。

6.6.1 悬浮聚氯乙烯树脂与 PVC 糊树脂加工方法的比较

悬浮 PVC 树脂的加工工序

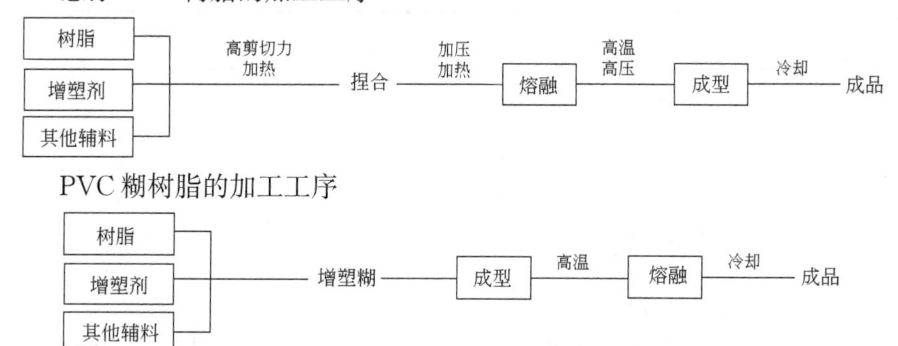

糊树脂制备成增塑糊，不需经过加热和高剪切力的捏合。增塑糊是均质分散液，在基材上或各种形状的模具中，不必加压可先成型后再加热熔融。而 PVC 悬浮树脂加工必须熔融后才能成型，这是糊树脂与悬浮树脂在加工方法上的最大区别。

6.6.2 PVC 糊制品的加工方法

6.6.2.1 涂刮法

涂刮法可制贴墙材料、人造革、篷布、软垫地板、地毯背衬、卷材涂塑。涂刮法工艺如图 6-104 及图 6-105 所示。制品厚度受坯料与刮刀或涂辊的间隙控制。涂刮法投资少，比逆辊涂布法更受欢迎。

牛鼻子滚刀适用于布基涂刮速率 30m/min 以上的高速涂布；逆辊涂布机的辊速必须根据增塑糊的要求加以调节，涂层厚度是受 B 辊/坯料的速比控制的，厚度控制良好。

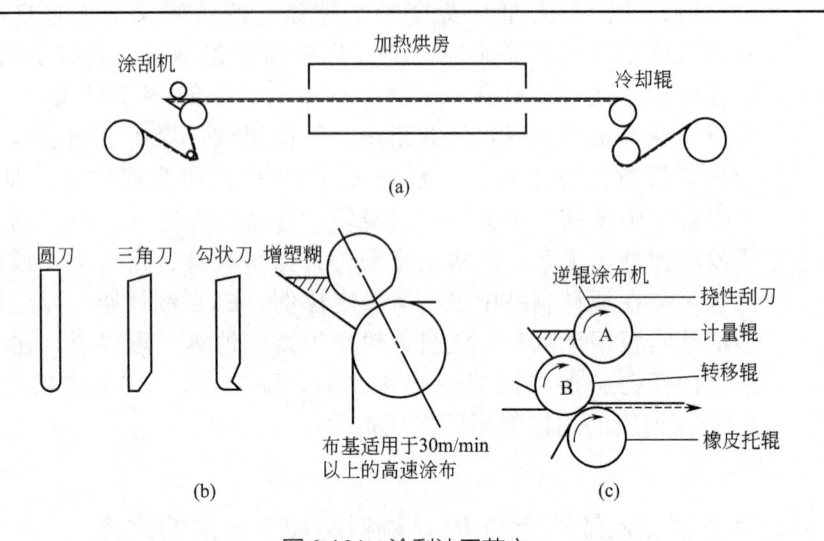

■图 6-104 涂刮法工艺之一

(a)涂刮法工艺流程;(b)各类刀涂机的刀形状;(c)逆辊涂布机示意

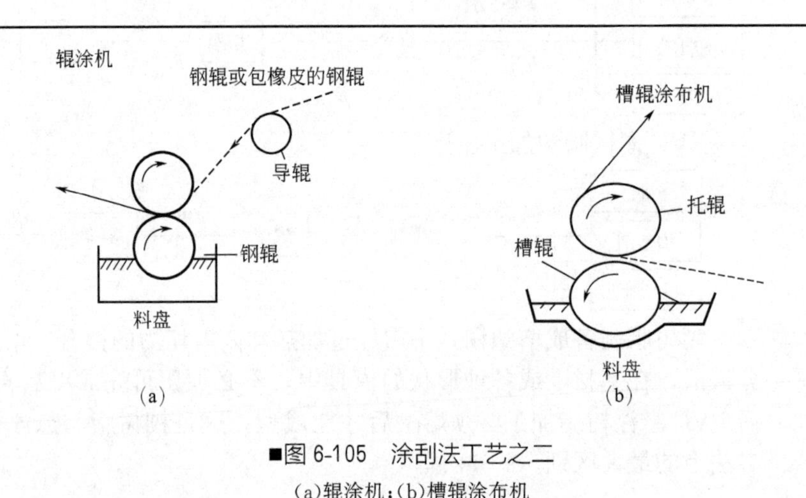

■图 6-105 涂刮法工艺之二

(a)辊涂机;(b)槽辊涂布机

6.6.2.2 丝网印刷法

如图 6-106 所示，丝网印刷法可以制得多色、多层制品，如贴墙材料、台布等，增塑糊通过丝网转移到坯料上。涂层厚度受丝网品种和橡皮刮板条件的控制。

6.6.2.3 泡沫成型

泡沫成型包括常压发泡法、机械发泡法和高压发泡法三种。

① 常压发泡法 可制贴墙材料、软垫地板。增塑糊配方中加入偶氮二甲酰胺（ADCA）发泡剂和催发剂，发泡倍率受 ADCA 发泡剂控制。

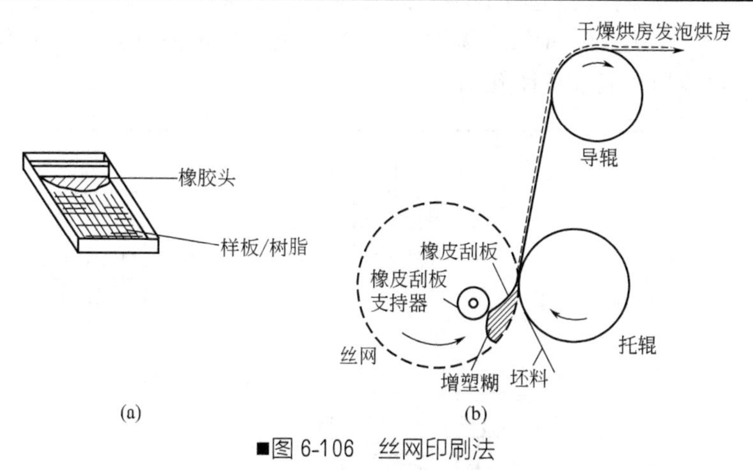

■图 6-106　丝网印刷法

(a)平网，用于小批量生产厂；(b)旋转网(连续旋转)，主要用于生产贴墙材料和台布等产品

② 机械发泡法　主要生产地毯衬，用机械方法将空气通入增塑糊，可以取得开孔结构的制品，发泡倍率受通入空气量控制。机械发泡法工艺如图 6-107。

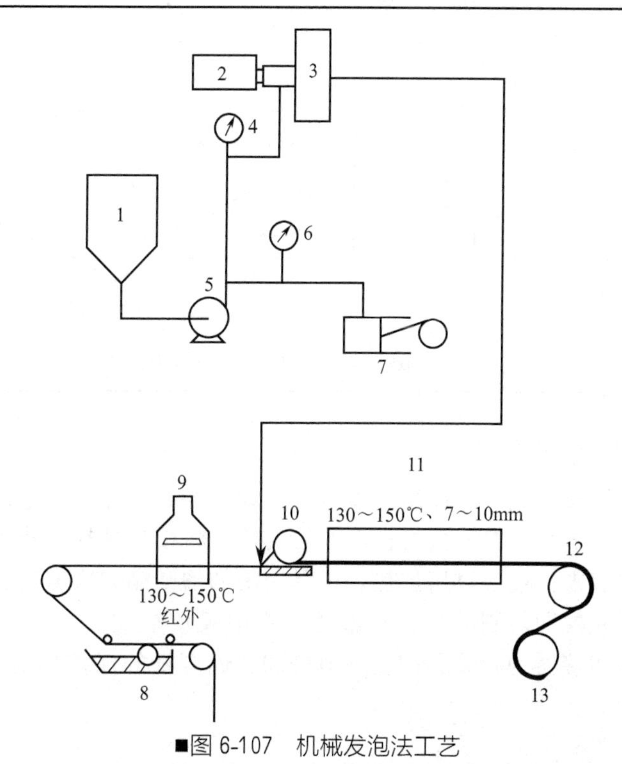

■图 6-107　机械发泡法工艺

1—增塑糊储槽；2—混炼机；3—混炼头；4—背压表；5—供料泵；6—空气流量表；7—空压机；8—预涂机(必要时，要先将基材预涂)；9—预热器；10—涂布机；11—加热供房；12—冷却辊；13—收卷辊

③ 高压发泡法　生产渔具浮子、泡沫塑料等，工艺流程如图 6-108 所示。压力 14.7MPa，温度>180℃。模具中的发泡剂分解后溶入增塑糊中，可以取得高发泡闭孔结构。

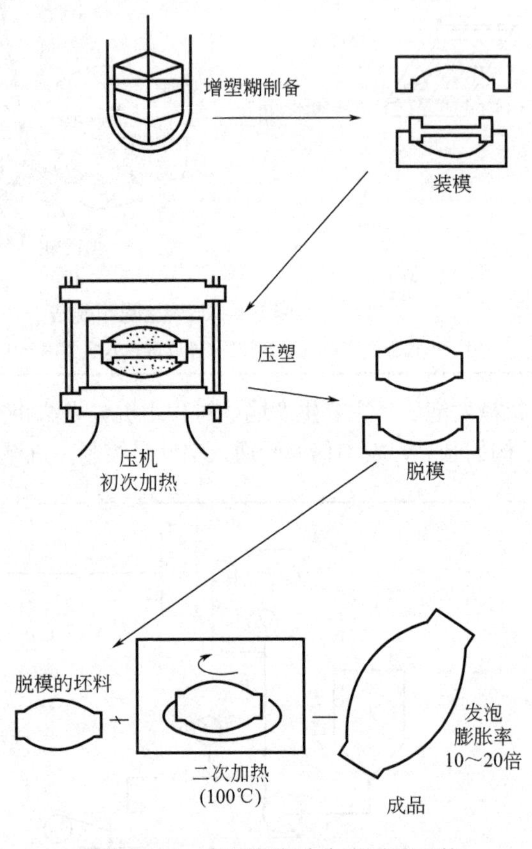

■图 6-108　高压发泡法生产浮子工艺

6.6.2.4 浸塑法

浸塑法又称浸涂法、浸渍法，如图 6-109 所示，可制帆布、手套、保护涂层、电线、电气接线柱、配线夹等。将模具预热后浸入增塑糊储槽中，然后拉起来；投入烘房加热，模具周围的增塑糊即成熔融、塑化成凝胶体，冷却后脱模即得制品。用浸塑法使用阳膜重复性极佳，因此可造螺丝的保护帽，连接器的套管和护套，电杆和交通灯杆的保护帽盖，电器配线的帽盖、瓶盖等。

6.6.2.5 滚塑法

滚塑法可用于生产玩具、汽车内装饰等。将一定量的增塑糊置于模内，模具双轴旋转，而将增塑糊均匀分配到模壁上，可制得中空制品，厚度受增塑糊投入量控制。滚塑法的生产工艺见图 6-110。

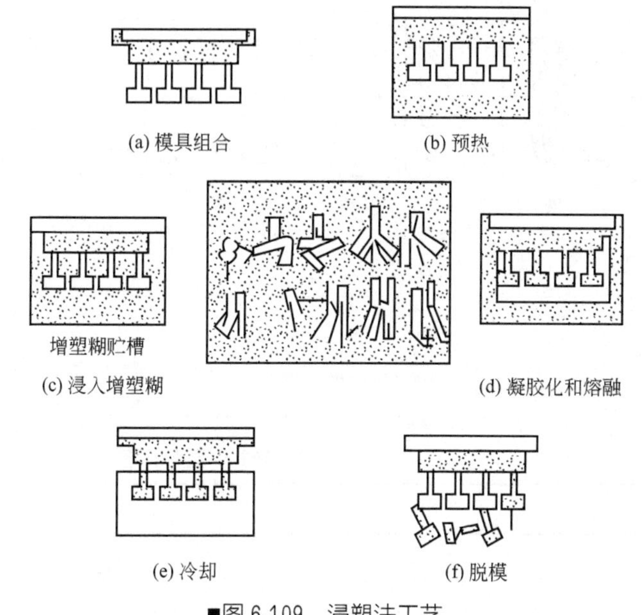

■图 6-109 浸塑法工艺

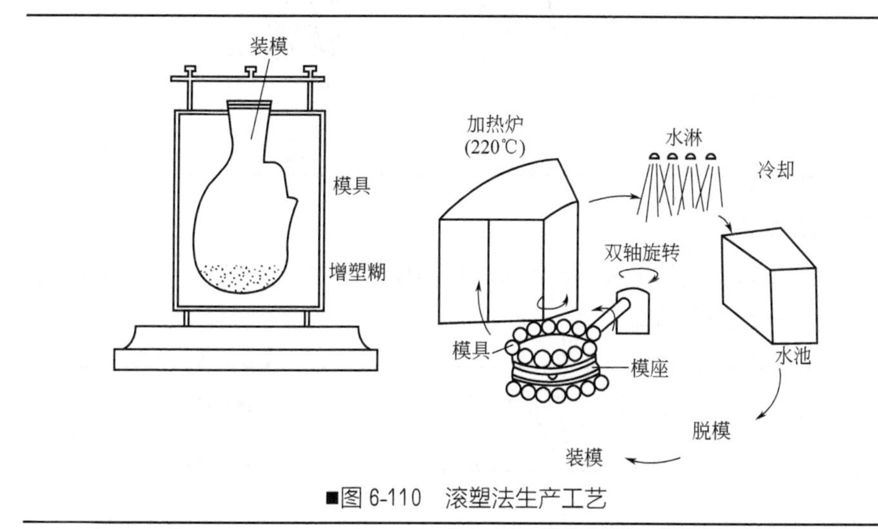

■图 6-110 滚塑法生产工艺

6.6.2.6 搪塑法

搪塑法工艺如图 6-111 所示，可用于生产船艇、汽车内装饰品、玩具。模具装好增塑糊，经过加热，增塑糊即成胶化体，贴住模壁，未胶化的增塑糊排出后回用。

6.6.2.7 喷塑法

喷塑法如图 6-112 所示，适用于汽车底盘涂层。增塑糊用无气喷枪喷涂。

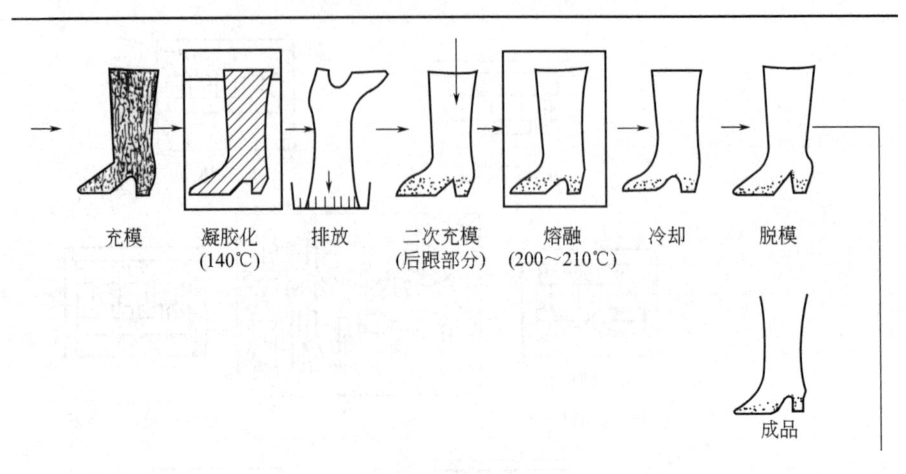

■图 6-111 搪塑工艺

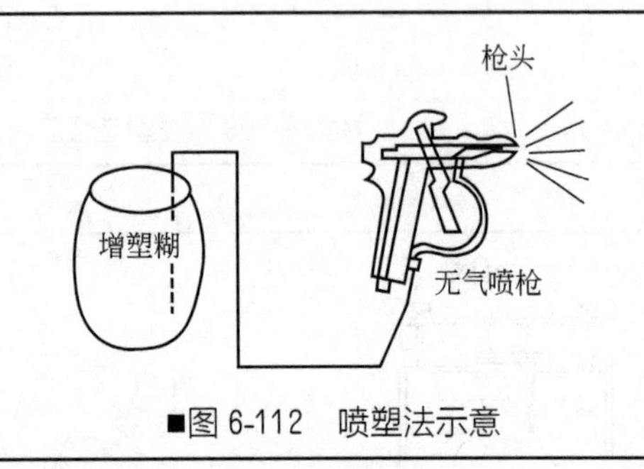

■图 6-112 喷塑法示意

6.6.2.8 铸塑法

铸塑法如图 6-113 所示，可制擦字橡皮、玩具、诱饵。敞口模具装好增塑糊后加热即成。

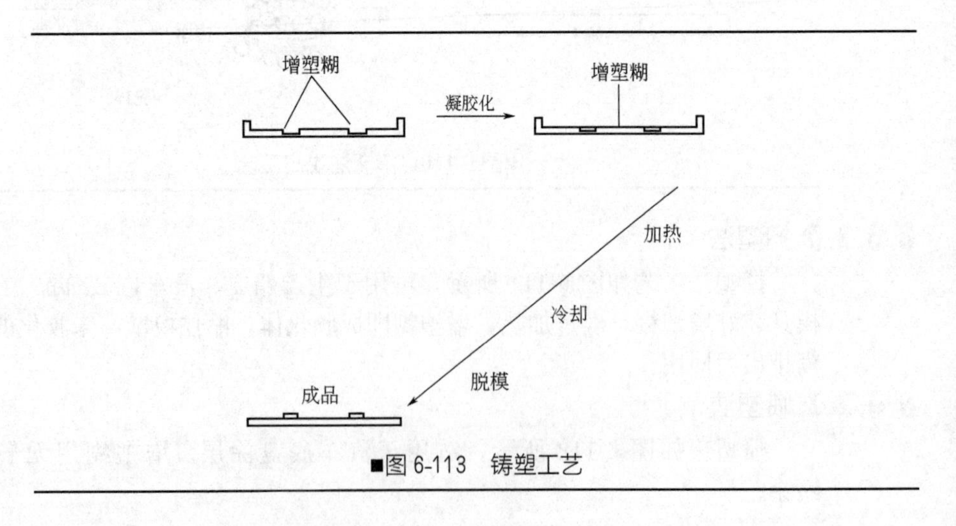

■图 6-113 铸塑工艺

6.6.2.9 包覆法

包覆法可制窗纱等网类制品。让金属丝束或纤维束通入增塑糊储槽，增塑糊即黏附在金属丝束或纤维束上，加热固化。

6.6.3 PVC 糊制品

6.6.3.1 地板

PVC 糊地板由基层、发泡层和面层三层叠合而成，各层的配方组成如下。

(1) 基层 高填充剂含量，以降低成本，其参考配方如下（质量份）。

糊树脂（低糊黏度，K=60～70）	50 份
氯化石蜡	30～20 份
掺混树脂	50 份
$CaCO_3$ 填充剂（低吸油性）	400 份
DOP	70～80 份
液体 Ba-Zn 稳定剂	0.5 份

以上配方也可以作为一般中间层。

(2) 发泡层 选用掺混树脂降低糊黏度，便于发泡，尤其可提高泡沫层回弹力。其参考配方见表 6-76。

■表 6-76 发泡层配方 单位：质量份

项目	1	2	3	4
糊树脂（低糊黏度，K =68）	70	70	60	60
掺混树脂	30	30	40	40
DBP	20	0～10	—	—
DOP	25	40～50	45	50
TXIB		—	5	—
十二烷基苯	5	5	—	—
氯化石蜡	5	—	—	—
发泡糊（偶氮二甲酰胺：DOP=1：1）	4～6	2.5	2.5	2.5
ZnO 配料（与 DOP 1：2）	3～6	0.5	1	1
$CaCO_3$（低油数）	25～50	10	10	10
TiO_2		10	—	5
颜料	适量	—	—	—

(3) 面层 选用掺混树脂，降低增塑剂用量以提高面层硬度和抗磨性，并可减少污染。参考配方见表 6-77。

6.6.3.2 人造革

旅游商品工业中需用硬发泡人造革，而其面层配方根据所需硬度及抗磨性进行调整，参考配方见表 6-78。

■表 6-77 面层参考配方 单位：质量份

组 成	配方Ⅰ	配方Ⅱ	配方Ⅲ③
微悬浮糊树脂	33①		60④
乳液低吸水性糊树脂（K＝70～80）	33②	60	
掺混树脂	34	40	40⑤
DOP	—	30～45	45
DBP	35	0～15	—
TXIB			5
十二烷基苯	7	5	
环氧增塑剂	2	3	—
有机锡稳定剂	1	—	—
Ba-Zn 稳定剂	—	3	3
紫外线吸收剂	0.3	0.1	1
EP828	—	—	1

① 低吸水性悬浮树脂，K＝70。
② 低吸水性悬浮树脂，K＝70～80。
③ 高消光地板可用 P-470 （P-3700） 及 90BX 相混。
④ 用 R1069 牌号 （天原化工厂， 高聚合度）。
⑤ 用 75BX 掺混树脂。

■表 6-78 人造革配方 单位：质量份

组 成	硬泡人造革配方	面层人造革配方	组 成	硬泡人造革配方	面层人造革配方
低糊黏度糊树脂（K 值 68～70）	60	68～100	发泡剂（偶氮二甲酰胺：DOP=1：1）	4	—
掺混树脂	40	0～40	促进剂	1～1.5	
DBP	5		液体 Ba-Cd-Zn 稳定剂		2
DOP	35	40～60	颜料		适量

6.6.3.3 手套

以出租汽车司机使用手套为例，这种手套要求糊有足够低黏度，以便蘸塑时涂层较薄，同时又不允许其黏度过低而造成糊透过纤维，其配方如下(质量份)：

糊树脂（K 值为 70）	70	环氧增塑剂	3
掺混树脂	30	有机锡稳定剂	1～2
DOP	65～130	颜料	适量
DBP	0～60		

6.6.3.4 玩具

要求成品有一定自身支撑性，而糊又必须易流动，便于用泵输送和顺利流入模具花纹内。其硬、软质参考配方见表 6-79。

■表 6-79 PVC 玩具用配方　　单位：质量份

组　成	软质配方	硬质配方	组　成	软质配方	硬质配方
糊树脂	80①	60②	Ca-Zn 稳定剂	3	3
掺混树脂	20	40	环氧增塑剂	2	2
75BX	65	10	TXIB 增塑剂③	—	5
DOP	—	15	DeO-BaSe④	—	7
DOA	15	10			
$CaCO_3$					

① 用 P440 树脂。
② 用 P415 树脂。
③ TXIB 为 2,2,4 三甲基戊二醇-1,3-二异丁酸酯。
④ DeO-BaSe 是去臭煤油。

6.6.3.5 地毯基层

一般要求有一定质量、耐磨、低温熔融及绒毛固着性等，参考配方（质量份）见表 6-80。

■表 6-80 地毯基层用配方　　单位：质量份

组成	一般配方	低温成型配方	机械发泡配方	组成	一般配方	低温成型配方	机械发泡配方
糊树脂 P415	80①	80②	70③	环氧增塑剂	3	3	3
掺混树脂 75BX	20	20	30	稳定剂	3	3	3
DOP	50	70	70	颜料适量	适量	适量	—
DBP	20	—	—	SH-1250	—	—	4
$CaCO_3$（10μm）	60	60	30				

① 用 P415 树脂。
② 用 P400 树脂。
③ 用 P440 树脂。

6.6.3.6 靴

参考配方（质量份）。

糊树脂	80	环氧增塑剂	2
掺混树脂	20	Ba-Zn-Sn 稳定剂	4
DOP	80	$CaCO_3$	10

6.6.3.7 汽车零件

汽车零件如头靠、臂靠等，（热蘸涂工艺）参考配方（质量份）。

糊树脂 P410	80	Ba-Zn 稳定剂	3
掺混树脂 75BX	20	环氧增塑剂	3
DOP	65	$CaCO_3$	10

6.6.3.8 壁纸

使用掺混树脂可获得消光型壁纸并可提高涂刮速率。参考配方（质量份）。

糊树脂（P450）	80～90	TiO_2	10
掺混树脂	10～20	ADCA	3
DOP	60	$CaCO_3$	50
Ca-Zn 稳定剂	3		

6.6.3.9 喷涂料

掺混树脂加入主要改善其涂料在高速喷涂时的流动性，并保持糊陈放黏度相对稳定性。喷涂料参考配方（质量份）。

糊树脂（黏度为 1.16 相当 P=1650）	80	DOS	15
掺混树脂（黏度 0.83 相当 P=885）	20	环氧酯	5
		二碱式亚磷酸铅	10～20
		钛白粉分散糊	5
DOP	35	氧化硅细粉	1～3

6.6.3.10 汽车底盘

涂料配方（质量份）。

糊树脂（P500）	40	稳定剂	5
糊树脂（P440）	30	黏结剂	5
掺混树脂 85BX	30	稀释剂	10
DOP	120	$CaCO_3$	200

参考文献

[1] 潘祖仁，邱文豹，王贵恒．塑料工业手册 聚氯乙烯分册．北京：化学工业出版社，1999，494.

[2] 魏先勋．环境工程设计手册（修订版）. 长沙：湖南科学技术出版社，2002：585～588.

[3] 赵劲松，付志敏．聚氯乙烯静音排水管及其制备方法．ZL03135574. 9.

[4] 赵劲松，付志敏．单层壁聚氯乙烯静音排水管．ZL2008100692492.

[5] 赵劲松，郑开顾，付志敏等．隔声质量定律建筑降噪排水管中的应用．聚氯乙烯，2007（4）：15～18，21.

[6] 赵劲松，付志敏．隔声质量定律在建筑用 PVC-U 排水管中的应用．化学建材，2008，24（3）：5～6.

[7] 付志敏．内螺旋降噪声排水管．ZL01247134. 8.

[8] 付志敏，赵劲松．亲水内壁旋流降噪三通．ZL01214603.

[9] Franz Joset Dany，Erftstadt，Mietens，Efferen；Koln-K；ettenberg. Process for Imparting Antistatic properties to plastics. USP4，097，656. 1987.

[10] 赵劲松．煤矿用抗静电管的制造．塑料助剂与配方设计技术．第二版．北京：化学工业出版社，2005：511-520.

[11] 赵劲松．金属/塑料复合管制造方法．腐蚀与防护，1992，13（6）：321.

[12] 小关进．ライニンプ用氯化ビニル树脂系管とその制造方法．特开平 4—331147.

[13] L I 纳斯主编．聚氯乙烯大全．第三卷．韩宝仁，卢允文译．北京：化学工业出版社，1987.

[14] 平塚雄治，“木质系窗”，特开 2002—225008.

[15] 赵劲松，付志敏．“一种塑竹门/窗”．ZL200620110634. 3

第7章 聚氯乙烯塑料加工配方

本章收集了国内外发布的有关聚氯乙烯塑料配方。第6章所推荐的配方，大部分是国内已经实际生产的配方，可以直接用于生产。本章的配方，多是国外文献资料配方，特别是外国专利配方，对我国的加工设备性能和加工助剂质量状况不尽适应，在具体应用过程中，尚需作一些小的调整。另外，在配方分类上，为了照顾原文（或原专利文献）的真实情况，似乎不太严谨，请原谅。

7.1 硬质聚氯乙烯配方

7.1.1 硬质聚氯乙烯挤出管材配方（表7-1～表7-4）

■表7-1 硬质PVC管材和护墙板用配方 单位：质量份

组 成	管材用	双螺杆挤管	双螺杆挤护墙板
PVC树脂（[η]=0.9～0.94）	100	100	100
MBS冲击改性剂	0～10	0～8.0	
丙烯酸类加工助剂	0～3	0～1.6	0～3.0
改性丙烯酸类冲击改性剂	—	—	3.0～10
硫醇锡稳定剂	1.0～2.5	0.2～1.0	1.5～2.5
硬脂酸钙	1.0～2.0	0.4～1.1	0.5～2.0
氯化聚乙烯	0～0.5	1.0～1.5	—
脂肪酸酯类	—	—	0～2.0
二氧化钛（颜料）	0.5～3.0	0.5～3.0	3～5
硬脂酸盐涂覆碳酸钙	0～5.0	0～5.0	—

■表7-2 硬质通用型、高冲击、耐酸管配方 单位：质量份

组 成	通用	高冲击	耐酸
聚氯乙烯树脂	100	100	100
三碱式硫酸铅	4	4.5	4
硬脂酸铅	0.5	0.7	0.5
硬脂酸钡	1.2	0.7	1.2

续表

组　　成	通用	高冲击	耐酸
硬脂酸钙	0.8	—	0.8
石蜡	0.8	0.7	0.5
硫酸钡	10	—	—
ABS	—	10	—

■表 7-3　聚氯乙烯钙塑管、导热管和上水管配方　　单位：质量份

组　　成	钙塑管	导热管		上水管
PVC4 型	100	100	100	100
氯化聚乙烯	5～10	—	—	—
MBS	—	—	—	5～10
邻苯二甲酸二辛酯		5	—	0～5
邻苯二甲酸二丁酯		5	—	
烷基磺酸苯酯		—	9～10	
双（硫代甘醇酸异丁酯）二正辛基锡	—	—	—	2.5～3
三碱式硫酸铅	4	3.5	3.5	
硬脂酸正丁酯	—	—	—	1
硬脂酸铅	0.4	0.7	0.7	
硬脂酸钙	—	—	—	1
硬脂酸钡	1.5	1.5	1	
硬脂酸		1.5	—	
碳酸钙	30			1
石蜡	0.8	—	1.0	—
粉状石墨	—	115.2	115	—

■表 7-4　国外无毒上水管的参考配方　　单位：质量份

组　　成	无毒	大口径	耐压	高冲击
聚氯乙烯树脂$\overline{P}$＝1100	100	75	100	100
$\overline{P}$＝800	—	25	—	—
双（硫代甘醇酸异辛酯）二甲基锡	0.5	2.5	0.5	—
双（硫代甘醇酸异辛酯）二辛基锡	—	1.5	—	—
MBS	—	—	—	10～15
三碱式硫酸铅	—	—	—	0～3
硬脂酸铅	—	—	—	0.4～0.7
二碱式硬脂酸铅				0.5～1
硬脂酸钙	1～1.5	2	0.8	0.5～0.8
碳酸钙	1～3	—	1	—
钛白粉（金红石型）	0～1	—	1	—
OP 蜡（褐煤酯蜡）	1	0.3	—	—
硬脂酸	—	—	—	0.5～0.8
聚乙烯蜡（$\overline{M}$＝8000～12000）	—	0.5	—	—
氧化聚乙烯蜡	—	—	0.15	—
精蜡	—	0.5	1	—
丙烯酸酯（加工改性剂）	—	2	—	—

7.1.2 硬质聚氯乙烯异型材配方（表 7-5 ~ 表 7-9）

■表 7-5 单螺杆挤出硬质 PVC 型材、膜片专用料配方 单位：质量份

组成	异型材用方粒料	发泡型材用干混料	膜、片用方粒料
PVC 树脂 [η] > 0.9	100	100	100
MBS 或 ABS 冲击改性剂	6.0～10.0		
丙烯酸类加工助剂	4.0～8.0	2.0～5.0	10～12
氯化聚乙烯冲击改性剂	—	0～10.0	
硫醇锡热稳定剂	1.5～2.5	1.0～3.0	1.5～2.0
硬脂酸钡	—	—	0.5
硬脂酸钙	1.5～2.5	1.0～2.0	
74℃石蜡		1.0～1.5	
脂肪酸酯类润滑剂	1.5～2.5	—	
硬脂酸	—	—	0.25
颜料	0.5～20.0	0～15.0	2.0～5.0
硬脂酸酯涂覆的碳酸钙（填料）	0～10.0	0～10.0	0～5.0
偶氮二甲酰胺发泡剂	—	1.0	—

■表 7-6 高填充硬聚氯乙烯塑料门窗配方 单位：质量份

组成	1	2	组成	1	2
聚氯乙烯树脂 SG-3 型	100	100	硬脂酸铅	1	1
邻苯二甲酸二丁酯	10	10	石蜡	1	1
三碱式硫酸铅	3	3	木粉	40	—
二碱式亚磷酸铅	1.5	1.5	赤泥	—	40
硬脂酸钡	1	1			

■表 7-7 窗框配方 （国外参考配方） 单位：质量份

组成	份数	组成	份数
聚氯乙烯树脂 P1100	100	钡-镉高效稳定剂（门窗专用）	2～2.5
抗冲击改性剂（ACR、EVA、CPE）	6～8	合成酯蜡复合润滑剂	1～1.5
环氧大豆油	1	钛白粉（金红石型）	3～5
亚磷酸酯	0.5	磨细碳酸钙	2～4

■表 7-8 硬质聚氯乙烯通用异型材配方 单位：质量份

组成	透明	不透明	组成	透明	不透明
聚氯乙烯树脂 SG-4 型	100	100	二碱式亚磷酸铅	—	1
MBS	6	—	硬脂酸铅	—	0.5
ACR 或 CPE	—	6	硬脂酸钡	—	0.5
马来酸单丁酯二丁基锡	2	—	硬脂酸正丁酯	1	—
月桂酸二丁基锡	0.5	—	OP 蜡	0.3	—
三碱式硫酸铅	—	2	硬脂酸	0.5	0.3

■表 7-9 硬质聚氯乙烯低发泡型材配方 单位：质量份

组 成	1	2	组 成	1	2
聚氯乙烯树脂 P800	100	100	氧化聚乙烯	—	0.2
丙烯酸酯树脂（ACR）	5	—	氯化石蜡	3	—
MBS 或 ABS	—	7	轻质碳酸钙	2	1
三碱式硫酸铅	3	—	石蜡	—	0.7
硬脂酸铅	0.8	—	偶氮二甲酰胺	0.5	—
双(硫代甘醇酸异辛酯)二正辛基锡	—	2	改性偶氮二甲酰胺	—	0.5
硬脂酸钙	—	1.2			

7.1.3 聚氯乙烯板材、片材和膜片配方（表 7-10 ~ 表 7-12）

■表 7-10 用层压法制造聚氯乙烯硬板配方 单位：质量份

组 成	透明	不透明	组 成	透明	不透明
聚氯乙烯树脂 SG-5 型	100	100	月桂酸二丁基锡	—	0.5
三碱式硫酸铅	3 ~ 4	—	硬脂酸钙	—	0.5
硬脂酸钡	2	—	石蜡	0.5	—
双（硫代甘醇酸异辛酯）二正辛基锡	—	2.5	OP 蜡	—	0.5

■表 7-11 用挤出法制造聚氯乙烯板、片和膜配方 单位：质量份

组 成	不透明	半透明	无色透明	户外透明	组 成	不透明	半透明	无色透明	户外透明
聚氯乙烯树脂 SG-5 或 SG-6	100	100	100	100	马来酸单丁酯二丁基锡	—	—	—	2.5
邻苯二甲酸二辛酯	3	4	—	—	月桂酸二正辛基锡	—	—	0.3	—
三碱式硫酸铅	3	—	—	—	硬脂酸正丁酯	—	—	—	0.5
二碱式亚磷酸铅	1.5	—	—	—	石蜡	—	0.5	—	—
硬脂酸铅	0.7		—	—	OP 蜡	—	—	0.2	0.3
硬脂酸钡	0.8	1	—	—	硬脂醇	—	—	0.5	0.5
硬脂酸镉	—	0.5	—	—	硬脂酸	—	—	0.5	—
月桂酸二丁基锡	—	4	—	0.3	丙烯酸酯加工改性剂	—	—	2	—
双(硫代甘醇酸异辛酯)二正辛基锡	—	—	2.5	—	碳酸钙	6	—	—	—

■表 7-12 国外挤出法低发泡硬质 PVC 板材或型材参考配方 单位：质量份

组 成	结皮法	自由发泡法	组 成	结皮法	自由发泡法
聚氯乙烯树脂$k=55\sim60$	100	100	钛白粉（金红石型）	3	2
抗冲击改性树脂	8	8	碳酸钙	2	5
加工改性树脂(丙烯酸酯)	8	5	合成酯蜡	1.5	1.5
环氧妥尔油酸辛酯	1	2	偶氮二甲酰胺	3	—
亚磷酸酯	0.5	0.5	碳酸氢钠	—	0.3
钡-镉高效稳定剂	2.5	2.5	柠檬酸	0.3	—
邻苯二甲酸二辛酯	—	2			

7.1.4 压延聚氯乙烯硬片、硬膜配方（表 7-13 ~ 表 7-15）

■表 7-13　压延片、膜配方　　单位：质量份

组　　成	透明	半透明	不透明	组　　成	透明	半透明	不透明
聚氯乙烯树脂 SG-5 型	100	100	100	液体钡-镉-锌稳定剂	—	2	—
邻苯二甲酸二辛酯	0.5 ~ 1	2	—	月桂酸二丁基锡复合物	—	2	—
环氧大豆油	1 ~ 3	3	—	三碱式硫酸铅	—	—	3
双(硫代甘醇酸异辛酯)二正辛基锡	2	—	—	二碱式亚磷酸铅	—	—	2
				硬脂酸	0.2	—	0.15
亚磷酸苯二异辛酯	0.5	—	—	C_{12} ~ C_{18}醇	1	—	1.5
硬脂酸钙	0.2	0.2	0.2	MBS	3 ~ 5	3 ~ 5	3 ~ 5
硬脂酸锌	0.1	0.1	0.1				

■表 7-14　扑克牌片（压延）　　单位：质量份

组　　成	份数	组　　成	份数
氯乙烯-醋酸乙烯树脂 P8000，VA11.5%	100	硬脂酸铅	1
邻苯二甲酸二辛酯	3	钛白粉（锐钛型）	10
硅酸铅	10		

■表 7-15　波形（瓦楞）板配方　　单位：质量份

组　　成	透明	半透明	不透明	组　　成	透明	半透明	不透明
聚氯乙烯树脂 SG-5 型	100	100	100	硬脂酸钡	—	1.5	—
MBS	5	5	5	硬脂酸镉	—	0.7	—
马来酸单丁酯二丁基锡	2.5	—	—	硬脂酸锌	—	0.2	—
月桂酸二丁基锡	0.5	—	—	硬脂酸正丁酯	1	—	—
三碱式硫酸铅	—	—	3	硬脂酸	0.5	—	—
二碱式亚磷酸铅	—	1.5	2	石蜡	—	—	0.5
硬脂酸铅	—	—	0.5	双酚 A	—	0.2	—
亚磷酸三苯酯	—	0.7	0.7	二羟基四甲氧基二苯甲酮	0.1	0.3	—

7.1.5 硬质聚氯乙烯吹塑薄膜（准确地说应是挤出吹塑薄膜）配方（表 7-16、表 7-17）

■表 7-16　糖纸、硬和半硬热收缩膜　　单位：质量份

组　　成	玻璃纸（糖纸）	热收缩膜		组　　成	玻璃纸（糖纸）	热收缩膜	
		硬质	半硬质			硬质	半硬质
聚氯乙烯树脂 SG-6	100	100	100	双(硫代甘醇酸异辛酯)二甲基锡	1.5	—	—
邻苯二甲酸二辛酯	—	—					

续表

组成	玻璃纸（糖纸）	热收缩膜		组成	玻璃纸（糖纸）	热收缩膜	
		硬质	半硬质			硬质	半硬质
环氧大豆油	—	—	4	双(硫代甘醇酸异辛酯)二正辛基锡	—	2.5	—
MBS	6	5	5				
钙-锌高效稳定剂	—	—	3	E蜡	—	—	1.5
月桂酸二正辛基锡	0.5	0.5	—	硬脂醇	0.3	—	—
硬脂酸正丁酯	0.5	0.5	—	硬脂酸	—	0.3	—
丙烯酸酯加工改性剂	1～2	1～2	1～2	蓝色颜料	适量	适量	适量

■表 7-17　半硬质吹塑薄膜配方　　单位：质量份

组成	1	2	组成	1	2
聚氯乙烯树脂 SG-5 或 SG-6 型	100	100	MBS	5	—
邻苯二甲酸二辛酯	8	5	月桂酸二丁基锡	—	1
邻苯二甲酸二丁酯	—	5	硬脂酸钙	1	—
环氧大豆油	2	5	硬脂酸镉	—	0.6
双(硫代甘醇酸异辛酯)二正辛基锡	2.5	—	硬脂酸钡	—	0.4
马来酸单丁酯二丁基锡	—	2.5	硬脂酸	0.5	—

7.1.6 硬质聚氯乙烯挤出吹塑中空瓶类容器配方（表 7-18～表 7-22）

■表 7-18　硬质无毒硬质 PVC 瓶配方　　单位：质量份

组成	1	2	组成	1	2
聚氯乙烯树脂 SG-6 型，VCM＜5mg/kg	100	100	亚磷酸苯二异辛酯	1	—
环氧大豆油	2	2	硬脂酸正丁酯	—	1
邻苯二甲酸二辛酯	0～2	5～8	硬脂酸	0.5	0.5
MBS	5	5	蓝颜料	适量	适量
双(硫代甘醇酸异辛酯)二正辛基锡	3	2.5			

■表 7-19　高冲击无毒硬质 PVC 瓶配方　　单位：质量份

组成	1	2	组成	1	2
聚氯乙烯树脂 SG-6 型，VCM＜5mg/kg	100	100	钙-锌高效稳定剂	—	2
			褐煤酸蜡（E 蜡）	0.3	0.8
环氧大豆油	2	4	硬脂酸钙	0.3	—
双(硫代甘醇酸异辛酯)二正辛基锡或者二甲基锡	2.5（1.5）	—	丙烯酸酯	1～2	1
			MBS	12	13～15
硬脂酸正丁酯	0.5	—			

■表 7-20 化妆品用硬质 PVC 瓶配方 单位：质量份

组 成	份数	组 成	份数	组 成	份数
聚氯乙烯树脂 SG-6	100	月桂酸二丁基锡	1～2	硬脂醇	0.5
ABS	5～10	褐煤酯蜡	0.2	硬脂酸	0.1
马来酸单丁酯二丁基锡	3				

■表 7-21 国外无毒硬质 PVC 瓶参考配方 单位：质量份

组 成	1	2	组 成	1	2
聚氯乙烯树脂 P800	100	100	亚磷酸双酚 A＝烷基 C_{12}～C_{18}酯	0.2	—
MBS	12	5～10	GH-3（润滑剂）	1	—
MMA-EA 系（加工改性剂）	1	1～3	双(硫代甘醇酸异辛酯)二甲基锡	—	1.5
环氧大豆油	3～4	2	硬脂酸钙	—	0.2
钙-锌高效稳定剂	2.5	—	HL-3100	—	0.8

■表 7-22 软质 PVC 瓶配方 单位：质量份

组 成	1	2	组 成	1	2
聚氯乙烯树脂	100	100	癸二酸二辛酯	—	6
邻苯二甲酸二辛酯	37	—	亚磷酸苯二异辛酯	1	1
环氧硬脂酸辛酯	3	—	硬脂酸	0.3	0.3
环氧大豆油	—	4	月桂酸二丁基锡复合物	3	—
邻苯二甲酸二正辛酯	—	30	双(硫代甘醇酸异辛酯)二甲基锡	—	1

7.1.7 单丝与焊条配方（表 7-23、表 7-24）

■表 7-23 硬质 PVC 绳索丝、窗纱丝、通用丝配方 单位：质量份

组 成	绳索丝	窗纱丝	通用丝	组 成	绳索丝	窗纱丝	通用丝
聚氯乙烯树脂 SG-2 型	100	100	100	月桂酸二丁基锡	—	2	1.2
邻苯二甲酸二辛酯	4	6	5	三碱式硫酸铅	1	—	—
邻苯二甲酸二丁酯	3	—	—	亚磷酸三苯酯	—	—	0.8
环氧油酸丁酯	0.4	—	4	硬脂酸	—	0.5	0.2
烷基磺酸苯酯	—	1.5	—	石蜡	0.4	—	—
钡-镉稳定剂	3	2	1.5	变压器油	0.5	—	—

■表 7-24 PVC 焊条配方 单位：质量份

组 成	硬质	软质	组 成	硬质	软质
聚氯乙烯树脂 SG-4 型	100	—	氯化石蜡	—	5～10
聚氯乙烯树脂 SG-3 型	—	100	三碱式硫酸铅	5	3
邻苯二甲酸二辛酯	7	20	硬脂酸钡	2	1
邻苯二甲酸二丁酯	—	20～25	石蜡	0.5	0.2

7.1.8 硬质聚氯乙烯棒材配方（表 7-25）

■表 7-25 聚氯乙烯棒材配方　　单位：质量份

组　　成	份数	组　　成	份数
聚氯乙烯树脂 SG-4 型	100	硬脂酸镉	0.5
环氧酯	3～4	硬脂酸钙	0.5
月桂酸二丁基锡	2～4	石蜡	0.2
硬脂酸钡	0.5		

7.1.9 硬质聚氯乙烯注塑制品的配方（表 7-26～表 7-33）

■表 7-26 通用注塑制品配方　　单位：质量份

组　　成	1	2	组　　成	1	2
聚氯乙烯树脂 SG-4 或 SG-5	100	100	硬脂酸铅	—	2
邻苯二甲酸二辛酯	4	3	硬脂酸钙	1	1
环氧酯	3	—	硬脂酸	—	1
三碱式硫酸铅	5	3	钛白粉	10	—
硬脂酸钡	1.5	—	碳酸钙	—	10

■表 7-27 雨水槽接头配方　　单位：质量份

组　　成	透明	不透明	组　　成	透明	不透明
聚氯乙烯树脂 P800	100	100	硬脂酸钙	0.5	—
环氧大豆油	3	1	硬脂酸铅	—	1
邻苯二甲酸二辛酯	—	3	硬脂酸钡	—	0.4
马来酸二丁基锡	2	—	硬脂酸镉	—	0.4
三碱式硫酸铅	—	3	OP 蜡	0.5	—

■表 7-28 注塑 PVC 管件、阀门配方　　单位：质量份

组　　成	通用	低毒	组　　成	通用	低毒
聚氯乙烯树脂 SG-5 型	100	—	硬脂酸钙	1	—
聚氯乙烯树脂 SG-3 型	—	100	马来酸单丁酯二丁基锡	—	2.3～3.5
邻苯二甲酸二辛酯	4	—	硬脂酸正丁酯	—	0.1
环氧酯	3	—	褐煤酯蜡	—	0.2
环氧大豆油	—	3	硬脂醇	—	1.0
三碱式硫酸铅	5	—	硬脂酸	—	0.1
硬脂酸钡	1.5	—	钛白粉（金红石型）	10	—

■7-29 国外PVC管件参考配方 单位：质量份

组　成	1	2	3	组　成	1	2	3
聚氯乙烯树脂k =55～60	100	100	100	钡-镉稳定剂	—	0.7	—
MBS（BTAⅢS）	—	—	0～15	硬脂酸铅	—	—	0.3～0.5
丙烯酸酯加工改性剂	2	2	—	硬脂酸钙	0.5	—	—
双(硫代甘醇酸异辛酯)二丁基锡	3	—	—	OP蜡	0.5	0.5	—
				液体石蜡	—	—	0.3～0.5
三碱式硫酸铅	—	3	2～2.5	钛白粉	—	—	0～1
二碱式亚磷酸铅	—	0.5	—	碳酸钙	2～5	3	—
二碱式硬脂酸铅	—	—	0.5～1				

■表7-30 PVC皂盒、梳子配方 单位：质量份

组　成	皂盒	梳子	组　成	皂盒	梳子
聚氯乙烯树脂SG-5型	100	100	硬脂酸镉	0.3	1
邻苯二甲酸二辛酯	7	—	亚磷酸二苯酯	1	0.5
邻苯二甲酸二丁酯	—	9.5	月桂酸二丁基锡	—	0.5
环氧脂肪酸辛酯	3	2.5	石蜡	0.1	0.2
硬脂酸钡	1.2	1			

■表7-31 PVC矿用安全帽配方 单位：质量份

组　成	份数	组　成	份数
聚氯乙烯树脂SG-4	100	二碱式亚磷酸铅	2
DOP或DBP	8～10	硬脂酸	0.5
三碱式硫酸铅	3	丁腈橡胶	10

■表7-32 半硬质注塑制品配方 单位：质量份

组　成	接线用插头	无毒长筒靴	组　成	接线用插头	无毒长筒靴
聚氯乙烯-乙酸乙烯树脂P1100,VA3%～5%	100	—	二碱式亚磷酸铅	2	—
乳液聚氯乙烯树脂P1100	—	25	硬脂酸铅	1	—
聚氯乙烯树脂	—	75	硬脂酸钙	—	0.3
邻苯二甲酸二辛酯	50	100	双(硫代甘醇酸异辛酯)二甲基锡	—	0.8
聚酯型增塑剂	15	—	月桂酸二正辛基锡	—	0.8
环氧大豆油	—	5	煅烧黏土	10	—
三碱式硫酸铅	5	—	碳酸钙	20	—

■表7-33 硬质注塑复合料（方粒料） 单位：质量份

组　成	份数	组　成	份数
聚氯乙烯树脂（0.68）	100	填料（焙烧黏土）	5.0～15.0
抗冲击改性剂（ABS）	10.0	填料（碳酸钙）	5.0～20.0
加工助剂（丙烯酸类）	2.0～8.0	润滑剂（石蜡）	0.5
稳定剂（三碱式硫酸铅）	5.0		

7.2 软质聚氯乙烯制品配方

7.2.1 软质聚氯乙烯压延薄膜配方（表7-34～表7-42）

■表7-34 耐低温防老化农用薄膜配方 单位：质量份

组 成	1	2	组 成	1	2
聚氯乙烯树脂SG-2型	100	100	硬脂酸锌	0.2	0.1
邻苯二甲酸二辛酯	35	47	双酚A	0.4	0.5
癸二酸二辛酯	10	—	2-羟基-4-甲氧基二苯甲酮	0.3	—
环氧硬脂酸辛酯	5	5	5-三嗪	—	0.3
硬脂酸钡	1.8	0.5	亚磷酸三苯酯	1	0.8
硬脂酸镉	0.6	0.3	液体钡-镉复合稳定剂	—	2

■表7-35 普通农用薄膜配方 单位：质量份

组 成	通用	防滴	组 成	通用	防滴
聚氯乙烯树脂SG-3型	100	100	液体钡-镉-锌复合稳定剂	2.5	2.5
邻苯二甲酸二辛酯	16	25	亚磷酸苯二异辛酯	0.5	0.5
邻苯二甲酸二仲辛酯	16	—	硬脂酸	0.2	—
烷基磺酸苯酯	10	10	硬脂酸甘油酯	—	2
己二酸二辛酯	5	10	木糖醇甘油酯	—	1.1
环氧酯	3	5			

■表7-36 国外农膜参考配方 单位：质量份

组 成	一般	耐老化（无镉配方）	组 成	一般	耐老化（无镉配方）
聚氯乙烯树脂300	100	100	液体钡-锌稳定剂	—	1.5
邻苯二甲酸二辛酯	33	35	固体钡-锌稳定剂	—	1
环氧酯	3	3	亚磷酸酯	—	0.5
癸二酸二辛酯	—	12	硬脂酸镉	1	—
烷基磺酸苯酯	10	3	紫外线吸收剂	—	0.1
氯化石蜡	10	—	硬脂酸	0.3～0.5	—
液体钡-镉-锌复合稳定剂	2.2				

■表7-37 耐低温柔韧性雨膜配方 单位：质量份

组 成	1	2	组 成	1	2
聚氯乙烯树脂SG-3型	100	100	液体钡或硬脂酸钡	1.5	1.25
丁腈橡胶	10	—	硬脂酸镉	—	1.2
邻苯二甲酸二辛酯	42	32	三碱式硫酸铅	0.5	—
邻苯二甲酸二丁酯	—	8	双酚A	0.3	—
癸二酸二辛酯	8	10	硬脂酸	0.2	0.2
环氧酯	5	—			

■表 7-38　普通雨衣用薄膜配方　单位：质量份

组　成	1	2	3①	组　成	1	2	3①
聚氯乙烯树脂 SG-3 型	100	100	100②	双(硫代甘醇酸异辛酯)二丁基锡			1
邻苯二甲酸二辛酯	22	25	40	硬脂酸铅	1.25	1	
邻苯二甲酸二丁酯	20	10		硬脂酸钡	1.85	1	
邻苯二甲酸二庚酯			10	硬脂酸钙			0.3
癸二酸二辛酯	10	10		硬脂酸	—	0.2	
环氧酯	—	7					

① 雨衣膜配方。

② $\overline{P}$ =1100～1300 相当于 SG3 型、SG2 型。

■表 7-39　民用透明薄膜、玩具和印花用薄膜配方　单位：质量份

组　成	民用透明薄膜		玩具和印花用薄膜		组　成	民用透明薄膜		玩具和印花用薄膜	
	1	2	1	2		1	2	1	2
聚氯乙烯树脂 SG- 3 型	100	100	100	100	氯化石蜡			5	—
邻苯二甲酸二辛酸	20	34	8	20	三碱式硫酸铅	2.5	—	2.5	0.5
邻苯二甲酸二仲辛酯			8	—	硬脂酸钡	—	1.3	1.0	1.15
邻苯二甲酸二丁酯	15	14	17	10	硬脂酸铅	—	1.3	1.0	1.25
癸二酸二辛酯	5	—	6	8	硬脂酸	0.2	0.2	0.2	0.2
烷基磺酸苯酯	8	—	5	10					

■表 7-40　半透明民用薄膜及输血膜　单位：质量份

组　成	半透明①	血袋膜	组　成	半透明①	血袋膜
聚氯乙烯树脂 SG-3 型	100	100②	硬脂酸钡	0.8	—
邻苯二甲酸二辛酯	10	—	硬脂酸铅	0.8	—
邻苯二甲酸二仲辛酯	12	—	硬脂酸钙	—	0.5
邻苯二甲酸二丁酯	14	—	三碱式硫酸铅	1	—
邻苯二甲酸二正辛酯	—	45	双(硫代甘醇酸异辛酯)二正辛基锡	—	1
环氧酯	3	—			
环氧大豆油	—	5	硬脂酸	0.2	0.3
氧化石蜡	10	—	碳酸钙	1～2	—

① 乳白民用膜可加入钛白粉 1～2 份。

② 氯乙烯单体(VCM)含量<5mg/kg。

■表 7-41　国外民用薄膜参考配方　单位：质量份

组　成	文具盒用	低成本	耐油	组　成	文具盒用	低成本	耐油
聚氯乙烯树脂 $\overline{P}$ 1100～1300	100	100	100	聚己二酸丙二醇酯	—	—	40
				氯化石蜡	—	10	—
邻苯二甲酸二辛酯	35	20	—	丁腈橡胶	5	—	—
邻苯二甲酸二庚酯	—	18	—	液体钡-镉-锌稳定剂	1.5	1.5	1.5
磷酸三甲苯酯	—	—	10				

续表

组　　成	文具盒用	低成本	耐油	组　　成	文具盒用	低成本	耐油
硬脂酸钡-镉复合稳定剂	0.5	—	1.5	亚磷酸酯	—	—	0.5
三碱式硫酸铅	—	4	—	碳酸钙	10～20	20～30	—
硬脂酸铅	—	1	—	硬脂酸	—	—	0.1

■表 7-42　工业包装薄膜典型配方　　单位：质量份

组　　成	1	2	组　　成	1	2
聚氯乙烯树脂 SG-2 型	100	100	氯化石蜡	5	—
邻苯二甲酸二辛酯	—	18	硬脂酸钡	1	0.8
邻苯二甲酸二丁酯	20	13	硬脂酸铅	1	0.8
邻苯二甲酸 C_7～C_9 酯	20	—	三碱式硫酸铅	—	1
烷基磺酸苯酯	—	10	碳酸钙	—	3
癸二酸二辛酯	—	6	硬脂酸	0.2	0.2
环氧酯	3	—			

7.2.2 软质聚氯乙烯吹塑薄膜配方（表 7-43～表 7-50）

■表 7-43　吹膜工业用薄膜配方　　单位：质量份

组　　成	透明	工业用	民用包装	组　　成	透明	工业用	民用包装
聚氯乙烯树脂 SG-3 型	100	100	100	硬脂酸钡	0.8	1.7	1
邻苯二甲酸二辛酯	14	10	12	硬脂酸镉	0.4	0.5	0.4
邻苯二甲酸二丁酯	9	10	9	亚磷酸三苯酯	—	—	0.8
烷基磺酸苯酯	—	9	—	石蜡	—	0.3	0.3
癸二酸二辛酯	—	8	4	硬脂酸单甘油酯	—	0.5	0.5
环氧酯	7	3	5	滑石粉	—	1.5	—
月桂酸二丁基锡	1.5	—	—	白油	0.3	—	—

■表 7-44　国外吹塑薄膜参考配方　　单位：质量份

组　　成	高透明	农用	组　　成	高透明	农用
聚氯乙烯树脂 $P=1100$	100	100	硬脂酸钡	0.3	1.7
邻苯二甲酸二辛酯	25	23	硬脂酸镉	0.3	0.5
环氧大豆油	5	—	石蜡	—	0.3
聚己二酸丙二醇酯	5	—	滑石粉	—	1
邻苯二甲酸二丁酯	—	11	碳酸钙	—	1
癸二酸二辛酯	—	7	硬脂酸	—	1
环氧酯	—	4	硬脂酸单甘油酯	—	0.5
二月桂酸二丁基锡	2	0.5			

■表 7-45 电缆配方 单位：质量份

绝缘级电缆组成	绝缘级	低成本	绝缘级电缆组成	绝缘级	低成本
聚氯乙烯树脂 SG-2 型	100	100	二碱式亚磷酸铅	2	—
邻苯二甲酸二辛酯	30	38	二碱式硬脂酸铅	—	2
环氧大豆油	—	3	硬脂酸钡	1	—
烷基磺酸苯酯	12	—	黏(陶)土	3～5	10
氯化石蜡	—	12	碳酸钙	—	10
三碱式硫酸铅	3	5	着色剂	适量	适量

■表 7-46 电缆护套料配方 单位：质量份

组　　成	通用级	耐低温级	耐热级	耐光级	柔软级
聚氯乙烯树脂 SG-2 型	100	100	100	100	100
增塑剂	54～60	44～50	15～20	25～30	30
耐低温增塑剂	—	10	—	—	—
耐光增塑剂	—	—	25～30	25～30	30
氯化石蜡	—	8～10	—	—	—
三碱式硫酸铅	5	5	—	4	4
二碱式亚磷酸铅	—	—	—	2	2
二碱式苯二甲酸铅	—	—	8	—	—
硬脂酸钡	1	1	0.5	1	1
双酚 A	—	—	0.25～0.5	0.25～0.5	0.25～0.5
碳酸钙	3～5	—	—	—	—
煅烧黏土	—	—	3～5	—	—
硬脂酸	0.5	0.3	0.5	0.3	0.3

■表 7-47 耐高温、耐油电缆配方 单位：质量份

组　　成	70℃级	90℃级	105℃级	耐油
聚氯乙烯树脂 SG-1 型	—	100	100	—
聚氯乙烯树脂 SG-2 型	100	—	—	100
丁腈橡胶	—	—	—	40
邻苯二甲酸 C_8～C_{10} 醇酯	40～42	—	—	—
邻苯二甲酸二异癸酯	—	40～50	—	—
双季戊四醇酯	—	—	50～55	—
邻苯二甲酸二辛酯	—	—	—	30
邻苯二甲酸二丁酯		20	26	
磷酸三甲苯酯	—	—	—	20
氯化石蜡	—	—	—	10
三碱式硫酸铅	—	—	—	5
二碱式苯二甲酸铅	6～8	6～8	6～8	—
双酚 A	0.3～0.5	0.5	0.5	0.3～0.5
硬脂酸钡	1～1.5	1～1.5	1～1.5	—
液体钡-镉-锌	—	—	—	1
煅烧黏土	6～8	5	—	—

■表 7-48 廉价易撕级电缆配方 单位：质量份

组 成	份数	组 成	份数	组 成	份数
聚氯乙烯树脂 SG-2 型	100	三碱式硫酸铅	4	硬脂酸铅	0.5
邻苯二甲酸二辛酯	48	二碱式亚磷酸铅	2.5	石蜡	2
氯化石蜡	20	硬脂酸钡	1.5	碳酸钙	100

■表 7-49 屏蔽用半导电材料配方 单位：质量份

组 成	份数	组 成	份数
聚氯乙烯树脂 SG-2 型	100	硬脂酸钙	2
邻苯二甲酸二辛酯	35	乙炔炭黑	50～80
二碱式苯二甲酸铅	5		

■表 7-50 国外参考配方 单位：质量份

组 成	无铅无镉普通级	耐热级	组 成	无铅无镉普通级	耐热级
聚氯乙烯树脂$\overline{P}$＝1300	100	—	钡-钙-锌稳定剂	4	—
$\overline{P}$＝2000～2500	—	100	三碱式硫酸铅	—	5
邻苯二甲酸二辛酯	45	—	二碱式硬脂酸铅	—	2
邻苯二甲酸二异癸酯	—	20	煅烧黏土	10	10
环氧大豆油	5	4	高熔点蜡	0.5	0.5
酒石酸辛酯	—	15			

7.2.3 塑料凉鞋配方（表 7-51～表 7-56）

■表 7-51 注塑不发泡凉鞋配方 单位：质量份

组 成	不透明	透明	组 成	不透明	透明
聚氯乙烯树脂 SG-3 型	100	100	三碱式硫酸铅	2	
邻苯二甲酸二辛酯	13	26	二碱式亚磷酸铅	2	—
邻苯二甲酸二仲辛酸	12	—	硬脂酸钡	—	0.2
癸二酸二辛酯	—	6	硬脂酸镉	—	0.7
氯化石蜡	5	—	碳酸钙	4	—
二月桂酸二丁基锡	—	1.2			

■表 7-52 模压凉鞋配方 单位：质量份

组 成	普通	奶白	组 成	普通	奶白
聚氯乙烯树脂 SG-3 型	100	100	三碱式硫酸铅	2	2
邻苯二甲酸二辛酯	8	18	二碱式亚磷酸铅	2	2
邻苯二甲酸二丁酯	26	39	硬脂酸钡	1	1.5
烷基磺酸苯酯	30	—	碳酸钙	5	—
氯化石蜡	5	5	钛白粉	—	3

■表 7-53　注射发泡凉鞋配方　　单位：质量份

组　　成	1	2	组　　成	1	2
聚氯乙烯树脂 SG-2 型	100	100	三碱式硫酸铅	1	
邻苯二甲酸二辛酯	22	37～42	硬脂酸钡	2	0.5～0.8
烷基磺酸苯酯	11	—	硬脂酸铅	0.3	—
邻苯二甲酸二丁酯	41	33～40	硬脂酸镉	—	0.5
环氧硬脂酸辛酯	5	—	偶氮二甲酰胺	1	0.5～1
二月桂酸二丁基锡	—	1.5～2.9	碳酸钙	—	适量

■表 7-54　模压泡沫拖鞋配方　　单位：质量份

组　　成	面层	底层	组　　成	面层	底层
聚氯乙烯树脂 SG-2 型	100	100	硬脂酸钡	0.5	0.5
邻苯二甲酸二辛酯	40	35	硬脂酸	0.5	0.5
邻苯二甲酸二丁酯	30	35	偶氮二甲酰胺	2	5.8
三碱式硫酸铅	3	3			

■表 7-55　模压发泡凉拖鞋底配方　　单位：质量份

组　　成	面层	发泡层	底层	组　　成	面层	发泡层	底层
聚氯乙烯树脂 SG-3 型	100	100	100	偶氮二甲酰胺	—	6	—
邻苯二甲酸二辛酯	22	20	20	三碱式硫酸铅	3	3	3
邻苯二甲酸二丁酯	30	30	30	硬脂酸	0.8	0.8	0.8

■表 7-56　注塑鞋绊配方　　单位：质量份

组　　成	普通	珠光	组　　成	普通	珠光
聚氯乙烯树脂 SG-3 型	100	100	硬脂酸钡	1	1
邻苯二甲酸二辛酯	20	30	二月桂酸二丁基锡	—	2
邻苯二甲酸二丁酯	30	30	硬脂酸镉	—	0.6
烷基磺酸苯酯	20	—	珠光颜料	—	1.5～2.5
环氧酯	—	6	着色剂	适量	适量
三碱式硫酸铅	2	—			

7.2.4 聚氯乙烯软管料配方（表 7-57～表 7-61）

■表 7-57　电线套管配方　　单位：质量份

组　　成	1	2	组　　成	1	2
聚氯乙烯树脂 SG-2 型	100	100	癸二酸二辛酯	5	—
邻苯二甲酸二辛酯	16	42	三碱式硫酸铅	3	2.5
邻苯二甲酸二丁酯	16	—	二碱式亚磷酸铅	—	1
烷基磺酸苯酯	13	—	硬脂酸钡	1.5	1.5

■表 7-58 耐油软管料配方 单位：质量份

组 成	1	2	组 成	1	2
聚氯乙烯树脂 SG-3 型	100	100	丁腈橡胶	—	40
磷酸三甲苯酯	40	40	硬脂酸铅	2	2
苯二甲酸二辛酯	—	10	硬脂酸钡	1	1
己二酸二辛酯	10	—	硬脂酸	0.3	0.3

■表 7-59 液体输送管料配方 单位：质量份

组 成	液体输送	耐酸	组 成	液体输送	耐酸
聚氯乙烯树脂 SG-3 型	100	100	硬脂酸铅	—	1
邻苯二甲酸二辛酯	15	10	硬脂酸镉	0.6	—
邻苯二甲酸二丁酯	15	37	硬脂酸	—	0.3
烷基磺酸苯酯	15	—	亚磷酸三苯酯	0.3	1
环氧硬脂酸酯	7	—	黏土	—	10
硬脂酸钡	1.8	1			

■表 7-60 无毒软管配方 单位：质量份

组 成	份数	组 成	份数
聚氯乙烯树脂 SG-2 型①	100	月桂酸二正辛基锡	2
邻苯二甲酸二正辛酯	45	钙-锌复合稳定剂	1
环氧大豆油	5		

① VCM 含量 < 5mg/kg。

■表 7-61 耐热软管配方 单位：质量份

组 成	份数	组 成	份数
聚氯乙烯树脂 SG-2 型	100	邻苯二甲酸二辛酯	30
邻苯二甲酸二正辛酯	10	硬脂酸钡	1.5
聚己二酸丙二醇酯	8	硬脂酸铅	1

7.2.5 聚氯乙烯软板和地板料配方（表 7-62 ~ 表 7-68）

■表 7-62 聚氯乙烯软板配方 单位：质量份

组 成	1	2	3	组 成	1	2	3
聚氯乙烯树脂 SG-3 型	100	100	100	三碱式硫酸铅	3	4	3
邻苯二甲酸二丁酯	18	28	20	硬脂酸钡	1	1	0.6
邻苯二甲酸二辛酯	5	5	20	硬脂酸铅	—	—	1
烷基磺酸苯酯	12	—	—	石蜡	0.2	0.5	0.5
氯化石蜡	5	5	—	碳酸钙	5	7	5
癸二酸二辛酯	—	—	6				

■表 7-63 聚氯乙烯地板砖配方（1） 单位：质量份

组成	1	2	组成	1	2
聚氯乙烯树脂 SG-4 型	100	80	硬脂酸钡	2	1
氯乙烯-乙酸乙烯树脂共聚物	—	20	硬脂酸钙	—	2.8
邻苯二甲酸二丁酯	30	—	硬脂酸	0.5	—
邻苯二甲酸二辛酯	—	20	石蜡	—	1.2
烷基磺酸苯酯	20	—	轻质碳酸钙	15～200	40
氯化石蜡	5	—	重质碳酸钙	—	160
三碱式硫酸铅	4	4	松香	—	1.6
二碱式亚磷酸铅	—	2			

■表 7-64 聚氯乙烯地板砖配方（2） 单位：质量份

组成	通用	廉价	组成	通用	廉价
聚氯乙烯树脂 SG-3 型	100	100	硬脂酸钡	2	—
邻苯二甲酸二辛酯	5	—	硬脂酸钙	—	3
邻苯二甲酸二丁酯	21	43	硬脂酸	—	0.5
氯化石蜡	—	4.5	石蜡	0.5	—
癸二酸二辛酯	5	—	黏土	3	—
磷酸三甲苯酯	10	—	碳酸钙	—	13
三碱式硫酸铅	5	4	木粉	—	87

■表 7-65 聚氯乙烯多层地板料配方 单位：质量份

组成	双层		三层		
	面层	底层	面层	中层	底层
聚氯乙烯树脂 SG-3 型	100	—	100	—	—
次品或边角料	—	100	—	100	100
邻苯二甲酸二辛酯	25	30	12	5	5
邻苯二甲酸二丁酯	—	—	15	—	5
烷基磺酸苯酯	20	20	—	—	—
氯化石蜡	10	5	3	5	5
三碱式硫酸铅	4	4	—	2	2
硬脂酸钡	2	2	1.8	2	2
硬脂酸镉	—	—	0.9	—	—
硬脂酸	0.5	0.5	—	1	1
碳酸钙	—	150	—	150	200
表面活性剂	—	—	1	—	—

■表 7-66 涂刮法地板料配方 单位：质量份

组成	发泡地板			组成	发泡地板		
	面层	发泡层	通用地板		面层	发泡层	通用地板
聚氯乙烯树脂(乳液)	100	60	40	研磨碳酸钙	—	50	15～20
掺混树脂	—	40	40	偶氮二甲酰胺	—	2	—
邻苯二甲酸二辛酯	20	30	45	钡-镉-锌稳定剂	3	3	—
邻苯二甲酸二丁酯	—	30	20	三碱式硫酸铅	—	—	3
邻苯二甲酸丁苄酯	20	—	—	硬脂酸铅	—	3	1
环氧大豆油	5	5	—	降黏剂(视需要)	1～3	1	—

■表 7-67 国外地板料参考配方 单位：质量份

组 成	通用级	中级	高级	组 成	通用级	中级	高级
聚氯乙烯树脂$\overline{P}=450$	100	—	—	五氯化硬脂酸甲酯	—	15	—
聚氯乙烯树脂$\overline{P}=750$	—	100	—	钡-锌复合稳定剂	6	—	—
聚氯乙烯树脂 F1000	—	—	100	钡-镉复合稳定剂	—	3	3
邻苯二甲酸二辛酯	15	—	20	石棉粉	150	—	—
磷酸三甲苯酯	15	10	15	碳酸钙	150	50～70	—
环氧酯	5	5	5	纤维状滑石粉	—	50～70	—
邻苯二甲酸丁苄酯	—	20	—	亚磷酸酯		—	1

■表 7-68 制冷装置衬垫基础配方 单位：质量份

组 成	份数	组 成	份数
聚氯乙烯树脂（[η]=＞0.95）	100	填料（碳酸钙）	20.0～60.0
增塑剂（聚酯型）	50.0～100	润滑剂（硬脂酸）	0.5
稳定剂（钡-镉-锌复合稳定剂）	3.0	颜料	（根据需要）

7.2.6 聚氯乙烯人造革及壁纸配方

7.2.6.1 刮涂法人造革配方（表 7-69、表 7-70）

■表 7-69 普通人造革配方 单位：质量份

组 成	面层	底层	组 成	面层	底层
聚氯乙烯树脂（乳液）	100	—	氯化石蜡	—	10
聚氯乙烯树脂 XS-3 型	—	100	钡-镉-锌稳定剂	2～3	—
邻苯二甲酸二辛酯	35	10	三碱式硫酸铅	—	3
邻苯二甲酸二丁酯	25	30	硬脂酸钡	—	1
烷基磺酸苯酯	10	40	碳酸钙	10	20～40

■表 7-70 发泡人造革配方 单位：质量份

组 成	面层	底层			组 成	面层	底层		
		手套	家具	鞋用			手套	家具	鞋用
聚氯乙烯树脂（乳液）	100	100	70	100	环氧大豆油	—	5	5	5
掺混树脂 XS-3 型	—	—	30	—	邻苯二甲酸丁苄酯	—	25	20	20
邻苯二甲酸二辛酯	25	50	40	40	钡-镉-锌稳定剂	3	3	3	3
邻苯二甲酸二丁酯	20	—	—	—	偶氮二甲酰胺	—	4	3	2
烷基磺酸苯酯	10	15	30	30	碳酸钙	5	5	25	20
癸二酸二辛酯	5	—	—	—					

7.2.6.2 压延法人造革配方（表 7-71～表 7-74）

■表 7-71　聚氯乙烯压延法人造革配方　　单位：质量份

组　　成	1	2	3	组　　成	1	2	3
聚氯乙烯树脂 SG-3 型	100	100	100	硬脂酸镉	0.5	—	—
邻苯二甲酸二辛酯	45	50	50	硬脂酸锌	0.5	—	—
癸二酸二辛酯	—	—	10	液体钡-镉-锌稳定剂	—	2.5	2.5
邻苯二甲酸二丁酯	20	10	—	三碱式硫酸铅	—	3	2.5
环氧大豆油	—	3～5	5	硬脂酸	—	0.5	—
硬脂酸钡	1.5	—	—	碳酸钙	15～20	25	10～20

■表 7-72　压延法人造革配方　　单位：质量份

组　　成	面层	发泡层 1	发泡层 2	组　　成	面层	发泡层 1	发泡层 2
聚氯乙烯树脂 SG-3 型	100	100	100	硬脂酸镉	0.4	—	0.5
邻苯二甲酸二辛酯	24	30	35	硬脂酸铅	—		0.5
邻苯二甲酸二丁酯	10	45	35	二月桂酸二丁基锡	—	1.5	—
癸二酸二辛酯	8	—	5	碳酸钙	10	15	10
环氧酯	8	—	—	偶氮二甲酰胺	—	2.5～3	3
硬脂酸钡	1	0.6	1.5				

■表 7-73　国外聚氯乙烯压延法人造革配方　　单位：质量份

组　　成	长筒靴		家具		组　　成	长筒靴		家具	
	面层	发泡层	面层	发泡层		面层	发泡层	面层	发泡层
聚氯乙烯树脂$\overline{P}$ =1050	100	100	100		液体钡-锌稳定剂	—	1	2.5	1
邻苯二甲酸二辛酯	50	75	70		月桂酸二丁基锡	2.5	—	—	—
环氧硬脂酸辛酯	10	—	—		偶氮二甲酰胺	—	4	—	3
邻苯二甲酸二丁酯	—	—	10		助发泡剂 EVA VA60%	—	5	—	3
环氧大豆油	—	—	5		碳酸钙	—	—	—	5
					着色剂	—	—	5～15	2

■表 7-74　发泡层配方　　单位：质量份

组　　成	手提包	鞋料	衣着	组　　成	手提包	鞋料	衣着
聚氯乙烯树脂$\overline{P}$ =1100	100	100	100	液体钡-镉-锌稳定剂	—	—	3
邻苯二甲酸二辛酯	55	45	60	硬脂酸钙	—	0.5	—
邻苯二甲酸二丁酯	10	10	15	硬脂酸锌	—	0.8	—
聚己二酸丙二醇酯	5	—	5	硬脂酸钡	—	0.5	—
环氧大豆油	—	5	—	月桂酸二丁基锡	0.5	1	—
丁腈橡胶	5	—	—	偶氮二甲酰胺	3	3	2～3
液体钡-镉稳定剂	1.5	—	—	碳酸钙	7	—	7

7.2.6.3 聚氯乙烯壁纸配方（表 7-75）

■表 7-75 聚氯乙烯壁纸配方　　单位：质量份

组　成	国内配方		国外配方		组　成	国内配方		国外配方	
	不发泡	发泡	阻燃	耐低温		不发泡	发泡	阻燃	耐低温
聚氯乙烯树脂 XS-3 型	100	100	100	100	硬脂酸铅	0.8	—	—	—
邻苯二甲酸二辛酯	60	55	35	40	亚磷酸酯	—	0.5	—	—
邻苯二甲酸二丁酯	—	—	25	10	三氧化二锑	—	—	3	3
磷酸甲酚二苯酯	—	10			硬脂酸	0.2	0.2	—	—
磷酸三甲苯酯	—	—	—	10	变形偏硼酸钡	—	—	7	7
环氧脂肪酸辛酯	—	2.5			碳酸钙	50	50	25	10
环氧酯	2	2.5	2.5	2.5	着色剂	—	—	5～10	5～10
液体钡-镉-锌稳定剂	0.8	—	—	—	偶氮二甲酰胺	—	4	—	—

7.2.7 聚氯乙烯糊制品配方

7.2.7.1 搪塑及滚塑（表 7-76～表 7-78）

■表 7-76 搪塑洋娃娃、筒靴、人体模型配方　　单位：质量份

组　成	洋娃娃	筒靴	人体模型	组　成	洋娃娃	筒靴	人体模型
聚氯乙烯树脂(乳液)	70	75	80	环氧妥尔油酸酯	—	5	—
掺混树脂 XS-3 型	30	25	20	碳酸钙	5～20	—	10
邻苯二甲酸二异辛酯	35	—	50	钙-锌稳定剂	3	—	—
邻苯二甲酸C_7～C_9醇酯	—	85	—	钡-镉稳定剂	—	2	—
邻苯二甲酸丁苄酯	20	—	—	硫酸锡	0.3	—	
聚己二酸丙二醇酯	10	—	50	钡-镉稳定剂	—	2	—
己二酸二辛酯	—	10	—	硫醇锡	0.3	—	1
环氧大豆油	5	—	—	着色剂	适量	适量	适量

■表 7-77 滚塑洋娃娃、玩具球、容器、玩具配方　　单位：质量份

组　成	洋娃娃	玩具球	容器	玩具	组　成	洋娃娃	玩具球	容器	玩具
聚氯乙烯树脂(乳液)	70	90	70	100	钡-锌稳定剂	2	2	—	2
掺混树脂	30	10	30	—	钙-锌稳定剂	—	—	3	—
邻苯二甲酸二辛酯	70	90	50	—	双(巯代甘醇酸异辛酯)	—	—	0.5	—
邻苯二甲酸二戊酯	—	—	—	45	二正辛基锡				
环氧硬脂酸辛酯	5	5	—	—	碳酸钙	—	—	—	10
环氧大豆油	—	—	5	—	降黏剂(表面活性剂)	1	—	—	—
环氧妥尔油酸辛酯	—	—	—	5	溶剂油	—	5	—	—
己二酸二辛酯	—	—	20	—	着色剂	3	3～10	适量	4

■表 7-78 滚塑通用软制品和硬制品配方　　单位：质量份

组　成	通用软制品	硬制品	组　成	通用软制品	硬制品
聚氯乙烯树脂(乳液)	70～100	60	邻苯二甲酸 C_7～C_9 醇酯	25	—
掺混树脂	0～30	40	邻苯二甲酸丁苄酯	12～15	—
邻苯二甲酸二异癸酯	35～45	15	环氧妥尔油酸辛酯	5	3

续表

组成	通用软制品	硬制品	组成	通用软制品	硬制品
碳酸钙	10～20	—	降黏剂	—	1
钡-锌-钡-镉稳定剂	2～3	2～3	溶剂油	—	4
辅助增塑剂	—	5～6			

7.2.7.2 蘸塑和喷塑（表 7-79、7-80）

■表 7-79　蘸塑制品配方　　单位：质量份

组成	热蘸塑	铁丝蘸塑	低毒蘸塑手套	特种蘸塑①	组成	热蘸塑	铁丝蘸塑	低毒蘸塑手套	特种蘸塑①
聚氯乙烯树脂(乳液)	100	100	100	100	烷基磺酸苯酯	10			
邻苯二甲酸二辛酯	40	50	—	5	环氧酯	5	5	—	—
邻苯二甲酸二烯丙酯(单体型)	—	—	—	75	过氧化苯甲酸叔丁酯	—	—	—	0.75
邻苯二甲酸二正辛酯	—	—	80	—	环氧大豆油	—	—	3	—
邻苯二甲酸二异癸酯	25				增稠剂分散体	—	2～4	—	—
己二酸（或癸二酸）二辛酯	—	25	10	—	碳酸钙	—	15	—	—
					钡-镉-锌复合稳定剂	3			
					二碱式亚磷酸铅	—	4	—	4
					有机锡稳定剂	4～5	—	2	

① 添加反应性增塑剂的蘸塑成型。

■表 7-80　喷塑与铸塑制品配方　　单位：质量份

组成	铸塑料	喷塑	组成	铸塑料	喷塑
聚氯乙烯树脂(乳液)	60	80	高吸油量填充剂		1～3
掺混树脂	40	20	氯化石蜡	10	
邻苯二甲酸二辛酯	25	35	碳酸钙		10～20
己二酸(或癸二酸)二辛酯	20	15	钡-镉-锌复合稳定剂	3	
环氧酯	5	5	二碱式亚磷酸铅		4
钛白分散糊		5	涂漆用粗挥发油		10～15

7.2.8 其他软质制品配方

7.2.8.1 软质聚氯乙烯型材 （表 7-81～表 7-83）

■表 7-81　软质聚氯乙烯型材配方　　单位：质量份

组成	冰箱密封条	公文箱牙条	软楼梯扶手	发丝软带	组成	冰箱密封条	公文箱牙条	软楼梯扶手	发丝软带
聚氯乙烯树脂 K-70 型	100	—	—	—	聚己二酸丙二醇酯	70	—	—	—
聚氯乙烯树脂 SG-3 型	—	100	100	100	环氧大豆油	25	—	—	5

续表

组　　成	冰箱密封条	公文箱牙条	软楼梯扶手	发丝软带	组　　成	冰箱密封条	公文箱牙条	软楼梯扶手	发丝软带
邻苯二甲酸二辛酯	—	37.5	12	—	三碱式硫酸铅	—	3.5	—	—
邻苯二甲酸二丁酯	—	—	13	42.5	二碱式亚磷酸铅	—	2	5	—
己二酸或癸二酸二辛酯	—	5	3	—	硬脂酸钡	—	1.5	0.5	0.6
月桂酸二丁基锡	—	—	—	3	硬脂酸铅	—	—	0.5	—
氯化石蜡	—	5	—	—	石蜡	—	—	0.2	—
钙-锌高效稳定剂	2.5	—	—	—	轻质碳酸钙	30	—	—	
					硫酸钡	—	10	—	

■表7-82　运输带配方　　单位：质量份

组　　成	面、底层	浸帘布的糊料	阻燃抗静电	组　　成	面、底层	浸帘布的糊料	阻燃抗静电
聚氯乙烯树脂(乳液)	—	100	100(K =72)	磷酸三甲苯酯	—	—	30
聚氯乙烯树脂 SG-3 型	100	—	—	三碱式硫酸铅	3	3	3
邻苯二甲酸二辛酯	50	45	30	二碱式亚磷酸铅	2	—	—
邻苯二甲酸二丁酯	—	45	—	硬脂酸钡	1	—	—
癸二酸二辛酯	10	—	—	炭黑	1	—	—
环氧油酸辛酯	5	—	5	三氧化二锑	—	—	5
氯化石蜡	10	—	10	抗静电剂	—	—	10

■表7-83　防中子射线配方　　单位：质量份

组　　成	份数	组　　成	份数
聚氯乙烯树脂 SG-3 型	100	硬脂酸钡	1.5～2
邻苯二甲酸二辛酯	54	碳化硼	62.5
三碱式硫酸铅	3～4		

7.2.8.2 软质聚氯乙烯泡沫塑料（表7-84～表7-88）

■表7-84　软质泡沫塑料配方　　单位：质量份

组　　成	标准型	填充型	组　　成	标准型	填充型
聚氯乙烯树脂（乳液）	70	70	偶氮二甲酰胺（糊状）	6	6
掺混树脂	30	30	钡-镉-锌稳定剂	3	3
邻苯二甲酸二辛酯	20	80	碳酸钙	—	20～25
邻苯二甲酸丁苄酯	70	10	表面活性剂	1.5	—
环氧增塑剂	5	5			

■表 7-85　用化学发泡法生产硬质封闭型泡沫塑料配方　　单位：质量份

组　成	1	2	组　成	1	2
聚氯乙烯树脂（乳液）	50	—	硬脂酸钡	—	2～3
聚氯乙烯树脂 SG-2	50	100	磷酸三甲苯酯	7	—
偶氮二异丁腈	12～14	—	磷酸三苯酯	—	6～7
偶氮二甲酰胺	7～9	—	二氯甲烷	60～65	—
碳酸氢钠	—	1.2～1.3	二氯乙烷	—	50～60
碳酸氢铵	—	12～13	三氧化二锑	6	0.8～0.82
亚硝酸丁酯	—	11～13	尿素	—	0.9～0.92
三碱式硫酸铅	4～6	—			

■表 7-86　用化学发泡法制造开孔型硬质泡沫塑料配方　　单位：质量份

组　成	份数	组　成	份数
聚氯乙烯树脂（乳液）	100	硫酸十二烷基钠（表面活性剂）	2
邻苯二甲酸二异癸酯	50	中性石油酸钙（活化剂）	4
邻苯二甲酸二（12 醇）酯	30	钡-镉-锌亚磷酸盐稳定剂（催发泡剂）	3
聚乙二酸丙二醇酯	20	二甲基二亚硝基对苯二甲酰胺	5

■表 7-87　用物理发泡法制造软质泡沫塑料配方　　单位：质量份

组　成	标准	填充	组　成	标准	填充
聚氯乙烯树脂（乳液）	80	80	邻苯二甲酸丁苄酯	15～20	15～20
掺混树脂	20	20	钡-镉-锌稳定剂	2～3	2～3
邻苯二甲酸二辛酯	35～40	35～40	有机硅表面活性剂	4～8	4～8
邻苯二甲酸二异癸酯	20～25	25～30	碳酸钙	—	10～40

■表 7-88　微孔泡沫塑料配方　　单位：质量份

组　成	运动器材用	漂浮材料	隔热和结构材料	组　成	运动器材用	漂浮材料	隔热和结构材料
聚氯乙烯树脂(高分子量乳液)	100	100	100	偶氮二甲酰胺	15	10	—
液态丁腈橡胶	100	—	—	偶氮二异丁腈	—	—	10
邻苯二甲酸二辛酯	15	80	—	4，4'-二磺酰肼苯醚	—	15	—
液态古马隆树脂	50	—	—	钡-镉-锌复合稳定剂	3	7	1
磷酸三甲苯酯	—	20	—	硫代二硫化氨基甲酸酯		7	—
甲苯二异氰酸酯	—	—	59	(促进剂)	1	—	—
环氧大豆油	—	5	—	硫黄	10	—	—
顺丁烯二酸酐	—	—	20	苯乙烯			10
三氧化二锑		3	—				
氧化锌	5	—	—				

7.3 再生聚氯乙烯塑料制品配方（表 7-89、表 7-90）

■表 7-89 PVC 再生塑料制品通用配方 单位：质量份

组 成	软质	硬质	软质泡沫塑料	组 成	软质	硬质	软质泡沫塑料
废旧聚氯乙烯塑料	100	100	100	硬脂酸钡	0.8	1	1
邻苯二甲酸二丁酯	10	—	5	硬脂酸或石蜡	0.2	0.2	0.2
烷基磺酸苯酯	5	—	5	偶氮二甲酰胺	—	—	6
三碱式硫酸铅	1	1.5	0.5	深色颜料	适量	适量	适量

■表 7-90 PVC 料制鞋底、薄膜配方 单位：质量份

组 成	鞋底	薄膜(包装)	组 成	鞋底	薄膜(包装)
废旧薄膜、鞋底、软管	100	—	三碱式硫酸铅	1	0.5
废旧薄膜	—	100	硬脂酸钡	0.8	1
薄膜新料	—	10～15	硬脂酸铅	—	1
邻苯二甲酸二丁酯	—	11	石蜡	—	0.2
烷基磺酸苯酯	15	—	炭黑浆	0.1	—
氯化石蜡	—	17	着色剂	3	—

参考文献

[1] 蓝凤祥等．聚氯乙烯生产与加工应用手册．北京：化学工业出版社，1996，200-226.
[2] B. F. Goodrich Co. US. 1987，4，680，342.
[3] Rohm and Heas. Co. Polymer. 1988，10（3）：158.
[4] Baxter International Inc. WO. 91. 12. 796（1991）.
[5] Borden Co.，EP. 212，648（1987）.
[6] B. F. Goodrich Co. US. 4，680，343（1981）.
[7] B. F. Goodrich Co. US. 4，780，497（1988）.
[8] Zainal A Nasir，T. Applied Polymer Science.
[9] B. F. Goodrich Co.. EP. 330. 153. 1989.
[10] 三菱树脂公司．日本公开特许公告 92 81，432. 1992.
[11] 日本坂田公司．日本公开特许公告 92 209，672. 1992.
[12] 日本积水公司．日本公开特许公告 92 50，269. 1992.
[13] 王善勤，徐修成．实用配方 600 例．北京：轻工业出版社，1993，45.

第8章　聚氯乙烯树脂生产和使用的安全与环保

随着我国PVC生产的迅猛发展，特别是近年来工艺流程连续化、生产装置大型化及操作控制自动化的实现，对安全生产提出了更高的要求。

聚氯乙烯装置在工艺流程和工艺控制的全过程中，安全管理是非常重要的组成部分。安全管理在国际上的统一称谓为“职业安全卫生”。新中国成立以来一直沿用前苏联的叫法——“劳动保护”。安全管理包括安全的法制管理、行政管理、监督检查、工艺技术管理、设备管理、劳动环境和劳动条件的管理。其目的是要实现安全目标：预防事故，避免人身伤害和减少财产损失。

中国石化集团公司于2001年4月正式实施了安全、环境和健康（简称SHE管理体系）管理体系，SHE管理体系是一种事前进行的风险分析，确定其自身活动可能发生的危害及后果，从而采取有效防范手段和控制措施防止事故发生，以减少可能引起的人员伤害、财产损失和环境污染的有效管理方法。

《中华人民共和国安全生产法》于2002年6月29日第九届全国人民代表大会常务委员会第28次会议通过并于同年11月1日开始执行，是我国第一部关于从事生产经营领域中安全生产方面最具有权威性的综合性法规。

化工行业生产特点是高温、高压、易燃、易爆、腐蚀、剧毒，因而是事故多发行业。与煤矿、交通等事故相比，化工事故往往会造成巨大的经济损失，同时极易引起社会恐慌，影响大局稳定。因此，掌握化工生产的特点，对于预防事故的发生是很有必要的。

聚氯乙烯生产属于化工行业，也具有易燃易爆、腐蚀性强、有毒有害物质多、生产工艺复杂、生产连续性强等特点，如稍有疏忽就可能发生事故。从事PVC生产的工作人员，必须通晓与生产全过程有关的安全环保知识，从而在工作中自觉地认真贯彻安全技术规程和环保技术规程，否则就会给操作人员的健康和安全带来危险，给国家和企业的财产造成损失。

8.1 聚氯乙烯树脂的原料毒性及安全防护

8.1.1 聚氯乙烯树脂的原料毒性

(1) **乙炔** 对人有不甚激烈的毒性，吸入过多会发生肺水肿及精神方面的病状。中毒后先显现兴奋作用，有不安、自笑现象，兴奋后期则有沉睡、呕吐、发呆、脉搏微弱、瞳孔放大等症状，随后头晕不安，抑制约半小时后则进入昏迷状态。

(2) **氯气** 为黄绿色气体，对鼻、眼、咽喉黏膜有刺激作用，通过呼吸道进入肺能致死。眼结膜受刺激后，眼酸、流泪、失明。鼻咽黏膜发炎、喷嚏、咽干、喉痛。面部干燥刺痛。气管黏膜受刺激发炎，咳嗽。胸部压迫，吸入量过大时引起呼吸中枢麻痹，造成肺部因化学烧伤、组织破坏而引起剧痛和肺水肿。严重者会导致死亡。

(3) **氯化氢** 无色有刺激性的气体，在空气中易吸水而形成盐酸小滴的白色烟雾。易刺激黏膜，烧伤皮肤而产生各种炎症。吸入过多易造成肺水肿，严重的可致死亡。

(4) **氨气** 无色有刺激性嗅味。伤害人的眼睛和呼吸器官。氨气的中毒症状为：眼黏膜和鼻黏膜受刺激、不舒服、胸部抑郁、打喷嚏、流涎和胃痛。如果在含氨量不大的空气中逗留不久，而且及时将中毒者带到空气新鲜的地方，上述症状即行消失。中毒特别厉害时，可能引起肺水肿而死亡。如果眼睛未加保护，氨的作用会引起眼角膜发炎。液氨因迅速蒸发而制冷，滴在皮肤上能生冻疮，滴入眼睛尤为危险。

(5) **氯乙烯** 无色具有类似乙醚气味的芳香气体。氯乙烯通常由呼吸道吸入人体内，对人有麻醉作用，可使人急性中毒，表现为头晕，浑身无力，神志不清，站不稳。严重者四肢痉挛，呼吸由急变微，最后失去知觉。在氯乙烯蒸气浓度为1%时，开始有麻醉感觉，在5%以上浓度时即出现上述症状。空气中氯乙烯的最高允许浓度为30mg/m^3，体积浓度约11.7mg/kg。慢性中毒主要为肝脏损害，神经衰弱症，胃肠道及肢端溶骨症等综合征。

氯乙烯中毒后，需马上离开现场，将中毒者抬到空气新鲜处医疗，必要时进行人工呼吸或输氧。当皮肤或眼睛受到液体氯乙烯污染时，应尽快用大量水冲洗。发生氯乙烯冻伤要马上送医院急救。

(6) **氯乙烷** 氯乙烷类中以1,2-二氯乙烷毒性最大。氯乙烷类在常温下为液体，易蒸发。它主要侵害人体内脏与神经系统，通过呼吸道和皮肤吸入使人中毒。中毒症状为：头痛嗜睡、恶心呕吐，全身无力。重者血压增高，肝脏肿大，全身震颤而昏迷死亡。

(7) 电石粉末 有刺激性，触及皮肤上的汗液生产氢氧化钙灼伤皮肤，并能伤害人的呼吸系统。

(8) 氯化汞 又称升汞，是一种白色晶状烈性毒物。氯化汞是合成氯乙烯的催化剂。氯化汞催化剂为现知的催化活性最高者，所以直至今天在氯乙烯合成的生产中都采用它。国内所用的氯化汞催化剂的技术指标一般为：$HgCl_2$ 含量 10%～15%，水含量<0.03%，活性炭含量 85%～90%，假相对密度 0.4～0.5，颗粒度为直径 3mm×长 6～9mm，外观为灰色或黑色。但氯化汞是一种烈性毒物，可以通过呼吸道、消化道和皮肤吸收，如内服 0.12～0.5g 即产生急性中毒而有致命危险。

急性中毒一般起病急促，有头痛、头晕、失眠多梦、咳嗽、胸痛气短、低热等症状。有时还有食欲不振、恶心、腹痛、腹泻、便血等。一般接触数月或数年以后可发生慢性中毒，主要表现为神经衰弱、易亢奋、震颤、口腔充血肿胀等症状。

(9) 偶氮二异丁腈 是一种含有氰基的白色固体毒物，致毒量为 0.7mg/kg 体重，中毒症状为头晕、血压下降。

(10) 过氧化二碳酸二异丙酯 低温下一种粉状晶体，极易分解，常溶解于汽油、二甲苯和异丙醇等有机溶剂中保存。生物实验证明，过氧化二碳酸二异丙酯对皮肤的侵蚀是中等毒性。长期接触会引起眼刺激和肺水肿。45%的溶液长期目视会引起严重的结膜炎、虹彩炎和角膜糜烂。

8.1.2 中毒安全防护

(1) 密闭设备 随着聚氯乙烯生产技术的进步，在生产过程中，保证设备、管道的严密性，断绝有毒气体的来源，是预防中毒的根本办法。

设备管道在投入生产前，必须进行严格的气密试验。投产后应经常检查，发现泄漏应及时修理。设备管道本身应尽量采用焊接以减少法兰连接。此外，正确地选择密封形式及采用质量好的填料，对防止泄漏也很重要。

(2) 排气通风 为确保空气中的有害气体含量在最大允许浓度以下，生产厂房应有良好的排气通风设备。同时应定期进行空气中的毒物分析，以便必要时采取措施。

排气通风的方法一般有自然通风、人工通风和混合通风。自然通风是利用室内热空气和室外冷气体的密度不同，以风洞、窗户或天窗来进行室内外的换气。人工通风是用鼓风机排除厂房内的污浊空气。混合通风是二者兼而有之。

(3) 在有毒地点工作的必要保护措施 如因需要不得不在有毒地点工作时，应采取一切必要地保护措施。例如，佩戴口罩或防毒面具，使操作者免受有害粉尘或气体的侵害；采用轮换工作以缩短在有毒气体中工作的时间；加强局部通风以降低有害物质的浓度等。

进入各种吸收塔、气柜和存放有毒物质的各种贮槽、容器以及发生器、聚合釜内部工作时是危险的，因为那里可能存留着毒性物质。进行这些工作时应经有关技术和安全部门批准，并有救护人员进行监督。开始工作前，应用盲板将待修设备和其余设备管线完全隔绝，并用惰性气体（氮气）进行置换，然后再用空气将窒息性的氮气置换，方能进入设备内部。

进入容器内工作时，工作的人员应尽量减少，并要穿着好适当的工作服，佩戴长管式防毒面具（禁止使用过滤式防毒面具）。系好安全带，安全带绳子的一端应牢固地系在设备的外面。长管防毒面具伸在外面的一端须放在空气清洁的地区。

(4) 氯乙烯的安全防护 车间操作区空气中氯乙烯最高允许浓度为 30 mg/m^3，而人体凭嗅觉发现氯乙烯有味时，其浓度约在 1290 mg/m^3，比标准高出 40 多倍，因此凭嗅觉检查是极不可靠的，应定期检测车间操作区内氯乙烯含量，发现超标时，应采取有效防治措施，减少污染改善劳动环境。

经常在氯乙烯条件下工作，要注意穿戴好劳动保护用品，要勤换工作服，定期检查身体。在浓度较高环境内工作，要穿戴氧气呼吸器，防护衣。

各国氯乙烯允许浓度标准如下。

① 美国。美国职业安全保健局规定：在聚氯乙烯生产操作环境空气中，氯乙烯在 8h 内的平均浓度不得超过 1mg/kg，在任何 15min 内，平均也不得超过 5mg/kg。如操作环境中氯乙烯浓度超过规定，要求采用防毒保护器具。此标准于 1976 年 4 月 1 日实行。聚氯乙烯生产装置尾气排空及废液中氯乙烯含量不得超过 10mg/kg。

② 日本。日本劳动省劳动基准局规定：聚氯乙烯生产操作环境空气中的氯乙烯浓度平均值为（2±0.4）mg/kg，工人进入聚合釜时，釜内氯乙烯浓度不得超过 5mg/kg，并要不断向釜内补充新鲜空气。此标准于 1976 年 4 月 1 日实行。

③ 德国。德国政府规定：聚氯乙烯操作环境的年度氯乙烯平均浓度为 5mg/kg。此标准于 1975 年 7 月实行。

④ 英国。英国聚氯乙烯生产者联合会和健康与安全执行委员会规定：生产聚氯乙烯环境空气中的氯乙烯浓度每班（8h）平均为 10 mg/kg，最高上限为 30mg/kg。此标准于 1975 年 9 月实行。

⑤ 法国和意大利。法国和意大利政府规定：生产聚氯乙烯操作环境空气中的氯乙烯浓度为 25mg/kg。

⑥ 荷兰。荷兰政府规定：生产聚氯乙烯操作环境空气中的氯乙烯浓度为 10mg/kg。

⑦ 加拿大和美国。加拿大美国政府规定了生产聚氯乙烯操作环境空气中的氯乙烯浓度为 10mg/kg。

⑧ 北欧诸国。瑞典、挪威等北欧各国规定：生产聚氯乙烯操作环境空气中的氯乙烯浓度为 1mg/kg。

⑨ 中国。我国《工业企业设计卫生标准》GBJ1～61 规定空气中氯乙烯的最高允许浓度为 30mg/m^3，约合体积浓度为 11.7mg/kg。

(5) 氯化汞的安全防护 在氯乙烯合成的生产中若不注意就会对工人的健康和环境卫生产生严重影响。因此在使用时要认真注意对工人的防护，对废催化剂要作妥善处理。露天堆放固然不允许，掩埋地下也不行，因为吸附在活性炭上的氯化汞会慢慢溶入地下水而渗入江河里造成污染。采用高温使废催化剂中的氯化汞升华回收的办法是可行的，但为了更优质高产和减轻环境污染，今后应研究寻找低毒高效的非汞催化剂。

8.2 聚氯乙烯树脂的毒物学和生态学

除了各种优点外，聚氯乙烯也带来了一连串的新的问题向人类的发明创造性提出挑战。聚氯乙烯树脂中残留的氯乙烯单体含量一直以来都引起人们的高度注意。氯乙烯是一种有毒的物质，近年又发现氯乙烯是一种致癌物，长期接触能产生严重肝癌，也报道过很多肺、淋巴和神经系统癌病病例。诱导各种器官，包括肝、脑、肾肿瘤以及恶性变更（如纤维化，结缔组织变质）的实验证据表明，氯乙烯是一种多系统致癌物和毒理学作用物。

聚氯乙烯树脂生产和应用的另一方面问题是：当聚氯乙烯制品循环利用到了最后阶段需要给予处理时，常常引起地方政府和环境保护者的强烈不安。关于这一点并不是只有聚氯乙烯，因为大多数合成聚合物，包括以聚氯乙烯为基础的材料，在它们被掩埋在地下或抛弃到海里去最终分解时，它们都难以被生物所降解。而许多地方政府也不愿意去焚毁聚氯乙烯制品，害怕这些东西燃烧时会放出毒性大和腐蚀性强的烟气，从而污染环境和损害人民群众的身体健康。

8.3 聚氯乙烯树脂生产和加工中的安全与防护措施

8.3.1 乙炔部分的安全与防护措施

8.3.1.1 简单工艺流程

乙炔生产工序主要由乙炔发生、清净配置、渣浆输送、回收清液、乙炔气柜（包括 VCM 气柜）组成。反应原理是采用湿式发生法将电石在装有水的发生器内进行分解反应生成乙炔气，再经喷淋冷却、清净、中和的方法得到合格的乙炔气供氯乙烯合成使用。

乙炔发生工序将大块电石经粗破机破碎后，送至分料溜槽与桶装电石一起经皮带机送至细破机，经细碎机破碎到规定粒度，再经皮带机送入料仓，经栈桥皮带机送到乙炔发生器，电石在发生器内遇水分解，产生的乙炔气从发生器顶逸出。电石分解时放出大量的热，因此，需要不断地向发生器内加水维持恒温并保持发生器液面。电石分解后的稀电石渣浆从溢流管不断流出，经渡槽送到渣浆泵房渣浆池。浓渣浆由发生器底经排渣阀门不断排到渣浆槽，再由渣浆输送泵打到渣场浓缩沉淀，或者采用压滤机将电石渣浆的大部分水分脱出，含水分 35%左右的电石残渣就地存放或进行综合利用生产建材，上清液大部分通过清液回收泵房送回乙炔站作为乙炔发生器的补充水。

从发生器顶部逸流的乙炔气经渣浆分离器到正水封，再到水洗塔用废次氯酸钠预清洗后，经冷却塔用清水冷却后，去水环压缩机压缩。

为维持发生器压力稳定，设有逆水封和安全水封。

压缩后的乙炔气进入气液分离器，分离出来的水经过水冷却器用冷冻工序来的 5℃盐水冷却后，回水环压缩机循环使用。乙炔气从水分离器分离出来后依次到第一清净塔、第二清净塔，在清净塔内与符合工艺要求的次氯酸钠接触以后，除去硫、磷等杂质，经清净后的乙炔带有酸性，进入中和塔用稀 NaOH 溶液中和清净过程中产生的酸性物质。中和后的乙炔气进入乙炔冷却器，用 5℃盐水冷冻除水后，送到脱水混合工序。

中和系统 32%的浓碱通过管道输送到本装置的浓碱槽，浓碱由浓碱槽经碱泵打入中和塔，与泵送来的清水配成 15%的碱液，该碱自身循环使用，当碱达到一定浓度时换碱，废碱排放出集中处理。

电石除尘系统的粗碎机、细碎机、料仓、皮带机等处的电石粉尘，分别被吸入旋风分离器内，其粉尘由下部排出，用车运走。少量粉尘气体用风机抽入除尘机组，被除尘机组内的上清液混合成渣浆进入渣浆池，由渣浆池内的渣浆泵送至渣场进行必要的处理后残渣就地堆放。

8.3.1.2 乙炔发生装置的安全技术

(1) 电石的物理和化学性能 电石的主要成分是碳化钙。碳化钙在常温常压下与水反应能生产乙炔气，同时放出很大的热量。其反应式如下：

$$CaC_2 + 2H_2O \longrightarrow C_2H_2 \uparrow + Ca(OH)_2 \downarrow$$

理论上 1kg 的电石在 20℃、760mmHg 下，可以产生 347L 乙炔气。工业上使用的电石因含有氧化物、硫化物、磷化物、焦炭、硅铁等杂质，所以乙炔的产率总是低于理论值。一般工业用电石发气量在 230～310L/kg 之间。

1kg 纯电石水解可以放出热量 477kcal，实际工业原料电石放出热量为 397kcal。由于电石水解是强烈的放热反应，故分解速度不宜太快，而必须有效地将反应热移出，否则可能会发生局部过热，引起爆炸的危险。

(2) 电石储运的安全问题 电石粉末有刺激性，触及皮肤上的汗液生成氢氧化钙灼伤皮肤，并能伤害人的呼吸系统。电石的储运应注意以下一些安全问题：

① 电石库属甲类危险库房，应是单层不带闷顶的一、二级的耐火等级建筑，库房屋顶应采用非燃烧材料，地势需要高而干燥，库房地面应高于其他建筑地面0.2m，门窗要有防止雨水侵入的遮盖物。

② 电石库房的照明应采用防爆式，或将照明安装在库房外，利用反射方法将灯光从玻璃窗射入室内。

③ 电石库房邻近建筑物应相隔一定的距离，如表8-1和表8-2所示。

■表8-1 电石库与铁路、道路的距离 单位：m

项目	道路			铁路（串心线）	
	厂外	厂内主要道路	厂内次要道路	厂外	厂内
电石库	20	10	5	40	30

■表8-2 电石仓库与邻近建筑物的防火间距 单位：m

建筑物名称			防火间距	
			储量≤10t	储量≥10t
明火或散发火花地点			30	30
民用建筑			25	30
重要公共建筑			50	50
其他建筑	耐火等级	一、二级	12	15
		三级	15	20
		四级	20	25
室外变电站配电站			30	30
其他甲类物品库房			20	20

④ 库房内电石桶应放置在比地坪高20cm的垫板上，电石桶不允许用气焊或钢凿开桶，应使用不产生火花的工具，电石桶内应当倒净电石粉末，不得随地乱倒。

⑤ 装卸搬运电石桶时，应当特别注意要轻装轻卸，防止碰撞产生火花，引起爆炸，雨天搬运必须备有可靠的遮雨设备。

(3) 乙炔的物理和化学性能 乙炔在常温常压下为无色气体，工业生产的乙炔气因含有磷、硫等杂质，故有特殊的刺激性臭味。乙炔的沸点是－83.6℃，凝固点是－85℃。由于乙炔分子中的三键结构的键能很低，决定了它的活泼性很强。乙炔在高温、加压或有某些物质存在时，具有强烈的爆炸能力。如压力在0.147MPa以上，温度超过550℃时，乙炔与空气能在很宽的范围内（2.3%～81%）形成爆炸混合物，其中在7%～13%时最易爆炸，最适宜的混合比为13%。乙炔与氧气形成爆炸混合物范围为2.5%～93%，其中在30%时最易爆炸。乙炔与空气混合物属于快速爆炸混合物，爆炸延滞时间只有0.017s。

乙炔极易与氯气反应生成氯乙炔，氯乙炔极易发生爆炸，爆炸产物为氯化氢和碳。乙炔与铜、银、汞极易发生反应生产乙炔铜（CuC ═CCu）、乙炔银（AgC ═CAg）、乙炔汞（HgC ═CHg）等金属化合物，这些金属化合物在干态下受到微小震动就发生爆炸。

乙炔气中混入一定比例的水蒸气，氮或二氧化碳均使其爆炸性减少，例如乙炔：水蒸气为 1.15∶1 时通常无爆炸的危险。也就是说，乙炔的纯度越高，操作压力和温度越高，越容易爆炸。

乙炔在空气中的自燃点是 305℃，在氧气中的自燃点是 296℃。

乙炔在一定压力下，会产生分解爆炸。乙炔属于在压力下容易引起分解爆炸的物质，当压力将到某一个数值时，火焰便不能传播，这个压力叫分解爆炸压力。乙炔分解爆炸的临界是 0.137MPa，乙炔在这个压力下储存装瓶是安全的。但是若有强大点火源，即使在常压下也有爆炸的危险。

乙炔分解产生的热量，假定没有热损失，火焰可达到 3100℃，在此温度下又有 $2C+H_2 \Longrightarrow C_2H_2$ 的平衡反应，乙炔可达 6%。在容积 1.2L 的容器中测定时，乙炔爆炸产生的压力是初压的 9～10 倍。达到最高压力时间随初压而变，初压 0.19 MPa 时，时间是 0.18s，初压是 0.98MPa 时为 0.03s。乙炔分解爆炸的诱爆距离亦与压力有关，压力越高，诱爆距离就越短。

(4) 乙炔站设计安全规定

① 我国对于乙炔站的设计具有规定（GB 50031—91）中对于乙炔的流速有明确的规定，厂区和车间乙炔管道，乙炔的工作压力为 0.02～0.15MPa 时，其最大流速为 8m/s；乙炔站内的乙炔管道，乙炔的工作压力为 2.5MPa 及以下时，其最大流速为 4m/s。

② 设备与设备之间的净距离不宜小于 1.5m，设备与墙之间的净距离不宜小于 1m，对于水环式压缩机、水泵、水封等小型设备可以适当缩小。

③ 乙炔管道应有导电接地装置。

④ 电石库、电石破碎间禁止设蒸汽、冷凝水和给水、排水管道。

⑤ 乙炔站属于甲类生产，具有火灾和爆炸危险。建筑物的耐火等级，建筑层数宜为底层，屋面应设计为泄压轻型结构。门窗向外开启，兼作泄压之用。要留有足够的安全疏散出口，玻璃窗防止阳光直射和由于玻璃气泡聚焦引起乙炔和空气混合物爆炸。

8.3.1.3 乙炔部分生产安全问题的分析

(1) 电石加料储斗安全问题

① 发生事故的主要原因　乙炔发生器的上下各有一个阀门，这两个阀门在关闭状态下的作用是将乙炔气体和空气有效地隔开，在开启状态下使电石进入发生器的通道。乙炔发生器电石加料贮斗起火及爆炸是乙炔容易发生恶性事故的部位。大部分聚氯乙烯生产厂在此部位均发生过程度不同的着火和爆炸事故。有的炸毁了厂房，有的造成人身的伤亡，这些血的教训应当认真吸取。

发生事故的主要原因大致如下。

a. 储斗活门不严，造成乙炔与空气接触形成爆炸性气体，在向贮斗加电石时由于电石之间或电石与器壁摩擦，或电石吊斗与加料斗碰撞或电动葫芦电线打火等原因，造成爆炸。

b. 氮气置换不彻底，或因氮气纯度低，或氮气排空管不畅，使氮气进气量不足。

c. 储斗内有水或水蒸气使电石遇水生成大量乙炔气体。

d. 储斗衬里（衬胶或衬铝）破裂，易造成电石与器壁摩擦打火。

e. 电石块大，易使活门关不严，造成乙炔漏气与空气形成混合爆炸性气体。

② 预防措施

a. 经常检查活门是否严密，如发现不严应及时检修或更换活门或胶圈。活门应采用衬胶或包胶皮结构，活门底座最好用可更换的橡胶圈，使活门与底座接触面具有一定弹性，保持良好的密封状态。

b. 通氮要彻底，最好采用连续通氮，通氮时使储斗压力保持 2.67～5.33kPa（20～40mmHg），氮气含氧最好采用自动记录含氧分析仪，可随时观察氮气中含氧量变化情况。并且定期与化学分析相对照，以保证试仪器的准确性。

c. 储斗内应保持干燥无水。

d. 储斗应定期检查衬里完好状况，发现问题及时解决。

e. 严格控制电石粒度，严防储斗加重料，造成料满活门关不严。

（2）电石粒度的控制 粒度越小与水接触的面积越大，水解速度也越快，在此情况下有可能引起局部过热而引起乙炔分解和爆炸。电石粒度过大，与水接触面积减少，则电石反应缓慢，特别是电石粒度过大，水解时生成的 $Ca(OH)_2$ 将包住电石，使电石水解不完全，在发生器底部排渣时容易夹带未水解完全的电石，造成电石消耗定额上升。因此，我们对电石粒度应该有一定的要求，目前我国电石粒度一般控制在 50mm 左右。

粒度对水解速度的影响见表 8-3。

■表 8-3 不同粒度电石对水解速度的影响

电石粒度/mm	2～4	5～8	8～15	15～25	25～50	50～80	200～300
1kg 电石完全水解的时间/min	1.17	1.65	1.82	4.23	13.6	16.57	约 35

从表 8-3 可看出，电石粒度一定要严格控制，小颗粒及电石粉末一定不能集中使用，以防发生危险。

（3）发生器温度的控制 乙炔发生器温度的高低，直接影响乙炔发生速度，温度提高，电石水解速度加快，生产能力提高，乙炔在水中溶解减少，对电石定额有利，但温度提高，乙炔分解的可能性增大，即爆炸的危险性加大。同时温度提高，乙炔中的水蒸气含量增加，造成后面冷却负荷加大；而且从安全生产等方面考虑，也不宜使温度控制过高，一般控制反应温度 (85±5)℃为宜。此温度一定严格控制。

（4）发生器压力的控制 压力增加会使乙炔分子密集，分解爆炸的可能性增大。发生器在不正常情况下，有可能出现冷却水不足，造成部分水解的电石传热困难，甚至局部过热到几百度。当乙炔压力大于 0.147MPa（1.5kgf/cm^2），而尽可能控制在较低压力下操作，这样也可减少乙炔在电石渣浆中溶解损失以及设备的泄漏。但压力也不能太低，如太低会造成压缩机入口为负压，有进入空气的危险。对于乙炔生产能力在 1000～2000m^3/h 的装置，压力控制在 80～133kPa（600～1000mmHg）为宜。

(5) 发生器液面的控制 发生器液面控制在液面计中部位置为好，也就是说保持电石加料管至少插入液面下 200～300mm。液面过高，使气相缓冲容积过小，易使排出乙炔夹带渣浆和泡沫，还有使水向上浸入电磁振荡加料器及贮斗的危险。液面过低，则易使发生器气相部分的乙炔气体大量逸入加料贮斗，影响加工料的安全操作。因此，无论是电石渣溢流管安装的标高，还是底部排渣时间或数量，一定要注意液面的严格控制，防止发生事故。

(6) 乙炔的清净 在乙炔气中 PH_3、H_2S、SiH_4、NH_3 等杂质的存在是有害的，它会使合成氯乙烯催化剂中毒，影响氯乙烯转化率。尤其是 PH_3 存在与空气接触会自燃，从而引起乙炔的爆炸，所以对乙炔气中杂质必须进行清净。乙炔清净剂次氯酸钠是次氯酸的一种不稳定的盐，是一种强氧化剂。次氯酸钠的有效氯一般控制在 0.07%～0.1%，pH 值 7～9，当有效氯低于 0.005%和 pH 值在 9 以上时，则清净效果较差。而当有效氯在 0.15%以上（特别是在 pH 值较低时）容易生成氯乙炔而发生爆炸危险。也有可能生成二氯乙烯中间物。

$$C_2H_2 + Cl_2 \longrightarrow ClCH{=\!=}CHCl$$

在下一步碱中和时，进一步生成氯乙炔：

$$ClCH{=\!=}CHCl + NaOH \longrightarrow CH{=\!=}CCl + NaCl + H_2O$$

当有效氯在 0.25%以上时，无论在气相还是液相，均容易发生氯与乙炔激烈反应而爆炸，阳光能促进这一爆炸过程。氯乙炔是极不稳定的化合物，遇空气易着火和爆炸，如中和塔换碱时或次氯酸钠排放时，以及开车前设备管道内空气未排净时均容易发生着火及爆炸。次氯酸钠中有效氯代表次氯酸钠溶液的浓度，一定的次氯酸钠含量才能保证氧化剂能力，保证清净效果，有效氯量高，氧化能力过强反而会生成一些副反应，对乙炔纯度不利，且生产操作也不安全。次氯酸钠在碱性介质中稳定性大，氧化能力低，若 pH 值低于 7，呈酸性氧化能力强，反应激烈，乙炔中生成的氯化物含量增高。因此，考虑到安全因素，以及分析有效氯可能的误差，为保证清净效果，清净塔内有效氯一般不低于 0.06%，pH 值应严格控制在 7～9。

(7) 正水封、逆水封和安全水封

① 正水封。发生器产生的乙炔气经正水封（它的进口管插入液面内），至冷却清净系统，正水封起单向止逆阀作用，正水封只能使乙炔气从前面设备往后面管道和设备行进，而不能倒流，所以万一在后面的管道和设备中发生燃烧爆炸，燃烧的气体不会倒窜到正水封以前的设备内，从而起到安全隔

离效果，以减少事故造成的损失。此外，当单台发生器停车检修时，可往正水封中加水使与系统间断。一般正逆水封都置于发生器顶部，当需定期更换含渣浆水时可排入发生器内，减少乙炔溶解损失。

② 逆水封。逆水封进口管（插入液面内）与乙炔气柜管连接，出口管通到发生器上方气相部分。正常生产时，逆水封不起作用，当发生器发生故障设备内压力低时，气柜内乙炔气可经逆水封自动进入发生器，以保持其正压，防止系统产生负压而抽入空气，形成爆炸混合物的危险。

因此，正逆水封是保证乙炔发生器安全装置，故正逆水封的液面一定要保持稳定，防止堵塞和造成假液面。

③ 安全水封。乙炔发生器的安全水封是乙炔生产必不可少的安全装置，当发生器压力增大时，可从此处排放，以防发生意外事故。一般安全水封安装在底楼，当发生器液面过高或溢流不畅时，渣浆可经安全水封排出。因此，安全水封起安全阀和溢流管两种作用。

8.3.2 氯乙烯合成部分的安全与防护措施

8.3.2.1 简单工艺流程

氯乙烯合成及精馏工序主要由 VCM 合成、压缩及精馏、尾气吸收、热水泵房、污水以及处理组成。反应原理是乙炔和氯化氢经混合冷冻脱水，再经以活性炭为载体、氯化汞为催化剂的列管转化器进行反应生成氯乙烯，再经压缩、精馏获得高纯氯乙烯，供聚合、干燥工序生产 PVC 树脂。

由界区外 HCl 合成送来的氯化氢气体进入氯化氢冷却器，用 5℃盐水间接冷却。用来自乙炔站的湿乙炔气经乙炔阻火器与氯化氢气体以 1∶(1.05～1.1)的比例进入混合器中进行混合，混合后进入石墨冷却器进行冷却，进行冷冻混合脱水，再经酸雾过滤器除掉气体中所夹带的酸雾后进入预热器预热，达到指定温度后进入转化器进行反应，生成粗氯乙烯气体。

反应后生产的气体先进入脱汞器，脱掉气体所夹带的氯化汞，再冷却，然后依次进入泡沫脱酸塔、水洗塔将过量的氯化氢气体用水吸收成 31%盐酸。水洗后的气体进入碱洗塔，洗掉气体中所夹带的氯化氢后进入压缩机进行提压，使压力达到 0.6MPa（表压），压缩后的气体经机后冷却器冷却后进入全凝器，用−35℃盐水冷却，没有冷却下来的气体进入尾凝器，再经尾气吸附器吸附后定压排放。

自水分离器出来的氯乙烯液体进入固碱干燥器，除去水分及剩余的酸性物质进入低沸点塔塔釜，用热水间接加热，将冷凝的低沸点物质蒸出，用 5℃水控制回流比，由塔顶进入尾凝器。塔釜液体氯乙烯通过液位控制进入高沸点塔，高沸点塔釜将氯乙烯蒸出，经分离而得到精氯乙烯通过塔顶冷凝器并控制部分回流，大部分精氯乙烯进入成品冷凝器，用 5℃盐水冷凝后送至单体贮槽内，再经 VCM 输送泵送到聚合工序。高沸点塔釜的高沸物再经过精馏三塔回收二氯乙烷。

8.3.2.2 氯乙烯合成的安全技术

(1) 氯乙烯

分子式：C_2H_3Cl

相对分子质量：62.5

物理性质：氯乙烯在常温和常压下是一种无色有乙醚香味的气体，其沸点为－13.9℃，凝固点为－159.7℃，临界温度为 142℃，临界压力为 5.323MPa。

氯乙烯的爆炸性：氯乙烯易燃，闪点－78℃（开口杯法），燃点 471℃与空气混合易形成爆炸混合物，其爆炸极限为

下限：3.8% 空气中约为 $95g/m^3$

上限：29.3%空气中约为 $770g/m^3$。

从氯乙烯结构上看，氯原子和双键都能进行化学反应。但一般讲，连接在双键上的氯原子不太活泼，所以有关双键的反应比有关氯原子的反应多。

氯乙烯主要用于生产聚氯乙烯，以外，氯乙烯与其他不饱和烃类共聚，可制成多种共聚物，显著改善树脂性能，可制备多种塑料制品。

氯乙烯在 0.5MPa（表压）时，沸点为 40℃，所以液态氯乙烯易于储存及输送。

(2) 氯化氢及盐酸

分子式：HCl

相对分子质量：36.46

氯化氢为无色气体，易溶于水，有强烈刺激性气味。盐酸为透明或黄绿色液体，遇空气易雾化发烟。HCl 刺激眼睛，发生眼睑浮肿，结膜炎，吸入时刺激鼻黏膜和呼吸道，出现咳嗽、胸闷、头晕等症状，皮肤受 HCl 气刺激后出现红点至水泡，盐酸接触皮肤会引起烧伤。

空气中最高允许浓度：0.015ml/L。

急救措施：在浓度较高条件下工作时要穿戴防酸衣，安全眼镜，胶手套，胶靴和防毒面具。

8.3.2.3 氯乙烯合成生产安全问题的分析

(1) 乙炔与氯化氢中游离氯起火爆炸 当乙炔与氯化氢在混合器中按一定比例混合时，如果氯化氢中含游离氯偏高，乙炔与氯会产生高温反应生成氯乙炔，严重时会发生燃烧或爆炸，此类事故在国内聚氯乙烯生产厂曾多次发生。发生含氯过高的主要原因如下。

① 在合成氯化氢时氯与氢配比不当，当发现过氯时没能及时调整氯氢配比，造成氯气过量。

② 氢气站发生故障造成氢气突然中断或压力下降，使氯气过量。

③ 氯化氢合成炉视镜不净，其火焰颜色看不清，易造成氯气过量。

④ 氯氢压力发生变化，造成配比不当。

预防措施：

① 严格操作控制，经常根据火焰颜色和氯化氢纯度分析结果调整氯、氢配比使 Cl_2：H_2＝1：1.1。

② 氢气压力，最好安有低压报警装置，以防氢气压力下降时及时报警，及时调整配比。

③ 混合器温度应安报警装置，当发现混合器温度升高时，及时采取应急措施。

④ 国内很多等单位采用氯化氢脱氯罐，内装活性炭，当氯化氢有过量游离氯时被罐中活性炭吸附，达到脱氯目的。

⑤ 尽量使氯气、氢气压力保持稳定，最好安装有自控和自动纯度分析仪，可随时发现问题自动调节配比。

⑥ 在氯化氢合成炉视镜内安装小刮刀，在正常开车情况下，用人工搬动小刮刀连杆使刮刀转动，把视镜不洁物刮下，保持视镜清晰，以便观察火焰颜色调节配比防止过氯。

(2) 氯乙烯空间爆炸 造成氯乙烯空间爆炸的主要原因是氯乙烯泄漏到空气中形成混合爆炸性气体，由于打火或静电等因素所致。氯乙烯泄漏到空气中形成混合爆炸性气体危险性很大，从已发生的爆炸事例来看，造成的经济损失及人身伤亡是很惨重的。氯乙烯泄漏原因及预防措施主要如下。

① 氯乙烯合成分馏尾气排空氯乙烯含量过高或发生夹带液体氯乙烯（简称尾气带料）。产生尾气带料原因很多，其主要原因是：

a. 分馏操作控制不当或尾凝器下料管结冻或堵塞；

b. 尾凝器结冻堵塞冷却效率降低；

c. 全凝器冷凝效果差。

预防措施：

a. 严格操作控制，坚持巡回检查，及时发现问题及时处理；

b. 尾凝器定期停用化冰，以防影响冷却效果；

c. 尾气排空应采用活性炭吸附回收氯乙烯（或采用液体吸收法）措施；

d. 在尾气排空管路上应增加一台气液分离器，当有液体氯乙烯时可分离下来，以防从尾排带走。

② 氯乙烯贮槽液面计破裂，造成氯乙烯泄漏。

预防措施：

a. 玻璃液面计应定期检查及更换；

b. 液面计应加防护罩，最好采用板式液面计；

c. 液面计与贮槽之间应装有阀门，并保持灵活好用。

③ 氯乙烯压缩机泄漏：氯乙烯压缩机主要是拉杆及轴头漏气造成污染，易发生危险。

预防措施：

a. 坚持氯乙烯压缩机定期检修，并注意检修质量；

b. 改进压缩机密封结构及填料材质，最好改成无油滑润结构。

④ 分馏系统压力过大，设备及管路垫裂造成氯乙烯泄漏。

预防措施：

a. 定期检查及更换设备及管路垫，严禁使用胶垫；

b. 坚持巡回检查制，及时发现问题及时处理；

c. 严格操作，保持分馏压力平稳。

8.3.3 聚合部分的安全与防护

8.3.3.1 简单工艺流程

氯乙烯聚合工序主要由溶剂配制、VCM供料与回收、软水泵房、聚合、汽提、出料、干燥及包装组成。氯乙烯悬浮聚合反应是自由基型链锁聚合反应即在聚合釜内加入一定量的无离子水，在引发剂、悬浮剂及其他助剂作用下，借助较强的搅拌作用，在一定的温度和压力下进行聚合反应。该反应过程分链引发、链增长、链转移、链终止阶段。

悬浮法PVC聚合生产工艺由以下单元组成。

单元B：VCM和水的贮存与加料；

单元C：助剂配制；

单元D：涂壁系统、废水汽提；

单元E：聚合；

单元F：VCM回收；

单元G：汽提。

单元H：干燥；

单元I：包装料仓。

(1) 单元B： 新鲜VCM按需要量由界区外送至界区内，储存在新鲜VCM储槽中，回收VCM由界区内VCM回收单元来，储存在回收VCM储槽中。新鲜VCM和回收VCM经计量后，按要求比例，用VCM加料泵打入聚合釜内。

冷无离子水由界区外送至界区内，储存在冷无离子水储槽中。冷无离子水用于聚合加料、轴封注水、管路冲洗、出料过滤器冲洗和聚合反应过程的注水。

冷无离子水用蒸汽加热后，储存在热无离子水储槽里，热无离子水用于聚合加料。

依据聚合反应初始温度要求，按一定比例经计量后，用无离子水加料泵打入聚合釜内，无离子水的加料泵的设计适用冷热无离子水。这种加料方法几乎可省去聚合初期升温工序并使加料时间减少到最低。

(2) 单元C：溶液配制与加料 提供的引发剂用容器包装，储存在离工艺区附近的冷库中，送至界区后在引发剂配制槽内，按配制方法要求制成分散液，然后储存在引发液储槽内。分散液经测定浓度后，按聚合生产工艺配方要求，采用称量槽计量后，用加料泵加入聚合釜内。

分散剂用袋包装或容器包装，储存在界区内的仓库里。分散剂溶液的配置，按配制方法要求，在分散剂配制槽内配制，然后贮存在分散剂溶液贮槽中。溶液经测定浓度后按聚合生产工艺配方要求，采用称量槽计量后，用加料泵打入聚合釜内。分散剂的称量精度要求是很高的，以保证 PCV 产品质量的稳定性。

缓冲剂是袋包装，贮存在原材料库中，根据配制要求制成缓冲剂分散液后，贮存在缓冲剂贮槽。在加无离子水过程中，缓冲剂分散液经缓冲剂流量计计量后，压入无离子水中，一起进入聚合釜。

终止剂用密闭金属桶包装，贮存在界区内仓库里。终止剂溶液按配制方法要求，在配制贮槽内配制成溶液并贮存在同一个罐内。溶液经测定浓度后，按聚合生产工艺配方要求，用流量计计量。当聚合反应达到设定的转化率时，用终止剂加料泵打入聚合釜，终止聚合反应，以保证 PVC 产品的分子量分布均一，同时也可以防止 VCM 在单体回收系统内继续聚合。在事故状态下，操作人员启动终止剂加入系统，使终止剂自动加入釜内，终止聚合反应。

(3) 单元 D：防粘釜的涂壁系统 在美国 B. FGOODRICH 公司的 PVC 生产工艺中，聚合釜内壁不需要进行人工除垢工作，这是因为聚合加料前在聚合釜内壁喷涂一层防粘釜剂，基本上可以防止聚合物在聚合反应过程中粘于釜壁，从而使聚合反应进行 600 釜次也不需要进行釜除垢，600 釜次以后，釜内壁有少量的黏结物粘在釜壁上，需用高压力的水，用手动或特殊的冲洗系统进行清洗，两种系统均不需要进入釜内进行除垢作业。

按照北京化工二厂提供的涂壁液配方和配制方法，在涂壁液配制槽内配成液后，贮存在涂壁液贮槽内，使用时涂壁液通过聚合釜顶部的喷射阀打入聚合釜。

聚合釜顶部装有两个呈 180°对称的涂壁喷嘴。每次聚合反应完毕，物料配净后，先用 1.6MPa 的冲洗水，通过喷嘴将釜壁表面松散的聚合物冲洗干净，然后涂壁泵开启，将计量后的涂壁液与蒸汽一起送进喷嘴，在喷嘴内用 0.6MPa 的蒸汽将涂壁液雾化后冷凝再釜内，再釜壁表面形成一层膜，从而基本防止聚合物粘于釜壁。以上操作是在聚合釜密闭的状态下、由 DCS 控制系统自动控制完成的。

(4) 单元 E：聚合 聚合是在搅拌反应器内进行，反应热量从反应器夹套和内冷挡板中不高于 30℃的冷却水移出，不许用冷冻水。反应器的工程容积为 70m^3，其操作为间歇式，以生产 K-57PVC 树脂为例，主要程序依次有：

程　序	操作时间
· VCM 和无离子水进料	0.5h
· 引发剂,分散剂和化学药剂进料	0.4h
· 聚合反应(k-57PVC 树脂用 30℃水)	4.7h
· 聚合反应结束加终止剂	0.02h

· PVC 浆料排出　　0.5h
· 聚合釜抽真空　　0.2h
· 釜壁冲洗和喷涂壁液　　0.2h
· 下一生产周期的准备　　0.2～1.1h
间歇操作周期共　　6.7～7.6h

以上的间歇操作由 DCS 控制系统自动程序控制。

根据 PVC 产品的生产工艺配方所规定的原材料种类、用量和 DCS 设定的加料程序，在聚合釜密闭状态下，自动的加入冷、热无离子水、分散剂、缓冲剂和引发剂。当引发剂自动加入后，开始聚合反应，通过自动调节冷却水量，维持反应温度。聚合反应是按规定的反应温度曲线进行的，聚合反应热被测量，并由微型电子计算机计算单体转化率，当达到设定的转化率时，在操作人员启动终止剂加料系统后，终止剂自动加入聚合釜，终止聚合反应，然后将 PVC 浆料自动出料到出料槽。聚合的 VCM 回收大部分是在聚合的后系统进行，以缩短聚合周期。聚合釜出料后，要对聚合釜回收，使釜内残压有 0.05MPa，先用 1.6MPa 压力水冲洗釜壁，然后在釜壁上涂壁液，以防止下一次聚合反应黏结聚合物。当生产 600 釜次以后，累积在釜壁少量的粘壁物，用高压力水进行一次清洗，这样的聚合生产工艺可以达到高的生产效率和稳定优异的产品质量。

(5) 单元 F：VCM 回收　未参加聚合反应的 VCM 分别从聚合釜、出料槽、泡沫分离器和汽提塔来，通过压缩机系统将 VCM 加缩，然后在冷凝器中用 30℃以下的冷却水以及 0℃的冷冻水将 VCM 冷凝成液体，储存在冷凝槽中，供聚合使用。

(6) 单元 G：PVC 浆料汽提　PVC 浆料的汽提在汽提塔内进行，PVC 浆料连续用汽提供料泵从出料槽经热交换器送往汽提塔塔顶。浆料在塔内与塔底进入的蒸汽逆向流动，塔顶馏出物送往冷凝器，冷凝气采用 30℃冷却水进行冷凝后，冷凝液会同回收压缩机轴封水、VCM 储槽分离水、聚合釜冲洗水均集中在废水贮槽中，然后送往废水汽提系统。汽提后的废水含 VCM 不大于 2mg/kg，不凝的 VCM 汽提送往 VCM 气柜。经过汽提的 PVC 浆料送往浆料混料槽。汽提废水去污水处理。

(7) 单元 H、单元 I：干燥、包装　经汽提后的 PVC 浆料由泵打到干燥厂房边的浆料罐内，再经离心机脱水，脱水后的 PVC 树脂含水在 25%，经螺旋输送机送进气流干燥管与热风混合，进入旋风干燥器进行干燥，干燥后的 PVC 粉料经旋风分离器组与气流分离，成品 PVC 经筛选后用仓料泵送至混料仓。

8.3.3.2 聚合部分安全技术

① 引发剂是在一定温度下容易分解的物质，应在低温度下（－35℃）以下储存，冷库中的引发剂要定期的检查，以免分解造成火灾或爆炸事故。

② 乙烯储罐、反应釜等凡有氯乙烯气体放空的设备均要安装放空装置。

室内设备放空装置的出口应高出屋顶。室外设备的放空装置在作业面 15m 半径内，出口应高于附近操作面 3m 以上。放空装置应选用金属材料，不准使用塑料管或橡皮管。装置上应设有阻火器、静电接地、管口上设有挡雨阻雪的伞盖。

③ 生产区域内，严禁明火和可能产生明火、火花的作业。固定明火区必须距离生产区 30m 以上。检修动火时要采取一定的安全措施，按照规定办理动火手续。

④ 氯乙烯安全泄压系统按照规定安装安全阀外，还应在接触氯乙烯的一侧安装防爆片，防止自聚物堵塞安全阀的放空口。防爆片的爆破压力应稍高于安全阀的起跳压力。通常情况下应每年检测效验安全阀一次，重要部位的防爆片应每年更换一次。聚合釜放空管道要每年检查一次，固定是否牢靠。

⑤ 聚合区域内应设置氯乙烯自动检测装置，一旦有氯乙烯单体泄漏，能够自动报警。

⑥ 聚氯乙烯生产装置区可以划分为防爆区和非防爆区。氯乙烯贮罐区、聚合釜区域、单体回收等区域属于防爆区。防爆区内的照明、仪表、按钮、电机等电器设备要遵照《爆炸危险场所电气安全规程》、《化工企业爆炸和火灾危险场所电气电力设计技术规定》执行。

⑦ 由于聚合装置的特点，聚合操作室内应设置独立 DCS 系统的紧急事故操作盘，在意外情况下（DCS 发生故障），可以直接手动放空泄压，向釜内加入终止剂停止聚合反应。

⑧ 紧急事故终止剂。生产中可能会遇到无任何电源的紧急情况，为了减少向大气中排放危险化学品，避免次生灾害和污染事故的发生，聚合装置设有紧急事故终止剂系统。国内目前有两种紧急事故终止方法。一是使用高压氮气钢瓶为动力将 α-甲基苯乙烯终止剂加入到釜内，达到终止聚合反应的目的。二是使用一氧化氮既作为发射气体同时也作为终止剂。气相终止剂可以不借助搅拌的作用会很好的分散到聚合体系中起到终止效果。

一氧化氮属于剧毒品，对于中枢神经作用较大，质量要求比较高。最初从国外引进的一氧化氮由于长时间不用，无法处理，限制了应用推广。目前，大连光明化工研究设计院开发出了可以用于紧急终止剂的一氧化氮气体，该公司还可以每年上门更换未使用的瓶装气体，将会推动其使用范围。

8.3.3.3 聚合部分安全问题分析

(1) 氯乙烯单体储存安全 在聚氯乙烯生产中氯乙烯单体是用储槽来储存的，装充时切不可太满。因为装入容器的氯乙烯单体，在常态下一部分以气体存在，一部分以液体存在。若温度上升，液体即因受热而膨胀，蒸气压也相应上升，如容器内空间有限，当温度上升到一定程度，容器全为液体所占有，这时温度再上升，由于液体的膨胀，可能引起爆炸。为了防止这种危险，一般规定，单体贮槽的装充最多只能装到总容积的85%左右。

为了避免单体受热，单体贮槽应设有顶棚，以避免日光曝晒。有的在单体贮槽内设有冷冻盐水管来降低单体温度。

(2) 聚合釜超压的原因分析 氯乙烯聚合反应过程是一个放热的过程，放热量为1.532kJ/kg，如果反应失控，温度急剧上升，温度的上升又使反应速度加快，随之而来的是反应热量不断地累积和反应速度加快，这种恶性循环会在极短的时间内使聚合釜内的温度、压力剧增，如果不能及时将反应热导出或释放压力，反应温度达到一定值时而产生爆炸性聚合，从而造成操作控制的困难。或者压力很快就达到安全阀的起跳压力，将使大量未反应的VCM单体外逸。在聚合釜超压的状态下，法兰的连接处等薄弱点很容易发生泄漏，易造成重大的火灾爆炸恶性事故。

聚合釜温度失控，造成聚合釜超压的原因有以下几种。

① 电源故障导致聚合釜超压 聚合装置的供电属于一类负荷，应采用双回路单独供电，一旦电网发生故障，另外一路电网将自动投入运行，保证聚合装置的稳定运行。对于一些大型反应釜（$110m^3$）还要配备柴油发电机组，保证电网事故状态下的关键装置的临时用电，如釜搅拌电机、循环水泵和自动控制阀门。DCS设备要设置不间断电源（UPS）保证控制指挥系统畅通。

因为电力故障事故引起的安全事故和安全未遂事故经常发生，尤其是在夏天雷雨季节电网事故导致停电，聚合釜超压时有发生。南方企业在一年内有1～2次的电力事故发生的企业屡见不鲜，应该引起企业的高度重视。

② 引发剂加入过量 氯乙烯单体要聚合反应，必须有自由基存在，即在聚合反应的条件下产生活性自由基的化合物就称为引发剂。对于氯乙烯聚合反应来说，聚合度由聚合温度来决定，引发剂用量主要用于调节聚合反应速度。聚合反应速率的快慢是根据冷却水可以带走热量来决定的。反应速度越快生产能力越高，但反应速度太快，危险性越高。因此要控制好反应速度。

引发剂的加入要根据季节的不同进行调整，避免釜超压导致紧急出料。引发剂的计量器具要经常的效验；加入引发剂后的1h内要密切观察反应速度的变化。一旦引发剂加入量过多，将会导致反应速度加快，釜温无法控制。某南方一工厂将引发剂加过量，反应压力急剧上升，造成安全阀起跳。

③ 搅拌故障 搅拌的作用是使反应物料均匀的分散在水中，使反应热量较好的释放。因此聚合釜搅拌对于移出反应热量、控制聚合反应温度具有重要的作用。一旦搅拌故障，单体和水很快分层，大体积的单体发生本体聚合，造成釜中心反应热不能释放，温度骤升，造成局部爆聚，导致釜内超压的危险。本行业内就有一家公司曾因投料升温后，忘记开动搅拌器，釜内产生了爆聚反应，导致釜体和人孔盖严重变形报废。

国外的大型聚合釜的搅拌一般设置有事故电机，功率只有正常生产搅拌电机的1/8，在失电的状态下，使用柴油发电机供电保持搅拌的最低转速。欧美一公司的大型反应釜搅拌设有气动马达，可以保证在失电的紧急情况下保证搅拌的运转。随着我国大型装置的投入运行，大型聚合反应釜的安全和非正常状态下的安全保证要引起高度重视，聚合釜的安全系统绝不是简单的放大。

④ 釜满导致超压　聚合釜配方设计的一个重要参数就是装填系数，一般聚氯乙烯的生产装填系数为80%～90%。所谓的装填系数就是聚合釜的有效容积与投入各种物料总体积的比值。装填系数越小，弹性空间就越大，安全系数就越高。

聚合釜内有效空间全部装填了物料，没有任何气相空间的釜就称为釜满：釜满是聚合反应过程中的一种危险状态。

生产中有几种原因可能造成釜满：计量仪器没有及时校正；氯乙烯单体的没有根据季节的变化进行体积-质量换算；中途注水方法不正确；釜上阀门内漏；聚合釜没有放净就加入单体和水等。

我国某公司曾因清釜后冲洗水未放净的状态下就加入了下一批次的单体和水，釜的装填系数过高，在聚合釜升温过程中液相迅速膨胀，导致聚合釜发生爆炸。

国外大型反应釜设有聚合釜的液位检测装置，是一种伽马射线液位仪，随时监测聚合釜的液面状态。北京化二开发的聚氯乙烯成套技术是通过DCS智能判断自动检测釜满，保证聚合釜的安全运行。

⑤ 冷却水中断引起釜超压　氯乙烯聚合的反应热量主要靠釜壁夹套、釜内冷挡板、釜顶冷凝器的循环水带走。循环水系统出现故障，冷却水中断，不能及时的移走反应热量，必将使聚合釜的温度急剧上升，压力升高。

⑥ 聚合釜轴封注水导致釜满超压　为了保证聚合搅拌的正常运行，对于底伸式搅拌轴需要注水，主要是保证没有物料沉积到轴瓦间隙中，同时也起到冷却的作用，注入的轴封水进入到釜内。在正常工况下，聚合反应体系是一个随转化率提高而收缩的过程，轴封注水和聚合注水保证聚合釜液面的恒定。但是有些工况下，聚合反应已结束，但由于种种原因导致聚合釜长期待出料，虽然将聚合注水停止了，不少操作工就失去了警惕，但搅拌轴的注水仍然不停的注水，一旦将釜内充满，有可能会导致釜人孔盖或法兰连接处垫片处泄漏，釜内未反应的氯乙烯就会泄漏出来，如果发现不及时，将会导致着火或爆炸事故的发生。

所以长期待出料的聚合釜，也要随时查看釜压，有条件时，尽量将釜内的浆料排除一部分，留出轴封注水的空间。

8.4 聚氯乙烯树脂生产产生的污染及其治理

8.4.1 乙炔部分产生的污染及其治理

乙炔部分的主要污染物有电石渣浆、电石渣上清液废水、乙炔冷却废水、乙炔中和塔废碱液、清净塔出来的废次氯酸钠液、电石装卸过程中的粉尘等。

8.4.1.1 电石渣浆

电石渣是电石法原料路线生产聚氯乙烯树脂的主要问题，含有大量氢氧化钙固体且具有强烈的碱性，并含有较高的硫化物及其微量的杂质，作为副产物，在数量上已经超过了聚氯乙烯树脂。一般，生产 1t PVC 树脂可以得到 10%～15%的电石渣浆 12～19t，含有 70%的干渣 2～3t，利用自然沉降法占地面积较大，如果填埋、堆放必然造成污染。

电石渣的主要成分：

	含量/%		含量/%
$Ca(OH)_2$	96.30	Fe_2O_3	0.12
SiO_2	1.41	CaS	0.08
Al_2O_3	1.33	CNS^-	0.01
C	0.11	Cl^-	4.23
$CaSO_4$	0.34		

电石渣的主要成分是氢氧化钙，具有一定的利用价值，使用压滤机将其水分脱出后，含水量一般为 30%～35%，便于运输，可以用于生产砖块、筑路、作为生产水泥的原料、电厂脱硫剂、纯碱企业代替石灰乳用于脱氨等用途。

每耗 1t 电石将产生 1.2t 的电石渣，电石渣的量非常大，联产水泥是公认的解决电石渣污染的较好的途径。但水泥的生产对于电石渣中的氯离子有要求，水泥生料中氯含量标准为 0.015%，实际生产中氯离子含量不能超过 0.03%。如果将次氯酸钠废液也排到乙炔发生器中作为补充水，氯离子将会超过 4.32%，影响水泥的生产。实际上并不是所有的 PVC 厂周围都适合建设水泥厂，但如果电石渣运输超过 200km 将无效益。所以，解决电石渣的污染问题就是结合生产链的实际、因地制宜的变废为宝。

8.4.1.2 电石粉尘

电石粉尘是电石法生产聚氯乙烯中急需要解决的污染问题，在电石贮运、破碎和加料过程中将会有大量的粉尘排入到大气中，每生产 1t PVC 将会有 20kg 电石粉尘飘落到环境中，破坏生产环境和生活环境。

目前，国内的生产装置主要从传统敞开式破碎加料改为密闭式破碎传动加料，既减少了粉尘又降低了噪声。

密闭式生产工艺，在斗式提升机的进出口，乙炔发生器进料口设抽风罩，确保整个体系处于微负压状态，粉尘不外逸。选用高效率的脉冲袋式除尘器，保证出口的粉尘浓度小于 50mg/m³。

8.4.1.3 上清液回用

湿法乙炔发生器需要一定的水量与电石反应，化学反应需要水量每吨电石为 0.483t，而带走热量每吨电石耗水 5.82t，考虑到反应用水和要移出反应热的水量，一般发生器的用水量每吨电石至少需要 6.3t 水量。因此，每生产 1t PVC 用于乙炔发生工序用水约 10t，冷却用水约 7t。考虑到反应消耗水分和电石渣要带走的水量损失，大约有 90%～94%的废水可以重复使用，换言之，生产每吨 PVC 时，具有 15～16t 的废水可以利用。

电石渣浆中的清液主要污染物含量：

pH	13～14	C_2H_2	150～200 mg/L
SS	100～500 mg/L	$Ca(OH)_2$	800～1700 mg/L
S^{2-}	400～800 mg/L		

电石渣浆经过压滤后的上清液，或经过沉淀后即使达到“眼不见混”，但其 pH 值仍高达 13 以上，且水中的杂质含量均超过国家的“三废”排放标准，其中硫化物超出国家排放标准数百倍。

上清液回用作为乙炔发生器补充水的循环使用的关键是上清液中的硫化物、磷化物含量是否会累计而对清净工序增加负荷及安全造成隐患。

磷化物（磷化氢）微溶于水，常温下 1 体积的水可以溶解 0.112 体积的磷化氢，在热水中几乎不溶，在乙炔发生器反应温度下，上清液中的磷化氢溶解量为 0.28～0.05mg/L，说明磷化氢在乙炔发生器温度下溶解度很低，使生成的磷化氢大部分进入乙炔气相中并在清净塔中除去。所以磷化氢在上清液中的富集不是关键问题。

对于循环液中的硫化物的实验和分析表明，电石水解温度控制在（85±5)℃的条件下，即使使用高硫含量的电石发生乙炔气体，乙炔气体中硫化氢浓度也远远低于工业生产中控制在 0.15%的高限指标。硫离子实际含量稳定在 1800mg/L 左右，并不会造成积累富集。其主要原因是随着电石渣浆上清液的循环使用，上清液中的硫离子浓度不断增加，但当硫离子浓度富集到一定的浓度时就不会再增加，而是形成硫化钙沉淀被电石渣吸附，逐步转入电石渣中。因此，电石渣上清液的循环使用不会对乙炔气体的质量产生影响。

目前行业的大部分企业均使用上清液回用方法，采用各种方法使其温度降低到 40℃以下，保证不影响电石水解温度的控制，使本工序的废水达到零排放。

8.4.1.4 乙炔气清净用次氯酸钠废液

乙炔清净塔使用次氯酸钠对于乙炔气体中的硫和磷等杂质进行去处，所以清净塔中含有高浓度的磷（约 45mg/L）、硫（约 25mg/L）离子。根据我国《污水综合排放标准》(GB 8978—1996)中的规定，总磷允许排放浓度要小于0.5mg/L。由于废液中含有大约0.1%的次氯酸钠，使用生化方法无法处理。目前国内没有很好的有效治理技术。

废次氯酸钠液体目前没有太好的办法处理，很多厂家将其与上清液混合后作为电石发生的补充水。但如果电石渣用于生产水泥时，要求其氯离子的含量不能超过0.015%。所以，对于处理废次氯酸钠液体成为了目前行业重点研究的课题。

8.4.2 氯乙烯合成部分的污染及其治理

8.4.2.1 氯化汞催化剂

氯化汞催化剂为现知的催化活性最高者，所以直至今天在氯乙烯合成的生产中都采用它。但氯化汞是一种烈性毒物，如内服0.12～0.5g即产生急性中毒而有致命危险，在氯乙烯合成的生产中若不注意就会对工人的健康和环境卫生产生严重影响。因此在使用时要认真注意对工人的防护，对废催化剂要作妥善处理。露天堆放固然不允许，掩埋地下也不行，因为吸附在活性炭上的氯化汞会慢慢溶入地下水而渗入江河里造成污染。采用高温使废催化剂中的氯化汞升华回收的办法是可行的，但为了更优质高产和减轻环境污染今后应研究寻找低毒高效的非汞催化剂。

8.4.2.2 精馏尾气中氯乙烯回收

在电石法氯乙烯的生产过程中，多数企业采用低、高沸塔精馏的分离工艺精馏氯乙烯，在尾气冷凝器回收后的不凝气体中，仍然含有8%～20%的氯乙烯单体，但为了保证氯乙烯单体的质量及防止整个系统中不凝气体的积累，这部分气体必须放空，对企业造成了较大的资源浪费，同时又严重污染环境，所以对精馏尾气必须进行回收利用。目前，回收精馏尾气中氯乙烯的方法主要有活性炭吸附、膜法有机蒸气(VOC)回收及活性炭纤维吸附和变压吸附等。

(1) 活性炭吸附 国内最早回收尾气中氯乙烯的方法是使用活性炭吸附。活性炭吸附法是利用氯乙烯单体在活性炭上高选择性吸附这一原理来回收。活性炭是多孔型固体，比表面积大，可达1000m^2/g，对各物质的吸附能力随物质沸点升高而加大。因此，对于精馏尾气中所含的氯乙烯、乙炔、氢气、氮气、氧气等气体，活性炭对氯乙烯的选择性最强。活性炭吸附法工艺流程简单，技术可靠性强，装置投资少，见效快。但装置需要用盐水冷却、蒸汽升温、热空气干燥、氮气置换等操作程序，动能消耗量大，回收成本高，回收的单体含水量大，同时操作劳动强度大，不适合大规模生产。

活性炭吸附法工艺流程：氯乙烯分馏排放的尾气经一级尾气吸附器吸附后，进入二级尾气吸附器，未吸附的气体从二级尾气吸附器放空管放空。吸附过程中，吸附器内蛇盘管用−35℃盐水冷却，带走反应热。一级吸附器饱和后转入解吸，二级吸附器变为一级吸附器，备用吸附器作二级吸附器，循环使用。解吸时，从吸附器下部通蒸汽对已饱和的吸附器进行解吸，解吸出的氯乙烯经冷凝器后进气柜。当吸附器上床层温度达到规定温度时，完成解吸。解吸后，用热空气对吸附床进行干燥，当吸附下床层温度达到规定温度时，完成干燥操作，停加热器蒸汽，开始通冷风，当吸附器上床层温度达到正常温度以下时，完成冷却操作，最后用氮气对吸附器进行置换，置换合格后备用。

(2) 膜法有机蒸气 (VOC) 回收 膜法有机蒸气分离技术是20世纪90年代兴起的新型膜分离技术。膜法有机蒸气分离是基于溶解-扩散机理，气体首先溶解在膜的表面，然后沿着其在膜内的浓度梯度扩散传递。有机蒸气分离膜是溶解选择性控制，分子质量大、沸点高的组分在膜内的溶解度大，容易透过膜，在膜的渗透侧得到富集；而分子质量小、沸点低的组分在膜内的溶解度小，不容易透过膜，在膜的截留侧得到富集。膜法技术是一种清洁无污染的回收技术，氯乙烯回收率约90%，占地面积小，动力消耗少，回收成本低，可自动化运行，操作简便，但操作弹性小，当尾气中氯乙烯浓度波动大时不易操作，发生尾气带料时，会造成膜的永久性损坏，必须停车更换，在实际生产中存在着膜更换频繁、运行成本高等问题。

膜法有机蒸气（VOC）回收工艺流程：膜法有机蒸气（VOC）回收一般采用两级膜工艺，一级膜的作用是回收一部分氯乙烯单体和乙炔，然后将一级膜分离的渗透气返回到二级转换器，消耗掉乙炔，防止乙炔在压缩、精馏、冷凝系统积累。二级膜的作用是进一步分离氯乙烯单体，为了提高二级膜的分离效果，防止过多的惰性气体返回到精馏系统中，在二级膜的渗透侧采用了真空操作，来提高膜系统的压力比，然后将渗透气返回到气柜。

(3) 活性炭纤维吸附 由于活性炭纤维吸附是在活性炭吸附基础上进行的改进，所以机理基本相同，但活性炭纤维比表面积大（1000～2500m^2/g，不同颗粒活性炭只有800 m^2/g)、孔道短（比普通颗粒活性炭小1～2个数量级)，因而活性炭纤维的吸附容量比颗粒活性炭的容量提高了1～5倍，而且由于活性炭纤维的孔道短，吸附、脱吸速率都很快，吸附时间由原来的8h缩短到20min，使一个吸附周期由原来的14h缩短到35min。活性炭纤维吸附简化了工艺流程，回收效率高（≥95%），降低了操作阻力，改善了传热效果，提高了运行的安全性能，但运行费用较高。

活性炭纤维吸附工艺流程：氯乙烯分馏排放的尾气由吸附器下部进入，穿过活性炭纤维，其中的氯乙烯被活性炭纤维吸附下来，经过第一次吸附的气体通过循环系统进行再次吸附，进一步净化，同时使床层降温，净化后的气体由吸附器顶部排出。脱吸水蒸气由吸附器顶部进入，穿过活性炭纤维，将被吸附浓缩的氯乙烯脱吸出来，并带出吸附器进入冷凝器，经过冷凝，水蒸气冷凝水流入分离槽。由于氯乙烯不溶于水，冷凝水可以直接排放。脱吸下来的氯乙烯气体通过微压回送装置直接送至生产系统。

(4) 变压吸附 当气体分子运动到固体表面时，由于固体表面分子的作用力，气体分子便会聚积在固体表面，这些分子在固体表面的浓度会显著增大，这种现象称为气体分子在固体表面的吸附。当外界条件发生变化时（如温度、压力改变），固体表面被吸附的分子会重新返回气体中，这一过程称为解吸。变压吸附氯乙烯就是在加压情况下，把含有氯乙烯、乙炔的精馏尾气通入装有特殊吸附介质的吸附器，其中强吸附组分（氯乙烯和乙炔）被吸附剂选择性吸附，弱吸附组分（氮气、氢气等）从吸附床的另一端流出排空。当吸附剂床层吸附饱和后，采用降压、抽真空的方法把氯乙烯、乙炔解吸回收，同时吸附剂获得再生。变压吸附氯乙烯回收率高（>99.9%），可达标排放（排放尾气中氯乙烯质量浓度≤36mg/m^3），吸附剂使用寿命长，可达 10 年以上，操作简便，能耗较小。

上述几种尾气中氯乙烯回收方法各有利弊，活性炭吸附在实际生产中将逐渐被其他 3 种方法取代，或作为辅助吸附方法使用。膜吸附不太适合大流量生产，在小规模（5 万吨/年聚氯乙烯以下）生产中比较理想，可确保尾气达标排放。活性炭纤维吸附在 10 万吨/年聚氯乙烯生产能力下使用比较适宜，效果显著。变压吸附的一次性投入较高，聚氯乙烯生产规模在 30 万吨/年以上时可考虑使用变压吸附。

8.4.2.3 高沸液

氯乙烯精制工序排出的高沸残液占氯乙烯产量的 0.5%～0.7%，其重要主要成分是 1,1-二氯乙烷、左右旋 1,1-二氯乙烯、氯仿、1,2-二氯乙烷、1,1,2-三氯乙烷、四氯乙烷等乙烷氯化物。该残液组成复杂，挥发性强，有强烈的臭味，易燃易爆，有毒。多数企业未对其进行回收利用，而是将其焚烧处理，部分企业仅回收其中的二氯乙烷，其余成分或焚烧或排放，即使对二氯乙烷回收的企业，在回收过程中形成的焦油状物质也会附着在容器器壁上，使传热无法进行，且附着层坚硬难以清除。这不仅造成资源的浪费，对环境也造成了较大的污染。因此将残液综合利用不仅是聚氯乙烯生产发展的需要、贯彻环境认证和清洁生产工作的要求，而且是消除污染、提高社会效益和经济效益的途径。

残液中含有氯代烷烃、氯代烯烃、水、有色物质、铁锈、机油等，其外观为黄色液体，使用前必须对其进行精制，国内回收的工艺流程一般是这样的：

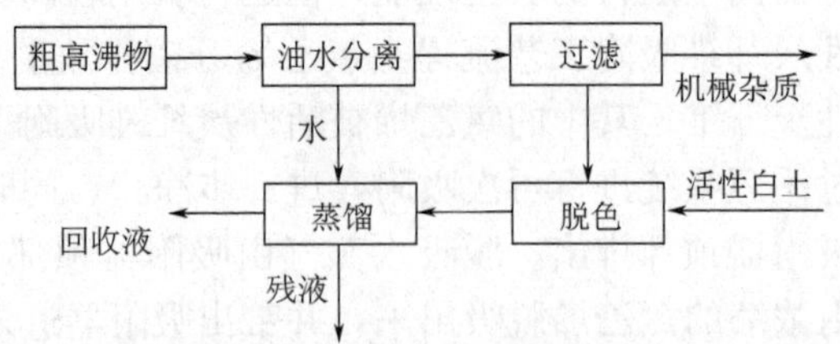

该工艺过程中，由于加热产生焦油状物质，并附着在容器器壁上，形成很厚的隔热层，使传热困难，蒸馏无法继续进行，且形成的隔热层

坚硬，清理困难，需人工清除，操作环境极差，大多数企业虽有回收装置。国外专利介绍，在残液中加入0.1%的1∶1的对苯二酚和苯酚的混合物作阻聚剂，在减压下（12.7～20.0kPa）进行蒸馏回收有机物，可防止焦油附着在容器器壁上，但苯酚剧毒，操作不便。还有采用薄膜蒸发器从残液中回收二氯乙烷，但该过程设备投资大，成本高，不易工业化。

近年来国内有科研院所研究将残液在氯气存在下进行减压蒸馏，发现氯气的存在有利于产品的蒸馏和阻止焦油状物质的生成，可解决蒸馏过程中焦油附着器壁影响传热的问题。

8.4.3 聚合部分的污染及其治理

聚合装置的污染物排放有气相和液相。向大气排放的废气主要有回收未反应的氯乙烯的冷凝器尾气，干燥树脂的废气。废水有离心机下水、单体水环压缩机工作水的排放、聚合反应结束后的冲洗用水、回收单体槽累计水等。

8.4.3.1 冷凝尾气的排放

聚合反应过程中一般控制转化率在85%左右，大约15%的氯乙烯单体未参加反应，一般通过压缩冷凝的方法将其液化后返回到聚合系统再次使用。回收的氯乙烯气体虽然在一定的压力（0.2～0.6MPa）下进行低温冷却（−5～−32℃）液化，但由于氯乙烯单体在惰性气体中总有一定的蒸气分压，排放的惰性气体中会有大约6%～12%氯乙烯单体存在。

目前国内这部分尾气主要处理方法有：排向回收氯乙烯气柜，与其他的氯乙烯单体一起处理；使用膜分离技术回收；活性炭高压吸附高温脱析技术。GB 16297—1996《大气污染物综合排放标准》中规定新建装置为36mg/m³。

8.4.3.2 干燥尾气的排放

聚氯乙烯树脂干燥过程中排放一定的废气，主要污染物含细小的聚氯乙烯粉末，国家排放标准是<25mg/m³，现有的旋风分离器必须和生产实际工况相匹配，才能达到很好的效果。

处理措施：加布袋除尘器或者水洗装置，才能达到国家标准。

8.4.3.3 离心机母液回用

聚氯乙烯生产中聚合及冲洗用水均采用无离子水，其消耗为1.5～2.5t/(t·PVC)，这些水原来用一次就作为离心机母液水白白排到地沟，既浪费了水资源，又增加了消耗，现在一般进行回收利用，沉淀过滤，作为聚合装置的冲洗水或者其他装置的补充水。目前国内有的厂家对于母液水单独处理，达到综合利用的目的。

8.4.3.4 氯碱企业水污染物排放标准

北京市地方标准《水污染物排放标准》（DB11/307－2005）中规定，1,2-二氯乙烷的排放限制是 1.5mg/L，悬浮物（SS）排放限值 400 mg/L，COD 的排放限值是 400 mg/L，pH 的控制限值为 6～9。对于氯碱厂的排放总口的氯化物的排放没有具体的标准，一般控制在 2500 mg/L。

8.5 聚氯乙烯树脂及其复合材料的循环利用

聚氯乙烯是五大通用树脂之一，它具有强度高、绝缘性能好、阻燃性能优良、耐腐蚀、易加工等特点，广泛应用于工业、农业以及人们的日常生活等各个领域。聚氯乙烯制品分为硬质制品和软质制品两类，硬质制品主要有板材、棒材、管材、片材、异型材及瓶子等；软质制品包括薄膜、电缆、鞋类、人造革等。

在我国回收废旧塑料中，聚氯乙烯回收量约占总数的 40%～50%，主要为农用薄膜、瓶子、包装薄膜及其他生活用品废弃物，回收的聚氯乙烯主要用于制造再生管材、板材、拖鞋、地板等产品。近年来，随着聚氯乙烯制品在建筑行业的应用逐年增大，建筑废弃物回收量也越来越大。

由于聚氯乙烯比其他通用树脂及塑料制品的价格便宜、性能价格比优越，随着应用领域的不断扩大，废旧聚氯乙烯的量也越来越大。根据回收料的来源不同以及回收料的洁净程度不同，可用不同的方法处理来进行循环利用。

(1) 废旧聚氯乙烯的直接利用

废旧聚氯乙烯制品主要有以下两个来源。

一个来源是成型加工中产生的边角料、废品、废料等，这类废弃物比较干净，成分均一，可用简单回收的方式重新造粒，按一定比例加到新料中，替代部分新料，再次进行成型加工循环利用。

另一个主要来源是日常生活和工农业应用中报废的制品。由于聚氯乙烯塑料中含有大量添加剂，因此这类废品品种较多，成分也不均一，且受到外界环境的影响性能变化比较大。同时还有可能混有其他废物，回收过程较为复杂，一般可通过以下方法回收。

① 分离、去除混杂的非聚氯乙烯制品。

② 因聚氯乙烯制品有硬质和软质之分，因此在回收时应按产品的种类分别回收，并经过筛选、清洗、干燥等预处理，去除杂质。

③ 采用直接回收方法，添加适量添加剂，通过造粒、再生、挤出等方法，生产再生制品。如有可能，应尽量用回收料再次制成相同的产品。

④ 对无法通过直接法回收的废料，可通过溶解、裂解、焚烧等途径回

收原料和能量。

(2) 回收聚氯乙烯填料和树脂

用于室外的聚氯乙烯制品，如聚氯乙烯农膜等软制品，在使用过程中长期暴露于阳光和风雨中，附着尘土等污染物，品质不断劣化，用于再生制品的生产，其机械强度及热性能均不理想，且尺寸稳定性差，易变形。为了有效地利用聚氯乙烯废膜等软制品，使之能重新作为原料，可采用回流抽提法、加热回流法、熔体沉淀法、溶剂萃取法等方法从聚氯乙烯软制品中回收增塑剂和树脂。回收的增塑剂经精制后可重新使用，剩下的硬质聚氯乙烯可用于生产管道、地板等硬制品。这四种方法中，前两种方法均需消耗大量的热能，经济性不高，工业化生产也有一定的困难；后两种方法在较低温度下进行，且溶剂可循环利用，有利于降低能耗和成本，在经济上是切实可行的。

(3) 废旧聚氯乙烯的裂解利用

聚氯乙烯是稳定性最差的碳链化合物之一，在热、光、电及机械能的作用下均会发生降解反应。这种不稳定性为聚氯乙烯废料的处理提供了一条新的途径，即可以通过高温裂解、催化裂解、加氢裂化等方法，将聚氯乙烯废料分解为小分子化合物而加以利用。

(4) 废旧聚氯乙烯的焚烧

聚氯乙烯的燃烧热为 19MJ/kg，因此焚烧聚氯乙烯废料回收能量也是一种有效的回收利用方法，西欧和日本曾经采用这种方法，回收能量主要用于发电。但聚氯乙烯焚烧时会产生氯化氢气体，形成的残渣含有铅等重金属，会对环境造成二次污染。一般采用在焚烧炉或烟道中喷射生石灰或消石灰的干法、半干法以及喷射 NaOH 水溶液的湿法，除去 80%～95%的氯化氢，但碱的利用率只有 20%～25%，同时对产生的重金属残渣需要另作处理。此外，聚氯乙烯的燃烧热小于 PE、PS、木粉以及酯类，加上设备费用上升，使得焚烧废旧聚氯乙烯的成本较高。因此目前在发达国家，焚烧废旧聚氯乙烯已不再是主要的回收利用方法。据有关报道，PVC 焚烧和深埋处理都会产生二噁英，因此 PVC 的使用安全引起了广泛的重视。

8.6 聚氯乙烯制品的安全问题

聚氯乙烯作为原材料已被广泛应用于食品包装、玩具、医疗用品、化妆品、鞋、塑料门窗等产业。在我们日常生活中要接触很多的塑料制品均是聚氯乙烯制造的，纯净的聚氯乙烯高分子聚合物是无毒的，氯乙烯单体和有些添加剂是具有毒性的物质。例如 PVC 薄膜、容器等制品是以 PVC 树脂为主要原料，添加增塑剂、稳定剂、防老化剂、阻燃剂等助剂加工制成的。所以各国对于聚氯乙烯树脂和制品都有严格的限制规定。

8.6.1 VCM 的残留量规定

氯乙烯残留规定主要在两个方面限制，一是出厂的 PVC 原材料的 VCM 要小于 5mg/kg，二是最终制品中的规定 VCM 要小于 1ppm。如食品包装材料标准 GB 4803－94《食品容器、包装材料用聚氯乙烯树脂卫生标准》规定，PVC 树脂中的氯乙烯单体残留量为 5ppm； GB 14944－1994《食品包装用聚氯乙烯瓶盖垫片及粒料卫生标准》，医疗用品标准 GB 14232.1－2004《人体血液及血液成分袋式塑料容器第 1 部分：传统型血袋》、GB 15593－1995《输血（液）吹塑薄膜袋用软聚氯乙烯塑料》、GB 10010－1988《医用软聚氯乙烯管材》规定 PVC 成型品中的氯乙烯单体残留量不大于 1ppm。我国现在适用于 PVC 保鲜膜的三个国家标准分别颁布于 1988 年、1994 年和 2003 年，都是现行有效的国家标准。《食品包装用聚氯乙烯成型品卫生标准》国家标准颁布，其中控制氯乙烯单体的指标是与国际标准一致的。

8.6.2 邻二甲酸酯类增塑剂使用的规定

在 PVC 中加入增塑剂是为了改进 PVC 的柔软性、耐寒性、增进光稳定性。不同用途的 PVC 制品，增塑剂的添加量不同。邻苯二甲酸二异壬酯（DINP)、邻苯二甲酸二（2-乙基）己酯（DEHP)、邻苯二甲酸正辛酯（DNOO)、邻苯二甲酸异癸酯（DIDP)、邻苯二甲酸丁苄酯（BBP)、邻苯二甲酸二丁酯（DBP）统称邻苯二甲酸酯类（或盐)，是 PVC 制品常用的增塑剂。不同用途的 PVC 制品，增塑剂的添加量不同，一般在 20％～40％范围内。例如，食品包装用 PVC 中邻苯二甲酸酯类的重量比在 28％左右，玩具用的柔性塑料达到 35％～40％。含有邻苯二甲酸酯类的 PVC 遇上油脂或在 100℃以上高温环境下，很容易迁移出来。增塑剂邻苯二甲酸二（2-乙基）己酯（DEHP）于 2001 年被国际癌症研究中心列为有致癌作用的物质。2002 年，瑞典一实验室提交的研究报告指出，34 种世界一流的化妆品中七成以上的化妆品含有 DEHP。化妆品中的 DEHP 会通过女性的呼吸系统和皮肤进入她们体内，有可能会影响她们生育的男婴的生殖系统健康。所以塑料制品中的 DEHP 要严格的限制。

医疗器械国家标准中涉及 DEHP 的标准有两项。GB 14232.1—2004《人体血液及血液成分袋式塑料容器第 1 部分：传统型血袋》适用于以使用 DEHP 增塑剂的 PVC 为主的血袋，规定血袋公称容量在 300～500ml 时醇出物（DEHP）不大于 10mg/100ml，在 150～300ml 时不大于 13mg/100ml，小于 150ml 时不大于 14mg/100ml。该标准还规定了氯乙烯单体残留量不大于 1mg/kg；环氧乙烷残留量不大于 10mg。GB 15593—1995《输血（液）吹塑薄膜袋用软聚氯乙烯塑料》规定，输血（液）吹塑薄膜袋用软聚氯乙烯塑料醇溶出物（DEHP）不大于 10mg/ml，标准还规定氯乙烯单体残留量不大于 1ppm。其他标准，如 GB 10010—1988《医用软聚氯乙烯管材》等仅规定了重金属、氯乙烯单体残留量等指标，没有 DEHP 要求。

参考文献

[1] 贾士俊．聚氯乙烯生产安全技术．2004 年全国聚氯乙烯行业会论文集（上）．2004.

[2] 严明亮．乙炔生产过程中危害因素分析及安全控制．聚氯乙烯，2005，(12)：40-43.

[3] 林洲．聚氯乙烯生产中的环境保护．聚氯乙烯，2004，(6)：56-60.

[4] 杨凤玲，程芳琴，李华．氯乙烯高沸残液的精制技术及综合利用．聚氯乙烯，2005，(3)：39-40.

[5] 潘祖仁，邱文豹，王贵恒主编．塑料工业手册・聚氯乙烯．北京：化学工业出版社，1999.

[6] [美] L. I. 纳斯 主编．聚氯乙烯大全．王佰英等译．北京：化学工业出版社，1983.

[7] 蓝凤祥，柯竹天，苏明耀，童俊民，蓝凤鸣、储诚意编著．聚氯乙烯生产与加工应用手册．北京：化学工业出版社，1996.

[8] [英] R. H. 伯吉斯 主编．聚氯乙烯的制造与加工．黄云翔译．北京：化学工业出版社，1987.

附　　录

大陆质量流量计在氯碱行业的应用及意义

北京大陆力达仪表科技有限公司是一家专门致力于科里奥利质量流量计研究和生产的高度专业化公司。大陆仪表汇集了以流体力学权威专家为首的专业技术研发团队，拥有国内一流的质量流量计科技研发中心，拥有北京第四套高精度、大流量检定装置，拥有先进的流量仪表生产设备。经过了二十年的研发、应用经验与技术积累，大陆仪表已经蜕变成为一家集研发、生产、销售及提供流体测量解决方案于一体的高新技术企业。

大陆质量流量计在氯碱行业有超过六年的成功应用，应用厂家多达三十多家，使用数量近三百台。主要应用在终止剂、分散剂等助剂上的计量，能成功替代进口质量流量计，为氯碱行业的质量流量计国产化进程作出了卓越的贡献。大陆质量流量计还在石油化工、精细化工、装车储运、食品等行业累积了很多成功的应用案例，为提高国产质量流量计的生产技术水平作出了不懈的努力，为扩大国产质量流量计的市场占有率，进一步发扬民族工业作出了杰出的贡献。

哈尔滨博实自动化股份有限公司

哈尔滨博实自动化股份有限公司是专业从事自动化设备开发、生产、销售的高新技术企业。公司自主研发的全自动包装机器人码垛生产线及系列衍生产品，技术达到了国内领先、国际先进水平，并成功应用于中国石油、中国石化、医药、中粮等行业，受到了用户的普遍欢迎。而且为各企业提供检修、改造及保运服务。全国设有各大办事处、大区售后服务网络及备件库。我公司是国内唯一能够独立完成全自动称重包装机器人码垛设备系统集成的厂商，技术标准统一，使用、维护方便。被中国石油、中国石化两大集团公司列入物资装备主渠道供应网络成员单位。

主导产品：

1. 粉粒料全自动称重包装码垛成套设备；
2. 橡胶干燥及全自动称重包装码垛成套设备；
3. FFS重膜包装机；
4. 半自动包装、阀口袋包装、大袋包装机组；
5. 机器人码垛机及周边设备。

联系方式：

总部地址：黑龙江省哈尔滨开发区迎宾路集中区东湖街9号 邮编：150078

营销信箱：boshiscb@163.com

电话：0451-84367031

传真：0451-84348305

上海森松压力容器有限公司

上海森松是一家集研发、设计、制造于一体的跨国企业。目前，在中国拥有10多家公司、三大制造基地、一个研发中心。拥有教授级高工、高工、博士、硕士80余人的强大专业研发团队和核心技术。

在聚氯乙烯（PVC）关键设备聚合釜研发过程中，上海森松开发了强化传热的全流通半管外夹套以及全流通内夹套专利技术，高传质能力和剪切力窄分布的搅拌技术，使聚合釜的反应时间显著缩短，年清釜次数大大减少，同时使PVC粒子形状与分布以及平均分子量明显改善，聚合效率大幅提升，PVC粒子品质显著提高、分散剂等原材料单位消耗量降低。缩短了企业的投资回收期，提高了企业的经济效益。

上海森松已经形成了$50m^3$、$70m^3$、$105m^3$ $136m^3$以及$150m^3$等系列化PVC聚合釜生产制造能力，通过严密的质量控制，确保森松的产品具有高品质、高可靠性、低运行成本、低维护成本。多年的业绩证明，上海森松是您明智的选择。

北京中科国益环保工程有限公司

北京中科国益环保工程有限公司是中国科学院中科实业集团（控股）公司的控股企业。公司位于中关村核心区，是北京高新技术企业。

公司业务集中于水环境治理领域，可为环保项目提供咨询、建设以及运营管理的全程服务。公司具备《工程设计环境工程乙级资质》和《建筑业环保工程专业承包贰级资质》及《环境污染设施运营甲级资质》。公司目前拥有多项自主研发技术，并成功应用于不同行业的工业废水处理工程中。

在化工领域里，我公司是最早进入PVC行业污水处理的企业之一。在次氯酸钠废水、电石上清液、PVC离心母液、洗釜水、含汞废水等各类生产废水上积累了丰富的经验，并在多家国内大型PVC生产企业拥有成功运行的工程案例。

电话：010-82488578